系统编程

分布式应用的设计与开发

[英] 理查德·约翰·安东尼（Richard John Anthony）著

张常有 封筠 等译

Systems Programming

Designing and Developing Distributed Applications

SYSTEMS PROGRAMMING

Designing and Developing Distributed Applications

MK

RICHARD JOHN ANTHONY

机械工业出版社
China Machine Press

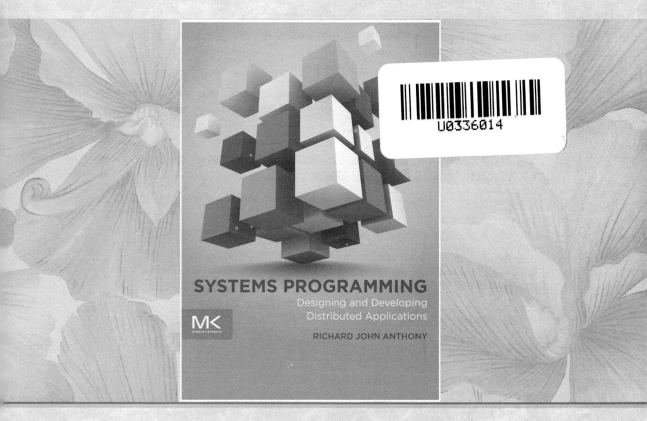

图书在版编目（CIP）数据

系统编程：分布式应用的设计与开发 /（英）理查德·约翰·安东尼（Richard John Anthony）著；张常有等译．—北京：机械工业出版社，2017.9
（计算机科学丛书）
书名原文：Systems Programming: Designing and Developing Distributed Applications

ISBN 978-7-111-58256-4

I. 系…　II. ① 理…　② 张…　III. 分布式操作系统　IV. TP316.4

中国版本图书馆 CIP 数据核字（2017）第 254465 号

本书版权登记号：图字　01-2015-6381

Systems Programming: Designing and Developing Distributed Applications
Richard John Anthony
ISBN：978-0-12-800729-7

本书用系统思维讲解分布式应用的设计与开发，以“进程、通信、资源、体系结构”四个视角为核心，跨越不同学科的界限，强调系统透明性。本书在实践教学方面尤为独到：既有贯穿各章的大型游戏案例，又有探究不同系统特性的课内仿真实验；不仅提供步骤详尽的方法指导，而且免费提供专为本书开发的 Workbench 仿真工具和源代码。

本书自成体系的风格和配置灵活的实验工具可满足不同层次的教学需求，适合作为面向实践的分布式系统课程的教材，也适合从事分布式应用开发的技术人员自学。

出版发行：机械工业出版社（北京市西城区百万庄大街 22 号　邮政编码：100037）
责任编辑：朱秀英　　责任校对：殷　虹
印　　刷：中国电影出版社印刷厂　　版　　次：2017 年 11 月第 1 版第 1 次印刷
开　　本：185mm × 260mm　1/16　　印　　张：27.75
书　　号：ISBN 978-7-111-58256-4　　定　　价：129.00 元

凡购本书，如有缺页、倒页、脱页，由本社发行部调换
客服热线：（010）88378991　88361066　　投稿热线：（010）88379604
购书热线：（010）68326294　88379649　68995259　　读者信箱：hzjsj@hzbook.com

文艺复兴以来，源远流长的科学精神和逐步形成的学术规范，使西方国家在自然科学的各个领域取得了垄断性的优势；也正是这样的优势，使美国在信息技术发展的六十多年间名家辈出、独领风骚。在商业化的进程中，美国的产业界与教育界越来越紧密地结合，计算机学科中的许多泰山北斗同时身处科研和教学的最前线，由此而产生的经典科学著作，不仅擘划了研究的范畴，还揭示了学术的源变，既遵循学术规范，又自有学者个性，其价值并不会因年月的流逝而减退。

近年，在全球信息化大潮的推动下，我国的计算机产业发展迅猛，对专业人才的需求日益迫切。这对计算机教育界和出版界都既是机遇，也是挑战；而专业教材的建设在教育战略上显得举足轻重。在我国信息技术发展时间较短的现状下，美国等发达国家在其计算机科学发展的几十年间积淀和发展的经典教材仍有许多值得借鉴之处。因此，引进一批国外优秀计算机教材将对我国计算机教育事业的发展起到积极的推动作用，也是与世界接轨、建设真正的世界一流大学的必由之路。

机械工业出版社华章公司较早意识到“出版要为教育服务”。自 1998 年开始，我们就将工作重点放在了遴选、移译国外优秀教材上。经过多年的不懈努力，我们与 Pearson，McGraw-Hill，Elsevier，MIT，John Wiley & Sons，Cengage 等世界著名出版公司建立了良好的合作关系，从他们现有的数百种教材中甄选出 Andrew S. Tanenbaum，Bjarne Stroustrup，Brian W. Kernighan，Dennis Ritchie，Jim Gray，Afred V. Aho，John E. Hopcroft，Jeffrey D. Ullman，Abraham Silberschatz，William Stallings，Donald E. Knuth，John L. Hennessy，Larry L. Peterson 等大师名家的一批经典作品，以“计算机科学丛书”为总称出版，供读者学习、研究及珍藏。大理石纹理的封面，也正体现了这套丛书的品位和格调。

“计算机科学丛书”的出版工作得到了国内外学者的鼎力相助，国内的专家不仅提供了中肯的选题指导，还不辞劳苦地担任了翻译和审校的工作；而原书的作者也相当关注其作品在中国的传播，有的还专门为其书的中译本作序。迄今，“计算机科学丛书”已经出版了近两百个品种，这些书籍在读者中树立了良好的口碑，并被许多高校采用为正式教材和参考书籍。其影印版“经典原版书库”作为姊妹篇也被越来越多实施双语教学的学校所采用。

权威的作者、经典的教材、一流的译者、严格的审校、精细的编辑，这些因素使我们的图书有了质量的保证。随着计算机科学与技术专业学科建设的不断完善和教材改革的逐渐深化，教育界对国外计算机教材的需求和应用都将步入一个新的阶段，我们的目标是尽善尽美，而反馈的意见正是我们达到这一终极目标的重要帮助。华章公司欢迎老师和读者对我们的工作提出建议或给予指正，我们的联系方法如下：

华章网站：www.hzbook.com
电子邮件：hzjsj@hzbook.com
联系电话：（010）88379604
联系地址：北京市西城区百万庄南街 1 号
邮政编码：100037

华章科技图书出版中心

译 者 序

本书的作者 Richard John Anthony 就职于格林威治大学（University of Greenwich），通过本书，他分享了 13 年的分布式系统教学和开发经验，以及多年来开发的配套模拟实验工具，还有用 C++、C#、Java 三种语言编写的实例程序的源代码。

随着互联网的加速发展，分布式系统已经延伸到人们工作、生活的深处。本书融会了分布式系统设计与开发方面完整的知识体系，以四个核心视角（进程、通信、资源、体系结构）为基础，再汇总到分布式系统，最后用两个编程实例总结。本书特别强调理论与实践的紧密结合，在实践活动中借助作者提供的 Workbench 教学工具，可深入理解分布系统的理论知识和运行行为。透明性是分布式系统的重要目标之一，这一目标贯穿了全书各章节。

张常有（中国科学院软件研究所）和封筠（石家庄铁道大学）是本书翻译工作的主要负责人。本书的前言由张常有负责，党云龙参加；第 1 章由张常有负责，许家栋参加；第 2 章由段淑凤负责，党云龙、胡晶晶、王婷、刘博参加；第 3 章由张常有负责，李震宇、居文军参加；第 4 章由封筠负责，段淑凤、王峰、王兵茹参加；第 5 章由封筠负责，王兵茹参加；第 6 章由张常有负责，党云龙参加；第 7 章由张常有负责，籍晨晖、赵朝栋参加；索引由张常有负责。此外，张常有还负责全书的统稿和审校。段淑凤和党云龙为翻译过程的组织付出了努力，感谢他们的贡献。

在翻译过程中，我们尽量反映原作者的思想和风格，同时也融入了自己的经验和理解。希望它的出版能够帮助读者在分布式系统设计与开发方面奠定理论基础，顺利开始实践之旅。

本书非常适合用作分布式系统设计与开发方面的教材，也适合用作相关课程的参考资料。同时，对于正在学习和练习编程的学习者，这也是一本很好的参考资料，因为书中用 C++、C#、Java 三种不同的语言开发了实例和源代码，它们都是分布式程序的范例，可作为项目开发的起点。

由于时间仓促，加之水平有限，书中翻译错误和不准确之处在所难免，敬请广大读者指正。

译者

changyou@iscas.ac.cn

于中国科学院软件园区

本书全面讲解分布式应用程序的设计和开发，主要强调多组件系统的通信特性，以及系统设计与底层操作系统、网络、协议等行为的相互影响方式。

当前，商业乃至全社会对分布式系统和应用日益依赖。对于有能力设计优质解决方案的训练有素的工程师而言，其需求也在同步增长。这需要高超的设计技能和优秀的实现技术。同样，工程师们更愿意让应用程序以全局方式使用系统资源，并受控于宿主系统的整体配置和行为表现。

本书采用综合的方法，讲解了多门传统的计算机科学学科，包括操作系统、网络、分布式系统、编程等，并将需要的背景和理论以多种运行案例形式置入应用程序和系统环境中。这本书是多维的，它具有问题剖析的风格，并通过分布式应用程序用例的开发，实现了理论基础与实战之间的平衡。

通过穿插的实践活动，读者在阅读中真正体验了书本内容、实验操作和模拟执行。在这些实践环节中，系统的动态特性以生动的方式呈现，可以传达更多信息，让系统的复杂特性变得容易理解。大多数配套实验和模拟是用户可配置的，以支持“假设”探究，留给读者深入理解的机会。实践性编程的挑战涵盖系统的诸多方面，包括构建完整的分布式应用程序。本书提供了文档齐全的示例源代码以及清晰的任务指南，通过扩展示例代码来添加功能并构建系统，使这些挑战变得易于教学。

初衷和目标

分布式应用程序的设计与开发是计算机科学领域中的交叉课题。从根本上说，它基于的概念和机制抽取自几门传统的核心学科方向，包括计算机网络、操作系统、分布式系统（理论而非开发）以及软件工程。目前，绝大多数高质量教材只关注单一学科方向，有传统意义上划定的清晰范围边界。它们多数在风格和方法上以理论为主。

编写本书初期，我已讲授了多年分布式应用这门面向实践的课程，很清楚没有一本教材能以实践为中心，全面讲解分布式应用程序的设计和开发这一主题。实际上，我当时想要的是一本指导书，既用作我自己课程的主教材，也能为其他喜欢的人所使用。我也曾想有一本能被我的学生读懂的书。学生是多样性群体，他们的学习经验不同，自信心也有强有弱。我曾想，用一本书来鼓励那些在软件工程方面刚刚起步的人，同时，也能满足那些期望更高挑战的、较有经验的学习者的需要。我的课程强调理论与实践相结合，教学工作开展 13 年来，效果良好，并深受学生喜爱。有时，在讨论课程配套教材缺乏可用性时，学生们建议我自己直接在这门课程的基础上编写一本。

本书内容填补了一项清晰定义的空白。它是一本综合性教程，以“自成体系”方式讲述了多种底层概念，以便读者能在领会跨系统全局的同时，理解关键基础理论，并能在支撑实践活动中进行探索。这全部源自“自成体系”。就这一点而论，本书区别于其他主流教材。传统教材倾向于专注单一的传统主题领域，更侧重理论性基础教学。

本书专门用于讲授以“理论与实践相结合”为重点的分布式应用程序设计课程。本书主要聚焦于应用程序开发，以及为确保高质量教学效果而必需的支撑知识。这种组织方式使得本书能自然地连接计算机科学的相关领域。它没有尝试像传统方式一样组织教材（例如，仅关注网络或者操作系统），也没有试图囊括该领域尽可能宽广的内容（传统教材往往如此）。相反，它提供了横跨这些学科的非常重要的集成。本书的主要设计专注于易于教学，基于示例程序来阐述分布式系统和应用的关键特性，同时基于案例研究、互动教学工具和实践活动来展开细节讨论。主要目的是便于读者理解基于套接字应用的实际示例程序，进而起步开发他们自己的应用程序，并以此作为与书本阅读同步的指导性环节。

本书的理论方面和大部分实践方面具备跨语言的可移植性，但其实现方面有语义上的语言依赖性。为尽可能易于学习，部分示例代码采用了 3 种流行的编程语言：C++、Java 和 C#。

附加资源代码库内容丰富，包括各种课内实例的示例程序代码和章末编程任务的示例方案，以及全部三个案例研究的完整源代码。

附加资源还包括作者搭建的教学工具 Workbench 套装的特定版本。这个工具可用于课内活动，也可用于不同主题的独立研究或导师指导下的科学探索，或者用于给课堂教学或实验项目注入活力。Workbench 的灵感源自对以逼真且易理解的方式表现系统动态特性方面的需求，曾经尝试用一系列静态图表讲授调度（一个包含更多动态特性的例子）的教师，一定能体会到静态方法的局限性。静态方法在表达动态行为所能展现的真正含义方面存在困难。Workbench 专门为克服系统动态性和复杂性教学方面的局限性而设计，支持用户自行配置具体实验和模拟，涵盖了网络、分布式系统和操作系统领域的很多不同内容。每章都包含相应的实践活动，引导读者在实践学习和基础理论概念之间建立联系。

本书非常强调针对核心理论的有指导的实践探索，使其既适合用作自学教程，又适合用作课程的辅助教材。

预期读者

本书的预期读者对象比较广泛，包括：

- 讲授分布式系统的教师，需要一本“自成体系”的教材，包含实践活动、编程练习和案例研究，能用作生动有趣的课堂读物。
- 正在学习应用程序开发的学生，需要一本书汇聚分布式系统、操作系统、网络等多个不同方面，配以众多清晰的实践案例和丰富的样例代码库。
- 对于分布式应用程序设计与开发或套接字编程有经验的程序员，或许需要一本快速入门资料，以启动一个分布式应用项目。
- 正在学习 C++、Java 或 C# 语言的初级程序员，期望提高挑战性，编写套接字网络应用程序。
- 熟悉本书支持的语言之一的套接字程序员，需要仿照样例程序资源，以便在两门语言之间展开交叉训练。
- 学习计算机科学其他方向的学生，希望在分布式系统方面找到自学导读形式的、注重实践的基础读物。

组织结构

本书的核心部分包括四章（第 2～5 章，即四个视角），涵盖背景概念、技术需求、当前挑战以及构建分布式应用程序的必备技术和支持机制。本书选定这四个特定视角，以便材料分门别类，从设计和操作角度看都很有意义。该方法使读者能够以结构化的思维方式仔细理解系统的底层概念和系统机制，跨越了传统教学学科的界限。

随后的第 6 章定位于高级分布式系统本身。该章的重要工作是将前述核心章节中讨论的思想、概念、机制等融进总体系统环境，并关注公共服务，以确保系统在功能和非功能需求方面的高质量。

各章都强调实践，穿插着实验和实践探索活动，以及一个贯穿各核心章节的案例研究，从而整合和交叉连接各章。为拓展介绍分布式应用程序的体系结构、组成、行为、运行环境等，最后一章附加两个容易操作的案例研究，并提供清晰的文档和完整代码。

绪论（第 1 章）开始本书，也启动了本书采用的综合系统方法。它针对分布式计算的兴起及其在现代环境中的重要性，提供了简明的历史回顾。它还简短地介绍了一些将在后面章节中深入讲述的关键主题。但对于读者来讲，在起初建立基本的认识是有必要的。这些基本主题包括：分布式系统的大体特性、分布式系统的主要优势、构建分布式应用程序必须面临的主要挑战、分布式系统的质量和性能的度量标准以及透明性的主要形式等。其中还介绍了三个案例研究、本书配套网站上的教辅材料、课内实践活动以及互动教学工具 Workbench 套件。

进程视角（第 2 章）考察进程的管理方式及其对低层通信的影响，涉及进程调度与阻塞、消息的缓冲与传送、端口和套接字的使用以及进程与端口的绑定机制等。绑定机制使操作系统能代表本地进程，在计算机层面管理通信。还讨论了多进程环境概念、线程以及操作系统资源，如定时器。

通信视角（第 3 章）考察网络和通信协议的运行方式，及其功能性和行为对应用程序的设计和表现的影响。本视角关注的主题包括：通信机制和不同的通信模式，比如单播、多播和广播，且选定的方式能影响应用程序的行为、性能和扩展性。描述了传输层协议 TCP 和 UDP 的功能和特点，并对比了其性能、延迟和开销方面。从开发者的视角，检测了通信的底层细节，包括套接字 API 原语的作用和操作。同时，还检测了远程过程调用和远程方法调用等更高级的通信机制。

资源视角（第 4 章）阐述计算机系统资源的本质及其对分布式应用程序通信的帮助作用。感兴趣的物理资源包括处理能力、网络通信带宽和内存。讨论聚焦于有限资源的高效使用方面的需求等，它直接影响到应用程序和系统自身的性能和可扩展性。还讨论了内存在消息的组装、发送、接收缓冲器方面的使用情形。

体系结构视角（第 5 章）阐述分布式系统及应用程序的结构。主要聚焦于把应用程序逻辑划分为若干功能组件的各种模型，以及这些功能组件互连互访的方式。还讨论了系统组件映射到系统底层资源的方式，以及映射关系引出的附加功能需求，例如，对灵活的运行时配置的需求。分类讨论了不同架构模型对关键非功能性质量度量的影响，如可扩展性、健壮性、效率、透明性。

分布式系统（第 6 章）紧随四个核心视角章节，形成了前面各章节的大背景。四个视角分别阐述了某一方面的支撑理论的特性、概念和机制，而这一章定位于较高层面，重点关注分布式系统本身，及其关键特征和功能性需求，以及与设计和开发相关的特殊挑战等。因此，该章从更宽泛的系统角度审视核心章节的内容，讨论因分布式特性本身而导致的问题，以及解决这些问题的技术。“透明性”是追求分布式应用程序质量的关键，因此“透明性”成为贯穿各章的主题，既与各章涵盖的不同专题相关，同时也成为案例研究讨论中的主要关注方面。为进一步强调其重要性，这一章全面讲述了“透明性”，使其成为一个独立的主题，定义了“透明性”的10种重要形式，并根据各自的重要性以及对系统和应用的影响方式进行探讨，解释了实现不同形式的“透明性”需要采用的技术。此外，还介绍了公共服务、中间件以及异构环境下支持互操作能力的技术。

案例研究：融会贯通（第7章）以两个详尽的分布式应用程序案例研究的形式，把前面章节的内容联系起来。以这两个案例为载体，阐明了许多不同的问题、挑战、技术以及机制。目标是提供一个综合的全貌，用于审查应用程序贯穿的全生命周期。这一章采用了“问题-求解”的方法，该方法基于提供的可行应用程序、程序源代码以及详尽文档。这些应用程序建立并加强了理论与实践之间的联系，阅读过程中有必要参考前面的章节。

课内活动

一系列实践活动贯穿于第2～6章，用于借助实验强化关键概念。各活动都基于特定概念或机制植入系统或应用环境中。

如何使用本书

本书采用这样的设计风格是为了灵活地支持读者需求的广泛性和多样性。建议用途如下。

用作一门课程的主教材。这是编写本书的主要动机。本书以一门成功的“设计和构建分布式应用系统”课程为基础，全面讲述了分布式应用程序的核心主题，辅以详细的实践活动、可用示例、案例研究、章末问题以及带解决方案的编程挑战等。本书还包含范围广泛的基础支撑技术资料，包括概念、问题、机制以及需要理解的系统特性相关策略。

鉴于采用了交叉综合方法并提供了扩展的资源库，本书准备了理想的课程大纲。教师可以根据他们希望达到的技术深度和学生的知识水平，围绕本书灵活地编排课程。本书的资源网站上提供了以C++、Java和C#三种语言编写的示例程序的源代码。

基于Workbench的活动可用于课堂演示或指导性练习，或者用于指定的自学过程。这些环节也可以用于模拟调度、线程优先级或死锁等活动，用图解方式解释相关的动态行为（众所周知，有些内容很难仅使用静态图表的手法教会学生）。生动的模拟可以产生令人兴奋的教学效果。比如，通过暂停模拟，请学生猜想接下来会发生什么，或者通过多次使用不同条件运行模拟实验，展示特定配置怎样影响系统行为。

网络版Workbench实验可以用来演示在进程间建立通信和通过网络发送消息的过程。它可用于探索套接字原语的使用，诸如阻塞和缓冲机制的性能特性，以及TCP和UDP传输协议的行为。例如，在课堂上，可使用动态的真实多进程，探索TCP中“绑定-侦听-连接-接受”序列对建立连接的必要性。

Workbench活动还可用于建立多种多样的学生实验室练习或家庭作业，例如，用于评估通信效率、通信死锁可能发生的情景，或者可能使用详尽的统计结果，从效率、公平性、吞吐率方面对比多个调度算法。

分布式系统版Workbench可帮助我们搭建分布式实验，如一个运行在实验室中全部计算机上的选举算法实验。学生们能够测试一些场景，如终止当前主进程并预测下一步表现。我们可以启动多个主进程实例，观察算法如何应对这种情形。配备的日志程序记录进程状态变化的运行时序列，用于后期分析。另一个例子是探索“客户端-服务器”游戏应用程序，并要求学生根据观察到的游戏过程，尝试通过逆向工程方法推测出发生的消息序列。这类挑战非常有利于鼓励深度探索。

全部用例均可运行，且可改编成学习和评估练习，或者作为开发更大型项目的起点。

章末编程练习可用作测评活动或补习活动。既可以直接使用，也可以强化挑战，视班上学生的知识水平而定。

用作自学辅导书。本书是一本独立学习的理想辅导书。书中提供了大量辅助实践的技术文档，便于读者自学。阅读过程中对照示例解决方案（针对编程挑战）、解释预期输出结果（针对课内活动）和章末问题答案，能够检查自己的学习进展。Workbench 提供的实验和模拟工具支持用户自行配置参数，便于自学者保持自己的学习进度，同时探索自己想要的深度。开发 Workbench 的主要原因之一是我发现大家的学习速度各不相同。对于相同内容，有的读者轻松领会，而有的读者却可能起步蹒跚。因此，Workbench 支持个性化和渐进式的学习。

通过提供以三种流行的语言编写的示例应用程序，本书还可以用作套接字 API 和传输层协议（TCP 和 UDP）的“罗塞塔石碑”——一旦读懂其中一门语言的实现，就能够贯通使用该示例的其他语言版本。这对特定场景很有帮助，例如，正在开发的系统中有一部分组件用一种语言开发（比如服务器端用 C++），而另一部分组件用另一种语言开发（如客户端用 C#）。在第 7 章中最后的案例研究中，专门强调了异构特性和互操作特性。从制定自学目标和学习效果的角度看，这些用例是一种强有力的学习资源，能帮助读者逐个掌握这些知识点，并且完全按照适合自己的时间进度，兼顾了读者在这方面的起步知识准备。

用作辅助教材。本书的主题交叉集成了传统的主题领域，包括网络、操作系统、程序设计、分布式系统理论。鉴于其清晰的解释和对实践能力的重点强调，本书是一本理想的辅助教材，适用于网络、应用程序开发、操作系统等课程，附加的多种活动和编程练习更添加了趣味性。与强调传统知识结构和面向理论的教材相比，它风格迥异，适合与其他专门的教材共同使用，为学生补充不同的信息来源。同时，还有助于在一定程度上填补主要教学内容与其他课程之间的交叉形成的缺口（本书很擅长）。

基于 Workbench 的活动都适合单独拿出来使用。例如，读者也许只选用操作系统版 Workbench 活动的一个子集（或者其他子集），为部分难学的课程内容添加些生动性，或者只是想用现场实验或模拟替换一长串的幻灯片。

用作带实践示例的参考教材。本书讲述了分布式系统领域宽泛的主题，涉及计算机网络、程序设计和操作系统等。本书有别于主流同类教材的是宽泛且大量的实践示例和源码资源。因此，它可用作一本变革性的参考指导书。对于大部分主题，读者都能找到相关的带指导的实践环节，或者带解决方案的编程挑战，或者一个或多个用例形式的上下文情景。

教辅资源[⊖]

本书配套网站上提供了教辅材料，网址为 booksite.elsevier.com/9780128007297。

材料在网站上的组织方式对应于书中相关章节，类型如下。

示例程序代码。本书为课内活动、相关举例、用例程序、编程练习的解决方案提供了示例代码，可按以下方式使用：

⊖ 关于本书教辅资源，只有使用本书作为教材的教师才可以申请，需要的教师访问爱思唯尔的教材网站 textbooks.elsevier.com 进行申请。——编辑注

- 多数情况下，提供了完整的应用程序源代码，使读者能够学习整体应用程序逻辑，并把它和教材中的解释相联系。有些情况下，教材中提供了简短的代码片段来解释一个关键知识点，那么，读者可以检测整个应用程序代码，把程序片段插入程序逻辑的正确位置。许多示例代码都以三种语言提供：C++、Java、C#。
- 示例应用程序代码可用作开发章末练习解决方案的起点，在这种情况下，我们给出了最合适资源的相关指导。
- 也有一些针对章末编程练习的特定的示例解决方案（如果这些解决方案还没有在其他部分资源中给出示例）。

可执行文件。许多应用程序也提供了可执行文件的形式。读者可以直接运行应用程序，研究其表现，而不用先编译。在读者跟随着课内活动和例子学习时，这点尤其重要，它减少了花费在阅读和实践之间的切换时间。

Workbench 教学工具。本书配有一组复杂的交互式教学应用程序（称为工作台）。我已经花了超过 13 年的时间开发它，提升了以学生为中心的灵活的教学方法，使学生能够远程、交互式、按照自己的节奏学习。三种版本的 Workbench 提供了可配置的模拟、仿真、实现组合功能，以方便读者针对系统中的许多基本概念展开实验。目前，Workbench 已经在许多学生群体中尝试和测试，在一些教师的课上也用作了辅助支撑工具。书中特定的技术内容与特定的练习和实验相关联，可用 Workbench 软件工具开展实验。例如，网络版 Workbench 中有特定的实验，可处理寻址、缓存、阻塞或非阻塞的套接字 I/O 模式以及 TCP 和 UDP 传输协议的操作。

致谢

我谨向技术评审人员表示诚挚的感谢。他们抽出宝贵时间仔细阅读书稿，并提供了一些非常有价值的反馈意见和建议。

我还要感谢 Morgan Kaufmann 编辑团队在规划和撰写本书的过程中给予的建议和指导。

同时也要感谢过去学习我的系统编程课程的许多学生。他们提供了关于课程结构和内容的反馈，或者直接通过评论与建议，或者间接通过他们日后所取得的出色成就。特别感谢那些多年来建议我写这本书的学生们，我终于做到了。

还要感谢许多同事、朋友和家人给予我的鼓励。特别是，永远感谢可爱的 Maxine 一直以来给予我的极大耐心和支持，以及在我学习期间的端茶倒水。

第 1 章

绪 论

本书自成体系，是一本分布式应用程序设计与开发的导论读物。书中汇集了来自多个关键主题领域的基本支持理论。多种相关材料以带有清晰说明的举例方式，放置在真实的应用场景及其上下文环境中。全书都特别强调实用性，包含了读者参与的编程练习和实验。同时，还配备了三个功能完整的详尽案例研究，其中一个案例贯穿四个核心章节，把理论知识放到应用程序视角，横跨各章的不同主题，交叉链接。本书是本科学位课程的理想配套教材。

本章介绍全书，包括其结构、技术资料的组织方式以及背后的动机等。它提供了一个历史的视角，解释了分布式系统在现代计算中的重要性。同时，本书还阐述了其（采用的）叙述方式的集成特性和跨学科特性，以及其底层的“系统思维”方法。它描述和论证了 4 个精选视角（涵盖系统、结构、组织、行为等）的资料组织方式的合理性。如果因为教学目的将学习内容划分为操作系统、计算机网络、分布式系统、编程等传统分类，就人为地引入了不同学科主题间的边界。本书选择了系统性视角，旨在克服多学科间的人为边界。实际上，很多分布式系统的关键概念都在其中的若干领域之间相互重叠，或者正好处在这些领域间的交叠区域。

本书的总体目标是为读者提供对分布式应用系统的体系结构和通信等知识的全面讲解，以及提供理解各种可选的设计方案的必要理论基础，帮助读者领会不同的设计决策和折衷。读完这本书时，读者将会具备设计和构建第一个分布式应用程序的能力。

通过采用交互式风格，书中的技术内容变得更加生动有趣。本书的交互式风格包括实践活动、举例、示例代码、类比、练习、案例研究。在作者开发的特定版本的 Workbench 教学资源套件中，提供了许多实用的实验和模拟活动。应用程序举例贯穿全书，把概念知识归纳到相应的视角。为支撑这些特点，本书提供了大量源码，以及理论和实际练习相结合的实践活动，来全面提高读者的技能和背景知识。

1.1 基本原理

1.1.1 计算机科学的传统讲授方法

计算机科学是一个极其宽泛的知识领域，涵盖不同的主题，包括系统体系结构、系统分 1~2
析、数据结构、编程语言、软件工程技术、操作系统、网络与通信等。

习惯上，鉴于大学授课目标的实用性，计算机科学涵盖的主题教学资料都按照上面列举的专题领域（学科）划分。因此，学生将以一门单独课程的形式学习操作系统，计算机网络是另一门课程，计算机编程语言则又是另外一门课程。作为一种结构化的授课方法，这种模式总体上运行得很好，在计算机科学领域得到广泛应用。

然而，计算机系统的许多知识横切多学科边界，从任何单一学科的角度都不能全面领会。因此，为了获得对（计算机）系统工作方式的深入理解，有必要同时整体地跨越多个学科。分布式应用程序开发是需要采用跨学科方法的一个很重要的例子。

为了开发分布式应用程序（也就是说，应用程序中多个软件组件通信协作，以解决一个应用问题），开发者需要具备编程技能和多方面相关活动的知识，这些活动包括需求分析、设计、测试技术等。然而，分布式应用程序的成功设计还需要一定程度的多领域专门知识，包括网络知识（尤其是协议、端口、寻址、绑定等）、操作系统理论（包括进程调度、进程内存空间和缓冲区管理、操作系统对传入消息的处理）、分布式系统概念（比如体系结构、透明性、名字服务、选举算法、支持复制和数据一致性的机制等）。严格意义上讲，有必要深入理解这些领域知识的相互作用和交叉覆盖，例如，操作系统中的进程调度方式与网络套接字的阻塞 / 非阻塞行为之间的相互作用，以及这些相互作用对应用程序性能、响应性、系统资源利用效率等产生的影响。另外，如果开发者有能力构建系统的全局视图，不仅关注简单地建立（系统）部件之间的连接，而是期望后续增量式添加细节，那么这种方式会导致系统不健壮、低效率、系统规模受限等问题（如果开发人员在多学科之间的知识相互孤立，就容易产生问题）。如果是这样，最开始的需求分析就成了在履行应尽的职责过程中走走过场。这种情形中，整体效果显著大于各部件汇总，也就是说，操作系统、网络、分布式系统理论、编程等孤立的领域知识的堆积，不能满足设计和构建高质量分布式系统和应用的要求。

实际上，与其说计算机科学包含的传统学科之间不存在严格的界限，还不如说，宽泛的各学科主题之间存在重叠子集。几乎任何待建的应用程序或计算机系统的开发过程，都需要不同程度地综合领会这些学科主题中的知识点。系统方法解决处在多个（学科）主题之间的相互重叠的边界区域中的问题。按照传统的方式，这些内容很可能只简单地提到，或者在特定的课程中用明显不同的方式讲到。这样做的好处是，学生不用为了一件事情费劲想办法收集各种不同的参考资料，或者想办法弄明白一门课程中包含的一个知识点如何关联或影响到另一门课程中的另外一个知识点。主流的授课方法将继续沿着传统路线进行，究其原因在于，传统方法是一个既有的教学模式，为学生提供了最重要的基础知识和技能要素。然而，也有大量的综合课程采用了系统化方法。它们以传统的课程中提供的知识和技能为基础，使学生理解不同概念之间如何相互关联，以及在整体系统开发中集成到一起的
3 必要性。

1.1.2 本书采用的系统方法

本书的主要目标是，提供一套关于分布式应用程序设计和开发的自成体系的导论教程，包括操作系统、计算机网络、分布式系统、计算机编程等课程中必要的知识点，以及这些知识点之间的相互作用。这些对理解和开发分布式应用很有必要。

本书并非专注于计算机科学中的一门传统的特定课程，而是关注这些课程之间存在交叠的内容，这些内容必然占据了很大份额。比如：操作系统和计算机网络（例如，进程间通信、使用阻塞或非阻塞套接字对进程调度行为的影响、通信进程的缓冲区管理、分布式死锁等）；计算机网络和程序设计语言（例如，理解套接字 API 和套接字选项的正确用法、维持连接状态、追求优雅断开等）；操作系统和网络相关编程（例如，理解不同的寻址结构之间的相互关系（进程标识、端口、套接字、IP 地址等）、套接字 API 异常处理、进程内使用线程或绑定定时器实现异步操作和非阻塞套接字等）；分布式系统和计算机网络（例如，理解高层分布式应用如何基于网络和网络协议提供的服务构建等）。

本书通过四个视角（进程视角、通信视角、资源视角和体系结构视角）展示其核心技术内容。这些视角都经过了精心选择，从而最大限度地反映系统组织和活动的类型与层次，使本书内容的利用率最大化。我发现，当从其中一个角度解释一个特定概念时，一部分学生能够清楚理解它，而另一部分学生就理解得浅显。但是，当从不同的角度给出第二个例子去加强解释时，后一部分学生对同一个概念的理解效果大幅提升。这正是我们正在使用的方法！现代计算系统中的组件间通信是一个复杂的主题，它被系统设计和行为的许多方面所影响和冲击。分布式的应用程序开发被底层系统的体系结构和应用程序本身的体系结构进一步复杂化。这些复杂性包括跨组件的功能划分和组件间的连接。通过从多个不同角度组织核心材料，本书给读者最大的深入理解的机会，并在系统的不同部分之间建立关联，熟悉这些部分在促成分布式应用内部通信方面扮演的角色。最终，读者将能够设计和开发分布式应用程序，并能够理解其设计决策产生的结果。

第 2 章　进程视角

作为 4 个核心章节的开篇，第 2 章讲述了进程视角。它剖析了进程管理方式及其如何在底层影响通信。这一章解决的问题包括进程调度和阻塞、消息缓冲和交付、使用端口和套接字、进程到端口的绑定操作方式，以及因此使操作系统能够在计算机层面代表其宿主进程管理通信等。这一章还解决多进程环境、线程、操作系统资源（如定时器）等问题。 4

第 3 章　通信视角

第 3 章剖析网络和通信协议操作方式及其功能和行为对应用程序设计和行为的影响。这一视角与通信机制、不同的通信模式等主题相关。通信模式有单播、多播和广播，通信模式的选择会影响应用程序的行为、性能和规模可扩展性等。这一章讲述了 TCP 和 UDP 等传输层协议的功能和特性，并从性能、延迟、额外开销等方面进行了对比，还从开发者角度剖析了通信的底层细节，包括套接字 API 原语的角色和操作等。另外，这一章还剖析了远程进程调用和远程方法调用等更高层通信机制。

第 4 章　资源视角

第 4 章剖析了计算机系统资源的本质及其如何用于实现分布式系统的内部通信。感兴趣的物理资源包括处理能力、网络通信带宽、内存。对于前两项，本书的讨论关注这些有限资源的有效使用需求（不能浪费）。使用效率直接影响应用程序和系统本身的性能和规模可扩展性。这一章在消息缓冲的上下文环境中讨论内存。比如，消息发送前的组装和存储（在发送端），内容处理过程中接收消息后的保存（在接收端）。同样，还有许多方面也很重要，比如，区分进程空间内存和系统空间内存，操作系统如何使用进程空间和系统空间管理进程，特别是操作系统代表本地进程接收消息以及后续将消息交付给进程（当进程发出接收原语时）。这一章还详尽剖析了对虚拟内存的需求和操作。

第 5 章　体系结构视角

第 5 章剖析了分布式系统和应用程序的结构。本章的主要关注点是，对于不同的模型，将应用程序的逻辑划分到多个功能组件，以及这些组件间相互连接、相互作用的方式。本章也考虑了系统组件映射到底层资源的方式，以及这类映射引出的额外功能需求，例如对灵活的运行时配置的需求。按照体系结构对关键非功能质量方面的影响，这一章还讨论了多种体系结构模型。非功能质量方面主要有规模可扩展性、健壮性、效率、透明性。

第6章 分布式系统

分布式系统一章是四个核心视角章的背景。每个核心视角章讨论一套特定的理论知识点、概念、机制。本章紧跟在四个核心章之后，主要讲述分布式系统本身，包括其关键特性和功能需求，以及其设计开发相关的特殊挑战等。因此，本章把核心章节的内容放到更宽广的系统视角，讨论由于其分布性本身带来的问题，以及解决这些问题的技术等。

透明性是分布式应用程序中追求质量的关键。因此，透明性成为贯穿所有章节的主题，
5 与各章涵盖的不同专题知识点相关联。透明性也是主案例研究中讨论的一个主要关注知识
点。为进一步强化透明性的重要作用，这一章深入地讲述了透明性本身。按照重要性及其对系统和应用程序的影响方式，这一章定义和探索了10种重要的透明性形式，讨论了提供这些透明性形式的技术。这一章也描述了公共服务、中间件、异构环境互操作的支持技术等。

第7章 案例研究：融会贯通

这一章把前面各章的内容汇聚在一起，形成两个全面详尽的分布式应用案例研究，举例说明了前面讨论的众多不同的问题、挑战、技术、机制等。

第7章的目标是提供一个综合知识点，通过全生命周期剖析应用程序。这一章采用“问题-求解”方法，以提供的可运行应用程序、配套源码、详尽文档为基础。这些应用程序体现和加强了理论与实践之间的联系，阅读过程中有必要参考前述章节。

1.2 网络和分布式系统在现代计算中的重要性——简明历史回顾

我的职业生涯从20世纪80年代早期开始，在一所地方大学做一名微处理器技师。当时的计算机系统与现在能用的样子大不相同。那时候，计算机是个没有网络连接的孤立系统。微处理器刚刚出现，IBM PC将要面市。当时没有什么东西可以称为计算机病毒。大型计算机是面向商业的主流计算系统。它们看起来真的像你曾在老电影中见过的系统，带着巨大的类似上开门洗衣机的可移动磁盘驱动器和像衣柜一样尺寸的巨大部件，前部有一个磁带盘前后卷动。为满足用户的需要，这些计算机系统需要一个小组的操作人员来更换磁带和磁盘，并且这种使用模式要求多数处理以批模式执行。这样，对于用户提交的工作请求，实际处理过程可能在一段时间（可能数小时）后执行。

我们一起简要回顾一下那个年代。作为工作的一部分，我从零开始搭建了几个完整的基于微处理器的计算机系统。对一个工作人员来说，那些技术都可控，只要他能理解和开发系统的各方面，包括硬件、操作软件、运行在系统中的应用程序。我是硬件和软件两方面的设计师，使用了先进的（对当时来说）微处理器（如Zilog Z80）和来自Motorola、Intel等不同公司的最新技术。我搭建了主板和电源，写了操作系统（还好监控系统保持原样）和系统中运行的应用程序。我负责硬件和软件各层面的测试和缺陷修复。同时，我还是操作员，又是用户。整个系统的复杂性仅相当于现代系统复杂性的冰山一角。

微处理器的出现是计算系统进化过程中的一个非常重要的里程碑。它带来了很多重要变化，引导了全球规模的普适计算发展。作为直接后果，我当今的学生们面临着多组件、多分层、相互连接的系统，其设计和行为在一定程度上极其复杂，不可能期望任何一个人能全面
6 理解系统。

PC（个人计算机）概念建立于1981年，伴随着IBM个人计算机的出现而出现。截止到这一时间点，曾经出现过多种多样的出自不同制造商的桌面计算机，但每一种都采用了不同的体

系结构和操作系统。由此给商务和软件开发者带来了风险，因为缺乏一致性，且难以认同某一特定技术。最初的 IBM PC 相当昂贵，但它具备了开放的、易于复制的硬件体系结构。这使得多种多样的竞争者们有能力搭建“IBM 兼容”机器（有时称作“PC 克隆”），因为多数配件有便宜很多的替代品，质量也可接受。事实上，它们有相同的体系结构，包括中央处理器（Intel 8086 系列设备），意味着它们都能支持相同的操作系统（PC 可用的三个操作系统之中最流行的是微软的磁盘操作系统（Disk Operating System，DOS）），并能够运行相同的应用程序。这种相容的方法是 PC 成功的关键。很快，这些系统被安装在很多商业应用中，也有许多人开始购买以用于家庭。这就是随后几年发生在计算领域的一场真正的革命。

或许自 PC 出现以来最引人注目的发展是网络的出现。一旦个人计算机概念变得流行，随之而来的平台标准化理念非常重要，从一个系统到另一个系统传递数据的需求日益增长。为实现有点类似广域网络的连接，在过去的那些日子里，我们实际上常常使用软磁盘传递数据。然而，我们的局域网络版本是，将一个文件保存到一台计算机上的软磁盘，移出软磁盘，走到同事的办公桌旁，把软磁盘插入他们的计算机，从而使他们能够访问需要的文件。

20 世纪 80 年代中期，局域网（Local Area Networking，LAN）技术开始变成商业化应用；到 80 年代末，局域网变得家喻户晓。最初，楼宇内外的布线成本和连接到每一台计算机的成本都非常高，所以，对于一些有计算机实验室的组织机构而言，通常只有较小数量的计算机连接到网络。另一种常见的情形是，为多个孤立分散的网络提供对服务器系统（如文件服务器）和共享资源（如打印机）的本地访问，但它们不接入更广域的系统。

局域网广泛实施之前，已经建立起了基本的广域网概念。串口连接能用来以一对一方式连接计算机，与计算机连接到打印机的方式基本相同。一对调制解调器（Modulator-Demodulator，MoDem）设备分别安装在一条电话线的两端，就能够在两台计算机之间拓展串口连接。只要有电话连接，计算机可以位于任何地方。尽管如此，这种方式仍然比较累赘，并且只能享受较低的数据传输速率，以换取可接受的可靠性水平。

自 20 世纪 70 年代，Internet 是一个以早期形式存在的广域网，但未进入商用，也没有大规模用于公众。大学的大型计算机系统连接到不同的系统，包括英国的 Joint Academic NETwork（JANET）等。

一旦每台计算机的连接成本降低到两位数字以下，连接到 LAN 的计算机数量就会爆发。记得曾经协商过一个横跨我供职的大学里多个不同系的一笔交易，以便能合并成一个包括大概 300 块网络适配卡的订单。这些网卡安装在我们的全部 PC 上，成本因此大幅消减。你能想象出这种转换的效果吗？在短时间内，从几百台独立的 PC 集合，演变到一个巨大的网络
基础设施。当你考虑把网络规模同时扩展到多所大学和商业应用时，你开始认识到网络曾经 7
产生的影响。不仅组织内部的计算机正在连接到巨大数量的 LAN，这些组织也正在连接他们的内部 LAN 到 Internet（可访问性大大提升，因为连接需求催生了服务提供公司，连接费用也急剧降低）。

转眼之间，你就能够在远距离的地点之间传输数据，或者从你的桌面计算机登录远程计算机访问资源。早期，广域网以电子邮件和使用 Telnet 或 rlogin 远程连接为主导，而局域网以资源共享和文件传输为主导。一旦基础设施普及，并且用户数量达到临界值，使用网络通信的应用程序的种类就会持续增长。随着网络带宽的增长和可靠性的提升，以前不太可行的常规电子商务和流媒体应用也迅速兴起。

可以认为，分布式系统是超越简单使用网络连接的应用程序的进化阶段。早期的网络化应用程序饱受缺乏透明性之苦。例如，用户必须知道另一台计算机的地址和正在使用的协议，并且没有办法确保指定的应用程序正在远端运行。这类应用程序需要用户拥有关于系统配置的重要知识，可扩展能力不强。分布式系统采用了多项技术和服务，以隐藏底层网络细节（例如，如果发出请求时对应的远程服务没有运行，允许系统的不同组件之间自动定位对方），甚至可以自动启动远程服务。用户不需要知道细节，比如服务的体系结构，或者组件的数量和位置等。分布式系统的根本目标是对用户隐藏其内部细节、体系结构、组件位置等，使系统的各部分都表现为单个连贯的整体。这些提高了可用性和可靠性。

近年来，分布式系统在绝大多数商业计算中占据了优势，包括电子商务、在线银行、在线股票代理以及大量的其他基于 Internet 的服务，还包括大部分非商业计算，如游戏和电子政务。几乎所有应用程序要么是分布式，要么至少以某种形式使用网络。后一类型的一个例子是文字处理器，它运行在本地计算机，却将文件保存到网络驱动器（安装在文件服务器，而不是本地机器），或者使用 Internet 访问一个位于远程的帮助文件。我在每次课程开始时都问学生一个问题，让他们考虑他们最经常使用的应用程序是什么，并思考这些程序的底层通信需求是什么。问问自己本周使用了多少个应用程序，哪一个完全在单个平台上操作，而不与另一个系统发生通信？

当第一次讲授分布式系统概念时，我使用将来时描述他们将如何日益占据主导地位，这归功于它们的多种特质和优点。现在分布式系统成为正在使用的最常见的软件系统类型之一。我熟知底层活动的个数，它们运行在表象的背后，去实现貌似简单的操作（从用户的角度）。我知道底层的复杂性，也能认识到实现透明性是如何令人激动，以至于用户很多时候意识不到底层复杂性及其本身的分布性。

这一节为本书做好准备。在我们日益习惯在线和依赖信息的生活中的方方面面，分布式系统将保持并提高其主流地位。理解系统的复杂性和领会对仔细设计和开发方面的需求都很重要。设计和开发分布式系统需要一个见多识广、技术高超的工程师队伍。本书致力于这方
8 面的工作，是一本在相关关键概念和挑战方面的可靠导读。

1.3 分布式系统简介

本节介绍分布式系统的简要背景，为四个核心章勾勒轮廓。分布式系统概念的讨论贯穿全书，形成四个核心章的背景，并将在第 6 章深入剖析。另有三个分布式应用案例研究，其中一个贯穿核心章，另外两个在第 7 章详细介绍。

一个分布式计算系统中，应用程序使用的资源散布于多台用网络连接起来的计算机。它们提供不同的服务，便于分布式应用程序操作运行。这点与更简单的集中式计算模式形成对比。集中式计算模式中的资源位于单台计算机，其处理工作不需要与其他计算机通信，或不依赖于任何其他计算机。

一个分布式应用的程序逻辑散布于两个或多个软件组件，它们运行在同一个分布式系统中的不同计算机上。组件之间必须通信和协调它们的动作，以达到执行应用程序计算任务的目的。

1.3.1 分布式系统的优势和挑战

分布式计算机系统有若干重要优势，这源于它们具备的以协同方式并发使用多台计算机

的能力。这些优势包括：

- 系统的规模可扩展能力（因为额外的资源能够增量添加）。
- 系统保持可靠性的能力（因为可以保有多份资源副本，服务散布全系统范围。对于阻止访问一个资源或服务的实例副本时产生的错误，分布式系统能够通过改用其他实例的方式屏蔽错误）。
- 实现高性能的能力（因为计算负载能够由多个处理实体共同分担）。
- 地理上分散处理任务和资源的能力，基于面向应用程序的需求和用户局部性。

然而，事实上应用程序跨多台计算机并发执行也给分布式计算带来了不少重要挑战。一些主要挑战在构建分布式系统时必须理解和克服。这些挑战包括：

- 分布式系统显露出了多种形式的复杂性，表现在其结构、组件间通信和控制关系、结果行为等方面。这种复杂性随着系统规模的增长而增长，使得测试系统和预测系统行为变得困难。
- 服务和资源能够被复制。这需要特殊机制来确保负载能跨多资源分散，并确保对资源的更新传播到了该资源的所有实例副本。
- 动态配置可能发生改变，无论系统资源还是系统中的工作负载。这些改变可能引起可用性和性能方面的突发性改变。
- 资源能在整个系统中扩散和移动，但是，进程需要能按需发现这些资源。因而，为便于访问资源，必须借助名字机制和支持服务等，它们允许资源被自动发现。 9
- 多进程访问共享资源。这类访问必须采用某种特殊机制，确保资源始终维持一致。个别资源的更新操作可能需要序列化，以确保每次更新操作都执行完整，没有被其他访问操作打断。

1.3.2 分布的本质

依赖于系统的分布式特性和实现分布性的方式，分布式系统表现出不同的特性。系统能够分布的方面包括：

- 分布式文件系统是最早的分布形式之一，现在已司空见惯。文件能够分散在系统中，共享在多个文件服务器进程上装载的服务。文件还能够在多个文件服务器实例上复制多个副本。如果文件的其中一个副本损坏了，还能够提供更有效的可访问能力和健壮性。
- 分布式数据库系统允许数据在地理上分布，以便需要数据的用户能在本地使用，这样可实现更低的访问延迟。这种分布性也能跨多台服务器分散负载，就像文件服务一样，数据库内容也能够被复制，以提高健壮性和可用性。
- 操作系统能够跨多台计算机分布。目标是提供一个抽象的单台计算机系统映像，看上去一个进程的执行没有直接绑定到任何一台特定的宿主计算机。当然，实际进程的指令在一台特定的主机上执行，但这些细节通过“进程到操作系统”的接口屏蔽了。本质上，中间件在更高层面上实现了同样的效果。也就是说，中间件是一个虚拟服务层，处于传统的以节点为中心的操作系统的顶层，为多进程提供单个系统抽象。
- 安全和认证机制能够跨多台计算机分布，以确保一致性和防止脆弱入口点。这样做的好处是，系统具有跨全系统的安全一致性管理，有利于更好地监督和控制。

- 待处理任务能够跨越多个负责处理的资源动态分散，以共享（或平均）负载。通过把负载从使用率高的资源迁移到使用率低的资源，工作负载分布的主要目标是提高（系统的）整体性能。必须给予特别的谨慎，以确保这种机制能够在各种负载条件下保持稳定（也就是说，不会发生负载振荡）。并且，使用这种机制（监控、管理、发生任务转移动作）产生的额外开销不能超过预期收益。
- 支持服务（支持分布式系统运作的服务），比如名字服务、事件通知机制、系统管理服务等，它们本身能够分布化，以提高其自身的效率。
- 用户应用程序能够按照功能分割成多个组件。这些组件在系统内分布的原因很多。一个典型的情形是，在系统内，有用户的一个本地组件（提供用户界面和一些本地处理、面向用户的数据存储和管理等），还有一个或多个远程组件，靠近远程的共享
10 数据和其他资源。这种分布式特性是本书的主要关注点。

1.3.3 分布式应用程序的软件体系结构

应用程序的体系结构是指不同的组件之间借以相互连接的结构。这是一个影响应用程序整体质量和性能的非常重要的因素。几个影响软件系统结构的主要方面包括：

- 组件类型个数；
- 每种组件类型的实例个数；
- 组件实例之间相互连接的基数和强度，包括与同类组件或不同组件之间的连接；
- 组件间连接是静态决定还是动态决定（根据运行时系统配置和应用上下文）。

最简单的分布式系统包含两个组件。如果这两个组件类型相同（也就是说，每个组件有相同的功能和用途），这种结构被称为对等结构。因为系统动态发现组件，而且组件独立地离开系统，所以对等结构应用程序常常基于自组织方式连接起来。尤其在移动计算应用程序中，这种对等计算的情形格外普遍。

客户服务器应用程序包含两个不同类型的组件。其中，服务器组件为客户端组件提供某种服务，通常由客户端按需驱动。最小的客户端 - 服务器应用程序中，每类组件各包含一个。每类组件可以有多个实例。采用这种体系结构的多数商务应用程序中，客户端实例数与服务器实例数的比率都相当高。这种模式的工作方式通常以统计意义上的多路复用技术为基础，因为客户端实例的生命周期常常较短，所以它们向服务器发出的请求将全部超时消失。

包含三种或多种组件类型的应用程序称为三层或多层应用程序。与两层的客户端 - 服务器应用程序相比，多层应用程序采用的基本方法是进行更细粒度的功能划分。不同范围的功能（比如用户界面方面、安全方面、数据库管理方面以及核心业务逻辑方面），各自划分为一个或多个独立组件。这是造就柔性系统的方法，其中，不同类型的组件能够独立地由其他类型的组件替换，或重新定位其他组件，来平衡系统的可用性和负载。

混合体系结构产生于基本模型的合成概念。例如，在客户端服务器应用程序中，客户端组件之间不直接相互作用，在很多应用程序中，它们根本就没有相互作用。这种情形下，客户端之间的通信借助服务器间接发生。当客户端之间直接发生通信时，混合系统就产生了。也就是说，在系统体系结构中，添加了对等特性。但是，这种情形下，需要特别小心地管理应用程序增加的价值，与由此带来的复杂性、交互强度等之间的权衡。总之，保持交互强度尽可能低，采用层次体系结构代替扁平模式，在应用程序的规模可扩展性、可维

护性、功能可扩展性等方面能产生更好的效果。

1.3.4　分布式系统与应用的质量度量指标

分布式应用程序的需求规格分为两类：与应用程序的功能行为相关的需求规格；与应用
程序的整体质量相关的需求规格，比如响应性和健壮性。后者称为非功能性需求，因为它们 11
不能按一项功能实现。例如，你不能为软件编写一项功能，名为“响应性”，用来控制软件的响应能力特性；相反，响应性这类特性需要借助整体系统的设计来实现。这构成一个循环关系，其中应用程序的绝大多数功能行为通常将对非功能特性有贡献，这些非功能特性又反过来影响其功能需求规定的质量要求。因此，在分布式应用程序的设计和开发过程的各个阶段中，非功能需求都应受到高度重视，这点非常重要。从某种意义上，强调非功能需求很重要，因为功能需求更易于自我定义，不容易被忽视。例如，一项形如“每天最后一刻备份所有事务日志”的功能需求能够被清晰声明，并且有特定机制来鉴别和实现。功能属性易于测试和检查一致性，然而，非功能性需求（例如规模可扩展性和健壮性）就不能直接定义和确保其实现。

功能需求面向应用，能够与行为或结果建立关联，比如活动序列、计算输出、控制动作、安全限制等。这些行为或结果必须在特定的应用程序环境中明确地预先定义，与清晰的测试大纲一起，便于开发人员能够确认其是否正确理解了需求，以及正确得到最终结果。

一般情况下，非功能需求定义不会很清晰，在某种程度上，其解释也是开放的。典型的非功能需求包括规模可扩展性、可用性、健壮性、响应性和透明性。所有这些需求都在分布式应用程序的质量度量结果中有贡献。其中，透明性被认为是全部非功能需求中最重要的需求。在最高层，透明性可描述为“隐藏组件的多样性和分布性细节，为用户呈现单个系统的假象”。系统层面的透明性还能够降低应用程序开发人员的负担，以便专注投入应用程序的业务逻辑，而不用关心任何因分布性导致的大量技术问题。例如，名字服务的可用性消除了开发人员在应用程序中建立“名字 - 地址”解析机制的麻烦，降低了应用程序的复杂性，从而缩短了开发周期，降低了开发费用。

透明性是本书的一个主要的横切主题，在书中的不同位置深入讨论了其不同的方面。作为一个如此广泛的概念，透明性概念的内涵进一步划分成多种形式。在实现高质量系统方面，每种形式都扮演了不同的角色。

1.3.5　透明性简介

透明性可分为多种形式，下文将简明介绍。全书非常深入地讨论了透明性。透明性在 4 个核心章节对应的不同内容主题上展开讨论，还在第 6 章作为独立主题，进行了非常深入的讨论。

- *访问透明性*。访问透明性要求以相同的操作访问对象，无论这些对象位于本地还是远程。也就是说，访问特定对象的接口必须是一致的，无论它实际上存放在系统的
哪个位置。 12
- *位置透明性*。位置透明性指的是无需知道对象的位置就能访问该对象。位置透明性的实现通常基于对象名字或 ID 提交访问请求，提交请求的应用程序知道对象的名字或 ID。然后系统内的服务解析名字或 ID，链接到该对象的当前位置。
- *复制透明性*。复制透明性指的是，系统创建了对象的多个副本，而对于使用这些对象的应用程序来说，在副本可见性方面不造成任何影响。应用程序不需要知道

副本的数量，或者不可能看到特定副本实例的标识。被复制的数据资源的全部副本（比如文件）需要妥善维护，以保证它们内容相同。并且，在任何一个副本上实施的操作，必须在全部副本上产生相同的结果，就像该操作实施在任何其他副本上一样。

- 并发透明性。并发透明性要求并发的进程之间能够无干扰地共享对象。这意味着，系统将为每位用户提供独占式访问该对象的假象。系统必须采取适当的机制，确保维护共享数据资源的一致性，尽管它们同时被多个进程访问和更新。
- 迁移透明性。迁移透明性要求数据对象能够被移动，而不影响使用这些对象的应用程序的正常运行；同时进程也能够被移动，而不影响它们的运行和结果。
- 故障透明性。故障透明性要求错误能够被隐藏，以便应用程序能够继续执行功能，而不因错误的发生对系统的行为或正确性造成影响。
- 规模扩展透明性。规模扩展透明性要求在无需修改底层系统结构或算法的前提下，能够扩展应用程序、服务或者系统的规模。实现规模扩展透明性主要依靠有效的设计方案，包括资源使用模式，尤其是通信强度。
- 性能透明性。性能透明性要求随着系统负载上升，系统性能应该优雅地下降。性能的一致性对可预测能力很重要，是判定用户体验质量的一个重要因素。
- 分布透明性。分布透明性要求隐藏网络的存在和组件的物理分割，使得分布式应用程序中的组件都如同互相在本地执行（也就是说，运行在同一台计算机上），因此不
13 需要考虑网络连接和地址的细节。
- 实现方法透明性。实现方法透明性意味着隐藏组件的实现方式细节。例如，让构成应用程序的组件能够采用不同的编程语言开发。这种情况下，这些组件之间相互操作时，例如在方法调用过程中，必须确保通信过程保留了预先定义的语义。

各种形式的透明性之间的相对重要程度在系统内独立于系统，也独立于应用。然而，访问透明性和位置透明性被看作任何分布式系统的通用需求。有时，提供这两种形式的透明性是提供其他形式的透明性（比如，迁移透明性和故障透明性）的先导步骤。并非在所有的系统中，都必须备齐所有形式的透明性。例如，如果应用程序的全部部件都用相同的语言开发，并运行在相同类型的平台上，那么实现透明性就变得无关紧要。

不同形式的透明性以不同的方式取得，但总的来说，这同时取决于应用程序设计自身和它在系统层面上提供的正确的支持服务。该类服务的一个很重要的例子是名字服务，它是许多系统中提供位置透明性的基础。

1.4 案例研究简介

分布式应用程序是多元多组件的软件，能呈现丰富且复杂的行为。因此，把理论上的和机理性的知识点安插到相关的实际应用程序例子中非常重要。这本书的编写受到一门名为“系统编程”的本科课程的鼓舞。该课程已经发展和讲授了超过13年之久。这门课程强调“理论结合实际”。其中，课堂授课部分介绍和讨论各种理论、概念和机制；然后，学生进入实验室开展编程实践任务，应用和探究所学的概念。这门课程中，最受欢迎的课程作业任务是设计开发一个分布式游戏，特别是，它必须是一个具有客户端-服务器体系结构的游戏，可以通过网络对玩。学生自由选择他们将要实现的游戏，评分标准仅与通信和软件体系结构特性有关，而与其他方面无关（例如图形界面设计，尽管许多课堂作业也在这一方面令人印

象深刻)。通过选择他们自己的游戏，学生全心地投入，被强烈地吸引进该任务。游戏主题必然为实验环节注入大量乐趣。我是一个坚定地热衷于寓教于乐的倡导者，但仍然认为，分布式游戏的功能需求和非功能需求等与很多分布式商务应用程序相类似。因此，学习效果高度相通。

1.4.1　主案例研究（分布式游戏）

为与上述的课程作业主题保持一致，本书使用的主要案例研究应用程序是井字棋游戏（又称画圈和打叉游戏）的分布式版本。这个游戏的业务逻辑和控制逻辑在客户端组件和服务器组件之间按功能分类。有多个玩家，每个玩家使用一个客户端组件的实例连接到游戏服务器，并选择其他玩家在游戏中对战。实际的游戏逻辑不是特别复杂，也不会因此从体系结构和通信方面分神。这是案例研究的主要关注点。

这个案例研究贯穿本书的核心章节（四个视角）。把理论和概念放到一个应用程序的上下文环境中，还在这些章节之间提供连续性和重要交叉链接。这种方法便于沿着不同视角思考，便于理解设计挑战和不同设计需求之间的潜在冲突（可能在部署分布式系统时出现）。

井字棋游戏内置于分布式系统版 Workbench（见本章后文）。因此，跟随贯穿全书的案例研究的说明就能够探索应用程序的行为。作为辅助资源的一部分，本书提供了整套源代码。

图 1-1 展示了正在运行中的分布式游戏。其中，有两个客户端进程连接到一个服务器进 14~15
程。以服务器为中介，两个客户端之间正在进行一场游戏。为便于演示，游戏设计的所有组件都能运行在单台计算机上，正如示例的场景。不同的是，正常游戏的使用模式是不同组件运行在不同的计算机上。

1.4.2　附加案例研究

鉴于分布式系统的范畴非常广泛，有必要通过附加案例研究确保不同的体系结构、功能、通信技术都有用武之地。因此，在最后一章提供了两个附加案例研究。这些案例研究带领读者深度体验软件开发生命周期，涉及从需求分析直到测试的所有活动。

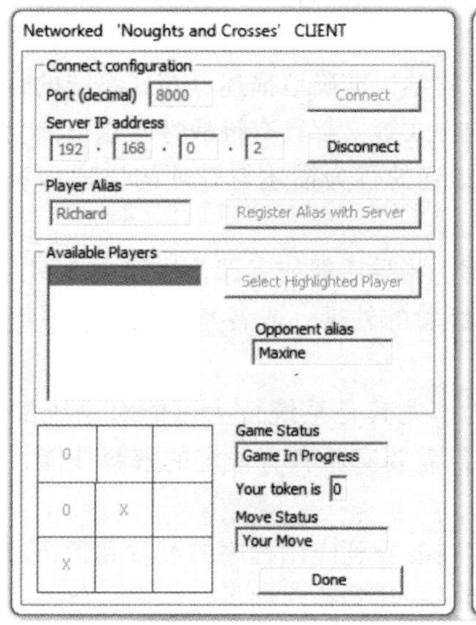

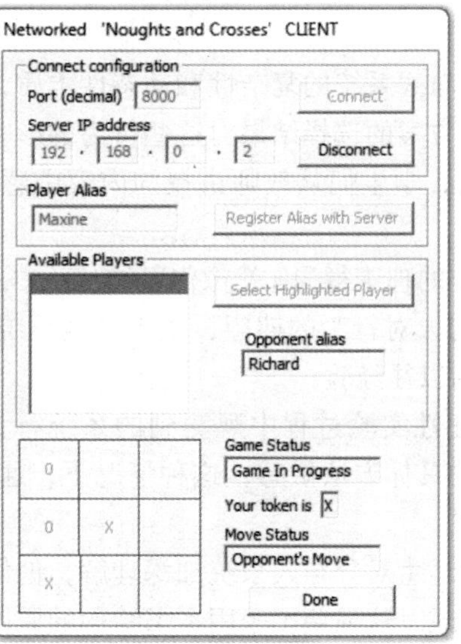

图 1-1　对战中的井字棋游戏

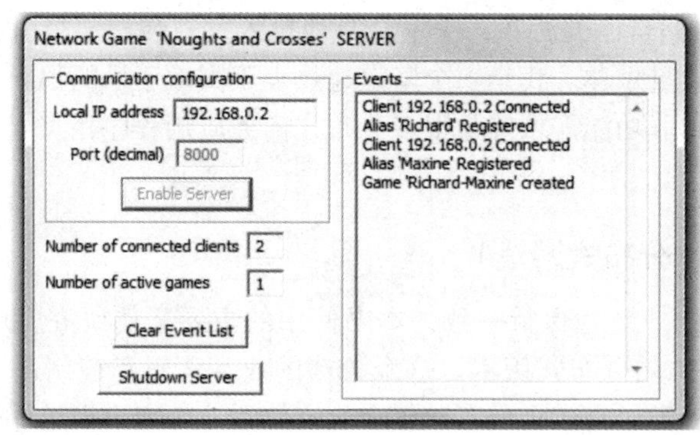

图 1-1 （续）

第一个案例研究是时间服务客户端，它通过网络时间协议访问标准的 NIST 时间服务。第二个案例研究是事件通知服务（Event Notification Service，ENS），它通过一个分布式应用程序样例完成，包含事件发布组件和事件消费者组件，通过 ENS 间接通信。应用程序组件用不同的语言开发，以方便探索互操作性和异构系统方面的相关问题。

1.5 教辅材料和练习简介

本书还带有大量的教辅材料。这些教辅材料分为如下几类：

- 三个完整的案例研究配有全部源码和详尽文档；
- 大量示例代码和可执行代码，支持各章中的实践活动和编程挑战（包括程序开发起步和解决方案举例）；
- Workbench 教学工具的特殊版本（见本章后文）；
- 与 Workbench 配套的详尽文档，阐述了它支持的概念和机制方面的进一步实验和探索；
- 教学支持材料，包括学生作业的任务说明和实验练习指导书等，使学生掌握使用 TCP 和 UDP 协议的通信基础，这些都以本书提供的学生能够扩展的示例代码为基础。

鉴于分布式系统的复杂性和动态性本质，向学生准确地描述分布式系统的行为细节，以及描述设计方案的选择结果对这些行为的影响方式等，都具有挑战性。这可能会引起理解方面的不一致，学生们从教师讲授的内容中感知到的行为描述与教师的描述本意可能会不一样。例如：

- 系统的理论行为（就像你可能从一本书、指导手册或者课堂讲稿中读到的）；
- 不同人对行为的期望，基于其他系统经验的外推，或者基于同一个系统在不同配置时的以往经验；
- 实证性实验过程中观测到的系统行为，尤其是系统行为可能对系统配置和展开实验的具体方法敏感，这种情况下，通常需要实验者有一定的解释技能，才得到实验
16 结果。

为帮助学生对分布式系统加深理解，他们需要看到应用程序的配置和运行时环境影响系统行为的方式。这强调了采用本书结构的原因——让实践活动贯穿全书。仅基于片面的理论方面的肤浅理解研究复杂系统是有风险的，因为没有领会系统行为的底层机理，没有搞清楚

系统为何如此设计。书中包含了实验的做法，为理论概念提供了实践基础，并在观测到的现象和底层原因之间建立关联。可见，这种组织方式非常重要（见下节）。

课内活动

课内活动嵌入教材正文中，形成“理论联系实际”的重要部分。这些实践活动与相关讨论的章节紧密集成，目的是作为平行于阅读教材的活动来实施。这些活动以特殊格式标记，使得其形式统一。包括：

- 活动说明，包括预期的学习目标以及活动相关的特定章节；
- 指明需要的辅助材料；
- 描述活动的实施方法；
- 评价，包括输出讨论、结果观测及其含义等；
- 思考，通过问题和挑战鼓励（学生）进一步独立研究和加强理解。

活动 I1 提供了一个课内活动格式的示例，解释了如何从 Web 站点访问本书的支持资源。

活动 I1 访问教辅材料

四个核心章（进程视角、通信视角、资源视角、体系结构视角）和分布式系统章分别包含了相应的实践活动，能使本书的阅读过程更完整。这些活动的设计用来承载关键概念，允许读者更广泛地探索，比如许多活动中包括了可配置实验或模拟，支持“假定推测”探索。

这些活动采用了一致的格式，有明确的学习目标、清晰的方法、预期结果和思考。“活动 I1”作为第一个活动，介绍了后续活动（嵌入在其他章节正文中）的风格。本活动与其他活动采用相同的布局。

前提条件。活动的任何特定前提条件将列举在这个位置；本活动无前提条件。

学习目标。

1. 熟悉课内活动的风格和目的。
2. 熟悉支持资源。

方法。本活动按两个步骤展开：

1. 定位和访问本书的在线资源 Web 站点，网址是 booksite.elsevier.com/9780128007297。
2. 复制资源到计算机本地。请注意，所有的材料、程序、源码、文档都原样提供了，以使资源能发挥最好的作用为目的，帮助读者研究和理解本书，而不提供担保和授权。 17

使用支持资源的推荐方式是，在自己的计算机上创建一个名为 SystemsProgramming 的独立目录，用于存放各章的相关资源，然后把全部资源复制进来。注意：

- 从一开始就下载全部资源将使得本书的阅读过程更顺畅，无须因需要访问 Web 站点而时时打断阅读过程。
- 可执行的应用程序（包括 Workbench）最好在运行前下载到本地计算机。

预期结果。在本实践活动结束时，你应该清楚了可用支持资源的内容和范围。你应该知道如何把资源复制到你自己的计算机，以便使用。

思考。对于后续的每个活动，都有一个简短的思考环节，为附加的实验和评估提供鼓励和指导。 ■

1.6　交互式教学工具 Workbench 套件

本书配有一套高级的交互式教学应用程序，称为 Workbench。我开发它超过了 13 年之久，用来提高以学生为中心的教学方法的特性和灵活性，允许学生以交互方式按自己的进度安排远程学习。网络版 Workbench、操作系统版 Workbench、分布式系统版 Workbench 等提供了可配置模拟、仿真、实现等方面的集成，便于对许多底层系统概念展开实验。这些 Workbench 经过了很多届学生的试用和测试。到目前为止，多位讲师把 Workbench 用作多门课程的辅助支持材料。本书中特定的技术内容对应于特定的练习和实验。这些练习和实验能借助 Workbench 软件工具开展。例如，在网络版 Workbench 中有特定的实验，对应于寻址、缓冲、阻塞 / 非阻塞套接字 IO 模式，以及 TCP 和 UDP 协议的操作。

开发 Workbench 的动机源自我在计算机系统方面的教学经验。在行为方面，计算机系统根本上是动态的，很难用传统的讲授技术阐述系统的动态特性，比如通信（如连接、消息序列等）、调度或消息缓冲，尤其是在课堂环境中。对于“程序 – 开发”方法，能及时从程序开发中脱身也是问题，因为对于欠缺编程经验的程序员，编程本身（语法错误、编程概念等）很容
18 易使之陷入困境，常常因为进度太慢而未能达到或充分探讨网络 / 分布式系统的学习目标。

开发 Workbench 的目的是填补这一鸿沟。例如，教师能够在课堂上用生动的实验和模拟演示概念；学生能够通过现场实验探索协议和机制的行为，而不用实际编写底层代码。与 Workbench 引擎配套，我开发了一系列先进的课内活动，受到学生的好评。Workbench 的具体优势包括：

- 把系统及行为的静态描述替换为动态的、交互式的、用户可配置的模拟（展示组件间如何相互作用，包括这些相互作用中的时间顺序关系等）。
- 借助可配置、可重复的实验，读者能够按照自己的步伐学习。
- 在课堂和辅导教程中演示概念，如同在实验室以无监督方式进行，借此强调了本书用作理想的课程指导的初衷。
- 配有渐进式实验练习，旨在鼓励分析和批判性思考。这些工具本身就给书的内容带来生机，并允许读者亲眼目睹不同操作系统机制、分布式系统机制、网络协议的行为和效果。

为配套本书，专门发行了 Workbench“系统编程”版本，也特指 3.1 版，包括以下三个细分版本。

- 操作系统版 Workbench。关于进程调度和调度算法的可配置模拟；线程、线程优先级、线程加锁、互斥锁；死锁；内存管理和虚拟内存。
- 网络版 Workbench。关于 UDP 和 TCP 协议的实用性实验；端口、地址、绑定、阻塞和非阻塞套接字 IO 模式；消息缓冲；通信的单播、多播、广播模式；通信死锁（分布式死锁）；DNS 名字解析。
- 分布式系统版 Workbench。关于选举算法的实用性实验；目录服务；客户端服务器应用程序（构成主案例研究的分布式游戏）；单工通信；网络时间协议（Network Time Protocol，NTP）（详见最后一章的网络时间服务客户端案例研究）。

1.7　示例代码和相关练习

本书提供了大量完整的应用程序，也提供了一些框架性代码，用作读者开发应用程序的

起点，也可用作部分章末练习的基础和起点。有的例子用不同的语言编写。事件通知服务案例研究中，专门演示组件之间的互操作能力。这些组件用 C++、C# 和 Java 三种不同的语言开发。

第 2～7 章包含了与特定章节内容相关的应用程序开发练习。本书提供了可以使用的示例程序。有些情况下，这些示例程序从课内活动引出，所以读者可能已经熟悉这些应用程序的功能。通常推荐的方法是，从测试提供的示例代码开始，然后建立应用程序行为和程序逻辑之间的关系。编译和单步调试示例代码指令，加强对应用程序代码的理解。一旦理解清楚了，第二步就可以通过添加新特性来扩展应用程序的功能，当作特定编程任务的开始。本书在恰当的地方提供了解决方案示例。 19～20

第 2 章
Systems Programming: Designing and Developing Distributed Applications

进程视角

2.1 基本原理和概述

在分布式系统中，进程是通信的最终端点。在一个特定的系统或应用程序中，多个进程作为独立的实体执行，并由操作系统负责调度。然而，对于这些进程，为了能协同连贯地应对应用程序中的问题，它们需要通信。理解进程的本质以及它们与操作系统的交互方式，是设计多个通信进程系统的一个关键的前提条件，以建立更高级的结构，从而解决分布式系统的应用层问题。

在一般上下文中讨论输入和输出时，将会使用缩写 IO。

2.2 进程

本节探究进程的本质，以及它们在操作系统中的管理方式。尤其关注的是，设备的输入 / 输出（Input and Output，IO）映射到进程 IO 流的方式，以及用管道实现进程间通信（Interprocess Communication，IPC）的方式。

2.2.1 基本概念

进程的基本概念以及它们与系统间的交互是基础，这将为后续更深入的研究做好铺垫。我们先从程序的定义开始：

程序是指令的列表，并带有结构和顺序信息，以控制指令执行的次序。

21~22 现在让我们考虑一下进程的定义：

进程是程序的运行实例。

这意味着，当我们运行（或执行）一个程序时，就创建了一个进程。程序和进程之间最重要的区别是，程序并不做任何事情，更确切地说，它是对如何做事情的一种描述。在进程创建后，它将执行相关程序的指令。

家庭组装式家具提供的指南是对计算机程序的恰当类比。它们提供了一套有序（带编号）的独立步骤，描述如何组装家具。仅有操作指南的存在，家具并不能组装起来。只有当有人实际执行指南，按照正确的顺序操作时，才能装好家具。按照指南条目逐步采取的行动类似于计算机进程。

程序和进程之间的另一重要关系是，相同的程序可以运行（执行）许多次，每次都产生一个独立的进程。我们可以扩展家庭组装式家具的类比来说明。每一套家具配备一份指南的副本（即相同的“程序”），但会在许多不同的时间和不同的地方被搭建成型（即指令被执行），可能在时间上有重叠——两个人可能会同时组建各自的家具，但彼此并不知道对方的存在。

2.2.2 创建进程

第一步是编写程序。该程序表达了解决一个特定问题所需的逻辑。该程序将用你选择的编程语言编写，例如 C++ 或 C#，使你能够利用表达能力合适的语法表示高层思想，例如，从键盘设备读取输入、操控数据值以及在显示屏上显示输出等。

然后，编译器通常将易于为人类所接受的高级指令转换成微处理器能理解的低级指令（因此，这个编译器生成的低级指令序列被称为机器代码）。这时，产生的错误可能有两种主要形式。一种是语法错误，即那些违背了所用语言的语法规则的错误。语法错误的例子包括变量名或关键字拼写错误，将不正确的参数类型或不正确的参数个数传递给了方法，以及许多其他类似的错误（哪怕你曾做过一点点编程，你都可能会列出至少另外三种类型自己犯过的语法错误）。这些错误由编译器自动检测，并提供错误信息，使你能够定位并修复问题。因此，一旦你编译了代码，就应该不会再出现后续的源自语法的问题。

另一种是语义错误，即逻辑描述方面的错误。换句话说，程序代码所表达的逻辑含义不是程序员的本意。这些错误可能更加严重，因为一般说来，编译器没有办法检测到它们。例如，设想你有 3 个整型变量 A、B 和 C，你打算执行计算 C＝A－B，但是你不小心敲成了 C＝B－A！编译器将无法找到代码中的任何错误，因为它在语法上是正确的，而且编译器当然不知道你原想的程序的工作方式，也不关心变量 A、B 和 C 的真实值是多少或是其所代表的含义。语义错误通过实现过程中的精心设计和规则纪律来预防，凭借开发人员的警惕性来检测，且必须得到一个严格的测试体制的支持。

让我们假设现在已有一个在逻辑上正确的程序，它已被编译，并以微处理器硬件能够理解的机器代码的形式存储在一个文件里。这种类型的文件通常称为可执行文件，因为你可以 23
通过将其名字提供给操作系统的方式“执行”（运行）它。一些系统通过特定文件扩展名来识别这样的文件，例如，在 Windows 系统中使用扩展名“.exe”。

考虑执行程序的机制是非常重要的。程序是存储在文件中的指令列表。当我们运行程序时，操作系统读取指令列表并创建一个进程，其中包括指令在内存中的版本、程序中使用的变量以及一些其他相关元数据，例如哪个指令在下一步执行。总体上，这部分称为进程映像，而元数据和变量（也就是说，映像的可变部分）称为进程状态。因为基于这些值，描述了进程的状态（也就是说，进程在这套指令集合中的进展情况，由该程序运行实例中特定的输入值序列所刻画）。状态区分了同一程序的多个进程。操作系统将通过唯一进程标识符（Process IDentifier，PID）识别进程。这很有必要，因为在现代计算机系统中，可能会有多个进程同时运行，并且操作系统必须在其他事情中追踪进程：谁拥有它、它使用着多少处理资源、它正在使用哪些 IO 设备。

进程运行中出现的动作序列所代表的语义（逻辑）与程序表述的语义（逻辑）一样。例如，如果程序首先将两数相加，然后将结果翻倍；进程将以相同的顺序执行这些动作，并给出可预知的结果，只要这个人既知道程序逻辑，同时也知道使用的输入值。

考虑最简单的程序执行场景，图 2-1 展示了一个非常简单的进程的伪代码。伪代码是以一种“近自然语言”的形式来表示程序的主要逻辑动作的一种方式，虽然伪代码独立于任何特定的编程语言，但仍然能表述明确。伪代码并不包含全部层次的细节，这些由特定语言编写的实际程序提供，比如 C++、C# 或 Java 语言。尽管如此，伪代码仍被用作一种辅助解释程序的整体功能和行为的手段。图 2-1 中示例的程序是一种非常受限的情况。处理过程本身可以是任何你喜欢的事情，但没有输入和输出，这个程序不可能有意义，因为用户不能影响它的行为，并且程序无法把它的结果展现给用户。图 2-2 示例了一个更有用的情境。

```
Start
  Do some processing
End
```

```
Start
  Get input
  Do some processing
  Produce output
End
```

24 图 2-1 一个简单进程的伪代码 图 2-2 带有输入输出的一个简单进程的伪代码

从概念上讲，这个程序仍然非常简单，但不管怎样，有了一种驾驭处理过程的方法，去做一些有意义的事情（输入），也有了一种找到结果（输出）的方法。

也许，在脑海中构建正在发生的场面的最简单的方法是，假设输入设备是键盘，输出设备是显示屏。我们可以写一个程序 Adder，实现图 2-3 所示的逻辑。

```
Start
  Read a number from the keyboard, store it in variable X
  Read a number from the keyboard, store it in variable Y
  Add X + Y and store the result in variable Z
  Write Z on the display screen
End
```

键盘 —{X,Y}→ Adder —{Z}→ 显示屏

图 2-3 进程的两种表现形式：伪代码和框图表示法，展示了带有输入输出的进程

如果输入数字 3，然后再输入数字 6（2 个输入值），则在显示屏上的输出将会是 9。

更准确地说，进程从一个输入流获得输入，并将其输出发送到一个输出流。正在运行的进程不会直接控制或访问设备（比如键盘和显示屏），将值从这样的设备传入和取出都是操作系统的工作。因此，我们可以表达 Adder 程序的逻辑，如图 2-4 所示。

```
Start
  Read a number from the input stream, store it in variable X
  Read a number from the input stream, store it in variable Y
  Add X + Y and store the result in variable Z
  Write Z on the output stream
End
```

输入流 —{X,Y}→ Adder —{Z}→ 输出流

图 2-4 带有输入输出流的 Adder 进程

当程序运行起来后，操作系统会（默认）将键盘设备映射到输入流，并将显示屏映射到输出流。

我们来定义第 2 个程序 Doubler（见图 2-5）。我们可以运行程序 Doubler，创建一个进程，其输入流连接到键盘，输出流连接到显示屏。如果我输入数字 5（输入），屏幕上的输出将会是 10。

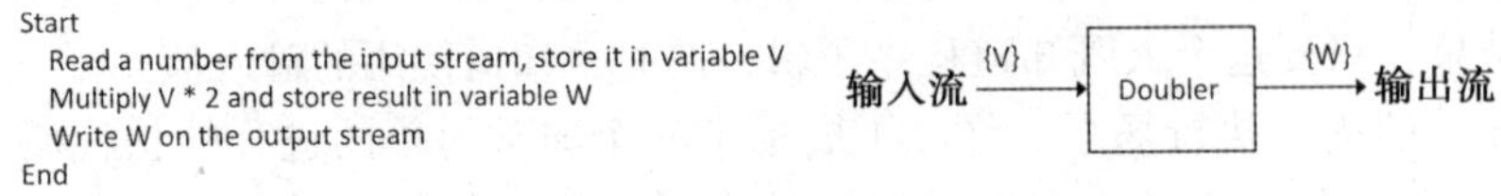
Start
Read a number from the input stream, store it in variable V
Multiply V * 2 and store result in variable W
Write W on the output stream
End
输入流
{V}
Doubler
{W}
输出流

25 图 2-5 Doubler 进程：伪代码和带有输入输出流的表示

IO 流的概念引出了 IO 能够连接到许多不同的源或设备的可能性，甚至不必直接涉及用户。不是把变量 W 显示在屏幕上，而可能将其用作另一个进程中的其他计算过程的输入。这样，一个进程的输出变成另一个进程的输入。这被称为管道（因为它是两个进程之间的连接器，数据能够穿过它流动），并且是 IPC 的一种形式。我们使用管道符号“|”来代表进程

间的这个连接。管道的实现需要将一个进程的输出流连接到另一个的输入流。值得注意的是，真正执行这个连接的是操作系统，而不是这些进程本身。

通过连接合适的流，Adder 进程和 Doubler 进程能够连接起来，使得 Adder 的输出变成 Doubler 的输入。在这种场景中，Adder 进程的输入流映射到了键盘，Doubler 进程的输出流映射到了显示屏。同时，通过一个管道，Adder 的输出流连接到了 Doubler 的输入流。使用管道符号，我们可以写成 Adder|Doubler。描述如图 2-6 所示。

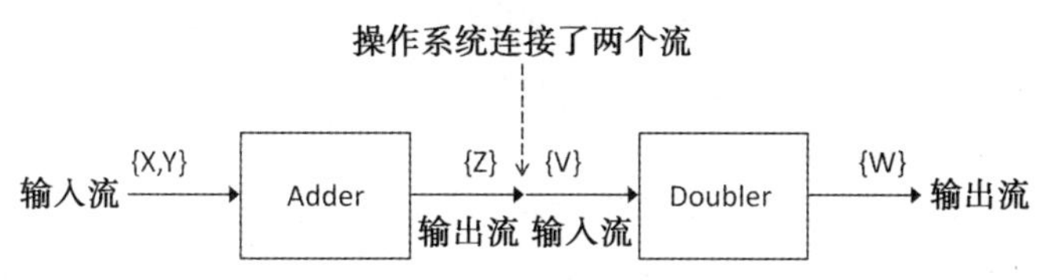

图 2-6 Adder 和 Doubler 通过管道连接

如果输入数字 3，然后再输入数字 6（两个输入值），在显示屏上的输出将会是 18。进程 Adder 的输出仍是 9，不过没有显露给外部世界（我们称之为部分结果，因为整体计算还没有完成）。Doubler 进程将值 9 从 Adder 进程中提取出来，并对其翻倍，算得值 18，然后显示到屏幕上。

现在，我们来到了本章的第一个实践活动。每一个实践都以实验的形式展开，提供了明确的学习目标和可遵循的方法。

我专门采取的方法包含着精心挑选的实践任务范围，使读者在阅读的过程中就能够展开实验，因为实际动手实验才能更好地强化学习目标。实践任务的设计用于增强对正文中介绍的理论概念的理解。其中，许多实践任务还支持并鼓励自行探索，可以通过改变参数或配置，提出“如果 – 怎样”之类的问题。

活动的陈述中还包含期望的目标，为反馈提供了指导，甚至在一些用例中提供了进一步探索的建议。这使得那些在阅读时不能进行实验的读者仍可以跟上正文的思路。

第一个活动 P1 提供了一个研究使用管道的 IPC 的机会。活动 P1 中的例子很简单，但仍然极具价值。它演示了在后面的章节中用到的几个重要概念：

- 进程可以通信，例如，一个进程的输出可以成为另一个进程的输入。
- 为了进程间通信，需要某种机制来实现。在这个简单情境中，通过使用管道机制作为一个进程的输出流和另一个进程的输入流之间的连接器，促成了 IPC。
- 高级功能能够基于简单的逻辑构件建立起来。在这个例子中，外部可见的逻辑是把两个数相加，再把这个结果翻倍。用户在显示屏上看到最终结果，而不需要知道它是如何实现的。这就是模块化的概念。并且，实现系统中复杂行为的同时，把各个逻辑元素的复杂性保持在可管理的水平，这是有必要的。 26

活动 P1 探讨简单程序、输入输出流以及管道

前提条件。下面的指导书假定你先前已经完成了第 1 章的活动 I1。本活动将必要的辅助资源放在你默认的磁盘驱动器上（通常是 C:）的 SystemsProgramming 目录中。或者，你也可以手动复制这些资源，将它们放置到你的计算机中一个合适的地方，再根据使用的安装路径名称修改下面的指导书。

学习目标。本活动示例了几个目前已经讨论过的重要概念：

1. 如何通过在命令行运行程序，创建一个进程作为程序的运行实例。

2. 操作系统如何将输入和输出设备映射到进程。

3. 如何使用管道将两个进程链接在一起？

方法。本活动分为3个步骤执行：

1. 在命令窗口中运行Adder.exe程序。跳转到SystemsProgramming目录下的Process View子文件夹，然后输入Adder.exe并随后按下Enter键，运行Adder程序。该程序现在就成为一个进程运行。它一直等待，直到输入了两个数字（每输入一个数字后，按Enter键），然后，两个数字相加，并显示结果，最后退出。

2. 以与步骤1中Adder.exe程序相同的方式运行Doubler.exe程序。进程等待单个数字的输入（后跟Enter键），数字翻倍，显示结果，然后退出。

3. 以管道形式运行Adder和Doubler程序。目标是用户输入两个数字，显示这两个数之和的2倍。我们把这个公式写为：

$$Z=2\times(X+Y)$$

其中，X和Y是用户输入的数字，Z是要显示的结果。例如，如果$X=16$且$Y=18$，那么Z的值将会是68。

实现上述过程的命令行语法是Adder|Doubler。第一个进程将等待由用户输入的两个数字。Adder进程的输出将被自动映射到Doubler进程的输入（因为使用“|”），Doubler进程将接收的值翻倍，随后输出该结果到显示屏。下图展示了按上述3个步骤完成后的结果。

```
Command Prompt

C:\SystemsProgramming\ProcessView>Adder
16
18
34
C:\SystemsProgramming\ProcessView>Doubler
34
68
C:\SystemsProgramming\ProcessView>Adder | Doubler
16
18
68
C:\SystemsProgramming\ProcessView>
```

27

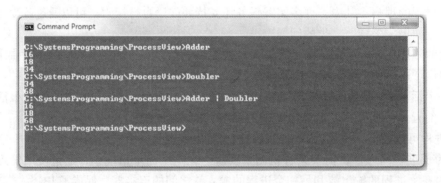

预期结果。对于前两步中的每一步，你都会看到程序作为一个进程运行，遵循了程序的逻辑（见文件Adder.cpp和Doubler.cpp中的源代码）。值得注意的是，默认情况下，操作系统自动地将键盘映射为输入设备，显示屏映射为输出设备，尽管在程序中没有指明。你还会看到，在使用管道后，操作系统如何重新映射进程的输入和输出流。单个程序作为基本构件用来构造更复杂的逻辑。

思考。

1. 研究这两个程序的源代码，并阅读其中的注释。

2. 从不同的角度思考：写这两个程序的程序员、操作系统以及输入命令行并提供输入的用户等，他们分别如何影响了最终的结果。重要的是要认识到，在活动中看见的所有行为，都是程序逻辑、操作系统对运行的控制以及用户的输入数据等共同作用的结果。■

2.3 进程调度

本节剖析操作系统在管理系统资源和调度进程中起到的作用。

一个进程“在运行”，通常是让它的指令在中央处理单元（CPU）中执行。传统意义上，通用计算机只有一个CPU，且只有单个核（核是进程运行的真正部件）。在现代系统中，渐渐普遍的是，计算机有多个CPU或每个CPU有多个核。既然每个核能运行一个进程，多核系统就能同时运行多个进程。为了限定本书讨论的复杂性，我们需要假设更简单的单核架构，这意味着在任何时刻，只有一个进程能够真正执行指令（也就是说，每次只有一个进程在运行）。

操作系统最基本的作用是管理系统资源。CPU是最主要的资源，因为没有它什么工作都不能做。因此，资源管理的一个重要方面是控制CPU的使用（更为大家熟知的说法是进程调度）。现代操作系统有一个特殊的组件，称为调度器，它专门负责管理系统中的进程， 28
以及在任何给定的时刻选择哪一个进程应该运行。这是进程和操作系统之间相互作用的最明显最直接的形式，尽管也会出现间接的相互作用，例如，操作系统控制了其他资源，而一个特定的进程可能正在使用这一资源。

早期的计算机非常昂贵，因此只由大型社团用户共享。例如，一台大型机可能会在整所大学共享。同时满足很多用户需求的一般方法是，以“批处理模式”操作。这要求用户把他们的将要运行的程序提交到“批处理队列”中，随后系统操作员将监督这些程序的逐个运行。在资源管理方面，这是非常简单的；每一个进程占用计算机的全部资源，直到任务完成，或到了设定的运行时间限制。这种方法的缺点是，一个程序可能在队列中保留几个小时。许多程序运行在通宵的批处理中，这意味着直到第二天，运行的结果才可用。

在20世纪60年代和70年代，阿波罗太空登月任务在关键控制应用程序方面提供了一个计算机的早期使用的有趣例子。机载阿波罗导航计算机[⊖]（Apollo Guidance Computer，AGC）的处理能力仅仅是现代系统的一小部分，往往简单地将其认为相当于现代桌面计算器的处理能力。尽管如此，通过复杂的设计，这台计算机有限的处理能力得到了非常高效的使用。单核AGC有一个实时调度器，它可以同时支持8个进程；如果有其他更高优先级的任务正在等待，这些进程必须退让。该系统还支持进程内的定时器驱动的周期性任务。按照今天的标准，这是一个相当简单的系统，而从设计和测试角度来看，在实时方面仍然充满挑战性。尤其是，这是一个封闭的系统，系统中所有任务类型都提前知道，各种负载组合的模拟情况可以进行预先部署运行，以确保时序和资源使用方面的正确性。一些现代系统采用了近似的方式，尤其是在嵌入式系统中，例如你家洗衣机中的控制器，或者你家小汽车中的引擎管理系统（见下文）。然而，通用计算机，包括桌面计算机、机架式服务器、智能电话以及平板电脑，都是开放的，能够运行用户选择的任意组合的程序，因此，调度器必

⊖ 1966～1975年，用于阿波罗导航计算机的实际技术规格是一个16位的处理器，基于离散电阻－晶体管逻辑电路（早于高级晶体管－晶体管逻辑电路），以2MHz的频率运行。该计算机有2kB的RAM（用于存放变量值和系统控制信息，例如栈）和36kB的只读存储器ROM（用于存储程序代码和常量数据值）。在那个时代，这代表着国家最先进的技术水平。为了理解从阿波罗计划时代起发生的性能提升和成本下降，我们以Atmel ATmega32的微控制器为例，它是一个8位的单片机，以16MHz的频率运行，还有2kB的RAM和33kB的ROM（实际上是32kB闪存，能够以ROM方式使用，外加1kB的ROM），在撰写本书时，其成本低于5英镑。

须能够确保资源使用的有效性，同时，还能保护任务的服务质量（QoS）要求，例如，响应性方面。

一些当前的嵌入式系统为一台“固定用途”计算机提供了有用的例子。这样的一个系统只执行“设计时”指定的功能，因此，并不需要在多个应用程序之间切换。例如，可以认为是一台嵌入传统的洗衣机中的计算机系统。所有的功能已经在设计阶段预先确定。用户能够通过用户界面中的控制部件提供输入，比如设置洗涤温度或旋转速度等，从而配置其行为，
29 但不能改变功能。一段单独的程序会预先加载到这些系统中，并且这段程序作为唯一的进程运行。许多嵌入式系统平台只有非常有限的资源（特别是，在只有少量存储空间和缓慢的处理速度方面），因而无法负担搭载一个操作系统的额外开销。

现在，记住在你的计算机上有多少进程是活跃的，考虑有多少进程能够在任何给定时间运行。对于较老的系统，这可能只是 1。对于较新的系统，假如它们是“双核”的，答案是 2；或者，如果它是“四核”的，则为 4。即使我们有 32 个核，我们通常仍然会有比核数量更多的进程。

从根本上说，需要调度，往往是在计算机中存在这种情况，活跃进程数目多于处理单元的数目，以处理这些进程。如果这种情况发生，则有些事情必须予以仲裁；这就是操作系统做的最重要的事情之一。

活动 P2 在计算机上检查进程列表（适用于 Windows 操作系统）

前提条件。需要 Windows 操作系统。

学习目标。

1. 理解典型的通用计算机上存在的经典进程种类及其数目。
2. 深入理解多进程环境中活动的复杂性。
3. 深入理解调度的必要性和重要性。

方法。该活动分两部分执行，使用两种不同的工具查看计算机上运行的进程集合。

部分 1。通过同时按住 Ctrl+Alt+Delete 键，从出现的选项中选择“Start Task Manager”，启动任务管理器（Task Manager）。然后，选择 Applications 选项卡，查看结果；随后选择 Processes 选项卡，同样查看结果。确保“Show processes for all users”复选框被勾选，以便你能看到呈现的全部内容。值得注意的是，这个过程在不同版本的 Microsoft 操作系统中可能会不同。

部分 1 的预期结果。你会看到一个新的窗口，其中包含了一个运行在本计算机上的应用程序的列表，或者是一个当前进程的列表，这取决于选中了哪个选项卡。下页图中展示的是我自己计算机上的例子（安装了 Windows 7 专业版操作系统）。第一个屏幕截图展示了应用程序的列表，第二个屏幕截图展示了进程列表。

部分 2。通过在命令窗口运行 TASKLIST 命令，来研究系统中出现的进程。与使用 Task Manager 相比，这个命令给出了一种不同的信息展示方式。输入 TASKLIST /？查看可以使用的参数列表。使用其中一些配置参数探索得到的结果，在系统中的进程及其当前状态方面，看看你能发现什么。

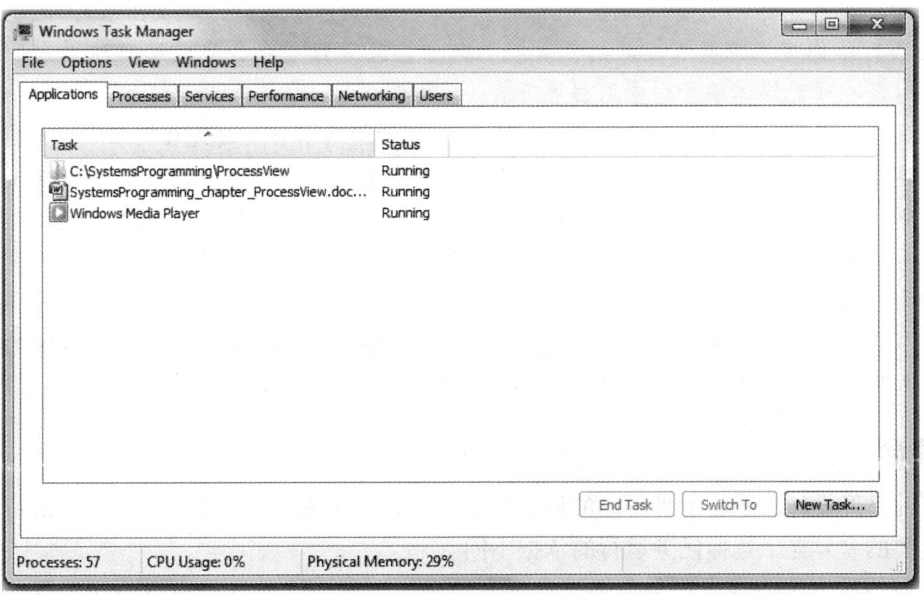

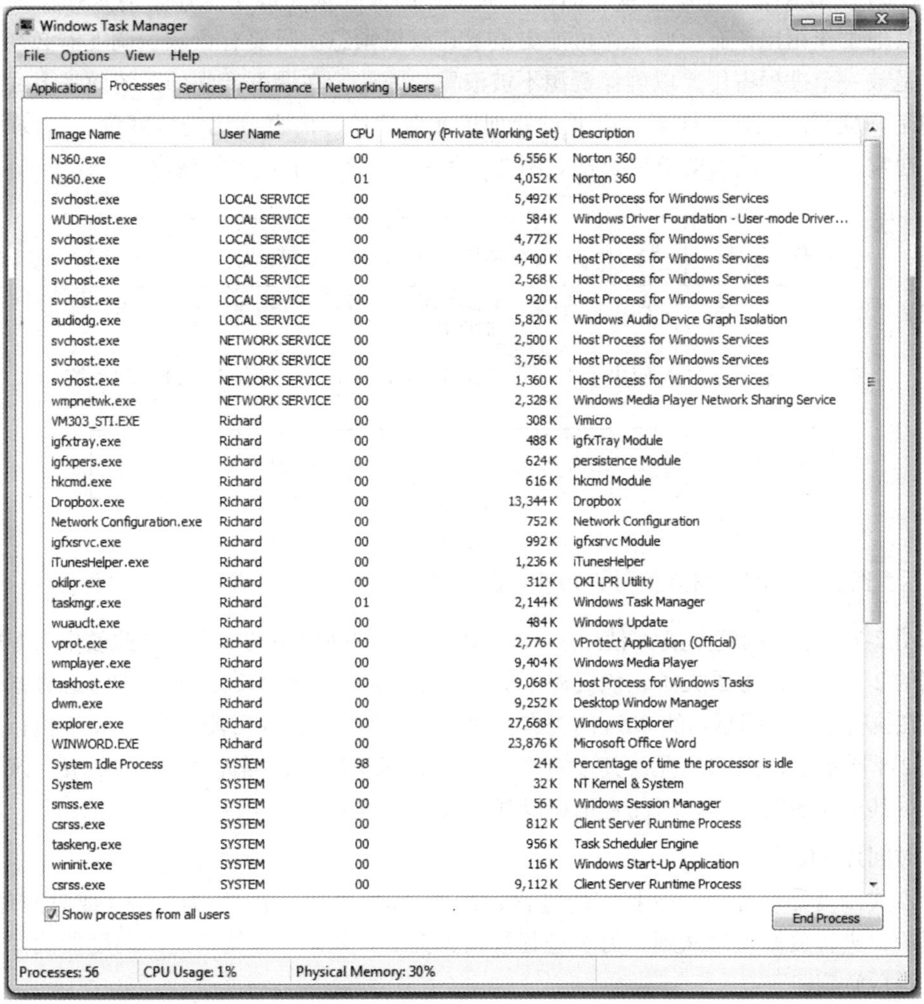

Windows Task Manager
File Options View Windows Help
Applications Processes Services Performance Networking Users
Task Status
C:\SystemsProgramming\ProcessView Running
SystemsProgramming_chapter_ProcessView.doc... Running
Windows Media Player Running
End Task Switch To New Task...
Processes: 57 CPU Usage: 0% Physical Memory: 29%

Windows Task Manager
File Options View Help
Applications Processes Services Performance Networking Users
Image Name User Name CPU Memory (Private Working Set) Description
N360.exe 00 6,556 K Norton 360
N360.exe 01 4,052 K Norton 360
svchost.exe LOCAL SERVICE 00 5,492 K Host Process for Windows Services
WUDFHost.exe LOCAL SERVICE 00 584 K Windows Driver Foundation - User-mode Driver...
svchost.exe LOCAL SERVICE 00 4,772 K Host Process for Windows Services
svchost.exe LOCAL SERVICE 00 4,400 K Host Process for Windows Services
svchost.exe LOCAL SERVICE 00 2,568 K Host Process for Windows Services
svchost.exe LOCAL SERVICE 00 920 K Host Process for Windows Services
audiodg.exe LOCAL SERVICE 00 5,820 K Windows Audio Device Graph Isolation
svchost.exe NETWORK SERVICE 00 2,500 K Host Process for Windows Services
svchost.exe NETWORK SERVICE 00 3,756 K Host Process for Windows Services
svchost.exe NETWORK SERVICE 00 1,360 K Host Process for Windows Services
wmpnetwk.exe NETWORK SERVICE 00 2,328 K Windows Media Player Network Sharing Service
VM303_STI.EXE Richard 00 308 K Vimicro
igfxtray.exe Richard 00 488 K igfxTray Module
igfxpers.exe Richard 00 624 K persistence Module
hkcmd.exe Richard 00 616 K hkcmd Module
Dropbox.exe Richard 00 13,344 K Dropbox
Network Configuration.exe Richard 00 752 K Network Configuration
igfxsrvc.exe Richard 00 992 K igfxsrvc Module
iTunesHelper.exe Richard 00 1,236 K iTunesHelper
okilpr.exe Richard 00 312 K OKI LPR Utility
taskmgr.exe Richard 01 2,144 K Windows Task Manager
wuauclt.exe Richard 00 484 K Windows Update
vprot.exe Richard 00 2,776 K VProtect Application (Official)
wmplayer.exe Richard 00 9,404 K Windows Media Player
taskhost.exe Richard 00 9,068 K Host Process for Windows Tasks
dwm.exe Richard 00 9,252 K Desktop Window Manager
explorer.exe Richard 00 27,668 K Windows Explorer
WINWORD.EXE Richard 00 23,876 K Microsoft Office Word
System Idle Process SYSTEM 98 24 K Percentage of time the processor is idle
System SYSTEM 00 32 K NT Kernel & System
smss.exe SYSTEM 00 56 K Windows Session Manager
csrss.exe SYSTEM 00 812 K Client Server Runtime Process
taskeng.exe SYSTEM 00 956 K Task Scheduler Engine
wininit.exe SYSTEM 00 116 K Windows Start-Up Application
csrss.exe SYSTEM 00 9,112 K Client Server Runtime Process
Show processes from all users
End Process
Processes: 56 CPU Usage: 1% Physical Memory: 30%

思考。你可能非常了解有哪些应用程序已正在运行（毕竟，你是使用者），因此应用程序列表不会给你多少惊喜。以我的计算机为例子，你可以看到，我在编写这本书的一个章节，同时还在通过媒体播放器应用程序听着一盘CD。

30~31 然而，如果选择了Processes选项卡，你将可能看到一个长长的进程列表。仔细观察这些进程，这是你的全部预期吗？你是否了解这些进程都在做什么？或者为什么需要这些进程？

值得注意的是，许多在运行的进程是"系统"进程，也就是说，它们要么是操作系统中的一部分，要么与资源管理相关；设备驱动程序就是其中一个好例子。

特别注意，"System Idle Process"这个进程在上面的例子中"运行"了98%的时间。在没有任何实际进程准备运行时，这个伪进程就会运行，并且它所占的CPU时间的份额常用作计算机上总体负载的反向指标。■

调度概念

当前已经设计出了若干种不同的调度技术（算法）。这些技术（算法）有不同的特性，其中最重要的差异在于选择任务运行的依据不同。

一般情况下，假设进程数目多于处理器数目，可以说这些进程在竞争处理器。换句话说，每个进程都有工作要做，重要的是，虽然它们最终都完成了工作，但是在任何给定时刻，与其他工作相比，有一些工作可能更重要，或更紧急。只要有可能，调度器必须确保处理器总是被一个进程占用，以确保资源不被浪费。因此，在调度产生的系统效率方面，最常讨论的是调度器的性能。性能可以通过处理单元保持忙碌的百分比进行度量。"处理器高利用率"通常表示为调度器的首要目标。图2-7和图2-8示例了效率的概念。

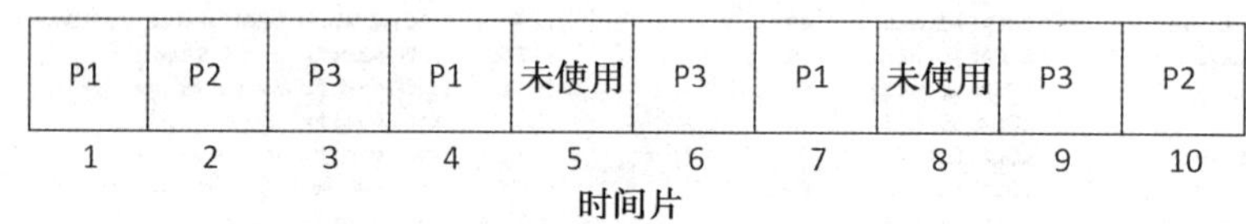

图2-7 调度方案A使用了10个时间间隙中的其中8个（有3个进程的系统）

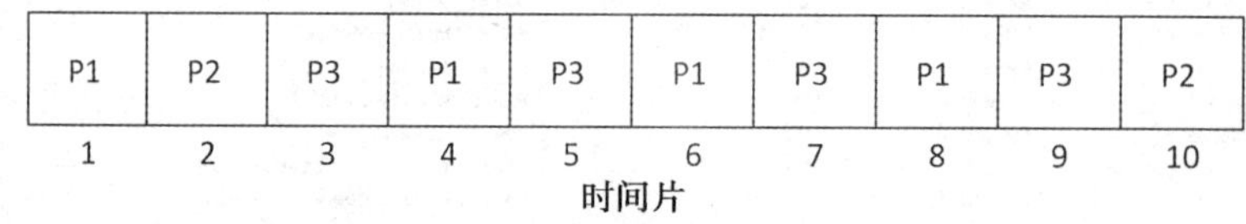

图2-8 调度方案B使用了10个时间间隙中的全部10个（有3个进程的系统）

如图2-7所示，调度方案A使用了10个处理器时间间隙中的8个，因此效率为80%。未被使用的2个时间间隙丢失了，该资源不能再回收利用。这种情况的另一种考虑方式是，该系统正在执行它有可能承担的80%的工作，因此它正在以其最大可能速率的80%执行工作。

图2-8展示了理想的情况，其中每个时间间隙都使用了，因此效率为100%。该系统正
32 在执行尽其可能多的工作，因此它正在以其最大可能的速率运行。

1. 时间片（份额）

抢占式调度器将允许一个特定的进程运行很短的一段时间，称为份额（或时间片）。这段时间后，进程放回就绪队列，另一进程被设置为运行状态（也就是说，调度器确保这些进程轮流运行）。

时间片的大小必须精心地选择。每次操作系统做出调度决策时，它自己也在使用处理器。这是因为操作系统包含一个或多个进程，它必须占用系统处理时间来完成自己的计算，以决定哪一个进程去运行，并实际把它们从一个状态转移到另一个状态，这被称为上下文切换，花费的时间称为调度开销。如果时间片太短，则该操作系统不得不更频繁地执行调度活动，因此，调度开销在总的系统处理资源中占据了更高的比例。

另一方面，如果时间片太长，在就绪队列中的其他进程就只能在轮换间等待更长的时间，并且这样会有风险，系统的用户将能够感知到，这些进程所属的应用程序缺乏响应性。

图 2-9 示例了时间片大小对总的调度开销的影响。图 2-9a 展示了非常短的时间片将导致的情形。进程交替非常好，有利于响应性。这意味着，一个进程等待其下一个运行时间片到来前，必须等待的时间段很短，因此，对于一个观察者来说，比如在慢得多的时间线上操作的一个人，该进程表现得好像在连续运行。为了理解这一点，可将电影的工作原理作类比。每一秒都会有许多帧（通常为 24 帧或者更多）在人的眼前闪过，而人的视觉系统（眼睛及其大脑接口）在这个速度下不能区分单个帧，因此，可将这一系列帧视为连续的活动影像。如果帧的速率下降到每秒低于大概 12 帧时，人就能感知到它们是一系列独立的闪现影 33
像。在处理系统中，越短的时间片越会引起更加频繁的调度活动，会消耗某些处理资源。随着时间片变得更小，这部分额外开销作为总的可用的处理时间的一部分，它所占的比例也在增加，因此在给定时间段内，该系统可能完成的有效工作更少，所以最理想的上下文切换速率并不简单地等价于能够达到的最快速率。

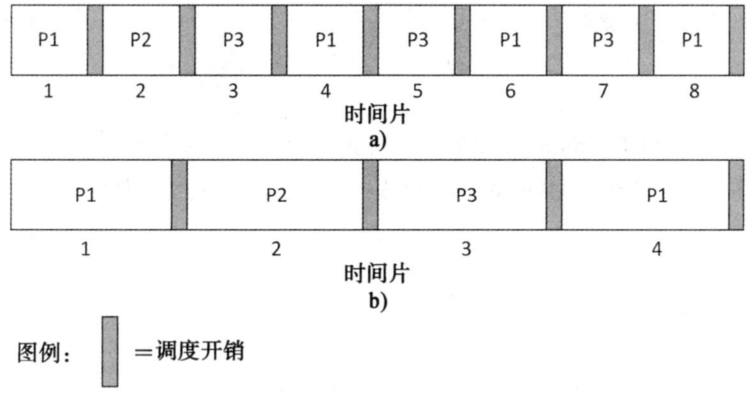

图 2-9　时间片大小和调度开销

在图 2-9b 中，时间片增加到了大概图 2-9a 展示的时间片的 2 倍大小。这增加了进程交替的粗糙度，并可能影响任务的响应性，尤其是那些具有与它们的任务相关的截止时间线或实时性约束的任务。为了对能够具体化的方式有初步理解，可以想象存在一个抖动响应的用户界面，在接受你的输入期间，它似乎暂时冻结住了。这种抖动的响应可能是一种症状，其中控制用户界面的进程没能获得充分的处理时间份额，或者处理时间没能按照足够细的粒度分配。尽管较大的时间片可能会引起对任务响应性的影响，但它们更加有效，因为操作系统的调度活动以更小的频率发生，从而消耗了更小比例的整体处理资源；对于展示的情境，系统 b 的调度开销是系统 a 的一半。

选择时间片大小是一个最优化问题：一方面是总体处理效率，另一方面是任务响应性。

在一定程度上，理想的取值依赖于系统中运行的应用程序的性质。实时系统（也就是说，那些有基于时间的功能或依赖于时间的应用程序的系统，比如，流视频，其中每帧都必须按照严格的时序要求处理），通常需要使用更短的时间片以达到更好的交替效果，以此确保没有错过应用程序的内部截止时间。由进程的截止时间或实时约束而引发的特定调度问题，将在后文中更详细地讨论。

活动P3 利用真实进程尝试调度行为——入门

前提条件。下面的说明假定你已经获得了在活动 P1 中说明的那些必需的补充材料。

学习目标。这个活动探讨调度器协助实现同时运行几个进程的方式：

1. 理解在一个系统中，几个进程同时运行。
2. 理解调度器如何创建一种多个进程同时实际运行的错觉，通过在很小的时间片上交替运行多个进程。
3. 体验命令行参数。
4. 体验使用批处理文件运行应用程序。

方法。活动分为 3 个部分展开，使用了一个简单的程序，该程序周期性地输出字符到屏幕上，来示例调度器如何管理进程的一些特性。

部分 1。

1. 在命令窗口中运行 PeriodicOutput.exe 程序。跳转到“ProcessView”子文件夹，然后输入 PeriodicOutput.exe，随后按 Enter 键以执行 PeriodicOutput 程序。该程序现在运行为一个进程。它将打印一个错误信息，因为它需要在程序名之后输入一些附加的信息。以这种方式提供的附加信息称为“命令行参数”，是控制程序执行的一种非常有用且重要的方式。

2. 查看产生的错误信息。它在告诉我们，必须提供 2 条附加信息，分别是在显示屏上打印的字符的间隔时长（以 ms 为单位），以及在每个时间间隔结束时打印出的字符。

34 3. 再次运行 PeriodicOutput.exe 程序，这次提供需要的命令行参数。

例如，如果你输入 PeriodicOutput 1000 A，则程序将以每秒（1000ms）一个的速度打印出一连串 A。

作为另外一个例子，如果你输入 PeriodicOutput 100 B，则程序将以每 1/10 秒一个的速度打印出一连串的 B。

使用其他值实验。值得注意的是，该程序将总是运行 10s（10000ms），因此，打印字符的数量将始终是 10000 除以第 1 参数的值。仔细检查程序的源代码（程序作为补充资源的一部分提供了），并建立程序的行为与指令之间的联系。

部分 1 的预期结果。下面的屏幕截图展示了几种不同参数设置对应的输出。到目前为止，我们一次只运行了一个进程。

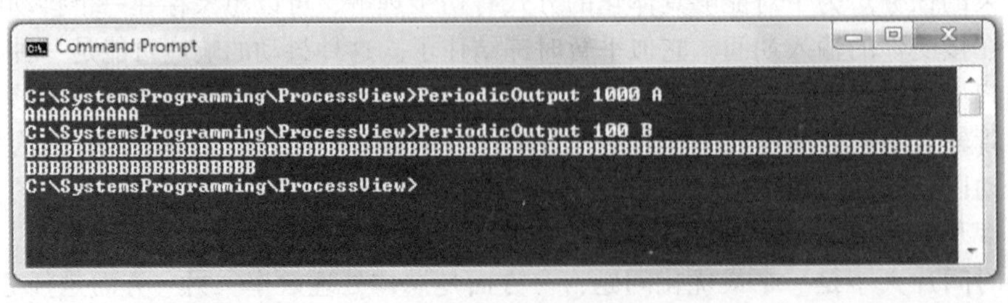

部分 2。

1. 现在，我们将同时运行多个 PeriodicOutput.exe 程序的副本。要做到这一点，我们将使用一个批处理文件。批处理文件是一种脚本，里面包含一系列命令，由系统负责执行；对于本活动，你可以把它视为一个元程序，允许我们指明程序如何执行。我们将要使用的批处理文件名为“PeriodicOutput_Starter.bat”。你可以查看该文件的内容，通过在命令提示符处输入“cat PeriodicOutput_Starter.bat”。你会看到这个文件包含 3 行文本，每一行都是一条命令，使得操作系统使用稍有不同的参数启动一个 PeriodicOutput.exe 程序副本。

2. 通过输入批处理文件的名称，随后按 Enter 键，运行批处理文件。观察发生了什么。

部分 2 的预期结果。你应该看到同时有 3 个进程在运行，通过它们的输出交替出现证实了这一点。所以，你看到了一个“ABCABC”模式（不能保证是完美的交替，所以模式可能变化）。下面的屏幕截图展示了你可能得到的典型输出。

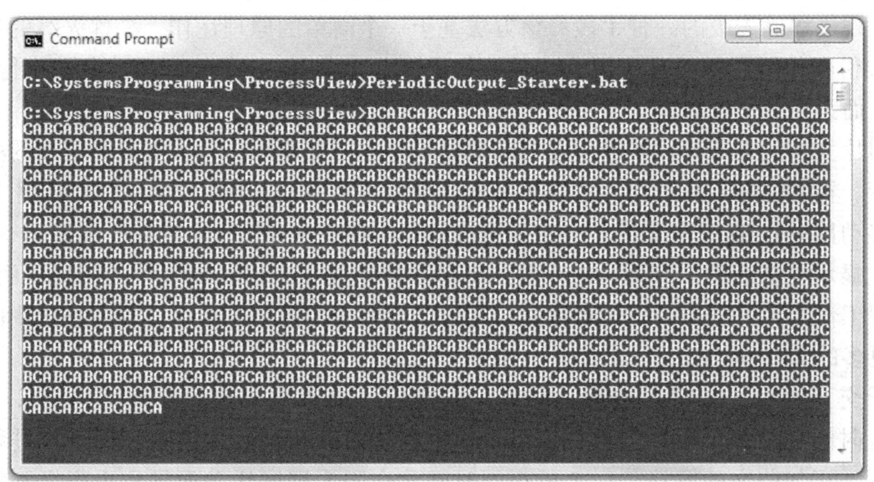

35

批处理文件设置了 3 个进程中的各个打印字符的间隔都为 20ms。这采用了与经典调度时间片大小相似的规模，因此产生了十分规则的交替行为（出现这种现象，是因为 3 个进程在它们的简短的逐字符输出活动之间，花费了相当长的“休眠”时间，给了调度器充分的时间去管理系统中的其他活动）。

部分 3。通过编辑批处理文件（使用一个简单的文本编辑器，如记事本，不要使用文字处理器，因为这可能会增加特殊的字符，会搅乱操作系统的命令解释器部件），用不同的设置展开实验。尝试改变时间间隔，或者增加几个额外的进程。特别是，为 3 个进程尝试一个较短的字符打印间隔，如 5ms。在 3 个进程中，活动的频率越快，调度器就越不像我们在上面部分 2 中达到的有规律的交替。因为计算机中还有其他进程在运行（就像我们在活动 P2 中见到的），我们可能不会看到一个完美的交替模式，而且如果我们运行多次批处理文件，我们应该预期每次的结果略有不同。认识到为什么会这样，这很重要。

思考。你已经看到了，通过从一个批处理文件运行 3 个进程实现了简单的交替行为，产生了规则的模式，在系统压力不大时（也就是说，在很短的运行时段与再次变为阻塞状态之间，由于执行 IO，进程大部分时间处于阻塞状态）。实质上，在这种配置下，有足够的空闲 CPU 容量，每一个进程都得到了它需要的处理时间，而不需要在就绪态花费较长时间。

然而，根据部分 3 开展的进一步实验，你可能已经发现，交替行为的规律性实际上依赖于系统中其他进程的数量和行为。在这个实验中，在3个进程之间，我们没有规定任何特定的同步性要求（也就是说，操作系统不知道需要一个有规律的交替模式），所以模式中的不规律性是可接受的。

除了加深了对调度行为的理解，你还应该在配置和运行进程、使用命令行参数和批处理文件方面，以及对调度器效果的理解上达到一个完整的水准。 ■

一个有趣的现象是，虽然在过去的几十年里，中央处理器的处理速度（每秒钟的CPU周期数量）急剧增长，但经典的调度时间片大小却基本没有变化。其中一个主要原因是，系统的复杂性和在其上运行的应用程序的数量也在以高速率提升，需要更多的处理工作，以实现其丰富的功能。响应性（更小的时间片）和低开销（较大的时间片）之间的潜在折中仍然维持，无论CPU运行速度有多快。在现代系统中，时间片大小一般在大概10～200ms的范围内，而在非常快速的平台上使用较小的时间片（低至约1ms）。时间片大小的范围设定能够用作实现进程优先级的一种手段；该方法基于一个简单的原理运作，高优先级的进程应该获得较大份额的可用的处理资源。当然，如果这些进程是IO密集型的，它们执行IO时会被堵塞，而无视其优先级。

时间片大小没有随着技术进步而缩减的另一个主要的原因，是人类对响应性的感知能力没有改变。重要的是，从可用性的视角来看，交互进程及时地响应了用户行为（比如，敲一个键或移动鼠标），理想情况下，产生了用户的应用程序在计算机中连续不间断运行的错觉。考虑一个显示更新活动，例如，由于显示的分辨率更高了，以及更复杂的用户界面窗口库，后台处理工作的需求增加了。这意味着，相对于早期较为简单的系统，现代系统中的显示更
36 新需要更多的CPU周期。

对于交互进程，时间片必须足够大，以便与用户请求相关的处理工作能够完成。否则，一旦时间片结束，用户进程将不得不等待，这时轮换到其他进程，使用户进程产生延迟。此外，正如前文的解释，一个更小的时间片会因为调度活动而导致更高级别的系统开销。因此，尽管CPU周期速度随着时间推移在增加，但是典型的调度时间片大小却没有增加。

2. 进程状态

本节主要叙述抢占式调度方案，因为该方案将用于构建分布式系统的典型系统中。

如果我们假设只有一个处理器单元，那么，在任一时刻，只有一个进程能够使用该处理器。这个进程被称为*正在运行*，或处于*运行状态*。调度器的工作就是，为特定时刻选择哪一个进程正在运行，同时，隐含的是，如何处理系统中的其他进程。

有些进程，当前没有*正在运行*，却能够运行，这意味着，它们需要的全部资源处于可用状态，如果它们置于*运行状态*，它们将能够执行有用的工作。当一个进程能够运行，但没有实际运行时，它就置于了就绪队列中。这也因此称为*就绪*，或处于*就绪状态*。

一些进程不能立即运行，因为它依赖于一些不可用的资源。例如，考虑一个简单的计算器应用程序，在它计算出结果前，需要用户输入。假定用户输入的键序列是“5×”，很明显，这是一个不完整的指令，计算器应用程序必须等待进一步输入，之后无论用户输入的第2个数字是什么，才能对其执行5倍运算。在这种情境下，正在考虑之中的资源是键盘输入设备，调度器将感知到进程不能继续执行，因为设备在等待用户输入。即使调度器让这个进程运行，它也不可能立即执行有用的工作；鉴于这个原因，该进程被转换到*阻塞状态*。一旦

清除了等待的原因（也就是说，IO 设备已经响应），则该进程将转换到就绪队列中。在上文描述的例子中，这个过程将发生在用户在键盘上输入一个数字之后。

以活动 P1 中使用的 Adder 程序为例，考虑每一次进程等待用户输入的情形。即使用户立即输入了，假定每秒一个数字，要花 2s 输入这两个数字，这个过程只允许用户思考很短的时间，与处理输入的数据需要的计算时间相比，这部分时间往往相当长。

与人类打字速度相比，CPU 工作速度非常快，即使在嵌入式系统中使用的最慢的微控制器，每秒也能执行 100 万条或更多条指令[⊖]。高端手机的微处理器技术（在写作本文时）包含了 4 个处理内核，其中每个核的运行速度为 2.3GHz，而高端桌面 PC 的微处理器的运行速度为 3.6～4.0GHz，也有 4 个处理内核。这些数字提供了一个总计算能力的指标，但是，如果一个进程，比如加法器，在等待用户输入时，调度器让 CPU 保持数秒空闲，那么就在一定程度上损失了计算能力。正如早前讨论的，调度时间片通常在 10～200ms 范围内，这是由现代 CPU 的运行速度给定的，它表现出了强大的计算能力。

上面讨论的 3 种进程状态构成了一个通常描述调度系统整体行为的基本集合，尽管一些 37
其他状态也会发生并将在后面介绍。3 种状态（运行、就绪和阻塞）可以用状态转换图描述。之所以称之为状态转换图，是因为它展示了系统允许的状态，以及可能发生的从一个状态到另一个状态的转换。一个新创建的进程初始为就绪状态。

图 2-10 展示了 3 种状态的转换图。你应该从一个特定进程的角度解读这个图。也就是说，这个图适用于系统中的每个进程。因此，例如，如果有 3 个进程 {A，B，C}，在任何给定的时刻，我们可以说各个进程处于某个特定的状态。同样的转换规则适用于所有进程，但在任何给定的时间，每个进程状态可能不同。

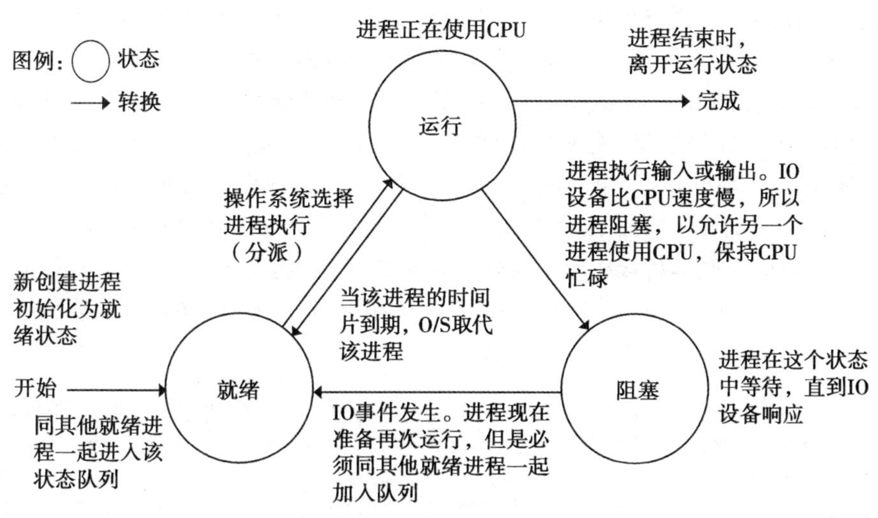

图 2-10 “3 状态”状态转换图

图中展示的转换是唯一允许的过程。当操作系统选择一个进程运行时，从就绪态到运行态的转换就发生了，这称为分派。不同的调度算法基于不同的标准选择下一个运行进程，但

⊖ 相对于目前其他可用技术，这个速度相当慢，但是像传感器系统那样的嵌入式系统，常常有较低的信息处理需求。这种更慢的技术带来两个优点：它有非常低的功耗，传感器节点因此能够依靠电池长期运行；同时，这种设备非常廉价，从而它们能够部署在大规模应用中。

总的原则是，要么选择的进程已到达就绪队列的顶端，因为它等待了最长的时间；要么已被提升到顶部，因为它有比在队列中的其他进程更高的优先级。

当进程用完了它的时间片，将发生从运行态到就绪态的转换。这就是所谓的抢占式，这样做是为了保持公平和防止饥饿；这个术语是用来描述一种情形，其中一个进程霸占CPU，而另一个进程保持等待，也许是无限期等待。

当进程请求IO操作，并不得不等待较慢的（比CPU慢）IO子系统响应时，会发生从运行态到阻塞态的转换。IO子系统有可能是一个存储设备，如硬盘驱动器或光盘驱动器（CD或DVD），也可能是一个输出设备，如打印机或视频显示器。IO操作也可能是一个网络操作，也许在等待一条消息的发送或接收。当IO设备是用户输入设备时，比如鼠标或键盘，其响应时间是以秒或十分之一秒来度量，而对于现代计算机的CPU，1秒钟也许能执行几十亿条指令（这是一个令人难以置信的数量）。因此，在用户敲键的间隔，CPU能够执行数百万条
38 指令，又因此如果允许进程在空闲时霸占CPU，则明显加剧了浪费程度。

当IO操作完成时，发生从阻塞态到就绪态的转换。例如，如果阻塞的原因是等待用户按键，则一旦接收到按键，该键值被解码，相关键码数据被提供到进程的输入流中⊖。此时，该进程就能够继续其处理活动，所以它被转移到就绪状态。相似地，如果阻塞的原因是等待网络连接上过来的消息，那么，一旦接收到信息⊜，并放置到该进程可访问的内存缓冲区（也就是说，操作系统将消息移动到该进程的内存空间），则该进程将解除阻塞。

值得注意的是，当一个进程解除阻塞时，它并不直接重新进入运行状态，而必须经过就绪状态。

正如上面的解释，阻塞和解除阻塞分别与进程行为中的实际事件以及IO子系统的响应性有关。为了说明这一点，考虑当进程将文件写入磁盘时的情形。硬盘是一个“块设备”，这意味着在硬盘上读取和写入数据时，以固定大小的块为单位。这种基于块的访问，是因为访问时间的很大一部分是读/写头定位到正确的数据写入轨道，并等待磁盘旋转到正确的写入扇区（磁道的一部分）。如果一次写入一字节，这将因此极其低效，且需要非常复杂的控制系统。而对于一个数据块，或许是几千字节，一旦磁头对齐（对齐活动称为“寻道”或“磁头寻道”），将被依次读写。相对于现代计算机的处理速度，磁盘旋转速度和磁头的移动速度显得非常慢。所以，如果我们假想一个进程正在更新一个存储在磁盘上的文件，我们会

⊖ 值得注意的是，键盘是一种“字符设备”的例子。这意味着，来自键盘的输入是以单个字符为基础处理。这样做有两个主要原因：应用程序的响应性，以及为了使控制逻辑简单化。为了理解这一点，假设另一种替换方案，也就是说，假如换成“块设备”，每一次都返回一块数据，就比如像硬盘设备那样。这里的问题是，进程在响应前，必须等待完整的按键“块”（因为该进程将一直处于阻塞状态，直到操作系统计数字节，并把需要的字节转发给进程）。有一些情景中，这样做会运行得比较成功，例如，如果敲击大量的按键作为文字处理器的输入，但是，大多数其他情景下，这样做都行不通。现代的文字处理器，当它们运行子组件时，实际上利用了字节流一个接一个字符的特性，例如语法检查、拼写检查和自动补全等，即便用户正在输入且当前关键句子还未完整。

⊜ 网络接口实际上是一个“块设备”，因为它发送或接收的消息是汇集在一起的多组数据字节，存放在内存缓冲区。缓冲区本身是一个预留的内存空间，用于存储消息（这部分将在资源视角章节详细讨论），有固定大小。然而，鉴于效率方面的原因，只有实际的消息内容才会从网络上传输出去。消息的大小可能远远小于缓冲器能够容纳的字节数。因此，消息大小是可变的，这样，对于每次发送或接收事件，传递给进程或进程传递出的数据量也是可变的。

发现，有很多与磁盘访问相关的延迟。除了第一次寻道，如果文件在磁盘上分片存储，这是常见的，那么每个将要被写入的新块都需要一次新的寻道。即便寻道完成了，仍然还有进一步延迟（与 CPU 的操作速度相比），因为数据写入磁盘或从磁盘中读取数据的实际速度，也相当慢。每次进程准备去更新下一个数据块时，它都会被调度器阻塞。一旦磁盘操作完成，调度器将会把进程移回就绪队列。当它进入运行状态时，它会处理文件的下一个部分，然后，一旦它准备好再次写入磁盘时，它会再次阻塞。我们称这种情形为 IO 密集型任务，我们期望它在用完其整个时间片前，能有规律地阻塞。这种类型的任务将花费大部分时间处于阻塞状态，如图 2-11 所示。 39

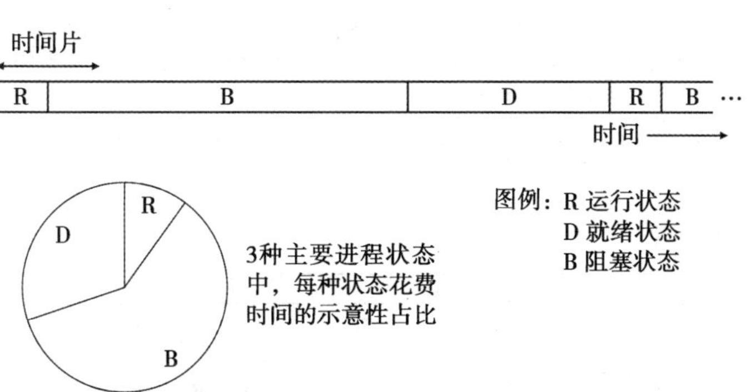

图 2-11 IO 密集型进程的运行时行为示例

图 2-11 示例了一个典型的 IO 密集型进程的进程状态序列。所显示的实际比例是示意性的，因为它们依赖于进程和主机系统的具体特征（包括当前其他任务的协调情况，这将影响等待时间）。

上述例子涉及对辅助存储系统的访问，如硬盘驱动器，这引发了关键的性能问题，这个问题必须在设计低层应用程序行为时考虑，这不仅会影响应用程序性能，还会影响其健壮性。当程序运行时，存储在内存中的数据是易失的，这意味着，如果进程崩溃或者断电，数据也会丢失。辅助存储器，例如磁性硬盘，是非易失性的，或者说是“永久的”，从而在进程结束后，甚至在计算机被关闭之后，数据会保存下来。显然，性能极大和健壮性极大之间存在一种冲突。因为只要有一点变化，就把数据写入磁盘，是一种最健壮的方法，但是从性能的角度来看，其时间成本的额外开销通常不能容忍。这是设计折中的一个很好的例子，根据应用程序的具体需求采取适当的折中。

计算密集型的进程往往使用它们全部的时间片，因此被操作系统抢占，以允许另一个进程做一些工作。因此，计算密集型进程的响应性主要与各自获得的系统资源总量相关。例如，如果一个计算密集型的进程是当前唯一的进程，它将占用该 CPU 的全部资源。然而，如果在一个系统中有 3 个 CPU 密集型的竞争任务，则每个进程状态行为将类似于图 2-12 所示。

为能清楚说明其行为，提供了一个更进一步的例子。如果一个计算密集型的进程与 4 个类似进程竞争，则每个都将得到总的可用计算资源的五分之一，如图 2-13 所示。

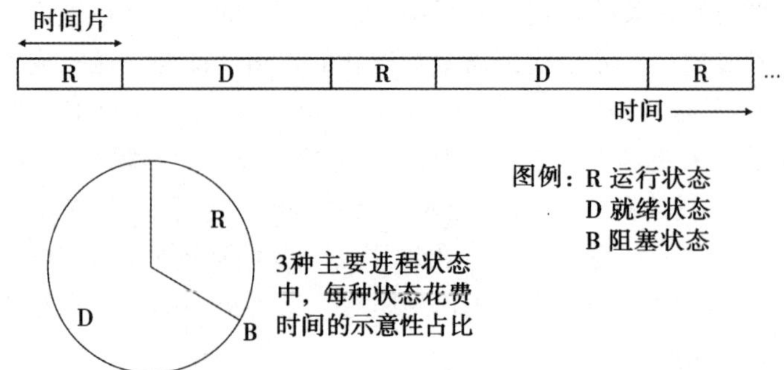
时间片
R
D
R
D
R
…
时间
图例：R 运行状态
D 就绪状态
B 阻塞状态
R
D
B
3种主要进程状态中，每种状态花费时间的示意性占比
计算密集型进程，同两个其他进程竞争。很少执行IO，每次被选中运行时，都几乎使用其全部时间片，因此在这种情境下，进程使用了1/3的系统总处理能力

图 2-12 一个计算密集型进程与两个类似进程竞争的运行时行为示例

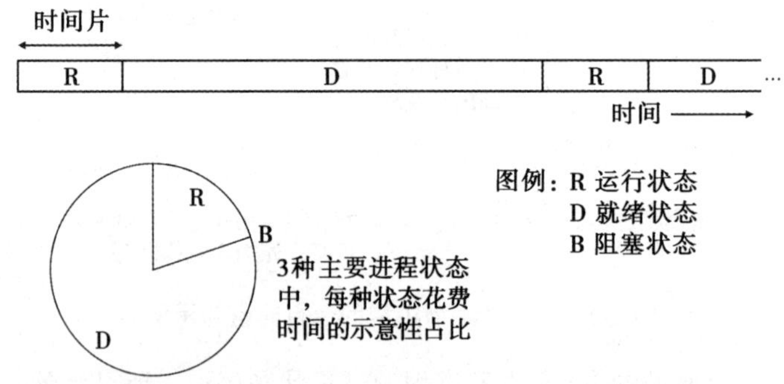
时间片
R
D
R
D
…
时间
图例：R 运行状态
D 就绪状态
B 阻塞状态
R
B
D
3种主要进程状态中，每种状态花费时间的示意性占比
计算密集型进程，同4个其他进程竞争。这样该进程使用了1/5的系统总处理能力

图 2-13 计算密集型进程同 4 个类似进程竞争的运行时行为示例

3. 进程行为

IO 密集型进程。有些进程频繁地执行 IO 操作，因此在用完其时间片前，经常被阻塞，这些被称为 IO 密集型进程。一个 IO 密集型程序，不仅可能是一个交互型程序，其中 IO 发
40 生在用户和进程之间（例如，通过键盘和显示屏），而且还可能执行了对其他设备的 IO 操作，包括磁盘驱动器和网络，例如，它可能是一个服务器进程，接收来自网络连接的请求，并通过网络发回响应。

活动 P4 用实际进程检测调度行为——竞争 CPU

前提条件。下面的指导，假定你已经获得了如活动 P1 中说明的必要的辅助材料。

学习目标。本活动探讨当参与竞争的进程为 CPU 密集型时，调度器共享 CPU 资源的方式：

1. 理解 CPU 资源是有限的。

2. 理解一个进程的性能可能受系统中的其他进程影响（从后台工作负载组成的角度看，进程必须竞争资源）。

方法。本活动按 4 个部分展开，使用一个 CPU 密集型程序。其中，当运行为一个进程时，执行连续的计算，没有任何 IO 操作，从不阻塞。正因为如此，该进程将始终充分使用其时间片。

部分 1（标定）。

1. 就像在活动 P2 中那样启动 Task Manager，并选择“Processes”选项卡。按照 CPU 使用密集程度排序显示结果，最高的列在顶部。如果目前没有计算密集型任务，通常 CPU 使用率最高可能约 1%，同时很多活跃度低的进程显示的 CPU 资源使用率为 0%。保持任务管理器窗口打开，放到屏幕的旁边。

2. 在命令窗口中运行 CPU_Hog.exe 程序。跳转到 SystemsProgramming 文件夹下的“ProcessView”子文件夹，然后通过输入 CPU_Hog.exe，随后按 Enter 键，执行 CPU_Hog 程序。程序现在运行为一个进程。当 CPU_Hog 进程运行时，在 Task Manager 窗口中检查进程统计数据。

下面的屏幕截图显示，CPU_Hog 尽可能多地占用了调度器给它的全部 CPU 资源，在这个案例中是 50%。

Windows Task Manager

File Options View Help

Applications | Processes | Services | Performance | Networking | Users

Image Name	User Name	CPU	Memory (Private Working Set)	Description
CPU_Hog.exe	Richard	50	280 K	CPU_Hog.exe
taskmgr.exe	Richard	01	2,852 K	Windows Task Manager
notepad.exe	Richard	00	7,556 K	Notepad
iexplore.exe	Richard	00	45,148 K	Internet Explorer
POWERPNT.EXE	Richard	00	1,420 K	Microsoft Office PowerPoint
iexplore.exe	Richard	00	10,956 K	Internet Explorer

3. 再次运行 CPU_Hog 进程，而这一次，使用跑表记录运行它花费了多长时间。该程序以一个很大的固定循环次数执行一个循环。每次循环执行一些计算。在一台特定计算机上，每次进程运行花费的时间将大致相同，只要后台工作负载没有发生显著改变。为了给这项活动的后续实验建立一个基准，有必要在你自己的计算机上为它计时，同时，还有必要保证，在你做这个实验的时候，没有任何其他 CPU 密集型进程正在运行。计时精确到最接近的秒就足够了。作为参考，在我的（不是特别快的）计算机上，它花了大约 39s。

部分 2（预测）。

1. 根据单个 CPU_Hog 实例使用 CPU 资源的情形，假设我们同时运行这个程序的两个实例，你认为将会怎样？你认为每个程序副本将共享多少 CPU 资源？

2. 基于 CPU_Hog 的单个实例运行花费的时间量，如果两个副本同时运行，那么每个副本将要花费多长时间运行？

3. 现在，使用名为“CPU_Hog_2Starter.bat”的批处理文件，同时启动 Cpu_Hog 的两个副本。使用 Task Manager 窗口，观察每个进程得到的 CPU 资源，同时，不要忘了还要测量这两个进程的运行时间（当它们完成时，你会看到它们从进程列表中消失了）。

下面的屏幕截图显示，每个 CPU_Hog 进程总是分到了大概一半的 CPU 资源。这是你预期的吗？ 41~42

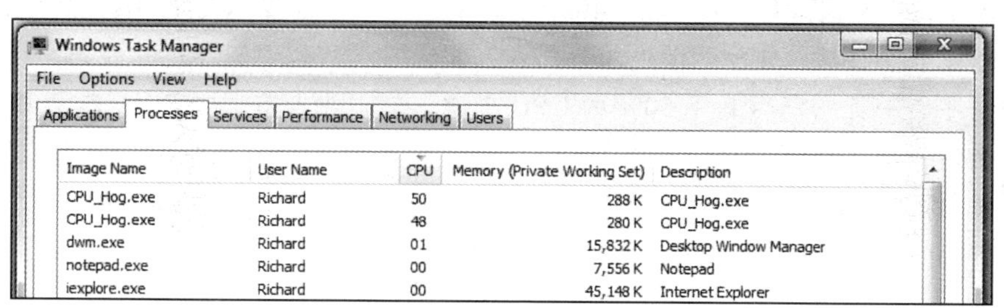

Windows Task Manager

File Options View Help

Applications | Processes | Services | Performance | Networking | Users

Image Name	User Name	CPU	Memory (Private Working Set)	Description
CPU_Hog.exe	Richard	50	288 K	CPU_Hog.exe
CPU_Hog.exe	Richard	48	280 K	CPU_Hog.exe
dwm.exe	Richard	01	15,832 K	Desktop Window Manager
notepad.exe	Richard	00	7,556 K	Notepad
iexplore.exe	Richard	00	45,148 K	Internet Explorer

部分 2 的预期结果。在我的实验中，进程运行大约 40s，与我的预期一样。据此，每个进程都占有略少于 50%（平均）的 CPU 资源，这与部分 1 中的单独进程占有的资源基本相同。多个进程比单独进程花费稍微更长的时间来运行，这个事实很重要。产生这种细微的差异是因为系统中的其他进程，虽然它们相对不太活跃，但仍然会占用一些处理资源，重要的是，调度活动本身也产生额外开销，用于每次在活动进程之间切换。当 CPU 有近 50% 的时间处于闲置状态时，这些开销会被掩盖掉，而当资源利用充分时，这些开销会显露出来。

部分 3（系统压力测试）。到此为止的话，还不能满足我的好奇本性。有一个明显的问题，我们应该提出并尝试回答：如果单个 CPU_Hog 实例的运行占用了 50% 的 CPU 资源，而两个 CPU_Hog 副本各占用了 50% 的 CPU 资源，那么如果同时运行 3 个甚至更多的副本，会发生什么？

1. 试试去预测：对于 3 个进程，每个进程的 CPU 资源将各为多少？运行时间呢？

2. 使用名为“CPU_Hog_3Starter.bat”的批处理文件，同时启动 Cpu_Hog 的 3 个副本。和之前一样，使用 Task Manager 窗口观察每个进程得到的 CPU 资源，还要记得测量 3 个进程的运行时间（这可能会困难些，因为它们可能不会同时全部结束，但是平均测量时间值足以表明所发生的情况）。

下面的屏幕截图显示了我获得的典型结果。

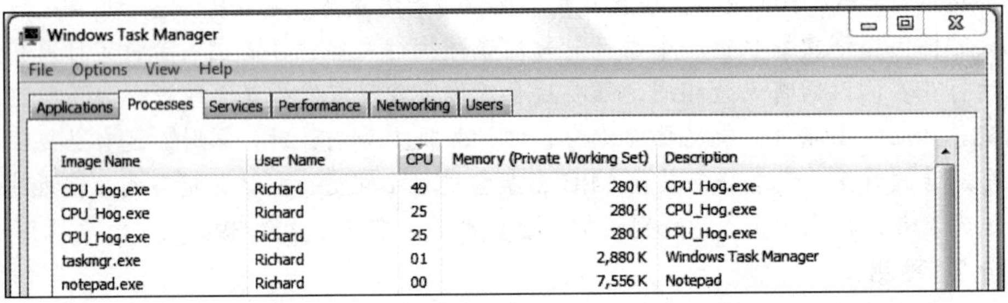

Windows Task Manager

File Options View Help

Applications | Processes | Services | Performance | Networking | Users

Image Name	User Name	CPU	Memory (Private Working Set)	Description
CPU_Hog.exe	Richard	49	280 K	CPU_Hog.exe
CPU_Hog.exe	Richard	25	280 K	CPU_Hog.exe
CPU_Hog.exe	Richard	25	280 K	CPU_Hog.exe
taskmgr.exe	Richard	01	2,880 K	Windows Task Manager
notepad.exe	Richard	00	7,556 K	Notepad

部分 3 的预期结果。有趣的是，第一个进程仍然得到 50% 的 CPU 资源，剩余的 50% 由其他两个进程共享。在实验之前，我曾预计它们将分别获得 33% 的资源。几乎可以肯定，除此之外另有其他调度器才导致发生了这种现象。但是，在分布式系统中，你不会总知道进程会在哪一台计算机上运行，或者系统中引入了哪种调度器，或者包括工作负载在内的确切的运行时配置，所以这个实验告诉我们，即使在单个系统里，在预测运行时间的性能时都需
43 要谨慎，更不用说在异构的分布式系统中。

回到我们的实验，这个结果意味着，第一个进程比其他两个进程结束得早。一旦第一个进程结束，然后剩下的两个进程分别得到了 50% 的 CPU 资源，因此它们的处理速率加快了。我记录了以下时间：第一个进程，40s；第二个和第三个进程，大约 60s。这是有道理的，在第一个进程结束时刻，其他两个进程分别占有相比一半的处理资源，并因此大概完成了整个任务的一半。一旦它们得到了 50% 的 CPU 资源，它们再花费另外 20s，以完成剩下的一半工作，这是一致的。

部分 4（深入探索）。我提供了另一个批处理文件“CPU_Hog_4Starter.bat”，用以同时启动 CPU_Hog 的 4 个副本。你可以使用这个文件，用与部分 3 相同的方法进一步深入探索。

下面的屏幕截图展示了我计算机上的进程行为。

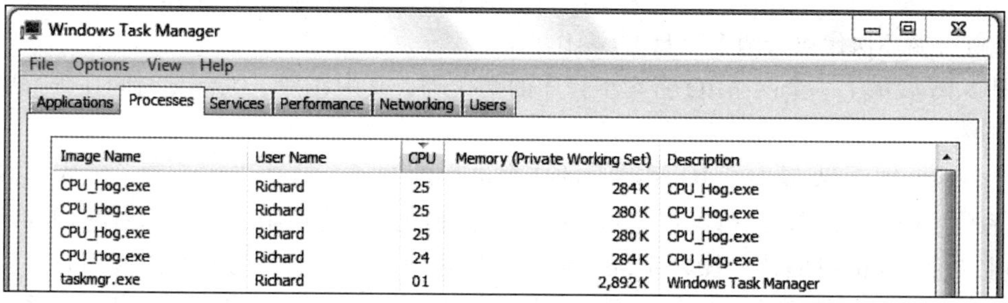

Windows Task Manager

File Options View Help

Applications | Processes | Services | Performance | Networking | Users

Image Name	User Name	CPU	Memory (Private Working Set)	Description
CPU_Hog.exe	Richard	25	284 K	CPU_Hog.exe
CPU_Hog.exe	Richard	25	280 K	CPU_Hog.exe
CPU_Hog.exe	Richard	25	280 K	CPU_Hog.exe
CPU_Hog.exe	Richard	24	284 K	CPU_Hog.exe
taskmgr.exe	Richard	01	2,892 K	Windows Task Manager

在这个例子中，每个进程占用了约 25% 的 CPU 资源，并且每个进程花费了大约 80s 来运行，这与先前的结果相一致。

思考。这个实验示例了一些非常重要的特性，有关调度过程，以及有关调度器的行为方式和进程间的交互行为。这包括预测运行时间的复杂性，以及调度器的行为对系统中混合的多个进程可能敏感的程度。

首先，我们看到，CPU 资源是有限的，并且必须在系统中的进程之间共享。我们也看到，当一些进程结束时，其占用的资源能被重新分配给剩余的进程。同样重要的是要认识到，进程的运行将占用可预见的 CPU 运行时间。然而，因为进程通常得到低于 100% 的 CPU 资源，其实际执行时间（它在系统中的时间，包括了其处于就绪队列中的时间）大于其 CPU 运行时间，并且其整体执行时间依赖于系统负载，而负载通常会不断波动。这些实验浅尝了调度的复杂性，但提供了对相关问题的有价值的洞察，还练就了我们深入探索的技能。你能够根据我提供的工具，设计进一步的验证性实验（比如，你可以编辑批处理文件，以触发不同的程序组合），或者你可以使用操作系统版 Workbench 调度模拟环境，支持基于各种条件的灵活的实验和进程组合，还允许你决定使用哪个调度器。入门级的调度模拟环境提供了配置能力，有 3 种不同的调度器，以及多达 3 种类型 5 个进程的混合工作负载。高级的调度模拟环境支持一个附加的调度算法，方便了 CPU 调度时间片大小的配置，以及 IO 密集型进程的设备延迟的配置。Workbench 将在本章后文讲述。 ■

IO 密集型程序的例子如图 2-14（用户交互 IO）、图 2-15（基于磁盘的 IO）、图 2-16（基于网络的 IO）中的伪代码所示。

44

```
Start
 Set sum = 0
 Repeat 100 times
 {
   Input a number
   Add number to sum
 }
 Display sum
End
```

图 2-14 IO 密集（交互）型程序 Summer（计算 100 个数的和）

```
Start
   Repeat until end-of-file A reached
   {
      Read next block from file A
      Write block to file B
   }
End
```

图 2-15 IO 密集型（磁盘访问）程序 FileCopy（从一个文件复制到另一个文件）

图 2-14 展示了一个交互的 IO 密集型进程的伪代码，其中花费了大部分时间在等待用户输入。用来执行加法操作的时间将远小于百万分之一秒，因此，如果用户以每秒 1 个的速率

输入数字，该程序可能花费超过 99.9999% 的时间用于等待用户输入。

图 2-15 展示了一个磁盘 IO 密集型程序的伪代码，其中花费了大部分时间在等待硬盘的响应，每次循环迭代执行两个磁盘 IO 操作。

图 2-16 展示了一个网络 IO 密集型程序的伪代码，其中花费了大部分时间在等待网络消息的到达。

图 2-14～图 2-16 提供了 IO 驱动型的 3 个进程的例子，这些进程花费了绝大多数时间在等待（处于阻塞状态）。每次产生 IO 请求，这样的进程将被阻塞，意味着它们并未能充分利用它们分配的时间片。操作系统负责从就绪队列中尽快选择另一个进程运行，以保证
45 CPU 繁忙，从而保持系统效率。如果没有其他可运行进程，则 CPU 时间未使用，系统效率下降。

```
Start
  Repeat forever
  {
     Wait for an incoming message
     Identify sender of message from message header
     Send a copy of the message back to sender
  }
End
```

图 2-16　IO 密集型（网络通信）程序 NetworkPingService（回应接收到的消息给发送者）

计算密集型（或 CPU 密集型）进程。计算密集型进程指的是很少执行 IO 的进程，例如，可能从文件中读入了一些初始数据，然后在最终产生结果之前，花很长时间处理数据，需要极少量输出。那些在应用中使用了计算流体动力学（CFD）和遗传编程技术的大多数科学计算，如天气预报和计算机模拟等，都属于这种类型。这样的应用程序会运行很长时间，也许好多小时都不用执行任何 IO 活动。因此，它们几乎总是用尽它们的整个分配的时间片，并很少阻塞。

图 2-17 展示了一个计算密集型程序的伪代码，其中仅在开始和结束时执行 IO。一旦执行了初始 IO，该进程将期望充分使用其时间片，但会被操作系统抢占，因此主要在运行状态和就绪状态之间切换。

```
Start
    Load massive dataset from files (IO)

    Perform CFD computation (which involves millions
    of computation iterations, each one updating
    possibly large parts of the dataset)

    Produce output (IO)
End
```

图 2-17　计算密集型程序 WeatherForecaster（在大块数据集上执行大量的 CFD 计算）

平衡化进程。术语“平衡化”可以用来描述一个进程不仅中度地密集地使用 CPU，而且还适度地执行 IO。这个术语已用于操作系统版 Workbench（见配套资源）。字处理器可以算是这类程序的一个例子，不仅花费了大量的时间等待用户输入，也包含计算密集的活动，如拼写检查和语法检查。这种功能不但可以自动激活，还可以由用户根据需要激活，有着短

期突发性的大量处理资源的需求。

图 2-18 展示了一个“平衡化”程序的伪代码，其行为有时 IO 密集，有时计算密集。这样一个进程，将会有时间段花费大量时间处于阻塞状态，也有时间段主要在运行状态和就绪状态之间切换。

```
Start
  Load file (disk-IO)
  Repeat until editing complete
  {
     Wait for user keystroke (interactive-IO)
     Automatically run autocomplete function as
     necessary (compute-intense)
     Automatically run spell-checker function as
     necessary (compute-intense)
     Automatically run grammer-checker function as
     necessary (compute-intense)
  }
  Save file (disk-IO)
End
```

图 2-18 “平衡化”程序 Word Processor（在 IO 密集型行为和突发性高强度计算之间交替）

4. 调度器的行为、组件和机制

把一个进程从就绪状态切换到运行状态的动作称为“分派”，由调度器的一个被称为“分派器”的子部件执行。分派器必须确保完成了正确的准备工作，以便该进程能正确地运转。这些准备包括进程状态的恢复（例如，栈和程序计数器，以及其他操作系统结构），以便进 46
程的运行时环境（由进程自身看）与该进程被抢占或阻塞前的最后一次运行完全一样。从一个进程的运行上下文改变为另一个进程的运行上下文称为上下文切换。这是调度开销中的最大成分，必须高效完成，因为直到进程再次运行，CPU 才开始执行有用的工作。当程序计数器恢复到其在进程指令序列中的从前的位置值，该程序将从它先前被中断的准确的位置继续运行。值得注意的是，这在概念上类似于从函数（子程序）调用中返回的机制。分派器是操作系统的一部分，因此它运行在所谓的“特权模式”，这意味着，它具有对由操作系统维护的结构体及系统资源的全部访问权限。在分派器完成其工作时，它必须将系统切换回“用户模式”，这意味着被分派的进程将只能访问它运转所需的那部分资源子集，而其他系统资源（包括其他用户级进程拥有的资源）将被保护，有效地对该进程隐藏。

5. 附加的进程状态：挂起 - 阻塞和挂起 - 就绪

在大多数系统中，前面讨论的进程行为的“3 状态”模型是实际行为的简化形式，但是以它为基础，解释调度的主要概念是非常有用的。为了使调度器能够有更复杂的行为，有必要设置几个其他的进程状态。从选择哪一个进程应该运行的角度（也就是说，管理 CPU 资源）看，运行、就绪、阻塞状态集合，对于管理调度已经足够了，但是对于其他资源，例如内存，该集合的灵活度不足。在这个“3 状态”模型中，每一个进程，一旦创建了，就被存放在一个内存映像，其中包括程序指令和所有需要的存储空间，例如，用来保存输入和计算数据的变量。还有由操作系统创建的附加“状态”信息，目的是为了管理进程的执行，比如，这包括正在使用哪些资源和外围设备的细节信息，以及与其他进程的通信细节等，有可能是通过我们前面学到的管道，也可能是通过将在第 3 章讲解的网络协议。 47

物理内存是有限的，通常是一种瓶颈资源，因为计算机执行的每个活动都需要它。每个进程都使用内存（在进程运行时，实际的进程映像不得不保存在物理内存中；这个映像包括实际的程序指令，正在使用的变量中的数据，网络通信中使用的内存缓冲，以及特殊的结构体，如控制进程执行过程的栈和程序计数器）。操作系统也使用可观数量的内存执行其管理活动（这包括跟踪各个进程的特殊结构体）。不可避免地，有时运行当前所有进程需要的内存总量超过了可用的物理内存总量。

辅助存储器设备，例如硬盘驱动器，在大多数系统中有比物理内存大得多的容量。其中的部分原因是物理内存的成本，而另一部分是因为微处理器能够访问的物理内存位置个数有限。鉴于辅助存储器有相对较高的可用性，操作系统配备了以下机制：进程映像从物理内存移动（换出）到辅助存储器，目的是给进一步的进程腾出空间；进程映像从辅助存储器移动（换入）移动回物理内存。这在可用的物理内存数量之外，增加了存储空间的有效容量。这个技术定义为虚拟内存，将在第 4 章中讨论更多细节。

为了把虚拟内存的概念整合进调度行为，需要两个附加的进程状态。“挂起 – 阻塞”状态用来把阻塞状态进程置换出当前活跃集合，由此释放该进程正在使用的物理内存。该机制是，将整个进程的内存映像按照一种特殊文件的形式存储到硬盘上，同时，设置进程的状态为“挂起 – 阻塞”，这表明，它不能立即进入就绪状态或者运行状态。这种方法的好处是，彻底释放了物理内存，但是也产生了代价。移动进程的内存映像到磁盘的动作花费了时间（尤其是，做到这些，需要 CPU 执行操作系统中的某些代码，而且这本身就是一种 IO 活动，它放慢了速度），增加了调度活动在时间方面的开销。进程在能够再次运行之前，必须恢复其内存映像（回到物理内存中），因此给进程的响应时间增加了延迟。除了正常的调度延迟，挂起进程还必须忍受交换到磁盘和随后换回到物理内存的延迟。

被换出的进程可以在操作系统选择的任何时间被换入。如果进程最初处于挂起 – 阻塞状态，它将被移动到阻塞状态，因为它必须继续等待原来导致它阻塞的 IO 操作完成。

然而，当进程被换出时，IO 操作可能完成了，因此操作系统将会把进程移动到挂起 – 就绪状态，这个转变被标记为*事件发生*。挂起 – 就绪状态表示进程依然在换出状态，但是当它彻底换入时，它就能够转换到就绪状态。

当没有阻塞的进程换出时，挂起 – 就绪状态也能用来释放物理内存。在这种情况下，操作系统可以选择一个就绪状态的进程，换出到挂起 – 就绪状态。

图 2-19 的示例为“5 状态”进程模型，包括挂起 – 就绪状态和挂起 – 阻塞状态，以及挂起、激活和事件发生 3 种额外的状态转换。

6. 调度算法的目标

正如前面所讨论的，在保持 CPU 忙碌和由此确保系统执行有用工作方面，效率是通用
48 目的调度活动的主要目标。调度的其他目标如下。

确保所有进程的公平性。在比较调度算法时，就性能标准而言，“公平性”概念通常是紧排在效率之后。它所处的基本理念是对不同进程交付处理资源的一个“公平的份额”。然而，正如你将要在操作系统版 Workbench 中展开的模拟实验中看到的，公平性概念是主观的，也难以归结出统一的含义。如果所有的进程都有相同的优先级和重要性，那么从给予进程同等的处理机会方面，容易考虑公平性。然而，当它们有不同的优先级，或者当一些或全部进程有实时限制时，事情就会变得更加复杂。一个需要避免的特殊情形是“饥

饿”，其中，一个进程从来没有到达就绪队列的前端，因为调度算法总是偏向其他的进程。

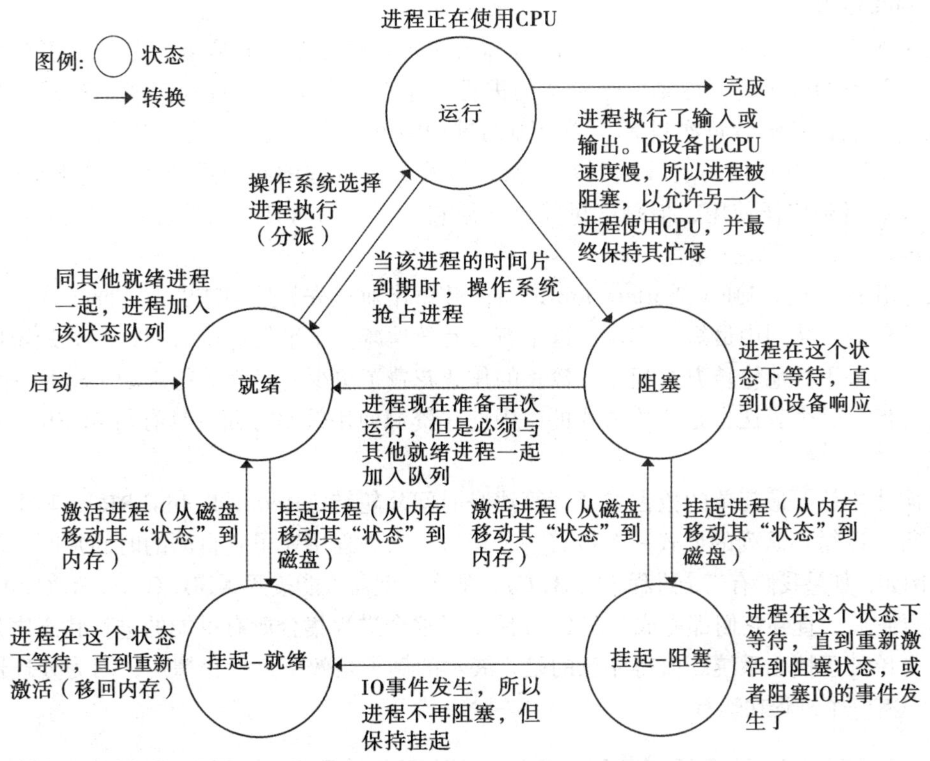

图 2-19　扩展的进程状态转换模型包含挂起进程状态

最小化调度开销。执行上下文切换（在任何时刻，把哪个进程改变到运行状态的动作）要求操作系统的调度器组件临时运行，目的是挑选哪一个进程接下来运行，实际上是为了改变每个进程的状态。这个活动会占用一些处理时间，所以不建议太频繁地执行上下文切换。然而，如果进程处于长时间无间断运行，系统将反应迟钝，这可能与调度的其他目标相矛盾，比如公平性。 49

最小化进程等待时间。在响应性方面，等待时间是个问题，因此，对于所有进程来说，保持等待时间最小化，是调度程序的一个总体目标。等待时间显著地影响交互式进程和有实时约束的进程，但是考虑等待时间在全部运行时间中的占比也很重要。对于任意给定数量的延迟，与长时间运行需求的进程相比，非常短时间运行需求的进程（按照实际的CPU使用量），其受到的性能影响将更明显。最短作业优先和最短剩余作业优先调度算法，特别地偏向更短运行时间的进程。这产生两个重要成效：首先，最短的进程确实有最少的等待，因此，进程的平均等待时间比率（等待时间 / 运行时间）降低了；其次，进程的平均绝对等待时间降低了，因为长进程仅仅需要等待短进程执行较短时长，而不是短进程等待长进程执行较长时间。

最大化吞吐量。吞吐量是对系统完成的总工作量的度量。系统的总处理能力受CPU能力的限制，因此重要的是保持CPU忙碌。如果有效利用了CPU，也就是说，通过调度器，CPU保持持续地忙碌，那么长期的吞吐量将得到最大化。短期的吞吐量可能受到选择哪个进程运行的影响，比如说，在一个长进程运行需要的相同长度的时间内，可能会完成好几个短的进程。然而，作为一种性能度量，长期的吞吐量才更有意义。

7. 调度算法

先来先服务。FCFS（First come First Served，先来先服务）是最简单的调度算法。它使用一个简单的规则，调度第一个到达的进程，让它一直运行，直到完成。这是一个非抢占式调度算法，意味着每次只有一个单独的进程能够运行，无论它是否有效地使用系统资源，也不管是否有其他的进程队列在等待，以及那些进程的相对重要性。鉴于这些限制，该算法没有得到广泛使用，但是这里简单介绍它，可作为与其他简单算法（见活动 P5）对比的基准。

最短作业优先。SJF（shortest Job First，最短作业优先）是 FCFS 的变种，算法中下一个执行的作业是队列中最短的作业。这个算法有效地减少了平均等待时间，因为最短作业优先运行，与采用其他轮转方式相比，较长的作业花费了更少的时间等待启动。这是一个显著的改进，但是这个算法也是非抢占式的，因此在资源使用效率方面，具有与 FCFS 同样的一般缺陷。

时间片轮转。最简单的抢占式调度算法是时间片轮转（Round Robin, RR)，其中，进程轮换运行，以循环队列的形式一个接着一个运行，当进程用完了它自己的时间片时，就会被抢占。例如，如果我们有三个进程 {A, B, C}，那么调度器可能按照 A, B, C, A, B, C, A, …… 顺序运行它们，直到它们都完成。图 2-20 展示了这个进程集合所有可能的进程状态序列，这里假设是单处理核心系统。值得注意的是，展示的例子是效率最大化情形，因为处理器持续

50 忙碌，总有一个进程在运行。

进程	时间片1	时间片2	时间片3	时间片4	时间片5	时间片6
A	运行	就绪	就绪	运行	就绪	就绪
B	就绪	运行	就绪	就绪	运行	就绪
C	就绪	就绪	运行	就绪	就绪	运行

图 2-20　针对 3 个进程的时间片轮转调度算法的一种可能的进程状态序列

活动P5 使用操作系统版 Workbench 探索调度行为（入门）：对比先来先服务、短作业优先和时间片轮转调度

前提条件。从本书的补充材料网站下载操作系统版 Workbench 和支持文档。阅读文档“调度（入门）活动和实验”。

学习目标。

1. 理解先到先服务调度算法。
2. 理解最短作业优先调度算法。
3. 理解时间片轮转调度算法。
4. 理解进程行为的“3- 状态”模型。
5. 增强对本章中讨论的一般调度概念的理解。

活动使用了“Scheduling Algorithms-Introductory”模拟环境，可以在操作系统版 Workbench 的“Scheduling”选项卡中找到。在下面的 3 个阶段中，我们使用两个相同的初始配置的 CPU 密集型进程。我们分别使用 3 种不同的调度算法来比较其行为。在每次模拟过程的结尾，记下模拟窗口底部的统计部分的值。

该活动划分为 3 个阶段来组织文字。

活动 P5_CPU。用 CPU 密集型进程探索先来先服务、最短作业优先和时间片轮转调度。

方法。设置进程 1 为“CPU 密集型”，并设置运行时间为 60ms。激活进程 2，将其设置为“CPU 密集型”，并设置运行时间为 30ms。

准备就绪后，按“Free Run”按钮，启动模拟环境。下面的屏幕截图分别展示了用 FCFS 调度算法运行进程时的初始设置和最终设置。

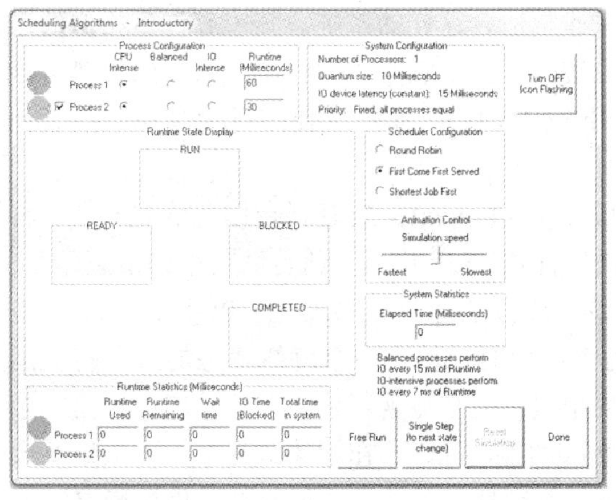

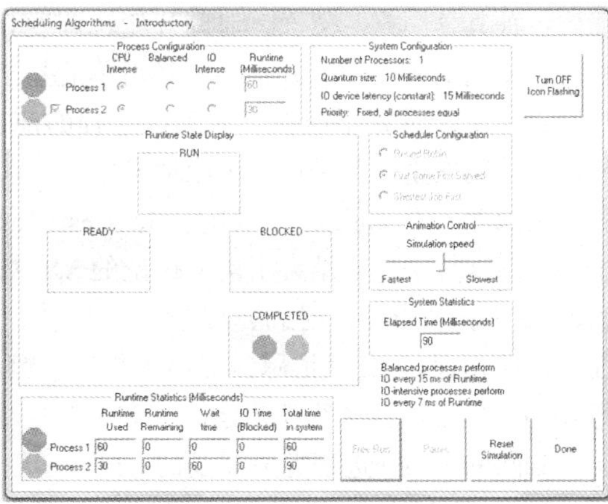

51

预期结果。该模拟针对每个进程，在其状态变换序列贯穿始终地运行，直到全部进程完成。随着模拟运行，你将看到运行时间统计和系统统计一直实时更新。这些统计结果能够用于分析算法的低级别行为及其对当前进程的影响。

活动 P5_balanced。针对“平衡化”进程（这些进程执行中等数量的输入和输出，并且在 IO 活动之间，属于中度 CPU 密集型），探索先来先服务、最短作业优先和时间片轮转调度。

方法。除了设置两个进程为“平衡化”外，和上面的活动 P5_CPU 相同。

预期结果。你会看到，当进程执行 IO 时会阻塞，从而积累了处于阻塞状态的时长。当一个进程变成阻塞状态时，你会注意到，3 种算法的行为存在显著的差异。

活动 P5_IO。针对 IO 密集型进程（这些进程有规律地执行 IO），探索先来先服务、最短作业优先和时间片轮转进程调度。

方法。除了设置两个进程为“IO 密集型”外，和上面的活动 P5_CPU 相同。

预期结果。你会看到，进程频繁地执行 IO，并且有规律地阻塞，从而积累了进程处于阻塞状态的时间，在系统运行时间中占有明显的比重。你会注意到，如果所有的进程都在频繁地执行 IO，系统的整体效率将受到影响，因为可能会出现一种暂时的情况，这时没有进程处于就绪状态，因此也没有一个进程能够运行。

思考。你已经分别使用各种不同行为表现的进程探究了 3 种调度算法的行为。基于你已经收集到的运行时的统计数据，如何互相比较这些调度算法？这里给出一些具体的问题，来开始你的调查：

1. 对于算法的公平性，可以说些什么（提示：考虑进程的等待时间）？

2. 对于 CPU 的使用效率，可以说些什么（提示：考虑系统中每个进程的总时间和整个系统花费的时间）？

3. 进程行为的类型对调度算法效率的影响程度有多大？是总有一个明显的赢家，还是根据系统中的进程类型，算法有不同的优势？

深入探索。你可以使用“Scheduling Algorithms-In troductory”模拟环境展开进一步实验，

帮助获得更深入的理解。你可以使用单步按钮，按照你自己的步调，一次一步地执行模拟。■

到目前为止，前面讨论的 3 种调度算法都十分受限，因为现代通用系统中的应用程序类型十分广泛，其行为表现大不相同。这些调度算法缺少选择进程必需的复杂性，即以实现基于系统本身和其中集成的动态性相关的上下文因素选择进程。一些更先进的算法考虑了进程
52 的优先级，或截止时间，或预期运行时间，或累计运行时间，或提高单个进程和系统总体性能的各种其他因素。然而，时间片轮转调度算法非常适合这样的系统，其中有许多相似的进程，有相同的重要性，并且鉴于其简单的基于轮转的方法，它有了“免于饥饿”的优势。这意味着，一个进程不能在压制其他进程的前提下独占 CPU。而这种独占行为会在一些其他机制中长期发生，甚至可能无限地发生。

最短剩余作业优先。SRJN（Shortest Remaining Job Next，最短剩余作业优先）是一种抢占式调度算法，它结合了前面讨论的 SJF 算法的优点（SJF 中最先执行队列中的最短作业，因此减少了平均等待时间）和 RR 的抢占式行为（该方法通过轮换使用 CPU，提高了响应性，还通过保持 CPU 忙碌，提高了效率，因为无论何时，总有一个就绪状态的进程将要运行）。SRJN 算法让进程轮流运行，和 RR 的做法相似，但其显著区别在于，它考虑的是剩余运行时间的总量（进程完成需要的 CPU 处理时间的实际总量）。在就绪队列中，有最短剩余运行时间的进程被选出来，作为下一个运行进程。按照这种方式，如果没有进程执行 IO（并因此阻塞），该算法行为和 SJF 相似，因为尽管这里存在抢占，之前最短的作业将仍然是最短的，如果下一个获得 CPU 的是它。然而，一旦一个进程阻塞，另一个进程就得到了一个运行的机会，因此保持了 CPU 忙碌。进程顺序（根据剩余运行时间）也有可能发生改变，因为当一个进程阻塞时，另一个进程可能取代它，变成新的有最低剩余运行时间的进程。在活动 P6 中，将探究 SRJN 的行为，并将它与 RR 和 SJF 对比。

多级队列。与单个就绪队列不同，这里设置了几个队列，每个队列对应不同类型的任务。可能一个队列是系统进程（最高优先级），另一个队列是交互进程，又有一个队列是计算密集型进程，比如科学计算模拟（最低优先级）。每个队列可以应用一个不同的调度策略，计算密集型进程可能使用 FIFO 调度，而系统进程和交互进程会需要一个抢占式方案，如 RR。不同队列之间也必然会划分使用 CPU 资源，因为在任何时刻，只能有一个进程实际被调度（假设为单核）。在一个有许多交互进程的系统中，可能适合分配大约 80% 或者更多的处理资源给交互进程。如果计算密集型进程非常多，可能有必要分配更多的资源给这类进程，以确保用户能得到一个合理的响应时间，同时去平衡交互进程需要的短得多的响应时间。值得注意的是，前文引用的例子中，使用 FIFO 调度将仅对计算密集型进程队列产生局部影响，而不会影响交互进程的 RR 调度的细粒度交叉。多级队列算法如图 2-21 所示。

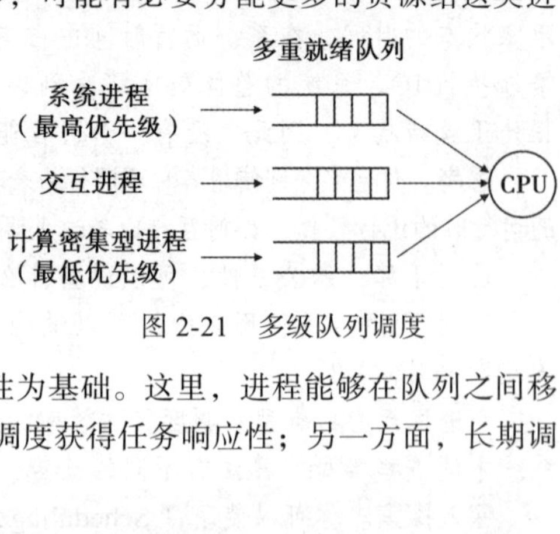

多重就绪队列
系统进程（最高优先级）
交互进程
计算密集型进程（最低优先级）
CPU

图 2-21 多级队列调度

多级反馈队列。多级反馈队列（Multilevel Feedback Queue，MLFQ）方法以多级队列带来的灵活性为基础。这里，进程能够在队列之间移动，以允许调度过程达到一种平衡：一方面，短期调度获得任务响应性；另一方面，长期调度确保公平性和系统效率。

队列按照优先级组织，其中顶端队列拥有最高的优先级，因而首先被调度。在每个队列中，使用 FIFO 调度。新进程进入这一级。如果进程用尽了它的全部时间片，但是在这个时间片内没有完成任务，它将降级到下一个队列级别。然而，如果该进程在第一个时间片里让出了控制，它会留在相同的级别中。执行 IO 并因此阻塞的进程，会提升到紧邻的更高队列中。这些规则在全部优先级间反复使用，使得进程的优先级别不断调整，以反映其行为。例如，一个计算密集型进程会逐步一路降低到最低优先级队列。然而，如果经过了一个长时期的计算过程后，这个进程开始执行一系列的 IO 操作，以交付其计算结果，或者读入进一步的数据，它可能会攀升回到一定的优先级别（因为在用尽其时间片前，IO 操作导致了进程阻塞）。 53

这个策略给了短任务优先级，因为它们将开始于最高优先级，并可能在那个级别或下降几个级别后就完成了。IO 密集型任务也会优先，因为通常很可能在用完其时间片之前阻塞，从而确保了它们可能留在调度优先级更高的级别。在这个方案中，计算密集型任务的进展情况不太好，因为它们会沿着队列等级一路下降，并留在最低级别，期间它们以 RR 方法调度，直到完成任务。在这一级别，只有当高优先级别中没有就绪任务时，这些任务才能获得处理资源。

队列间调度严格地以队列优先级为基础执行，以至于只要在最高队列中有进程，它们就会以本地 FIFO 方式（也就是说，根据它们在特定队列中的位置）调度。如果就绪队列临时用尽，因为进程要么完成，要么被阻塞，要么被降级，则下一级低层队列才会得到服务。如果有任务到了更高级别的就绪队列，则调度器会移回最高级别的有进程的队列，并从那儿开始调度任务。多级反馈队列算法如图 2-22 所示。

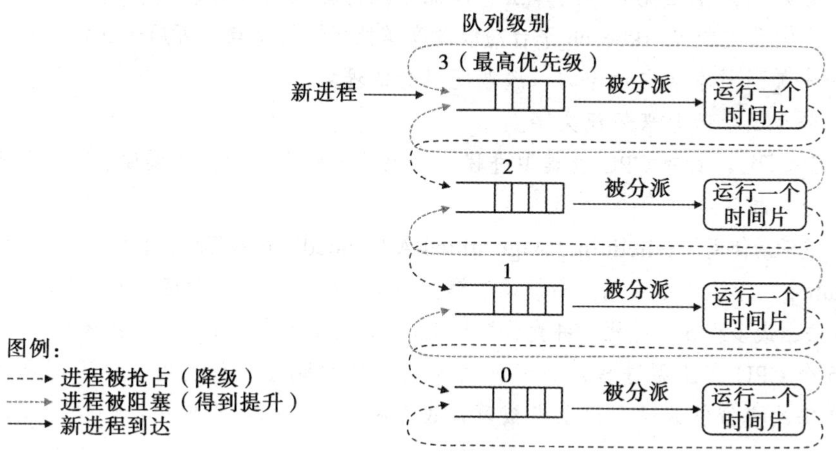

图 2-22 多级反馈队列调度算法

图 2-23 展示了运行中的 MLFQ 算法，系统中混合了交互式和计算密集型进程。起始，两个进程处于最高优先级的队列中（快照 1）。P1 是一个长时间运行的交互进程，因此它往往会待在顶层。然而，P2 是计算密集型的，被抢占，因此下降到优先级级别 2，这时有一个新的进程 P3 加入系统（快照 2）。P3 是一个短暂的交互性任务，并因此待在最高优先级级别，这时 P2 进一步下降（快照 3）。P4，一个短暂的计算密集型进程，加入了（快照 4），这时 P2 下降到最低队列级别。P4 在快照 5 中下降一个等级。P4 和 P3 分别在快照 6 和快照 7 中完成。 54

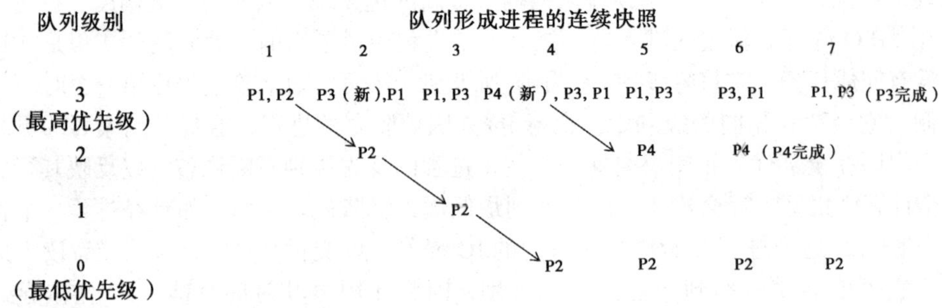

进程特性的图例：
P1：长时间运行的交互型进程
P2：长时间运行的计算密集型进程
P3：短时间运行的交互型进程
P4：短时间运行的计算密集型进程

图 2-23　MLFQ 例子，有两个交互型进程和两个计算密集型进程

活动P6　使用操作系统版 Workbench 探索调度行为（高级）：比较短作业优先、时间片轮转以及最短剩余作业优先调度算法

前提条件。下面的指导假定你已经获得了操作系统版 Workbench 平台以及在活动 P5 中
55 所讲解的支持文档。阅读文档“调度（高级）活动和实验。”

学习目标。

1. 理解最短剩余作业优先调度算法。
2. 比较最短剩余作业优先调度算法、最短作业优先和时间片轮转调度算法。
3. 发掘操作系统版 Workbench 平台高级调度模拟环境的特点，可用于支持深入探索。
4. 进一步加强对本章中讨论的一般调度概念的理解。

该活动分为 3 个部分来组织文字。

活动 P6_CPU。针对 CPU 密集型进程，对比最短剩余作业优先调度、最短作业优先调度以及时间片轮转调度。

方法。该活动使用“Scheduling Algorithms-Advanced”模拟环境，在操作系统版 Workbench 的“Scheduling”选项卡中找到。高级调度模拟环境帮助更深入地考察调度行为。它支持一个附加的调度算法，最多到 5 个进程，并允许配置 IO 设备的延迟和调度时间片的大小：

1. 对 5 个 CPU 密集型进程，我们使用相同的初始配置，分别用 3 种不同调度算法比较其行为。在每次模拟结束时，记录模拟窗口底部统计部分的数据值。

2. 配置：

　设置进程 1 为“CPU 密集型”，并设置运行时间为 60ms。
　启动进程 2，将其设置为“CPU 密集型”，并设置运行时间为 50ms。
　启动进程 3，将其设置为“CPU 密集型”，并设置运行时间为 40ms。
　启动进程 4，将其设置为“CPU 密集型”，并设置运行时间为 30ms。
　启动进程 5，将其设置为“CPU 密集型”，并设置运行时间为 20ms。

初始设置 IO 设备延迟为 10ms（当所有的进程是 CPU 密集型时，这将不会有任何影响），并设置时间片大小为 10ms。初始设定调度算法为最短作业优先。

3. 当你准备就绪后，按“Free Run”按钮启动模拟环境。使用同样的配置重复模拟，但要使用时间片轮转调度算法，然后再使用最短剩余作业优先调度算法。记录运行时统计窗口和系统统计窗口中的结果值。这些将用于对比不同调度算法的性能。

下面的屏幕截图分别展示了初始和最终设置，运行进程采用了轮转调度算法。

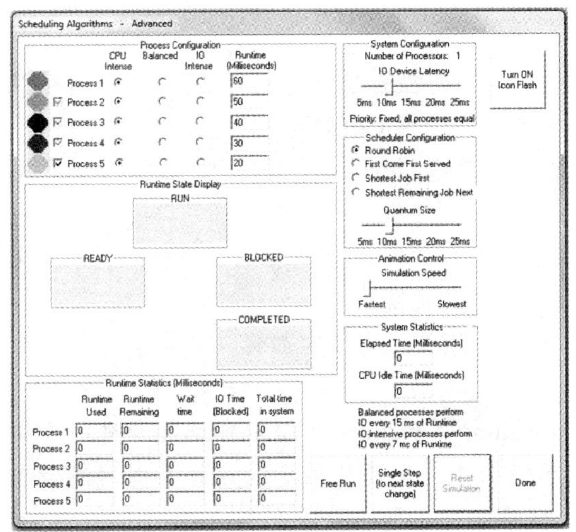

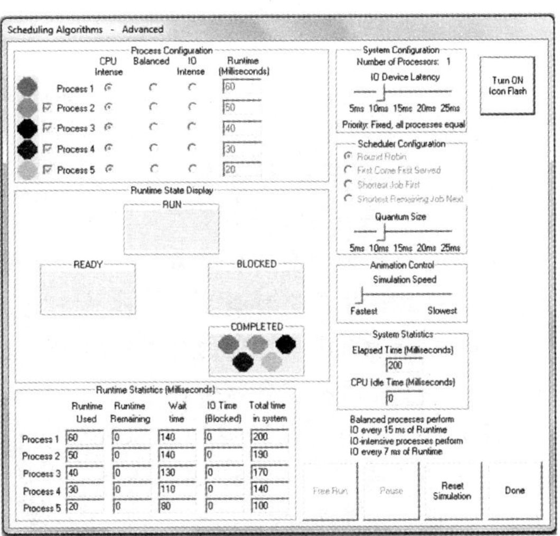

56

预期结果。针对每个进程，该模拟环境在其状态转换序列中贯穿始终地运行，直到所有进程完成。随着模拟环境的运行，你将看到运行时统计和系统统计实时更新，与入门调度模拟环境类似。这些统计能够对算法的低级别行为和它们对当前进程的影响进行分析。在评价算法的相对性能时，关注这些统计结果是非常重要的。在前面的活动 P5 中，仅有两个进程，所以预测调度结果是相对容易的。当有 5 个进程时，运行时的系统变得十分复杂，因此，我们依靠这些自动生成的统计数据来比较调度算法的行为。

活动 P6_balanced。针对“平衡化”进程，对比最短剩余作业优先、最短作业优先以及时间片轮转调度。

方法。除了把所有的进程设置为“平衡化”之外，与上面的活动 P6_CPU 相同。这一次，除了改变调度算法，还研究改变 IO 设备的延迟和时间片大小的效果。

预期结果。你会发现，当进程执行 IO 时，会被阻塞，因此积累了处于阻塞状态的时间。你会注意到，当一个进程被阻塞时，这 3 种算法的行为之间存在着显著差异。尤其是，关注等待时间和 IO 时间，并观察这些时间如何受到各种配置变化的影响。

活动 P6_IO。针对“IO 密集型”进程，比较最短剩余作业优先、最短作业优先以及时间片轮转调度。

方法。除了把所有进程设置为“IO 密集型”外，与上面的活动 P6_balanced 相同。再一次，确保调研了不同的 IO 装置延迟和时间片大小配置的效果。

预期结果。你会看到进程频繁地执行 IO，规律地被阻塞，由此增加了系统中处于阻塞状态的进程所占的比例。你会注意到，如果所有的进程都在频繁地执行 IO，系统的整体效率就会受到影响，并且可能会出现的一种暂时情况是，没有进程处于就绪状态，并因此没有一个能运行。查看自动生成的统计值，并尝试确定哪个调度程序是全面的最佳执行者（良好性能的指标是：对于单个进程，为系统中的低等待时间和总时间；对于系统，为低 CPU 空闲时间）。

思考。你已经分别使用不同行为表现的进程和系统配置探究了 3 种调度算法的行为。通过使用 5 个进程，与前面的双进程初级模拟系统相比，本系统明显表现出了更复杂的行为。在发现各种调度算法的长处和缺陷方面，这种丰富的情境更好。基于你已经收集到的运行时的统计数据，如何互相比较这些调度算法？这里给出一些具体的问题，以开展你的调查：

1. 在算法的公平性方面，能谈些什么（提示：考虑进程的等待时间）。进程有没有“饥饿”，也就是说，它们不得不等待很长时间，却没有得到任何 CPU 份额？

2. 在 CPU 使用效率方面，能谈些什么（提示：考虑 CPU 的空闲时间）。有没有发生 CPU 处于没必要的空闲情形？

3. 进程行为的类型对调度算法的效率的影响程度有多大？是否总有一个明确的赢家，或者，依赖于系统中的进程类型，这些算法是否各有不同的优势？

4. 通过吸收 SJF 和 RR 的特性，SRJN 算法“两全其美”的程度如何。从你展开的实验中，是否能监测到存在负面特性？

深入探索。强烈鼓励使用“Scheduling Algorithms-Advanced”模拟环境展开进一步实验，有助于获得更深入的理解。例如，在同一场模拟中，尝试使用不同进程类型的混合实
57 验。你可以使用单步按钮一次一步地运行模拟，使得你按自己的步调工作。■

2.4 实时系统调度

实时调度是用来描述调度算法的术语，其中调度决策主要基于任务的截止时间或任务的周期性，而这些任务是系统中的进程生成的单个活动。

实时应用的例子包括音频和视频流，监控和控制（例如，线控飞行系统、工厂自动化和机器人），以及对延迟高度敏感的商业系统，如股票交易。

实时进程通常有一种周期性的行为，它们必须以一个给定的速度提供事件服务，例如，一个以每秒 24 帧速率传输视频帧的视频流应用程序，每秒必须（如说明书建议）产生 24 帧的视频。事实上，约束其实更严格，仅仅要求每秒 24 帧还不够，因为这可能导致前面连续输出，然后出现空隙。这种在时间上的变化被称为抖动，对视频流的质量产生严重影响。真正需要的是，帧在时间上的均匀分布，所以实际上，有一种要求是帧间间隔为 1/24 秒。在这样的系统中，调度器需要知道这种要求，使得视频流进程获得足够的处理时间，以规律的时间间隔产生帧。

实时任务在时序上的约束依赖于整个系统的精心设计。在上面的视频例子中，指定的帧速率实际上产生了几种行为约束。除了它们必须以恒定速率产生，带有相同间隔，这些帧还必须经由网络交付给消费者，并保持这种均匀间隔。这对实时分布式系统来说，是一种严峻的挑战。网络技术本身会对视频数据流产生不断变化的延迟（从而带来抖动，降低了用户感受到的最终质量）。还有一个要求，每一个视频帧必须在下一帧到达之前确实已处理完。因此，如果每 1/24 秒产生一帧，那么处理每个帧（例如，视频压缩功能）的可用的最大处理时间是 1/24 秒；不允许有更长处理时间，因为这会导致帧延迟，对于后续各帧，延迟将进一步加剧。为了具体说明，我简要地描述一个有非常严格的时间约束的系统。在 20 世纪 80 年代，我开发了一个语音识别系统，以 8kHz 速率对声音输入采样和数字化。该处理器是摩托罗拉 MC68010，运行频率为 10MHz。这在当时是一个典型的运行速度，但比今天的技术大约慢了上千倍。每个声音样本必须在 125 μs 的采样点时隙中处理完。处理过程包括，寻

找单词头、单词尾，并检测单词中能量信号的不同特点，同时还测量无声时段持续时间。以 10MHz 的时钟频率，在下一个样本开始前，该处理器仅有能完成一个样本的时钟周期。经过苦心优化，通过代码的最差执行路径，在处理完一个样本与开始下一个样本之间，只剩下 3 条指令的时间空闲。

我们可以把实时系统划分为“硬”“固”和“软”三种分类。硬实时系统是指，错过了截止时间会产生严重后果的系统（根据应用程序及其用户的背景）。这种类型的系统的最常见的例子在控制系统中，比如线控飞行系统和机器人控制系统。在这些系统中，错过截止时间是不能接受的，在设计和测试阶段投入了很多精力，以确保该问题不会发生。在“固”分类中的系统需要大多数时候能满足截止时限的要求，偶尔错过期限也可以容忍。这种系统的 58
一个实例是自动化的股票交易系统，当到了一个特定的价格阈值时，系统试图快速执行交易，以获得一支股票的当前公布价格。对于这些系统，速度是至关重要的，设计中将包括对交易响应时间的某些假设。一个软实时系统是指，错过截止时间会对服务质量造成影响，但系统仍然能发挥作用，并且这种影响也没那么严重。例如，如果应用程序中涉及了一些用户需要在有限时间内响应的活动，事件驱动的用户界面的响应性可以认为是实时的。如果用户有特定的响应时间期望，那么未能满足这个期望时，就可能产生一些影响，令用户不满（例如，如果数据库查询结果发生延迟），甚至会导致相当大的经济损失（例如，在一个电子商务应用程序中，如果下的订单基于过时信息，或者即使下了订单，但缺乏及时响应，导致订单处理的延迟）。大部分的商业分布式系统可以被归类为软实时系统，或者至少有一些软实时处理的需求。

通用目的调度器（即非实时调度器）并不按照周期性或者截止时间为任务划分优先级，通常情况下，它们甚至意识不到截止时间是进程或其生成的任务的一个属性。然而，这些调度器常常被发现用在了非定制系统，因此许多有软实时特性的任务（特别是商业应用程序）运行于通用目的调度器驱动的系统中。在商务和电子商务应用程序的任务优先级划分方面还有一个挑战。从某种意义上说，所有的用户都认为自己的任务（比如，数据库查询或文件下载）是所有任务中最重要的任务。他们并没有从整个业务的角度来判断，对系统来说，哪一个是真正最重要的任务，必须在特定时刻执行。因此，在这样的情境下，如果用户能够为他们的任务提供截止时间参数，就有可能都去选择能提供的最高优先级值，结果自然会弄巧成拙。

实时系统使用通用目的调度器的限制

回想我们在活动 P3 中探索的情形，其中，PeriodicOutput 进程以固定周期执行任务。假设任务必须以特定的速率发生，以保证特定的 QoS，例如，在视频流应用程序中处理视频帧。如果使用通用目的调度器，当系统中只有一个活跃进程时，可能满足了特定时间约束，但是当有其他进程竞争系统资源时，则不能保证时间约束（截止时间）。这些会在活动 P7 中探索，其中，PeriodicOutput 程序的三个实例被用来代表一个伪实时应用程序，它要求这些任务规律地交替。活动展示了在没有计算密集型后台任务时，一个非实时调度器如何实现这些，但是，如果一个计算密集型任务突然插入，调度序列变得不可预测，因为在 CPU 分配方面，更倾向于计算密集型任务（不像 IO 密集型任务那样被阻塞）。

对于硬实时系统，真正确定任务的截止时间通常很简单，因为它直接关联到任务本身的特性：所涉及的真实世界的事件、它们的周期性以及由此展开的处理过程。 59

活动P7 用实际进程探究调度行为——实时性考虑

前提条件。下面的指导假定你已经获得了所有在活动 P1 中提到的必要的附加资料。

学习目标。这个实践探索实时行为的本质以及通用目的调度器在保证截止时间方面的限制：

1. 理解实时任务有时间约束。
2. 理解通用目的调度器无法满足实时任务的时间要求。
3. 理解实时任务的行为如何受到后台工作负载的影响。

方法。本活动利用我们在活动 P3 中曾使用的 PeriodicOutput 程序，将其作为一个伪实时程序，再利用活动 P4 中使用的 CPU_hog 这个 CPU 密集型的程序创建繁重的后台工作负载：

1. 像在活动 P4 中那样，启动 Task Manager，选择“Processes”选项卡。按照 CPU 的使用强度排序显示，最高的在顶部。这提供了一种检查计算机工作负载的方法，所以保持 Task Manager 窗口打开状态，放到屏幕的一边。起初，计算机应该基本上处于“空闲”状态——这个术语用来描述一台计算机没有工作负载，或工作负载很少（通常，CPU 利用率将不超过很小的百分比）。

2. 打开两个命令窗口。每个窗口中，都进到 SystemsProgramming 文件夹的“ProcessView”子文件夹。

3. 在其中一个命令窗口中，运行批处理文件 PeriodicOutput_Starter.bat。观察输出，A、B、C 分别对应于程序的第 1、2、3 份副本，正如我们在活动 P3 中看到的，它们应该是合理地均匀交错。这个观察结果很重要，我们应该把这种交错作为一种伪实时需求，也就是说，进程交替地输出结果。进程实际上在做什么并不重要，因为调研关注的是系统的后台工作负载如何能影响调度自身的行为。

4. 一旦步骤 3 中运行的进程完成，使用同一个批处理文件重新启动它们。这一次，进程大概进行到一半的时候，在另一个命令窗口中使用 CPU_Hog_4Starter.bat 批处理文件，启动 4 份 CPU_Hog.exe 程序副本。这在计算机上创建了繁重的后台工作负载，调度器必须管理其运行。

5. 在 Task Manager 窗口中观察 CPU_Hog 进程受到的影响。你还能根据 PeriodicOutput 进程输出的交错行为检测到负载的急剧增大带来的影响。

下面的截图展示了 CPU_Hog 进程对 PeriodicOutput 进程的输出的交错行为的影响。

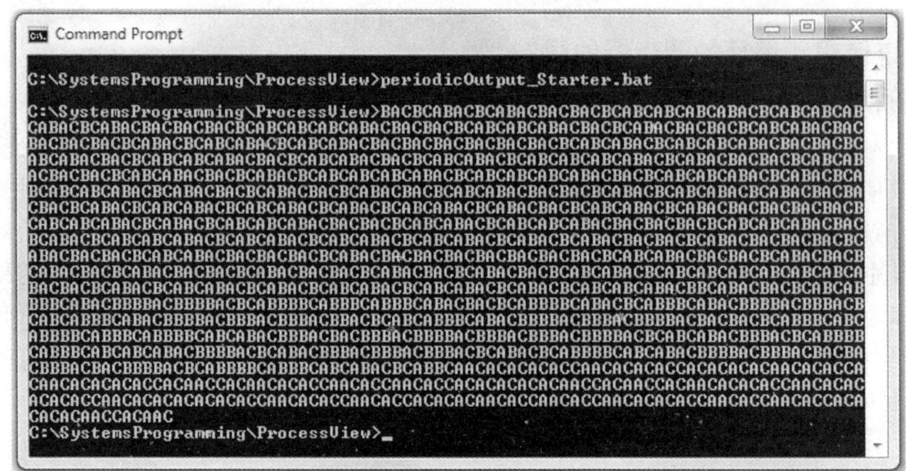

预期结果。你看到的东西应该与我的屏幕截图相似，尽管实际行为对当前为何种调度器变体敏感。在截图中，我们可以清楚地观测到，在CPU_Hog后台工作负载启动之前和启动之后的行为表现。起初，PeriodicOutput进程的3个副本运行，其输出正如我们期望的交错。实验进行到一半时，CPU_Hog进程在第二个命令窗口启动。你可以看到，PeriodicOutput进程（定期执行IO，并因此阻塞）受到的影响是，它们获得了不太规则的CPU时间片。这种影响表现为交错过程的打乱，因为3个进程必须在阻塞状态等待，然后再重新加入就绪队列，而在4个CPU_Hog进程中，至少也有3个包含在就绪队列中，因为这些进程从不阻塞。这是一个简单而非常重要的演示，其中，一个进程的性能会受到主机工作负载中的其他进程行为的影响。它还演示了工作负载强度能发生怎样突然的以及明显数量的改变，由此说明了，准确地预测进程性能或整个系统的行为会有多难。

思考。这个实验示例了通用目的调度器在进程有序和资源共享方面的局限性。因为调度器不知道任何截止时间或者进程的周期性行为需求，它基于进程状态模型简单地共享CPU资源。由于大多数实时任务也明显表现为IO密集型（考虑视频流、声音和音乐应用程序以及在机械装置中传感器的读数或控制输出的产生等），很可能它们会有规律地阻塞，因此重新进入就绪队列前，不得不等待事件和IO硬件机制。从而，这些类型的任务最容易受到系统中工作负载的突然变化的影响，正如我们在本活动中看到的。■

考虑线控飞行⊖系统中的一个子系统，其中用户在一个远程指挥站（例如，飞机驾驶舱）提供控制输入。这些命令必须在一个短时间帧内生效，以便它们在命令发出后，尽快对飞机产生影响。通过飞机行为的相应改变，用户（在本例子里是飞行员）得到反馈。在某些情境下，有可能需要渐进地实施控制输入，利用反馈，感知什么时候松开控制。对于这样的情况，端到端的响应时间在几十毫秒内可能是合适的。也就是说，从用户提供一个控制输入，到系统对此响应，再到用户接收反馈，这之间的时间。因此，对于一个给定的输入（在系统中成为一个任务），能够确定其截止时间。在这种情景下，错过截止时间就解释为响应延迟，飞机变得难以飞行，或者甚至无法飞行。可能会存在某个临界点，在该点，延迟会导致飞机 61
以颠簸的飞行路线响应，因为飞行员得到的是来自于他们行动的错误反馈，导致他们的行动在过度控制和补偿输入之间来回变化。超过临界点的轻微的延迟增加，飞机就完全不稳定，并难以飞行。图2-24和图2-25提供这种情景的简化示例。$T_{response}$指的是从飞行员的请求发出到控制系统响应的时间，为了安全运行，这必须在反馈截止时限之前完成。

图2-24和图2-25提供了一个例子，在实时系统（在这个例子里，是线控驾驶飞机的控制系统）中，说明计算机任务的截止时限如何映射到安全行为（图2-24）与不安全行为（图2-25）之间的边界。在这样的系统中，计算机系统有必要尽可能地达到与直接使用机械联动的系统相接近的响应性。这里根据两种不同类型的飞机的控制系统进行解释。Tiger

⊖ 线控飞行用于描述在没有机械联接的情况下，进行远程驱动和控制。因此，例如，在飞机中，以前用于物理地移动机翼和尾翼上的副翼的控制电缆，现已被计算机系统替代，其中飞行员的控制输入被感知和数字化，然后再发送到远程电机或伺服系统，实际地移动相应的控制表面。这些系统有非常严格的要求，包括故障安全性和稳定性，也许这些系统最明显的约束实现就在它们的响应性方面——在飞行员发出控制输入和系统动作反应之间，过长的延迟会给系统带来危险。在某些情况下，可以容忍一个固定的短暂延迟，这种用户能够适应，但不能接受过长的延迟，或延迟的波动，这意味着该系统是不可预测的。因此，这些都是硬实时系统，并且任务处理的截止时限必须非常谨慎地确定。线控飞行的概念并不限于航空系统，不同的线控操作的术语，用来描述不同于传统机械联动方式，由数字通信系统取而代之的任何控制系统。例如，在道路交通工具方面，术语线控驾驶用于描述像方向盘这样的机械联动的替代品，类似的线控刹车则替代的是刹车连线。

Moth是在20世纪30年代开发的一款标志性的双翼飞机。人们发现，它的操纵控制适合用作飞行员教练机，并且在第二次世界大战期间，确实被用来训练喷火式战斗机飞行员。Moth从中央操纵杆到机翼上的副翼都有直接的电缆连接。你将杆向前推动，飞机将会俯冲，拉回来则向上爬升，向左或向右推动，那么飞机分别完成向左或向右的倾斜转弯。根据这架飞机的运动，飞行员获得了其操作的即时反馈。例如，如果飞行员感觉到这架飞机的爬升过于急剧，她会放松操纵杆，朝着中心位置移动它，这样爬升会变得平缓。Moth反应非常灵敏，并且易于驾驶，控制系统也非常简单——没有任何由控制系统本身添加的延迟。飞行员移动操纵杆的动作立即直接地转换成副翼的等效运动。目前，与Moth相比，现代的民航飞机是一种带有某种非常复杂的控制系统的线控飞行驾驶方式，而且其中一些控制面极其巨大笨重。飞行员需要一个如同Moth那样响应灵敏的系统（曾有幸驾驶过Tiger Moth，我可以确认的是，其控制输入确实有即时效果，因而飞机有高度的敏感性）。现代飞机有一个巨大的由安全系统、传感器和执行器组成的阵列，为了管理这些系统，在任何时候，其板载计算机上都活跃着大量的计算进程。这是一个很好的硬实时系统的例子，其中不同的任务有不同的截止时限和优先级。需要能够处理日常的周期性传感器信号，以及不可预测的（异步的）事件，比如报警信号说明检测到了故障，同时还要确保控制信号移动控制面，不会错过它们的截止时限。各种计算和控制活动中，每一个都必须在严格的截止时限内执行，并且不同任务的优先级可能会根据飞行环境的不同而变化，比如，飞机到底是在起飞过程中，还是在流畅地飞行，或是处于湍流条件下，或者正在着陆等。

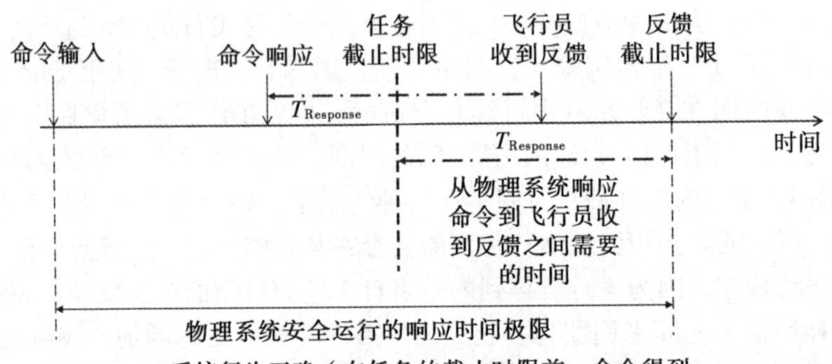

图2-24 硬实时系统中，例如线控飞行器，满足截止时限的重要性的简化示例

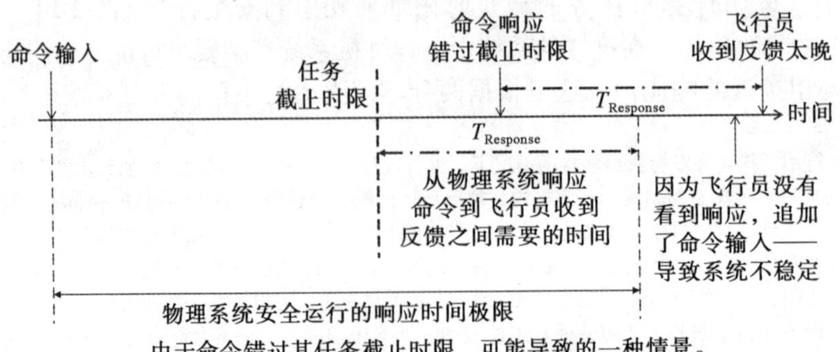

图2-25 硬实时系统中，例如线控飞行器，满足截止时限的重要性的简化示例

如图 2-25 所示，控制动作的延迟可能会导致飞行员追补的输入，从而导致过度补偿，并最终导致飞机的不平稳。

可能处理来自操纵杆的输入的进程是一个周期性进程的例子，它产生周期性的任务。替代检测操纵杆的移动，并对每一次移动做出反应，一个更可行的方法是，以一个适当高的速率读取操纵杆位置，将该值传输给操纵面，无论操纵杆是否发生移动。在这种方式中，操纵面始终跟随操纵杆的位置，带有一定的滞后性。滞后的时间是读取传感器、处理数据以计算操纵面方位、发送命令至执行器（比如在机翼上的执行器）、实际移动操纵面等，这些时间的总和。总延迟时间必须足够小，以便飞行员从飞机得到自然的响应，理想情况下，应该有直接电缆连接到操纵杆以拉动副翼的错觉。除了低延迟，实际延迟必须有一致性，以便飞行员从飞机得到一种可预测的一致的响应，即使在处理其他紧急动作时，调度器也必须确保这一点。

为了解释说明，假设采样频率可能会是 100Hz（也就是说，每一秒钟对操纵杆位置采样 100 次）。一次采样允许产生的总延迟也许是 50ms。这意味着，从操纵杆移动到飞机控制面随动之间，经历的总延迟时间可能会是 50ms，加上 10ms 的采样间隔（也就是说，如果操纵杆的移动恰巧在采样，则再过 10ms 后，新的移动才会被检测到）。

许多实时监测和控制系统都包含周期性任务，其中感测活动和随后的控制激活以固定时间周期执行（例如上面讨论的飞机操纵杆例子）。通常，会有多个周期任务流，产生于不 62~63
同进程。例如，播放一部电影可能包含两个不同的任务流，一个处理视频帧，另一个处理声音。在这种情况下，时序关系不仅在任务流内部，还要在任务流之间保持（以便声音和视觉保持同步）。这种系统的调度有一些特定的要求，包括：在一个指定流中，需要保持任务执行的时间间隔，以及在所有任务流的时间约束内，需要调度全部流中的全部任务。在任务执行的速率方面，CPU 处理能力是一个限制因素。CPU 的利用率（对于一个给定的任务流）同时依赖于任务间隔周期和每个任务实例需要的计算时长。

用于计算周期性任务的 CPU 利用率的公式如图 2-26 所示。左边的公式针对单个周期性任务流（连续的任务流），而右边的公式针对 n 个周期性任务流的集合。C 是每个任务实例的计算时长（在一个流内），P 是任务间隔周期，U 是算得的 CPU 利用率，为一个 0～1 之间的小数值。对于右边的公式，n 是并发的任务流集合中周期性任务流的数目，并且 i 表示集合 $\{1, \cdots, n\}$ 中的一个特定的周期性任务流。

$$U=\frac{C}{P} \qquad\qquad U=\sum_{i=1}^{n}\frac{C_i}{P_i}$$

图 2-26　周期性任务的 CPU 利用率公式

利用率 U 越低，越有可能全部任务正确地调度。如果 U 超过 1.0，则系统过载，一些任务将肯定延误。如果有多个任务流，即使 U 值小于 1.0，因为多任务流交叉执行的需要，很可能一些特定的任务实例会延迟。表 2-1 示例了利用率公式计算方式，分别针对例子配置方案：单个周期任务流 $P_1\{P_1T_1, P_1T_2, \cdots, P_1T_n\}$ 和两个周期任务流 $P_1\ \{P_1T_1, P_1T_2, \cdots, P_1T_n\}$ 与 $P_2\ \{P_2T_1, P_2T_2, \cdots, P_2T_n\}$。

1. 截止时限调度算法

截止时限调度策略按照任务的截止时限对任务排序，截止时限最早的任务首先运行。这种算法的效果是任务的截止时限成了其优先级。截止时限调度方法没有关注由进程周期性地所产生的任务之间的时间间隔。因此，虽然截止时限调度擅长满足截止时限（因为这是选择任务时的唯一标准），但是它不擅长保持任务的固定间距。这在有些应用场景中是必要的，例如，对于视听型应用程序，其帧间间隔是评价服务质量的一个因素，或者又例如，在一个高精度的监测或者控制应用程序中，其采样过程和 / 或控制输入必须在时间维度上均匀分布。

表 2-1　CPU 利用率例子

任务间周期（ms）	计算时间（ms）	CPU利用率（%）	示例性任务调度，在100ms的时间间隔内，显示任务（标记部分）和CPU未使用时间
10（单周期任务）	10	100	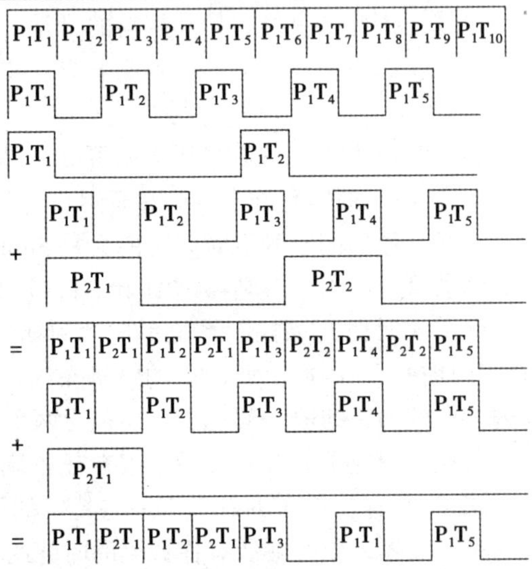 P_1T_1 P_1T_2 P_1T_3 P_1T_4 P_1T_5 P_1T_6 P_1T_7 P_1T_8 P_1T_9 P_1T_{10}
20（单周期任务）	10	50	P_1T_1 P_1T_2 P_1T_3 P_1T_4 P_1T_5
50（单周期任务）	10	20	P_1T_1 P_1T_2
20和50（双周期任务）	分别是10和20	50+40=90	P_1T_1 P_1T_2 P_1T_3 P_1T_4 P_1T_5 + P_2T_1 P_2T_2 = P_1T_1 P_2T_1 P_1T_2 P_2T_1 P_1T_3 P_2T_2 P_1T_4 P_2T_2 P_1T_5
20和100（双周期任务）	分别是10和20	50+20=70	P_1T_1 P_1T_2 P_1T_3 P_1T_4 P_1T_5 + P_2T_1 = P_1T_1 P_2T_1 P_1T_2 P_2T_1 P_1T_3 P_1T_1 P_1T_5

2. 单调速率调度算法

单调速率调度策略，根据进程生成任务的周期，为每个进程分配一个优先级值，任务间周期最短的进程具有最高优先级。这种调度策略强调周期，而不是截止时限，在某些情况下，导致与截止时限调度策略明显不同的行为。对于由进程以规则的时间间隔生成重复任务流的系统，这种方法非常适合，其中时间间隔本身就是系统性能的一个重要方面。然而，由于所采取的方法是将重点放在保持间隔值上，该算法在某些情况下，对于满足截止时限约束，比不上截止时限调度算法。

64 活动 P8 混合使用多种不同的实时任务，研究截止时限和单调速率实时调度算法的行为。

活动P8 使用操作系统版 Workbench 平台探索实时系统的调度策略（入门）：对比截止时限和单调速率调度算法

前提条件。下面的指导假定你已经获得了如活动 P5 中讲解的操作系统版 Workbench 平台，以及支持文档。阅读文档“实时调度策略（入门）活动”。

学习目标。

1. 理解实时进程本质，尤其在截止时限方面。
2. 了解实时调度器和通用目的调度器之间的差异。
3. 理解单调速率调度算法。
4. 理解截止时限调度算法。

方法。这个活动使用“Real-Time Scheduling-Introductory”模拟环境，可以在操作系统版 Workbench 平台的“Scheduling”选项卡中找到。模拟环境可支持最多两个有周期性任务的实时进程。对于每个进程，任务间隔和每个任务的 CPU 时间要求都可以配置。提供了两个实时调度算法：截止时限和单调速率。模拟环境基于进程配置计算调度的 CPU 利用率。提供了一种实时滚动显示方式，显示了当前时间（垂直的黑色线）、任务的接近截止时限（右侧的垂直箭头）和最近的调度任务历史记录（左侧）: 65

1. 配置。对于进程 1，设定间隔为 33ms，计算时间为 16ms；开启进程 2，设定间隔为 20ms，计算时间为 10ms。首先选择截止时限调度算法。

2. 注意显示的是 CPU 利用率计算结果。看看使用的公式（根据活跃进程的个数动态更新）。你能看出这个公式是如何工作的吗？参见本文前面的讨论。

3. 准备就绪后，按“Free Run”按钮，启动模拟环境，让它运行一段时间，长到足够了解调度行为。使用相同的配置再次模拟，但这次替换使用单调速率调度算法。注意在运行时统计和系统统计窗口中的结果。这些将用于比较不同的调度算法的性能。

4. 重复实验（针对两种调度器），但是这一次，使用以下进程配置：

- 对于进程 1，间隔＝30ms，计算时间＝7ms。
- 对于进程 2，间隔＝15ms，计算时间＝10ms。

在 CPU 利用率方面、进程的任务时序方面以及 CPU 空闲时间方面（查看第三条水平显示线，其上带有表示 CPU 空闲时间的绿色长条），注意到有什么区别？

5. 重复实验，还针对两个调度器，这次使用以下进程配置：

- 对于进程 1，间隔＝30ms，计算时间＝16ms。
- 对于进程 2，间隔＝20ms，计算时间＝10ms。

在这些条件下，CPU 利用率、进程任务时序和 CPU 空闲时间发生了什么变化？注意：红色长条表示任务已经过期。

下面的截图提供了启动截止时限模拟不久后的一个快照。这 2 个进程中，每个进程都完成了一个任务，这些任务都满足了它们的截止时限（任务在垂直箭头前结束，代表截止时限）。进程 2 的第二个任务已经开始，已经分配了 4ms 的 CPU 时间（参见运行时统计），而这项任务总共需要 10ms（参见进程配置）。

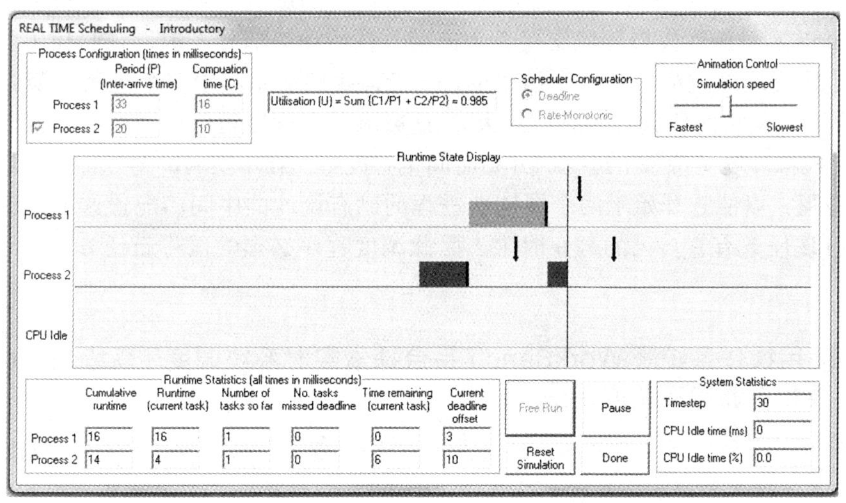

预期结果。模拟环境持续运行，直到按下暂停或完成按钮。这是因为模拟的进程类型有周期性行为，也就是说，每个进程周期性地产生任务，并且它们都有自己的短时间的截止时
66 限。因为任务可以背对背运行，为了看得更清晰，一条黑色长条实线标记了每个任务的最后一个时间步。在模拟环境运行过程中，你将看到与在通用目的调度模拟环境中一样的运行时统计数据和系统统计数据的实时更新。这些统计数据有助于分析调度算法的低级别行为，以及它们对当前进程的影响。在评价算法的相对性能时，应该重视这些统计数据。对于实时调度，主要目标是避免错过截止时限，并保持规律的周期性任务时序。因此，错过截止时限的任务数量通常是最重要的需要观察的统计数据。

思考。通过使用不同的进程配置，你已经探究了两个实时调度算法的行为。基于你收集的运行时统计数据，你应该能够比较它们的行为表现。下面给出一些问题以引导你展开思考：

1. 在这两种算法执行调度的方式上，主要的区别是什么？
2. 在避免错过截止时限方面，哪一个最好？
3. 哪一个算法看上去提供了一种更有规律的调度（也就是说，在任务之间有规律的间隔）？
4. CPU 利用率水平小于 1，是否就能够保证不会错过任何一个截止时限？

值得注意的是，一旦一个进程的截止时限失效，调度程序将立即计算出同一个进程的下一个截止时限；对于每个时间步，这是调度器选择哪一个进程运行的依据。这种对截止时限的感知是实时调度器和通用目的调度器之间的主要区别。

确保你了解了 CPU 利用率是如何计算出来的。如果有必要，你可以通过设置不同的进程配置开展额外的实验，来帮忙证明这一点。

深入探索。利用“Real-Time Scheduling-Introductory”模拟环境展开附加实验，使用各种不同的进程配置，获得更深入的理解。特别是，在生成的任务调度模式中，寻找两种调度算法的不同任务优先级方法的证据。

你可能想使用单步按钮单步运行模拟程序，以方便你按照自己的步调工作。 ■

引入可变的突发性工作负载。在任何开放系统中，后台工作负载都会发生变化。这个工作负载会影响调度器的有效性，特别是当 CPU 利用率高并且所有当前任务都有实时约束时。同样重要的是要意识到，从任何特定进程 p 的角度来看，所有其他进程构成了和它竞争资源的后台工作负载，而从这些其他进程的角度来看，p 本身是后台工作负载的一部分。

活动 P9 提供了一个研究可变工作负载对实时调度的影响的机会。高级版本的操作系统版 Workbench 实时调度模拟环境支持 3 个进程。在活动的部分 1 中，我们利用 3 个周期性实时进程，研究调度过程。在这个活动的部分 2，我们使用其中一个进程扮演突发后台工作负载的角色（但它的任务有实时性约束），这影响了调度器正确地调度两个周期性实时进程的能力。模拟环境支持每个进程的开始时间偏移配置。在本实验的第二部分，我们如此设置第三个进程，以便它开始于两个周期性进程的已有调度的中间。配置这个进程仅产生一个任务，但该任务有它自己的截止时限，因此调度程序必须尝试将新任务整合到现有的调
67 度中。

活动P9 使用操作系统版 WorkBench 平台探索实时系统调度（高级）：对比截止时限和单调速率调度算法

前提条件。下面的指导假设你已经获得了如活动 P5 中讲解的操作系统版 Workbench 和支持文档。在本活动之前，你应该已经开展了活动 P8。阅读文档“实时调度（高级）活动”。

学习目标。

1. 更详细地理解实时调度本质，特别是在后台工作负载的敏感性方面。

2. 加深对单调速率调度算法的理解。

3. 加深对截止时限调度算法的理解。

方法。这个活动使用“Real-Time Scheduling-Advanced”模拟环境，可以在操作系统版 Workbench 平台的“Scheduling”选项卡中找到。模拟环境可支持最多三个有周期性任务的实时进程。对于每个进程，任务间隔、每个任务的 CPU 时间要求、任务个数、第一个任务的启动偏移量都可以配置。跟“Introductory”模拟环境一样，提供了两个实时调度算法：截止时限调度算法和单调速率调度算法。基于进程配置，模拟环境计算调度的 CPU 利用率。提供了一种实时滚动显示方式，显示了当前时间（垂直的黑色线）、任务的接近截止时限（右侧的垂直箭头）和最近的调度任务历史记录（左侧）。

部分 1：对三个进程的调度。

1. 如下配置进程：对于进程 1，设置其周期、计算时间、第一个实例启动偏移量以及任务个数分别为 {35，16，0，−1}（−1 意味着无限的任务数量，也就是说，无休止地运行进程）。开启进程 2，类似地配置为 {20，10，0，−1}。开启进程 3，配置为 {25，2，0，−1}。起初，选择截止时限调度算法。

2. 运行模拟环境一段时间，长到足够理解调度行为。使用相同的配置再次模拟，但这次替换为使用单调速率调度算法。注意在运行时统计和系统统计窗口中显示的结果。这些将用于对比不同的调度算法的性能。

3. 这种进程混合的最根本的问题是什么？探究其行为表现，直到你能够清楚地明白为什么这种调度总是会导致错过截止时限。

4. 增大任务 2 的周期，直到调度的运行不再错过截止时限。你可能需要尝试一些不同的值，直到你找到可接受的配置。

部分 2：有“突发”后台工作负载的调度。

1. 进程 1 和进程 2 将构成一种规律的实时工作负载。进程 3 将代表一个突发的工作负载，它会突然启动，运行一小段时间（对实时调度造成干扰），然后停止。进程配置如下：

对于进程 1，设置其周期、计算时间、第一个实例启动偏移量以及任务个数分别为 {35，16，0，−1}。开启进程 2，类似地配置为 {20，10，0，−1}。开启进程 3，并配置为 {25，8，100，1}，这意味着，它只生成一个任务，处理时间要求为 8ms，截止时限为 25ms，并延迟 100ms 启动。起初，选择截止时限调度算法。

2. 运行模拟环境。一开始注意到，调度程序处理工作负载游刃有余。接着，追加的任务启动并干扰了调度，导致错过了一些截止时限，然后，一旦第三个进程结束，系统再次稳定下来。

3. 用同样的配置重复实验：除了进程 3 这次配置为 { 50，8，100，1 }。

观察表现：第三个进程，与前面的实验一样，有相同的处理要求，不过这次其处理过程能够分散在较长的时间帧中，这意味着，调度器有更多的机会去使用可能发生的任何闲置 CPU 时间。这次的总体结果会有些不同吗？ 68

下面的截图提供了一个截止时限模拟在部分 1 中的快照，带了三个进程。CPU 利用率已算出为 1.037，这意味着，它不可能满足所有的截止时限。我们可以看出，进程 1 的其中一个任务已经有点儿错过了其截止时限（红色长条表示一个过期的任务），随后，进程 2 的一个任务就更加明显。

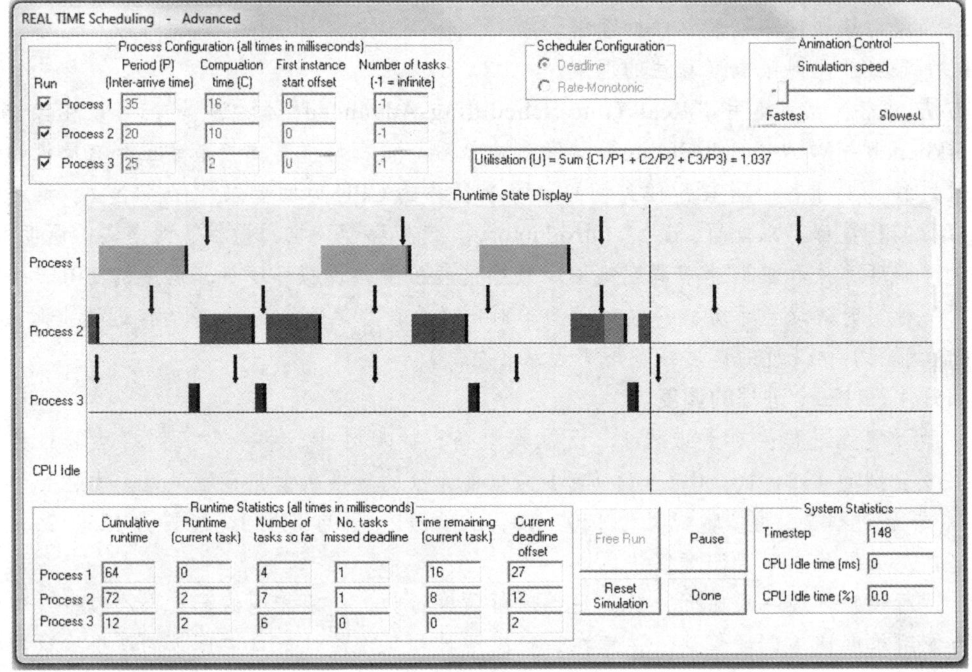

预期结果。本活动示例了调度带有周期性任务的三个进程所增加的复杂性，也示例了一种情形的发生，某个完美平衡的双进程调度，因为额外进程的介入而被打乱。

思考。与通用目的调度一样，CPU 利用率是实时调度的一个主要关注点。对于前者，效率低下的算法或者工作负载的增加一般会产生性能退化的效果，因为任务会花费更长的时间去执行；然而，因为没有实时约束，并不会直接转化为一种灾难。但是，在实时系统中，一个低效率的算法或一个过载的系统将导致错过截止时限。这个问题的严重性取决于系统的类型。在一条自动化生产线中，它可能会打乱机器人的不同操作之间必要的同步。在自动化的股票交易或电子商务中，这可能意味着错过了最好的交易价格。在线控驾驶汽车或飞机中，控制信号到控制面的延迟，可能使其变得不稳定，甚至导致失事！

我们调研了后台工作负载以及工作负载波动对时间敏感性任务产生的影响。甚至对于实时调度器，一个突发的后台工作负载，其中系统负载突然增大会影响调度过程，并造成错过截止时限。这是一个有趣的挑战。所增加的任务可能是很少发生但却有非常高优先级的事件，比如，关闭自动化的化工生产设备中的一个特定的阀门，以响应传感器越界的读数。因此，实时系统的设计必须考虑所有可能的时序情境，包括最不可能的事件，以确保系统能够
69 总是满足所有任务的截止时限。

深入探索。利用“Real-Time Scheduling-Advanced”模拟环境开展附加实验，使用各种不同的进程配置，以获得更加深入的理解。■

2.5 在现代操作系统中使用的特定调度算法及其变体

用于通用计算系统中的几乎所有流行的操作系统，其中都实现了 MLFQ 变体算法，原因是在调度不同类型的任务时，它能提供灵活性。基于 Windows NT 的操作系统使用了 32

个优先级的MLFQ算法。优先级0～15针对非实时进程，而16～31级是针对具有软实时调度要求的进程。Linux使用了多种调度算法，包括MLFQ调度器，有0～140级优先范围，其中0～99级预留给了实时任务。除了为实时任务预留了较高优先级的队列级别外，它们还给予了相当大的时间片尺寸（约200ms），而非实时任务获得的时间片约为10ms。AIX（UNIX的一个版本）在不同的版本上支持多种调度算法，包括FIFO算法和RR算法。Mac OS操作系统家族，基于抢占式内核级线程，使用了多个不同的调度算法。OS X使用的MLFQ算法有4个优先级（正常（最低优先级）、系统高优先级、仅内核模式以及实时（最高优先级））。

2.6 进程间通信

因为各种各样的原因，分布式系统中的进程间通信是必要的。应用程序可能包含大量的不同进程，分散在各种各样的物理计算机中。一些通信可能是本地的，发生在同一台计算机上的进程间，而有一些则发生在不同计算机的进程间，也许这些计算机有不同的处理器结构和/或不同的操作系统。

在本章的前面部分介绍了管道，作为进程间通信的一种手段，它将一个进程的输出流映射到另一个的输入流。当数据在众多进程间流转的时候，这种手段在构建逻辑管道方面非常有用，每一步都如此操作，正如在Adder|Doubler例子中采用的。然而，这种IPC形式只在一个方向上操作，通信进程直接由管道耦合，也就是说，它们作为一个同步单元操作，第二个进程等待第一个的输出。管道机制的另一个严重的限制是，它通过进程的本地操作系统协调实现，这意味着，这两个进程都必须位于同一台物理计算机上。

套接字简介

管道只是几种可用的IPC机制之一，套接字是另一个非常重要的机制。在这里，我们在本地进程间的IPC的背景下介绍套接字。在联网中使用套接字会在第3章中深入探讨。然 70
而，在这里，简单地提到套接字中几个重要的特点，以便读完这一节，能够认识到它的重要性。首先，套接字已成为一种标准的IPC概念，它几乎在每个处理平台都实现了（不仅在硬件方面，而且还包括硬件平台上的操作系统）。因此，对于异构环境中的IPC，套接字是理想的基础，因为它提供了在不同系统间互联的手段，还提高了应用程序的可移植性。其次，几乎每一种编程语言都支持套接字，这使得分布式应用程序的组件能够用不同的语言开发，只要适合该组件的功能。例如，在一个客户端-服务器应用程序中，你可能选择C++实现后端服务器处理功能，但偏爱用C#开发客户端图形用户界面。最后，套接字运行于七层网络模型中的传输层，因此，基于套接字的IPC的实现，既可以使用TCP，也可以使用UDP通信协议。

套接字通过一个专用通道通信，而不是重用输入/输出流。我们实际上借助于套接字库，创建新的数据流实现通信。

套接字是一个虚拟资源（也就是说，它是一个带存储空间的结构体），它在两个进程间用作通信端点。每个套接字是一个与特定进程相关联的资源。

如果需要，每个进程可以使用多个套接字，以执行与其他进程的通信。在套接字支持的通信模式方面，它非常灵活。套接字可用于单播，也可用于广播通信，同时涉及的进程可以在同一台计算机上，也可以在不同的计算机上。

要建立通信，每个进程必须首先创建一个套接字。使用 socket() 系统调用实现。实际上，是操作系统创建了套接字，并把套接字 ID 返回给进程，因此它可以在发送和接收消息时，引用对应的套接字。多个套接字可以关联到一起，提供一个虚拟连接，也可以用于离散的发送和接收操作，这取决于创建套接字时提供的参数。利用套接字实现进程间 IPC 的机制如图 2-27 所示。

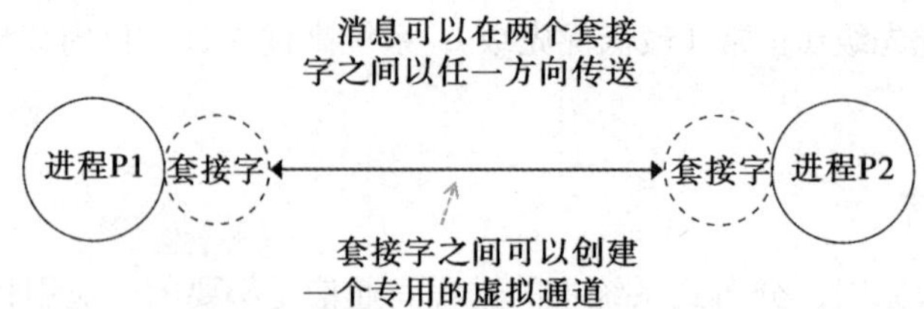

图 2-27 套接字是两个进程的通信端点

套接字库原语的使用示例于 IPC_socket_Sender 和 IPC_socket_Receiver 两个程序的注释代码段。这两个程序用于后面的活动 P10 中。在这个特定的情境中，两个进程位于同一台计算机上，并且只实现了一个方向上的单播通信。

图 2-28 给出了 IPC_socket_Sender 程序的关键代码段。创建两个变量，分别用来保
71 存套接字和接受进程套接字地址（包括 IP 地址和端口号）的引用；为此，使用了特定的 SOCKADDR_IN 结构体。在 CreateSocket 方法中使用 socket 原语来创建套接字。接着，用标示接受进程的地址和端口号填充发送地址结构体。然后，使用 sendto 原语发送用户的消息（在代码中，预设在字符串里，这里没有显示），其中使用了前面创建的套接字和地址结构体。

```
SOCKET m_SendSOCKET;        // Create a SOCKET variable to hold a reference to the created socket
...
SOCKADDR_IN m_SendSockAddr; // Create a SOCKADDR_IN variable to hold the recipient's address
                            // i.e. the address we are sending to
...
bool CreateSocket(void)
{
    m_SendSOCKET = socket(AF_INET, SOCK_DGRAM, PF_INET);
    // Create a socket and retain a reference to it. AF_INET indicates that Internet addressing will be used
    // SOCK_DGRAM indicates that discrete messages will be used (as opposed to a data stream)
    // PF_INET indicates that Internet protocols will be used
    if(INVALID_SOCKET == m_SendSOCKET)
    {
        cout << "socket() failed" << endl;          // Report error if socket could not be created
        return false;
    }
    return true;
}

...

void SetUpSendAddressStructFor_LocalLoopback(void)
{   // Initialise a SOCKADDR_IN structure with the recipients socket address details
    m_SendSockAddr.sin_addr.S_un.S_un_b.s_b1 = (unsigned char)127;// Set the four bytes of internet address
    m_SendSockAddr.sin_addr.S_un.S_un_b.s_b2 = (unsigned char) 0; // (this is the address of the recipient).
    m_SendSockAddr.sin_addr.S_un.S_un_b.s_b3 = (unsigned char) 0; // The loopback address is used because both
    m_SendSockAddr.sin_addr.S_un.S_un_b.s_b4 = (unsigned char) 1; // processes will be on the same computer.
    m_SendSockAddr.sin_family = AF_INET;
    m_SendSockAddr.sin_port = htons(8007); // Set the port number. This will be used by the operating system
                                           // to identify the recipient process, once the recipient has bound
                                           // to the port using the bind() primitive
}
```

图 2-28 IPC_socket_Sender 程序中带注释的 C++ 代码片段

```
}
...

bool SendMessage(void)
{
     m_iSendLen = m_UserInput.length();
     // Send the user's typed message (which is in the string variable m_UserInput)
     // The sendto() primitive uses the m_SendSOCKET reference to identify the socket in use,
     // and the m_SendSockAddr address structure to identify where to send the message
     int iBytesSent = sendto(m_SendSOCKET, (char FAR *)m_UserInput.c_str(), m_iSendLen, 0,
               (const struct sockaddr FAR *)&m_SendSockAddr, sizeof(m_SendSockAddr));
     if(INVALID_SOCKET == iBytesSent)
     {
        cout << "sendto() Failed!" << endl;         // Report error if send was unsuccessful
        return false;
     }
     return true;
}
```

图 2-28 （续）

图 2-29 给出了 IPC_socket_Receiver 程序的关键代码段。和发送端程序一样，建两个变量来保存套接字和套接字地址的引用（再次使用 SOCKADDR_IN 结构体，但这一次使用的是本地地址，也就是说，它是用于接收的地址；它解释为接收消息，指发送到这个地址上的消息）。在 CreateSocket 方法内使用 socket 原语创建套接字。然后，用接收进程自己的地址细节填充到本地地址结构体。bind 原语是用来建立进程与所选端口号之间的连接。它通知操作系统，寻址到这个特定端口号的任何消息都要转交到这个特定进程。然后，使用 recvfrom 原语检索消息（如果已经有消息到达接收缓冲区），否则，调度器将会阻塞该进程，因为它必须等待消息的到达（这是一种 IO 操作）。 72

```
SOCKET m_IPC_ReceiveSOCKET;        // Create a SOCKET variable to hold a reference to the created socket
...
SOCKADDR_IN m_LocalSockAddr;       // Create a SOCKADDR_IN variable to hold the local address (for receiving)
...
bool CreateSocket(void)
{
     m_IPC_ReceiveSOCKET = socket(AF_INET, SOCK_DGRAM, PF_UNSPEC);
     // Create a socket and retain a reference to it. AF_INET indicates that Internet addressing will be used
     // SOCK_DGRAM indicates that discrete messages will be used.
     // PF_INET indicates that Internet protocols will be used.
     if(INVALID_SOCKET == m_IPC_ReceiveSOCKET)
     {
        cout << "CreateSocket() failed" << endl; // Report error if socket could not be created
        return false;
     }
     return true;
}
...
bool SetUpLocalAddressStruct(void)
{    // Initialise a SOCKADDR_IN structure with the local address (for receiving)
     m_LocalSockAddr.sin_addr.S_un.S_addr = htonl(INADDR_ANY);
        // INADDR_ANY indicates that a message will be received if it was sent to ANY
        // of the local computer's IP addresses (it may have one or more)
     m_LocalSockAddr.sin_family = AF_INET;
     m_LocalSockAddr.sin_port = htons(8007); // Set the port number, which will be used to
                                              // map an incoming message to this process
     return true;
}
...
bool BindToLocalAddress(void)
{    // The process associates its socket and thus itself with a port, using the bind() primitive.
     // The operating system makes an association between the process and the port number it binds to.
     // From this point on, the operating system will deliver messages addressed by the selected
```

图 2-29 IPC_socket_Receiver 程序的带注释的 C++ 代码片段

```
    // port number, to this process
    int iError = bind(m_IPC_ReceiveSOCKET,(const SOCKADDR FAR*)&m_LocalSockAddr,
                                                      sizeof(m_LocalSockAddr));
    if(SOCKET_ERROR == iError)
    {
        cout << "bind() Failed!"; // Report error if bind failed (port may already be in use)
        return false;
    }
    return true;
}

...

void ReadMessageFromReceiveBufferOrWait(void)
{   // The process uses the receivefrom() to begin waiting for a message. If a message is already in
    // the receive buffer it will be delivered immediately to the process. If a message has not yet
    // arrived, the process will wait (the operating system will move it to 'blocked' state).
    int iBytesRecd = recvfrom(m_IPC_ReceiveSOCKET, (char FAR*)m_szRecvBuf,
                                              RECEIVE_BUFFER_SIZE, 0, NULL, NULL);
    if(SOCKET_ERROR == iBytesRecd)
    {
        cout << "Receive failed" << endl; // Report error if receive operation failed
        CloseSocketAndExit();
    }
    else
    {
        m_szRecvBuf[iBytesRecd] = 0; // Ensure null termination of the message string in the buffer
    }
}
```

图 2-29 （续）

活动 P10 提供了进程间基于 Socket 的通信示例，使用了上面讨论的两个程序。

本节引入的套接字概念以及活动 P10，在本书自身层面上是非常重要的学习目标，并且，在这里引入是为了把它们与系统进程视角的其他方面联系起来。然而，在第 3 章中，会
73 重温套接字，并进行更深入的讨论。

活动P10 介绍基于套接字的进程间通信（IPC）

前提条件。下面的指导假定你已经获得了如活动 P1 中讲解的必要的补充材料。

学习目标。这个活动引入套接字，作为实现进程间通信的一种手段。

1. 理解套接字作为通信端点的概念。

2. 理解使用 sendto 和 recvfrom 原语，两个套接字之间可以实现通信。

3. 理解如何使用特殊的本地环回 IP 地址，识别本地计算机（而不必知道其实际唯一 IP 地址）。

4. 理解端口号如何关联到特定进程，以便一条消息能够发送给特定进程，而有很多进程共享同一个 IP 地址。

方法。这次活动使用 IPC_socket_Sender 和 IPC_socket_Receiver 程序来提供对基于套接字的 IPC 的介绍：

1. 检查 IPC_socket_Sender.cpp 程序的源代码。特别是，查看套接字原语的使用方式。在这个程序中，socket() 原语用来创建一个套接字，然后，sendto() 原语用于从创建的套接字向另一个进程中的其他套接字发送消息。再检查套接字地址结构体，它配置为目标进程所在的计算机的 IP 地址以及端口号，端口号标识了该计算机上的（有可能多个）特定进程。值得注意的是，在这个例子中，目的进程位于本地计算机，所以使用 127.0.0.1 环回地址和标识目标进程的专用端口号 8007。

2. 检查 IPC_socket_Receiver.cpp 程序源代码。查看套接字原语使用方式，注意到与发送程序有一些相似之处，特别是在创建套接字和配置地址结构方面。然而，也有三个重要的差异。第一，注意到，虽然使用了相同的端口号，但是这一次，使用的是 bind() 原语，这使得接收者进程和指定的端口号之间建立了关联，以便操作系统知道了向哪儿传递消息。第二，

使用的 IP 地址不同，在这个例子里，INADDR_ANY——意味着这个进程将会接收一条消息，无论该消息发送到这台计算机上的任何一个地址时，例如，发送程序完全可以使用特殊的环回地址（在发送程序中使用了），这个进程会收到一个消息，而且当计算机使用了特定的 IP 地址时（细节见第 3 章），进程仍然会收到消息。第三，注意到 recvfrom() 用于接收由其他程序的 sendto() 原语发送过来的消息。

3. 打开两个命令窗口。每一个都跳转到 SystemsProgramming 文件夹中的“ProcessView”子文件夹。

4. 在其中一个命令窗口中，运行 IPC_socket_Receiver.exe 程序。这个程序等待发送给它的消息。当一个消息到达时，它会显示出来。程序应该显示“Waiting for message…”。

5. 在另一个命令窗口中，运行 IPC_socket_Sender.exe 程序。这个程序等待用户输入一条消息，然后，利用基于 socket 的 IPC，将消息发送到其他程序。该程序应初始显示“Type a message to send…”。

6. 摆放两个窗口，以便你可以同时看到。在 IPC_socket_Sender 程序输入消息并按 Enter 键。消息将发送，并将由 IPC_socket_Receiver 程序显示。

下面的截图展示了你可能看到的效果。

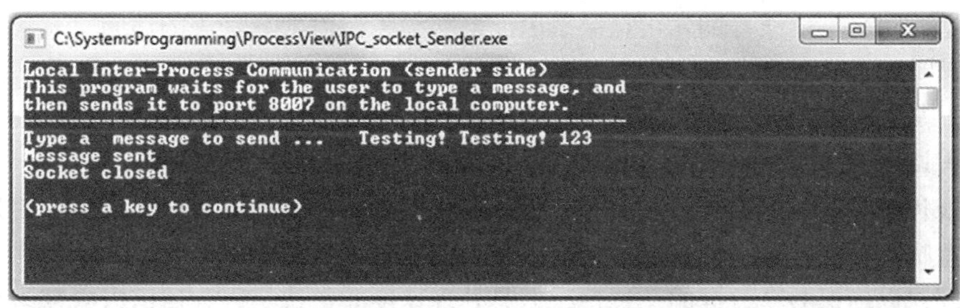

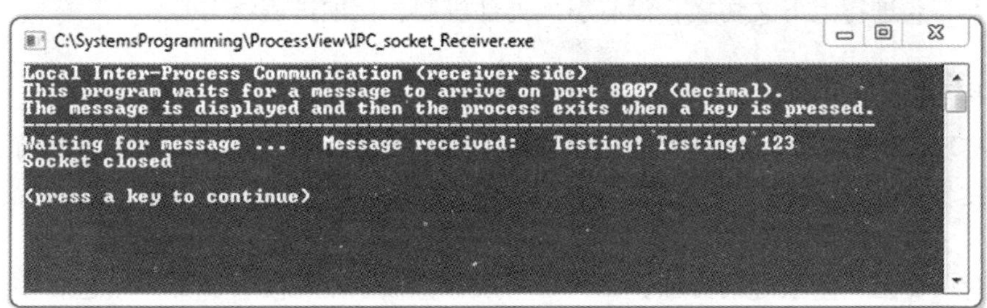

74

预期结果。IPC_socket_Receiver 进程等待消息到达并显示它，正如上面例子中所示。利用它们多做几次实验——你实际上是从一个进程发送一条消息到另一个进程，其中，使用了套接字库作为发送和接收消息的机制，并使用操作系统作为中介传递消息。

思考。重要的是要认识到，这种进程间通信代表着你向开发分布式应用程序和系统的方向迈出了第一步。套接字是 IPC 的一种灵活形式。通过套接字，通信可以是双向的，进程可以位于不同的计算机，我们还可以向多个接收者发送广播消息。

研究发送和接收程序的源代码，借助所展示的运行时行为表现，确保你能够理清两个程序的逻辑，尤其是在两个独立进程间发生的通信交互方面。

假设位于不同计算机的进程间 IPC 有机会向你开放。也许你的兴趣是电子商务或其他分布式商业应用程序，也可能是多人游戏开发，或者是计算资源的远程访问。想想看，在所有

这些分布式应用程序中，进程间通信如何适合用作主要构建模块。■

2.7 线程：导论

2.7.1 一般概念

一个程序，有单个指令列表，按照程序描述的逻辑一次执行一条，这样的程序称为单线程程序（这个程序被称作有单一的“控制线程”）。相反，一个多线程的进程有两个或多个控制线程。这些线程能够同时激活，并可能与其他线程异步操作（也就是说，一旦启动，每一个线程都持续工作，直到完成——它不必与其他线程同步自己的活动）。另外一种可能是，它们的行为可能是同步的。通常情况下，这可能包含一个线程传递控制权（让出）给另一个线程，或者一个线程暂停运行，直至另一个线程完成，这取决于程序的逻辑需求和实际使用的线程机制。

初始运行并创建其他线程的线程，称为执行主线程。其他线程称为工作线程。同一个进程中的线程共享进程的资源，比如内存、打开的文件，甚至可能是网络连接。一旦启动，这些线程可能需要同步，以便从一个线程传递数据到另一个线程，或者确保对共享资源的访问，以避免不一致的方式执行，例如，如果两个线程需要独立地更新同一个共享变量，一个线程可能会重写另一个线程的输出结果。因此，必须管制对共享资源的访问，通常借助同步
75 机制。在某些系统中，线程允许被操作系统阻塞（独立于其他线程），从而提高了进程本身的响应性。与更粗粒度的进程相比，线程的这些特性表现出了显著的优势，这依赖于线程的实现和线程调度技术。

所有线程方案有一个共同的优势：线程间通信能够通过使用进程地址空间中的共享内存实现。这意味着，线程通信可以通过读取或写入两者均可直接访问的共享变量来实现。这需要同步访问，以确保共享数据的一致性，但是处理速度非常快，因为通信以内存访问速度执行，并且不需要进行上下文切换，没有引入外部机制，比如进程级 IPC。

2.7.2 线程实现

线程实现有两种明显不同类型的机制：其中第一类线程，对操作系统调度器可见并由操作系统调度器支持（称为内核级线程）；第二类线程，指那些建立于用户空间库仅存在于进程级的线程（称为用户级线程）。

内核级调度是一个较好的方法，因为每个线程都被独立调度，因此一个包含多个线程的进程，在其中单个线程执行输入输出时，该进程不会阻塞；只有特定的线程被阻塞，并允许其他线程继续执行。这样，该进程可以保持响应性，还能够在给定的时间段内，比单线程进程完成更多的工作。内核级多线程还可以实现性能提升，如果线程调度到系统中的不同处理器或内核，则与等效的单线程相比，实际上允许该进程使用了更多的资源。

当内核不直接支持线程时，则使用用户级线程。线程的调度必须在进程自身中进行。当进程正在运行时（从操作系统视角来看），其内部线程均能够实际运行。使用可编程定时器机制，线程可以被强占，或者在适当的时候，转交控制权给其他线程（这称为让出）。

操作系统整体调度用户级线程，也就是说，这些线程是一个独立实体（进程），它不区分不同的线程。这对性能的影响主要体现在两个方面：首先，如果其中一个线程执行 IO，整个进程将阻塞；其次，线程不能扩展到多个处理器内核，以充分利用可用的硬件资源（内核级线程可以）。

图 2-30 展示了两个相同的有多线程的进程，分别在用户级线程调度和内核级线程调度机制下，产生的不同的线程运行序列。进程 P1 包括 3 个线程：P1＝{P_1T_1, P_1T_2, P_1T_3}；进程 P2 包括 2 个线程：P2＝{P_2T_1, P_2T_2}。正如左边的图所见，在用户级线程机制中，进程的内部线程对于操作系统来说是不可见的，因此，当一个进程中的某个线程执行 IO 操作时，整个进程被阻塞。与此相反，在内核级线程机制中，调度器可以运行就绪队列中的任何线程，无论它属于哪一个进程（尽管选择可能会受到未讨论到的其他因素影响，如进程优先级）。一个线程在进程状态（运行、就绪和阻塞）间转换，独立于其兄弟线程。 76

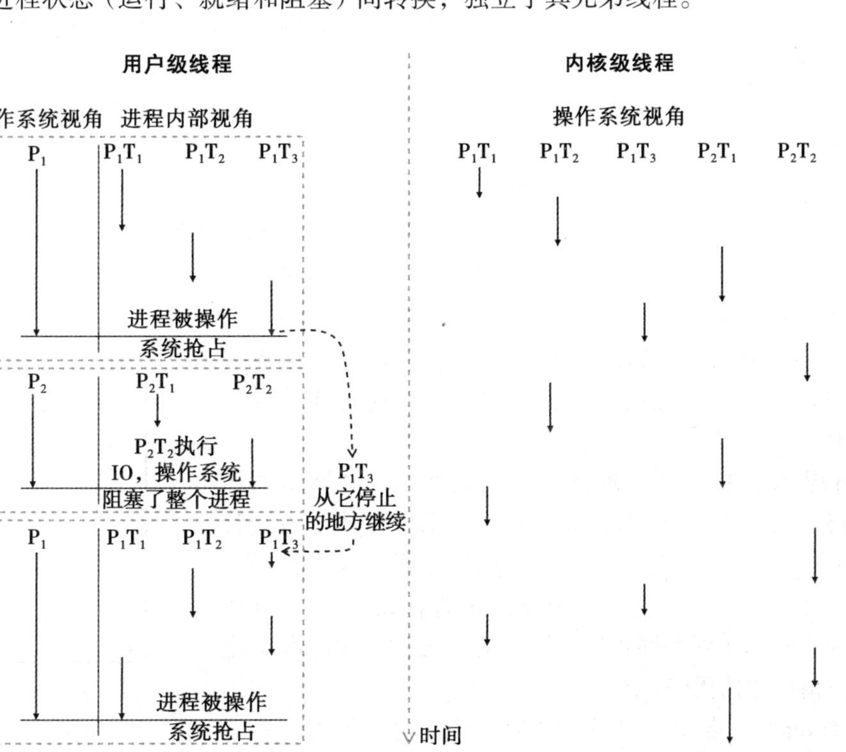

图 2-30 用户级线程和内核级线程的对比

2.7.3 线程调度方法

操作系统执行线程调度有两种方式：

- 操作系统给线程一个时间片，当时间片过期时，抢占线程。这被称为抢占式多任务，与抢占式进程调度类似。
- 线程由操作系统启动，当需要停止处理时让出控制权，例如，当它们完成一个任务，或者必须等待另一个线程同步的时候。这被称为协同式多线程处理。

抢占式多任务处理允许操作系统决定什么时间发生上下文切换（也就是说，控制权转交给别的线程），这能够更有利于整体系统的公平性。然而，协同式多线程处理允许独立线程在其处理过程中恰当的时间点转交控制权，因此，单独的进程在性能方面，能有更高的效率，而操作系统驱动型的抢占可以在任意时间发生，无视线程内部的状态。协同式多线程处
理需要精心的逻辑设计，如果一个线程没有恰当地放弃控制权，性能和效率可能会出现问 77
题。它可能会暂时使其他线程在处理资源方面处于饥饿状态，或者它可能在占用 CPU 的同

时，等待一些其他资源变到可用状态。

不管操作系统使用了这些调度方法的哪一种，都是操作系统从可用的集合，也就是就绪集合中，选择下一个要运行的线程。

2.7.4 同步（顺序的）与异步（并发的）线程操作

上面讨论的线程调度方法应用于操作系统层，与系统实际调度线程的方式有关。任何一个可运行的线程都能够选择来接替运行，程序的开发人员并不控制这一部分。

然而，根据应用程序的实际功能和逻辑，存在这样的情况，作为程序逻辑的一部分，开发人员需要支配线程运行的顺序，也就是说，基于面向程序逻辑的准则，由操作系统限制特定时刻能够运行的线程集合。一个常见的例子是，要求一个特定的线程暂停执行，直到另一个特定的线程完成。开发人员可能需要在线程运行方式上加强同步，例如，在资源访问方式和函数执行顺序方面，以确保正确性。

同步线程操作要求，一个特定的线程在继续运行之前等待另一个特定的线程，要么完成，要么让出（传递控制权到另一个线程）。异步线程调度允许线程同时运行，也就是说，一个线程不用等待另一个线程完成。在这种情况下，只要当它们给予了 CPU 时间（由操作系统调度），线程就运行，没有进程在实时地控制执行序列。进程中线程行为方面的同步程度通过使用线程原语控制。

join 原语能够用来实现同步。主调线程（也就是调用 join() 方法的线程）被阻塞，直到被调线程（也就是该线程的 join() 方法被调用）完成。例如，如果让线程 A 等待线程 B 完成，可以由线程 A 主动调用线程 B 的 join() 方法。如图 2-31 所示，展示了线程同步用于确保动作 X 发生在动作 Y 之前所对应情境的伪代码。

```
Thread A
{
  ...
  B.join()
  Perform action Y
  ...
}

Thread B
{
  Perform action X
}
```

图 2-31 展示使用 join 原语实现线程同步的伪代码实例

在 Threads_Join 程序（见图 2-32）中，更详细地探索了
78 带 join 的线程同步。

```
void Function1(string sStr)
{
     size_t tThreadID = std::this_thread::get_id().hash();
     thread thread2(Function2 /*function the thread will perform*/,
                    "BBBBBBBBBBBB" /*parameter for thread's function*/);
     thread2.join();    // calling thread (thread1) waits for called thread (thread2) to terminate
     ...
}

void Function2(string sStr)
{
     size_t tThreadID = std::this_thread::get_id().hash();
     thread thread3(Function3 /*function the thread will perform*/,
                    "CCCCCCCCCCCC" /*parameters for thread's function*/);
     thread3.join();    // calling thread (thread2) waits for called thread (thread3) to terminate
     ...
}

void Function3(string sStr)
{
     size_t tThreadID = std::this_thread::get_id().hash();
     ...
}
```

图 2-32 节选代码片段——Threads_Join 实例（C++）

```
int main()
{
     ...
     // Create first worker thread (thread 1)
     thread thread1(Function1 /*function the thread will perform*/,
                         "AAAAAAAAAAAA" /*parameters for thread's function*/);
     thread1.join();     // calling thread (main) waits for called thread (thread1) to terminate
     ...
}
```

图 2-32 （续）

图 2-32 显示了 Threads_Join 例子程序代码的线程控制部分。主线程创建第一个工作者线程（thread1），然后将此线程加入（join）自身。这使得主线程暂停，直到 thread1 终止。然后 thread1 创建 thread2，并将 thread2 加入（join）自身，使得 thread1 暂停，直到 thread2 终止。类似地，thread2 创建 thread3，并将 thread3 加入（join）自身；因此，thread2 暂停，直到 thread3 结束。这个 join 原语链的效果是，线程完成工作的顺序与创建顺序相反，thread 3 最先完成，而主线程最后完成。表现出的同步行为如图 2-33 所示。

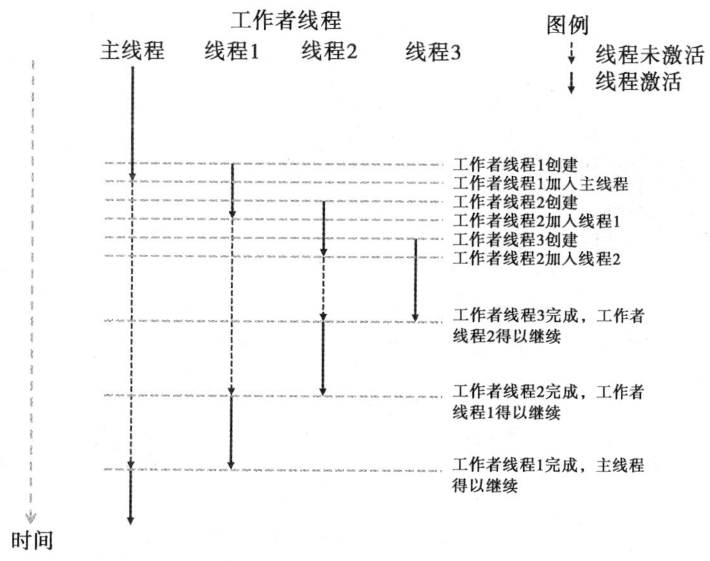

图 2-33 在 Threads_Join 示例程序中使用 join 原语导致的同步行为和线程执行顺序

作为另外一种选择，在没有同步线程行为要求时，有可能希望允许所有的线程同时运行（在这一个进程范围内），由操作系统基于线程调度机制自由调度。detach 原语可实现该功能。detach() 本质上与 join() 意义相反；这意味着，主调线程不必等待被调用线程，而是并发运行。如图 2-34 所示，其中展示的伪代码对应的情境是，其中动作 X 和 Y 可以并发执行。

```
Thread A
{
  ...
  B.detach()
  Perform action Y
  ...
}

Thread B
{
  Perform action X
}
```

图 2-34 使用 detach 原语让线程并发运行的伪代码例子

在 Threads_Detach 程序中，对使用 detach 异步运行线程进行了更多细节的探索（见图 2-35）。

图 2-35 展示了 Threads_Detach 例子程序代码的线程控制部分。主线程创建了 3 个工作者线程，然后从自身分离出（detach）这 3 个线程。这样，每个线程彼此之间异步运行

79 （创建线程不需等待被创建线程完成；相反，这些线程并发调度）。图 2-36 说明了这种行为。

```
void Function1(string sStr)
{
    ...
}

void Function2(string sStr)
{
    ...
}

void Function3(string sStr)
{
    ...
}

int main()
{
    ...
    // Create three threads
    thread thread1(Function1 /*function the thread will perform*/,
                   "AAAAAAAAAAAA" /*parameters for thread's function*/);
    thread thread2(Function2 /*function the thread will perform*/,
                   "BBBBBBBBBBBB" /*parameters for thread's function*/);
    thread thread3(Function3 /*function the thread will perform*/,
                   "CCCCCCCCCCCC" /*parameters for thread's function*/);

    // Detach the threads
    thread1.detach();
    thread2.detach();
    thread3.detach();
    ...
}
```

图 2-35　节选代码片段——Threads_Detach 例子（C++）

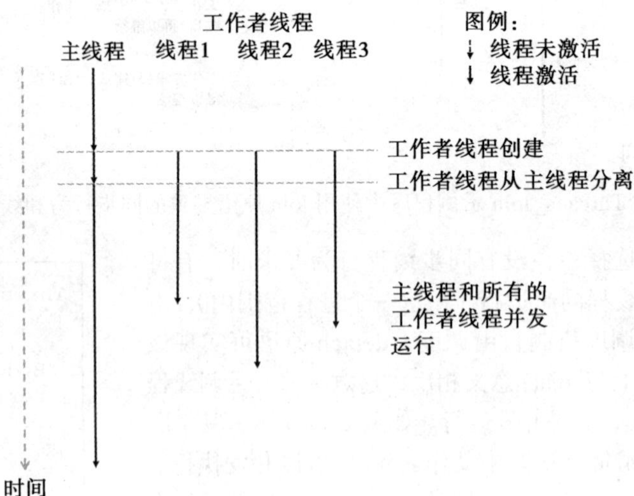

图 2-36　在 Threads_Detach 例子程序中使用 detach 原语引起的异步线程执行行为

当完成了一项特定的任务，或者当它们继续运行之前需等待一些其他活动完成线程可以让出 CPU，这就是所谓的“让出”，相关线程通过使用 yield() 原语实现。然而，该线程并没有选择哪个线程接下来运行，这是调度器的功能，由操作系统实现，基于就绪运行的其他线程子集。

使用 join() 原语和 detach() 原语实现同步和异步线程行为，分别在活动 P11 中研究。 80~81

活动P11 线程行为的实证研究

前提条件。下面的说明假定你已经获得了如活动 P1 中所述的必要补充材料。

学习目标。

1. 理解线程概念。
2. 基本理解在程序中使用线程的方式。
3. 基本理解同步和异步线程执行。

方法。该活动使用 Threads_Join 和 Threads_Detach 两个程序示例创建的工作者线程如何能够以同步或异步方式运行。这次活动分两个部分进行。

部分 1：使用 join() 操作执行线程。

1. 查看 Threads_Join 程序的源代码。确保你理解这个程序的逻辑，尤其是创建这 3 个线程的方式，每一个新线程都在前一个线程里创建（thread1 由主函数创建，thread2 由 thread1 创建，thread3 由 thread2 创建）；在每种情形下，线程都“加入”了它们的创建线程中。

2. 在命令行窗口中运行 Threads_Join 程序。跳转到“ProcessView”子文件夹，然后输入 Threads_Join.exe，再按 Enter 键，以执行 Threads_Join 程序。

3. 观察线程的行为。试着把你所看到的与源代码的逻辑联系起来。

下面的屏幕截图提供了线程执行模式发生的例子。本页的屏幕图像展示了当使用 join() 同步线程行为时的表现——在这里，主调用线程（使用 join 原语的线程）在继续执行之前，需等待被调用线程完成（也就是说，相对于彼此，线程同步运行）。下页的屏幕图像显示的是，当使用 detach() 启动线程时的行为——在这种情况下，线程异步运行。

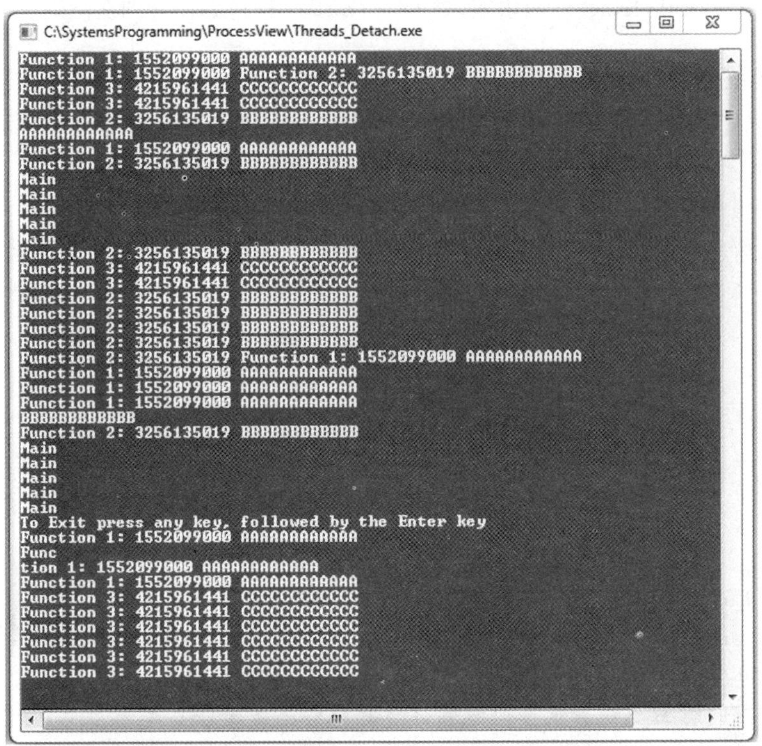

部分 2：使用 detach() 操作执行线程。

1. 使用与部分 1 相同的方法，但这一次使用 Threads_Detach 程序。

2. 你看到，每次运行 Threads_Detach 程序，其表现是不同的。你会看到 3 个线程的输出是互相交错的，甚至其中包括主函数的输出，这表明它们都是并行运行的（也就是说，主
82 调用线程在继续执行之前，不用等待被调用线程结束）。

预期结果。你看到，3 个线程作为同一个进程的一部分启动，但线程本身独立于其他线程执行各自的指令。你将会看到，使用 join() 和 detach() 的不同效果，以决定主调用函数中的逻辑到底应该是与被调用线程的终止同步，还是这些线程能够并发运行。你应该注意到了，线程被分配了一个唯一的 ID（在进程本身内部），并且，这个 ID 是动态分配的，每次程序运行时都会发生改变。你应该也会看到，对于 detach()，线程行为的实际相对时序（它们由此的输出顺序）是不可预测的，每次运行程序都会不同。

思考。多线程是在程序中保证响应性的一种手段，通过支持不同的相互独立的运行逻辑，与其他线程并行运行。这不仅引入潜在的高效操作，还会导致难以预测的整体行为，特别是时序方面，就像这个活动中所展示，这都强调了精心设计和测试的必要性。

这个活动说明了线程的基本性质，但是需要着重指出的是，这是一个简单的例子，多线程应用程序会展现出比在这里显示的明显复杂很多的行为。 ■

2.7.5 线程带来的额外复杂性

单线程的控制是可预测的，从根本上是因为在任一时刻，只有一个动作（比如读变量或写变量）能够发生，因此，其私有数据空间的一致性是可以保证的。然而，有了多个线

程对进程数据空间的共享访问，可能会出现不同线程的动作时序产生不一致。例如，如果一个线程写入一个变量，而另一个读出同一个变量，则这些行动的准确的时序关系变得很关键，以确保更新动作以正确的顺序执行，数据值在使用之前不会被覆盖。这就是所谓的“竞争条件”的一个例子。如果没有精心控制，多线程应用程序有不确定性，从某种意义上说，事件的整体顺序和由此产生的实际的行为和获得的结果容易受到系统中实际的细粒度的时序行为的影响。这样会导致，如果运行同一进程两次，它可能会得到不同的结果，即使每一次使用的实际数据值是相同的。确保进程行为维持可确定性的必要规则，至少在数据一致性方面以及最终产生正确的结果方面，是通过精心的程序设计与使用运行时控制机制实现的。比如，信号量和“互斥锁”，提供了对资源的互斥访问，以便不同线程执行的操作不会重叠。

即使设计是正确的，用于确认正确性和一致性的测试本身也是复杂的。因为它必须确保在所有可能的时序和序列的行为条件下，最终结果仍然是正确的。错误使用机制，比如信号量、互斥锁和 join 原语会导致死锁问题，其中所有的线程都被阻塞，每一个线程都在等待另一个线程执行某一动作。设计阶段应该确保不能发生这种问题，但是由于多线程间在运行时存在的复杂的时序关系，这一点本身就具有挑战性。因此，设计、开发、测试多线程版本的应用程序，都比单线程版本应用程序明显复杂得多。 83

多线程应用场景

利用多线程可以使得一个进程虽有 IO 活动，却仍能保持响应性。在一个单线程程序中，如果单个线程执行 IO 活动，比如读取一个大文件，或者等待来自另一个进程的消息，则进程本身被调度器阻塞。这在分布式应用程序情境中很常见。这会产生应用程序“冻结”和不响应用户命令等不受欢迎的效果。如果这样设计代码，把很可能阻塞的任务都分别放到不同的工作线程，它们彼此并发运行，则应用程序能够保持对用户输入的响应。例如，假设一款快打网络游戏，其中有一个事件驱动的图形用户界面，通过网络定期地发送和接收消息，还需要访问本地的图像和电影剪辑，以文件的形式从本地的辅助存储器（如硬盘）中访问。在这样的一个应用中，一个主要的非功能性需求是，对用户命令和相应的显示更新的高响应性，事实上，这可能是游戏可用性和用户满意度的一个主要决定因素。访问硬盘以获取一个文件或者等待经由网络到达的消息，都会干扰必要的用户界面平滑性和快速响应性。这是多线程方法有优势的一种情形，因为用户界面服务可以与其他 IO 活动异步操作。

然而，贯穿了这本书，用做案例研究的那个相对简单的游戏，在其运行时并不需要访问本地的辅助存储器。在这个例子中，多线程解决方案仍然可以针对用户界面，在一个独立的线程中执行网络 IO，但因为它不是一个快打游戏，对于用户事件发生在几秒钟长的时间帧，而不是一秒钟发生几次，采用了一个比较简单的方法，包含一个使用非阻塞套接字的单线程解决方案，这样，如果没有可用的消息，则会检查消息缓冲区，进程也不至于被迫等待。这达到了适当的响应水平，又没有多线程解决方案增加的设计复杂性。

多线程有利于最大限度地利用处理器的计算资源。在一个并行应用程序中，会创建多个工作线程，每个线程都执行相同的计算，但处理不同的数据子集。如果应用程序在多核平台上运行（假设内核级线程模型），它的宿主进程能够使用与线程数一样多的内核数，这取决于操作系统的调度策略。即使在一个单核平台，多线程可以提高这种应用程序的性能，因为个别线程可以执行IO（导致它们被阻塞），而同一进程中的其他线程可以继续运行。

2.7.6 多线程IPC举例

如前所述，IPC是一种形式的IO，因此，在等待到来的信息过程中，进程将被阻塞。并发的发送和接收能在进程级别实现，为发送和接收活动分别设置不同的线程（从而允许每个线程分别独立地接受调度和阻塞）。在本节，我们使用多线程IPC的例子，扩展探讨多线程的优点，再进一步研究IPC问题。

程序Multithreaded_IPC结合线程和IPC，演示了如何通过使用异步线程，并发操作发
84 送和接收活动。值得注意的是，在单线程应用程序中，这些活动将被序列化，应用程序会难以使用，因为两个活动中的任何一个在等待IO活动时，都会被阻塞（发送活动等待来自键盘的用户输入，而接收活动等待IPC消息到达套接字）。相反，Multithreaded_IPC进程等待一条消息，同时，在每次用户输入新行时，会不断地发送输入的消息。发送和接收操作分别在独立的线程上执行，使用阻塞套接字。使用独立的套接字，以便在进程行为中不存在竞争条件。程序有两个命令行参数（发送端口和接收端口），所以可以配置这个程序的两个实例一起通信，正如在活动P12中的解释。

如图2-37和图2-38所示，接收功能放在一个工作者线程中，所以等待IPC消息时，这个线程被阻塞，但主线程并不阻塞。在这个简单的例子中，由于没有业务逻辑所以发送活动在主线程中运行。在一个有特定的业务逻辑的更复杂的应用程序中，有可能会把发送活动放在另一个工作者线程，以便发送线程因等待用户的键盘输入而被阻塞时，业务逻辑能够运行。有关多线程方面的关键代码片段在图2-39（主线程）和图2-40（接收线程）中展示，还带有注释。

```
Main Thread
Start
  Create sockets
  Configure address structures
  Bind to local address (to facilitate receive)
  Start worker thread (ReceiveThread)
  ReceiveThread.detatch()

  Continue as Send Thread
    Loop (until "Quit" command entered)
      Get message from user
      Send IPC message
    Loop end
End

ReceiveThread
Start
  Loop
    Receive IPC message
    Display message to user
  Loop end
End
```

图2-37 Multithreaded_IPC程序的伪代码

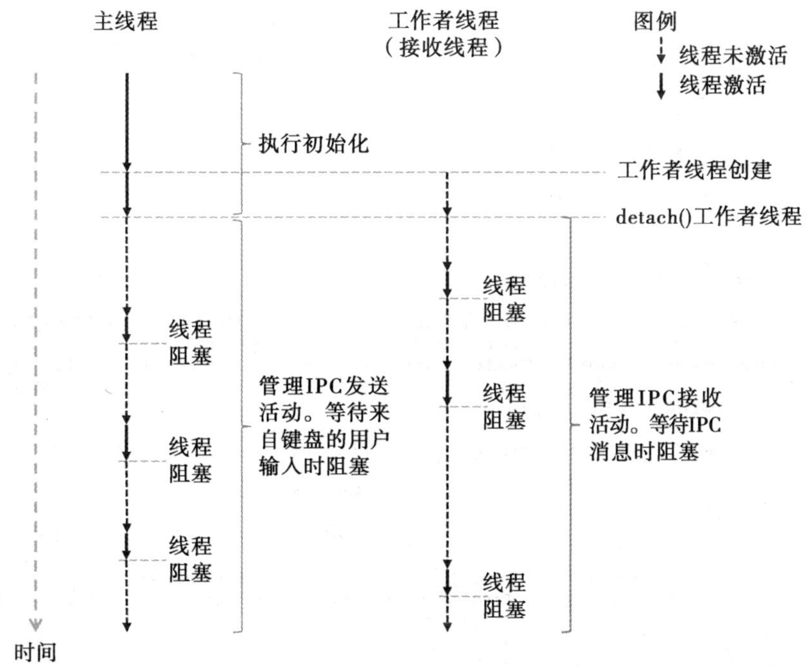

图 2-38 在 Multithreaded_IPC 中，主线程和工作者线程同时运行

```
...
bSuccess = CreateSendSocket();

...
bSuccess = CreateReceiveSocket();
...

bSuccess = SetUpLocalAddressStruct();
...
SetUpSendAddressStructFor_LocalLoopback();
...

m_bMainThreadRunning = true;

// Create and start worker thread (performs Receive in loop)
thread ReceiveThread(ReceiveMessages);

// Use detach() to cause the ReceiveThread to run asynchronously with main()
// This means that the 'main' Send thread and the Receive thread run in parallel
ReceiveThread.detach();

// The Send thread simply continues from here (it is the original 'main' thread of execution)
while(1)
{
        for(int iIndex = 0; iIndex < SEND_BUFFER_SIZE; iIndex++)
        {       // Clear the input buffer
                m_szSendBuf[iIndex] = 0;
        }

        cout << endl << "SendThread: Type a message to send (\"Quit\" to quit): ";
        cin >> m_szSendBuf;
        if(     0 == strncmp(m_szSendBuf,"QUIT", 4) ||
                0 == strncmp(m_szSendBuf,"Quit", 4) ||
                0 == strncmp(m_szSendBuf,"quit", 4) )
        {
                m_bMainThreadRunning = false;       // Signal to Receive Thread to stop its operation
                cout << endl << "Quiting" << endl;
                CloseSocketsAndExit();
        }
        iNumberOfBytesSent = SendMessage();
        cout << endl << "SendThread: Sent " << m_szSendBuf << " (" << iNumberOfBytesSent << " bytes)" << endl;
}
```

图 2-39 Multithreaded_IPC 程序中带注释的关键片段，主线程（C++ 代码）

```
// ****************************** Beginning of Receive Thread code ******************************
void ReceiveMessages(void) // The Receive Thread body
{
        cout << endl << "ReceiveThread: Waiting for message ...    " << endl;

        while(true == m_bMainThreadRunning)
        {
                ReadMessageFromReceiveBufferOrWait();
        }
}

void ReadMessageFromReceiveBufferOrWait(void)
{
        // The recvfrom call is modified by providing the address and length of a SOCKADDR_IN structure
        // to hold the address of the message sender (so a reply can be sent back).
        int iBytesRecd = recvfrom(m_IPC_ReceiveSOCKET, (char FAR*)m_szRecvBuf, RECEIVE_BUFFER_SIZE,
                                                                                0, NULL, NULL);
        if(true == m_bMainThreadRunning)
        {
                if(SOCKET_ERROR == iBytesRecd)
                {
                        cout << endl << "ReceiveThread: Receive failed" << endl;
                }
                else
                {
                        m_szRecvBuf[iBytesRecd] = 0; // Ensure null termination
                        cout << endl << "ReceiveThread: Message received:       " << m_szRecvBuf << endl;
                }
        }
}
// ********************************* End of Receive Thread code *********************************

int SendMessage(void)  // Called from Main thread
{
        int iLength = strlen(m_szSendBuf);

        // Send a UDP datagram containing the reply message
        int iBytesSent = sendto(m_IPC_SendSOCKET, (char FAR *)&m_szSendBuf, iLength, 0,
                (const struct sockaddr FAR *)&m_SendSockAddr, sizeof(m_SendSockAddr));
        if(INVALID_SOCKET == iBytesSent)
        {
                cout << "SendThread: sendto() Failed!" << endl;
                CloseSocketsAndExit();
        }
        return iBytesSent;
}
```

图 2-40 Multithreaded_IPC 程序中带注释的关键片段，接收线程（C++ 代码）

活动 P12 使用 Multithreaded_IPC 程序的两个进程实例，来探索利用多线程设计实现的异步通信行为。

85 ~ 86 活动 P13 使用在操作系统版 Workbench 中提供的“ Threads-Introductory”模拟环境探索线程的行为，探讨同步和异步线程执行之间的区别。

活动 P12 使用 MultiThreaded IPC 程序进一步探究线程和 IPC

前提条件。下面的说明假定你已经获得了如活动 P1 中所述的那些必需的补充材料。

学习目标。

1. 加深对线程概念的理解。
2. 加深对使用套接字实现 IPC 的理解。
3. 理解异步多线程如何促进了阻塞活动的并发执行（在这个案例中为发送和接收活动），本来是串行运行。

方法。本活动中，使用了程序 multithreaded IPC 的两个进程实例一起通信，以示例全双工通信，其中在每个方向上的发送和接收并发运行：

1. 检查 multithreaded IPC 程序的源代码。确保你理解这个程序的逻辑，特别是通信活动分处于两个线程的方式（也就是说，主线程处理发送功能，同时创建一个工作者线程，来处理接收功能）。

2. 运行两个程序实例，分别运行在一个独立的命令窗口中，记住在命令行参数中交换端口顺序，以便第一个实例的发送端口与另一个实例的接收端口相同，反之亦然。例如，

- Multithreaded_IPC 8001 8002（发送到端口 8001，在端口 8002 接收）
- Multithreaded_IPC 8002 8001（发送到端口 8002，在端口 8001 接收）

3. 用这两个进程实验。尝试以各种不同的顺序发送和接收，以确认即便正在等待来自键盘的输入或等待一个消息的到来，这个进程本身仍保持了响应性。

下面的屏幕截图提供了 Multithreaded_IPC 进程在实验期间运行的实例。注意通过命令行上提供的端口号参数，可实现程序逻辑的明确配置。因此，下面所示的两个进程，通过使用两个独立的单向通信通道（在线程级）彼此通信，以提供进程级的双向通信。

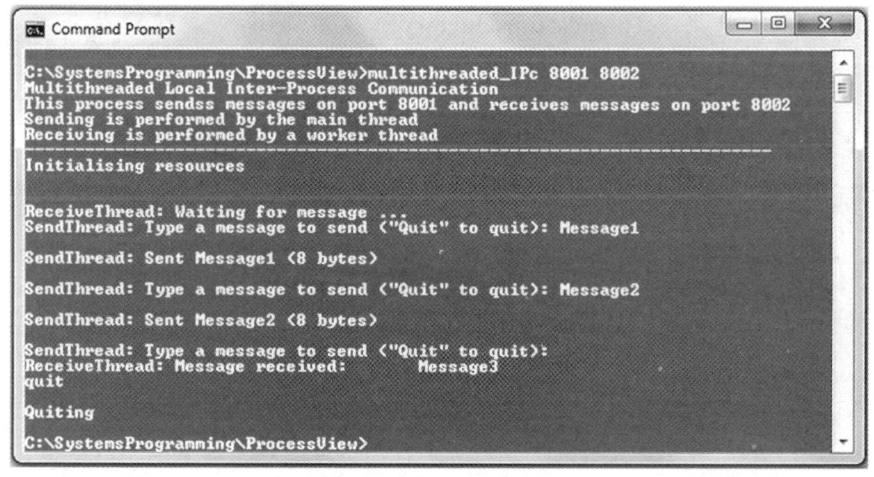

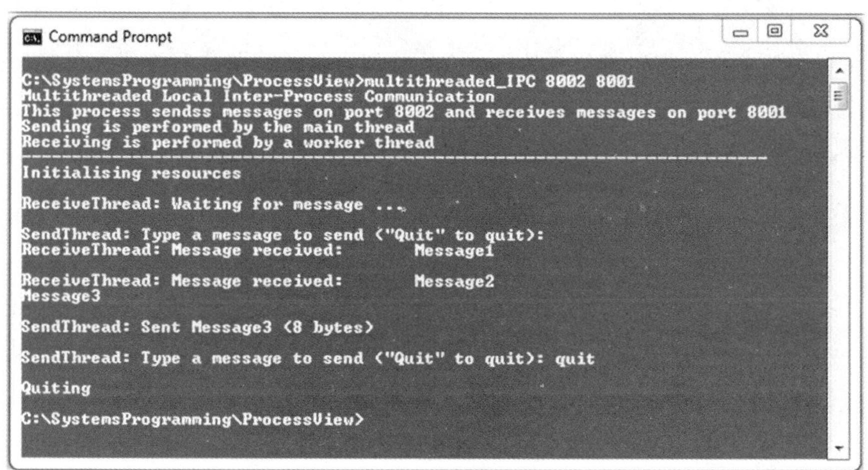

预期结果。你会看到，程序的两个实例各自独立工作，因为它们是由操作系统分别调

度的独立的进程。它们通过套接字执行IPC，而且通信过程在每个方向上独立工作。因为它们使用独立的线程来执行发送和接收动作，进程保持了响应性，因此，这些线程在必要的时候，各自独立地被阻塞。

思考。本活动提供了一个内核级多线程的例子。发送和接收线程，在等待输入时分别阻塞。在接收线程中，当它等待来自另一个程序副本的到达消息时，会发生阻塞。如果主线程
87~88 （执行发送功能）等待用户在键盘上输入一条消息（将要发送给程序的另一个副本），会发生阻塞。■

活动P13 使用操作系统版Workbench探索线程的行为

前提条件。下面的说明假定你已经获得了如活动P5中所述的操作系统版Workbench和支持文档。阅读文档“线程（入门）活动。”

学习目标。

1. 加深对线程概念的理解。
2. 加深对同步和异步线程执行的理解。

方法。本活动使用“Threads Introductory”模拟环境，该环境位于操作系统版Workbench的“Threads”标签。仿真环境最多支持3个线程并发运行。随机选择显示区域中的像素，线程对其染色。三个线程中的每一个线程分别使用一个特定的颜色（红色、绿色或蓝色）。线程的进程可以根据屏幕区域的颜色亮度可视化地反映出来。这样，如果“红色”的线程得到的计算时间比其他两个多，则“红色的亮度”就会比绿色和蓝色的亮度高。

部分1：异步线程调度（进程不主动控制线程的执行顺序）。

1. 创建和启动一个单独的线程。注意线程如何用它自己的颜色逐渐对绘制区域（初始颜色为黑色）上色，每次随机选中的特定像素的亮度会逐步提高。让这个过程运行几分钟或者更多的时间，那么你应该会看到近乎完全着色。

2. 重置绘图画布。以相同的优先级创建和启动所有3个线程。让这个过程运行几分钟或者更多的时间，你应该看到近乎完全着色——颜色接近白色——也就是说，大概是红色、绿色和蓝色像素的平均混合颜色。

3. 重置绘图画布。一起创建和启动所有3个线程。这次，将线程设置为最高和最低优先级的混合形式（其他级别间的差可能太细腻，效果不容易看出来）。让这个过程运行几分钟或更多时间，那么你会看到，高优先级的线程（们）的颜色主导了它们的覆盖范围。

部分2：同步线程调度（线程的执行顺序由进程本身控制）。

选择“Externally impose priority”单选按钮。使用“Create and start threads”启动仿真环境，所有线程具有同等的优先级。你会注意到，每一个线程在一个短时间内依次运行，导致了色彩循环的效果。用不同优先级的线程做实验（使用最高和最低优先级来获得最明显的效果）。注意在这个例子中，优先级被转换成每个线程得到的运行时间的份额，所以绘制区域的平均颜色将被最高优先级的线程的颜色主导。

下面4个屏幕截图提供了部分1的线程模拟环境的快照（依次为：左上、右上、左下、右下）：只有红色线程在运行，绿色线程具有最高优先级，红色和蓝色线程有最高优先级，
89 以及最后，所有线程都有同等优先级。

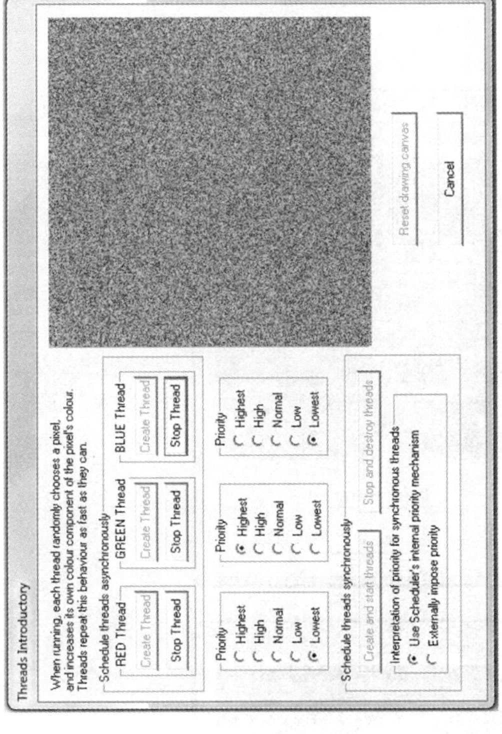
Threads Introductory
When running, each thread randomly chooses a pixel,
and increases its own colour component of the pixel's colour.
Threads repeat this behaviour as fast as they can.
Schedule threads asynchronously
RED Thread
Create Thread
Stop Thread
GREEN Thread
Create Thread
Stop Thread
BLUE Thread
Create Thread
Stop Thread
Priority
Highest
High
Normal
Low
Lowest
Priority
Highest
High
Normal
Low
Lowest
Priority
Highest
High
Normal
Low
Lowest
Schedule threads synchronously
Create and start threads
Stop and destroy threads
Interpretation of priority for synchronous threads
Use Scheduler's internal priority mechanism
Externally impose priority
Reset drawing canvas
Cancel

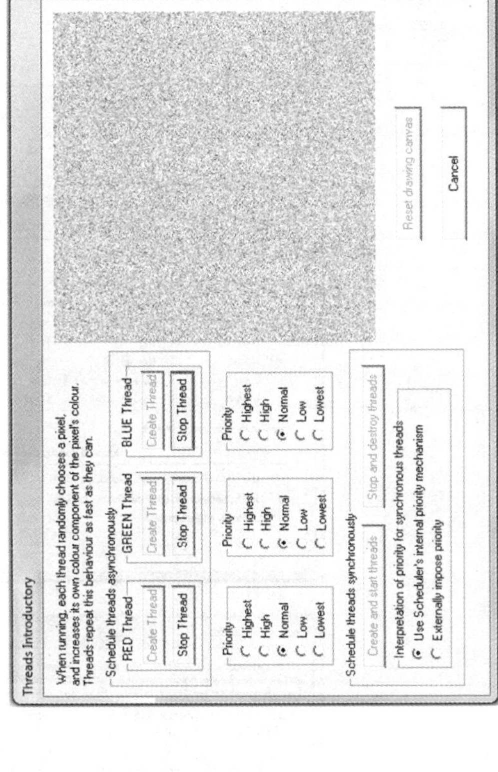
Threads Introductory
When running, each thread randomly chooses a pixel,
and increases its own colour component of the pixel's colour.
Threads repeat this behaviour as fast as they can.
Schedule threads asynchronously
RED Thread
Create Thread
Stop Thread
GREEN Thread
Create Thread
Stop Thread
BLUE Thread
Create Thread
Stop Thread
Priority
Highest
High
Normal
Low
Lowest
Priority
Highest
High
Normal
Low
Lowest
Priority
Highest
High
Normal
Low
Lowest
Schedule threads synchronously
Create and start threads
Stop and destroy threads
Interpretation of priority for synchronous threads
Use Scheduler's internal priority mechanism
Externally impose priority
Reset drawing canvas
Cancel

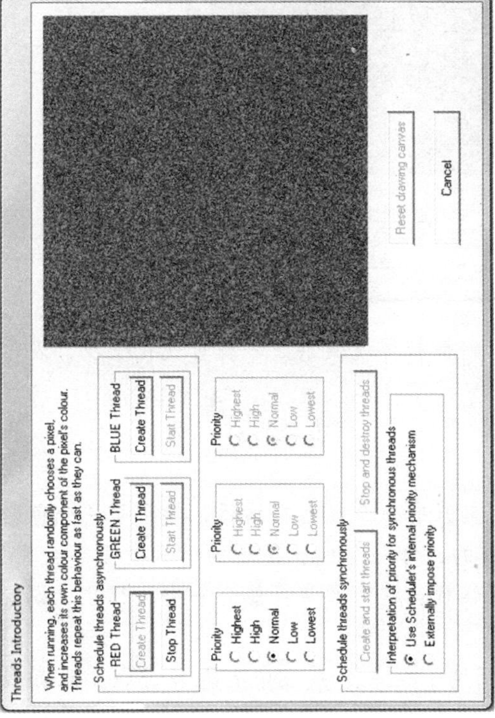
Threads Introductory
When running, each thread randomly chooses a pixel,
and increases its own colour component of the pixel's colour.
Threads repeat this behaviour as fast as they can.
Schedule threads asynchronously
RED Thread
Create Thread
Stop Thread
GREEN Thread
Create Thread
Start Thread
BLUE Thread
Create Thread
Start Thread
Priority
Highest
High
Normal
Low
Lowest
Priority
Highest
High
Normal
Low
Lowest
Priority
Highest
High
Normal
Low
Lowest
Schedule threads synchronously
Create and start threads
Stop and destroy threads
Interpretation of priority for synchronous threads
Use Scheduler's internal priority mechanism
Externally impose priority
Reset drawing canvas
Cancel

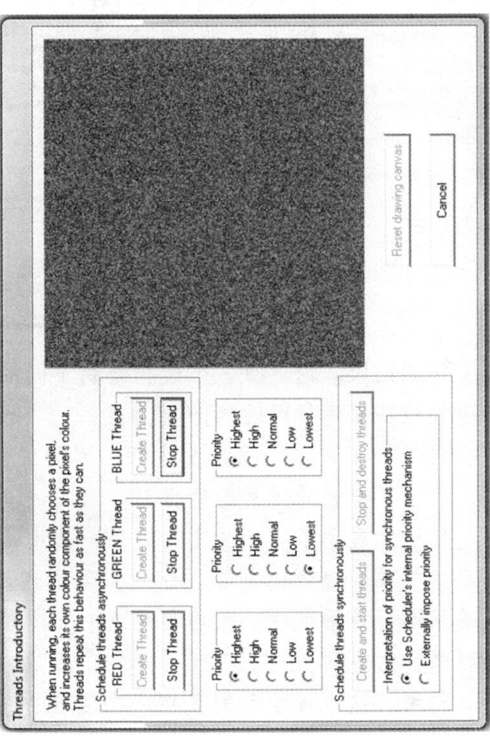
Threads Introductory
When running, each thread randomly chooses a pixel,
and increases its own colour component of the pixel's colour.
Threads repeat this behaviour as fast as they can.
Schedule threads asynchronously
RED Thread
Create Thread
Stop Thread
GREEN Thread
Create Thread
Stop Thread
BLUE Thread
Create Thread
Stop Thread
Priority
Highest
High
Normal
Low
Lowest
Priority
Highest
High
Normal
Low
Lowest
Priority
Highest
High
Normal
Low
Lowest
Schedule threads synchronously
Create and start threads
Stop and destroy threads
Interpretation of priority for synchronous threads
Use Scheduler's internal priority mechanism
Externally impose priority
Reset drawing canvas
Cancel

下面的屏幕截图展示了部分2中从红色线程到绿色线程的过渡，左侧是所有的线程都有相同的优先级，右侧是红色线程有最低优先级，因此，显示保持以蓝色为主，甚至在红色线程已经开始运行后。

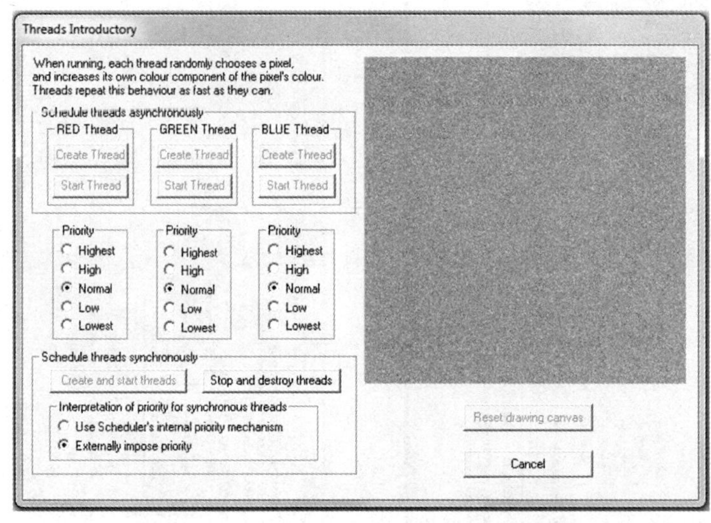

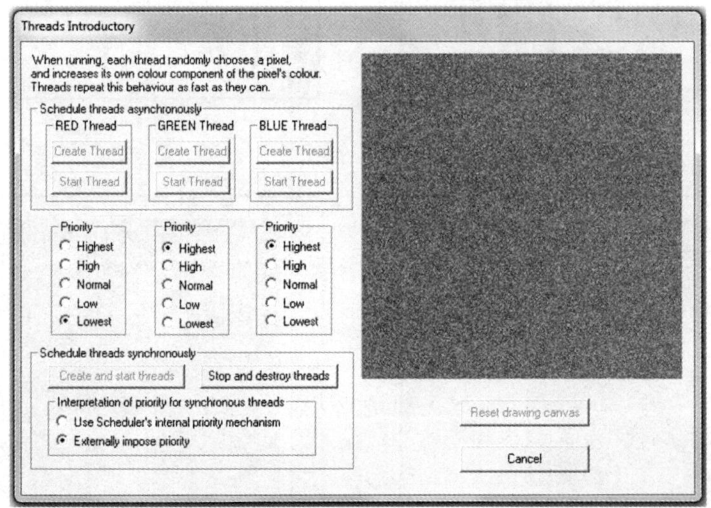

预期结果。通过每一个线程绘制不同的主颜色，模拟环境提供了一种可视化手段，表示每个线程获得运行时间的份额。

在部分1中，线程并发运行，因为线程交替非常快，它们表现为并行运行。你可以看到，产生了交替的像素着色行为。

部分2展示了同步调度的效果，其中，任何时刻只有一个线程在运行，导致了一个色彩
90 循环的效果。重要的是要认识到，为了达到演示目的，每一个线程运行的时间量被夸大了，以确保运行效果可视。在真实系统中，按顺序调度线程，它们通常可能会一次运行几十或者几百毫秒的时间。

思考。这个模拟示例了在一个进程中的线程调度。在一个系统中有很多进程，正如我们先前讨论过的那样。在每个进程中，可以有很多线程。在一些系统中，单个线程完全受操作系统本身调度，而在其他系统中，某种程度上在进程级别（通过进程代码中的原语）控制。

从应用程序设计的角度，尝试考虑这样一种情形，其中一个进程中的各个线程都是一个完整的解决方案，而不是使用独立的进程。

深入探索。用“Threads Introductory”的模拟环境开展进一步实验，以获得更深入的理解。■

2.8 操作系统的其他角色

除了上面详细讨论的进程调度之外，操作系统还需要执行多种相关的任务。这些任务出于管理系统资源的需要，当需要资源时，使得它们能够为正在运行的进程使用。这里简要介绍两个其他角色，因为它们影响了进程的运作方式，以及进程运行平台的整体效率和效果。这些活动显著地影响了资源的使用，我们将在第 4 章再次对它们进行更详细地介绍。

- *内存管理*。在进程执行期间，操作系统必须确保它们可以使用内存中的一个预留区域。它必须限制单个进程使用的内存大小，确保进程间彼此隔离（和防护），通过阻止一个进程读取或修改其他进程当前正在使用的内存部分。
- *资源分配*。进程请求动态地访问某些资源，有时是不可预测的（当然指对操作系统来说）。操作系统必须确保，进程在需要资源时获得授权，同时维护进程间的隔离性，并在两个进程同时试图使用一个资源时防止引起冲突。如果访问资源的请求被操作系统拒绝了，则进程可以等待（阻塞）。

2.9 程序中使用定时器

在许多情况下，任务需要以特定频率周期性地执行，甚至有可能，在同一个程序中，几个不同种类的事件或任务需要以不同的频率执行。定时器提供了一种手段，在进程内部，以一定周期或一个特定的时间间隔执行代码。定时器与非阻塞套接字操作组合，在分布式系统中极为有用，例如，检查看一条消息是否已经到达，就不必阻塞应用程序去等待消息；第 3 章会对其做深入讨论，并说明定时器的使用。这里，为了完整性，介绍了使用定时器的概念，因为它与线程使用有某些相似之处，并可以认为，在某些情况下是一种替代方案。

定时器到期可以认为是一个程序必须响应的事件。对于定时器事件，调用的函数被称作“事件处理器”。 91

活动 P11 介绍了线程并展示了其主要优势，其中，多线程彼此并行运行，但同时也显露了一个潜在的弱点——难以预测多个线程的操作顺序，或者更经常的是，也难以确保一个指定的事件发生在另一个事件之前。定时器允许代码块与主函数异步执行，并在线程确保响应性方面，是一个有用的替代方案，又没有因多线程方案导致的潜在的复杂性开销。二者的根本区别在于，一方面线程由操作系统调度，因此，开发者无法控制它们的相对顺序或时间。另一方面，定时器允许其事件句柄以开发者决定的时间间隔调用，因此，开发者能够在程序逻辑中嵌入清晰的事件间的时序关系。

举一个基于定时器活动的简单应用例子：环境监测应用程序。它有一个温度传感器，以固定的时间间隔测量温度值。分布式系统 Workbench 中包含一个这样的例子（分布式温度传感器应用程序），该例子会在第 3 章中讨论。

图 2-41 示例了程序的运行时序列，其中实现了 3 个基于定时器的函数。程序的逻辑在

其主函数中初始化。设置了 3 个可编程定时器，只要其中一个定时器到期，其关联的函数就自动调用。函数完成后，控制权交还给主函数，并回到它先前离开的地方，形式上与从标准的函数调用返回相同。图 2-42 提供了 Timers_Demonstration 程序的带注释程序片段。

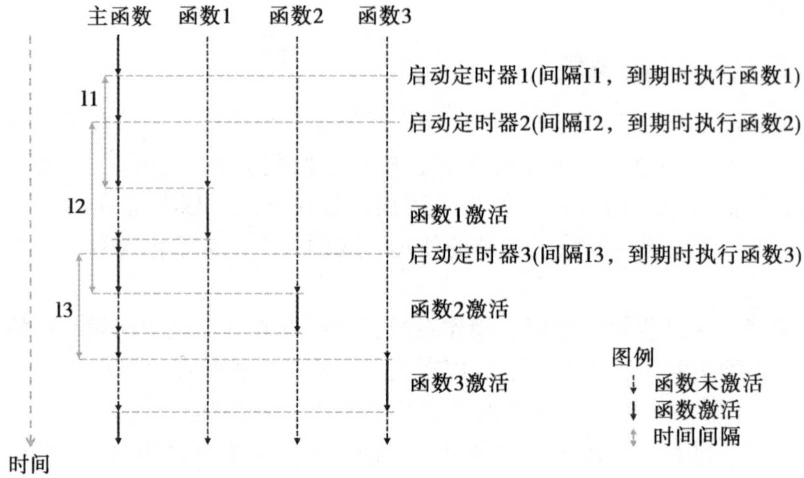

图 2-41 定时器驱动的行为

```
...
System.Timers.Timer Timer1 = new System.Timers.Timer(); // Create first timer
Timer1.Elapsed += new System.Timers.ElapsedEventHandler(OnTimedEvent_Timer1); // Set event handler for 1st timer
Timer1.Interval = 1000; // Set time interval to be 1 second (1000 ms)
Timer1.Enabled = false; // Do not start timer running yet

System.Timers.Timer Timer2 = new System.Timers.Timer(); // Create second timer
Timer2.Elapsed += new System.Timers.ElapsedEventHandler(OnTimedEvent_Timer2); // Set event handler for 2nd timer
Timer2.Interval = 2000; // Set time interval to be 2 seconds (2000 ms)
Timer2.Enabled = false; // Do not start timer running yet

System.Timers.Timer Timer3 = new System.Timers.Timer(); // Create third timer
Timer3.Elapsed += new System.Timers.ElapsedEventHandler(OnTimedEvent_Timer3); // Set event handler for 3rd timer
Timer3.Interval = 3000; // Set time interval to be 3 seconds (3000 ms)

// Start all three timers
Timer1.Enabled = true;
Timer2.Enabled = true;
Timer3.Enabled = true;
...

// Event handlers for the three timers
private static void OnTimedEvent_Timer1(Object myObject, EventArgs myEventArgs)
{
    Console.WriteLine("One second");
}

private static void OnTimedEvent_Timer2(Object myObject, EventArgs myEventArgs)
{
    Console.WriteLine("                Two seconds");
}

private static void OnTimedEvent_Timer3(Object myObject, EventArgs myEventArgs)
{
    Console.WriteLine("                           Three seconds");
}
```

图 2-42 Timers_Demonstration 程序的 C# 语言版带注释片段

图 2-43 显示了由 Timers_Demonstration 进程产生的输出。3 个定时器独立运行，有效地作为分开的线程，与主线程及彼此之间异步。密切观察输出结果，你可以看到，过去 6s 瞬

间，3 个定时器全部同时到期。在这样的情境下，通过查看代码，不能预测哪个定时器实际最先被服务。在这个例子中，定时器 3 最先被服务，紧接着是定时器 2，然后是定时器 1。类似地，你也可以看到，在 2s 过去后，第 2 个定时器的事件处理器早于第 1 个定时器处理器被服务了。

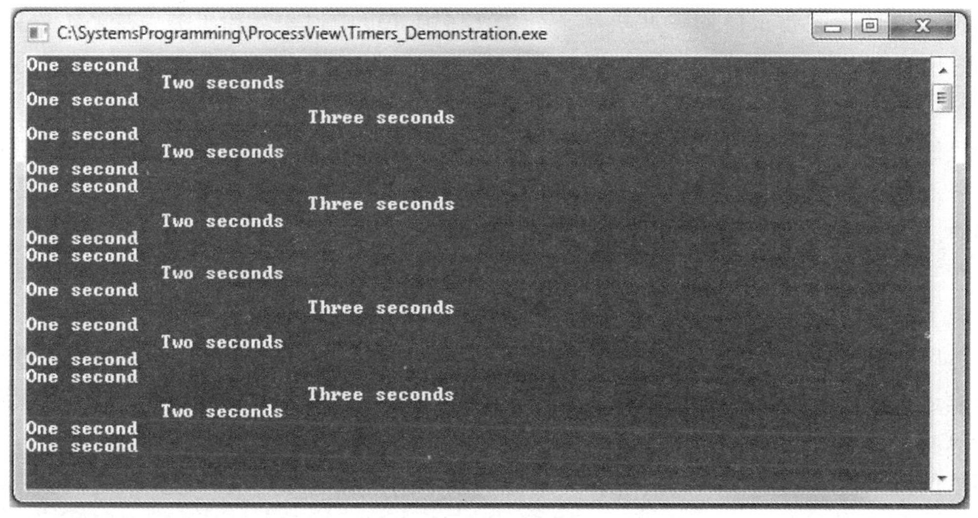

图 2-43　Timers_Demonstration 进程在运行

使用定时器模拟类线程行为

通过在进程中使用定时器以及它们的事件处理器，做到多个“线程”的控制，有可能实现类线程的行为。定时器事件处理器独立于其他的事件处理器运行，也独立于主线程的控制，在这种情况下，它们与线程类似。然而，其主要的区别在于，在定时器中，事件处理器 92~93 运行的真正时间安排由程序员控制。这种方法更适用于进程中的周期性任务，可以用来实现实时效果，甚至不需要实时调度器（尽管，对于小的时间间隔，比如一般小于 100ms 时，定时器的时间安排精度不可靠）。

定时器倒计时由操作系统内核管理，因此，不管进程是否处于运行状态，倒计时一直进行（也就是说，进程本身并不处理定时器时间递减。就进程而言，递减操作自动发生，当定时器期满时——意思是它倒数到 0，自动调用事件处理器）。

我经常使用定时器实现类线程行为的一个例子情境是，在低端嵌入式系统中，代码运行在“金属上”（也就是说，没有操作系统负责管理资源）。我的应用程序不得不直接管理它使用的资源，并作为一个单独的控制线程本地运行，基于程序逻辑和来自传感器的上下文输入的结合，在代码中沿着不同的分支。这些系统有多种能够产生中断的硬件模块，通常包含几个可编程定时器。中断事件处理器比指令执行的主线程有更高的优先级，所以我可以通过把它的逻辑放置在定时器的中断例程中，并以一个合适的速率设置此定时器的中断，来创建一个高优先级的“线程”。例如，假设有一个传感器节点应用程序，其中，我需要有一个通用传感器监测应用程序，作为前端控制线程，同时以确定的速率周期性地对一个特定的传感器采样（使用一个可编程定时器），还要以固定的时间间隔（使用另一个可编程定时器）发送一条状态消息给其他的传感器节点。

2.10 进程视角的透明性

在分布式系统中，要求各种形式的透明性，从进程视角来看，有两种形式是特别重要的。这两个在这里做简要介绍，并在第 6 章做更深入的分析。

并发透明性。在多个并发进程可能访问共享资源的情况下，操作系统必须确保系统始终保持一致性。这要求使用一些机制，如锁（在第 4 章中讨论）和事务（在第 4 章和第 6 章中讨论），以确保进程相互隔离，不能破坏彼此的结果，否则将使系统处在一个不一致的状态。

迁移透明性。如果移动了一个正在使用中的资源，任何使用该资源的进程必须能够继续访问它，而不会有任何副作用，这是相当有挑战性的。更常见的是，仅在资源未被使用时才被移动，然后，更新目录服务，以便能够在其新位置找到资源。

在一些系统中，有可能移动一个正在运行的进程。例如，它已经在一些负载共享方案中实现了。然而，这远比移动一个资源更复杂。想要移动一个进程，必须首先停止（冻结）
94 它，然后捕获其进程状态，转移到新的位置，然后重新启动运行进程，以便从它中断的位置继续运行。进程一定不能察觉任何不同，它的状态必须被保存好，以便即使移动了它，其计算将仍然是一致的。这类似于趁一个人睡着时，在酒店的同样房间之间挪动，以至于当他们醒来时看到了相同的环境，并从他们躺下的地方起来，没有意识到他们被挪动了位置。

2.11 进程视角的案例研究

案例研究应用程序是一个通过网络玩的游戏（井字棋游戏）。下面的讨论集中在进程层面，其他方面如网络、分布和资源使用等，在相关的其他章节中讨论。

游戏应用程序包含两种类型的组件：客户端程序和服务器程序。客户端将运行在每个用户的（游戏玩家的）计算机上，为他们提供游戏界面，使他们能够远程玩游戏。服务器将运行在网络中的任意一台计算机上。它可以放置在其中一个用户的计算机中，也可以放在一个单独的计算机中。该服务器在两个客户端之间提供了连接（客户端彼此间不直接通信），还提供了游戏逻辑的控制与同步，并存储游戏状态。

运行游戏要求，不同的组件运行在不同的计算机上。值得注意的是，只有一个客户端程序，但它会在两台计算机上运行，生成两个客户端进程实例。每个程序的逻辑是相同的，但它们的实际行为将会有所不同，因为这由用户的输入决定（在井字棋游戏中，游戏的输入包括：在每一轮中，用来放置其棋子的可用空格的选择）。

客户端进程将使用套接字作为 IPC 技术与服务器进程通信。服务器将管理游戏状态，这样，当两个客户端通过一个现场游戏建立起联系时，服务器将根据用户的轮转状态进行仲裁，因此，服务器将让其中一个客户端移动一步，而阻止另一个客户端的移动。

2.11.1 调度要求

应用程序有宽松的计时要求，在这种意义上，用户期望他们的输入能迅速处理，响应时间（指的是更新两个客户端用户界面，以反映最新的一步棋）应该低，大概在 1s 以内是可以接受的。

计时要求并不精确。没有指定的截止时限，时间界限方面非常薄弱，不会产生实际后果。存在一些变化（产生原因是，例如，在一个或多个主机上有繁重的工作负载）是可以接受的，不会明显地降低用户的满意度，因此，游戏不算是软实时类型。

在众多通用目的用户事件驱动的应用程序中，这样的计时要求很典型。如先前讨论过的，依靠流行的操作系统中任何一款正在使用的调度器，应该能足以应付。这里没有实时调度的要求。

2.11.2 定时器的使用

在游戏应用程序中，需要可编程定时器。在客户端和服务器组件中均使用定时器，以每隔 100ms 的时间间隔检查到来的消息。本质上，定时器中断事件处理器用来运行接收功能， 95
与主线程异步执行，其中主线程处理用户界面和发送功能（它由用户输入直接驱动）。通过使用非阻塞套接字接收消息，再结合定时器，频繁地检查收到的消息，实现了一个及时响应、多线程的效果，而并没有真正需要多线程解决方案。

游戏逻辑本身不存在时间依赖性元素。

2.11.3 多线程需求

客户端。在这个特定的应用程序中，由于是回合制游戏玩法，用户界面并不需要迅速反应（例如，与枪战风格的游戏相比，其中用户一旦给出命令输入，就需要以非常高的速率显示更新）。考虑到游戏风格，以及用户与界面交互速率比较低，游戏客户端的用户界面方面不需要多线程（然而，对于一个快打动作游戏，这是需要的）。从通信的角度来看，也不需要多线程解决方案，因为这里对通信计时要求并不严格。在这种情况下，定时器和非阻塞套接字的组合是一个适用的简单解决方案。

服务器端。游戏服务器将支持数量较少的活跃游戏，每个活跃游戏有很小的消息负载。每次客户端走了一步，就会收到一条消息，然后服务器必须计算新的游戏状态，并给两个客户端各发送一条消息。考虑到这个操作的低速率和游戏逻辑本身的低复杂度，服务器不需要用多线程。

然而，如有必要，游戏逻辑可以重新设计成一个多线程的解决方案，例如，如果一个有明确的计时要求的快速响应特征加到了游戏功能中，或者如果增加了更复杂的通信时序约束。在这样的情况下，在客户端，合适的方案将是，把发送功能和接收功能分离到各自的线程上，并设置第三个线程，来处理用户界面事件。

在客户端和服务器端都缺少多线程需求，使得该游戏用作本书的案例研究，非常符合本书的意图。因为程序操作很容易理解，将考虑把讨论集中在体系结构、分布性和通信方面。

2.11.4 IPC、端口和套接字

游戏中的进程间 IPC 将跨网络发生。虽然，在同一台计算机上运行两个客户端是可行的，但是从分布式游戏的观点看，这没有意义。这将意味着两名玩家坐在同一台计算机前。进程将使用套接字作为通信端点。服务器将绑定到一个端口，其号码对于客户端进程已知，或能够被客户端进程发现。第 3 章会详细地讲述网络方面。

图 2-44 示例了在不同层级上的游戏结构。为了帮助说明我们将会用到的术语，这种表

示非常有用。重要的是，要认识到游戏本身就是应用程序，其中包括2个不同的程序：客户端和服务器。这两个程序仅凭自己一个，不能真正称为应用程序，因为它们仅靠自己不能做任何有意义的事情，要真正地玩游戏，这两个部分全都需要。这个特别的游戏是一个双人游戏，因此，客户端程序将需要运行在两台计算机上，每个玩家一个。值得注意的是，客户端程序提供用户界面，允许用户与游戏逻辑交互，在这个例子里，游戏逻辑实际上驻留在服务器上并受服务器控制。两个玩家将要求相同的界面，这样，双方都将使用相同的客户端程
96 序。非常重要的是，要认识到，处于比赛中的游戏实例包括同一个客户端程序的两个进程实例（也就是说，并不是两个不同的客户端程序）。如图中描述，IPC位于每个客户端进程和服务器进程之间。所示的IPC通道，可以认为是每对进程之间的私有通信。当遵循“客户机－服务器”模式时，通常情况下，客户端之间并不直接通信。客户端－服务器游戏架构和基于socket的IPC的组合，引出了两种硬件配置，也就是说，进程与其所运行的计算机之间有两种不同的映射。第一种映射是，每个进程可以驻留在一台单独的计算机上。然而，只有客户端的位置是重要的（也就是说，它们的位置取决于玩家的实际位置），而服务器可以在网络中的任何地方，因此也可以与其中一个客户端位于同一台计算机上。从技术上讲，把3个进程都放在同一台计算机上是可行的，并且在一些应用程序中，这可能还真有意义，但这种映射不适用于双人游戏，其中，为了和游戏互动，每个玩家都需要自己的键盘和屏幕。

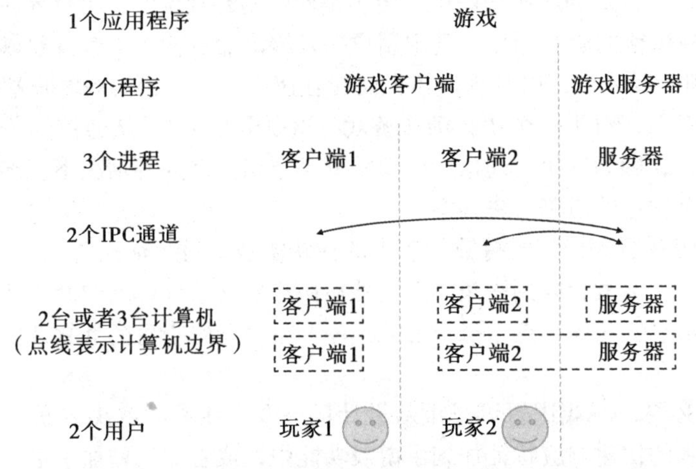

图2-44 游戏组件在不同层级的结构映射

图2-44还有助于强化一个非常重要的概念：一个服务器是一个进程，而不是一台计算机。一个常见的误解是，服务器是一台计算机。这是因为，为运行一个特定的服务（也就是说，为了安置一个服务器进程），经常配备一台专用的计算机，于是计算机本身就被称为了“服务器”，但如图所示，服务器显然是一个进程，实际上可以从一台计算机转移到另一台计算机，而不会影响游戏的运行方式。

2.12 章末练习

2.12.1 问题

1. 设想一个单核处理器系统，有3个活跃进程{A, B, C}。对于下面a～f中的每一种进程状态配置，
97 指出该组合是否可能发生。证明你的答案。

进　程	进程状态组合					
	a	b	c	d	e	f
A	运行	就绪	运行	阻塞	就绪	阻塞
B	就绪	阻塞	运行	就绪	就绪	阻塞
C	就绪	就绪	就绪	运行	就绪	阻塞

2. 对于一个给定的进程，下面哪一个状态序列（a～e）是可能的？证明你的答案。
   (a) 就绪→运行→阻塞→就绪→运行→阻塞→运行
   (b) 就绪→运行→就绪→运行→阻塞→就绪→运行
   (c) 就绪→运行→阻塞→就绪→阻塞→就绪→运行
   (d) 就绪→阻塞→就绪→运行→阻塞→运行→阻塞
   (e) 就绪→运行→就绪→运行→阻塞→运行→就绪
3. 假设一个计算密集型任务，在没有其他的计算密集型任务存在的情况下，其运行耗时 100s。如果有 4 个这样的任务同时启动，计算出将要花费的时间（列出所有假设）。
4. 系统中一个非实时计算密集型任务，在一天中的不同时间里运行了 3 次。运行时间分别是 60s、61s 和 80s。假设该任务每次运行时执行完全相同的计算，你如何解释其不同的运行时间？
5. 思考活动 P7 中考察的调度行为：
   (a) 怎么做可以使实时任务的运行时行为避免受到后台工作负载影响？
   (b) 关于进程，有什么是实时调度器需要知道，而通用目的调度器不需要知道的？

2.12.2　基于 Workbench 的练习

使用操作系统版 Workbench 研究进程调度行为。下面的练习基于操作系统版 Workbench 上的“Scheduling Algorithms-Advanced”模拟。

练习 1　比较 SRJN 和 RR 调度算法。SRJN 和 RR 都是抢占式。这个活动的目标是比较这两个算法的效率和公平性。

1. 配置模拟程序如下：

   进程 1：Type=CPU Intense, Runtime=40ms
   进程 2：Type=CPU Intense, Runtime=40ms
   进程 3：Type=CPU Intense, Runtime=40ms
   进程 4：Type=IO Intense, Runtime=30ms
   进程 5：Type=IO Intense, Runtime=30ms
   IO 设备延迟=10ms
   时间片大小=10ms
   调度器配置=Round Robin　98
2. 运行模拟程序，并记录所有的统计值。
3. 更改下列配置：

   调度器配置 = Shortest Remaining Job Next
4. 运行模拟程序，并记录所有的统计值。

   较少的 CPU 空闲时间表示更好的调度效率。

   Q1. 在这些模拟实验中哪一个算法的效率更高？它们会因进程的选择有所区别，还是普遍适用？

   一个公平的调度器将会让全部进程有大致相同的等待时间。

   Q2. 在这些模拟实验中，哪一个算法最公平？会因进程的选择有所区别，还是普遍适用？

   低等待时间以及低“系统总时长”是进程响应性的标志。

5. 对每个模拟实验，计算进程集合的平均等待时长以及系统平均总时长。

Q3. 在这些模拟实验中，哪一个算法产生最高的进程响应性？会因进程的选择有所区别，还是普遍适用？

练习 2　研究改变调度时间片的大小所产生的影响。

1. 配置模拟程序如下：

   进程 1：Type＝CPU Intense, Runtime＝40ms

   进程 2：Type＝Balanced, Runtime＝50ms

   进程 3：Type＝IO Intense, Runtime＝40ms

   进程 4：Type＝Balanced, Runtime＝30ms

   进程 5：Type＝IO Intense, Runtime＝30ms

   IO 设备延迟＝10ms

   调度器配置＝Round Robin

   时间片大小＝5ms

2. 运行模拟程序，并记录所有进程统计值。

3. 修改配置如下：

   时间片大小＝10ms

4. 运行模拟程序，并记录所有进程统计值。

5. 修改配置如下：

   时间片大小＝15ms

6. 运行模拟程序，并记录所有进程统计值。

7. 修改配置如下：

   时间片大小＝20ms

8. 运行模拟程序，并记录所有进程统计值。

9. 修改配置如下：

   时间片大小＝25ms

10. 运行模拟程序，并记录所有进程统计值。

    Q1. 时间片大小如何影响公平性（也就是说，哪一个时间片大小使各个进程有相似的等待时间，以
99 及哪一个时间片大小使等待时间差异最大）？为什么会这样？

11. 对于每一个结果集，为系统中进程计算平均等待时间和平均总时长。

    Q2. 时间片大小如何影响平均等待时间？为什么会这样？

    Q3. 时间片大小如何影响系统平均总时长？为什么会这样？

练习 3　研究改变 IO 设备延迟产生的影响。

1. 配置模拟程序如下：

   进程 1：Type＝CPU Intense, Runtime＝40ms

   进程 2：Type＝Balanced, Runtime＝50ms

   进程 3：Type＝IO Intense, Runtime＝40ms

   进程 4：Type＝Balanced, Runtime＝30ms

   进程 5：Type＝IO Intense, Runtime＝30ms

   时间片大小＝15ms

   调度器配置＝Round Robin

   IO 设备延迟＝5ms

2. 运行模拟程序，并记录所有进程统计值。

3. 修改配置如下：

   IO 设备延迟＝10ms

4. 运行模拟程序，并记录所有进程统计值。

5. 修改配置如下：
   IO 设备延迟＝15ms
6. 运行模拟程序，并记录所有进程统计值。
7. 修改配置如下：
   IO 设备延迟＝20ms
8. 运行模拟程序，并记录所有进程统计值。
9. 修改配置如下：
   IO 设备延迟＝25ms
10. 运行模拟程序，并记录所有进程统计值。
    Q1. 随着 IO 设备延迟的增加，系统中每个进程的总时长会发生什么变化（执行完成消耗的时间）？
        有没有哪些进程执行耗时变长了？如果有，为什么？
        有没有哪些进程执行耗时缩短了？如果有，为什么？
11. 对于进程的每一个结果集，计算系统中进程的平均等待时长和平均总时长。
    Q2. IO 设备的延迟大小如何影响系统中的平均总时长？为什么会这样？这是你预想的吗？
    Q3. IO 设备的延迟大小如何影响平均等待时间？为什么会这样（认真思考）？这是你预想的吗？

练习 4　预测并分析 SRJN 调度算法的行为（部分 1）。

1. 配置模拟程序如下：
   进程 1：Type＝Balanced, Runtime＝40ms
   进程 2：Type＝Balanced, Runtime＝50ms
   进程 3：Type＝IO Intense, Runtime＝30ms
   进程 4：Type＝Not selected 100
   进程 5：Type＝Not selected
   IO 设备延迟＝20ms
   时间片大小＝10ms
   调度器配置＝Shortest Remaining Job Next0
   Q1. 预测哪一个进程最先完成。
   Q2. 预测哪一个进程最后完成。
   Q3. 预测进程 1 会花多长时间处于阻塞状态。
2. 运行模拟程序，以核实你的预测。如果预测错了，搞清楚出错原因。
3. 修改配置如下：
   进程 1：Type＝CPU Intense, Runtime＝70ms
   进程 2：Type＝Balanced, Runtime＝50ms
   进程 3：Type＝IO Intense, Runtime＝30ms
   进程 4：Type＝Not selected
   进程 5：Type＝Not selected
   Q4. 预测哪一个进程最先完成。
   Q5. 预测哪一个进程最后完成。
   Q6. 预测进程 1 会花多长时间处于阻塞状态。
4. 运行模拟程序，以核实你的预测。如果预测错了，搞清楚出错原因。

练习 5　预测并分析 SRJN 调度算法的行为（部分 2）。

1. 配置模拟程序如下：
   进程 1：Type＝IO Intense, Runtime＝40ms
   进程 2：Type＝IO Intense, Runtime＝50ms
   进程 3：Type＝CPU Intense, Runtime＝100ms

进程 4：Type＝IO Intense, Runtime＝30ms

进程 5：Type＝IO Intense, Runtime＝40ms

时间片大小＝25ms

调度器配置＝Shortest Remaining Job Next

IO 设备延迟＝25ms

Q1. 预测哪一个进程最先开始。

Q2. 预测哪一个进程最先完成。

Q3. 预测哪一个进程最后完成。

Q4. 预测进程 1 会花多长时间处于阻塞状态。

Q5. 预测进程 4 会花多长时间处于运行状态。

2. 运行模拟程序，以核实你的预测。如果预测错了，搞清楚错误原因。

3. 修改配置如下：

IO 设备延迟＝20ms

Q6. 预测哪一个进程最先开始。

Q7. 预测哪一个进程最先完成。

Q8. 预测哪一个进程最后完成。

Q9. 预测进程 2 会花多长时间处于阻塞状态。

101 Q10. 预测进程 3 会花多长时间处于运行状态。

4. 运行模拟程序，以核实你的预测。如果预测错了，搞清楚错误原因。

下面的练习，基于操作系统版 Workbench 中的“Real-Time Scheduling Algorithms-Advanced”模拟程序。

练习 6　速率单调调度算法（RM）和截止时间（DL）调度算法的深度对照。

使用下面的每种进程配置，对两个调度算法展开实验。详细记录行为特征，以及任何“有趣的”观察结果或出现的问题。目标是对两个调度算法进行一个科学的比较。

配置 A：

进程 1：到达间隔 30，计算时长 12，启动延迟 0，任务数无限。

进程 2：到达间隔 20，计算时长 10，启动延迟 0，任务数无限。

进程 3：到达间隔 25，计算时长 2，启动延迟 0，任务数无限。

配置 B：

进程 1：到达间隔 33，计算时长 16，启动延迟 0，任务数无限。

进程 2：到达间隔 20，计算时长 10，启动延迟 0，任务数无限。

进程 3：到达间隔 25，计算时长 2，启动延迟 0，任务数无限。

配置 C：

进程 1：到达间隔 33，计算时长 11，启动延迟 0，任务数无限。

进程 2：到达间隔 33，计算时长 11，启动延迟 0，任务数无限。

进程 3：到达间隔 33，计算时长 11，启动延迟 0，任务数无限。

配置 D：

进程 1：到达间隔 33，计算时长 6，启动延迟 0，任务数无限。

进程 2：到达间隔 5，计算时长 2，启动延迟 0，任务数无限。

进程 3：到达间隔 5，计算时长 2，启动延迟 0，任务数无限。

配置 E：

进程 1：到达间隔 30，计算时长 12，启动延迟 0，任务数无限。

进程 2：到达间隔 20，计算时长 10，启动延迟 0，任务数无限。

进程 3：到达间隔 25，计算时长 5，启动延迟 50，任务数 5。

配置 F：

进程 1：到达间隔 30，计算时长 13，启动延迟 0，任务数无限。

进程 2：到达间隔 20，计算时长 10，启动延迟 0，任务数无限。

进程 3：到达间隔 25，计算时长 5，启动延迟 50，任务数 5。

如果你完成了对比模拟实验，尝试回答这些问题（在每种情形中，基于模拟实验数据，证实你的答案）：

1. 在满足任务的截止时限方面，哪一个算法整体最佳？
2. 在追求 CPU 的高利用率方面，哪一个算法整体最佳？
3. 短期进程（只有少量任务的进程）会干扰 / 搅乱调度过程吗？还是算法足以应对？
4. 对于实时调度，哪一个算法整体最佳？
5. 是否存在某些情况下，整体最差的算法有优势？
6. 是否有可能说，某一个算法总比另一个更好？ 102

2.12.3 编程练习

编程练习 P1 创建一个双向的基于套接字的 IPC 应用程序（扩展提供的样例代码，在一对进程之间，发送一条消息并返回应答）。

步骤 1：检查 IPC_socket_Sender 和 IPC_socket_Receiver 程序的源代码，包含我们在活动 P10 中使用的初步的套接字应用程序。

步骤 2：重新调整现有程序，创建一个新版本的应用程序，其中发送到接收端（发送到 8007 端口）的原始消息被修改，然后返回给原始发送端（这次使用 8008 端口）。修改工作可以是一些简单的事情，比如颠倒消息中字符的顺序。

对于新的发送端程序，你需执行的主要修改如下：

- 创建一个套接字，以接收应答消息。
- 创建一个套接字地址结构，包含本地计算机地址和端口号 8008。
- 绑定新的接收套接字到本地地址结构。
- 在当前发送语句的后面添加一个接收语句，使用新的接收套接字等待应答消息。
- 在控制台输出上，显示接收到的应答消息。

值得注意的是，这些步骤需要的全部代码，原始接收程序中都有。不同部分的代码都可以复制到新的发送程序中，只需要很小的改动。

在程序 IPC_socket_Sender_with_Reply 和 IPC_socket_Receiver_with_Reply 中，已经提供了本问题的解决方案示例。

编程练习 P2 Multithreaded_IPC 程序中，以工作者线程身份运行接收活动，同时主线程运行发送活动。重新调整代码，以便发送和接收活动都由工作者线程运行，这样，主线程为其他活动（在真实的应用程序中，它可能是核心业务逻辑）留空。

为了完成这个练习，你将需要重构代码，以便让发送活动以独立线程的方式运行，使用 detach() 以便新线程与主线程异步运行。

在程序 Multithreaded_IPC_two_worker_threads 中，提供了本问题的解决方案示例。

编程练习 P3 当输入命令“Quit”时，Multithreaded_IPC 程序关闭本地进程。修改程序，使得除了关闭本地进程以外，也关闭远端的通信进程。 103

为了实现这个功能，你需要经由网络向另一个进程发送消息“Quit”，然后再执行本地的“退出”动作。你还需要修改接收逻辑，以便在进程接收到来自套接字通信的“Quit”命令时，就关闭自己，采用与当前操作同样的方式，就像从本地用户输入中看到了命令。

在程序 Multithreaded_IPC_remote_shutdown 中，提供了本问题的解决方案示例。

2.12.4 章末问题答案

问题 1 假设有一个单核处理器的系统，在任何时刻，最多有一个进程能够处于运行状态：配置 a、d、f 是可能的；配置 b、e 仅仅会瞬时存在，因为有进程处于就绪状态，但是 CPU 没有占用，所以调度器应该立刻分派一个就绪状态的进程；配置 c 不可能发生，因为这里只有一个单处理核。

问题 2 序列 a 是不可能的，因为不允许出现阻塞状态到运行状态的转换。序列 b 是可能的。序列 c 是不可能的，因为就绪状态不可能变成阻塞状态。序列 d 是不可能的，因为就绪状态不可能变成阻塞状态，并且不允许出现从阻塞状态到运行状态的转换。序列 e 是不可能的，因为不允许出现阻塞状态到运行状态的转换。

问题 3 需要 4 倍的 CPU 处理时间。如果第一个任务得到了 100% 的 CPU，那么我们可以预计这 4 个任务将耗时 400s，而现在每个任务得到的是 25% 的 CPU 资源。然而，如果初始的任务得到的 CPU 资源份额小于 100%，那么计算过程会更加复杂——例如，回顾活动 P4，第一个任务得到了 50% 的 CPU，但是当 4 个任务运行的时候，它们每个得到了 25%。在这样的情况下，我们将预计，如果 4 个任务全部同时运行，运行时间大约是 200s。

问题 4 非实时任务不保证在任何特定的时间段内完成处理。因此，实际执行时间方面的变化是常态，而不是一种异常。这种变化的产生是因为系统中存在其他进程，在竞争处理资源。基于当前进程集合和每个进程的状态，调度程序做出关于哪个进程将要运行的短期决定。作为一个整体，系统状态持续变化，随着进程的到达，执行其工作，以及最终完成；因此，不太可能有完全相同的条件适用于多个连续调度决策的短序列。

对于一个特定进程来说，仅当它能够独占式访问 CPU 时，才能实现最少执行时间。在这种情形中，60s 可能是最少的执行时间，但是没有提供足够的信息来证实这一点。

问题 5 部分（a）实时调度器需要考虑任务的周期性或者截止时限。部分（b）进程的截止时限，或者
104 进程产生的子任务的截止时限或周期。

2.12.5 本章活动列表

活动编号	章节	描述
P1	2.2.2	研讨简单程序、输入输出流以及管道
P2	2.3	检查计算机上的进程列表
P3	2.3.1	利用真实进程检测调度行为——入门
P4	2.3.1	利用真实进程检测调度行为——竞争 CPU
P5	2.3.1	使用操作系统版 Workbench 探索调度行为（入门）：比较先来先服务、短作业优先以及时间片轮转调度
P6	2.3.1	使用操作系统版 Workbench 探索调度行为（高级）：比较短作业优先、时间片轮转以及最短剩余作业优先调度算法
P7	2.4.1	利用真实进程查看调度行为——实时性考虑
P8	2.4.1	使用操作系统版 Workbench 平台探索实时系统调度（入门）：对比截止时限和单调速率调度算法
P9	2.4.1	使用操作系统版 Workbench 平台探索实时系统调度（高级）：对比截止时间和单调速率调度算法
P10	2.6.1	介绍基于套接字的进程间通信（IPC）
P11	2.7.4	线程行为的实证调研

（续）

活动编号	章节	描述
P12	2.7.6	使用 multithreaded IPC 程序深入调研多线程和 IPC
P13	2.7.6	使用操作系统版 Workbench 探索多线程行为

2.12.6 配套资源列表

本章正文、文中活动和章末练习直接参考了下列资源：

- 操作系统版 Workbench。
- 源代码（包括编程任务的参考答案）。
- 可执行代码。 105

程序	可用性	相关章节
Adder.exe	源代码，可执行	活动 P1（2.2.2 节）
CPU_Hog.exe	源代码	活动 P4（2.3.1 节），活动 P7（2.4.1 节）
CPU_Hog_2Starter.bat	源代码	活动 P4（2.3.1 节）
CPU_Hog_3Starter.bat	源代码	活动 P4（2.3.1 节）
CPU_Hog_4Starter.bat	源代码	活动 P4（2.3.1 节），活动 P7（2.4.1 节）
Doubler.exe	源代码，可执行	活动 P1（2.2.2 节）
IPC_socket_Receiver.exe	源代码，可执行	活动 P10（2.6.1 节）
IPC_socket_Receiver_with_Reply.exe	源代码，可执行	章末编程练习 1 的解决方案
IPC_socket_Sender.exe	源代码，可执行	活动 P10（2.6.1 节）
IPC_socket_Sender_With_reply.exe	源代码，可执行	章末编程练习 1 的解决方案
Multithreaded_IPC.exe	源代码，可执行	活动 P12（2.7.6 节）
Multithreaded_IPC_remote_shutdown.exe	源代码，可执行	章末编程练习 3 的解决方案
Multithreaded_IPC_two_worker_threads.exe	源代码，可执行	章末编程练习 2 的解决方案
PeriodicOutput.exe	源代码，可执行	活动 P3（2.3.1 节），活动 P7（2.4.1 节）
PeriodicOutput_Starter.bat	源代码，可执行	活动 P3（2.3.1 节），活动 P7（2.4.1 节）
Threads_Detach.exe	源代码，可执行	活动 P11（2.7.4 节）
Threads_Join.exe	源代码，可执行	活动 P11（2.7.4 节）
Timers_Demonstration.exe	源代码，可执行	2.9 节

106

第 3 章

Systems Programming: Designing and Developing Distributed Applications

通信视角

3.1 基本原理和概述

分布式系统设计的一个关键目标是追求透明性。在系统高层上看，透明性通常理解为隐藏底层架构、按功能划分的组件以及组件间的通信。本质上，该目标是将系统的分布式组件以紧密联结的整体呈现给用户。然而，对于开发人员来说，按功能划分组件和组件间通信是影响系统整体质量和性能的至关重要的因素，因此有必要详细学习。

本章从通信视角审视分布式系统。系统通信之所以重要，不仅因为应用需要服务可靠性和服务质量，而且因为应用需要通信效率，有限通信带宽必须由系统中所有应用程序共享。
107~108 因此，系统设计师要对通信的概念以及支撑更高层系统的通信机制的特性和局限性有清晰的理解，并能够又好又快地使用通信协议。本章从最基本的一对进程间通信形式开始，逐步派生到更复杂的通信形式，包括远程过程调用（Remote Procedure Call，RPC）和远程方法调用（Remote Method Invocation，RMI）。

3.2 通信视角

通信基础

分布式应用程序中的通信发生在一对进程之间，这对进程可位于相同或不同的计算机。我们从确定一对进程间发生通信的最低需求开始，这两个进程分别称为发送方和接收方。

A. 接收进程必须能接收一条消息。

B. 发送进程必须能发送一条消息；并且，它还必须把实际消息数据保存在缓冲区（这是预留的一块内存）。

C. 发送者还必须知道（或者能够发现）接收者的地址。

D. 必须存在一个传输系统，同时连接发送者和接收者。

考虑一个与寄一封信给朋友类似的情形。

如图 3-1 所示，对于需求 A，收件人必须有接收消息的手段；也就是说，必须有一个邮政服务能够找到的固定地址以及一个现实存在的信箱，以便邮递员将信件放置其中。对于需求 B，发件人必须书写消息的内容。对于需求 C，发件人必须知道收件人的地址，并写在信封上。对于需求 D，在当前情形下，邮政服务就是连接发件人（发送者）和收件人（接收者）的网络。能确保收件人收到这封信吗？这取决于邮政服务的质量，多数邮政服务至少丢失过一些信件。

邮政服务可以被视为一个离散的块，如图 3-1 所示；或者，也能够扩展到其内部细节，如图 3-2 所示。

图 3-2 提供了一个简化的邮政服务的内部细节示例。信件按地址构成的层次结构（国
109 家、地区、城市、本地辖区）分类，直到它们细分到投递区组，最后投递给收件人。邮政系统需要一个精心设计的内部结构以提供大规模且高效的服务。系统用户不需要理解内部结构

的精确机理，但应知道其基本工作原理，以便在信封上写清楚地址。意识到这一点是很重要的。这类似于通信协议的操作，比如互联网协议（Internet Protocol，IP）。它的路由功能呈层次化，以便提升效率（基于 IP 地址中的模式），且其内部操作对终端用户透明。

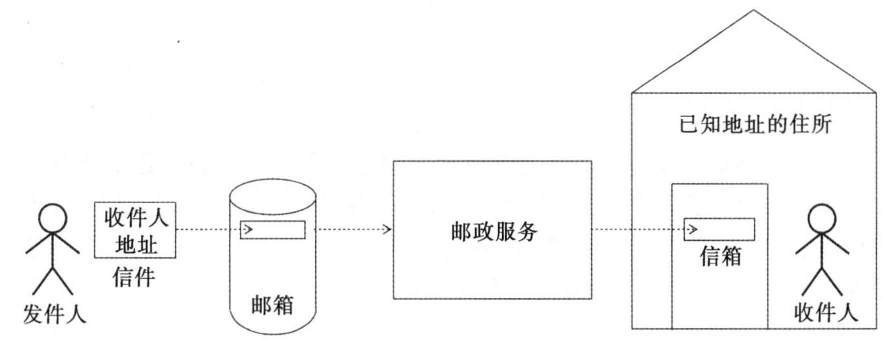

图 3-1　发送信件，通信系统的用户（外部）视角

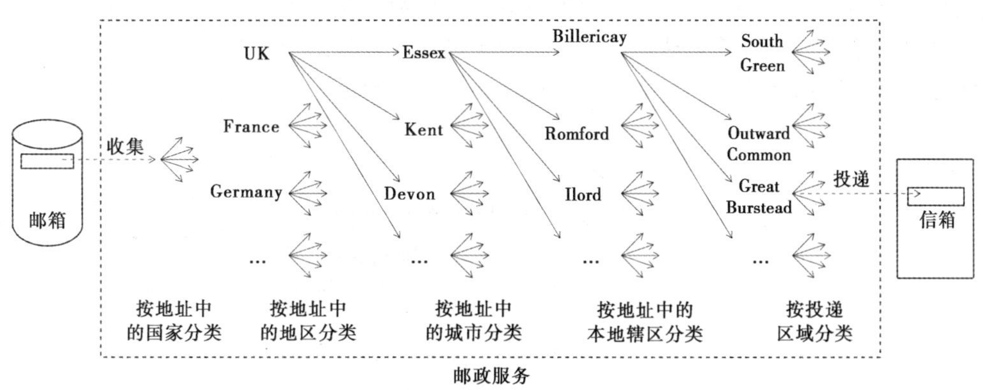

图 3-2　发送信件，通信系统的网络（内部）视角

分布式系统中使用的通信技术多种多样。技术的选用取决于多种因素，包括根据时间约束和可靠性确定的应用程序需求规格、传送数据的本质、系统规模。本章的其余部分将讨论多种技术及其相对适用性。这些会放到特定应用实例场景中，讨论和实例会联系当前使用的流行协议和技术。

3.3　通信技术

3.3.1　单向通信

单向通信的适用性有限，但也有恰好适用的情形。在这种情形下，因其在设计和表现两方面的简单性而具有优势。举例说明，考虑一个自动化的工厂系统，其生产线包括一系列的化学过程。为确保系统各部分的温度保持在安全范围内，必须对这些过程进行监测。

该系统的组件之一是温度传感器单元，连接到机械装置的某一部分。温度传感器单元有以下装置：

- 一个温度传感器。
- 一个用来控制传感器读数（采样）并将模拟读数转换到数字值（这将是消息内容）的进程。

110 • 网络连接，以便进程能够传送消息。

我们可能需要传感器单元读取传感器的值，并每 10s 发送一次含有温度值的消息。

该系统的另一个组件是监测单元。它收集来自温度传感器的数据，并确定该系统是否处于安全范围内；如果不是，它发出警报。任何情况下，它都会显示温度值。监测单元有以下装置：

- 一个显示器。
- 一个声音警报器。
- 一个进程，用来接收消息，从消息中提取温度数据，对比温度数据和阈值等级。如果温度数据超出了阈值，就拉响警报，显示温度值（任何情形下）。如果来自温度传感器单元的信号有丢失，警报器也报警。
- 网络连接，以便进程能够接收消息。

该系统如图 3-3 所示。

图 3-3 展示了远程温度监测系统中的两个进程之间的通信（实线箭头）。温度感知进程负责周期性地对温度传感器采样，并以消息方式发送数字化温度数据到监测进程。图中未显示物理计算机边界。需要着重注意的是，这两个进程分别是两个不同软件组件的一部分，但不一定运行在不同的计算机上，它们能运行在同一台机器上。

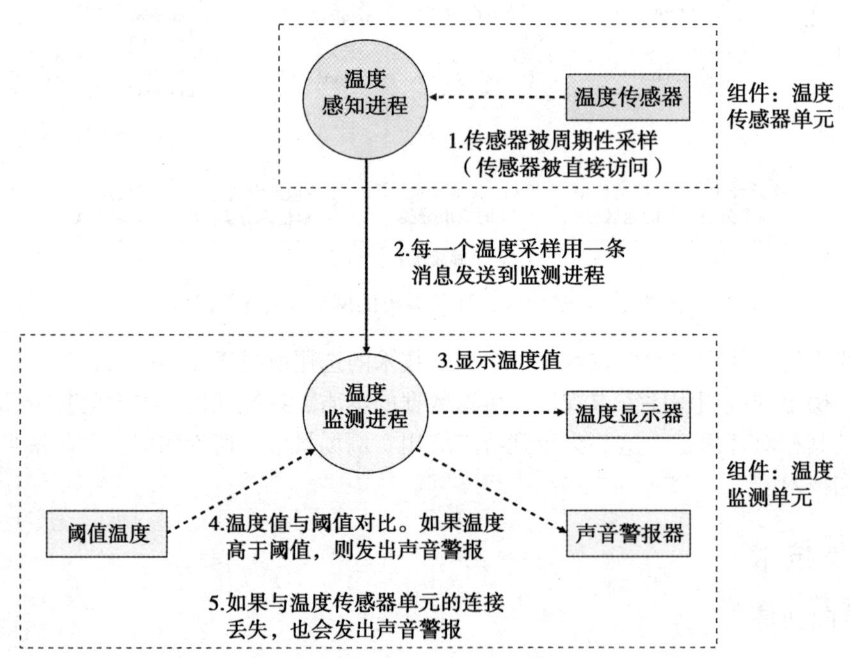

111 图 3-3 温度监测系统中的两个进程间的单向通信

这两个进程能够完全解耦，也就是说，它们独立地运行，通信是它们唯一的公共连接。在这种简单情形中，只要温度感知进程在运行，我们就假设它会发送周期性的消息到预先设置的地址，也就是说，它不管是否有监测进程存在。从这种意义上，该方法是健壮的，监测进程可能关闭或失效了，但不影响感知进程的行为。类似地，当监测进程运行时，它简单地等待从感知进程发来的周期性消息。消息缺失不会导致监测进程的失效，它简单地继续等待。就本案例中涉及的监测进程而言，通信是异步的。也就是说，尽管消息发送是基于周期的，但监测进程不需要知道这些，无论在设计阶段或运行阶段。如果监测进程是一个更大系统的关键部分，两个进程的解耦将带来显著的优势，如果感知组件出现故障，监测组件将继续工作，可以发警报以通知传感器连接的失败。这种方法也是灵活的，因为每个组件都能够独立升级，唯一不变的是通信机制，包括通信消息的格式。关于进程的生命周期方面，该方法也有灵活性。在有些实现中，这种方法是可行的。感知活动持续地运行，而监测进程可能会仅运行一定的次数。两个进程的解耦允许它们享有独立的进程生命周期。

活动 C1 探索了单向通信、独立进程生命周期以及进程解耦。

活动C1 使用分布式系统版 Workbench 探索单向通信、解耦和进程的生命周期

前提条件。下文指导书假设读者已经提前完成了第 1 章中的活动 I1。本活动放置必要的补充资源在默认的磁盘驱动器（通常是 C:）下的“SystemsProgramming”目录。或者，你可以将这些资源复制到你计算机中方便的位置，并根据需要修改下文指导书中使用的路径名。

学习目标。

1. 初步理解进程间通信。
2. 理解单向通信。
3. 了解组件解耦（通过消息传递的松散同步）。
4. 了解组件的独立生命周期和行为。

方法。本活动使用“Temperature Sensor”应用程序。在分布式系统版 Workbench 中的“One-way Comms”选项卡中能找到该应用程序。活动中的温度传感器本身用一个随机数发生器模拟，避开了对物理的温度传感器的需要。温度传感器的发送进程以 10s 间隔发送其产生的温度值。通信实现方面，假设它将用到实际的应用程序中。这正是我们感兴趣的地方。

开启两个分布式系统版 Workbench 实例。它们可以工作在同一台计算机上，或不同的计算机上。从其中一个 Workbench 实例中，启动温度传感器发送者程序（从“One-way Communication”选项卡的顶层）；从另一个 Workbench 实例中，启动温度传感器的接收者（用户控制台）程序。

温度传感器发送者程序要求用户在图形用户界面（GUI）中输入用户控制台程序宿主计算机的 IP 地址。默认情况下，它自动检测自己的 IP 地址，并填写到指定的输入框。所以，如果两个进程运行在同一台计算机上，则不需要改变自动填写的 IP 地址；否则，读者需要在发送者的 GUI 中输入接收者进程运行的计算机的 IP 地址。如果读者不知道接收者的 IP 地址，可以用广播通信的方式替代，只要两个进程运行在同一个局域网段中。确保发送者的端口号与用户控制台的“接收”端口号设置为相同的值。 112

通信行为在不同情境下进行评估，以演示进程解耦、独立生命周期以及设计的健壮性等。

1. 正常运行。在发送端界面上单击“START Temperature Sender”按钮，在用户控制台上单击“START receiving”按钮。温度传感器的数值会周期性地生成，并发送给用户控制台显示。观察它们的行为。下面的截图显示了两个进程在正常运行。请注意，因为启动发送端稍早于用户控制台，所以发送的第一条消息没有接收到；需要指出的是，对于使用 UDP（没有可靠性和传递确保机制），这属于正确行为。

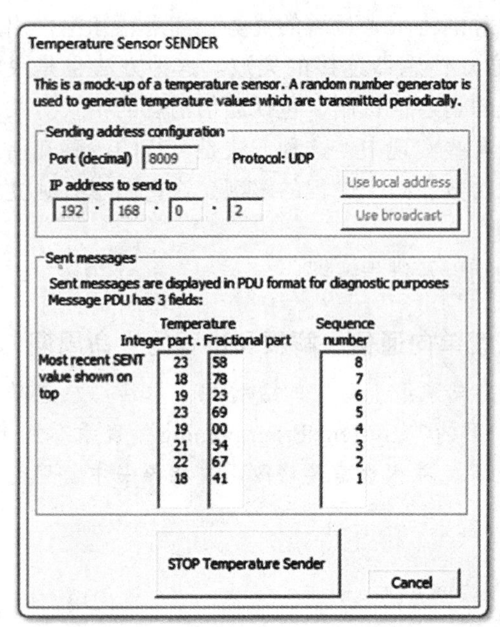

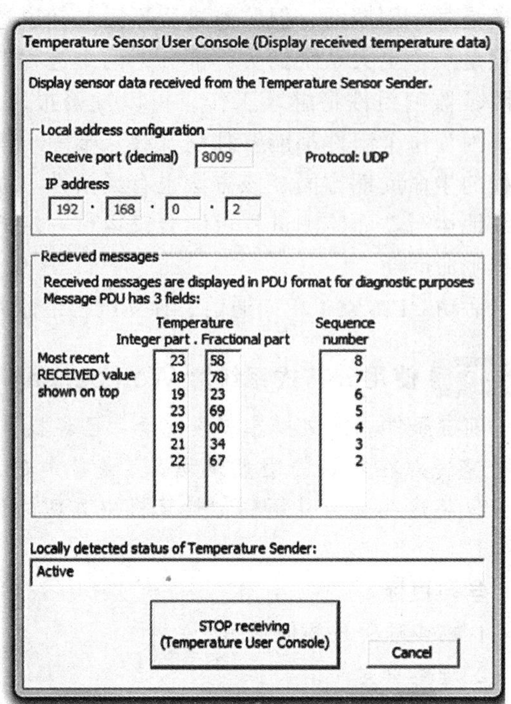

2. 接收端不存在。起初，让两个进程都运行。然后，关闭接收端进程（你可以仅关闭该程序，或整个 Workbench）。注意发送端进程不受影响。在本设计中，两个组件被认为已解耦，发送端在接收端失败的情况下是健壮的。重新启动接收端。注意到接收端自动重新连通了与发送端的消息传输。

3. 接收端停止。起初，让两个进程都运行。通过按下“STOP…”按钮（初始时按钮标签是“START”，但现在标签是“STOP…”），停止接收者进程，但不是关闭进程。稍等片刻，当发送端产生至少三个温度值并发送出来后，重启接收端。观察到接收端实际上并没有错过期间发送的消息。这些消息被保存在一个缓冲区，现在显示在用户控制台。消息缓冲将在后续的活动中更深入地探讨。

4. 发送端停止。起初，让两个进程都运行。通过按下“STOP…”按钮（初始时按钮标签是“START…”，但现在标签是“STOP…”），停止发送者进程，但不是关闭进程。一段时间后，接收端会感知到消息没有到达，并发信号警报，告知发送组件可能出现了故障。然而注意到，这时接收端组件没有受到发送端失效的严重影响。从某种意义上讲，接收端在继续运行，并提供重要的诊断信息。按下“START…”按钮，重新启动发送者进程。可以注意到接收端恢复了正常的显示模式。这是一个专门设计的健壮性行为的演示，其中接收端以可预期的方式应付了发送端失效的情形。下页的截图显示了该情景，接收端已经检测到期望的周期性消息缺失（在试验中，故意停止发送端的传输操作，从接收端的角度看，它原本可以
113 同步崩溃）。

预期结果。你已经在示例应用程序场景中探索了单向通信，演示了其价值。但应该注意的是，大多数的分布式系统组件之间的通信都是双向的。你已经体验了组件解耦例子。其中，每个解耦的组件的生命周期都独立于其他组件，在缺少其他组件的情况下仍然能够正常运作。健壮性就源于这种解耦，在这种情况下，一个组件能够检测到其他组件的失效。

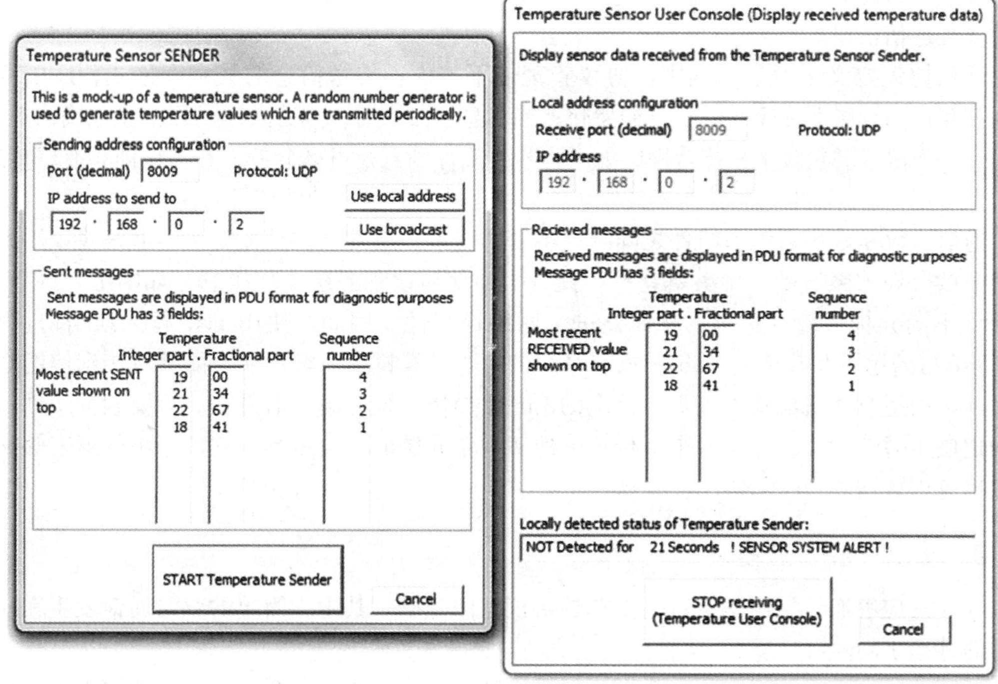

思考。独立地停止或启动组件，而不会导致与其通信的组件失效的能力，是分布式应用中非常值得拥有的特性。健壮性设计应该在可行之处支持这一能力，因为无法预测一个系统中的软件组件及其驻留的硬件平台何时将崩溃或蓄意关机。■

特定通信系统的规则统称为协议。上述温度传感应用中，大概仅是最简单的协议情景，因为它的限制是，单个发送者和单个接收者之间的单向的消息传递（实例中假设接收端在预先知道的位置）。

鉴于以下一个或多个原因，几乎所有通信都更加复杂：

- 进程没有处于预知的位置。
- 某些进程只在被请求时启动服务（而不是前文示例讨论的连续发送）。
- 能够包含多个进程（可能请求服务的进程多于 1 个）。
- 通信是双向的。在最简单的情景下，通过产生一个请求并向服务器提供它们的地址详情初始化通信，以便服务器能够将结果数据信息定向返回给请求者。更复杂的情景大有可能。 114
- 面向应用程序特性，比如消息传递的平均间隔和消息的平均大小。
- 系统是动态的。服务和组件的位置、可用性可以改变。负载和因此产生的延迟都不断变化。
- 网络基础设施和消息传递内在的不可靠性。消息可能被丢失。如果这些消息很重要，则需要使用一些手段去检测它们的丢失，并在需要时重传它们。

根据组件与组件之间的连接、涉及的组件数目、传输消息的大小和频率以及组件定位与相互识别的需要等方面，这些因素导致了分布式系统潜在的高度复杂的通信情景。此外，分布式应用程序有特定的通信需求，它们不同程度地受相互作用的复杂性、通信总强度的影响，依赖于特定的应用程序功能。由于分布式应用程序多种多样的通信需求，出现了范围宽广的多种通信协议。

通信协议定义了通信的规则。协议管理以下方面：传送信息的数量和格式；通信两方之间相互作用的顺序和序列由哪方初始化；当消息被接收时，是否发送回复消息或确认消息；等等。一些协议还包含了一些特性，如序列号，确保消息是可区分的，并保证消息有序传递。自动重传在一个特定的时间帧内未被确认的已发送消息，是一种增加可靠性的流行方式。

通信协议是许多系统中组件之间唯一不变的要素。组件会移动或升级，通信协议因此成为可靠的分布式系统的一个关键特性。此外，通信协议和底层支持机制，如网络套接字等，方便了不同异构系统的连接，从而促进了网络透明性。例如，使用 TCP 作为通信协议时，用 C# 编写的运行在基于 Windows 操作系统的个人计算机上的客户端，能够对接到使用 C++ 语言编写的运行在机架式处理器单元上的 Linux 操作系统的服务器进程。只要软件组件双方正确地使用通信协议，并且两个平台正确地实现了底层的通信机制，这两个组件就能够交互和交换应用数据。

3.3.2 请求 - 应答通信

请求 - 应答通信机制是流行而简单的协议组的基础，其中，简单的双向通信发生在一对特定的进程之间。

对请求 - 应答通信机制的一个通用的描述是：交互开始于一个服务消息的请求，该消息从一个服务请求者的进程发送到服务提供者的进程。然后，服务提供者进行必要的计算，并将结果以单个消息返回给请求者，参见图 3-4。

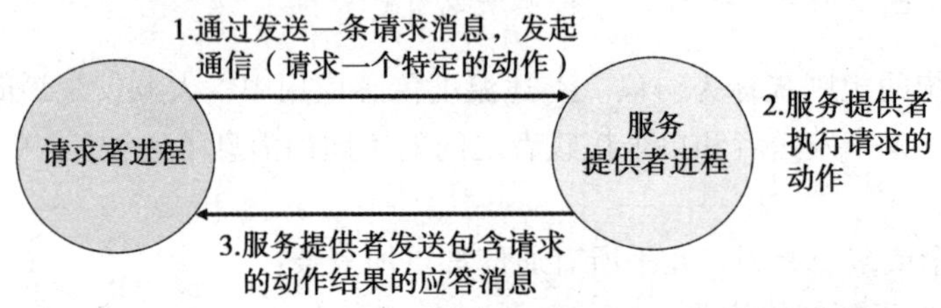

图 3-4 请求 - 应答协议

图 3-4 显示了请求 - 应答协议的概念。这一策略的实质是，控制信号（也就是一条请求消息）流向服务提供者，数据（请求的结果）流回给请求者。

请求 - 应答协议的一个常见和容易理解的实例是网络时间协议（Network Time Protocol, NTP）服务。NTP 服务是构成互联网时间服务（Internet Time Service, ITS）的几个协议之一，
115 它由美国国家标准与技术研究所（National Institute of Standards and Technology, NIST）提供。NIST 总部设在美国。在一台计算机上同步时间值以校正现实世界的时间是一个非常重要的前提条件，目的是让众多应用程序的功能正确。NTP 提供了一种从特别设计的 NTP 时间服务器池中获取精确时间值的办法。在 ITS 服务内部，不同的时间服务器之间的同步分别按照它们内部的层次结构执行。内部层次结构由若干层时钟构成，其中包括高度精确时钟，如第 0 层的原子钟等。非常需要注意的一点是，NTP 服务的外部用户不需要知道任何内部配置的细节；它们只需简单地向任何一台 NTP 时间服务器发送一条请求消息，就能接收到包含当前时间值的响应。互联网时间服务的 NTP 服务运行如图 3-5 所示。

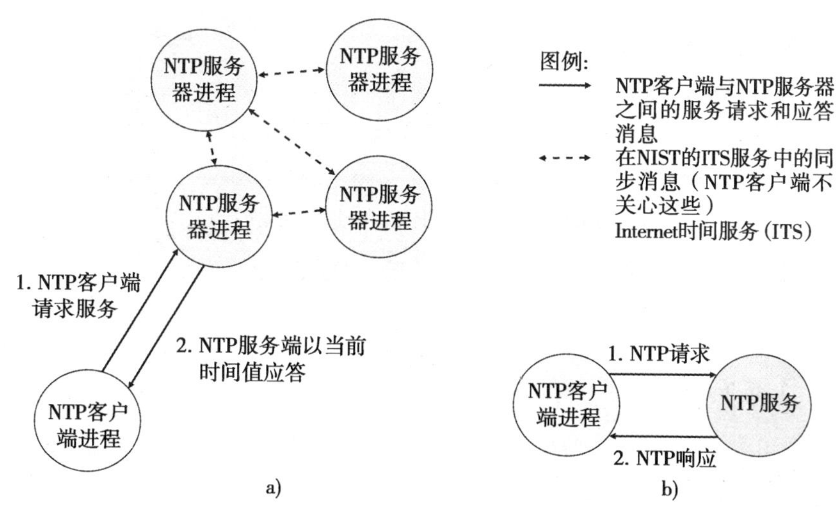

图 3-5　NTP 服务运行概览

图 3-5 说明了访问 NTP 服务并取回当前时间戳值的过程。在步骤 1 中，符合 NTP 协议格式要求的请求消息被发送到其中一个 NTP 服务器池。在步骤 2 中，特定的 NTP 服务器用一条响应消息应答。响应消息发送到原请求者（通过检查请求消息源地址的详细信息确认原请求者）。图 3-5a 提供了实际系统的概览图，而图 3-5b 展示了用户简化的系统视图。这个例子对分布式系统的服务透明性要求提供了一些重要的早期见解：NTP 客户端不需要知道 ITS 服务的运作方式和内部细节（包括参加的 NTP 服务器的数量，以及服务器之间更新和同步执行的方式），以便使用服务。在行为方面，NTP 时间服务需要提供一个低延迟的响应，进一步加强用户所见的透明性。就这一点而言，NTP 服务器实例应该从本地时钟返回即时可用的时间值。该时间值应已经通过 NTP 服务自身预先同步过，而不是在 NTP 服务内部请求一个新的同步活动。图 3-6 提供了 NTP 客户端的伪代码。 116

```
Start
  Prepare request message
  Send request message to a specific NTP server
  Wait for reply from NTP server
  Update local clock
End
```

图 3-6　NTP 客户端伪代码

活动 C2 探索了请求 - 应答协议，以及分布式系统版 Workbench 中提供的使用 NTP 客户端的 NTP 协议行为。

活动 C2　在分布式系统版 Workbench 中使用 NTP 客户端探索请求 - 应答协议和 NTP 协议行为

NIST 维护了互联网时间服务（ITS），提供了几个著名的标准时间服务。NTP 服务就是其中之一。

学习目标。

1. 剖析“请求 - 应答”协议的使用。

2. 初步理解时间服务。

3. 初步理解网络时间协议。

4. 了解服务标准化的重要性。

5. 了解分布式应用程序的组件之间明确划分的重要性。

6. 了解分布式应用程序中透明性的重要性。

方法。在分布式系统版 Workbench 的 NTP 选项卡中启动 NTP 客户端。

部分 1。NTP 客户端提供了一部分 NTP 服务器的 URL 列表。依次选择列表中的每一个 URL，观察它们是否都响应时间值。如果响应了，它们响应的时间值是否都相同。NIST 维护了一个网页，地址是 http://tf.nist.gov/tf-cgi/servers.cgi。该网页报告了部分 NIST 服务器的当前状态：一个或多个服务器不可用的情况是很少见的。这强调了采用多台可用 NTP 时间
117 服务器的原因。

部分 2。NIST 提供了一个全球地址：time.nist.gov。这个全球地址被自动解析到不同的 NIST 时间服务器地址，以轮转顺序均衡跨服务器的服务请求负载。尝试选择该 URL，观察它被解析到了什么 IP 地址。如果读者在很短时间内尝试了多次，那么很有可能每次都被指向相同的时间服务器实例。然而，如果读者每次尝试都相隔几分钟，则会看到它指向了一系列可用服务器。自己尝试几次。思考使用全球地址（尤其硬编码到一个应用程序中）的重要性，而不是使用单个服务器域名。

预期结果。下面的截图显示了运行中的 NTP 客户端。使用 wolfnisttime.com 的 NIST 时间服务器。wolfnisttime.com 的 URL 地址已被解析成 IP 地址 207.223.123.18，并发送了一系列的 NTP 时间请求，还收到了响应。

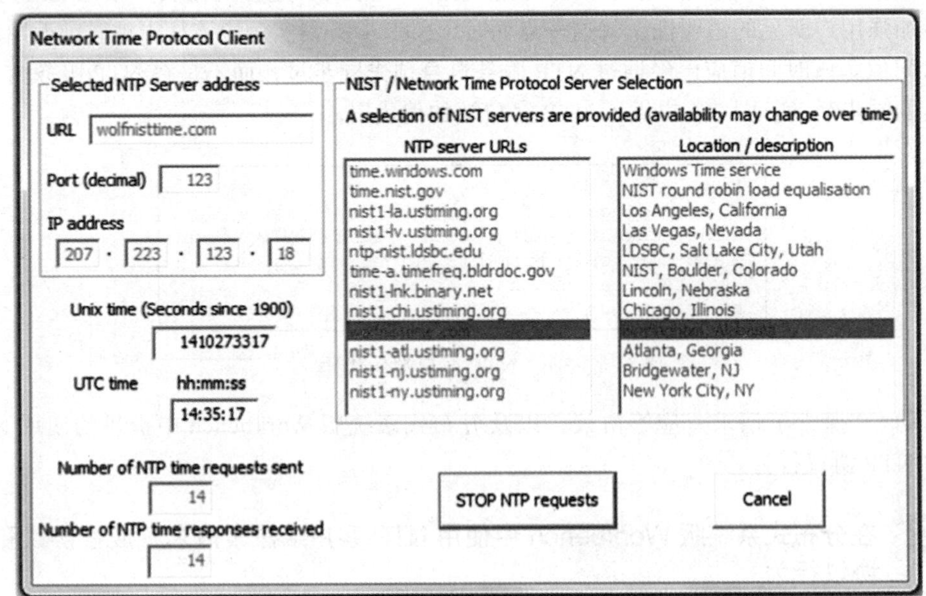

下面的截图说明了 NIST 全球地址 time.nist.gov 的使用。在该实例中，它解析到了 IP 地址为 128.138.141.172 的服务器。这张截图也揭示了 UDP 的不可靠性。NTP 请求通过 UDP 协议发送。读者可以发现，发送了 86 条请求，但仅收到了 84 条响应。

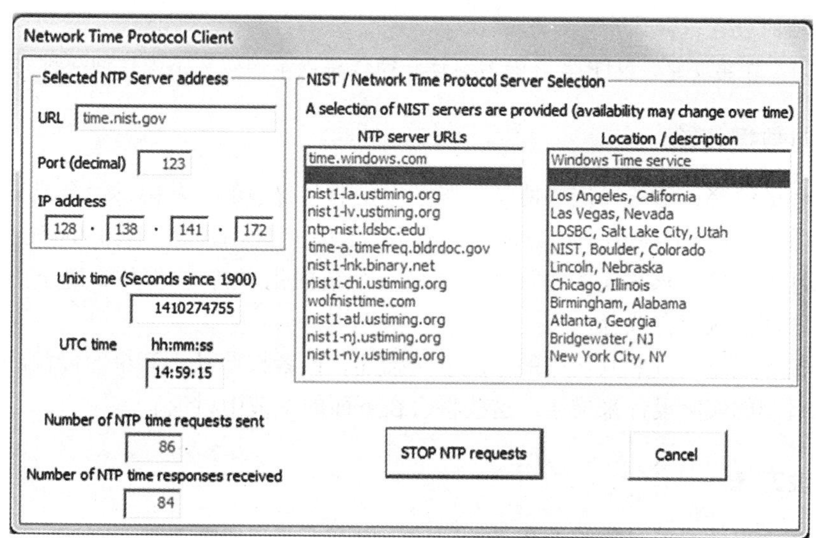

118

下面的截图显示了 NIST 的全球地址 time.nist.gov 如何在不同的时间段解析到了不同的 NIST 时间服务器地址。在本实例中，它解析到 IP 地址为 24.56.178.140 的服务器。

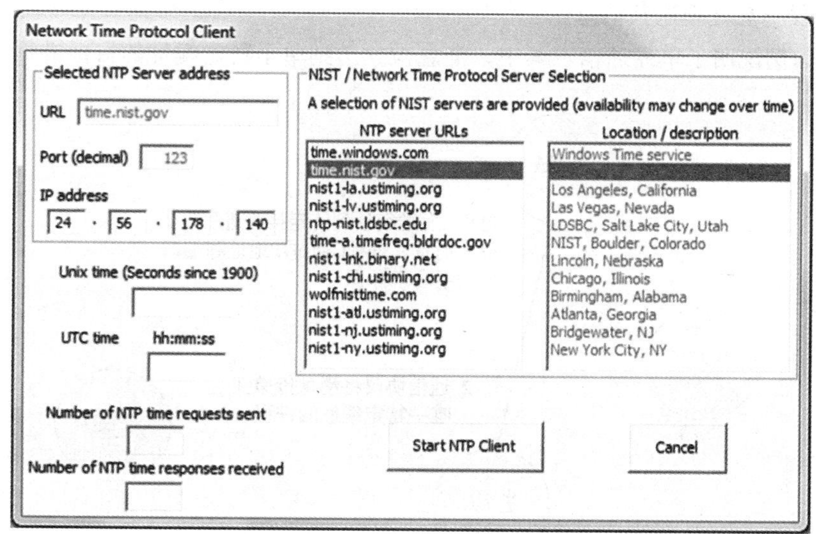

思考。本活动让我们见识了分布式应用程序中关注点明确分离的重要性。在这个例子中，客户端是一个定制的程序。它向 NTP 时间服务请求使用最新的时间值。这是一个公知的 NTP 时间服务，有公开文档记录的行为和标准的接口。应用程序的客户端中的业务逻辑很少；它的功能限于解析 NTP 服务的域名 URL 到 IP 地址，并实际进行 NTP 协议请求。其余的客户端功能与用户界面相关。所有的时间服务相关的业务逻辑都在 NTP 服务端中进行。请求－应答协议非常适合该软件的体系结构。客户端发送请求，服务器以无状态的方式发回相应的应答（即服务器不需要跟踪特定的客户端或对客户端的请求保持任何特定的上下文）。这种无状态的方法会产生一个高度可扩展的服务。并且，简单的协议与关注点高度分离相结合，意味着开发 NTP 客户端或将 NTP 客户端的功能嵌入其他应用程序，都很容易。

此活动也说明了透明性的一些重要特点。对于希望使用服务的用户，他们不需要知道 ITS 时间服务的内部结构、NTP 服务器副本的数量或其更新方式等。NTP 服务呈现给客户端的是一个单独的服务器实体。

深入学习。在第 7 章，NTP 客户端的设计和操作将以案例研究形式详细探讨。 ■

3.3.3 双向数据传输

正如上述的解释，请求 - 应答协议在服务中是非常普遍的。其中，命令或请求传向一个方向，而应答（数据）传向另一个方向。还有数量巨大的应用程序，它们的数据和控制消息双向传递（且不必像请求 - 应答协议按照这样一个结构化序列）。例如，电子商务、网上银

119 行、网上购物和多玩家游戏等。

各种通信方法可以按照其使用的寻址方法描述，或者按照基于简单的传输层协议构建的高层协议和机制的实际设计来描述。这些将会在下面的章节中讨论。

3.3.4 寻址方法

寻址方法，也就是消息接收者在寻址中的标识方式，主要有 4 种。

1. 单播通信

消息由发送端唯一编址，传递到单个目标进程。也就是说，该消息包含了目标进程的地址。其他进程不会处理这条消息。

图 3-7 示例说明了单播通信。其中，消息被发送到单个特定编址的目标进程。

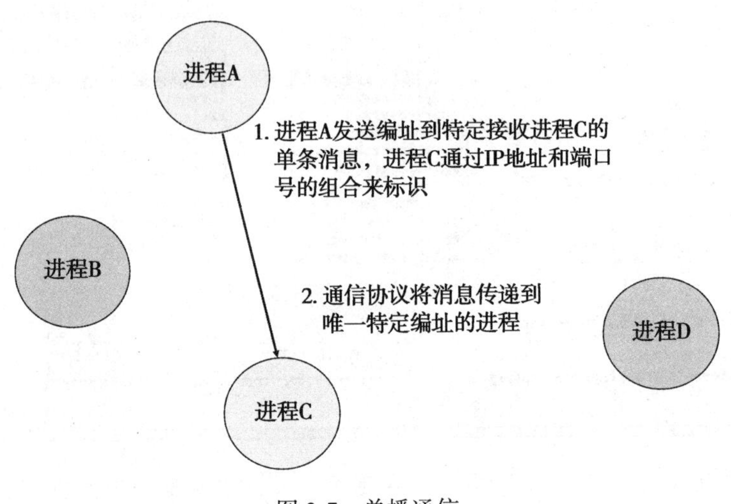

图 3-7 单播通信

2. 广播通信

单条消息（当发送者发送后）被传递到全部进程。最常用的实现方法是使用一个特殊的广播地址。广播地址向通信机制表明该消息要传递给全部计算机。

图 3-8 示例说明了广播通信。其中，发送者发送单条消息，该消息被递送到全部进程。特别地，如果考虑 Internet，在图 3-8 中描绘的广播通信模型被称为“本地广播”。在该模型中，接收者集合指与发送者处于相同子网中的计算机上的进程。IPv4 中实现本地广播的特定地址为 255.255.255.255。

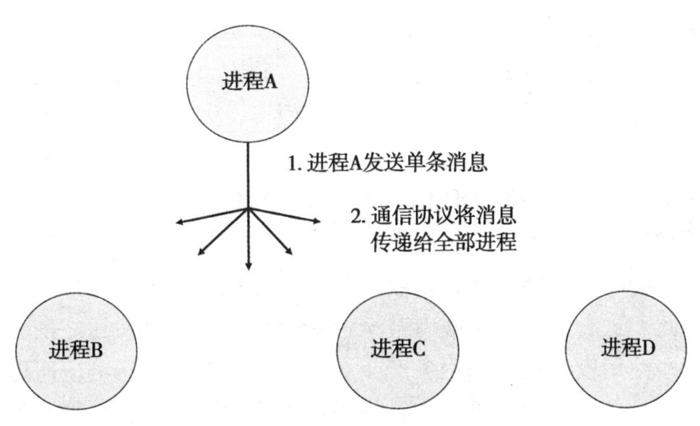

图 3-8 广播通信

也有可能通过该 IP 地址进行定向广播。这种情况下，单个数据包被发送到一个特定的远程 IP 子网，然后在该子网内广播。在传递过程中，该数据包以单播的方式转发。一旦到达目的子网，子网入口的边界路由器负责执行最后一步的广播任务。为实现定向广播，原始地址的网络部分必须是目的子网的地址，并且地址的主机部分的所有字节都设为 255。一旦沿着传输路径到达终点路由器，该地址被转换成 IP 广播地址（即 255.255.255.255），并递交到该子网的全部计算机。作为一个例子，考虑一个子网的地址是 193.65.72.0，该子网可能包含 IP 地址从 193.65.72.1 到 193.65.72.254 之间的计算机。假设用来向该子网发送定向广播的地址是 193.65.72.255。定向广播的概念如图 3-9 所示。 120

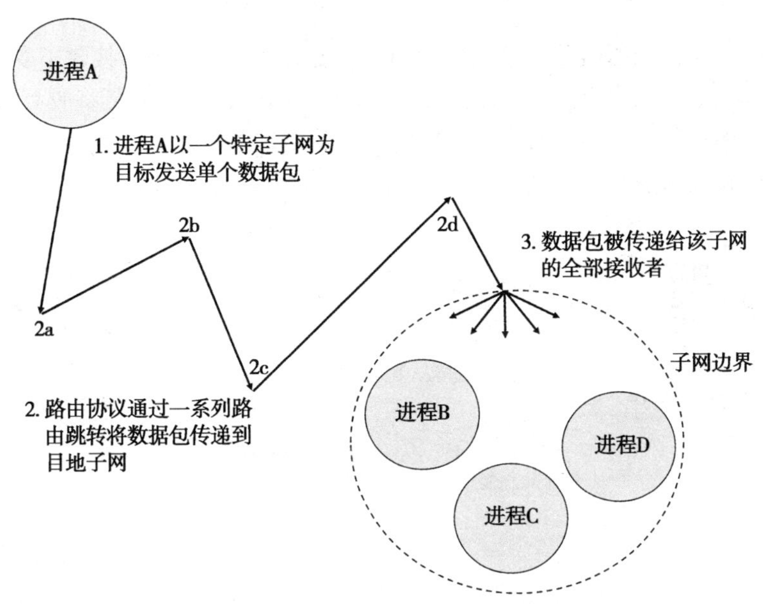

图 3-9 定向 IP 广播通信

当广播中使用了特殊的广播地址，发送者不需要知道也可能无法知道接收者的数量或标识。消息接收者的数量可以从零到系统总量。

对发送进程来说，通过发送一系列相同的单播消息到每个已知进程，也能实现广播效果。当通信协议不直接支持广播（例如TCP）时，这是实现广播效果的唯一途径。优点是有更高的安全性，因为发送者分别指定了每个接收者；缺点是发送者在发送过程方面的更大额外开销，以及网络上更大的额外开销（就带宽使用而言，因为每个独立的消息都必然出现在传输媒介中）。

这里也要考虑同步。在局域网中使用基于广播地址的通信，发送时间均相同（只发送一条消息），传播时间将相似（短距离）。因此，尽管因主机的本地工作负载原因导致实际传输到各节点上特定进程的时间可能不同，接收操作适度地被同步了。无疑地，当发送一系列单播消息时，更是如此。这时，一个接收者甚至可能会在其他消息发送之前，就先收到了该消息。这可能会对某些使用投票机制的服务产生影响，或者专门使用响应次序干涉系统行为的
121 情形产生影响。例如，在负载均衡机制中，一条征询可用性的消息可能被发送，其响应速度可能成为决定是否合适的条件（根据响应快的主机很可能就是好候选者，进而发送另外的工作）。因此，使用单播方法实现多播或广播效果时，可能需要进一步使用同步机制（因为发送方在发送请求的顺序中，隐式预设了响应顺序）。

广播通信的安全性低于单播，因为任何监听相关端口的进程都能监听到该消息，还因为发送者不知道这些接收进程的实际标识。从某种意义上讲，IP广播通信也可能低效，因为所有计算机在网络（IP）层接收数据包（实际上请求了中断，去处理数据包，并向上传递给传输层），尽管实际情况是没有任何现有进程对该数据包感兴趣。

3. 多播通信

单条消息（当发送者发出后）被传递到一组进程。实现方法之一是使用一个特殊的多播地址。

图3-10示例说明了多播通信，其中一组（预先选定的子集）进程接收了发送到该组的消息。图中，带有浅色阴影的进程是目的群组的成员，因此，每个成员将收到进程A发送的消息；深色阴影的进程不是组成员，也因此它们会忽略这条消息。多播地址可以被视为一个过滤器，这些进程要么监听该地址上的消息（概念上，它们是该组的一部分），要么不监听。

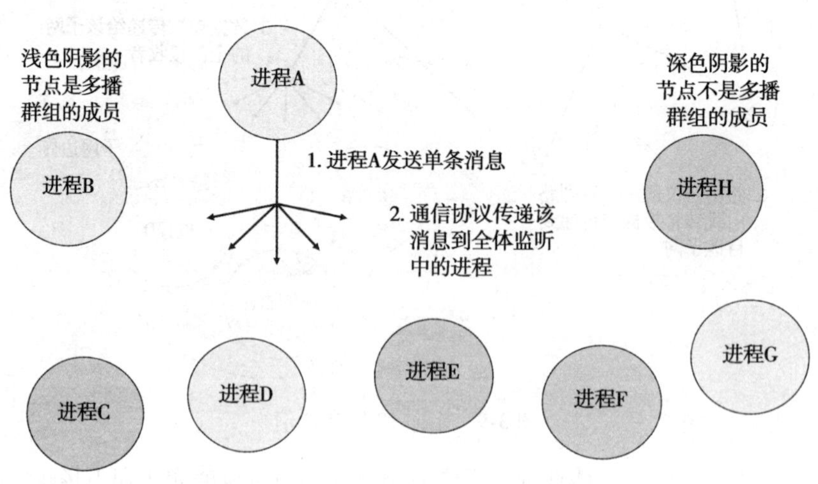

图3-10 多播通信

发送者可能不知道有多少个进程接收消息，或者不知道它们的标识，这取决于多播机制

的具体实现方法。 122

多播通信可以利用广播机制实现。UDP 是一个直接支持广播的协议例子，但不支持多播。在这种情况下，传输层端口可被用作组消息过滤的手段——通过仅安排组成员进程子集监听特定端口。通过把进程绑定到合适的端口，并发出一个 receive-from 调用，组成员关系添加动作 join group 可以本地实现。

在两种类型的多播通信中（通信协议直接支持的多播和使用广播机制实现的多播），可以存在多个组，并且每个独立进程可以同时成为几个不同组的成员。这为系统或应用的高层通信施加某些控制和结构提供了有效方式。例如，系统中与特定功能或服务相关的进程，可以加入与该活动相关的特定群组。

4. 任播通信

需要任播机制是保证消息传递到组中的某成员。一些定义更严格，他们强调，消息必须传递到恰好一个成员。任播有时被描述为“传递到一个组中的最近的潜在接收者”，然而，这依赖于“最近”的定义。

图 3-11 示例说明了任播通信的概念。其中，一条消息被传递到一组潜在接收者的一员。相对地，广播和多播传递一条消息给 0 个或更多的接收者（分别取决于系统规模和群组规模）。任播的目的是传递消息到至少 1 个（或者可能更多）接收者。

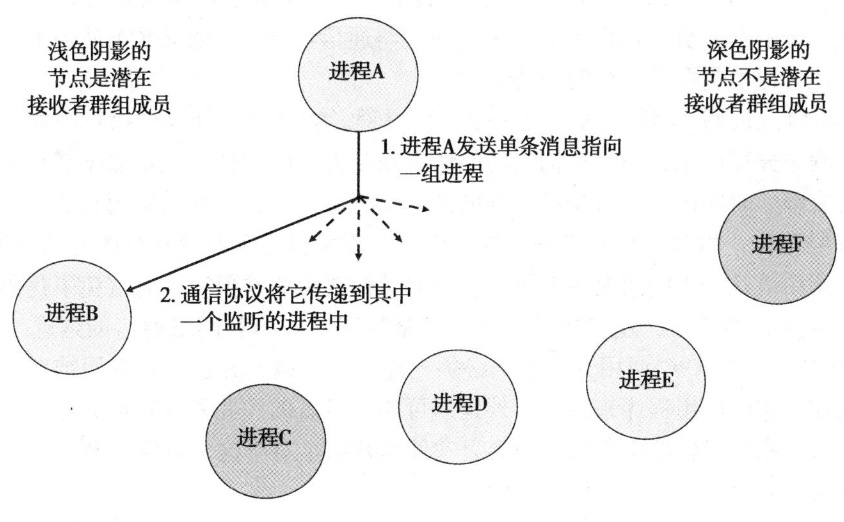

图 3-11 任播通信

无论是 TCP 协议还是 UDP 协议，都不直接支持任播通信，尽管可以使用 UDP 协议实现。该实现方法是为 UDP 协议附带一个组成员列表，按顺序发送单播消息给每个成员，等待响应后移到下一个成员。只要收到来自群组任一个成员的应答，发送序列就停止。 123

网络版 Workbench 中的 Arrows 应用程序为探索寻址模式提供了一个有趣的案例，见 3.15 节。

3.3.5 远程过程调用

远程过程调用（Remote Procedure Call，RPC）是建立在 TCP 之上的更高层次机制的一个例子。RPC 包含一个主调过程向处于不同进程空间的被调过程请求调用的过程。所有程序员都将理解正常的过程调用概念（为避免混淆，我们此时称之为本地过程调用）。其中，一个过程到另一个过程的调用发生在同一个程序中，这样，在运行时，整个活动发生在单个进程中。主调过程和被调过程都处在同一个代码项目，并一起编译。如果编译成功，本地调用保证了应用程序的正常运转，因为这两个过程运行在相同的进程镜像中。进程要么运行，要么不运行，启动过程调用不需要网络通信。

远程过程调用是本地过程调用的扩展。其中，被调过程是不同于主调过程程序的一部分。因此，在运行时，两个过程在两个不同的进程空间。或许，从程序员的视角来看，RPC 的主要好处是：无论过程调用是本地还是远程，其工作方式相同。因此，RPC 提供了位置透明性和访问透明性，并免去了程序员手动实现通信等相关需要。

对于开发模块化的基于组件的应用程序，这是一个很有力的推动。开发人员能够专注于应用程序的业务逻辑，并可以在多个软件组件中部署应用程序的逻辑，也可能把那些软件组
124 件部署到多台物理计算机，不需要在网络方面花费过多精力。

然而，它可能会误导，认为 RPC 提供的透明性消除了分布式应用的所有设计挑战，或消除了网络化带来的所有复杂性。为生产高质量、健壮和可扩展的应用程序和系统，开发人员需要花精力于系统的整体架构、特定组件的配置，以及组件对之间发生的通信等。还应该考虑过程调用的频率、每次调用包含的请求和回复中传输的数据量、被调过程需要的相关处理耗费（与发生调用本身的时间成本相比）、启动调用时的底层网络延迟等。对于还未曾实现过分布式系统的程序员，他们不会马上意识到与通信机制（比如 RPC）使用不当相关的潜在困难，因此教材中包含了两个例子情景。

RPC 示例 1。被调（远程）过程是一个协助过程。它在大型计算中执行一些子步骤，并已从主调过程中分离出来，作为重构活动的结果来改善代码结构。大量数据必须传入被调过程，在非常有限的时间内，执行少量明确的计算步骤。然后，返回结果到它的主调过程。即便有本地代码重构，相对于改进代码结构的优势，理解包含于调用本身的开销是很重要的。也许，一个调用被几个不同的调用者执行，因此结构改善非常值得。它避免了代码重复。对于被调过程为远程的情形，还有额外的使用网络带宽的开销和网络通信的延迟。由于 RPC 工作在 TCP 之上，在 RPC 调用开始前，必须先建立好连接，并且要在调用结束后关闭，因此，对于快速操作的应用程序来说，额外延迟可能是显著的。此外，在被调过程的宿主计算机上，也导致与系统级软件中断相关的延迟和处理开销。对于这个特殊的例子，RPC 看上去通常情况下是不合适的。

RPC 示例 2。应用程序通常是结构化的，便于应用程序的用户界面功能与业务逻辑分离。业务逻辑需要访问共享数据（应用程序的许多运行实例共享）。例如，这可能是银行系统的一部分。远程过程调用（RPC）用作使主调过程基于用户界面组件的一种手段，而被调过程置于后端系统，靠近数据存放位置。这种方案也更加安全，因为这个组件仅运行在银行内部的计算机上（在防火墙后方）。这里，使用 RPC 的目的是实现一个可扩展的安全的系统。通常，银行交易中传输的数据量相当少，不作为显著因素。典型情况下，被调过程执行的处理量也不是特别高。相反，保持对系统用户界面（客户端）组件开发者的透明性的同时，对安全共享访问数据库的需要，才是关键的因素。RPC 高度适合这种情景。

图 3-12 示例了 RPC 的机制。作为比较，一个本地过程调用也示例其中。从主线程执行角度，本地过程调用和远程过程调用都一样。对程序员来说，这种特性很重要。这种抽象的

结果是，所有过程都成为本地调用。这消除了应用程序组件开发人员在实现网络通信方面的负担。底层通信基于 TCP 连接。该连接由 stubs（也被称为代理）自动建立和保持。这使得主调应用程序的开发者可以像调用本地过程一样编写代码。同时，也允许远程过程的开发者 125
像编写常规程序一样写代码，而不必在意它实际上在被一个非本地过程调用的事实（即来自不同的进程）。

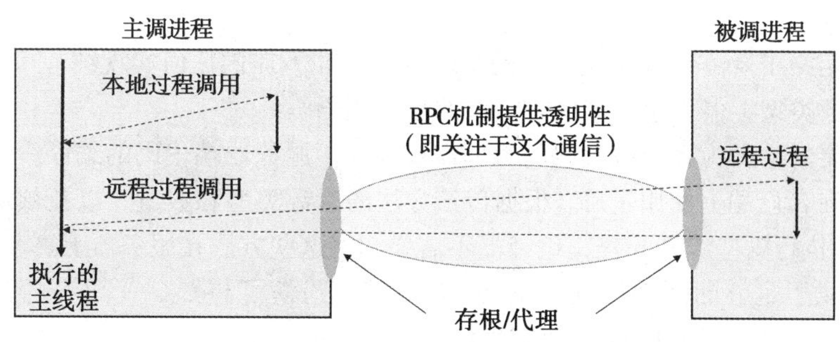

图 3-12　远程过程调用机制

最著名的 RPC 实现是开放网络计算（Open Network Computing，ONC）RPC。它由 Sun 公司开发，因此也被称为 Sun RPC。它原本只支持 UNIX 系统上的 C/C++ 语言，但现在也支持 Linux 和 Windows 平台。通过使用一种特殊的语言和一种称为外部数据表示（eXternal Data Representation，XDR）的平台无关的数据格式支持异构。

当这些组件间使用类似 RPC 机制时，XDR 是便于异构组件间通信问题的解决方案之一。另一种常见的方法是使用中间语言定义组件接口，以一种独立于编程语言，也独立于平台的方式。它们统称为接口定义语言（Interface Definition Language，IDL）。IDL 在第 6 章重述。

3.3.6　远程方法调用

远程方法调用（Remote Method Invocation，RMI）相当于面向对象的 RPC。不再远程地调用一个过程，而是调用一个远程方法。RMI 首次在 Java 语言中引入，其具体实现有时也被特指 Java RMI。然而，RMI 机制也为其他语言所支持，如 C#。这种情况下，RMI 应更确切地特指 C# Remoting。图 3-13 提供了 Java RMI 的运行概览图。

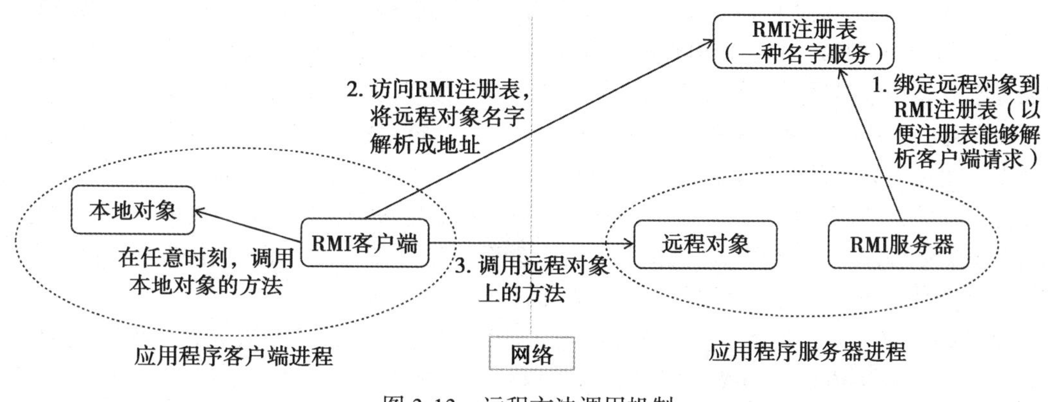

图 3-13　远程方法调用机制 126

图 3-13 显示了 RMI 的基本操作。RMI 运行机制中需要使用一些方法，使 RMI 客户端

（在调用过程中）能够定位需要的对象，其实现方法是使用一个被称为 RMI 注册表的特殊的名字服务。图中的步骤 1 演示了 RMI 服务器在 RMI 注册表中注册将可被远程访问的对象。RMI 注册表随后能够解析出针对该对象的请求，如步骤 2 所示，主调进程提供了它所需要的对象名称，并得到返回的地址详情。该主调进程现在就能调用远程对象中的方法了，如步骤 3 所示。

Java 接口

一个接口定义了暴露在远程接口上的全部方法，却不提供任何实现细节（例如，它包含了方法名和参数类型，但不包含那些方法中的程序代码）。

接口是必要的，因为客户端代码的编译需要独立于服务器端代码的编译。编译器需能够检查远程方法在客户端上使用正确（根据传给方法的参数类型和数量，以及预定的返回值类型）。然而，为执行这些编译检查，编译器不需要知道这些方法在服务器上真实实现的细节。因此，接口提供了足够的详细信息。注意，Java 接口扮演了与 C/C++ 语言的头文件以及用于中间件的接口定义语言（IDL）类似的角色。

为了说明起见，举了一个事件通知服务（Event Notification Service，ENS）接口的例子（见图 3-14）。一种基于非 RMI 的 ENS 是第 7 章中的案例研究的主题之一。这里的例子宽泛地基于该案例研究。该接口除了实现 RMI 之外，其他方面本质上相同。RMI 实现的例子中，ENS 功能通过远程方法调用提供，而不是通过 TCP 连接上发送的离散应用消息（与案例研究版本一样）。

```
import java.rmi.Remote;
import java.rmi.RemoteException;

public interface EventNotificationService extends Remote
{
   public void SubscribeToEvent (String sEventType) throws RemoteException;
   public void UnSubscribeToEvent (String sEventType) throws RemoteException;
   public void PublishEvent (String sEventType, String sEventValue) throws RemoteException;
}
```

图 3-14　Java RMI 接口示例

图 3-14 显示了面向 ENS 的 Java RMI 接口。该接口中有 3 个可被远程调用的服务器端的方法（SubscribeToEvent、UnSubscribeToEvent 和 PublishEvent）。每个方法都根据其参数列表和参数类型来描述，但是没有展示其实现细节。接口的使用允许开发人员在客户端代码中包含对这些方法的调用，就像调用本地方法一样，这样，RMI 就从客户端应用程序开发者的角度上实现了分布透明性。需要注意的是，这个接口继承了 java.rmi.remote 接口。这种继承是强制性的，从而使得低层通信的基础设施被自动放置进来，以便被声明的方法能被远程调用，不需要程序开发者关心通信机制的各个方面。和 RPC 一样，RMI 在 TCP 连接之上实
127 现其通信。对程序员来说，通信过程的建立和管理都是静默的。

调用远程方法时，可能会发生各种各样的运行时问题，包括与服务器端的应用程序、RMI 注册表、网络连接等相关的问题。有必要检测和处理这些问题，以实现健壮运行。为此，每个在远程接口上声明的方法都必须在 throws 子句中指定 java.rmi.RemoteException 异常。

Java 接口有助于实现透明性，因为客户端对象可以调用方法，而不需要了解这些方法的实现细节。这种机制有助于组件的解耦，进而有助于系统部署和维护方面的灵活性。例如，在客户端被编译之后，服务端的实现有可能会变化（例如，有可能出现了能实现相同功能的更高效的技术）。只要接口定义细节没有改变，应用程序仍然可以正确运行。图 3-15 说明了 Java 接口的作用。

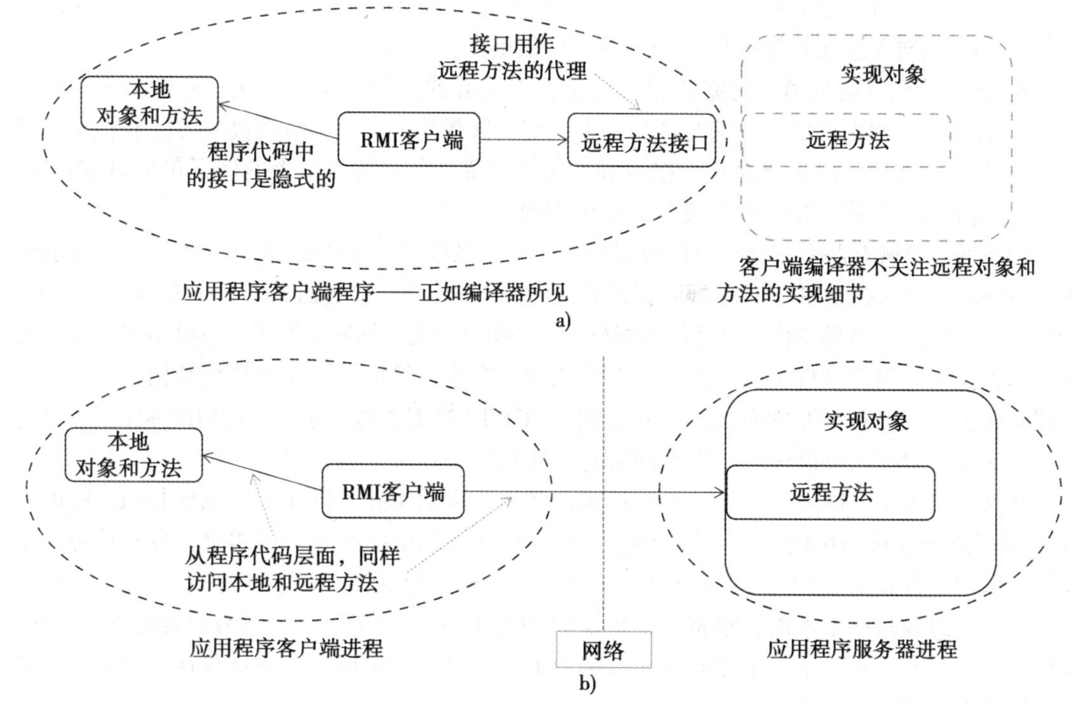

图 3-15 远程方法调用的编译时和运行时视图对比，展示 Java 接口的作用

图 3-15 展示了以 Java 接口服务作为远程方法代理的方式，从而使远程方法的编译时视图变得简化。这些在软件组件编译时，并非真实存在。在运行时，客户端会调用真正的远程方法。

3.4 通信的分层模型

本章的前面部分提供了一些例子用来介绍通信的一般概念，也提供了对分布式系统通信机制的关键需求和挑战的深入洞察。 128

由于涉及不同类型的技术挑战，通信系统划分为多层次结构。每一层提供一组特定的功能。各层之间通过明确定义的接口相连接。这些接口称为服务访问点（Service-Access-Point，SAP），因为借助这种手段，使某一层的组件能够访问其相邻层的组件提供的服务。

网络服务划分成一组明确定义的层，有以下几个好处：

- 限定了各特定层的复杂性：每一层都执行一组定义明确的网络功能子集。
- 简化了特定协议的进一步发展，而不需要修改相邻层：层间明确定义的接口确保了层间通信的一致性，以及特定层内部行为的独立性。只要严格遵守接口规范，就允许通信栈中特定层的替换和升级，而不干扰其他层。
- 促进标准和稳定的文档化：层间接口和各层的功能都作为标准被明确定义和归档。

- 协议栈中技术的可互换性：某一个特定层内的技术可替换，不会影响到该层的上下两侧，因为这些层的接口是标准化的。例如，数据链路层的技术从有线局域网技术（如快速以太网），改成无线局域网技术（如 IEEE 802.11），并不影响网络层及更上层的高层功能。网络层有一个网络连通的逻辑视图，而不关心其可用的实际链路技术。
- 相对底层协议的行为和特征的应用独立性：应用程序需要独立于低层网络技术操作。分层模型使得通信技术可以随时间而变化，而不影响使用网络的高层应用程序的行为。这对于应用程序的稳定性和健壮性很重要。
- 逻辑关注点的分离：网络协议栈的更上层关心的问题有逻辑连接、通信语义和数据表示等。而更低层关注的是消息的点到点实际传输。因此，分离高层概念和低层物理概念很重要。高层概念比如接收和发送消息等。低层物理概念的例子包括通信介质、帧格式、定时、信令以及发生的位错误等。

网络通信领域有两个非常重要的分层模型。开放系统互联（Open System Interconnection，OSI）模型（ISO/IEC 7498-1），由国际标准化组织（International Organization for Standardization，ISO）制定和支持。该模型将网络通信功能分为 7 个明确定义和标准化的层。该模型多数时间被视为概念模型，因为流行协议中严格遵循的比例相当小。然而，该模型作为结构指南以及辅助理解和描述网络行为非常有用。另一方面，TCP/IP 模型直接映射到 TCP/IP 协议簇，是迄今为止最流行的在用协议簇，是主流网络通信的基础。

协议数据单元。网络消息格式的正确术语是协议数据单元（Protocol Data Unit，PDU）。
129 PDU 为网络分层模型中的各层协议分别定义。通信协议 PDU 的通常格式是，带有预定义字段的头部和包含其上层 PDU 的载荷部分。这个概念被称为封装。

封装。封装是一个术语，指将一个协议的 PDU 嵌入另一个协议，作为后者的有效载荷。这种方式下，低层协议承载了更高层协议的数据。该过程沿协议栈向下重复迭代到底。封装原理如图 3-16 所示。

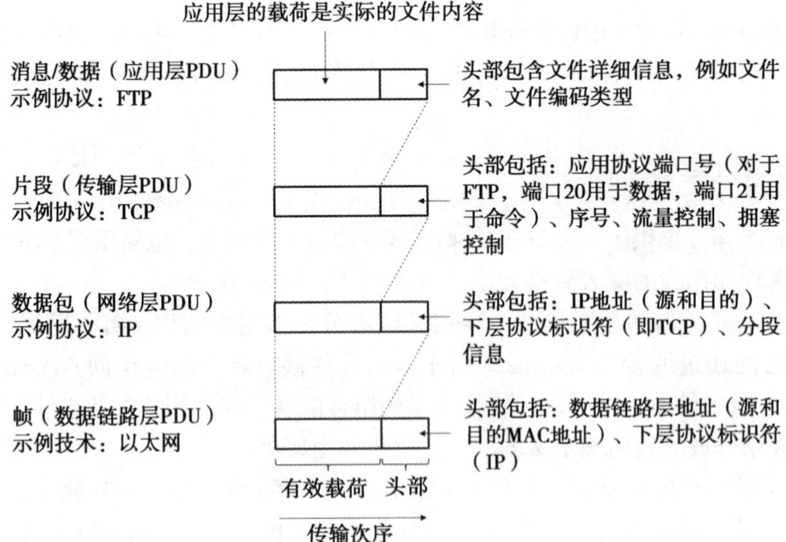

图 3-16 较高层协议封装进其下层协议的有效载荷

图 3-16 借用一个常见的真实例子场景说明了封装的概念。该例子中，借用文件传输协

议（File Transfer Protocol，FTP），跨越以太网链路传输了一个文件。在应用程序数据传过网络时，封装用来保持不同层协议关注点的分离。

在例子场景中，应用层协议是FTP。FTP协议关心的信息有文件名和数据编码采用的类型等。FTP不关心采用的网络技术类型，也不关心单个数据包是否成功到达，或者必须重传。FTP协议整体关注的是确保整个文件从一个指定位置发送到了另一个位置。

传输层协议关心进程标识。当消息到达最终目的主机时，消息必须递交到该进程。进程标识由存储在传输层协议头部的端口号间接指示。目标计算机上的进程必须预先把自己关联到该端口号，以便消息能够正确地递交。在指定实例中，传输层协议将是TCP，因为FTP需要一个可靠的传输协议，从而排除了UDP协议。该例子中，TCP整体关注的是确保每个分离地传输的文件块被传送到目的进程（该进程可以是FTP客户端，或者目标主机中的FTP
服务器）。采用这种方式，以便整个文件能够由收到的文件块重构出来。 130

网络层的协议是IP协议。本例中，IP协议整体关注的是获得包含文件数据的TCP报文段传送到目的主机。系统的路由协议会利用IP协议包头中的地址信息，选择该数据包传过该网络的路径。

在本例的以太网中，数据链路层技术关注的是，跨越单条数据链路传送数据包到正确目的地（在链路层）。除了最终的链路之外，其他所有目的地将是位于链路中的下一个路由器。如果下一段链路中，消息必须通过一种不同类型的技术传输，比如无线IEEE 802.11，则此时该以太网帧会被丢弃，并采用依赖新链路技术的帧携带数据。这种情况下，高层的数据没有变化。它们被重新封装到新的帧中。

3.4.1 OSI模型

ISO OSI七层模型为通信系统提供了概念上的参考。该模型支持一种模块化的方法，其中每层从其相关的上层和下层隔离开来，这强调了对职责边界的明确划分，避免了功能重复，并提升了更好的可理解性。

图3-17展示了OSI模型中的网络分层以及它们的主要功能。该模型用作一个网络协议设计的标准参考。通信系统极其复杂，要应对非常广泛的挑战。这些挑战的范围，从高层

OSI层号	OSI层名称	主要关注点
7	应用层	支持特定应用程序通信需求的协议，如文件传输、远程登录、超文本传输
6	表示层	数据表示，在平台相关数据格式和平台无关数据格式之间的转换，数据加密和解密
5	会话层	管理通信流 / 对话（会话）
4	传输层	进程到进程的可靠通信
3	网络层	计算机到计算机之间的通信：寻址、路由和数据包传递
2	数据链路层	路由器或计算机等设备之间的可靠的直接通信链路
1	物理层	通信链路上的比特传输（涉及信令、定时、电压、噪声抑制等）

图3-17 ISO OSI七层参考模型 131

关注点，例如应用程序到网络系统的接口方式和数据的表示方式（以便异构系统能够进行通信），到与设备如何编址相关的考虑，信息被路由到正确目的地的方式等；再到更低层问题，例如如何适应不同的网络链路技术，使用的信令类型，等等。因此，作为关注点分离和功能划分的参考标准和框架，OSI 模型扮演了至关重要的角色。

OSI 标准被引进初期，TCP/IP 模型已建立完善。尤其是 Internet 基于 TCP/IP 协议簇的事实，使得 TCP/IP 在实际中普及。因此，TCP/IP 协议簇在普及使用方面，远远胜过面向 OSI 的技术。然而，OSI 模型作为讨论和建模框架极其有用。它用来以通用语言描述网络系统，独立于任何特定实现，并因此在教学和研究中使用。把 TCP/IP 模型映射到 OSI 模型，因此对于 TCP/IP 协议簇中的协议，可以根据它们在 OSI 七层参考模型中的位置展开讨论。

3.4.2 TCP/IP 模型

TCP/IP 模型包括 4 层。通常，最低层描述了网络接口和物理网络特性。上面的三层描述了逻辑通信。也就是说，它们关心基于逻辑地址的通信，而不关心物理技术和包括网络特性（比如，主机适配器、线缆、帧格式、带宽、比特率等）。TCP/IP 协议簇中的协议位居上面三层。

图 3-18 展示了 TCP/IP 网络层与 OSI 模型中等效层的对应关系，也展示了各层中使用的协议数据单元，及各层协议中具有的一些流行协议的例子。

TCP/IP层号	TCP/IP 层名称	对等的OSI层	协议数据单元	示例协议
4	应用层	应用层	消息/数据	FTP，Telnet，SMTP，NTP，HTTP，RPC，RMI，DNS，NFS，SNMP，SMTP，SSH
		表示层		
		会话层		
3	传输层	传输层	片段	TCP，UDP
2	网络层	网络层	数据包	IP，ICMP
1	链路层（网络接口层）	数据链路层	帧	Ethernet，IEEE 802.11
		物理层	介质上传输的比特	100BASE-TX，OC-48，OC-192

图 3-18 TCP/IP 网络模型

通常，应用程序的开发人员不关注链路层。这一层应对底层网络链路方面的技术和操作特性。使用网络分层，提供了应用程序关注点（上层协议）到更低层技术的解耦。因此，应用程序的开发可以在不必知道网络本身的细节的情况下展开。这一点非常重要，因为避开了技术复杂性，原本这些会包含于每一次应用程序的构建过程中。解耦允许技术随时间变化，而不影响应用程序的行为和运行。

应用程序开发者对网络层的兴趣有限。因为 IP 协议（IPv4 或 IPv6）运行在主机层面，
132 也就是说，它关注的是消息在计算机之间的传递，而不关注特定应用程序和它们的进程。显然，IP 协议传递消息的方式（其数据报基础和使用的寻址方式）需要应用程序开发人员去理解，但他们没有发现他们自己在 IP 层直接发送消息。

另一方面，传输层关注特定进程之间的通信。这是应用程序编程人员能够工作的最低协议层。传输层的主要协议有传输控制协议（Transport Control Protocol，TCP）和用户数据报协议（User Datagram Protocol，UDP）。这些协议将在后面详细讨论。

对应用程序开发人员来说，应用层也非常重要。该层包含了广泛的应用协议，执行明确的常用需求的功能，比如传输文件或网页。开发人员需要知道这一层支持什么协议，以及这些协议提供的功能和局限性。这一点很重要，如果正在考虑通用协议能否满足一个特定系统的需要，或者是否需要基于传输层协议之上开发定制的通信机制。本书中通篇使用的案例游戏遵循了后者的方法。也就是说，通信是专为游戏的特定需求而设计的，并且直接基于传输层协议之上，而不使用任何应用层协议。

3.5 TCP/IP 协议簇

TCP/IP 这个简写的含义可能有点模棱两可，它可以意指承载于基于 IP 的网络之上的专门的 TCP 使用（在本文中，这个含义将被记为“ TCP over IP ”）。但是，更确切地说，它意指协议簇本身（这是属于此处的含义）。这意味着，当一个系统描述为使用 TCP/IP 时，它实际上可能用到了 TCP/IP 簇中的任何协议组合，只要遵循了层序关系。常见的协议组合例子有：UDP over IP、TCP over IP、SNMP over UDP over IP 以及 FTP over TCP over IP。

读者或许熟悉很多位于应用层的协议，包括文件传输协议（File Transfer Protocol，FTP）和超文本传输协议（HyperText Transfer Protocol，HTTP）。这些协议十分常用。这一层的协议提供了良好定义的既定功能。

图 3-19 表示了应用层协议的一个子集，并将这些协议映射到承载它们的传输层协议上。这种映射是有意义的，因为 TCP 和 UDP 具有明显不同的特征。简单邮件传输协议（Simple Mail Transfer Protocol，SMTP）、超文本传输协议（HTTP）、文件传输协议（FTP）、Telnet 协议等，都是通过 TCP 协议传输的例子，因为 TCP 协议有保证可靠数据传输的优点。而简单网络管理协议（Simple Network Management Protocol，SNMP）、简单文件传输协议（Trivial 133
File Transfer Protocol，TFTP）、引导协议（Bootstrap Protocol，BOOTP）和网络文件系统（Network File System，NFS）都通过 UDP 协议传输，原因是 UDP 具有一种或多种相对优势（比如，更低的额外开销、低延迟、使用广播寻址的能力等）。

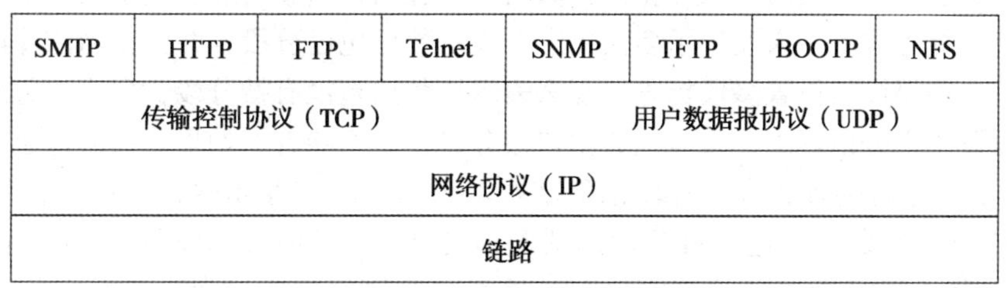

图 3-19　TCP/IP 协议簇表示了应用层协议子集

然而，许多应用程序有特别的通信需求。相比于应用层协议组提供的定义良好的通用功能而言，它们需要更大的灵活性。这可以通过在传输层上直接使用套接字编程实现。传输层运行在应用层的下一层，以任意模式或序列支持基于软组件间消息（称为段）传递的灵活通信。TCP/IP 的传输层有两个主要协议：传输控制协议（TCP）和用户数据报协议（UDP）。在网络上直接发送数据的应用程序，使用了两者之一或者全部。

TCP 和 UDP 实现了进程到进程的通信，使用计算机上的端口来标识一个特定的进程。TCP 和 UDP 都运行在网络层的 IP 协议之上。IP 协议会递交一个数据包到目的计算机，但并不知道目的进程。因此，传输层协议利用了 IP 协议将消息传送到计算机的能力，并用端口号扩展寻址，以决定消息将递交给哪个进程。注意，IP 地址和端口号组合构成了特定进程在网络中的唯一标识。为使用 TCP 或 UDP，应用程序开发人员采用“套接字 API”进一步调用软件协议栈。

3.5.1 IP

IP 是网络层的主要协议，是互联网运行的核心。网络流量是以 IP 数据包的形式，跨越互联网在计算机之间传输。互联网中的路由，基于 IP 协议头部携带的目的 IP 地址进行。一句话，没有 IP 协议，就没有互联网。

有两个 IP 版本在同时使用：IPv4 和 IPv6。IPv4 在 20 世纪 80 年代初被引入，多年来运行良好。然而，因为 IPv4 地址范围的限制，带来了有很大 IP 地址范围的 IPv6 的发展，以及其他几个基于 IPv4 的重要改进，例如，提供了相应的更高服务质量。

IPv6 在 20 世纪 90 年代中期被定义，初衷是在与 IPv4 同时运行几年之后，完全取代 IPv4。但是，IPv6 的使用率远远慢于预期，IPv4 仍然被普遍使用。然而，当前 IPv4 地址存量短缺，或许将导致 IPv6 使用率加速提升（2011～2014 年，在几个地理区域，可用的新地址正式地耗尽）。

图 3-20 展示了 IPv4 的头部。第 1 个字段是 4 位的版本号，在 IPv4 数据包中，其值设置为 4。第 2 个字段是头部长度，以 4 字节为单位度量。例如，在默认情况下，IPv4 头部没有附加备选项，长度为 20 字节。因此，包头长度字段的值应为 5（20 字节＝5×4）。服务类型字段用于多种目的，与服务质量、优先级、拥塞通知相关。除了要知道包头长度，还必须知道整个数据包的长度，因为跟在包头后面的数据部分有可变长度。总长度字段占 16 位宽度，它因此可以容纳最高为 $2^{16}-1$ 的整数值，即 65535，所以，总长度字段限制了 IP 数
134 据包的大小。IP 协议支持分片，这样数据包能够分解为更小的片段，以回避链路技术在帧大小差异性方面的限制（该限制被称为最大传输单元（Maximum Transmission Unit，MTU））。这样，数据包 ID 字段标识了每个 IP 数据包，及其中的所有片段。这些片段都保留了原有的 ID，因此数据包能够在负责接收数据的计算机中，随后被重新拼装。这里有 3 个标志位，但只使用了 2 个标志位。如果设置了多段标志，表示数据包已分段，并且在当前片段之后还跟了更多片段。如果没有设置多段标志，要么表示该数据包没有被分段，要么这是最后 1 个片段。如果设置了不分段标志，将阻止数据包被分段，这意味着，如果该数据包超过了特定链路的 MTU 值，它将会被丢弃。片段偏移字段，表示片段在原始数据包中的位置。如果这是第一个片段，或者数据包没有分段，则偏移为 0。片段偏移字段只有 13 位长，为使它能够表示与总长度字段相同的整体数据包长度，偏移值的增量间隔为 8 字节。这样，一个偏移值为 1000 的片段，实际上意味着该片段起始于原始数据包的位置 8000。8 位的 TTL 字段用来防止路由环路。数据包每经过一个路由器，其 TTL 值减 1；若 TTL 值变为 0，则该数据包被丢弃。TTL 通常被初始化为一个值，例如 64。TTL 值应该足够大，大到只要路由器的配置和运行正确，数据包都能够不出问题地到达所有目的地。协议字段标识了上层协议，并因此标识了如何处理数据包的有效载荷。例如，如果数据包中容纳了 TCP 片段作为其有效负载，则协议字段的值将设为代号 6。代号 17 用来表示 UDP 协议。头部数据校验和字段提供了验证包头在传输中未损坏的方法。IPv4 不检查其携带数据的正确性，留给更高层的协议去处理。源 IP 地址和目的 IP 地址是长度为 32 位的值，在后续的章节中讨论。

32位宽度

版本号	头部长度	服务类型	总长度	
数据报ID			分段标志	片段偏移值（片偏移）
生存时间（TTL）		协议	头部校验和	
源IP地址（32位）				
目的IP地址（32位）				
选项和填充				

图 3-20　IPv4 头部格式

图 3-21 展示了 IPv6 协议的头部。与 IPv4 相同，第一个字段是长度为 4 位的版本字段，在 IPv6 包中，该字段的值为 6。IPv6 的基本头部有固定长度，替换 IPv4 的头部选项为扩展头部。这样就不再需要 IPv4 中的头部长度字段。传输级别字段服务于两个目的：以服务质 135
量为目的的数据包分类和显式拥塞通知与控制。流标签字段被路由器用来保持相关流的数据包在同一路径上。载荷长度字段盛放了载荷的长度，包括任何头部扩展。下一包头字段指出哪一个扩展头部（只要有）紧跟当前头部。下一包头字段也用来指明有效载荷，例如，TCP 报头和 UDP 报头可以跟在 IPv6 扩展头部之后。跳数限制字段的使用目的与 IPv4 的 TTL 字段相同。IPv6 源地址和目的地址都是长度为 128 位的值。扩展头部仅在需要时使用，以避免臃肿而低效的单头格式。它对于支持 IPv6 的全部复杂协议是不可或缺的。扩展头部处理包括逐跳选项、分片和认证等附加功能。

图 3-21　IPv6 头部格式

3.5.2　TCP

TCP 是面向连接的协议。这意味着，在消息（在传输层上的专用术语为“段”）能借助连接发送和接收之前，这个逻辑连接必须先建立起来。因为连接是不可缺少的，所有 TCP 通信都是单播，也就是说，一个连接只能在一对进程之间。因此，借助特定的连接，每个进程仅能与一个其他进程通信。但是，若进程需要与多于一个进程通信，可建立多个连接。

TCP 把需要发送的应用程序数据分割成若干段（TCP 协议的消息类型）。每段以 TCP 头部开始。TCP 头部格式如图 3-22 所示。TCP 头部包含多个字段，为支持其通信质量和可靠性所必需。源端口和目的端口提供了进程级的寻址能力，从而方便了进程间的通信。序列号和确认号支持报文段的排序，也方便了对报文段丢失的检测。发送一个报文段时，在发送方
136 启动一个定时器。当该报文段被其连接进程接收时，一个确认消息被发回源发送方。发送方收到确认消息后，就取消定时器。然而，如果在定时器超时之前没有收到确认消息，就认为原报文段已丢失。这时，原报文段被重传。

32位宽度

源端口（16位）								目的端口（16位）
序列号								
确认号								
数据偏移（TCP头部长度）	未使用（保留）	URG	ACK	PSH	RST	SYN	FIN	窗口长度（16位）
校验和（16位）								紧急指针（16位）
选项（0个或多于32位字）								

图 3-22 TCP 头部格式

应用程序的数据流有可能必须分解成多个 TCP 报文段，以便通过网络传输。32 位的序列号用于每个分段，以提供唯一的标识符（它描述了数据在 TCP 段中的偏移量，自数据流的始点量起）。确认号指明的是下次期待收到流中的哪个字节，以及已经收到了哪些字节。这使得源发送方能够确定哪些已发送的消息段已被接收，以及哪些消息段需要重发。因此，使用序列号也提供了确保接收到的报文段能正确排序的好处。当数据流传递给更高层协议或应用程序时，要重构数据流。

TCP 报文中有 6 个标志位。它们支持建立（SYN）、终止（FIN）和复位（RST）连接，以及 ACK 标志指明什么时间确认字段的值有效（即该消息包含一个确认）。URG 标志表示消息中放置了紧急数据。该紧急数据存放于消息中由紧急指针指示的偏移量处。携带紧急数据的报文必须先于其他数据被处理。PSH 标志导致 TCP 会在缓冲区填满前发送消息。（例如，在 Telnet 中使用“push”功能，要求为每个输入的字符发送一个 TCP 消息）。

TCP 还包括两个传输管理的机制：流量控制和拥塞控制。TCP 流量控制采用滑动窗口技术防止发送进程淹没接收进程，该技术在异构系统中很重要，因为异构系统中，不同的主机可能有不同的处理速度、工作负载和缓冲区大小。为了实现这一技术，接收者进程告知发送方自己拥有的缓冲空间大小（通过窗口尺寸字段），这是一个动态量，因为缓冲区可能填充了一部分数据。TCP 拥塞控制通过控制数据进入网络的速率帮助防范拥塞堆积。TCP 协议间接地检测网络拥塞，借助于事实上当路由器队列装满时，它会丢弃所有新到达的数据包，这一现象触发 TCP 的拥塞控制动作。TCP 连接的双方各维护一个拥塞窗口变量。该变量限
137 制允许同时传送的未确认数据包总数。为响应检测到了拥塞，拥塞窗口大小将减小。TCP 使用一项“慢启动”技术。随着每一次传输成功，拥塞窗口的大小都相应增加。按照这种方式，拥

塞控制机制持续地自适应。这很有必要，因为网络中的拥塞水平是动态的，并可能会突然改变。

作为上文提及的可靠性和质量机制的后果，与更简单的协议（例如 UDP）相比，TCP 协议产生明显的额外开销。它也将占用额外的网络带宽，因为需要更大的报头尺寸用以容纳必要的附加控制信息，还有用于网络连接建立和拆除过程需要的额外握手消息，以及确认消息。还会有额外的通信延迟，因为发送者进程和接收者进程都必须执行额外的处理。还有建立连接时的初始延迟，以及等待报文段确认时产生的延迟。

3.5.3 TCP 连接

依次使用 3 个原语（listen、connect 和 accept）建立 TCP 连接。每个组件必须初始创建一个套接字。然后，按以下步骤建立连接。首先，在被动端（通常是在客户端 / 服务器应用程序中的服务器）执行 listen 原语，其具有的效果是，使被连接端可接受来自其他进程的连接请求。在主动端（通常是在客户端 / 服务器应用程序的客户端）执行 connect 原语，从而初始化建立一个连接所必需的 3 个消息的特殊序列。这个连接过程称作 TCP 三次握手，见图 3-23。

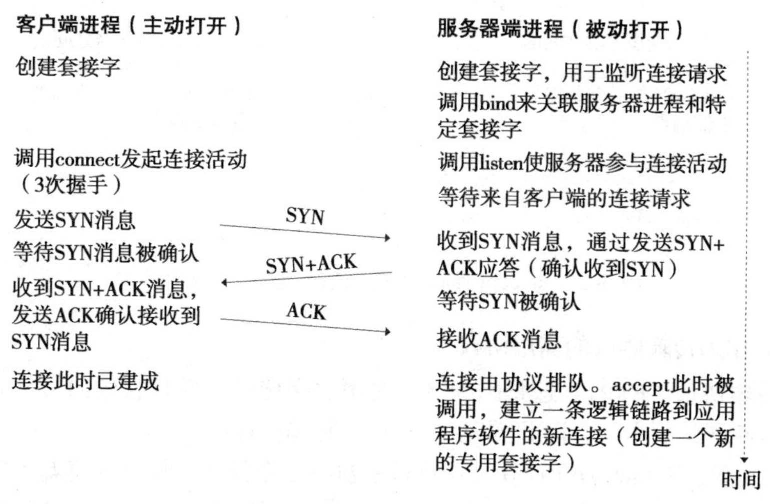

图 3-23 TCP 三次握手

图 3-23 示例了三次握手和原语调用序列及其相关动作，这些都发生在两个进程间建立 TCP 连接过程中。所谓“三次握手”，要求双方各发送一条同步请求消息（SYN），消息必须被对方进程确认（应答一条 ACK 消息）。第 1 条 ACK 消息搭载在第 2 条 SYN 消息中，所以只发送 3 条消息就能实现握手的 4 个组成部分。 138

至此，该连接已建好。主动端已经有一个关联该连接的套接字，进一步通信就绪。被动端此时必须执行 accept 原语，在应用程序和新建连接之间创建一条逻辑链路（特别地，要在被动端创建一个新套接字，专门用于这一新建的连接）。额外的接受阶段是必要的，以便允许被动（服务器）端使用建立连接的专设原始套接字，继续监听其他连接请求。

在许多应用程序中，一台服务器能同时支持许多连接，例如，考虑 Web 服务器应用程序。这种场景下，服务器仍将只需执行一次 listen 原语。而 accept 原语必须在每次接到客户端连接请求时执行一次。为达到要求，通常把 accept 原语放置在一个循环中，或一个周期调用的定时器事件句柄中，比如周期为 100ms。因为 accept 原语每创建一个新的套接字，它就成功接受了一次连接请求。所以，服务器成为多个套接字的终点：一个原始的 listen 套接字、对应每个连接的客户端的新套接字等。记得，通信的端点实际上就是一个套接字。所以，无论从反映组件的通信配置而言，还是从代码结构而言，为每个客户端保有一个套接字的服务器模型是完美的。

图 3-24 示例说明了 accept 原语为每个客户端创建一个新套接字，并让原 listen 套接字等待其他连接请求的方式。服务器进程为每个连接的客户积聚了一个额外的套接字，这简化了应用程序的逻辑，因为在服务器端，套接字为其每一个特定的连接客户端提供了一个身份标识，并保持了各个连接的状态彼此隔离。

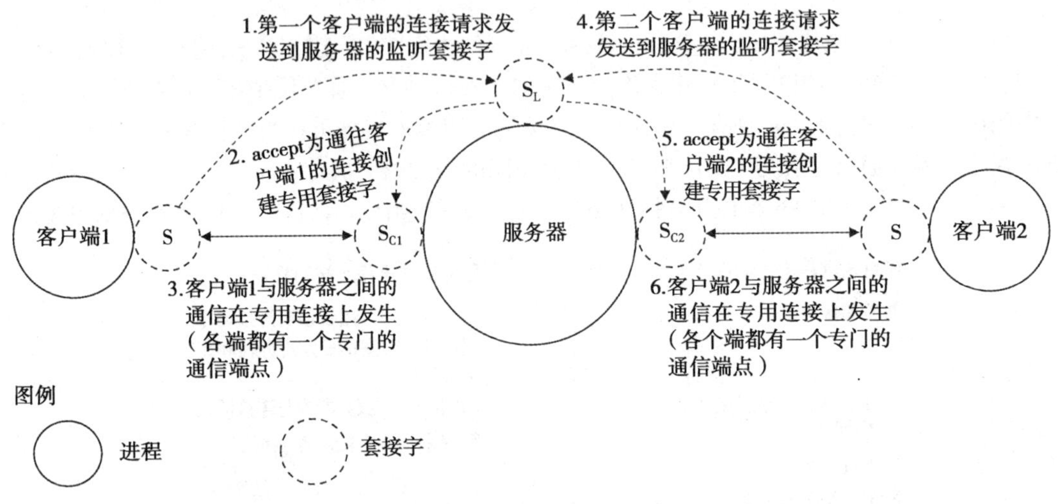

图 3-24 accept 原语为每个连接创建专用套接字

利用 TCP 作为传输协议的高层协议

- 文件传输协议（FTP）。这是因为文件必须逐字传送，而且收到的文件必须是与原文
139 件完全相同的副本。它因此需要一个可靠的传输协议。
- Telnet 协议。Telnet 为远程登录计算机并执行命令提供方便。在键盘上输入的字符组成一个连续的流，必须在远程计算机上按正确顺序复制。确保没有任何部分字符序列缺失或重复，至关重要。缓冲 Telnet 数据并以离散块传递的方式是不可取的，也就好比使用 UDP 的情形（将不得不采用单个字符数据报）。
- 超文本传输协议（HTTP）。Web 页面包含混合媒体内容。这些内容必须准确地按照设计意图传送并渲染，因此使用 TCP 协议的理由充分。
- 简单邮件传输协议（SMTP）。电子邮件的内容基本上是数据，因而有与文件传输类似的正确性要求。所以，TCP 被用作传输协议。

3.5.4 UDP

UDP 是无连接的协议，它不建立逻辑连接。进程可以发送一个报文段到另一个进程，不需要任何事先握手。由于没有连接，UDP 通信不必是单播（尽管这是已采用的默认寻址模式），它也可能广播 UDP 报文段。UDP 报文段也被称为数据报。

图 3-25 展示了 UDP 报头格式，它明显短于 TCP 报头。这反映了 UDP 比 TCP 的功能少的事实。UDP 是传输层的协议，所以（和 TCP 一样）它使用端口来实现进程间通信。长度字段盛放 UDP 数据报（头部和数据）长度。而校验和字段用来检测报头和数据的传输错误。

32位宽度

源端口（16位）	目的端口（16位）
长度	校验和（16位）

图 3-25 UDP 头部

UDP 是一个简单的协议，缺乏 TCP 所提供的可靠性和质量的机制。它没有序列号、确认或自动重传。它也没有拥塞控制和流量控制。因此，UDP 协议是不可靠的。事实上，单个 UDP 报文段孤立地丢失的几率与单个的 TCP 报文段孤立地丢失的几率基本相当。然而，最大的不同是，TCP 具有发现丢失并自动重传报文段的机制，而 UDP 不具备。所以，UDP 丢失的报文段也就丢了，除非通过更高层协议或应用程序级别解决这个问题。为此原因，UDP 经常被描述成具有“发送和担心”的可靠性。

UDP 数据报的接收不保证与发送的顺序相同，这是因为 UDP 数据报中没有设置序列号。正因为没有序列号，接收者也不可能知道一个数据报是否在网络重复传输，从而可能收到了两次或更多次相同的数据报，就 UDP 而言，这些都是不同的数据报。因此，如果一个应用程序对接收重复数据敏感，则该应用程序本身应设计对重复检测的支持。如果 UDP 数 140
据报在应用程序信息流中携带命令，那么强烈建议把这些命令设计成幂等的，也就是说，它们被设计成可以重复，却没有副作用的。幂等命令的概念将在第 6 章讨论。这里仅举一个简单例子，命令“给账号为 123 的账户加 10 英镑”不是幂等的，而命令“设置账号为 123 的账户余额为 30 英镑”则是幂等的。

UDP 产生的额外开销显著低于同处于传输层的 TCP 协议。UDP 协议使用较少的网络带宽，因为 UDP 具有更小的头部（8 字节，相比 TCP 的 20 字节），它不必要携带像 TCP 需要的额外控制信息。UDP 不发送任何握手的消息，相比 TCP，UDP 进一步减少了带宽使用。UDP 是一种低延迟协议，因为它不需要建立连接，也不需要等待确认。

利用 UDP 作为传输协议的高层协议

- 简单文件传输协议（Trivial File Transfer Protocol，TFTP）。TFTP 被设计为一种轻量级的文件传输机制，主要用于传送短的配置文件到路由器和其他设备，通常跨越短的专用链路，或者至少在局域网环境。TFTP 是 FTP 的精简版，其设计使得 TFTP 服务器能够驻留在像路由器一样的设备中，而不需要过多的处理和内存资源。许多用于配置路由器的文本文件将适合置于单个典型的报文段中，排序问题大大减少。因此，对于 TFTP 协议，在传输层使用 UDP 是可取的，因为低开销和低延迟比任何可靠性更重要。TFTP 使用简单的校验和技术来检测文件是否已损坏，若是则拒收。
- 域名系统（Domain Name System，DNS）。DNS 采用 UDP 作为传输协议（默认），用来向 DNS 服务器发送查询请求，并从 DNS 服务器返回响应。其根本原因是为了保持尽可能低的 DNS 查询延迟；使用 TCP 协议将导致显著延迟，因为需要建立和关闭一个 TCP 连接。然而，DNS 采用 TCP 协议在多个 DNS 服务器之间执行区域传输，因为这等效于一个文件传输，而且至关重要的是，其数据不会损坏。
- 简单网络管理协议（Simple Network Management Protocol，SNMP）。SNMP 使用 UDP 作为传输协议，根本原因是 SNMP 需要低延迟，并保持额外网络开销低，以便网络管理系统本身不会成为网络过载的根源。

3.5.5 TCP 和 UDP 的比较

TCP 和 UDP 之间的主要区别见表 3-1。

表 3-1 TCP 和 UDP 对比表

特　性	TCP	UDP
协议数据单元	片段（面向流）	片段（离散的，面向数据报）
连接和握手	面向连接。在数据交换之前先建立一个连接。消息构成有序数据流的一部分。在建立和拆除连接过程中需要握手，也需要维护现有的连接。例如，在没有数据传送期间，以“持续存活”的消息形式，防止超时自动关闭	无连接。数据报按需独立发送。没有额外的握手
可靠性	高。每个片段都被确认，并且任何丢失的片段都被自动重传	不可靠。因为不检测数据报丢失，也没有恢复机制。如果需要可靠性，就必须在更高层上设计
流量控制	支持。通过仅允许数据传输给有缓冲空间的接收者，防止发送者淹没接收者。提高了效率，因为它减少了片段在接收者端被丢弃且不得不重传的事件	不支持
拥塞控制	支持。动态调整 TCP 的传输速率，以适应网络中的拥塞水平，从而帮助提升整体的网络效率	不支持
支持一对一通信	这是唯一支持的通信模式	这是默认支持的通信模式
支持广播	不支持。通信总是在一个连接中一对一	通过改变套接字配置，向广播地址发送数据包，以支持广播
序列号	序列号添加到所有片段，并用于确认以关联到特定片段	UDP 没有设置序列号，但如果需要，可以在应用程序层添加
消息排序和重复	片段会无序地到达目的传输层实体，但在传递到更高层前，会使用序列号正确重排。由于序列号的使用，重复的片段会被检测到并自动忽略	数据报被作为独立实体传输和接收（从发送者和接收者的视角）。缺少序列号意味着，如果数据报到达的顺序与发送的顺序不一致，接收者觉察不到，并且如果网络中产生重复，UDP 也检测不到。如果排序或控制重复对应用程序很重要，那么就必须在高层协议中或应用逻辑自身中提供
处理丢失的消息	如果在指定的时间范围内未收到确认，则会产生超时事件。初始片段被重发，这会导致产生重复（假设原始片段延误但未丢失），但这些片段会在接收端借助序列号被检测到	不支持
缓冲	数据被视为一个连续的流，因此，一旦数据到达一个缓冲区，原始片段的边界不会保留。接收请求将有可能取回缓冲区的全部内容	数据以称为数据报的离散单元传输。数据报之间的边界会在接收进程的缓冲区中保留，并且，接收请求只取回缓冲区中的下一个数据报
开销和效率	由于各种可靠性和质量机制，无论在网络带宽使用上，还是在延迟上，额外开销都相当高	额外开销低，因此比 TCP 更高效

3.5.6 TCP 和 UDP 的选择

至于选用哪个传输协议，完全取决于特定应用程序的通信需求，或应用程序使用的高层协议。如上文所讨论，TCP 和 UDP 协议几乎在其运行的各个方面都明显不同。在某种程度上，它们几乎是完全对立的。因此，对于一些特定的应用程序，在详细审视它们的通信需求后，通常都会清楚哪种传输协议最合适。如果出现冲突（例如，应用程序的某一部分需要可靠的传输，而另一部分需要使用广播），就可能需要混合使用 TCP 和 UDP，分别对应于它们适合的特定通信部分。DNS 提供了一个将 TCP 和 UDP 两者结合使用的例子（如上所述）。也有些应用程序，使用面向连接的通信在进程间传输数据，但又使用 UDP 的广播能力去实现服务器通告，以允许进程间彼此自动地初始定位（见本章末的程序练习，提供了一个练习这种机制的机会）。

这里提供了一些通用准则，用于在两个传输协议之间进行选择：

- 如果要求可靠的传输，选择 TCP。
- 如果组件间正在进行的对话是必需的，或者反过来说，一个组件需要持续知晓通信伙伴的数量和状态，则 TCP 可能是最好的选择。
- 如果需要广播通信，选择 UDP。
- 如果延迟和网络带宽用量是主要考虑因素，选择 UDP。
- 如果更高层的协议或应用程序本身提供了可靠性，使用 TCP 的情形会减少，并且在有些情况下，UDP 是可以接受的。
- UDP 数据报是传输层中通信最简单的单元，因此适合作为构建其他协议的基础。混合传输协议（基于 UDP 数据报之上开发）可能具有 TCP 的特性子集，还具有一些 TCP 未支持的其他特性，例如，有可能需要一种广播机制，却还要接收者的确认。
- 对于实时数据流应用来说，UDP 是理想的。这类应用程序中，与其遭受使用 TCP 的重传导致的延迟，还不如让这个丢失的数据包永久失去。 141～143
- 如果通信是单向的，例如服务通告、心跳消息和一些同步信息（例如时钟同步），UDP 或许是最适合的选择。如果消息周期性地传输，这样偶尔丢失对应用程序的行为不会造成影响，那么，这种情形 UDP 更强。

从开发人员的角度看，TCP 比 UDP 更复杂。然而，在能保证额外的可靠性或者 TCP 的其他特性情形中，为节省开发工作量而交付低质量应用程序的做法是假节约。

3.6 地址

地址是关于去哪里、或许可能如何去、找到某件东西的描述。每个人都会立即熟悉这个概念，因为每个人都有一个他们居住的“地址”。如果你想请朋友来家做客，你必须先给他们你的地址。然而，或许你有不止一个地址，很多人有许多地址，或许多达十个甚至更多！我在说什么？好吧，你的居住地址可以更具体地描述为一个邮政地址，是我用来寄信给你的地址。如果我想打电话给你，我需要知道你的电话号码。假设完整的号码包括国际代码和地区代码，那么，你的电话号码就是一个世界上唯一的地址。如果我使用这个电话号码，就可以跟你取得联系。你甚至可能有好几个电话号码（家庭、移动和办公等）。类似地，如果我想发送一封电子邮件给你，我需要知道你的电子邮件地址。如果我想通过社交媒体联系你，我需要知道你的 Facebook 的名字。或者使用 Skype 联系你，我需要知道你的 Skype 名字。如果你有一个网站，它同样有一个唯一的地址，用于浏览该网站。所以，你会发现，有各种各样的地址，采用各种不同的格式，但上述所有的例子都有一个共同点，即对你来说这些地址是唯一的（也就是说，它们唯一地代表你）。

计算机系统的资源也必须有一个地址，以便可以访问它们。上述例子都说明了这一点，特别是网站地址和电子邮件地址。实际上，这类特殊情况下的地址被称为统一资源定位符（Universal Resource Locator，URL）。

网络地址是一组很长的数值，并不人性化（为说明这一点，思考一下你能记住多少个朋友的电话号码）。与此相反，URL 是一个文本形式的地址，它更容易被人们记住和交流。这大大归因于它们基于模式的本质。例如，与试图记住一串数字的 IP 地址相比，记住一个网址相对容易。

域名系统（DNS）提供了一种特殊的翻译服务，必要时可将文本形式的 URL 地址翻译成数字格式。URL 会在第 4 章讨论，而 DNS 会在第 6 章讨论。

3.6.1 扁平与分级编址

地址可以是扁平的（这意味着，地址中没有模式或结构用来辅助定位资源），也可以是分级的（这意味着，地址值包含一个结构，并且地址按照这样的方式分配，用地址值标识资源在网络中的位置）。

电话号码提供了一个有用的类比。一个电话号码有 3～4 层的结构。电话号码包含 1 个
144 国际代码、1 个地区代码和 1 个用户号码。一些用户号码之后还有一个扩展号码。它扩展单个用户号码，以表示组织内的不同用户（它类似于用端口号扩展 IP 地址的方式，见后文）。在一组共享相同的国际代码和区域代码组合的电话号码中，用户号码是唯一的。理所当然，用户号码有可能与其他国际代码和区域代码组合中的用户号码重复。电话号码的层级结构用作高效地接通呼叫。国际代码是用来将一次呼叫接通到正确的国家的电话系统中。只有接通正确的国家，使用地区代码才有意义。一旦接通正确的地区，用户号码用来连接到特定的用户。如果电话号码使用扁平机制，也就是说，如果电话号码只是一个较长的数字串而没有模式，那么，其路由将非常困难。网络中的每个路由节点，需要访问一个完整电话号码的数据库，来决定如何接通来自网络中任意位置对它的呼叫。

飞利浦集成电路总线（Inter Integrated Circuit，I^2C）系统是一种短距离的串行总线通信系统，专为帮助微处理器和外设的连接而设计。I^2C 的地址方案提供了扁平编址系统的一个有用的例子。7 位地址范围限制了可寻址的设备总数为 127，因为地址 0 被用作全体呼叫（广播）。其应用通常是封闭嵌入式组件系统，例如，工厂自动化系统，用几个微控制器控制机器、传送带和机器人，并提供了控制、同步和监控功能。另一个使用案例是，在一台复杂的办公设备中，如多功能打印 / 复印机或折页机，其中几个微控制器通过短总线连接。这种系统的规模有限，因此，扁平的编址通常没有问题。

3.6.2 链路层地址

链路层提供了设备之间基于单条数据链路的连接。这可以包括整个局域网，例如以太网，范围直到布置路由器的边界点。链路层需要唯一地标识物理设备，并确保不能有两个设备有相同的物理地址。因此，MAC 地址被固化到一个特定网络硬件接口，且必须全球唯一。

有许多不同的网络硬件设备（网络适配器卡、路由器、交换机等）制造商，它们都需要 MAC 地址。解决 MAC 地址全球唯一问题的办法是把 MAC 地址前 3 字节集中分配给硬

件设备的制造商。这 3 字节的值称为组织唯一标识符（Organizationally Unique Identifier，OUI）。设备制造商负责确保第 2 组的 3 字节在 OUI 内部是唯一的。图 3-26 展示了一些典型的 MAC 地址。注意，有几个 MAC 地址的 OUI 相同，指明了相同的硬件制造商，但并不是说，没有总体的 MAC 地址模式，使得每一个 MAC 唯一。

OUI 纯粹是用来在不同厂家之间确保全球唯一性。因此，即使 MAC 地址在某种意义上有两个组成部分，它仍是一种是扁平编址方案，因为 OUI 在设备定位中不起作用。

3.6.3 网络层地址

网络层提供计算机之间的逻辑通信。也就是说，在逻辑层面上，网络被划分成多个设备
组（称为子网）。每组都有一套相关的地址，并且每组地址采用一些模式以便易于寻找一台指 145
定的计算机。这些都得益于 IP 地址的层级特性。所有处于一个特定子网中的计算机，其地址
都有相同的网络部分，但主机部分不同，使得它们的整体地址唯一。因此，计算机网络层的
地址是基于其所处网络的位置，而不是基于其物理网络适配器的身份标识，如图 3-26 所示。

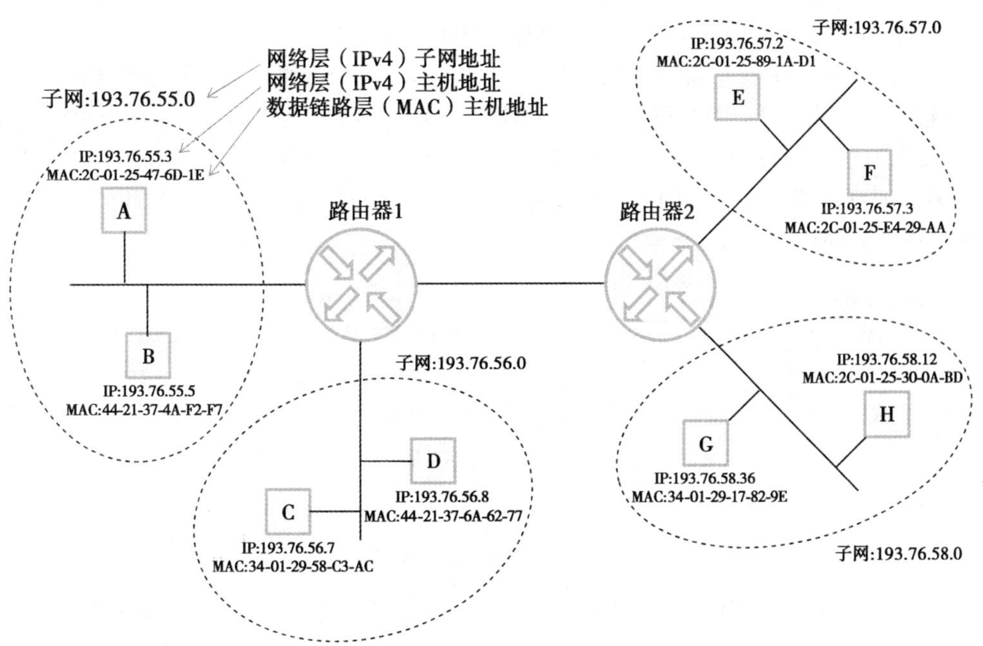

图 3-26　链路层地址和网络层地址

图 3-26 示例说明了链路层地址和网络层地址的区别，以及它们各自的作用。图表展示了网络层层级地址（IPv4）包含模式的方式。在网络部分（对于 IPv4 地址，为前 3 字节）基于它们所属的子网，这与它们所处网络的逻辑位置相关。子网地址被路由协议用来发送数据包到正确的子网。地址的主机部分（如图中展示的地址的第 4 个字节），在每个子网中都唯一，用于全部旅程中数据包的最后一步传递。也就是说，到达特定编址的主机。重要的是，为了实现这最后一步，每台计算机有一个链路技术层面的唯一地址，每个帧都必须用它编址。因而，MAC 地址有全球唯一的要求，因为无论什么设备放置在特定的子网，它一定不可能在该子网中存在 MAC 地址相同的其他设备。

MAC 地址包含了一个 OUI（6 字节中的前 3 字节，如前所述），产自同一生产厂商的设

备可以相同。图 3-26 描述了一个例子，其中几个 MAC 地址共享相同的 OUI，而其他的几个又不相同，这样做是为了说明一点：该部分模式在设备定位中没有发挥作用。

请注意，如果在同一网络中，假如我们用一台新计算机替换其中一台计算机，我们可以为新计算机分配与原主机相同的 IP 地址，但是它们的物理地址（MAC 地址）却不同。如果我们移动一台计算机到新位置，其 IP 地址将改变，以反映它的新位置，但它的物理地址仍
146 将保持不变（因为它使用相同的网络适配器）。

1. IP 地址

当前正在使用两个版本的 IP 地址：IPv4 和 IPv6。IPv6 引入使用的一个主要原因是 IPv4 提供的地址范围不能满足日益增长的 Internet 地址需求。这样，IPv6 支持了更广大的地址取值范围。

2. IPv4 地址

IPv4 地址长度为 32 位（4 字节）。一个 IPv4 地址写为 4 个十进制数字的格式，并由单个圆点分隔开，因此被称为点分十进制计数法。通常以 d.d.d.d 来表示，其中每个字母 d 代表一个范围在 0～255 之间的十进制数。例如，193.65.72.27。

在一定意义上，IPv4 地址是分层级的。它们包含了一个网络部分（如上所述，路由协议用来传递数据包到相应子网）和一个主机部分（用来传递数据包到子网内特定的主机）。根据 32 位地址中网络部分和主机部分的划分方式，IPv4 地址被划分为 A、B、C 类。而 D 类地址为多播编址预留，比如，用于一些路由协议中，以便这些路由器间能自我通信。地址划分类别如图 3-27 所示。

地址类别					地址范围	默认子网掩码
A	0 N	H	H	H	1.0.0.0~127.255.255.255	255.0.0.0
B	10 N	N	H	H	128.0.0.0~191.255.255.255	255.255.0.0
C	110N	N	N	H	192.0.0.0~223.255.255.255	255.255.255.0
D	1110	多播地址			224.0.0.0~239.255.255.255	

图例：N=网络地址字节　　H=主机地址字节

图 3-27　IPv4 地址类别

图 3-27 展示了 IPv4 中使用的三类主要地址和 D 类多播地址。地址类型能够通过检查高位字节的前几位来判定；用于这一目的的地址关键位如图所示；例如，如果地址以“10”开头，则它是 B 类地址。

子网掩码是一种位模式，用来分离一个地址的网络部分和主机部分。尤其重要的是，路由器能够判定地址中的网络部分，其判断方法是借助子网掩码中设置为“二进制 1”部分（其中，十进制数“255”表示为二进制模式为“11111111”）。图 3-27 右边显示的是 A、B、C 三类地址的默认子网掩码。

一些计算机安装多个网络适配器（每个都有自己的 IP 地址），可以在任何适配器上接收数据包。分布式应用程序的开发人员通常不关心用来接收特定数据包的物理接口。然而，这种情况下，计算机分配了多个 IP 地址，如果套接字地址结构中设置的是某一个适配器的特定的 IP 地址，会出问题。特殊 IP 地址 INADDR_ANY 可用于绑定一个套接字，向 TCP 或 UDP 指明，该套接字能够接收该计算机上的任何 IP 地址。注意，如果一个绑定 INADDR_

ANY 的套接字用于发送，使用的实际地址（发送数据包的源地址）将是计算机的默认 IP 地址，就是该计算机中编号最低的地址。 147

如果希望发送一条消息的目的进程在同一台计算机上（称为“本地”），可以使用特定的环回地址 127.0.0.1。这导致发出的消息将被网络适配器转回（环回），而实际上没有在网络上外部传送。环回地址最常见的用法是用于测试与诊断。

3. IPv6 地址

IPv6 地址长度为 128 位（16 字节）。IPv6 地址写成 8 个十六进制数格式，由单个冒号分隔。一般表示为 x:x:x:x:x:x:x:x，其中 x 代表一个范围在 0H～FFFFH 之间的十六进制数。例如 FF36:0:0:0:11CE:0:E245:4BC7。IPv6 表示的地址范围如此广大，以至部分有效地址的范围可能在未来一段时间中闲置，导致地址中出现多个“0”，这种情况下，可以使用压缩形式，替换“0”位串（最长的字串）为符号“::”。上面的例子也因此写成 FF36::11CE:0:E245:4BC7。因为只能修改一个连续为“0”的串，它能够无歧义地被转换回原 8 位十六进制数的表示。

4. IP 地址和 MAC 地址之间的转换

地址解析协议（Address Resolution Protocol，ARP）能将一个 IP 地址转换成对应的 MAC 地址。当发送设备（计算机或路由器）需要创建一个帧（链路层消息），用来搬运数据包（网络层消息）到另一个设备时，而发送者只知道对方的 IP 地址，就需要设法找到目标设备的 MAC 地址。这时可以使用 ARP 协议。

3.6.4 传输层地址（端口）

分布式应用程序包含 2 个或多个进程。每个进程必须有一个唯一的地址，以便消息能够被发送到该进程。传输层提供进程到进程的通信。因此，从分布式应用程序开发者的角度，传输层也许是最重要的一层。

IP 地址指定了一台特定计算机。因此，IP 地址就足够能使一个数据包到达正确的计算机并且配置了特定 IP 地址的所有消息，都将递交到同一台计算机。然而，现代的计算机同时支持多进程，常常只有一个进程是消息的最终接收者。因此，需要进一步的地址细节，为计算机的每个进程提供一个唯一地址，以方便通信。也就是说，去确保消息能够传递给恰当的进程。地址的附加部分称为端口，也就是说，端口是 IP 地址的扩展，一旦数据包携带的信息到达目标主机，端口指定由哪个进程接收消息。

给一个有用的类比（扩展前面提供的邮政地址情景），有一栋几个人合住的房子，每人有一个房间，编号为 1～4。信件的邮寄人发送给其中的一个人，将写上房间号作为附加的一行地址。邮政系统（类似于 IP 协议）会忽略房间号细节，这对于邮递员没有意义，他的工作是根据街道地址把信件寄到正确的房子，但他并不知道房子内部房间的分配情况。一旦信箱中收到了信，居住者就能够检查房间号码细节（类似于端口），确定哪个人（类似于进程）应该接收这封信。

图 3-28 示例了一种场景，其中有若干个进程分布在两台计算机上，需求是发送一条消息（消息封装在数据包中）给一个特定的进程。由于两台计算机的 IP 地址不同，该 IP 148
地址（将包含在 IP 数据包头中）足以将信息传递到正确的计算机。端口号包含在传输层协议中（即 TCP 或 UDP），因为该层关注的是进程到进程的通信。一旦数据包到达了目的主

机，传输层头部将被检查，操作系统将提取其中的信息，并根据端口号递交消息给适当的进程。注意，虽然 IP 地址必须全球唯一，但仅仅需要的是，端口号必须在本地唯一（也就是说，在同一台计算机上不能有任何两个端口号相同）。在图中，每台计算机上都有一个端口号为 1933 的进程。注意，即使是这种情况下，这个 IP 地址和端口号的组合仍然是全球唯一的。

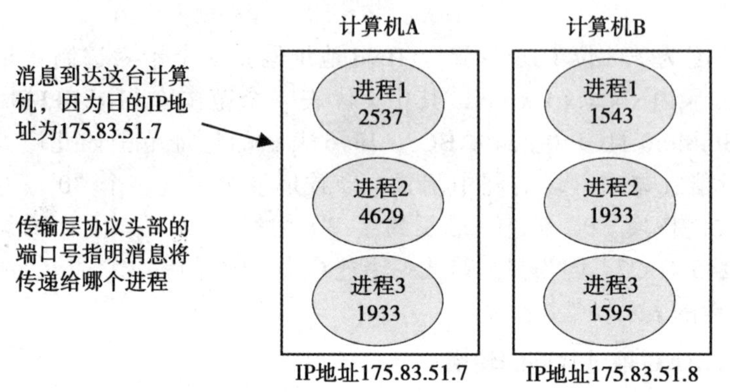

图 3-28 端口标识位于特定计算机上的特定进程

端口号可以写成 IPv4 地址的一个扩展，用冒号分隔地址和端口号：

记法 IPv4 地址：端口号 例子 193.65.72.27:23

端口号用十进制数来表示，上面的例子代表 Telnet 协议。

这样的写法是清晰的，因为地址部分的数字分隔符是一个点。然而，IPv6 采用冒号作为其地址部分的分隔符，因此，再使用冒号分隔端口号将产生混淆。有几种方式可用来书写 IPv6 地址和端口号组合。首选的技术是将 IPv6 地址置入一个方括号内，后跟一个冒号，然后跟端口号。

记法 [IPv6 地址]: 端口号 例子 [FF36:0:0:0:11CE:0:E245:4BC7]:80

端口号用十进制数来表示，上面的例子代表 HTTP 协议。

3.6.5 熟知端口号

端口号（在 TCP 和 UDP 中）是 16 位的值，意味着每台计算机有大约 65000 个端口号可以使用。除了一部分的端口号范围被保留用于公共协议和服务之外，定制的应用程序可以使
149 用绝大多数端口号。所以，特殊的值可以映射到特定的服务。这大大简化了分布式系统及其零部件的开发，由于服务器端将要绑定的端口号（客户端也将连接到该端口号）是预先知道的和固定的，提供多种多样的服务，因此，可以设计到软件中，减少运行时的发现量和需要的配置量。

熟知端口号的范围是 1～1023。图 3-29 示例了各种各样的服务。它们分配了熟知端口号，以方便服务定位和客户端 / 服务器绑定。这些熟知端口号可以认为是为最流行的服务优先保留的主要集合。还有一个次要端口集合，被称为注册端口。它们为更大的一组不太公共的服务保留。它们占用的端口号范围是 1024～49 151。一个注册端口的例子见图 3-30。

端口号大于 49 151 的端口被称为动态端口，可用于任何应用程序或服务中。如果你正在开发一个实验系统，或专为一个特定公司的服务，那么它应该使用动态端口范围内的值。

端口	服务	端口	服务
5	远程作业输入	118	结构化查询语言（SQL）服务
7	回显	123	网络时间协议（NTP）
20	文件传输协议（FTP）数据	264	边界网关多播协议（BGMP），路由
21	文件传输协议（FTP）命令	389	轻量级目录访问协议（LDAP）
23	Telnet	513	rlogin（远程访问）
25	简单邮件传输协议（SMTP）	520	路由信息协议（RIP）
53	域名系统（DNS）	521	下一代路由信息协议（RIPng）
69	简单文件传输协议（TFTP）	530	远程过程调用（RPC）
80	超文本传输协议（HTTP）	546	动态主机配置协议V6客户端（DHCPv6）
88	Kerberos认证（认证系统）	547	动态主机配置协议V6服务器（DHCPv6）
110	邮局协议版本3（POP3）	944	网络文件服务（NFS）
111	ONC远程过程调用（SUN RPC）	976	网络文件服务（NFS）IPv6
115	简单文件传输协议（SFTP）		

图 3-29　挑选的一些熟知端口的分配

端口	服务
2483	Oracle数据库服务
3306	MySQL数据库系统
3690	Subversion（SVN）版本控制系统
3702	Web服务的动态发现（WS-发现）
5353	多播DNS（mDNS）
8080	HTTP（交替），例如，当以非root用户身份运行Web服务器时
8332	比特币JSON-RPC服务器

图 3-30　挑选的注册端口的分配 150

3.7 套接字

套接字是内存中的一个结构，表示通信端点（即套接字是通信系统用以识别进程的手段）。中心概念是，套接字属于连接在一起的各个通信进程，用来创建进程间的通信渠道。

TCP 和 UDP 在传输层运行，因此，套接字是虚拟的。套接字仅以一种数据结构的形式存在，并且它是建立进程间逻辑关联的一种手段。不要把虚拟套接字和物理接头混淆，也就是说，一个虚拟的套接字并不是一个实物接口，比如以太网接口。

图 3-31 说明了虚拟套接字的概念。从通信为目的标识进程的角度看，套接字代表进程。这意味着套接字实际上是进程到通信系统的接口。套接字与进程地址相关联。该地址包括 IP 地址（用于识别主机）和端口号。端口号在每台主机上是唯一的，从而标识特定进程。每个进程根据通信需要创建多个套接字。图中展示了进程间通过套接字与其他进程通信的方式。这些进程可以在同一台计算机上，也可以在不同的计算机上。这种特性对充分理解通信的“虚拟”本质是非常重要的。传输层协议代表进程以一种访问透明的方式发送和接收消息，也就是说，无论其通信对象在本地还是在远程，从进程的视角看，其通信机制是完全一样的。

套接字的阻塞和非阻塞 IO 模式对比

网络通信是 IO 的一种形式。将消息写入网络适配器，以便通过网络传输。这从感觉上类似于写一个文件到磁盘中。这两种情况都涉及慢速的外部设备，需要借助设备驱动的特定处理。等待网络消息的到来，也从感觉上类似于从磁盘中读取文件。这两种情况都存在明显的延迟，因为参与运行的设备的速度，相对处理器来说更为缓慢。

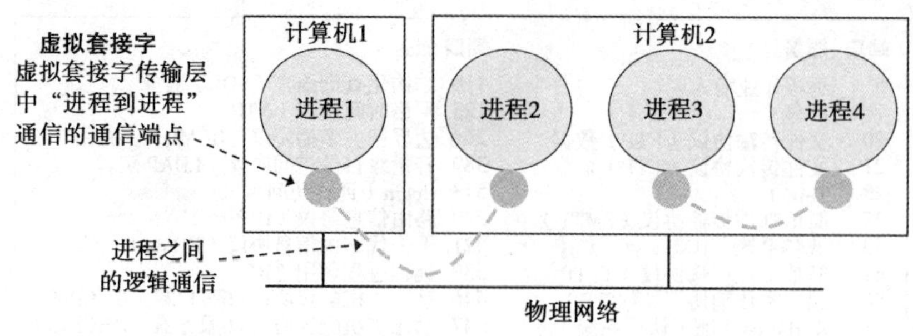

图 3-31 提供进程间连接的虚拟套接字

套接字能够配置运行于两种IO模式之一，即阻塞模式和非阻塞模式。这两种模式之间
151 的选择影响调度器对持有者进程的处理。如果套接字为阻塞模式，只要进程不得不等待一个事件，如接收消息，它就会进入阻塞状态，然而，如果套接字为非阻塞模式，进程可以在事件等待的过程中继续展开其他活动。

无论是TCP还是UDP，通信协议本身的行为不被套接字的IO模式所影响。套接字IO模式会在后面更详细地讨论。

3.7.1 套接字 API：概述

套接字应用程序接口（Application Programmer Interface，API）是一个库例程集合（称为套接字原语）。程序员使用这套例程库在应用程序中配置和使用TCP和UDP通信协议。

套接字API的各个版本在几乎所有平台都可用，并且被几乎所有的高级编程语言所支持，使得TCP和UDP协议簇在应用程序开发人员中近乎普及可用。

在传输层上的主要发展优势是高灵活性和便于控制。在这一层，通信被分解成独立消息级别，它们能够组合在一起成为创建任何所需协议的基本元素。例如，RPC、RMI和中间件等高层通信机制都构建在TCP协议之上，并使用套接字原语开发。一些应用程序需要特定的通信模式和行为。它们还未在现有的应用层通信协议中提供。使用套接字API，有可能将特定的应用程序需要的自定义通信协议嵌入每个组件的程序代码中。针对该方法，案例研究游戏提供了一个有趣的例子。

然而，在传输层上构建通信逻辑是具有挑战性的，因为开发人员需要理解低层通信特性，尤其是可能出现的错误类型、导致的运行时行为，以及这些最终对应用程序本身的可靠性和正确性产生的影响。开发人员必须确保故障和失效能够被健壮地应付，有效地小心使用系统资源，尤其在网络带宽方面。

套接字API的原语在附录中单独解释。其中为每一个原语提供了带注释的示例代码。

3.7.2 套接字 API：UDP 原语序列

本节介绍了实现基于UDP的通信时，套接字原语的典型使用序列。

- socket原语用于创建一个套接字。当执行诸如连接、发送、接收等动作时，所有其他的原语需要这个套接字的标识。

  套接字的配置是重要的，它可以配置成基于TCP流的套接字运行，也可以配置成基于UDP数据报的套接字运行。它还能通过ioctlsocket功能，配置成以阻塞和非阻塞的IO模式运行。

- bind 原语用于将进程映射到一个端口（本章后续会详细讨论绑定）。 152
- sendto 原语用于向另一进程发送数据。
- recvfrom 原语用于从接收缓冲区中取回数据。
- closesocket 原语用于关闭该套接字。

图 3-32 展示了两个进程之间典型交互可能出现的 UDP 原语调用序列。在通信开始前，每个进程创建一个套接字。作为即将发生的通信过程逻辑端点，套接字是必要的。然后，每一个进程将其套接字绑定到它的本地地址（包括计算机的 IP 地址和端口号，特定进程使用该地址接收消息）。绑定是必要的，因为当进程随后发出一个 recvfrom 原语请求时，本机的操作系统必须有一个进程和进程使用的端口之间的映射关系，以便操作系统能够投递消息给正确的进程。这两个进程现在可以以任何必要的顺序发出 sendto 和 recvfrom 原语请求，实现应用程序的通信需求。例如，如果以一系列片段形式传输大文件，进程 1 也许发送第 1 个片段，并且进程 2 可能发送回 1 个确认（UDP 未提供内置的确认），该过程可能会反复多次，直到文件传输完毕。最后，各个进程使用 closesocket 原语关闭其套接字。

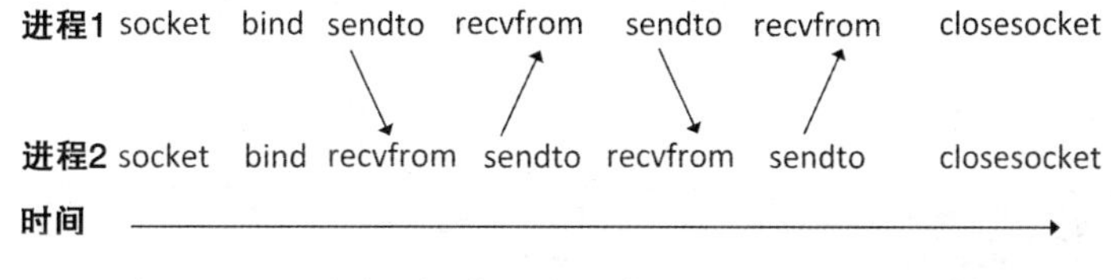

图 3-32　一对进程间典型交互中的 UDP 原语调用序列

需要注意的是，在图 3-32 中（以及所有类似的图中，箭头用来描述一个不同于时间线的通信事件），箭头在时间轴方向上有所倾斜。这是在强调所有通信都有一些延迟。因此，一条消息的实际发送，总是发生在早于消息到达其目的地前的一小段时间。活动 C3 介绍了 UDP 和报文缓冲。 153

活动C3 使用网络版 Workbench 探讨 UDP 和报文缓冲

前提条件。从本书教辅材料网站下载网络版 Workbench 和支持文档。阅读文档“网络版 Workbench 的活动和实验”。

学习目标。

1. 初步理解 UDP 协议。
2. 理解数据报的概念，以及不必建立连接情况下的消息发送和接收。
3. 初步理解消息缓冲，以及如何用于 UDP 数据报。
4. 基本熟悉网络版 Workbench。

方法。这项活动按 3 个步骤展开：

1. UDP 实验。在网络版 Workbench 中，使用两个“UDP Workbench”应用程序实例（用 UDP 选项卡），探讨 UDP 的基本通信功能。理想情况下，使用两台计算机（但如果需要，你可以在同一台计算机上运行这两个实例）。建立一个简单双向通信，其中每个用户能够彼此发送和接收消息。

确认选中了“Unicast”单选按钮。你需要在每个 UDP Workbench 实例上配置发送 IP 地址（Address 1），用来存放其他实例所在计算机的 IP 地址。你还将需要设置合适的发送 / 接收端口。如果在两台不同的计算机上运行这两个实例，使用全相同的端口号启动；否则，按照下面的截图设置端口号。设置好接收端口号后，你需要单击“Enable Receiver”按钮。屏幕截图展示了两个 UDP Workbench 实例在单台计算机上的配置。两个方向均发送了单条消息。

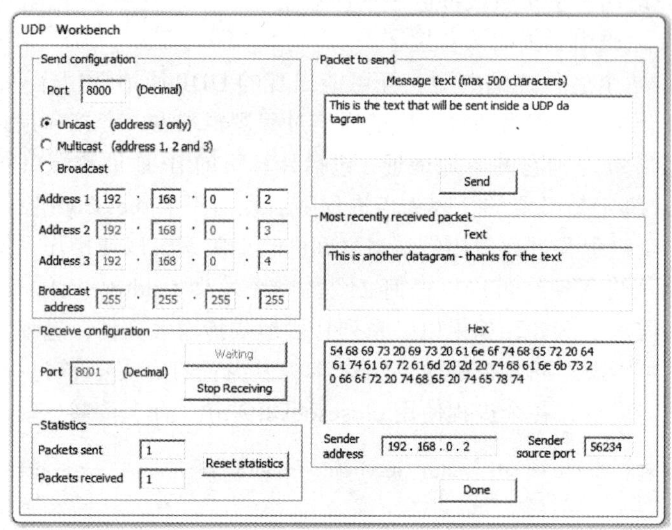

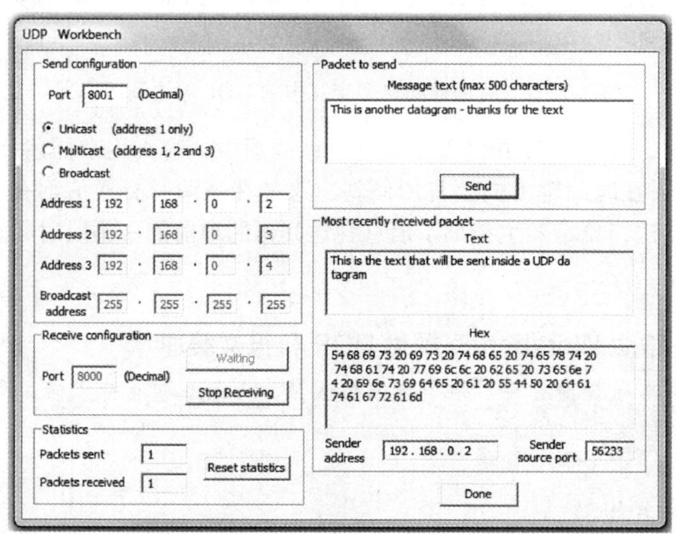

2. 缓冲（部分 1）。这一部分，你需要使用一个 UDP Workbench 的副本（将用于发送消息）和一个非阻塞接收端（Non-Blocking Receiver）副本，也可在网络版 Workbench 中使用 UDP 选项卡（这将用于接收消息）。

这两个应用程序可以在相同或不同的计算机上运行，但在继续操作前，需要确保 IP 地址和端口设置正确（确保 UDP Workbench 发送 IP 地址就是“非阻塞接收端”所在计算机的 IP 地址，而且 UDP Workbench 的发送端口号与非阻塞接收者的接收端口号相同）。

务必严格遵守下列步骤。启动非阻塞接收端，但不按下任何按钮。

1）使用单播寻址模式，使用 UDP Workbench 发送一条包含“A”的消息到接收端（发送端口应该是 8000）。

154 2）确保“非阻塞接收端”的接收端口已设置为 8000，并单击“Bind”。

3）在“非阻塞接收端”上单击“Receive”，它收到“A”了吗？如果没有，为什么呢？

4）发送一条包含“B”的消息到接收端。

5）在接收者中发生了什么？

6）单击“Receive”，发生了什么？

其结果与上面的步骤3结果不一样。为什么？

7）发送包含“C”的消息到接收端。

8）发送包含“D”的消息到接收端。

9）单击“Receive”，发生了什么？

10）再次单击“Receive”，会发生什么？

下面的截图展示了两个应用程序在同一台计算机上的配置（步骤6后）。

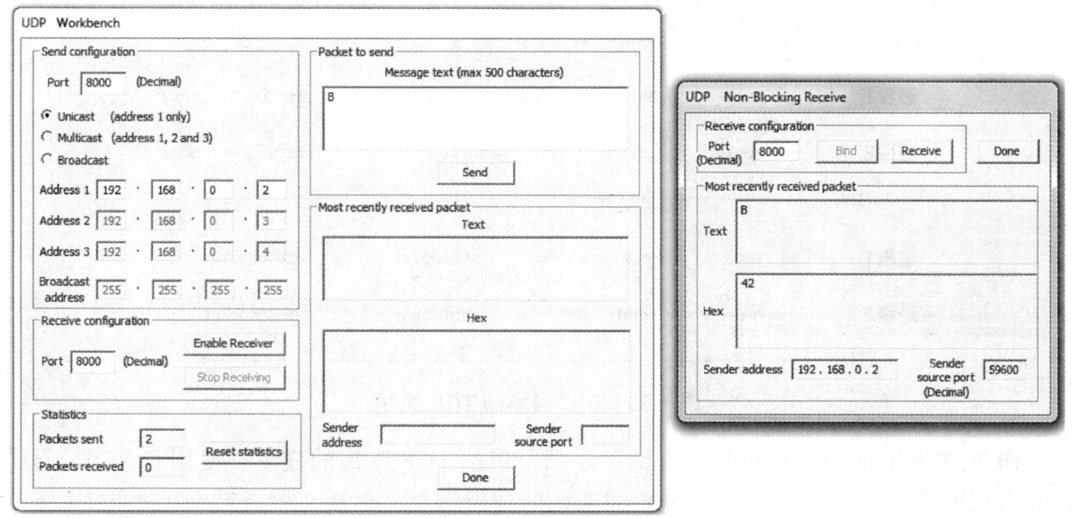

3. 缓冲（部分2）。使用与实验“缓冲（部分1）”相同的配置。

1）启动“非阻塞接收端”，并单击“Bind”。

2）使用UDP Workbench，快速连续地多次发送一条消息到接收端。

3）现在，单击“Receive”，发生了什么？再单击一次呢？

4）根据数据包排队和缓冲原理，描述这里发生了什么。

5）你认为缓冲区在哪里？是发送端还是接收端？设计一个简单的实验，来证实你的假设？（提示：发送一条消息后，但在该消息被接收端显示前，如果发送端被关闭，发生了什么？）

6）在整个传输过程中，UDP片段边界维持了吗（包括可能发生任何缓冲）？或者，它们可能被进一步分割或连接了吗？换句话说，它们从缓冲区被取回时，报文是保持独立，还是被合并了？尝试通过实证研究来证实你的答案（即展开更多实验找到答案）。

预期结果。通过这些实验，你应该对UDP如何工作和数据报如何发送和接收得到了初步理解。第二和第三个活动特别关注于缓冲行为。你应已发现，数据报缓冲在接收端，并且在缓冲区保持独立，所以每个数据报必须一个个地被取回。

思考。作为参加本活动的结果，为在一对进程间建立和使用UDP通信，你应该能够以正确顺序列举需要执行的不同动作。从“每个进程创建一个套接字”开始，尝试列举所需的

155 步骤。你或许希望回到活动，展开进一步探索。■

3.7.3 套接字 API：TCP 原语序列

本节介绍了实现基于 TCP 的通信时，套接字原语的典型使用序列。

- socket 原语用于创建一个套接字。
- bind 原语是用来将一个进程映射到一个端口。
- listen 原语、connect 原语和 accept 原语用来建立一个连接。
- send 原语用于向另一进程发送数据。
- recv 原语用于从接收缓冲区中取回数据。
- shutdown 原语用于关闭连接。
- closesocket 原语用于关闭该套接字。

TCP 通信的典型序列如图 3-33 所示。

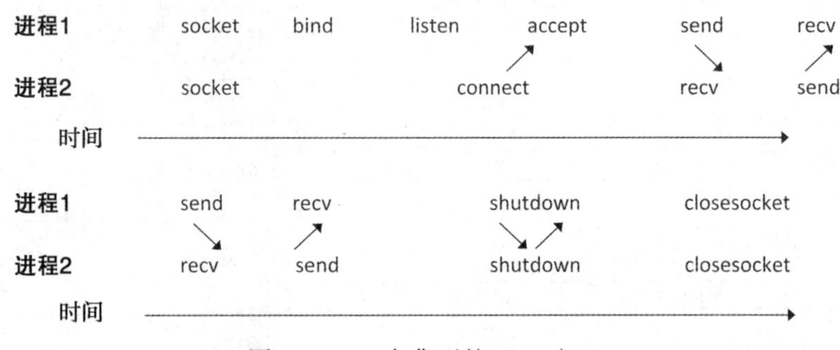

图 3-33 一个典型的 TCP 交互

图 3-33 展示了一个典型的原语调用序列，包括 TCP 连接的建立、使用和关闭。每个进程首先创建一个套接字，作为进程间连接的逻辑端点。然后，服务器端（进程 1）绑定其套接字到本地地址（包括计算机的 IP 地址和特定进程用以接收消息的端口号）。如果 bind 原语成功，服务器端进程将会执行 listen 原语。客户端（进程 2）随后执行 connect 原语，进而在两个进程间建立连接。随后，服务器端执行 accept 原语，来应对新创建的连接，其中包括在服务器端创建一个新的专用套接字供该连接使用。此时，进程可根据应用程序的通信需要，使用 send 和 recv 请求，以任何必要的顺序通信。随后，各方可以调用 shutdown 原语关闭连接。最后，各进程使用 closesocket 原语关闭套接字。活动 C4 介绍 TCP 和流缓冲。

活动 C4 使用网络版 Workbench 探讨 TCP 协议、TCP 连接和流缓冲

前提条件。从本书教辅材料网站下载网络版 Workbench 和支持文档。阅读文档“网络版 Workbench 的活动和实验”。

学习目标。

1. 初步理解 TCP 协议。
2. 理解 TCP 连接的概念。
3. 理解使用连接发送和接收消息。
4. 初步理解消息缓冲和如何用于 TCP 数据流。

方法。此活动探讨 TCP 及使用“TCP：Active Open”和“TCP：Passive Open”应

用程序（每个应用程序都在网络版 Workbench 的“TCP”选项卡中找到）。“TCP：Active Open”程序发起连接建立，这通常是客户端/服务器应用程序的客户端。“TCP：Passive Open”程序等待连接请求，这通常是服务器端。

活动按照 3 个步骤展开：

1. 理解 TCP 原语的行为和其中使用的原语序列。TCP 的 API 以一套原语实现（简单函 156
数）。这些原语（如 bind、listen、accept、connect、send 和 recv）必须在两个端点进程之间以有效的顺序发生，以便建立和使用连接。例如，Passive Open 端必须创建一个套接字，然后在其他特定步骤发生之前，bind 该套接字到一个端口。

本实验旨在让学生能够研究以不同顺序使用原语的效果。其目的是让学生通过逻辑推理来辨别正确顺序。

1）启动两份网络版 Workbench 的实例，最好在两台计算机上（一台用于 TCP：Active Open，另一台用于 TCP：Passive Open）。

2）使用实例程序创建连接、发送和接收数据包，并关闭连接。

3）研究引向成功通信的事件顺序。做充分的实验证明你的观点。

下面的截图展示了两个进程刚刚建立了连接，以及在个方向各发送了单条消息。

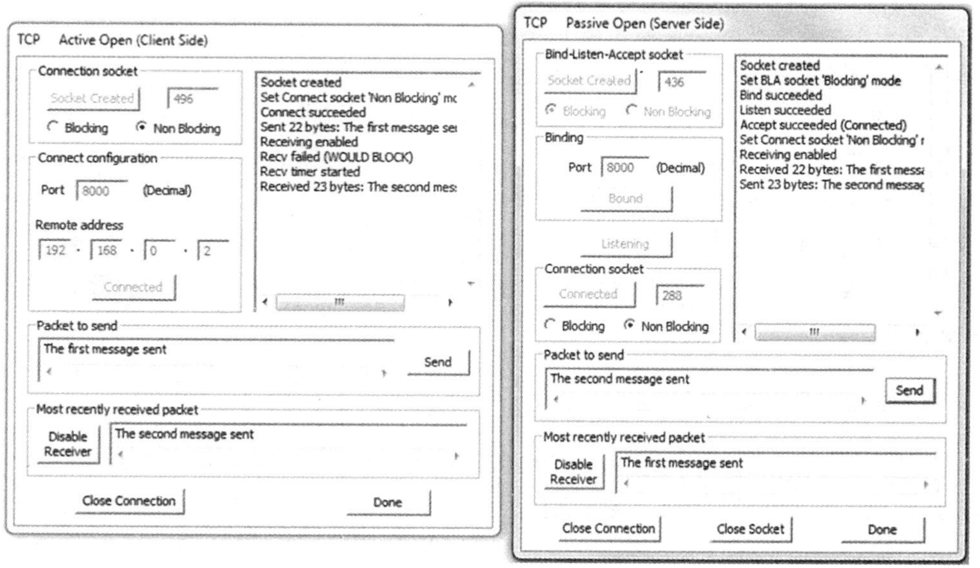

2. 理解流行为和流通信。

1）启动两份网络版 Workbench 的实例，最好在两台计算机上（一台用于 TCP: Active Open，另一台用于 TCP: Passive Open）。

2）建立连接。

3）设置 Active Open 端的套接字为非阻塞。

4）在 Active Open 端启用接收器，并向其发送一个数据包。

5）注意，数据包刚一发送，就被传递到了。

6）在 Active Open 端禁用接收器，然后向它发送 2 个数据包。

7）启用接收器。

Q1. 发生了什么（究竟是什么传递给了应用程序）？

Q2. 这说明流通信具有什么性质？

3. 理解连接和监听 (listen) 与接受 (accept) 之间的关系。

1）启动两份网络版 Workbench 的实例，最好在两台计算机上（一台用于 TCP: Active Open，另一台用于 TCP: Passive Open）。

2）在 Active 端和 Passive 端均创建套接字。

3）在 Active 端尝试连接，发生了什么，为什么？

4）在 Passive 端绑定（bind）。

5）在 Active 端尝试连接，发生了什么，为什么？

157 6）在 Passive 端监听（listen）和接受（accept）。

7）在 Active 端尝试连接，发生了什么，为什么？

8）两端都关闭连接和套接字。

9）重复步骤 2 和 4，然后在 Passive 端上监听（listen）。

10）在 Active 端尝试连接，发生了什么，为什么？

11）在 Passive 端上接受（accept），发生了什么，为什么？你现在应该对监听（listen）和接受（accept）之间的关系有了一个更好的理解。

Q1. 陈述各自的作用。

Q2. 为什么把建立连接分成两个独立的步骤是重要的？（提示：思考在客户端 / 服务器应用程序中，进程的典型行为和生命期。）

预期结果。通过这些实验，你应该初步理解了 TCP 如何工作、TCP 连接的本质，以及创建连接所需要的步骤。你还应该发现，流片段缓存在接收端期间，它们变得连接在一起，以便整个缓冲区的内容能够被一次取回。

思考。因此，通过这项实验活动，你应该能够以正确顺序列举使用 TCP 需要执行的不同动作。特别是执行次序在创建连接中很重要。继续探索，直到你明白这些概念和事件顺序为止。■

3.7.4 绑定（进程到端口）

绑定是一个术语，用来描述进程和端口之间建立关联，由本地操作系统执行（即特定进程宿驻计算机的操作系统）。端口在消息接收机制中尤为重要，因为操作系统必须知道特定到达的消息应该传递到哪一个进程。它通过解析接收到的消息的传输层头部中的端口号实现（例如，TCP 和 UDP 的头部都有目的端口号）。操作系统查找端口表，找到匹配项。针对每一个“进程 - 端口”关系，端口表中都有一个条目。所以，如果一个进程与特定的端口号关联，操作系统就能够获得该进程的 PID，从而把消息传递给该进程。

bind 原语（在前面的大纲中讨论过，也可见附录）是一个进程向其操作系统请求使用一个端口的方法。操作系统必须在应答该请求之前检查几个约束条件。首先，操作系统必须保证该端口没有被其他进程使用；每个端口只能映射到一个进程，否则操作系统将不知道如何递交消息。如果允许两个进程同时使用相同的端口号，就类似于在同一街道上有两座房子使用相同的门牌号：邮递员如何知道该怎样投递信件？另一个类比是给两个人相同的电话号码：当他们主动拨号时没有问题，但当有人试图打电话给他们时，会发生什么事情？

至此，你可能会问为什么需要端口号？既然创建进程时，创建了进程的ID（因此操作系统也知道），也能保证进程ID唯一，且在其整个生命周期中不能改变，那么为什么不在发送消息时，用进程ID（PID）编址？乍看起来，这是一个很好的问题。答案是由于操作系统在创建进程时，以简单循环的方式自动为其分配一个ID，不可能预先知道任何特定进程的PID值。事实上，如果回想在进程视角章节中程序和进程的讨论，你就会回想到，同一个程序可以被并发执行好几次，甚至在同一台计算机上，启动多个进程（每个进程有不同的PID）。即使该程序同时只运行一次，每一次运行时分配给该进程不同ID的可能性，远远大于碰巧分配相同ID的可能性。进一步考虑，如果我们在几台不同的计算机上同时执行相同的程序，每个进程可能会有不同的PID。尽管在所有情况下，每个PID都能保证进程的本地唯一性，然而位于不同计算机上的发送进程无法知道该PID是什么。如果PID用作交付地址，则不得不做大量的额外工作，使得发送进程能够找出特定远程运行进程对应的PID。相反，因为端口号是进程对操作系统提出绑定请求时自己提供的，它可以预先知晓；特别是，应用程序编写过程中能知道端口号，从而能够嵌入发送和接收程序的逻辑中。这就是为什么某些端口号是"熟知"的，并为特定应用程序保留（见早期讨论）。作为例子，FTP服务器使用了熟知端口号20（用于数据传输）和21（用于控制和命令）。FTP客户端就不需要执行任何复杂的查找，以找出远程文件服务器进程的PID，它只需简单地发送消息到相应的端口。不用知道任何FTP服务器本身的内部运作，就能开发一个新的FTP客户端。只要使用了FTP通信协议，并正确利用20和21端口对服务器寻址，客户端就能够连接到FTP服务器，并执行FTP命令。 158

根据目的IP地址，过滤到来的消息（这由IP设备的驱动程序执行）。对于那些目的地址与本机地址匹配的消息，操作系统承担起递交该消息到相应进程的责任。操作系统在它自己的端口表中，查找该消息在传输层头部标识的目的端口号。如果找到该特定端口的条目，消息就会递交给相应的进程（用其在端口表中的PID标识）。如果在端口表中没有找到该端口号，该消息就被丢弃。基本机制如图3-34所示。

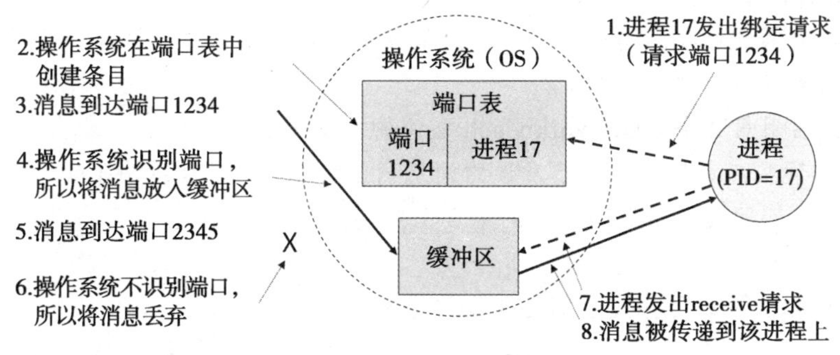

图3-34 绑定一个进程到端口

图3-34说明了一个进程绑定到端口的机制。在步骤1中，用PID（17）标识的进程发出一个绑定请求，要求使用端口1234。在步骤2中，操作系统查看该端口是否已用。如果该端口未使用，操作系统在端口表中创建一个条目，并在绑定调用完成时返回"success"（以便进程知道它分配到了该端口）。随后，一条消息到了，寻址到端口1234（步骤3）。操作系统搜索端口表，找到进程17在使用该端口号，于是消息被存放到该进程的缓冲区。如果在端口表中不存在到达消息寻址的端口号条目（如步骤5），它被丢弃（步骤6）。在缓冲 159

区中存储该消息会占用宝贵的空间，且没有意义，因为没有进程对这条消息感兴趣。当进程17发出接收请求时（步骤7），消息被传递给该进程（步骤8）。

尽管在其他章节讨论过，这里仍值得一提的是，绑定操作的示例（如图3-34所示）强调了重要的一点：操作系统对到来消息的缓存，把目标进程从自网络接收消息的实际机制中解耦出来。只要进程已发出一个成功的绑定请求，操作系统就会代表进程从网络中接收消息。这种绑定的重要性出于两个主要原因：单一进程不能直接访问或控制网络适配器及其IP驱动程序；消息实际到达时，进程可能不在"运行"状态，如果没有绑定的情况下，消息就不能移入预计到达的缓冲区。活动C5探讨绑定操作。

活动C5 使用网络版 Workbench 探索绑定操作

前提条件。在尝试本活动前，你应该完成了活动C3，并对UDP有了还算不错的理解。

学习目标。

1. 理解进程绑定端口的必要性。
2. 初步理解绑定的操作。
3. 使用绑定操作在进程和端口间建立链接。
4. 理解为什么传入的消息在执行绑定前被忽略。
5. 理解绑定可能失败的常见原因。
6. 理解相同的端口号可以重复使用于不同的计算机，也就是说，端口号和IP地址的组合必须是唯一的。

方法。本活动分为两部分展开：

1. 绑定的根本目的。使用两份"UDP Workbench"应用程序实例，均运行在同一台计算机上。

设置适当的IP地址和端口号。两个IP地址均应设置为本地计算机的地址。设置第1个UDP Workbench实例的发送端口为8000，接收端口为8001。设置第2个UDP Workbench实例的发送端口为8001，接收端口为8000。

1）在两个实例的接收端均未启动之前，从第1个实例发送一条消息到第2个实例。

Q1. 发生了什么（信息到了吗）？

2）现在，启用第2个UDP Workbench实例的接收端。

Q2. 如果你现在启动接收端，已发送的消息到了吗（即消息被缓冲了吗）？

3）从第1个实例发送第2条消息到第2个实例。

Q3. 发生了什么结果（信息到了吗）？

160 Q4. 这一行为告诉你哪些关于绑定操作的意义？

2. 端口的专用性。使用两份"Non-Blocking Receiver"（在网络版Workbench的UDP标签下可找到）实例，均运行在同一台计算机上。

1）启动一个Non-Blocking Receiver的实例，并保持其接收端口为默认值。

2）单击"Bind"按钮。

3）在同一台计算机上启动第2份Non-Blocking Receiver实例。确保其接收端口号与第1份实例相同。

4）单击"Bind"按钮。

Q1. 发生了什么？为什么该行为正确且必要？

Q2. 假如第 2 个接收器在一台不同的计算机上，你认为会发生什么？

Q3. 凭借经验证明你的假设（经过试验检验你的答案）。发生了什么？

下面的截图展示了第 2 次尝试绑定相同端口后的情形。

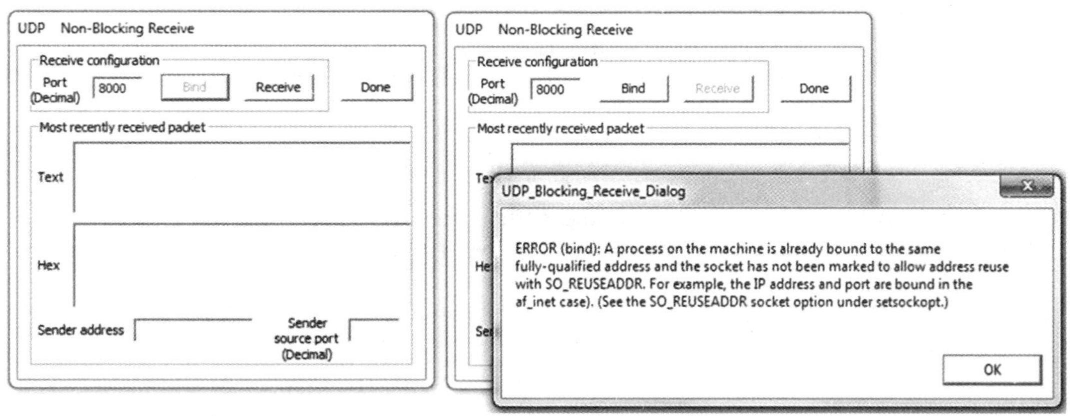

预期结果。从部分 1 中，你应该已经发现，在绑定操作执行前发往一个端口的消息被忽略了。也就是说，它们没有被放置到缓冲区。这是因为操作系统不知道接收器进程正在等待这些消息，直到该进程绑定到特定端口。

从部分 2 中，你应该已经发现，在每台计算机上，你只能绑定一个进程到任意一个特定端口。如果两个进程尝试绑定到同一个端口，则第二次尝试会被拒绝。这很重要，因为操作系统需要知道把收到的消息递交给哪个进程。做到这些，靠的是消息中的端口号。如果允许两个进程绑定到同一端口，则操作系统无法知道到来的消息传递给哪个进程。

从部分 2 中，你可能也已经发现，允许相同的端口号在不同的计算机上重复使用。例如，在不同计算机上的两个进程能够同时绑定到相同的端口号。这正是说，端口号和 IP 地址的组合必须是唯一的。

思考。着重理解操作系统通过每条消息中包含的端口号标识接收进程的方式，以及绑定操作在进程和端口间建立关联所起的作用。 ■

3.8 阻塞和非阻塞套接字行为

上面的讨论解释了接收一条消息并传递给一个进程的基本机制（见图 3-34）。然而，消息传递给进程的方式还受到其他因素的影响，从而导致一些行为变化。这正是本节要讨论的。 161

套接字可以配置成以两种 IO 模式运行：阻塞和非阻塞。如果尝试了使用套接字的操作且不能立即完成，就会影响操作系统对待套接字的拥有者进程的方式。例如，进程可能发出一个接收请求并等待消息到达。当该进程实际发出接收请求时，它必须处于运行状态（因为它只能够在使用 CPU 时执行指令）。这意味着，该进程必须要么在等待消息到达时能够做一些有用的事情，或者必须被转换到阻塞进程状态，直到该消息到达。程序员在决定使用哪种套接字 IO 模式时，在这两种方法之间做出选择。

每当请求不能立即完成，处于阻塞模式的套接字将导致其进程被操作系统转移到阻塞状态。这意味着，该进程将被保持在原语请求（例如，accept、recv 或 recvfrom）发生的位置，直到它等待的事件发生。换句话说，将原语请求看作是有效的子例程调用，直到事件完成（比如接收一条消息），调用才会返回。这里没有关于进程必须等待多长时间的限制。

每当请求不能立即完成时，处于非阻塞模式下的套接字会导致操作系统向进程返回一条错误信息（type = “WOULD_BLOCK”）。这里的重点是，该进程不会遭遇任何延迟（它不等待事件发生）。相反，该进程必须检查收到的错误信息，从而决定其动作。

图 3-35 展示了当一条消息从一个进程发送到另一个进程时，套接字原语的序列和行为。为了能开始通信，每个进程首先创建一个套接字。它必须附有用正确的地址详情填充的套接字地址结构。以 UDP 为例，发送端必须配置了 IP 地址和其发送对方进程的端口号。对于接
162 收端，其地址结构必须包含它自己的 IP 地址和用于接收消息的端口号。

由于 UDP 基于数据报，无需建立虚拟连接（TCP 需要）。一旦发送者创建了其套接字，它就可以该套接字为基础，调用 sendto 原语。

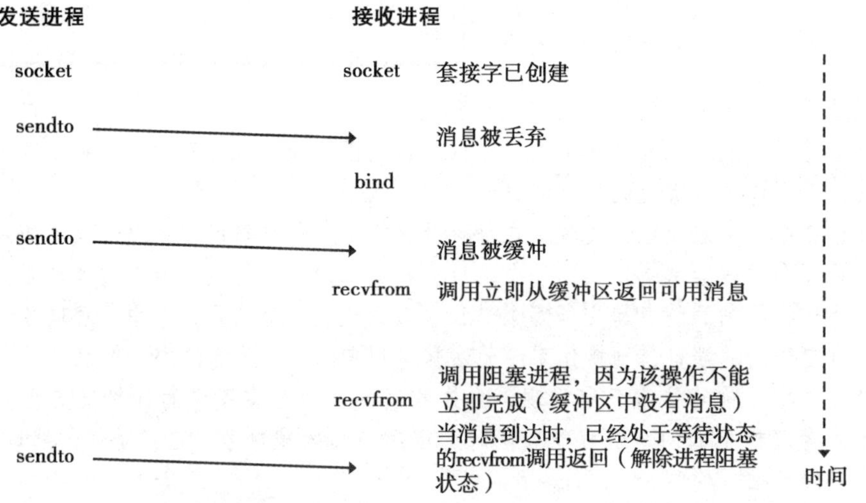

图 3-35 对于 UDP 情形，当套接字设置为阻塞模式时，socket 原语的行为

接收端必须使用 bind 原语调用，以获得所需端口的所有权（从而为操作系统标识接收进程，并使操作系统在其端口表中关联进程 ID 和端口号）。该图展示了消息到达接收端早于绑定操作的情景，在这种情况下，操作系统拒绝该消息，因为其端口表中没有相应的条目，从而无法识别接收进程。绑定完成之后，到来的消息被缓冲，转发给接收进程。发生哪种情况，完全取决于 recvfrom 原语调用发出的时机。如果消息在 recvfrom 调用前到达，那么该消息会先被存入缓冲区，视 recvfrom 被调用的时机递交消息（如图 3-35 发送的第 2 条消息）。如果已经发出了 recvfrom 调用，该进程将进入阻塞状态。这种情况下，一旦消息到达操作系统的缓冲区，就立即交付给该进程。这有使进程转移到就绪状态的效果。

图 3-36 展示了与图 3-35 相同的原语调用顺序，采用了相同的相对时机。然而，本情形中套接字被设置成非阻塞模式。两者在行为上的重要区别出现在第 2 个 recvfrom 原语被调用时。在非阻塞套接字情形下，调用立即返回，进程能够继续处于运行状态。反之，在阻塞套接字模式下，进程被阻塞直到有消息到达。

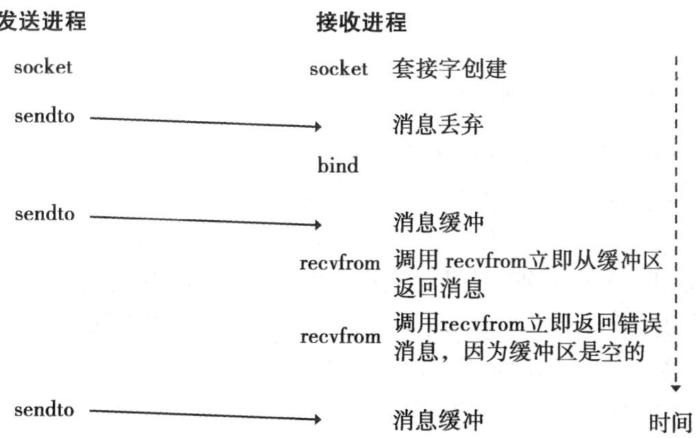

图 3-36 对于 UDP 情形，当套接字设置为非阻塞模式，socket 原语的行为

图 3-37 展示了在 TCP 情形下，主要的套接字原语行为和使用顺序的简况。对 UDP 来说，其确切行为取决于套接字配置成阻塞运行还是非阻塞运行。这导致了进程在必须等待事件发生的情形下，也有相同的两种行为类型，要么进程被操作系统转换到阻塞状态，要么给原本要被阻塞的原语调用返回一个错误信息。然而，TCP 比 UDP 更加复杂，尤其在通信发生前要建立连接和通信完成后需要关闭（拆除）连接等方面。因此，不可能在单个图表中清晰描述所有可能的时序和结果行为。 163

主动进程 | 被动进程

socket | socket 套接字创建

bind 进程关联到一个特定端口

listen 进程等待连接请求

connect → accept 进程接受了一个连接请求（连接已建立）

recv 进程使用该连接按需发送和接收（实际行为取决于应用程序）

send →

recv ← send

sendto ⇢ sendto 连接终止

时间

closesocket | closesocket 套接字被关闭

图 3-37 对于 TCP 情形，socket 原语的行为

就套接字的 IO 模式而言，最受关注的 TCP 原语是 recv 和 accept。在两种套接字模式下，recv 同样分别表现出与 UDP 的 recvfrom 类似的行为。正是因为相同的底层原因，接收端不可能准确知道一条消息会在什么时间发送过来，因而也不知道消息什么时间到达（所以总是有可能需要等待消息）。类似地，不能预先知道 accept 原语的发出时间，无论连接请求正挂起，还是未来什么时间将收到一个连接请求。然而，需要注意的是，listen 原语只需发

出一次，且其等待行为在 TCP 的软件的更低层处理。

3.8.1 非阻塞套接字行为的处理

当一个非阻塞原语调用不能立即完成时，它将返回一个错误代码。在大多数情况下，这并不代表一个真正的错误（从某件事情发生故障的意义上讲），而仅仅是请求的动作暂还不能被执行。因此，通常的处理方法是让应用程序逻辑稍等一段时间，然后再试。或许，最容易的实现方法是使用一个定时器。定时器在一个可编程的时间间隔后产生一个软件中断。这
164 可以按如下方式实现：当一个原语调用（例如 recv）返回“WOULD_BLOCK”错误代码时，启动一个定时器（配置适当的时间间隔），以便在给定的时间间隔之后重新尝试该动作。其间（定时器递减计数时），继续处理其他事务，这完全依赖于应用程序。当定时器时间用尽时，重试该原语。该方法在图 3-38 中示例。

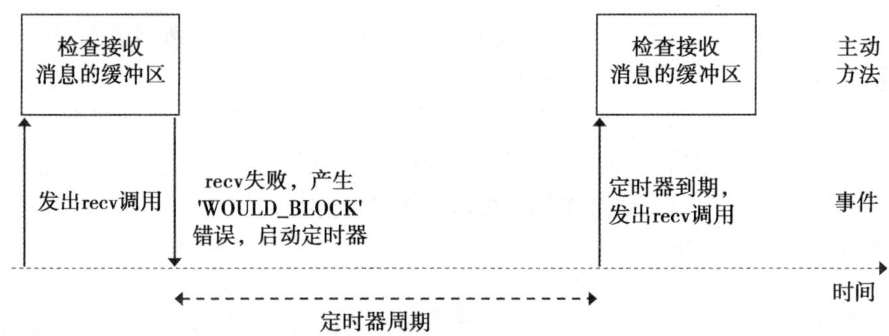

图 3-38 利用定时器实现自动重试失败的非阻塞原语调用

图 3-38 展示了如何使用一个定时器，使一个进程能在一个设定的时间段后重复其失败的动作。我更倾向的方法扩展是，去假想因为网络消息接收的异步性本质，进程在请求消息的时候，总的来说没有消息等待。因此，可以借助设计周期性地尝试接收消息，并有效地把定时器和事件处理机制看作一个单独的在后台不间断运行的控制线程。通过缩短时间周期，我就能使进程对消息到达有更好的可响应性（借助更频繁地检查消息），但增加了处理开销。这种折衷能调整，使得消息的检查速率能匹配特定应用程序中的消息到达的实际速率。此方法如图 3-39 所示，并已用于案例研究中的游戏客户端和服务器组件，详见后文。

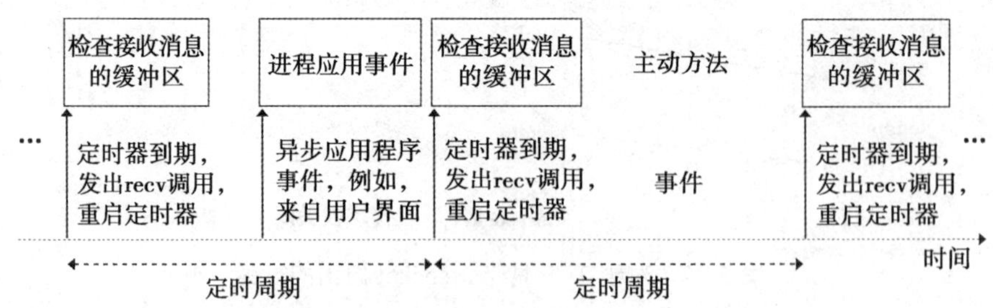

165 图 3-39 利用可编程定时器实现非阻塞原语事件的周期处理

3.8.2 通信死锁

当一组两个或多个进程彼此等待被组内其他进程占用的资源时，系统产生死锁。以至于没有进程能取得进展，并因此再没有资源释放给等待使用这些资源的进程。这部分内容在第

4 章详细探讨。

分布式死锁是死锁问题的一种扩展，发生在分布式系统中，其中处于死锁状态的进程和资源分散在系统中的多台计算机上。

通信死锁是分布式死锁中的一种特殊情况。这种情况下，该组被阻塞的进程所等待的资源是指来自组内其他进程的消息，参见图 3-40。

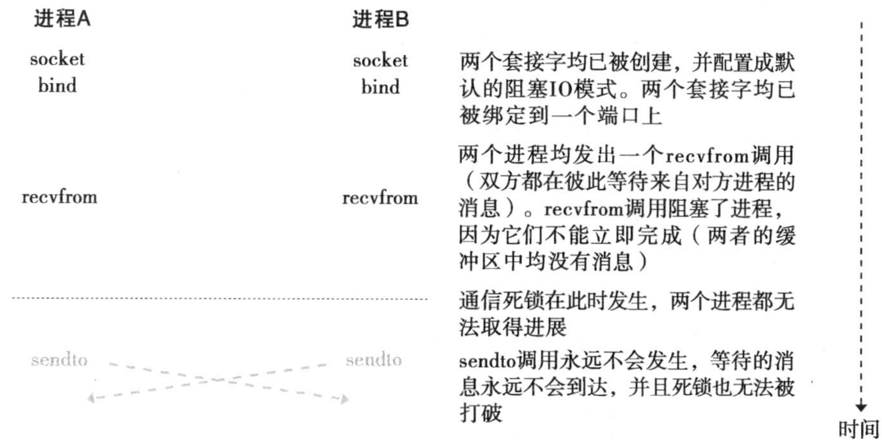
进程A
进程B
socket
bind
socket
bind
两个套接字均已被创建，并配置成默认的阻塞IO模式。两个套接字均已被绑定到一个端口上
recvfrom
recvfrom
两个进程均发出一个recvfrom调用（双方都在彼此等待来自对方进程的消息）。recvfrom调用阻塞了进程，因为它们不能立即完成（两者的缓冲区中均没有消息）
通信死锁在此时发生，两个进程都无法取得进展
sendto
sendto
sendto调用永远不会发生，等待的消息永远不会到达，并且死锁也无法被打破
时间

图 3-40　通信死锁

图 3-40 示例了通信死锁问题，其中一对进程相互阻塞，都在等待从对方进程发出的消息的到达。由于每个进程都被阻塞，它们将无法发送消息，因而，每个进程正在等待的消息也将永远不会到达。

幸运的是，这种情形只能出现在使用一定的通信配置时，因此可以通过设计来避免死锁。通信死锁可能产生的必要条件是：通信双方的接收套接字都配置成阻塞 IO 模式，并且在两个进程中，发送操作和接收操作都在同一个线程上。此外，在实际发生的死锁中，双方进程必须同时等待接收。

通过设计防止通信死锁的最简单方法是，确保至少其中一个进程采用非阻塞套接字 IO 模式。作为一种选择，使用分离的多个线程处理发送和接收操作，以便在接收线程被阻塞时，发送线程仍能够继续运行。活动 C6 研究阻塞和非阻塞套接字的行为。 166

活动 C6 使用网络版 Workbench 探索阻塞和非阻塞套接字行为和通信死锁

前提条件。尝试本活动前，你应该完成了活动 C4，并对 TCP 和如何建立连接有了清晰的认识。

学习目标。

1. 基本理解阻塞和非阻塞套接字行为之间的差异。

2. 理解通信死锁意味着什么，以及它如何发生。

方法。这项活动分两步展开：

1. 理解阻塞和非阻塞通信的含义。

1）启动两个网络版 Workbench 的实例，最好在不同计算机上运行（一台运行 TCP: Active Open，另一台运行 TCP: Passive Open）。

2）建立 Active 端和 Passive 端之间的连接。

3）设置连接套接字为非阻塞模式。

4）启动两个实例的接收端。

5）在两端之间各个方向发送和接收几条消息。

6）设置其中一个连接套接字为阻塞模式。

7）在两端之间各个方向发送和接收几条消息。你注意到相比步骤5在行为方面的变化了吗？你如何解释这种行为？

2. 理解在两端都使用阻塞套接字时，通信应用程序如何发生死锁。

1）启动两个网络版Workbench的实例，最好在不同计算机上运行（一台运行TCP: Active Open，另一台运行TCP: Passive Open）。

2）建立Active端和Passive端之间的连接。

3）设置连接套接字为阻塞模式。

4）启动两个实例的接收端。

5）尝试在两端之间各个方向发送和接收几条消息。发生了什么？你如何解释这种行为？

预期结果。从部分1中，你应该已经发现，阻塞和非阻塞套接字IO模式的根本区别。当两个套接字均设置为非阻塞模式时，你应该看到两个进程能够以用户选择的任何顺序发送和接收消息。然而，当套接字设置为阻塞模式时，进程在等待接收消息时没有反应（即该进程已被操作系统阻塞，因为它正在等待一个IO操作的完成）。

从部分2中，你应该已经遇到了通信死锁。当这两个进程都使用阻塞模式套接字，并等待从对方接收消息时，它们彼此都处于阻塞状态；这意味着两者都不能发送消息，因此，这两个进程都注定要无限期地保持等待一个无法被发送的消息，从而该消息永远不会到达。

思考。IO模式是套接字更加复杂的特性之一。然而，从这个活动中，你应该明白模式选择如何对进程行为产生显著影响。因此，这是值得提前掌握的知识。你需要理解两种模式各自产生的不同行为，也要能够确定何时适合使用哪一种模式。

在Workbench中，你也可以用UDP探究套接字IO模式。使用UDP Workbench作为发送进程，针对Blocking Receiver和Non-Blocking Receiver应用程序各自展开实验（都在
167 UDP选项卡中可用）。■

3.9 错误检测与校正

通常，通信协议是为检测传输中发生的错误而设计，以便它们能够拒绝被损坏的消息。实际的损坏检测通常基于校验和技术。其中，数据的低成本数值表示由发送端生成，并包含在通信协议头中。当消息到达接收方时，再从接收到的数据中生成校验和，并与包含在消息中的值比较。如果有任何不一致，则会认为该消息已经损坏，并将它丢弃。可靠的协议会进一步示意消息需要重发。相比之下，前向纠错（Forward Error Correction，FEC）码携带了额外的信息，以便能够在接收端重构数据，而不需要重传。

在两种技术之间有一个明确的权衡。错误检测在请求消息重传和原始消息重发时，都会带来额外的延迟。这一般适用于不频繁发生的错误，偶尔增加的延迟能够容忍。错误校正会在每条消息中产生额外的开销，因此它在错误很少发生的系统中使用的开销是很大的，但在错误的发生非常频繁（例如非常不可靠的链路）的状况下是理想的。因为在这样的情况下，即使有合适的重传机制，也不能保证重传的消息不会再次损坏。错误校正避免了重传所带来的额外延迟。这在高速服务中非常重要，甚至在因长距离连接导致高传播延迟的地方，就可

能更加重要。空间探索就是一个很好的例子。发送给航天飞机或在其他行星上执行任务的机器人的消息，因为太远的距离，需要花费很长时间传播，这使得重传非常不可取。

当消息具有很高的价值时，错误校正码也很重要，例如在遥控飞行系统中使用的控制信号，或者感知危险环境时，如核反应堆内部状态等。在这样的情景下，更重要的是确保消息能够被理解（尽管存在有限数目的比特错误），从而能够及时处理信息，避免因不得不重发消息而造成的延迟。

错误检测和错误校正码简介

设计一个 FEC 码时，一个主要的考虑因素是，它能够校正的错误位数。换句话说，就是在一个给定长度的传输比特流中能出现比特转换的位数（从 0 到 1，或从 1 到 0），而原始数据的值仍然能被确定。

思考 8 位数据的值 11001100。可能会出现单个位错误。例如 10001100、11011100 或 11001110。也可能出现两位错误，例如 00001100、11101110 或 01001101。

数据（原始的和修改后的版本）中，对应位不同的个数称为海明距离（d）。上面例子中，单个位错误的海明距离为 1（即 $d=1$），而两个位错误的例子中的汉明距离为 2（即 $d=2$）。

如果特定编码中包含的所有位可能是正确的值，那么数据编码中 d 的值为 1，并且没有冗余。也就是说，单个位的改变，把一个码从合法值转换到了另一个，因而不能被检测为错误。考虑一个表示客户 ID（Customer ID，CID）的 4 位代码，且该 CID 值的取值范围从 0 168
到 15（十进制）。下面的二进制的值都是有效的：0000、0001、0010、0011、…、1111。如果在传输过程中，任意一个值的其中 1 位出现了错误，则由此产生的代码（错误的）成了另一个有效代码值，因而无法检测到错误。例如，0010 可以变成 0011，它们都是有效的代码。因此，0011 值的接收器不能辨别这是实际发送的值，还是已发生了错误，把一个不同的值变成了 0011。

要对原始数据消息执行错误检测或校正，必须在传输点上添加额外信息。额外信息是一种形式的系统开销（也称为“冗余位”），因为它必须作为新的更大信息的组成部分传输，却不携带任何应用层信息。

检测 4 位代码中的单个位错误，最简单的方法是采用奇偶校验。该方法需要添加 1 个额外的位（奇偶校验位）。这种情况下，每当发送 4 位数据，占 1/5 的奇偶校验位也必须被发送，因而系统开销是 20%；或者换种说法，从应用程序的角度看，你可以认为其效率是 80%，因为 80% 被传输的比特携带应用程序数据，其余 20% 是冗余部分。

考虑“偶校验”，其中值为“1”的位数在传输的 5 位码中必须是偶数。例如，CID 值 0000、0011、1001 中，“1”的个数已经是偶数，因此，会添加一个值为“0”的奇偶校验位，这些值分别变成 00000、00110、10010。而 CID 值为 0001、0010、1101 中，“1”的个数为奇数，因此，会添加一个值为“1”的奇偶校验位，使这些值分别变成 00011、00101 和 11011。

如果此时发生了单个位错误，例如，在传输过程中 00110 变成 00100，这个错误将被接收器检测到，因为奇偶校验会失败（“1”的个数不为偶数）。注意，虽然错误被检测到，但是不能纠正它，因为存在许多可能的有效编码，能因单个位的转换而变成其接收值 00100，包括 00101、10100 和 01100。

要实现纠错，必须增加额外的冗余位，使得只有一个有效的数据编码能被转换成任意特定的接收值，只要错误位数不超过纠错码所支持的位数。纠错码的理论是一门比较复杂的学科，因此，这里的讨论只限于一个基于三重模块冗余技术的简单例子，提供一个简要介绍。

在一个三重模块冗余码中，每一比特会被重复三次，也就是说，用3位传输，由此每一个“0”会变成“000”，每一个“1”会变成“111”。每3位能够发送的序列中，只有两个有效的编码模式。单一的位错误不可能将一个有效代码转变成另一个。单一位错误会把000变成001、100或010。与111相比，它们都更接近于000。因此，这些值都会被解释为0，而不解释为1。同样，一个单一的位错误把111变成110、101或011。与000相比，都更接近于111，因此，这些值都会被解释为1。这样，单一的位错误能被自动校正，但它所花费的开销是显著增加了消息的大小。对于三重模块冗余技术来说，开销是67%，换句话说，代码效率只有33%；因为传输携带的有用数据是33%，其余的67%都是多余的。幸运的是，还存在更高效的纠错码。

如果三重模块冗余应用于前面的客户ID的例子，那么每4位CID值都将以12位消息
169 传输。例如，0001将以000000000111发送，0010将以000000111000发送。

3.10 应用特定协议

应用特定协议描述了分布式应用程序组件之间通信的结构、序列和语义。当应用程序在传输层直接通信，或者另外有超越标准协议提供的基础功能之上的通信请求时，必须设计应用特定协议。

应用特定协议为特定的应用程序而设计，代表消息的序列和这些消息的内容。对于实现应用程序的通信需求，这是必要的。

应用特定协议不同于应用层协议。这是一个非常重要的特性。应用层协议是一套标准协议，用来提供明确定义的通信服务，如传输一个文件（FTP）、检索一个WWW页面（HTTP）、方便远程登录（Rlogin）等许多其他协议（其中有些在前面讨论过）。它们都位于网络协议栈的应用层。然而，应用特定协议可能需要一个独特的多种通信类型的混合。例如，它可能需要一个使用TCP的初始连接，用来交换证书、检查安全性和访问权限，并为特定的数据交换建立实际通信需求。电子商务应用程序可能涉及一些Web服务、特定文件的传输和/或从一个或多个数据库中检索数据。它可能使用时间服务（如NTP）为交易提供可信的时间戳（即不信任本地计算机的时钟）。多媒体服务可以使用HTTP作为其主界面，根据用户的选择，可能还需要访问不同的数据库，或需要传输文件或流实时数据，这里可能要用到FTP、Rlogin或其他协议。网络游戏可以直接使用TCP或UDP来主要实现登录和玩时游戏数据传输，但可能还需要其他的协议，例如，将一些内容转为流，或给玩家提供一个内置的文字聊天或电子邮件的工具。这样，应用程序本身被认为是“高于”应用层，而不是“位于”应用层，因为应用程序使用了应用层的资源。

应用特定协议建立在底层通信协议提供的工具上。因此，例如在使用TCP时，应用特定协议可以依靠传输协议（例如TCP）以正确的顺序传递消息，因为TCP内置了基于确认的恢复和基于序列号的排序。然而，如果同一个应用程序重新设计为改用UDP作为传输协议（例如，因为UDP的广播能力），那么应用程序将不得不自己小心处理消息的恢复和消息的排序，因为UDP不提供这些功能。这就要求应用程序实现其自己的序列号，并发送和监控数据包到达的确认。

3.11 面向业务逻辑的通信整合

开发分布式应用程序时，有必要以应用程序的业务逻辑整合通信事件（发送和接收）。应用程序功能按不同组件划分的方式，将是决定组件间通信本质的主要因素。通信方面的处理为应用程序开发带来了一个新的维度，并引入了明显的额外复杂性，在不影响业务逻辑的设计和实现的质量的前提下，必须对其进行管理。 170

开发人员可能更倾向于分开构建系统的两个方面，然后在每一部分达到一定的成熟度时，将它们结合起来（例如，最初从本地的“存根”（stub）接口调用业务逻辑功能，而不是发起远程组件调用和/或在不包含业务逻辑的框架代码中测试通信机制）。

每一个组件都需要一个筹划，细化内部事件引起向其他组件发送消息的方式，同时细化从其他组件接收到的消息的处理方式，以及该消息驱动本地行为的方式。为简单示例，考虑一个分布式的应用程序，其中用户的本地客户端组件提供了一个用户界面，并根据用户的操作去引发相应的远程处理（在服务器组件中）。这种情形中，用户在客户端界面上点击一个特定按钮，可能会导致一个特定消息被发送到服务器。图 3-41 显示了表示一对组件间通信的叠加的一种方式。

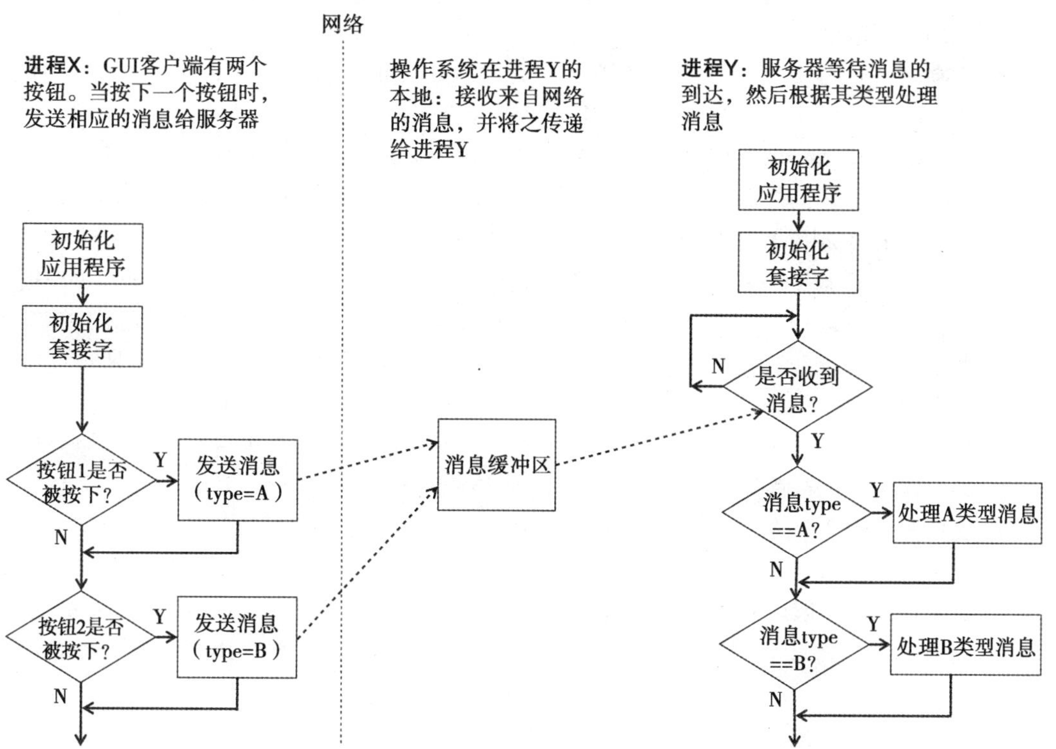

图 3-41 应用层逻辑描述展示了客户端和服务器组件，通过在网络上传递消息而实现松散同步

图 3-41 示例说明了一种场景，其中一个应用程序以分布在两台计算机上的一对进程方式运行。这两个应用程序进程独立运行，通过消息传递实现松散同步。该图提供了应用程序逻辑如何划分成两个组件的例子，它们通过消息传输实现耦合。在这种情况下，基于图形用户界面（GUI）的客户端提供了用户接口，其业务逻辑主要位于服务器端。用户请求发自界面交互，并通过网络将消息传递给服务器进程，由服务器进程提供的业务逻辑处理这些请

求。每个消息都包含一个“type”字段，向服务器标明消息的含义。因此，服务器能够根据
171 这个应用特定类型值划分消息，作情境化处理。图中强调了进程间不直接耦合。一个进程发送的信息最初由对方进程的宿主机操作系统缓存。这成为一项必要条件，因为使用了多处理器调度，并且实际情形中，消息到达时，服务器进程有可能并没有在运行状态。服务器进程使用其中一种接收原语来从缓冲区中接收消息：recv(如果使用 TCP) 或 recvfrom（如果使用 UDP)。尽管进程之间有松散的同步，但重要的是要认识到它们依然是独立实体。

3.12 帮助组件相互定位的技术

分布式应用程序运行方面的挑战之一是使得组件之间能相互定位⊖。理想情况下，这种定位应该对用户自动化和透明。应用程序及其相关组件通常需要以相同的方式运行，而与它们的相对位置无关。并且，设计内置的位置详情（如 IP 地址）也不现实，因为在组件被更换新位置或者网络本身被重构时，这些信息都将被改变。这意味着定位通信对象的机制需要呈动态性，以便需要建立连接时，能反映系统当时的状态。通常情况下，主动组件（客户端 / 服务器应用程序中的客户端）会连接被动组件（服务器)。为了建立一个 TCP 连接或发送一个 UDP 数据报，发送方首先必须要知道服务器的 IP 地址。用以实现组件定位的技术各有其独有的优缺点，描述如下：

- *服务通告*：服务器会定期发送意为“我在这里”的广播消息。该消息包含了 IP 地址、端口号和其他可能的消息，比如提供的服务描述。该技术在本地环境中很高效，但不能跨越第一个路由器之外工作。路由器会阻止广播。在消息可能被多个接收者监听的情形下，它是非常有效的。但是，有的情形下，即使没有客户端需要该消息，其传输也会无限期地持续下去，则技术显得效率低下。
- *使用本地广播查找服务器*：客户端在启动时，广播一个意为“你在哪里”的消息。服务器以包含其 IP 地址和端口号的单播消息响应。客户端接收到该响应后，就有了绑定服务器所需的必要信息。与服务通告一样，“你在哪里”的技术在本地环境中非常有效，但受限于本地广播范围。然而，这种技术能够比服务通告更有效，因为只在需要时发送请求，且有更强的响应能力，因为客户端不必等待服务器的周期性广播。使用“你在哪里”的方法，服务器应该能及时响应。
- *硬编码*：嵌入一个 IP 地址，只适用于系统的原型设计和测试通信特性。硬编码是最安全，但规模扩展性最低的方法，因为当服务器地址改变时，客户端应用程序需要重新编译。一般应避免使用硬编码。
- 172 *询问用户*：通过客户端非常有限的应用程序的用户界面，要求用户提供服务器地址的详细信息，因为它假定了用户知道服务器 IP 地址并知道如何找到搭载了服务器的计算机。在开发人员需要专注于应用程序的业务逻辑时，抑或例如，作为测试制度的一部分，有多个原型服务器供选择时，该方法在开发环境中很有用。
- *查找文件*：客户端在启动时，读取保存在本地的文件来查找服务器地址或域名的详细信息。在客户端本地文件中存储配置信息可提高安全性，并需要考虑到非常敏感的应用程序在使用时偶然连接到一个恶意的服务意味着重大的威胁。这种方法也可

⊖ 这有时被称为绑定。在这里特定的上下文中，它指的是一个组件定位和关联另一个组件。注意不要与“绑定”术语混淆。“绑定”进程到套接字借助套接字 API 的 bind 原语实现（本章前面讨论过）。

以作为一种简单的访问控制方式，配置文件只向用户提供了使用该服务的适当权限，例如安全许可和支付许可费。由于当服务器地址更改时，只需更新配置文件，而不需要重新编译客户端应用程序，所以这种方法远远优于硬编码。但由于需要更新和传播配置文件，查找文件的方法不好扩展。

- *名字服务*：名字服务维护了一个包含服务及其位置的数据库。当组件 A 需要查找组件 B 的地址时，它发送一个请求到名字服务，并提供组件 B 的名称作为参数。名字服务返回组件 B 的地址详情。这是一个优秀且位置透明的方法，因为位置发现功能在用户应用程序的外部处理，并通过如服务注册等技术保持更新。例如，服务器在启动时发送一条消息给名字服务，通知名字服务器其自己的位置和提供的服务内容。这些详细信息会被添加到名字服务的数据库。最常见且重要的名字服务例子是域名系统。这会在第 6 章讨论。
- *中间件*：中间件是一个服务集合，位于软件组件和它运行的平台之间，为应用程序提供各种形式的透明性。中间件通常借助内置的名字服务或订阅外部服务（如 DNS）提供位置透明性。中间件会在第 6 章详细讨论。

使用熟知端口（前文讨论过）有助于透明性，因为客户端会知道许多流行服务（固定的）端口号。这种情况下，端口号常常可以被硬编码，因为这些值已标准化。

3.13 通信视角的透明性需求

从通信视角来看，有几种透明性形式特别相关，讨论如下：

- *访问透明性*。对应用程序及其使用的通信机制而言，网络到设备的边界应该是不可见的。不管通信对象是本地还是远程，服务请求都应具有相同的格式，且不应该在应用程序层面上需要不同的操作。
- *位置透明性*。网络资源，尤其是通信对象，应能自动定位。一个位置透明的系统能够连接和发送消息到另一个进程，而不需要事先知道它的物理位置。 173
- *网络透明性*。它包括隐藏网络的物理特性（比如实际技术和配置），以及发生在物理网络层的失效（如比特错误和帧损坏）。理想情况下，网络本身的存在是隐藏的，以便组件的分离和底层平台的异构性也被隐藏。
- *部署透明性*。部署透明性关注的是隐藏组件间的隔离，以便整个应用程序表现得就像运行在同一台计算机上。所有通信都应表现如本地，也就是说，各对进程互相之间的通信都像是本地通信。
- *故障透明性*。有些应用程序需要可靠的数据传输，因而需要一个协议，保证数据能在预期的目的地被接收，否则数据被自动重传，而不需要应用程序自身参与。
- *规模扩展透明性*。通信机制和协议需要有效使用网络资源，以最大限度提高系统在通信方面的可扩展性。这反过来影响了能保证适当的服务质量前提下的通信组件个数，不至于导致系统性能明显下降。

系统的逻辑和物理视图

系统的物理视图以实际的物理细节为基础，如设备的位置和配置，并与网络模型的低层概念相关。相反，逻辑视图以更高层的概念为基础。

分布式系统中，透明性目标要求对用户隐藏物理细节。也许这样说更准确，系统用户（包括应用程序的开发人员）需要被屏蔽掉底层系统的复杂性，因此需要提供一个抽象或逻辑的视图。从通信视角看，分离系统的逻辑视图和物理视图并在正确情况下使用它们，是非常重要的。

对于分布式系统来说，或许关于逻辑视图和物理视图的最重要的话题就是连接了。这里需要在软件组件的层面上实现连接，而不需要知道实际物理位置、底层平台的细节、网络技术和拓扑结构等。借助使用系统提供的更高层机制，而不必考虑所有可能出现的网络技术和配置，开发人员需要确保一组特定组件能够交互。这一点非常重要，因为在有些应用程序开发完工时，它们最终借以运行的一些网络技术有可能还没有发明出来。

因此，开发分布式系统时，有必要使用系统的逻辑表示和物理表示的组合，并在必要时能在两者之间转换。大多数或所有应用层设计，特别是通信层和组件层的连通性，必然是工作在抽取掉特定计算机、网络技术或系统特有的物理特性的逻辑基础上。

3.14 通信视角的案例研究

主要考虑是游戏应用程序传输层通信协议的选择。TCP 和 UDP 的相对优势和劣势需要在游戏中特定通信要求的背景下考虑。传输层协议的选择反过来又影响了游戏设计和实现的
174 其他方面。

在游戏的案例中，所有消息都是有用的。任何消息的缺失都会导致不正确的游戏状态或游戏操作次序，这表明应该使用如 TCP 一样的可靠协议，否则，如果选择了 UDP，就必须在应用程序层面上实现额外的机制，以处理消息顺序、确认，以及对丢失消息的恢复等。这种情景下，使用 TCP 是更好的选择，并且已经用于具体实现中。

套接字 IO 模式。这里决定两个组件应该使用非阻塞套接字。对于客户端（用户界面）组件，这解决了响应性问题而无需使用多线程。对于服务器，这种方式使其能够同时响应多个已连接的客户端，也不需要多线程。对于这种特殊的应用程序而言，多线程通常认为是不必要的，并且避免多线程后，使得应用程序能作为更简单合适的例子来示例通信特性。事实上，只要通信其中一端是非阻塞的，就意味着游戏过程中不会出现通信死锁。

选择传输层协议后，有必要定义面向游戏应用的专有协议。这是一组特殊的容许消息序列集合，专门针对本游戏，并方便游戏的操作。

本特定游戏应用程序要求以下活动序列：

- 服务器启动并作为一个服务持续地运行。
- 用户希望加入时，启动其客户端实例。
- 客户端连接到服务器。
- 用户选择一个别名。别名被发送到服务器，并传播到其他的客户端，成为全体在线玩家列表的一部分。
- 用户从发布的在线玩家列表中选择一个对手。
- 游戏进行中，每个用户轮流操作。服务器裁判两个玩家之间，确定轮到谁，并保持对游戏状态的跟踪，决定游戏是否已经结束。如已结束，决定游戏结果。服务器传播该用户的游戏走步情况给对手，以能够更新他们的界面。
- 用户被服务器告知游戏结果。
- 客户端到服务器的连接关闭。

这些活动都包括游戏组件之间消息的发送以更新状态和同步行为。活动顺序引发的实际消息序列如图 3-42 所示。

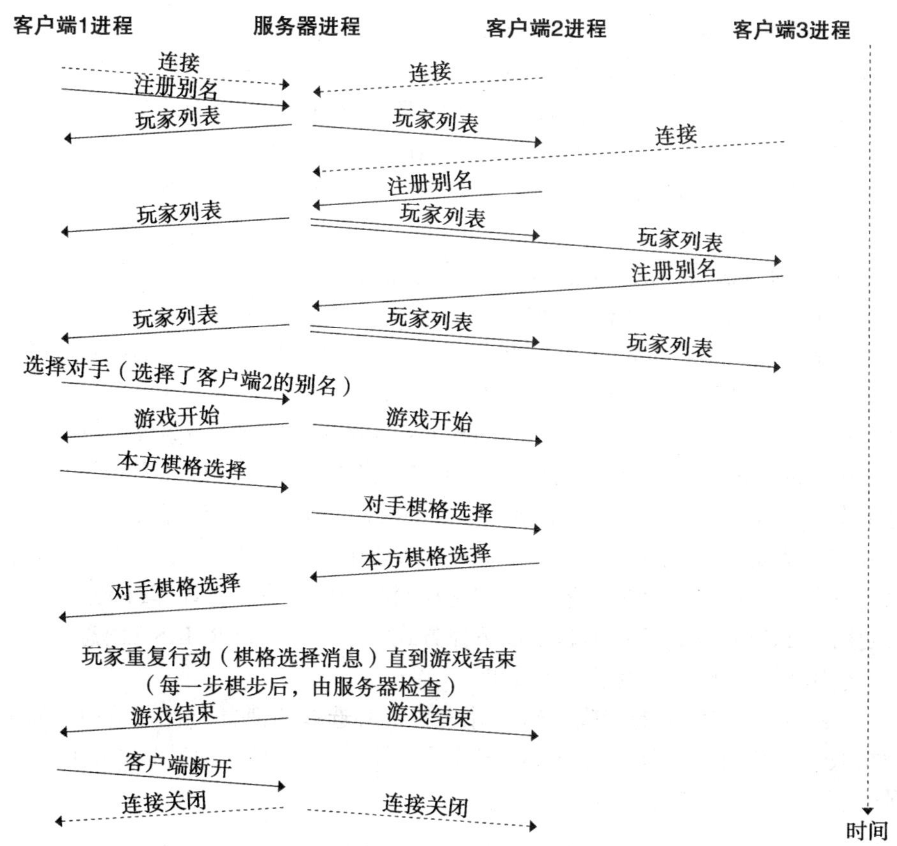

图 3-42　面向游戏应用程序的协议，展示了 3 个客户端和服务器之间的交互

图 3-42 展示了一个典型的消息序列，发生的场景中，3 个客户端连接到服务器，然后，在其中 2 个客户端之间创建了一个游戏。服务器能够支持最多 10 个客户端连接。服务器支持多客户端连接的方法是维护一个结构体数组，其中每个结构体代表单个已连接的客户端（或是未使用的）。该结构体包含客户端套接字、相关套接字地址结构、用户选择的别名和一个标志变量。在收到下一个客户端连接请求时，标志变量用来表示该结构体的每个实例是否正在使用中或者可以使用。可用性标志也能用来实现其他一些功能，例如遍历结构体数组和发送玩家列表信息给所有连接的客户端。

图 3-43 展示了服务器维护的一些游戏状态信息。图中展示了连接结构体（前文讨论过），是服务器操作的核心。服务器有一个连接结构体数组，以便能够同时支持最多 10 个客户端连接。一个逻辑游戏对象用来保持跟踪一对客户端之间正在进行的游戏实例。这在代码中通过游戏结构体表示。它维护了长度为 5 的游戏数组，因为每个游戏都在 2 个客户端之间共享。考虑到实际的井字棋游戏网格，游戏结构体存

```
#define  MAX_GAMES  5
#define  MAX_CONNECTIONS  MAX_GAMES * 2

struct Connection {
        SOCKET m_iConnectSock;
        SOCKADDR_IN m_ConnectSockAddr;
        CString csAlias;
        bool bInUse;
};

struct Game {
        int iConnection[2];
        bool bInUse;
        int iGrid[3][3];
};

Connection m_ConnectionArray[MAX_CONNECTIONS];
Game m_GameArray[MAX_GAMES];
```

图 3-43　连接和游戏结构体

175~176

放参与游戏的两个客户端在连接数组中的索引位置以及游戏进行状态。

图 3-42 所示的消息序列描述了应用程序的通信行为，但并不是应用逻辑的完整描述。该应用包含了 2 个程序：1 个服务器和 1 个客户端。1 个运行中的游戏包含 3 个进程：1 个服务器进程和 2 个客户端进程（重要的是要认识到，两个客户端进程是同一个客户端程序的两个实例，因而两者有相同的逻辑，尽管两者的运行状态将会不同，因为它们各自代表了游戏中的两个不同玩家）。每个程序的流程图见 3-46（客户端）和图 3-47（服务器）。

选择 TCP 作为传输层协议，除前文讨论的优点之外，还有另一个优势就是，只有服务器需要绑定到特定的端口，更确切地说，客户端预先知道这个端口，因此它们能够发出连接请求。事实上，客户端不需要使用任何特定的端口，意味着多个客户端以及服务器之间可以共同驻留在同一台计算机上。这一点非常适合这个特定应用，因为其根本目的是演示进程与进程之间的通信过程，以及演示应用程序能以相同的方式运行而与组件的物理位置无关的事实。游戏可以配置成所有 3 个组件都在 1 台计算机上；或者，其中 2 个组件在 1 台计算机上，而另 1 个组件在另 1 台计算机上；或者，3 个组件分别在 3 台计算机上。显然，对于一个真正的分布式游戏，标准的配置是，每个用户都坐在他们各自的计算机前（因此，每个人都在本地运行客户端程序），而服务器可以宿驻在网络中的任意一台计算机上。

因为使用了 TCP 协议，所有消息都以单播方式发送。PLAYER_LIST 消息被快速连续地发送给每个连接的客户端，产生了广播效果。

图 3-44 展示游戏客户端的接收逻辑，并表明精心选择的消息内容和结构如何促成了结构良好的接收处理代码。最外层的 switch 语句处理消息的类型，而其相关的内部 switch 语句，根据上下文处理实际消息数据。

```
void CNoughtsCrossesCLIENT::DoReceive()
{
  StopTimer();

  int iBytesRecd;
  Message_PDU Message;

  iBytesRecd = recv(m_iConnectSocket, (char *) &Message, sizeof(Message_PDU), 0);
  if(SOCKET_ERROR == iBytesRecd)
  {
       int iError = WSAGetLastError();
       if(WSAEWOULDBLOCK == iError)          // Non-blocking socket used
       {
            InitiateTimer();                  // 100ms interval
       }
       else
       {
            StopTimerIfConnectionLost(iError);
       }
       return;
  }
  else                                        // A message was received
  {
       if(iBytesRecd == 0)
       {
            ConnectionLost();
            return;
       }

       switch(Message.iMessageType)
       {
            case PLAYER_LIST:
                 DisplayPlayerList(Message);
                 break;
            case START_OF_GAME:
                 m_SelectPlayer.EnableWindow(false);              // Disable Select Opponent control
                 m_OpponentAlias.SetWindowText(Message.cAlias);  // Set and display opponent alias
                 if(Message.iToken == 0)                           // Set and display our token
                 {
                      m_csToken = "0";
                      m_csOpponentToken = "X";
                 }
                 else
            case END_OF_GAME:
                 switch(Message.iCode)
                 {
                      case END_OF_GAME_DRAW:
                           MessageBox("The game was a draw","Game Over");
                           break;
                      case END_OF_GAME_WIN:
                           MessageBox("Well done! You won","Game Over");
                           break;
                      case END_OF_GAME_LOOSE:
                           MessageBox("Unlucky - You lost","Game Over");
                           break;
                 }
                 OnBnClickedTcpAoDone();     // Exit
                 break;
            case OPPONENT_CELL_SELECTION:
                 switch (Message.iCell)
                 {
                      case 0:
                           m_Cell0.SetWindowText(m_csOpponentToken.GetString());
                           m_Cell0.EnableWindow(false);
                           break;
                      case 1:
                           m_Cell1.SetWindowText(m_csOpponentToken.GetString());
                           m_Cell1.EnableWindow(false);
                           break;
                      case 2:
                           m_Cell2.SetWindowText(m_csOpponentToken.GetString());
                           m_Cell2.EnableWindow(false);
                           break;
                      case 3:
                           m_Cell3.SetWindowText(m_csOpponentToken.GetString());
                           m_Cell3.EnableWindow(false);
                           break;
                      case 4:
                           m_Cell4.SetWindowText(m_csOpponentToken.GetString());
                           m_Cell4.EnableWindow(false);
                           break;
                      case 5:
                           m_Cell5.SetWindowText(m_csOpponentToken.GetString());
                           m_Cell5.EnableWindow(false);
                           break;
                      case 6:
```

图 3-44　客户端的接收逻辑（C++），展示了嵌套的 swicth 语句，提供基于消息类型和内容的上下文相关的消息处理

```
            {
                m_csToken = "X";
                m_csOpponentToken = "0";
            }
            m_Token.SetWindowText(m_csToken.GetString());

            if(Message.bFirstMove == true)                    // Configure first-move logic
            {
                m_Status.SetWindowText("Your Move");
                EnableEmptyCells();
            }
            else
            {
                m_Status.SetWindowText("Opponent's Move");
                DisableEmptyCells();
            }
            m_GameStatus.SetWindowText("Game In Progress");   // Display game status
            break;
```

```
                    m_Cell6.SetWindowText(m_csOpponentToken.GetString());
                    m_Cell6.EnableWindow(false);
                    break;
                case 7:
                    m_Cell7.SetWindowText(m_csOpponentToken.GetString());
                    m_Cell7.EnableWindow(false);
                    break;
                case 8:
                    m_Cell8.SetWindowText(m_csOpponentToken.GetString());
                    m_Cell8.EnableWindow(false);
                    break;
            }
            m_Status.SetWindowText("Your Move");
            EnableEmptyCells();
            break;
        }
    }
    InitiateTimer();
}
```

图 3-44 （续）

调用 recv 原语之后的第一步是检查可能发生的错误。因为程序使用了非阻塞套接字，WSAEWOULDBLOCK 错误并不是一个真正的错误。在这种情况下，该错误码表示缓冲区中没有消息。否则，这个调用会因此被阻塞（结果，调用返回了这个错误代码）。因此，这是一个正常事件，在代码中的响应是重启间隔定时器，并退出该处理程序的实例（100ms 后，定时器到期，再次进入接收处理程序）。然而，如果发生了另一个错误，则调用 StopTimerIfConnectionLost() 方法，检查该错误代码是否为表示 TCP 连接已断开（例如，因为服务器已被关闭）的错误码之一。如果是，则将客户端正常关闭。进一步检查接收到的消息长度，接收到零字节消息（完全不同于没有消息），也用来表示该连接已在本游戏的通信逻辑上下文中断开。

接下来，是对消息类型字段的检查。消息处理的相关执行方式基于特定消息的类型代码。程序中用一个 switch 语句实现，以保持良好的代码结构。对于客户端能够接收的每种消息类型，下面讨论其指定的动作：

- PLAYER_LIST：由服务器发送，在用户界面的玩家列表框中显示可选的玩家列表。
- START_OF_GAME ：如果服务器显示游戏已经开始，在消息内容的驱动下，客户端必须完成几件事情：在用户界面上显示对手的别名；为用户及其对手设置游戏标记，并伴随着游戏进度显示出来；告知用户，要么轮到他们走步，或者轮到对手走步（该游戏的走步次序由服务器控制）；游戏状态显示的值设置为“游戏进行中”(Game In Progress)。
- END_OF_GAME ：第二级 switch 语句用来提供一个与游戏结束语义相关的屏幕通知，内容取决于消息中的游戏结束码。它可以表明用户胜利了，还是失败了，或者游戏平局。
- OPPONENT_CELL_SELECTION: 它表示对手完成一步走棋。这里也使用了二级 switch 语句，通过在游戏网格中的落子位置绘制对手标记，更新用户显示。该落子位置由消息中的 iCell 字段标识。服务器发出的这个表示对手完成一步走棋的信号，也用作用户界面接受一步走棋的触发器，通过对 EnableEmptyCells() 方法的一次调用，告知用户是他们的走棋。 177 ~ 178

图 3-45 展示了游戏服务器端的接收逻辑。DoReceive 方法在定时器处理程序中被周期性地调用，每次一个连接的客户端，按每秒十次的频次，以确保服务器对接收到的消息能更快地响应。对于客户端逻辑来说，在调用 recv 原语后的第一步是检查可能发生的错误。服务器同样使用非阻塞的套接字，但在这里使用的是一个套接字数组，每一个元素对应于已连接的客户端。如果发生了 WSAEWOULDBLOCK 错误，该方法的其余语句会被跳过。如果发生了另一个错误，就会调用 ConnectionLost() 方法，检查是否为表示 TCP 连接断开的错误码之一（例如，因为特定的客户端已经关闭）。如果是，服务器就关闭关联到该特定客户端

的套接字，并关闭该断开的客户端的游戏对手的连接。如果 recv 调用成功，则检查接收到的消息长度。任何零字节的消息都被忽略。

```
void CNoughtsCrossesSERVER::DoReceive(int iConnection)
{
    Message_PDU Message;
    int iBytesRecd = recv(m_ConnectionArray[iConnection].m_iConnectSock, (char *) &Message, sizeof(Message_PDU), 0);
    if(SOCKET_ERROR == iBytesRecd)
    {
        int iError = WSAGetLastError();
        // Non-blocking sockets used
        // If no packet is queued for the socket the operation would block.
        if(iError != WSAEWOULDBLOCK)
        {
            MessageBox("Receive failed","CNoughtsCrossesSERVER");
            ConnectionLost(iConnection, iError);
            return;
        }
    }
    else
    {
        if(iBytesRecd == 0)
        {
            return;
        }

        CString csStr;
        switch(Message.iMessageType)
        {
            case REGISTER_ALIAS:
                csStr.Format("Alias '%s' Registered", Message.cAlias);
                WriteStatusLine(csStr);
                m_ConnectionArray[iConnection].csAlias.Format("%s", Message.cAlias);
                SendPlayerList();
                break;
            case CHOOSE_OPPONENT:
                if(CreateGame(iConnection, Message) == false)
                {
                    csStr.Format("ChoseOpponent '%s' FAILED", Message.cAlias);
                }
                WriteStatusLine(csStr);
                break;
            case LOCAL_CELL_SELECTION:
                SendOpponentCellSelectionMessage(iConnection, Message.iCell);
                SetCellInGame(iConnection, Message.iCell);
                if(!CheckForWin(iConnection))
                {
                    EndOfGame(iConnection);            // Check for end of game (all cells full)
                }
                break;
            case CLIENT_DISCONNECT:
                csStr.Format("Client %s Disconnected", m_ConnectionArray[iConnection].csAlias.GetString());
                WriteStatusLine(csStr);
                CloseGameAndConnection(iConnection);
                break;
        }
    }
}
```

图 3-45 服务器端的接收逻辑（C++），展示了使用 swicth 语句，提供基于消息类型的上下文相关的消息处理

接下来，检查消息类型字段，按照与客户端部分同样的方法，根据特定的消息类型代码来进行上下文相关的消息处理。这也用一个 switch 语句实现。对于服务器端能够接收的每种消息类型，下面讨论其指定的动作：

- REGISTER_ALIAS：客户端用连接数组中的索引位置标识发送了希望用来在游戏中识别自己的别名。服务器更新其在线诊断显示，将该别名插入客户端连接数组的条目中。然后，服务器通过发送一个包含全部已连接用户别名列表的 PLAYER_LIST 消息，更新全部已连接客户端。
- CHOOSE_OPPONENT：客户端用连接数组中的索引位置标识，从可选的玩家列表中做出选择。在响应中，服务器创建一个游戏（这是一个服务器内部的逻辑游戏实体，描述游戏及其状态。它是服务器将两个客户端联系在一起的基础，同步它们的走棋步，并决定游戏的胜负）。作为创建游戏的子步骤，服务器向选择了对手的客户端及其对手端发送一条 START_OF_GAME 消息。这些消息告知每个客户端它使用的标记（“o”或“x”），以及它是要走下一步棋还是必须等待对方走棋。服务器相应地更新其在线诊断显示。
- LOCAL_CELL_SELECTION：客户端用连接数组中的索引位置标识走了一步棋（用户选择了一个小格放置他的标记）。服务器向该客户端的对手发送一条 OPPONENT_CELL_SELECTION 消息，以便用户界面能够更新，同样，对手用户也得到告知。服务器更新游戏状态，然后检查新棋步是否导致了游戏胜利（3 个标记在任一方向上连成一条直线）。若有，服务器向胜利者客户端发送一条 END_OF_GAME 消息，其 iCode 字段含有 END_OF_GAME_WIN；同时，其对手客户端也被发送一条 END_OF_GAME 消息，其 iCode 字段含有 END_OF_GAME_LOSE。如果游戏中没有胜利，就被检查为平局；所有的小格都被填充却没有赢家，就发生了这种情况。若出现了平局，双方客户端都被发送一条 END_OF_GAME 消息，其 iCode 字段含有 END_OF_GAME_DRAW。
- CLIENT_DISCONNECT：这个消息类型支持客户端友好地断开，并导致相应的游戏在服务器中关闭。当接收到该类型消息时，服务器会更新其在线诊断显示，关闭用来与该客户端通信的套接字，并清除相关的连接数组条目。同时，服务器也关闭与对手客户端的连接。可选玩家列表会被更新，并发送一条包含剩余玩家列表的 179~180
PLAYER_LIST 消息给全部已连接的客户端。

图 3-46 展示了客户端进程的行为。客户端是事件驱动的，每个事件都被建模为一个单独的活动。这些事件的启动和停止都彼此独立。除了基于定时器的活动之外（它处理在非阻塞套接字上接收来的消息），还有一些用户活动事件。当一个特定的用户界面的事件发生时，这些事件启动。例如，当用户选择了一个对玩的伙伴，或者在游戏中走了一步棋。

图 3-47 展示了服务器进程的行为。服务器是事件驱动的，每一个事件被建模为一个单独的活动。在检测到相关事件时，这些活动被初始化。非阻塞套接字结合使用一个定时器，实现周期性的监听和接收活动。服务器维护了一个用来监听连接请求的套接字，还为每个连接的客户端各维护一个套接字，用于接收消息。每个客户端套接字都保存在一个数组中，因而能用一个循环测试消息接收。每一次测试都调用定时器处理程序。定时器以 10 Hz 频率工作，确保服务器能响应来自游戏客户端的连接请求和传入的消息。

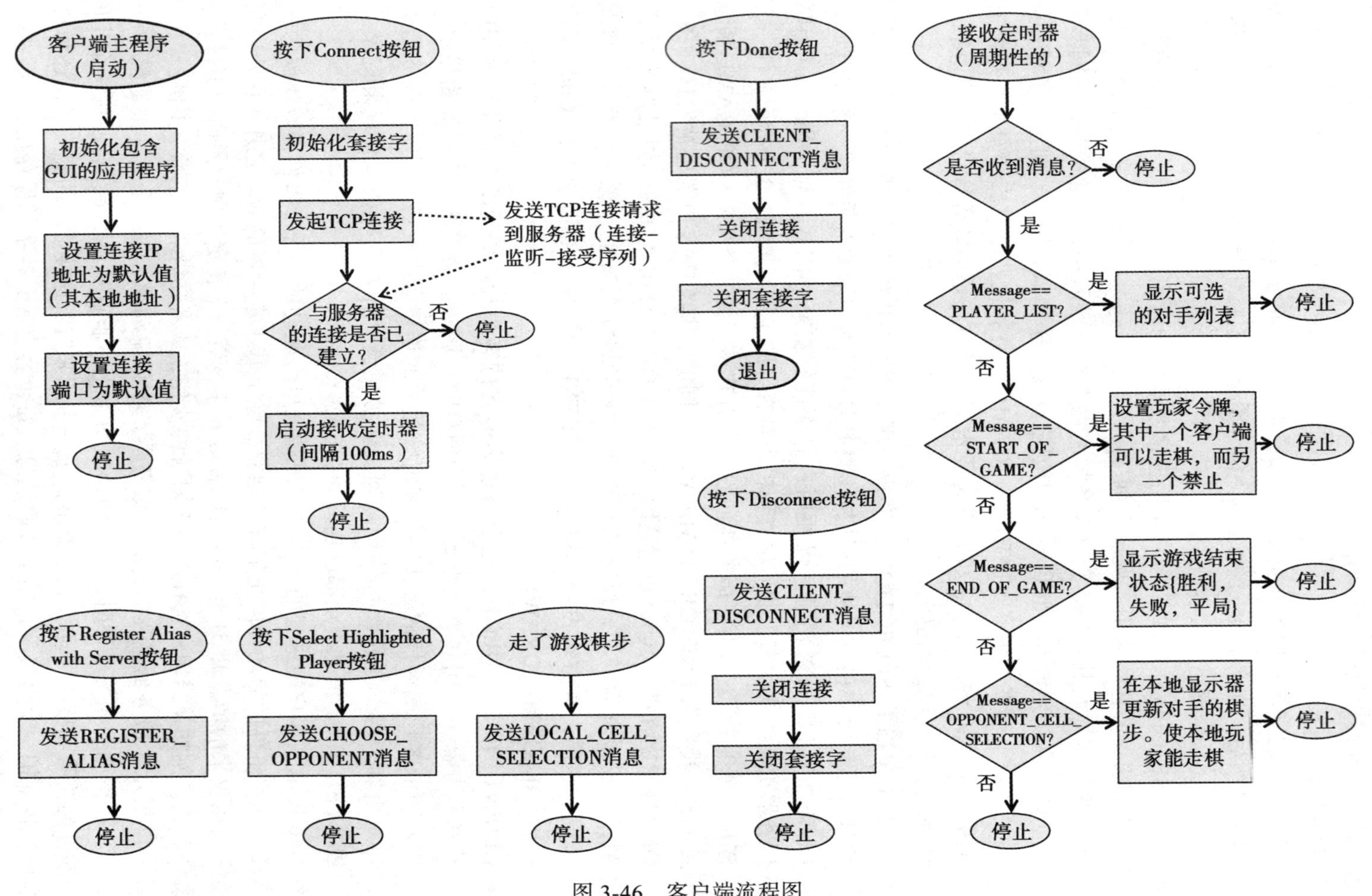
客户端主程序
（启动）
初始化包含GUI的应用程序
设置连接IP地址为默认值（其本地地址）
设置连接端口为默认值
停止
按下Connect按钮
初始化套接字
发起TCP连接
发送TCP连接请求到服务器（连接-监听-接受序列）
与服务器的连接是否已建立?
否
停止
是
启动接收定时器（间隔100ms）
停止
按下Done按钮
发送CLIENT_DISCONNECT消息
关闭连接
关闭套接字
退出
接收定时器（周期性的）
是否收到消息?
否
停止
是
Message== PLAYER_LIST?
是
显示可选的对手列表
停止
否
Message== START_OF_GAME?
是
设置玩家令牌，其中一个客户端可以走棋，而另一个禁止
停止
否
Message== END_OF_GAME?
是
显示游戏结束状态{胜利，失败，平局}
停止
否
Message== OPPONENT_CELL_SELECTION?
是
在本地显示器更新对手的棋步。使本地玩家能走棋
停止
否
停止
按下Disconnect按钮
发送CLIENT_DISCONNECT消息
关闭连接
关闭套接字
停止
按下Register Alias with Server按钮
发送REGISTER_ALIAS消息
停止
按下Select Highlighted Player按钮
发送CHOOSE_OPPONENT消息
停止
走了游戏棋步
发送LOCAL_CELL_SELECTION消息
停止

图 3-46 客户端流程图

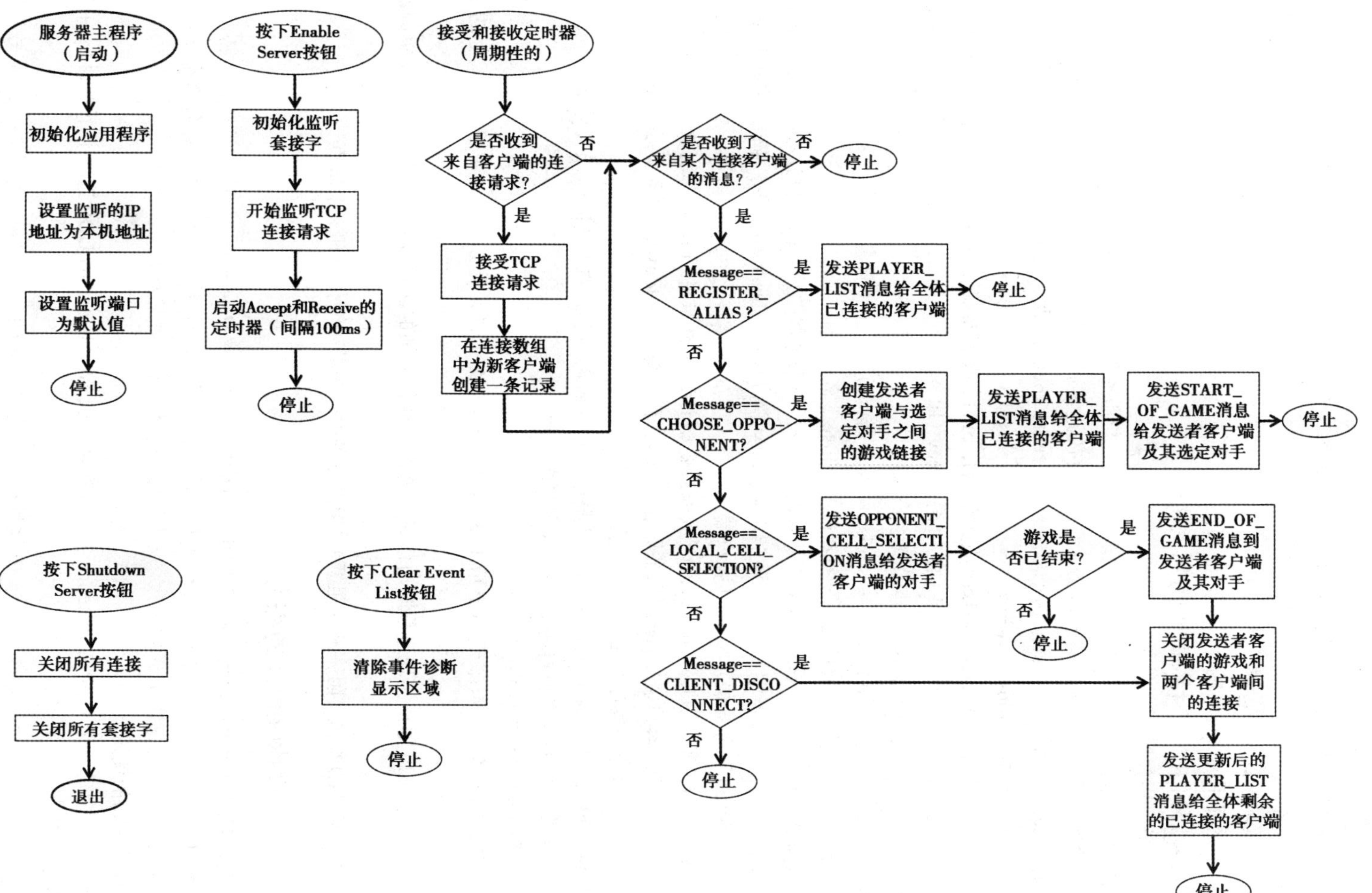

图 3-47 服务器端流程图

3.15 章末练习

3.15.1 问题

1. 确定哪个传输层协议最适合下列应用程序，并对你的答案作出解释。
   (a) 实时流媒体
   (b) 仅用于局域网的文件传输
   (c) 跨互联网使用的文件传输
   (d) 面向本地网络中所有计算机的时钟同步服务
   (e) 电子商务应用程序
   (f) 本地文件共享应用程序，其中客户端需要自动定位服务器，而不能依赖于现有的名字服务
2. 确定哪一个套接字原语序列能有效地实现通信，并陈述其通信隐含的是基于 UDP 还是 TCP？
   (a) create socket（客户端），sendto（客户端），create socket（服务器端），recvfrom（服务器端），close（服务器端），close（客户端）
   (b) create socket（客户端），create socket（服务器端），bind（服务器端），listen（客户端），connect（客户端），accept（服务器端），send（客户端），recv（服务器端），shutdown（服务器端），shutdown（客户端），close（服务器端），close（客户端）
   (c) create socket（客户端），create socket（服务器端），bind（服务器端），sendto（客户端），recvfrom（服务器端），close（服务器端），close（客户端）
   (d) create socket（客户端），create socket（服务器端），bind（服务器端），listen（服务器端），connect（客户端），accept（服务器端），send（服务器端），recv（客户端），shutdown（服务器端），shutdown（客户端），close（服务器端），close（客户端）
   (e) create socket（客户端），create socket（服务器端），bind（服务器端），listen（服务器端），connect（服务器端），accept（客户端），send（服务器端），recv（客户端），shutdown（服务器端），shutdown（客户端），close（服务器端），close（客户端）
181~183 (f) create socket（客户端），create socket（服务器端），sendto（客户端），bind（服务器端），recvfrom（服务器端），close（服务器端），close（客户端）
3. 解释 RPC 和 RMI 的根本区别。
4. 解释 RPC 或 RMI 通信，与基于 TCP 或 UDP 上的 Socket API 的更低层通信，在构建形式上的主要区别。
5. 指出使用套接字 API 原语实现进程间通信时，能发生通信死锁的一种方式，并阐述一种简单的避免方法。
6. 对于两种套接字 IO 模式（阻塞和非阻塞），指出每种模式中的一个优点和一个缺点。

3.15.2 基于 Workbench 的练习

下面的练习使用网络版 Workbench 探究 UDP 和 TCP 的行为、端口和绑定、缓冲、寻址、多播和广播等多方面特性。大多数练习推荐使用两台联网的计算机，尽管通过在一台计算机上运行两个或更多个网络版 Workbench 实例，练习可以部分完成（在某些情况下能全部完成）。

练习 1　理解端口的使用。

1. 在计算机 A 上启动一个 UDP Workbench 实例（在网络版 Workbench 的 UDP 选项卡下找到），并在计算机 B 上启动另一个实例。
2. 为每一个实验平台设置正确的（目的）IP 地址，所以在“Address 1”区域上显示的地址是另一台计算机的地址。为本次练习选择“unicast”模式。
3. 发送端口对应的是数据包将被发送到的端口，也就是说，这个值是写入 UDP 数据包头中的**目的端**

口号。

4. 接收端口号是正在接收 UDP 的软件模块监听的端口号。
5. 你必须单击“Enable Receiver”按钮来启用接收。
6. 要想更改接收端口号，你必须单击“Stop Receiving”按钮，然后更改端口号，再重新启用接收。尝试如下所示的每种端口号配置。在每一种情况下，尝试在两个 Workbench 实例之间保持一次双向会话。

A	计算机A	计算机B
发送端口	8000	8001
接收端口	8002	8003

B	计算机A	计算机B
发送端口	8001	8001
接收端口	8002	8002

C	计算机A	计算机B
发送端口	8001	8002
接收端口	8001	8002

D	计算机A	计算机B
发送端口	8001	8001
接收端口	8001	8001

E	计算机A	计算机B
发送端口	8001	8002
接收端口	8002	8001

F	计算机A	计算机B
发送端口	8000	8002
接收端口	8001	8003

184

Q1. 在这些发送和接收端口的配置方案中，哪些能工作（即允许双向通信）？

Q2. 那么基于端口的通信的基本要求是什么？

Q3. 如果两个 UDP Workbench 实例在同一台计算机上运行，上面的配置方案中，哪一个能工作？

Q4. 结果差异的原因是什么？

练习 2　用 UDP 实现多播效果。

在更高的软件层次上，有一些基于 UDP 实现多播寻址的方式（因为 UDP 不直接提供多播功能，只直接支持单播和广播寻址模式）。

Q1. 提出一种能够实现多播的方法。

1. 启动 UDP Workbench，选择多播通信。
2. 设置 3 个地址（“Address 1”、“Address 2”和“Address 3”）指向 3 台不同的存在的计算机。
3. 启动另外的 Workbench 实例，分别运行在各个目标计算机上，并启动接收器。
4. 确保端口的配置正确（如果你对此有疑问，请参考上面的练习 1）。

Q2. 当你发送一条消息时，发生了什么？根据发送进程实际发送的消息数量和每个接收进程接收到的消息数量来分析。

5. 现在，将这 3 个地址设置成指向同一台计算机。

Q3. 此时，当你发送一条消息时，发生了什么（提示：查看统计窗口）？

Q4. 此时，你能确定使用了哪种方法（在 UDP Workbench 上）实现了多播效果吗？

练习 3　UDP 广播。

利用若干个 UDP Workbench 的实例，设计一个简单的实验，确定 UDP 如何实现广播。

Q1. 发送者如何知道接收者的地址？它需要知道吗？

Q2. 当一条消息向包含 5 台计算机的网络广播时，共发送了多少条消息？收到了多少条消息（提示：查看统计窗口）？解释为什么会这样。

练习 4、练习 5、练习 6 使用网络版 Workbench 中的“Arrows”应用程序（在 UDP 标签中）。Arrows 应用程序包括 Arrows Server（它仅是一台显示服务器）和 Arrows Controller（它告知一台或多台 Arrows Server 显示什么内容）。Arrows 应用程序要求每个 Arrows Server 给定一个不同的端口号（无论是否在同一台计算机上）。Arrows Server 使用的端口号必须是连续的（例如，你可以使用 8000、8001、8002 等）。Arrows Controller 必须被告知使用的最低端口号（即本示例中的 8000，以及使用的 Arrows Server 的个数）。每个 Arrows Server 必须绑定到其端口（单击“Listen”按钮实现），才能开始接收来自 Arrows Controller 的 UDP 消息。Arrows Controller 中的其他控制是直观的，在几分钟的实验过后，应该就能熟悉。

图 3-48 展示了在同一台计算机上配置一台 Arrows Controller 和 3 台 Arrows Servers，暂未单击“Listen”按钮。请注意，分配给这些服务器的端口号是按顺序的。图 3-49 展示了运行中的 Arrows 应
185 用，箭头有序地“穿过”服务器的窗口。

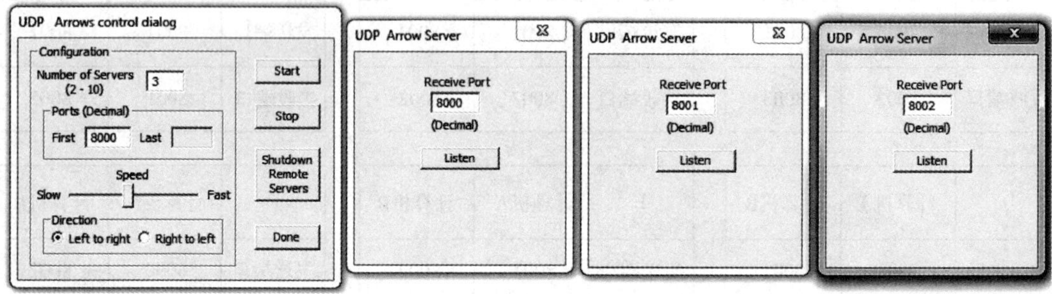

图 3-48　Arrows 应用程序组件的初始状态

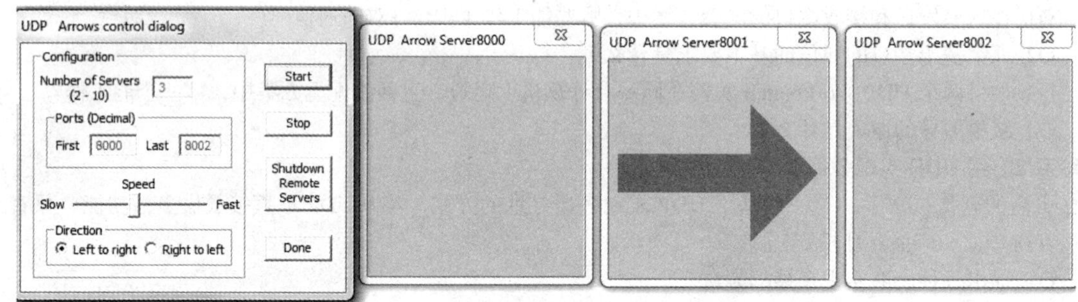

图 3-49　运行中的 Arrows 应用程序

练习 4　绑定约束。

Q1. 两个或更多个 Arrows Servers 能够宿驻在同一台计算机吗？

Q2. 如果能，有任何必须满足的特定条件（关于绑定）吗？

试着预测答案，然后尝试在同一台计算机上绑定两台 Arrows Servers（通过单击“Listen”按钮）到不同的端口组合。

练习 5　寻址（识别服务器）。

Q1. Arrows Controller 如何识别它的 Arrows Servers?

- 仅靠 IP 地址
- 仅靠端口
- 同时靠 IP 地址和端口

Q2. 这种方法适用于一般的应用程序吗？

Q3. 这种方法适用于 Arrows 应用程序吗？

Q4. 你能想出一个可能合适的替代寻址方案吗（记住，每台计算机上允许有多于一个 Arrows Server）？

练习 6　缓冲

配置 2 个 Arrows Controller 实例，来控制至少 2 个 Arrows Servers（两个控制器都试图控制这相同的一

对 Arrows Server。所以 2 个控制器的设置将完全相同）。

1. 分配端口值给各个 Arrows Server，然后单击各自的“Listen”按钮。
2. 配置并启动两个 Arrows Controller。 186
3. 在两个控制器中，移动各自的速度控制滑块到最大值，并让系统运行大约一分钟。
4. 现在，在各 Arrows Controller 上单击“Stop”按钮，关闭 Arrows Controller 窗口。Arrows Server 仍然保持运行——显然还在接收消息。

Q1. 解释实际在发生什么。

3.15.3 编程练习

编程练习 C1 在游戏案例研究中，目前要求用户在客户端用户界面中输入服务器 IP 地址，以便客户端能与服务器建立通信。

修改游戏，使得当客户端和服务器在同一个本地网络中时，客户端能够基于服务器的通告广播，自动定位服务器。要做到这一点，你需要实现 UDP 广播。服务器需要按照规则的时间间隔（例如每秒钟）广播一条消息，其中包含它自身的 IP 地址和正在监听的端口。初始化时，客户端需要监听服务器发来的广播消息。一旦收到了消息，客户端就需要使用消息中包含的地址自动向服务器发送连接请求。这意味着，客户端可能会在短时间内表现得没有响应，直到服务器的消息被接收。这就是服务器通告消息之间的间隔不应太长的原因。

以下程序提供了示例解决方案：CaseStudyGame_Client_withServerAdvertising 和 CaseStudyGame_Server_withServerAdvertising。

编程练习 C2 案例研究的游戏服务器目前检测客户端的断开。断开发生的方式有：客户端主动断开（使用“Disconnect”按钮）、关闭客户端程序（使用“Done”按钮）或客户端宿主计算机崩溃、客户端与服务器之间的网络连接问题。目前，服务器对检测到客户端断开的响应是，关闭与该客户端相关联的套接字，并关闭断开连接的客户端的对手的连接。这导致对手客户端意外地关闭。

修改游戏服务器代码，使得当检测到某客户端连接断开时，服务器发送一条诸如“opponent connection lost”的新消息类型到连接断开的对手客户端。或者，你可以发送一个现有的消息类型“END_OF_GAME”，但携带的是一个意思为“opponent connection lost”的消息代码。你仍然需要修改客户端的代码，以便其对手客户端收到这种新消息时，能够返回到其初始的连接状态，以便用户能在可选玩家列表中选择另一个玩家，而不会像现在这样自动关闭。

以下程序提供了示例解决方案：CaseStudyGame_Client_withServerAdvertising_AND_ClientDisconnectManagement 和 CaseStudyGame_Server_withServerAdvertising_AND_ClientDisconnectManagement。

3.15.4 章末问题答案

问题 1

(a) UDP 更适合，因为其更低的延迟。
(b) TCP 或 UDP 都有可能。FTP 使用 TCP 作为其传输层协议，但 TFTP 使用 UDP，能在本地网络中工作得很好，尤其是小文件传输的情形。
(c) 需要使用 TCP，因为 TCP 具有错误处理和消息排序的能力。 187
(d) 必须使用 UDP，因为 UDP 有广播能力。
(e) 必须使用 TCP，因为 TCP 的健壮性和消息排序功能。
(f) 使用 UDP 广播定位服务器（服务器通告），然后在文件共享或文件传输中使用 TCP。

问题 2

(a) 该原语集合与 UDP 相一致。然而，客户端向服务器发送数据报早于服务器创建套接字，因此数据报不会被传递。此外，服务器端没有绑定到一个端口。
(b) 该原语集合与 TCP 相一致。然而，事实上这是客户端在监听，服务器应该监听，所以连接不会被建立。

(C) 该原语集合与 UDP 相一致。原语调用的顺序是正确的，单个数据报会从客户端发送到服务器。

(D) 该原语集合与 TCP 相一致。原语调用的顺序是正确的，单个数据报会从服务器发送到客户端。

(E) 该原语集合与 TCP 相一致。然而，connection 原语在服务器端发生，而 accept 原语在客户端上发生（这些都颠倒了），所以不会建立连接。

(F) 该原语集合与 UDP 相一致。然而，客户端向服务器发送数据报早于服务器绑定到一个端口，因此数据报不会被传递。

问题 3 RPC 是远程调用程序过程的一种手段。它与面向过程的语言一起使用，如 C 语言，也支持 C++。RMI 是远程调用远端对象中的方法的一种手段。它在 Java 语言中使用。另外，C# 语言支持一个类似的叫作 remoting 的机制。可以认为，RMI 是 RPC 的面向对象版本。

问题 4 通信构建形式（如 RPC 或 RMI）在特定框架内提供了一种结构化通信（即远程过程调用或远程方法调用）。它为开发人员提供了一种抽象，使得远程对象能够像本地对象一样在程序中访问。更低层通信细节会被自动处理，例如底层 TCP 连接的建立和处理某些类型的错误等。这种方法在多种形式上实现了高度的透明性。

另一方面，基于 Socket API over TCP 或 UDP 的更低层通信缺乏结构性，但更灵活。开发人员可以构建他们自己的协议和更高层的通信机制（例如，采用这种方式可能构造一个 RMI 或 RPC 系统）。然而，在这种情况下，开发人员必须处理更多通信方面的问题，如建立和维持连接、控制消息顺序、处理出现的错误等。最重要的是，低层通信不提供透明性，开发人员要面临传输层和进程隔离的复杂性。

问题 5 当进程间使用阻塞套接字（并且是单线程）通信时，可能会发生通信死锁。如果出现了两个进程同时在等待对方发来消息的情形，通信死锁就发生了。

188

有一些方法可以防止通信死锁。使用非阻塞套接字能保证进程不会无限期地等待消息到来。作为另外一种选择，将发送和接收活动分别放在不同的线程中，也能解决此问题，只要操作系统能在线程级上调度（因此阻塞发生在线程级）而不在进程级别上。

问题 6 在系统资源使用方面，阻塞套接字 IO 是高效的。进程在等待事件的时候将被阻塞，比如消息接收，或等待客户端发起的连接请求。从程序员的角度看，阻塞 IO 是最简单的套接字操作模式。然而，阻塞套接字会导致应用程序无反应，以及可能会通信死锁。

非阻塞套接字 IO 比阻塞套接字 IO 更灵活，它能够用来实现快速响应的进程，因为能够在等待通信事件的同时处理其他事情。然而，非阻塞 IO 模式需要更复杂的程序逻辑，因为需要使用定时器，需要重试失败的动作，以及需要处理返回的伪错误代码（当事件不能立即完成时）。

3.15.5 Workbench 练习的答案 / 结果

练习 1

Q1. D 和 E 的配置都能工作。

Q2. 发送端的发送端口（消息被发往的端口）必须与接收端的接收端口（被监听的端口）相同。

Q3. 只有配置 E 能工作。

Q4. 当两个进程宿驻在同一台计算机上时，它们不能绑定到同一个端口。因此，尽管两者可以同时将消息发往同一个端口，但不能两者同时在一个端口上接收。第 2 个进程请求同一个端口（使用绑定）的尝试会被拒绝。

练习 2

Q1. 有两种容易的方法用 UDP 实现多播效果。一是实际上使用广播，但是安排潜在的接收进程的子集真正监听相应的端口。另一种方式是使用单播寻址，在发送进程中使用循环，发送同一条消息给特定计算机集合中的每一台计算机。

Q2. 在实验中，你应该观察到，发送者实际上发送了 3 条消息，而每个接收进程分别接收到 1 条消息。

Q3. 当 3 个地址都相同时，你应该观察到，发送者实际上发送了 3 条消息，并且以此为地址的接收进程收到了 3 条消息。

Q4. UDP Workbench 采用单播寻址，在一个循环中将消息的相同备份分别发送给 3 个指定的地址。

练习 3

Q1. 使用广播时，发送者不需要知道接收者的地址。它使用一个特殊的广播地址。

Q2. 广播消息的传递由通信协议和底层网络机制实现。这意味着发送者只需要发送单条消息，就会传递给每个接收者（它们各接收一条消息）。 189

练习 4

Q1. 可以，多个 Arrows Server 能够驻留在同一台计算机上。

Q2. 每个 Arrows Server 都必须绑定到不同的端口。

练习 5

Q1. Arrows Server 只通过端口标识。所有消息都由 Arrows Controller 广播，所以服务器可以设在本地网络中的任意位置（在控制器的广播域中）。

Q2. 这是一种非常特别的寻址方法。从一般原则上说，此方法不适合大多数应用程序，因为它过于依赖广播，需谨慎使用。

Q3. 这种方法很适合 Arrows 应用程序，因为它允许服务器设在相同或不同的计算机上。并且，端口号序列被用作对服务器逻辑排序的手段。这对实现跨多个 Arrows Server 实例的"箭头前进"效果是有必要的。

练习 6

Q1. Arrows Server 不认识任何一个特定的 Arrows Controller 实例。它们简单地接收命令消息，并执行相应的显示动作。因此，当存在多个 Arrows Controller 时（并且因为两个控制器都使用广播通信），所有的 Arrows Server 接收来自所有控制器的命令（可能有冲突）。因此，显示行为可能显得古怪，因为服务器一接到任意一个控制器的命令，就执行显示动作。

3.15.6 本章活动列表

活动编号	章 节	描 述
C1	3.3.1	温度传感器应用程序中的单工通信
C2	3.3.2	请求 - 应答通信和一个 NTP 应用程序例子
C3	3.7.2	UDP 基础和数据报文缓冲
C4	3.7.3	TCP 基础和流缓冲
C5	3.7.4	探索绑定
C6	3.8.2	探究阻塞和非阻塞套接字 IO 模式，以及通信死锁

3.15.7 配套资源列表

本章正文、文中活动和章末练习直接参考了如下资源：

- 分布式系统版 Workbench
- 网络版 Workbench
- 源代码
- 可执行程序 190

值得注意的是，本实验平台除了支持实际练习外，在网络应用程序开发过程中，其中的网络版 Workbench 还可以用作一个强大的诊断工具。特别地，针对 UDP，有 UDP Workbench、阻塞接收程序和非阻塞接收程序；针对 TCP，有“TCP: Active Open”和“TCP: Passive Open”程序，可用于测试你开发的应用程序的连通性。例如，如果你正在开发一个带客户端和服务器组件的应用程序，需要在缺少服务器的情况下测试客户端，或者反之亦然。

程　　序	可　用　性	相关章节
用例游戏应用程序：客户端	源代码，可执行程序	3.14
用例游戏应用程序：服务器	源代码，可执行程序	3.14
CaseStudyGame_Client_withServerAdvertising （章末编程练习任务 1 的参考方案：客户端）	源代码，可执行程序	3.15
CaseStudyGame_Server_withServerAdvertising （章末编程练习任务 1 的参考方案：服务器端）	源代码，可执行程序	3.15
CaseStudyGame_Client_withServerAdvertising_AND_ClientDisconnectManagement （章末编程练习任务 2 的参考方案：客户端）	源代码，可执行程序	3.15
CaseStudyGame_Server_withServerAdvertising_AND_ClientDisconnectManagement （章末编程练习任务 2 的参考方案：服务器端）	源代码，可执行程序	3.15

附录　套接字 API 参考

本节分别以 C++、C# 和 Java 方法原型及加注释代码示例的形式提供了套接字 API 原语。另外还提供了关于套接字选项支持信息和套接字地址结构。

重要提示：为避免重复，异常 / 错误处理的例子仅在一些 API 调用中展示。然而，所有套接字 API 调用都可能会因为不同的原因失败。这些原因可能与连接到或想要连接到的进程状态相关，也可能与原语调用采用的顺序相关。总之，健壮的异常 / 错误处理机制在所有情况下都有必要。

A1　SOCKET

C++ 原型：SOCKET socket(int AddressFamily, int Type, int Protocol);

类型：SOCK_DGRAM（针对 UDP），SOCK_STREAM（针对 TCP）。

返回参数：SOCKET 派生于整数类型，唯一标识该套接字。

举例：

```
SOCKET ClientSock=socket(AF_INET, SOCK_DGRAM, PF_UNSPEC);
if(INVALID_SOCKET == ClientSock)
{
    //显示错误消息"不能创建套接字"
```
191
```
}
```

C# 举例：

```
Socket ClientSock;
try
{
    ClientSock=new Socket(AddressFamily.InterNetwork, SocketType.Stream, ProtocolType.Tcp);
}
catch (SocketException se)
{
    // 如果出现异常，处理异常并显示出错消息
}
```

Java 有各种 Socket 类可用，使用场景包括客户端 TCP、服务器端 TCP、UDP。

客户端 TCP 使用 Socket 类。Socket 构造函数有多种不同的重载，自动实现连接动作。使用举例如下：

```
InetAddress IAddress; // 标识要连接的IP地址的对象
int iPort;
   …分配面向应用程序的值给IAddress和iPort，以标识要连接的远程套接字…
Socket ClientSock;
   try
   {
      ClientSock = new Socket(IAddress, iPort);
      // 创建套接字并把它连接到由InetAddress对象和端口号标识的套接字
   }
   catch (IOException e)
   {
      System.out.println(e);
   }
```

也有套接字构造函数创建一个未连接的套接字：

```
Socket ClientSock = Socket(); // 创建一个未连接的套接字，这个套接字随后需要使用Connect()
```

服务器端 TCP 使用 ServerSocket 类，自动执行 bind 和 listen 动作。

```
int iPort = 8000; // 分配服务器端端口号，用于绑定
ServerSocket ServerSock = new ServerSocket(iPort); // 创建一个套接字并绑定到指定的本地端口
specified.
// 可以设置超时，以允许使用非阻塞形式的套接字
ServerSock.setSoTimeout(50); // 等待50ms
// 例如，当尝试从套接字接收数据时，进程将在返回控制前等待（阻塞）一定时间（而不是永远）
```

192

UDP 使用 DatagramSocket 类，自动绑定套接字到一个端口。

举例：

```
ClientSock = new DatagramSocket(5027); // 创建一个UDP套接字并绑定到指定端口
```

A2 SOCKET 选项

使用特殊套接字能够选用的选项如下：

- SO_DEBUG　　调试信息
- SO_KEEPALIVE　　保持连接存活（定时器超时重置）
- SO_DONTROUTE　　路由绕过
- SO_BROADCAST　　允许广播
- SO_USELOOPBACK　　尽可能绕过 H/W
- SO_LINGER　　如果提供了数据则延缓关闭
- SO_TYPE　　（仅获得）套接字类型
- SO_SNDBUF　　（仅设置）输出缓冲区大小
- SO_RCVBUF　　（仅设置）输入缓冲区大小

C++ 中要获得或设置套接字选项，需调用 getsockopt() 或 setsockopt() 实现。

原型：int setsockopt(SOCKET s, int level, int optname, const char*optval,int optlen);

原型：int getockopt(SOCKET s, int level,int optname,char*optval,int*optlen);

如果没有出现错误，setsockopt 和 getsockopt 返回 0，否则他们返回一个错误码。

level——选项应用的级别（通常是 SOL_SOCKET）；

optname——设置的选项的名称；

optval——保存选项值的缓冲区，或者放选项值的位置（设置或未设置）；

optlen——optval 缓冲区的长度。

举例（打开广播选项）：

```
char cOpt[2];
cOpt[0] = 1; // 真
cOpt[1]=0; // 选项数组的null终止符
int iError=setsockopt(ClientSock, SOL_SOCKET, SO_BROADCAST, cOpt, sizeof(cOpt));
if(SOCKET_ERROR == iError)
{
    // 显示错误消息"setsockopt()失败"
}
```

举例（测试是否设置了广播模式）：

```
char cOpt[2];
int iError=getsockopt(ClientSock, SOL_SOCKET, SO_BROADCAST, cOpt, sizeof(cOpt));
if(SOCKET_ERROR == iError)
{
    // 显示错误消息"getsockopt()失败！"
193 }
```

C# 使用 GetSocketOption() 和 SetSocketOption() 方法，举例如下：

```
// 设置允许套接字快速优雅关闭的选项
ClientSock.SetSocketOption(SocketOptionLevel.Socket, SocketOptionName.DontLinger, true);

// 设置允许在套接字上广播的选项
ClientSock.SetSocketOption((SocketOptionLevel.Socket, SocketOptionName.Broadcast, true);

// 测试ServerSock是否设置了linger选项
byte[] SockOptResult=new byte[1024]; // 存放GetSocketOption()调用结果的字节数组
SockOptResult=(byte[])ServerSock.GetSocketOption(SocketOptionLevel.Socket,SocketOptionName.
Linger);
```

Java 使用 socket 对象的多种方法，举例如下：

```
boolean getKeepAlive()                  // 确定SO_KEEPALIVE套接字选项是否打开
int getSoLinger()                       // 返回SO_LINGER属性的设置
int getSoTimeout()                      // 返回SO_TIMEOUT属性的设置
void setSoTimeout(int timeout)          // 用毫秒为套接字设置SO_TIMEOUT属性值
int getReceiveBufferSize()              // 返回SO_RCVBUF的值，即接收缓冲的大小
void setReceiveBufferSize(int size)     // 设置SO_RCVBUF的值，即设置接收缓冲的大小
int getSendBufferSize()                 // 返回SO_SNDBUF的值，即发送缓冲的大小
void setSendBufferSize(int size)        // 设置SO_SNDBUF的值，即发送缓冲的大小
boolean isBound()                       // 确定套接字是否已绑定到端口
boolean isClosed()                      // 确定套接字是否关闭
boolean isConnected()                   // 确定套接字是否连接
boolean isInputShutdown()               // 确定连接在读的方向上是否关闭
boolean isOutputShutdown()              // 确定连接在写的方向上是否关闭
```

A3 SOCKET 地址格式

一个套接字地址包括一个 IP 地址和一个端口号。一个套接字地址可以代表供其他套接字连接的本地套接字，也可以代表一个想要连接的远程套接字。具体语义依赖于其使用上下文。

C++ 使用一个套接字地址结构体：

```
struct sockaddr {
    unsigned short int    sa_family;   // 地址族（固定2字节大小）
    char    sa_data[14];   // 地址最多14字节
};
```

一个特殊版本的套接字地址结构体和 IP 地址一起使用：

```
struct sockaddrin_in{
    short int   sin_family;  // 地址族（AF_INET指IPv4地址）
    unsigned short int   sin_port;  // 端口号（固定2字节大小）
    struct in_addr   sin_addr;  // Internet地址（IPv4固定4字节大小）
};
```
194

C# 中的 System.Net.IPEndPoint 表示一个套接字地址（相当于 C++ 中的 sockaddr_in 结构体），System.Net.IPAddress 表示一个 IP 地址。

举例：

```
// 用IP地址和端口的组合创建一个端点
IPAddress DestinationIPAddress = IPAddress.Parse("192.168.100.5");
int iPort = 9099;
IPEndPoint localIPEndPoint = new IPEndPoint(DestinationIPAddress, iPort);

ServerSock.Bind(localIPEndPoint); // 绑定套接字到
```

Java 中的 SocketAddress 类表示一个套接字地址（相当于 C++ 中的 sockaddr_in 结构体），Inet Address 类表示一个 IP 地址。

原型：

```
InetSocketAddress(InetAddress address, int port) // 用提供的参数创建一个套接字地址
```

套接字对象中决定地址相关设置的相关方法有：

```
int getPort() // 返回套接字连接的远程端口号
int getLocalPort() // 返回套接字绑定的本地端口号
SocketAddress getRemoteSocketAddress() // 返回套接字连接的远程端点的地址
nected to.
SocketAddress getLocalSocketAddress() // 返回套接字绑定的本地端点的地址
```

A4 设置套接字以阻塞或非阻塞 IO 模式运行

套接字默认情况下以阻塞模式运行。它能够在两种模式间改变，以满足应用需求。

C++ 使用 ioctlsocket 功能控制套接字的 IO 模式。

举例：

```
unsigned long lArg = 1; // 1 = NON_BLOCKING, 0 = BLOCKING
int iError = ioctlsocket(ServerSock, FIONBIO, &lArg); // FIONBIO指阻塞或非阻塞IO，基于lArg 参数的值来选择
```

C# 使用 socket 对象的一个 Blocking 属性设置 IO 模式。

举例：

```
ServerSock.Blocking = true; // 或假，以设置非阻塞模式
```

Java 使用一个超时值决定套接字将阻塞多长时间。这是一个灵活的方法，综合了直接阻塞一段时间期间等待一个事件（比如消息接收）和防止套接字无休止等待两方面的优点。 195

举例：

```
ClientSock = new DatagramSocket(8000);      // 创建一个UDP套接字并绑定到端口8000
ClientSock.setSoTimeout(50);                // 设置50ms超时
ClientSock.receive(receivePacket);          // 调用超过50ms阻塞。当接收到消息或超时时，调用返回
```

A5 绑定

绑定把一个套接字与一个本地套接字地址相关联（包括一个本地端口和 IP 地址）。将要被连接的一端（通常是“客户端 / 服务器”程序中的服务器）必须发出这个调用，以便客户端能够根据端口号

“定位”服务器。

C++ 使用 bind() 函数。

原型：int **bind**(SOCKET *s*, const struct sockaddr* *name*, int *namelen*);

```
// name是一个sockaddr结构体，存放绑定地址（IP地址和端口号的组合）
// namelen是sockaddr结构体的大小
```

举例：

```
int iError=bind(ServerSock, (const SOCKADDR FAR*)&m_LocalSockAddr, sizeof(m_LocalSockAddr));
```

C# 使用 Socket 类的 Bind() 方法。

举例：

```
int iPort=8000;
IPEndPoint localIPEndPoint=new IPEndPoint(IPAddress.Any, iPort); // 创建一个端点
// IPAddress.Any指的是可以绑定计算机的所有IP地址，这样，当消息到达任何网络接口，只要定位
  到特定端口，这个消息就能被接收。
ServerSock.Bind(localIPEndPoint); // 绑定到本地IP地址和选择的端口
```

Java 使用 Socket 类的 Bind() 方法，但值得注意的是，当创建 ServerSocket 对象时，bind 自动执行（这种情况下，不执行单独的绑定动作）。

```
// 用本地主机的IP地址和端口8000创建一个套接字地址对象
InetAddress Address=InetAddress.getLocalHost(); // 获取本地主机的IP地址
InetSocketAddress localSocketAddress = new InetSocketAddress(Address, 8000)
ServerSock.bind(localSocketAddress); // 绑定本地IP地址和选择的端口
```

A6 监听

监听用于被动端绑定动作之后（通常是“客户端 / 服务器”程序中的服务器端）。这设置套接字进入“听候连接”状态。监听仅用于 TCP 套接字。

C++ 原型：int listen(SOCKET *s*, int *backlog*);

backlog——有待连接队列的最大长度。

举例：

196

```
int iError=listen(ServerSock, 5); // 用最大长度为5的backlog队列监听连接
```

C# 举例：

```
ServerSock.Listen(4); // 用最大长度为4的backlog队列监听连接
```

Java 中监听动作与绑定集成到一起了。创建一个 ServerSocket 时，监听动作自动执行，或者能够单独使用 Socket 类的 bind() 方法去实现监听。

A7 连接

为与另一个进程建立一条新的 TCP 连接，在连接的主动端（通常是“客户端 / 服务器”程序中的客户端）使用“连接”原语。如果使用 UDP 协议，就没有这个操作。

C++ 原型：int connect(SOCKET s,const struct sockaddr*name,int namelen);

name——套接字地址结构，包含了要连接的另一方套接字的地址和端口细节。

namelen——sockaddr 结构体的长度。

举例：

```
int iError = connect(ClientSock, (const SOCKADDR FAR*)& ConnectSockAddr
sizeof(ConnectSockAddr));
```

C# 举例：

```
String szIPAddress=IP_Address_textBox.Text; // 从文本框获取用户指定的IP地址
IPAddress DestinationIPAddress=IPAddress.Parse(szIPAddress); // 创建一个IPAddress对象

String szPort=SendPort_textBox.Text; // 从文本框中获取用户指定的端口号
int iPort=System.Convert.ToInt16(szPort, 10);

IPEndPoint remoteEndPoint=new IPEndPoint(DestinationIPAddress, iPort); // 创建一个IPEndPoint
m_SendSocket.Connect(remoteEndPoint); // 连接到由端点标识的远程套接字
```

Java 中的连接与几个 Socket() 方法构造函数一起自动执行（带地址参数以便远端地址和端口详情能被提供）。

如果使用了无参数的构造函数，连接则成为必须，并用作一种提供远端地址和端口细节（以 SocketAddress 对象的形式）的工具。

举例：

```
ClientSock.connect(new InetSocketAddress(hostname, 8000));
```

A8 接受

接受用在一个连接的被动端（通常是“客户端 / 服务器”程序中的服务器端）。它服务于来自客户端的连接请求。接受原语自动为服务器端创建并返回一个新的套接字，用于该特定的连接（即与特定连接的客户端通信）。这仅在使用 TCP 时需要。 197

C++ 原型：SOCKET accept(SOCKET s , struct sockaddr* **addr**, **int*addrlen**);

addr——套接字地址结构，包含正在连接的进程的地址和端口详情。

addrlen——sockaddr 结构体的长度。

举例：

```
SOCKET ConnectedCliSocket=accept(ServSock, (SOCKADDR FAR*)& ConnectSockAddr,
&iRemoteAddrLen);
```

C# 举例：

```
Socket ConnectedClientSock=ServerSock.Accept();
```

Java 举例：

```
Socket ConnectedClientSock=ServerSock.accept();
```

A9 发送（基于 TCP 连接）

C++ 原型：int send(SOCKET s, const char* buf, int len, int flags);

如果没有出现错误，send 返回发送的字节个数；否则，返回错误码。

buf——存放待发送的消息的内存区域。

len——缓冲区中消息的大小。

flags——能用于指定一些控制选项。

举例：

```
int iBytesSent;
iBytesSent=send(ClientSock, (char *) &Message, sizeof(Message_PDU), 0);
```

C# 举例：

```
int iBytesSent;
byte[] bData=System.Text.Encoding.ASCII.GetBytes(szData); // 假设发送的消息在szData字符串中
szData
iBytesSent=ClientSock.Send(bData, SocketFlags.None);
```

Java 使用 IO 流实现发送操作。首先，需要得到流对象，然后，IO 操作才能实现。

举例：

```
OutputStream out_stream=ClientSock.getOutputStream(); // 获取OutputStream对象
DataOutputStream out_data=new DataOutputStream(out_stream); // 获取DataOutputStream对象
out_data.writeUTF("Message from client"); // 把数据写入流
```

A10 接收（RECV）(基于 TCP 连接）

接收动作检查本地缓冲区，看看是否有接收到的消息放在那里（和一个 TCP 连接一起使用）。如
198 果缓冲区中有一条消息，就把它传递给应用程序。

C++ 原型：int **recv**(SOCKET *s*, char* but, int len,int flags);

如果没有错误，recv 返回接收到的字节个数。如果连接已关闭，返回值为 0。否则，它返回一个错误码。

buf——将要盛放消息的内存区域。

len——缓冲区的大小（即一次能被取回的最大数据量）。

flags——能用来指定一些控制选项。

举例：

```
int iBytesRecd=recv(ConnectedClientSock, (char *) &Message, sizeof(Message_PDU), 0);
```

C# 举例：

```
byte[] ReceiveBuffer=new byte[1024]; // 创建字节数组（缓冲）保存接收到的消息
int iReceiveByteCount;
iReceiveByteCount=ConnectedClientSock.Receive(ReceiveBuffer, SocketFlags.None);
```

Java 使用 IO 流实现接收操作。首先，需要得到流对象，然后，IO 操作才能实现。

举例：

```
InputStream in_stream=ClientSock.getInputStream(); // 获取InputStream对象
DataInputStream in_data=new DataInputStream(in_stream); // 获取DataInputStream对象
System.out.println("Message from server: "+in_data.readUTF()); // 从流中读取数据
```

A11 发送往（SENDTO）(发送一个 UDP 数据报）

C++ 原型：int **sendto**(SOCKET *s*, const char* s, const char*buf,int len flags,const struct sockaddr*to, int tolen);

如果没有发生错误，sendto 返回发送的字节个数。否则，它返回一个错误码。

buf——存放待发送消息的内存区域。

len——缓冲区中消息的长度。

flags——能用来指定一些控制选项。

to——sockaddr 结构体，盛放接收方套接字的地址。

tolen——地址结构的长度。

举例：

```
int iBytesSent=sendto(UDP_SendSock, (char FAR *) szSendBuf, iSendLen, 0,
(const struct sockaddr FAR *)& SendSockAddr, sizeof(SendSockAddr));
```

C# 举例：

```
byte[] bData=System.Text.Encoding.ASCII.GetBytes(szData);
UDP_SendSock.SendTo(bData, remoteEndPoint);
```

Java 中的 UDP 基于数据报，因此基于 UDP 套接字的发送动作不能使用基于流的 IO。替代方案是，使用 DatagramPacket 对象封装消息数据和目的套接字的 IP 地址和端口号。然后，该对象作为一
199 个离散的数据报发送。

举例：

```
datagram=new DatagramPacket(buf, buf.length, address, port); // 创建数据报对象
```

```
UDP_SendSock.send(datagram); // 发送数据报文到指定目的地
```

A12 接收自（RECVFROM）（接收一个 UDP 数据报）

C++ 原型：int **recvfrom**(SOCKET s, char*buf, int len,int flags, struct sockaddr*from, int*fromlen);

如果没有错误发生，recvfrom 返回接的收字节数。如果连接已经关闭，返回值为 0。否则，返回一个错误码。

buf——将要盛放消息的内存区域。

len——缓冲区的大小（即一次能被取回的最大数据量）。

flags——能用来指定一些控制选项。

from——sockaddr 结构体，盛放发送方套接字的地址（可选）。

fromlen——地址结构的长度。

举例：

```
int iBytesRecd=recvfrom(UDP_ReceiveSock, (char FAR*) szRecvBuf, 1024, 0, NULL, NULL);
```

C# 举例：

```
IPEndPoint SenderIPEndPoint=new IPEndPoint(IPAddress.Any, 0);
IPEndPoint SenderIPEndPoint=new IPEndPoint(IPAddress.Any, 0);
EndPoint SenderEndPoint=(EndPoint) SenderIPEndPoint; // 创建端点用来存放发送端的地址
UDP_ReceiveSock.Bind(endPoint);
byte[] ReceiveBuffer=new byte[1024]; // 创建存放已接收数据的缓冲
int iReceiveByteCount;
iReceiveByteCount=UDP_ReceiveSock.ReceiveFrom(ReceiveBuffer, ref SenderEndPoint);
```

Java 中的 UDP 基于数据报，因此基于 UDP 套接字的接收动作不能使用基于流的 IO。替代方案是，使用建好的 DatagramPacket 对象盛放接收到的消息数据和发送套接字的 IP 地址和端口号。接收方法用于接收一条消息并把它放置到数据报对象中。

举例：

```
byte[] buf=new byte[1024];
DatagramPacket datagram=new DatagramPacket(buf, buf.length); // 创建一个空的数据报文对象
UDP_ReceiveSock.receive(datagram); // 接收消息并把它存放到数据报文对象
```

A13 关闭

Shutdown 原语关闭一个连接，仅用于 TCP。

C++ 原型：int **shutdown**(SOCKET *s*, int *how*);

how——一个标志量，指明哪个动作不再允许。值是 {SD_RECEIVE（随后对 recv 的调用不再允许），SD_SEND（随后对 send 的调用不再允许），SD_BOTH（sends 和 receives 均失效）}。 200

举例：

```
int iError=shutdown(ClientSock, SD_BOTH);
```

C# 举例：

```
ClientSock.Shutdown(SocketShutdown.Both);
```

Java 使用 socket 对象的两个方法：

```
void shutdownInput()          // 关闭输入流
void shutdownOutput()         // 关闭输出流
```

A14 CLOSESOCKET

close 或 closesocket 原语关闭一个套接字。用于 TCP 和 UDP。

C++ 举例：

```
int iError = closesocket(ClientSock);
```

C# 举例：

```
ClientSock.Close();
```

Java 举例：

201
```
ClientSock.close();
```

第4章

Systems Programming: Designing and Developing Distributed Applications

资源视角

4.1 基本原理和概述

计算机系统需要许多不同类型的资源来支持其运作，其中包括中央处理单元（Central Processing Unit，CPU）(具有有限的处理速率)、存储器和网络带宽。不同的活动使用资源的组合和数量是不同的。所有资源都是有限的。对于任何活动，往往会有其中一个特定的资源比其他资源在可用性方面更受限，从而成为性能方面的瓶颈。因此，资源管理是保证系统效率的关键。同样，对开发人员来说，有必要根据所用的资源理解其构建的分布式应用程序。从编程的观点来理解资源（如消息缓冲区）的创建和访问方式也是非常重要的。本章提出了一种进程间通信的面向资源视角，其重点关注的是应用程序如何使用资源，以及操作系统管理资源的方式，或是应用程序在资源使用过程中的隐含资源管理方式。

4.2 CPU 资源

在任何计算机系统中，CPU 都是非常重要的资源，因为没有 CPU 任何工作都不能完成。一个进程只有处于运行状态时，即当允许它访问 CPU 时，才能取得进展。其他主要资源（存储器和网络）则是作为进程执行指令的结果而被使用。 202～204

在一个系统中，即使有几个可用的处理核心，它们仍然是珍贵资源，必须被非常高效地使用。正像我们在第 2 章中的剖析，在现代多处理器系统中，可以有很多活跃进程。因此，为进程分配处理资源是一个关键问题，它决定了系统的整体效率。

第 2 章主要关注资源方面的 CPU。特别是，我们看到了 CPU 的工作方式，CPU 的处理能力不得不经过调度器分配，在系统的多进程之间共享。我们也研究了不同类型的进程行为，以及对 CPU 的竞争如何影响进程的性能。因此，本章主要关注存储器和网络资源。

然而，不同资源的使用是错综复杂的，这种使用也不是正交的。一个分布式系统中的进程发送消息给另一个进程时，实际上同时使用了许多资源类型。分布式系统的几乎所有动作都涉及主要资源类型（CPU、存储器和网络），以及方便通信的虚拟资源，如套接字和端口等。

例如，当处理存储器资源时，重要的是要认识到 CPU 只能直接访问它自己寄存器的内容和随机访问存储器（Random-Access Memory，RAM）的内容。其他的允许容量更充裕的存储器类型，如硬盘驱动器和 USB 记忆棒，有明显较高的访问延迟，因为数据在访问前必须先移入 RAM。这表明了理解如何使用资源和资源之间发生的相互作用的重要性。反过来，为了能制定良好的分布式应用程序设计决策和理解这些设计决策的重要性，理解这些也是必要的。

导致资源使用效率低下的不良设计会影响整个系统，而不仅仅是单个应用程序或进程。这可能会产生多种负面影响，例如，网络拥塞、浪费的 CPU 周期或虚拟内存（Virtural

Memory，VM）系统中的抖动现象。

4.3 通信中的存储器资源

考虑一对进程间的一个非常简单的通信情景，其中单条消息将从一个进程发送到另一个进程。实现它需要几种不同类型的资源，所以让我们先看看存储器的使用。

为了能够发送一条消息，发送进程必须能够访问该消息，也就是说，必须已经定义该消息，并存储在进程可访问的存储器中。正常的安排方法是，在发送前先专门预留一块内存用来存放消息，我们称之为*发送缓冲区*（send buffer）或*传输缓冲区*（transmission buffer）。然后，消息可以放置在该缓冲区中，以便通过网络后续传输给另一个进程。

缓冲区是一个连续的内存块，对将要从中读写数据的进程可访问。该进程可能是用户应用程序的一部分，或者可能是操作系统的一部分。至于连续，就是说内存必须是一个单个的未被隔断的块。例如，不能再有其他变量存储在同一个内存块。实际上，我们说这个内存块被“预留”用作缓冲区（当然，这需要有针对程序员一方的感知和通知行为）。

205 一个缓冲区有三个重要的属性：起始地址，长度，结束地址。如图 4-1 所示。

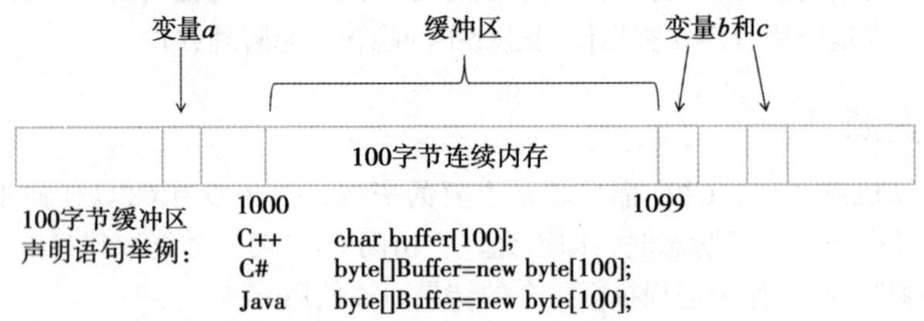

图 4-1 缓冲区示例：示例的缓冲区为 100 字节长，起始于地址 1000，结束于地址 1099。同时展示了一些流行语言中对应的声明语句

通过提供其三个属性中的任意两个，即可精确描述一个缓冲区。描述缓冲区的最常用方式是使用起始地址和长度。当内存中的每一个地址都唯一时，正如上面所讨论的，缓冲区使用的内存必须是一个连续块，这种描述方式能够准确且唯一地描绘特定的内存块。如图 4-1 所示，这种描述即为 1000 和 100。该信息可被传递给应用程序进程的通信部分。在发送端，这表明了必须发送的消息在何处存储；在接收端，这表明了在何处放置到达的消息。图 4-1 还说明了必须预留缓冲区内存的需求，这样其他变量不会与该分配空间重叠。确保对缓冲区的访问保持在边界内是非常重要的。在该图中，若一个超过 100 字节的消息被写入缓冲区，则实际上第 101 个字符将覆写变量 *b*。

这里我们遇到的第一个与资源相关的问题是，缓冲区规模必须足够大，足以存放消息。第二个问题是，如何将缓冲区所在的位置和发送信息的实际大小，通知给执行发送操作的代码（因为若消息本身比缓冲区规模小得多，则发送整个缓冲区内容是非常低效的，这将浪费网络带宽）。

图 4-2 举例说明了一个 21 字节的消息被存储在大小为 40 字节的缓冲区中的情况。由此图我们可以看出几点重要之处。首先，缓冲区中的每个字节都有一个索引，它是从缓冲区起始位置的数值偏移量，所以第一个字节的索引为 0，第二个字节的索引为 1，以此类推。当编写使用该缓冲区的代码时，或许最重要的是记住最后一个字节的偏移量为 39（不是 40）。
206 我们也可以看出，消息的每一个字符（包括空格）占用缓冲区的一个字节（我们假设使用简

单 ASCII 编码，其中每个字符编码总适于内存的一个单字节）。我们还可以看出，该消息是从缓冲区起始位置开始存储的。最后，我们可以发现，该例子中的消息是大大短于缓冲区的，所以通过网络只发送消息的精确字节数，而不是整个缓冲区的内容，这是更有效的。

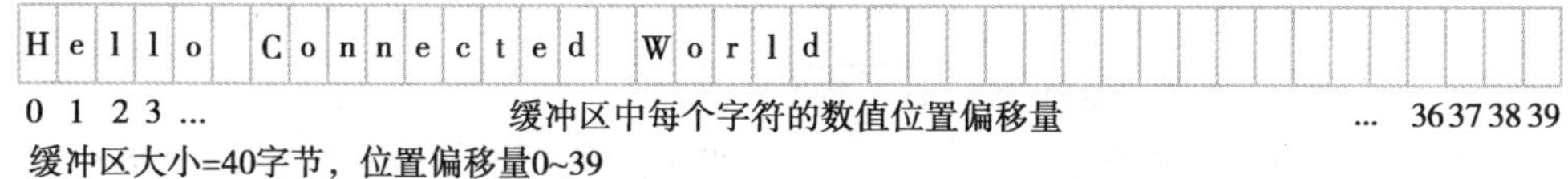

图 4-2 缓冲区与消息长度

一个单个的进程可能有几个缓冲区，例如，它通常有分离的发送和接收缓冲区，以允许同时执行发送和接收操作而没有冲突。

多年来，由于内存设备的价格和物理尺寸原因，在大多数系统中内存容量是性能的一个限制因素。在过去的几十年中，存储技术有了显著提升，因此现代的多处理器系统拥有非常大的内存，大到足以同时容纳多个进程。操作系统维护着一个内存映射，该映射记录着已分配给每个进程的内存区域，并且必须将系统中出现的各进程互相隔离。特别地，每个进程仅能访问为其分配的内存空间，并且一定不能访问另一个进程所拥有的内存空间。

在系统内存映射中的特定位置，每个进程被分配有自己的私有内存区域。进程不知道真实的系统映射，因此无法察觉其他进程的存在以及它们使用的内存。为了保持简单的编程模型，每个进程在一个私有地址范围工作，该范围是从地址 0 开始的（即其自身地址空间的起始处），尽管这并不位于系统级的真实地址 0。把一个进程的内存区域的真实起始地址用作一个偏移量，这样操作系统可以将进程的地址空间映射到系统内存中的实际位置。使用私有地址空间，两个不同的进程都可以在地址 1000 处存储变量（如它们看到的地址空间）。该地址实际上是相对于本进程的内存起始处的偏移地址为 1000，因此它的真实地址是 1000 再加上系统内存地址空间中的该进程的内存偏移量，参见图 4-3。

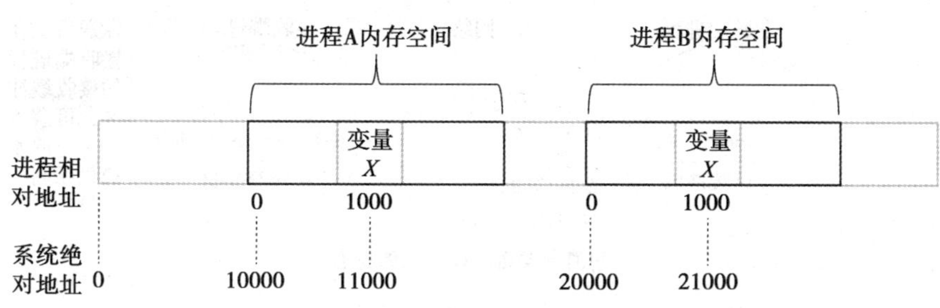

图 4-3 进程内存偏移量和相对寻址 207

图 4-3 举例说明了在系统的真实地址范围内，不同进程被分配为具有偏移量的私有内存区域的方式，以及进程在其所分配的内存空间内使用相对寻址的方式。这允许在同一台计算机上运行相同程序的两个进程实例，每个进程都在相对地址 1000 处存放一个变量 X。操作系统为两个内存空间保存偏移量（在该例中为 10000 和 20000），因此为每个进程使用真实的内存地址偏移量。操作系统是知道两个变量的真实存储位置的（在该例中为 11000 和 21000）。这是一个非常重要的机制，因为它意味着在一个程序中使用的相对地址，是与进程被加载到真实物理内存地址范围内的所在位置无关的，当编译程序时该实际位置是不被获知的。

接下来，让我们考虑一下需要什么信息来表示一个特定进程的地址空间内的缓冲区大小和位置，以及缓冲区中消息的大小和位置。

图 4-4 显示了缓冲区如何在进程的内存空间中定位。这里值得注意的是，10000 字节的内存地址偏移量是从 0 到 9999，而地址 10000 实际上已不是该进程内存空间的一部分。

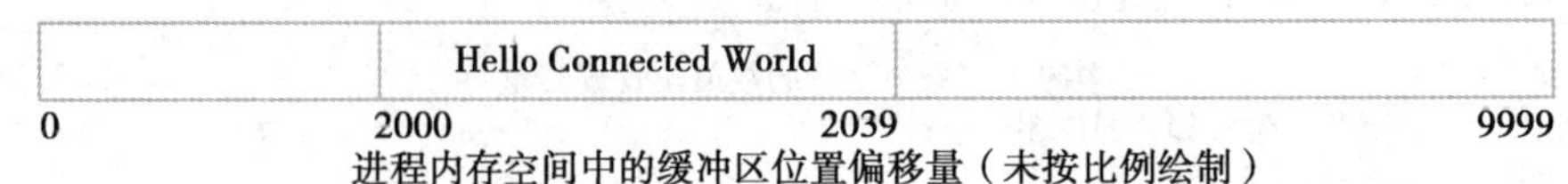

图 4-4 被分配在进程地址空间内的一个缓冲区

该消息开始于缓冲区的起始位置（即在缓冲区空间内的偏移量为 0），并且具有 21 字节的长度。因此，结合已知的缓冲区中的消息位置与进程内存空间中的缓冲区位置，我们可以唯一地确定进程内存空间内消息的位置。在这个例子中，该消息开始于地址 2000，且具有 21 字节的长度。这两个值将作为参数传递给代码中的发送过程，以便能够传递正确的消息。

我们现在思考一下，在将消息从一个进程（我们称之为发送端）发送到另一个进程（我们称之为接收端）的完整活动中，内存缓冲区所发挥的作用。正如上面解释的，发送端进程在其可以发送消息之前，必须将消息存储在一个缓冲区中。类似地，接收端进程必须保留一个内存缓冲区，当消息到达时放置其中。图 4-5 提供了一个表达这个概念的简化视图。

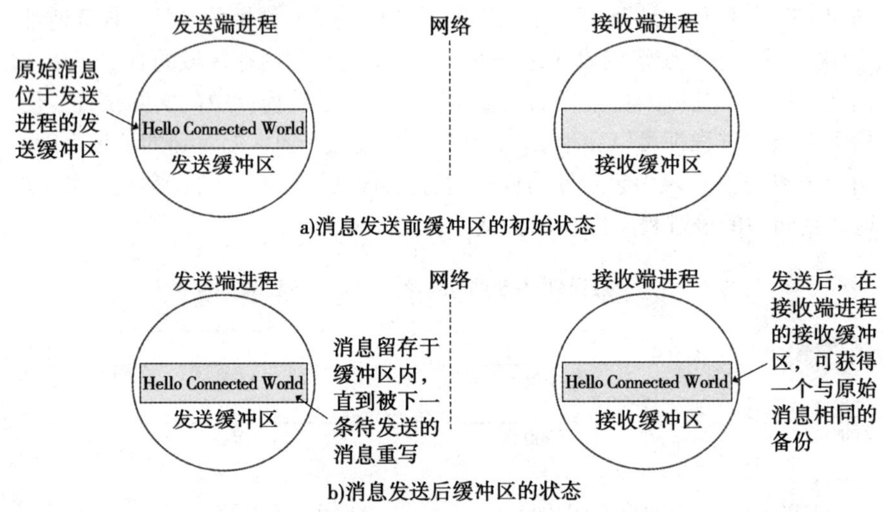

208 图 4-5 发送端和接收端缓冲区使用的简化视图

图 4-5 以一种简化的方式展示了通信中内存缓冲区的作用。图 4-5a 显示发送消息之前的情况。该消息被存储在发送进程内存空间的一个缓冲区中，接收进程的缓冲区是空的。图 4-5b 显示该消息已发送的情况。该图所要传达的基本点是，进程间消息的发送具有将消息从发送端进程的内存块转移到接收端进程内存块中的效果。在转移完成后，接收端可以从它的内存缓冲区读取消息，这个消息是发送端先前放置在其自身发送缓冲区中消息的一个准确副本。

如上所述，这是一个实际机制的简化视图，用以建立进程间传递消息的基本概念。通过发送动作，不会自动地从发送缓冲区中删除该消息。这是合乎逻辑的，因为发送端可能希望向几个接收者发送相同的消息。当需要时，一个新消息可以直接覆写先前消息，而不需要先移走早期的消息。图 4-5 与使用的实际机制间最重要的区别是，操作系统通常负责接收来自网络的消息，并将其保存在自身的缓冲区中，直到接收进程准备好，届时消息才被转移到接收进程的接收缓冲区中。

接收机制是作为*系统调用*（system call）实现的，这意味着实际执行接收动作的代码是系统软件的一部分（特别是 TCP / IP 协议栈）。这很重要，因为我们提前无法准确知道消息何时到达，而当进程不运行时，系统调用机制能够执行。接收进程仅当被操作系统调度时才实际运行，因此当消息到达时，它可能并没有处于运行状态（在这种情况下，它将不能执行将消息存储在其自身缓冲区中的指令）。可以肯定的是，当把套接字配置为“阻塞”模式时，即意味着进程一运行到接收指令，它就会从运行状态转为阻塞状态，并保持该状态直到消息已从网络接收完为止。此外，进程不能直接与网络接口进行交互，因为它是执行通信的所有进程所需要的共享资源。操作系统必须在计算机自身这一级（相当于网络层）来管理消息的发送和接收。操作系统通过使用包含在消息的传输层协议头部的端口号，来确定该消息属于哪个进程。在第 3 章中深入地讨论了这方面内容，而在资源视角背景下的执行过程本质如图 4-6 所示。

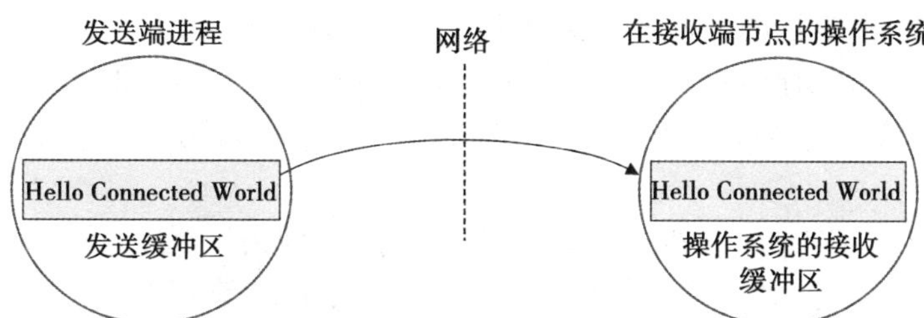

步骤1　通过网络发送消息，并由目的计算机的操作系统来接收

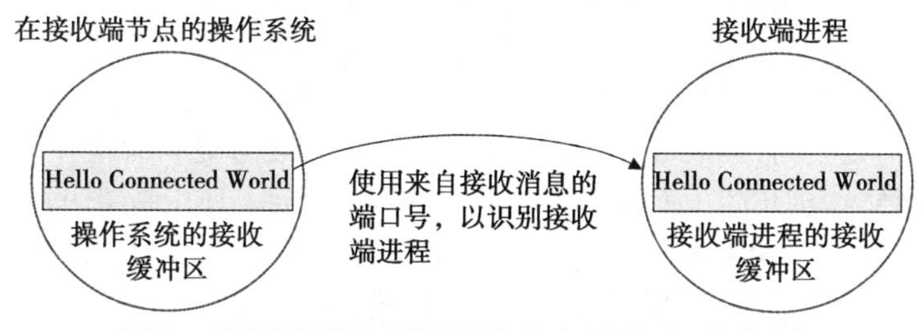

步骤2　当接着调度处理接收端进程时（即处于运行状态），操作系统将消息传送给它

图 4-6　消息最初由目的计算机的操作系统接收，然后再传递给合适的进程

图 4-6 中最重要的方面是，它显示了接收节点上的操作系统如何解耦实际的发送进程和接收进程。如果确保接收进程始终运行（在运行状态），那么这个解耦可能是不必要的，但是正如我们在第 2 章中看到的，接收进程实际上处于运行状态的时间可能只占总时间的一小部分。发送进程不可能同步其动作，以使得在接收端进程正在运行的那一准确时刻消息刚好到达，因为除了其他原因之外，接收节点的调度是一个动态的活动（因此，实际的状态序列是不能提前知道的），而且网络本身也是一个动态的环境（因此，端到端的延迟是不断变化的）。如果操作系统没有提供这个解耦网络，那么为了在两个通信进程之间传递消息，就必须让其紧密同步，这样通信将是不可靠且效率低下的。 209

存储器层级

在分布式系统中有很多类型的存储器，不同的类型有不同的特点，因此有不同的使用方式。存储器类型可被分为两种主要类别：主存储器和辅助存储器。

主存储器是 CPU 可以直接访问的存储器，也就是说，通过为每一个存储位置使用一个唯一的地址，数据值就能从主存储器中读出和写入。主存储器是易失性的（如果关闭电源，则其内容会丢失），其中包括 CPU 的寄存器、高速缓存和 RAM。

辅助存储器是持久性（非易失性）存储器，其形式有磁性硬盘，诸如 CD、DVD 以及闪存（包括 USB 存储设备以及固态硬盘，还有数码相机中所用的存储卡）。相对于主存储器，辅助存储器往往具有非常大的容量，许多辅助存储器设备使用可替换介质，所以可以利用驱动器本身来访问数量无限的存储器，只不过这需要手动更换介质。辅助存储器的内容不能直接由 CPU 寻址，因此，数据被进程使用前，必须从辅助存储器设备读取出来，放到主存储器中。由于辅助存储器是非易失性的（而主存储器是易失性的），所以它是系统中产生的所
210 有持久性数据的最终目的地。

让我们考虑一下创建和运行一个进程时的内存使用方面。最初程序是作为一个文件保存在辅助存储器中，包含指令序列。按照传统，它将被存储在一个磁性硬盘或 CD、DVD 之类的光盘之中。此外，最近闪存技术已变得流行，以致体积非常小的记忆卡或 USB 记忆棒能达到大到几千兆字节的存储容量。当执行程序时，从辅助存储器上的文件中读取程序指令，并将其装入主存储器 RAM。当程序运行时，根据程序的逻辑流程，依次从 RAM 中读取各种指令。

CPU 具有通用寄存器，在执行计算时将临时存储数据值。寄存器是最快的存储器访问类型，被直接集成在处理器上并以相同的速度工作。然而，寄存器数量非常有限，这与处理器技术水平有关，但通常是在大约 8～64 个寄存器的范围内，每一个寄存器保存一个单值。一些处理器结构仅有少量的寄存器，所以寄存器本身不足以执行程序，需要其他形式的内存和存储器。

在程序中使用的数据值暂时保存在 CPU 寄存器中，其目的是提高指令执行期间的效率，但是在计算结束后还要写回到 RAM。在高级语言中，当变量更新时这种情形会自动发生，因为变量是在 RAM 中创建的（而不是寄存器），这点很重要。使用高级语言时，程序员不能寻址寄存器，而只能定位 RAM（实际上这是由编译器选择的，而不是程序员）。汇编语言可以直接访问寄存器，但这是一个更复杂的和容易出错的编程方式，在现代系统中仅用于特殊情况时（如为了获得低资源嵌入式系统的最大化效率，或者在某些对时间挑剔的实时应用中实现最大速度）。

在图 4-7 中显示的存储器层级是一种表示不同类型存储器的常用方式，依据其访问速度（寄存器是最快的）、访问延迟（沿着层的方向向下增加）、容量（也趋于沿着层的方向向下增加）和价格（若标准化为每字节的价格，沿着层的方向向上移动而增加）来组织。该图是一个广义映射，需要用一个已知的方式来解释，而并不是在所有情况下都照字面解释。例如，并不是所有系统的 USB 闪存驱动器都比 RAM 具有更大的容量，虽然趋势是朝着这个方向发展。除实际设备访问延迟以外，网络可访问存储器还具有额外的网络通信延迟。单个网络可访问驱动器没有必要都比本地的大，但需要注意的重要一点是，尤其对于本书的分布式系统主题，一旦你考虑网络接入，可能会潜在地访问遍布在许多远程计算机上的大量不同硬盘。盒式盘驱动器和可移动的介质系统，如 CD 和 DVD 驱动器，其访问速度比网络驱动器

要慢。如果你将人工更换介质所需的时间考虑在内，则情况更是如此。可更换介质系统的容量实际上是无限的，虽然每一个介质实例（每一个 CD 或 DVD）有着明确的限制。

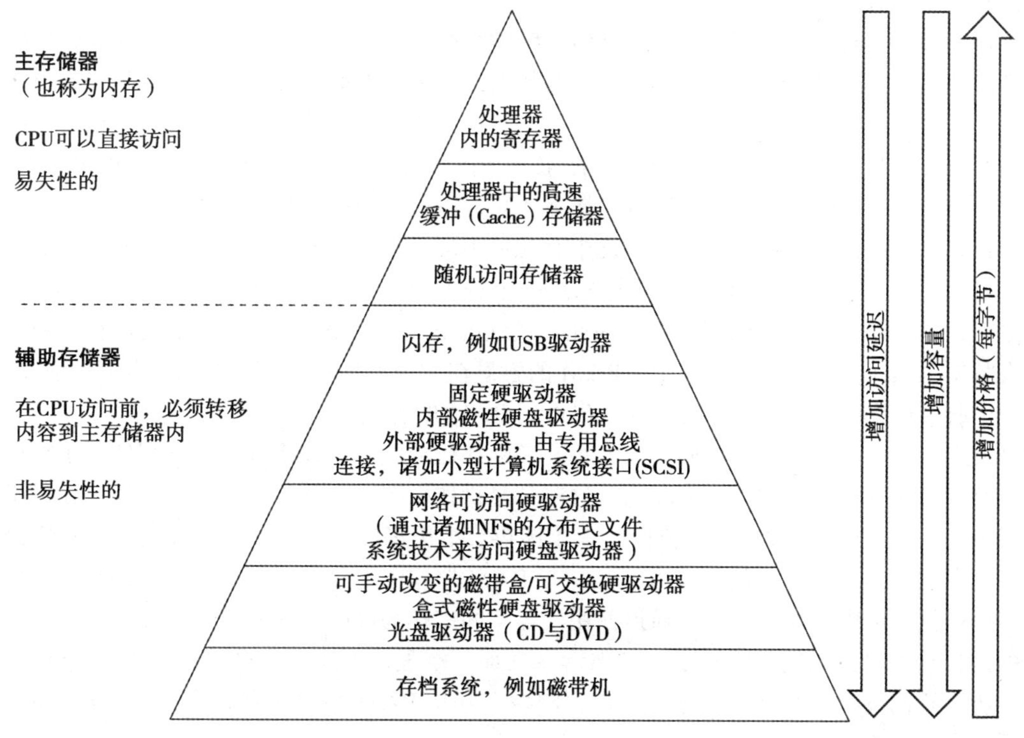

图 4-7　存储器层级

RAM 之所以如此命名，是因为它的数据位置可以以任何顺序被单独访问（即当进程运行时，我们能按任何必要的顺序访问内存位置），而且访问顺序不影响访问时间，这一点对于所有位置都是同样的。然而，这个名字可能会误导读者，其实 RAM 通常有一个趋于呈现空间或时间局部性的访问模式。完成位置定位是如此有目的地按一个特定的顺序，而不是“随机”的。空间局部性的产生有许多原因。大多数的程序包含循环甚至嵌套循环，通过循环访问一个相对小范围的指令列表，进而重复访问相同的内存位置。此外，数据经常被存储在数组中，保存在一组连续的内存位置中。通过一个数组迭代，会导致对不同但相邻的内存位置的一系列访问，它们会存储在相同的存储页面内（除非到达一个边界时）。一个事件处理程序在每次事件的实例发生时，将总是引用相同的内存部分（其指令所在位置），这是一个空间局部性的例子，如果事件经常发生或以有规律的定时模式发生，那么这也是一个时间局部性的例子。 211

为了设计高效的应用，需要理解辅助存储器的特性。例如，硬盘是一个块设备，因此，就整体进程效率而言，考虑磁盘 IO 延迟是重要的。例如，一口气将一整个数据文件（或至少一批记录）读入内存，并且必要时可从高速缓存访问记录，而不是当需要时才从磁盘一一读取，这样做可能是更有效的。这是非常依赖于应用程序的，且是一个重要的设计考虑。

4.4　内存管理

在第 2 章中，我们密切关注了操作系统是如何管理系统进程的，特别重点讲述了调度。

在这一章中，我们分析内存管理，它是操作系统的另一个非常重要的角色。内存管理有两个主要方面：进程的动态内存分配（在后面的章节中会深入论述）和虚拟内存（在本节中
212 讨论）。

正如我们上面所见，进程使用内存来存储数据，这包括从网络接收到的或将通过网络发送的消息内容。当一个进程被创建时，操作系统分配足够的内存来保存所有的静态声明变量；操作系统在它加载和读取程序时，可以确定这些需求。此外，进程经常动态地请求额外的内存分配，也就是说，它们根据实际需求，在执行过程中要求操作系统提供更多的内存。因此，在进程创建的时候，通常不可能精确地知道进程的内存需求。

正如上节所讨论的，在计算机系统中有几种不同类型的存储器，其中主存储器的最常见形式是 RAM，它是处理器可直接寻址的。一个进程能以低延迟的方式访问存储在 RAM 中的数据，远远快于访问辅助存储器。因此，最佳的情况是在 RAM 中保存活动进程中用到的所有数据。然而，在所有的系统中，RAM 的容量在物理上是有限的，而且在大多数情况下，系统中所有进程所要求的内存总量要超出可用 RAM 的容量。

决定给每个进程分配的存储空间大小、实际执行分配、持续跟踪哪个进程使用了哪块内存以及哪些内存块是可以自由分配的，这些都是操作系统的内存管理负责的工作。在最早的系统中，一旦物理 RAM 被完全分配，就不能再容纳更多的进程。开发 VM 是为了克服这种严格的限制。描述 VM 的最简单方式是，与 RAM 形式中实际存在的内存相比，它是一种向进程提供更多可用内存的方法，通过使用硬盘空间来作为临时存储器。在第 2 章中讨论被挂起的进程状态时，我们已接触了 VM 概念。在那一章里，关注点是进程的管理与 CPU 的使用，所以我们没有涉及当一个进程的内存映像实际从 RAM 移动到磁盘（这被称作“换出”）时所发生的具体细节。

活动 R1 探究内存的可利用性，以及当新的渴求内存的进程被创建时的动态变化方式。我们设计该活动用以说明对 VM 系统的需求，其中使用辅助存储器（硬盘）来增加主存储器（特别是 RAM）的有效空间容量。

“抖动”是用于描述某种状态的术语，在该状态下，各种进程高速访问不同的内存页面，以至于分页系统几乎将所有的时间都花费在页面换入与换出上，而不是实际运行进程，因此，几乎没能执行任何有用的工作。

活动R1　检查内存的可用性及使用。当内存需求突然显著增加且超出物理可用内存时，观察系统的行为

学习目标。

1. 理解进程的内存需求。
2. 理解物理内存如何作为一种有限资源。
3. 理解操作系统在超出系统中物理内存的容量时，如何使用 VM 来增加有效的可用内存。

这项活动分两部分执行。第一部分涉及在正常情况下观察内存的使用。第二部分对操作系统的 VM 机制进行压力测试，使进程突然且显著地增加内存需求，超出可用的物理 RAM
213 容量。

部分 1：调查研究内存的可用性以及在正常情况下的使用。

方法。假设使用 Windows 操作系统，所要求的命令与动作可能会随操作系统的不同版本而变化，实验是在安装了 Windows 7 专业版的计算机上执行的。

1. 检查内存的可用性。打开控制面板，并选择“System and Security”，再从中选择“System”。我的计算机已安装 4GB RAM，3.24GB 可用（可为进程所用）。

2. 使用任务管理器工具来检查进程的内存使用情况。通过同时按 Ctrl、Alt 和 Del 键启动任务管理器，选择“Start Task Manager”选项。选择“Applications”选项卡来查看系统中运行的应用程序。

3. 选择“Processes”选项卡，它提供了比应用程序选项卡更多的细节，特别地，它提供了每个进程的内存使用。查看当前进程的内存分配范围，这些可以从约 50kB 到几百兆字节变化。观察你所熟悉的与应用程序相关联的进程的内存使用，如 Windows（文件）浏览器和 IE 浏览器，或者一个文字处理程序，这些内存用量在你预期的范围内吗？你能想象所有的内存都被用来做了什么吗？

4. 仍打开任务管理器“Processes”选项卡，用于诊断目的，启动记事本应用程序，但在窗体中不输入任何字符。应用程序本身需要多少内存？我们可以称之为内存开销，是不包含任何用户数据的，即该应用程序所需要的内存空间大小（在我的系统中这是 876kB）。我输入了一个字符，内存用量升到了 884kB，这样做告诉了我们有用的信息吗？我没有访问这个应用程序的源代码，但看上去好像有一个 8kB 的单内存页被动态地分配，用以保存用户数据。如果我是正确的，那么输入更多一些的字符将不会进一步增加内存用量，试试看。在一些实验后，我发现在窗体中大约每输入 2000 个字符，记事本会再分配一个 8kB 的内存。这与我所预期的基本一样，并且是相当有效的，对于每个字符数据，它需要使用 4 字节的内存空间来保存所有的信息。你应该使用这个简单的应用程序进行进一步实验，因为它是一个通过实际应用的操作来观察动态内存分配的可理解方式。

部分 2：当内存需求增加超出系统中的可用物理 RAM 时，调研系统行为。

警告！这部分的活动可能会导致你的计算机崩溃或致使数据丢失。既然我已经执行了活动并报告了结果，因此你可以安全地观察，而不是真正拿你的系统冒险，我建议你把这部分活动作为一个“伪活动”。这里提供了 Memory_Hog 程序的源代码，以便你能理解其行为。如果你选择编译和运行代码，请先确保你已保存所有工作，关闭所有文件，并关闭任何可能会损坏数据的应用程序。

方法。这部分使用系统默认的页面文件大小，为 3317MB，这与安装的物理 RAM 容量大小几乎相同。对于该实验，VM 大小是可用 RAM 与页面文件大小之和，即为 6632MB。

5. 保持任务管理器“Processes”选项卡打开，用于诊断目的，同时完成以下步骤。你还可以使用“Performance”选项卡，来检查系统中使用的总内存以及可用的内存。

6. 在命令窗口执行一次单一 Memory_Hog 副本，以确定操作系统将分配给一个单进程的最大内存容量。Memory_Hog 请求增加内存容量，以 1MB 大小开始。每次运行成功后，释放原有内存空间，将需求增大到 2 倍后再继续请求。一直重复直至请求被操作系统拒绝，因此它所获得的最大分配空间可能不是许可分配的精确最大值，但是大致上不会差太多，并且当然，系统不会再分配两倍大小空间了。下页的截图显示了我的计算机上的 Memory_Hog 输出结果。成功分配的最大大小为 1024MB。 214

7. 执行多个 Memory_Hog 副本，每一个在单独的命令窗口运行。这样循序渐进，每次开始一个副本，并且观察分配给每个副本的内存容量，可利用 Memory_Hog 程序报告的输出结果，也可查看任务管理器的“Processes”选项卡。我使用任务管理器“Performance”选项卡来检查交付的内存容量，以及与全部可用 VM 的比值。其结果显示在下页的表格中。

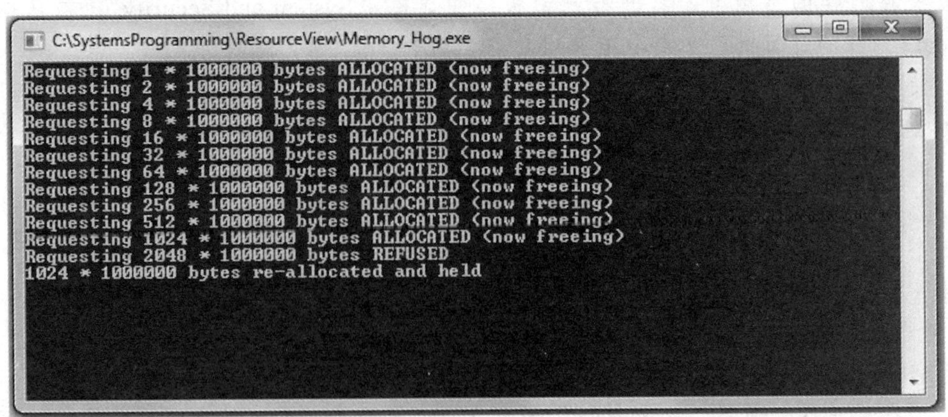

Memory_Hog 实例	分配的内存（特定进程）	交付的内存容量（系统范围）	对系统性能的不良影响
1	1024MB	2267/6632	无
2	1024MB	3202/6632	无
3	1024MB	4157/6632	严重短期中断。一旦完成大多数页面换出后，便被恢复（大约 1 分钟后）
4	1024MB	5142/6632	严重短期中断。一旦完成大多数页面换出后，便被恢复（大约 1 分钟后）
5	1024MB	6145/6632	严重短期中断。一旦完成大多数页面换出后，便被恢复（大约 1 分钟后）
6	256MB	6392/6632	注意到极少的中断
7	128MB	6536/6632	注意到极少的中断

以进程的最大存储容量（1024MB，正如第 6 步所发现的），分配给 Memory_Hog 进程的第 1 个和第 2 个实例。该分配没有超出可用物理 RAM 容量，因此不需要 VM 系统去执行分页。

第 3～5 个 Memory_Hog 进程实例，也被分配了进程的最大存储容量（1024MB）。然而，内存需求超过了可用的物理内存，所以 VM 系统必须将当前使用的页面换出到磁盘，以腾出空间来进行新的内存分配。这在一段有限的持续时间内，造成了明显的磁盘活动，表现为系统的中断。进程变得反应迟钝，媒体播放器在以一种断断续续的方式停止和启动声音播放（我当时在播放音乐 CD）。最终，一旦完成了大多数的磁盘活动，系统的性能便恢复。没有数据丢失，没有应用程序崩溃，虽然在实验前，我已经采取预防措施关闭了几乎所有的应用程序。

Memory_Hog 进程的第 6 个实例被分配了 256MB 内存空间。VM 系统必须执行更多的
215 换出，但这只是全部内存中的很少一部分，对系统性能的影响很小，几乎察觉不到。

Memory_Hog 进程的第 7 个实例被分配了 128MB 内存空间。如同第 6 个实例，VM 系统进行了更多的页面换出，但这对系统性能的影响几乎察觉不到。

当评估 Memory_Hog 进程的系统中断影响时，考虑它需要的大量内存空间的内存使用强度，这是非常重要的。如果检查 Memory_Hog 程序源代码，你会看到，一旦它已经分配了内存，便不会对其再次访问；当分配活动结束后，它处于无限循环之中，什么都不做。这

使得基于最不经常使用或最近最少使用内存页面的分页机制能够很容易地识别这些将要换出的页面。这的确是在实验中印证的效果，并解释了为什么系统中断是一时的。如果进程争相访问所有分配的内存，由于分页持续进行，那么对于每一个进程，系统中断将是连续的。如果多个进程都做出这样的连续访问，然后 VM 系统可能开始“抖动”。这意味着 VM 系统不断在内存和磁盘间对换页面，且进程执行很少的有用工作，因为其大部分时间处于阻塞状态，以等待一个特定的内存页面变成可以访问的页面。

方法。这部分使用加大后的页面文件，大小为 5000MB，明显超过了物理内存空间。在这个示例中，VM 大小是 8315MB。

8. 执行 Memory_Hog 的多个副本，每一个在单独的命令窗口中运行，如第 7 步这样循序渐进。结果显示在下面的表格中。

Memory_Hog 实例	分配的内存（特定进程）	交付的内存容量（系统范围）	对系统性能的不良影响
1	1024MB	2244/8315	无
2	1024MB	3199/8315	无
3	1024MB	4176/8315	当超过物理内存容量限制时，发生轻微中断且分页活动开始
4	1024MB	5185/8315	严重短期中断。一旦完成大多数页面换出后，便被恢复（大约 1 分钟后）
5	1024MB	6162/8315	轻微中断
6	1024MB	7147/8315	在内存分配期间发生零星中断
7	1024MB	8134/8315	严重短期中断。进程无响应，大约 1 分钟后恢复
8	128MB	8265/8315	注意到极少的中断

观察到这部分与之前的实验有着相似的中断模式。当总的内存需求可以由物理内存满足时，没有出现系统的性能退化。一旦 VM 系统开始执行页面替换，所有进程的性能都会潜在地受到影响。这是由于相关磁盘访问的延迟，以及一个磁盘访问请求队列建立的事实。一旦为释放要求数量的分配内存所必需的大部分页面替换已经完成，系统中其他进程的响应便恢复到正常。

思考。本活动已经从内存可用性、分配和使用这几个方面进行了观察。调研了 VM 系统的基础操作，以及扩展可用内存容量超出系统物理内存大小的方式。 216

当解释实验结果时，重要的是要认识到，在每次执行实验时，VM 系统的确切行为会变化。这是因为每次磁盘访问的序列都会有所不同。分配给每个进程的实际页面集将会有所区别，像在任何特定时刻每一个页面的精确位置不同一样（即每一个特定页面是在磁盘上，还是在物理 RAM 中）。因此，结果将不是完全重复的，但是可以预期每一次表现出大致相同的行为。这是系统中出现的一个不确定行为的例子，笼统地描述系统的行为是可能的，但是不可能准确地预测精确的系统状态或事件的低级序列。■

虚拟内存

本节简单介绍 VM 的机制和操作。图 4-8 举例说明了进程的内存空间到 VM 系统再到存储介质上实际位置的映射关系。从进程的角度来看，其内存是一个连续的块，是依据需要可访问的。这就要求 VM 机制是完全透明的。该进程可以访问请求序列中任何一个它所需的页面。当请求换出一个页面时会发生延迟，导致一个缺页错误，这要由 VM 机制来处理，但是
217 进程将被转换到阻塞状态，并无法感知 VM 系统活动。进程不需要做任何其他不同于访问换出页面的操作，所以事实上，VM 机制提供访问透明性。然而，VM 系统可以知道每个存储页面的真实位置（其在一个特定的页表中跟踪位置）、每一个进程所使用的页面集合以及每一页的引用次数或其他统计数据（与使用的页面替换算法有关）。VM 系统负责在物理内存中保存最需要的存储页面，并按需换入任何其他要访问的页面。物理存储视图反映了存储页面的真实位置，它可能是 RAM，也可能是一个特定文件，其被称作辅助存储器（通常是磁性硬盘）上的页面文件。

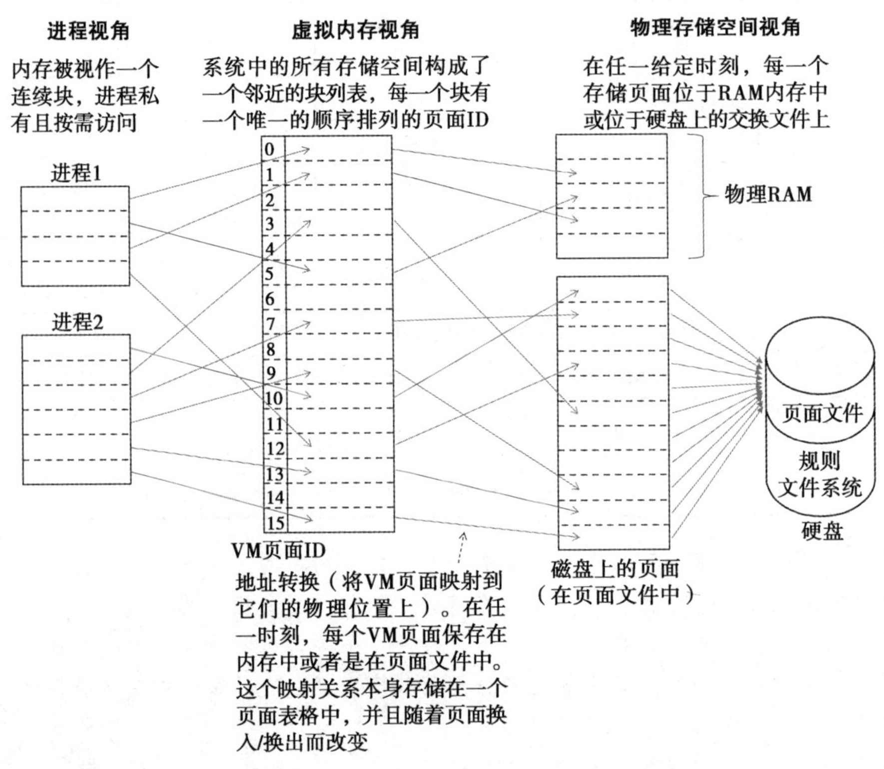

图 4-8　VM 概观

1. 虚拟内存操作

存储空间分为若干页面，既可以位于物理内存中，也可以位于页面文件中的硬盘上。每一个存储页面都有一个特定的 VM 页号。存储页面保持其 VM 页号，但如有必要，可以被放入在任何有编号的物理内存页面或磁盘页面槽中。

一个进程将使用一个或多个存储页面。存储页面包含实际程序本身（指令）和程序所使用的数据。

CPU 通过它的地址总线和数据总线直接连接到物理内存。这意味着它可以直接访问存储在物理内存页面中的存储内容。所有存储页面都有一个 VM 页面标识（ID），它是永久性的，因此当一个页面在物理内存和磁盘页面文件间移动时，这个标识可以用来跟踪

该页面。

不能立即访问当前不在物理内存中的存储页面。必须先将其转移到物理内存中，然后再访问。因此，运行中的进程可以访问其在内存中的页面，而不产生额外的延迟，但如果它们需要访问当前在磁盘上的页面，则将产生延迟。

定义一些关键术语：

- 换出。一个 VM 页面从物理内存转移到硬盘上。
- 换入。一个 VM 页面从硬盘转移到物理内存上。
- 缺页错误。进程只能访问保存在物理内存中的 VM 页面，在试图访问当前不在物理内存中的存储页面时所出现的错误称为缺页错误。为解决缺页错误，必须换入相关的页面。如果没有可用的物理内存页面允许换入，则另一个页面必须先换出，以释放物理内存空间。
- 分配错误。如果 VM 系统不能分配足够的内存来满足进程的内存分配请求，则会出现一个分配错误。
- 抖动。当为进程分配大量的内存时，以致使用了数量显著的交换文件，且又要频繁访问为其分配的大多数页面，VM 系统将不停地进行换出操作，为所需的页面让出空间，然后换入所需页面。更糟糕的情况是，内存访问时空间局部性较低。在极端情况下，VM 系统连续地在内存和磁盘之间交换页面，进程几乎总是被阻塞，以等待它们的存储页面变得可用。该系统变得非常低效，由于它将所有的精力都花费在页面替换上，而进程当前只执行了极少量的有用工作。

如活动 R1 的运行结果所反映的，VM 系统的整体性能将部分取决于分配在磁盘上的交 218
换文件的大小。通常选择交换文件大小为主存储器大小的 1～2 倍，1.5 倍是一个常见的选择。很难找到一个针对所有系统的最佳值，因为分页活动发生次数依赖于当前进程的实际内存使用行为。

2. 页面替换算法

当内存中的一个页面需要被换出以腾出一些物理内存时，采用页面替换算法来选择当前哪一个内存页面应被移至磁盘。

有多种不同页面替换算法可供使用。这些算法目标大致是相同的：将近期预计不使用的页面从内存中移出，并将其保存到磁盘（即换出该页面），以便将需要的页面从磁盘中取回并放入物理内存中（即换入所需页面）。

3. 通用机制

当进程执行时，在必要时将访问不同的存储页面，这取决于所用变量的实际存储位置。对一个存储位置执行的访问可能是为了读取值，也可能是为了更新值。当一个页面中只有一个位置被访问时，称其为被引用，这是通过对具体的页面设置专用的“引用位”来进行跟踪的。类似地，修改一个页面中的一个或多个位置，是通过对具体的页面设置专用的“修改位”来进行跟踪的。各种不同的页面替换算法使用引用位或修改位来选择换出哪一个页面。

4. 特定算法

设计最近最少使用（Least Recently Used，LRU）算法，是为了保留物理内存中最近已使用的页面。其工作基础是，大多数进程在存储空间引用行为方面表现出空间局部性（即在特定的函数、循环等运行期间，往往会多次访问相同的位置子集)，因此，在物理内存中保留最近引用的页面是有效的。需要周期性地清除引用位，以便忘记以前的引用事件。当需要换出一个页面时，从那些最近没有被引用的页面中去选择。

最不经常使用（Least Frequently Used，LFU）算法跟踪物理内存中一个 VM 页面的引用次数。这可以通过使用一个计数器（每个页面一个）来实现，用于跟踪对该页面的引用次数。该算法选择具有最低引用次数的页面来换出。LFU 的一个重要问题是，它没有考虑到访问是如何随时间变化的。因此，若一个页面在前一段时间被访问多次（例如，在一个循环中)，就会表现得比当前正在使用但没有如此重复使用的一个页面更重要。因为这个问题，LFU 算法不经常以其纯粹形式来使用，然而 LFU 的基本概念有时会与其他技术相结合使用。

先进先出（First-In First-Out，FIFO）算法维护一个在物理内存中 VM 页面的列表，按其被放入在内存中的时间顺序来排序。凭借循环链表，采用循环淘汰，当需要一个换出时，该算法选择已在物理内存中存在时间最长的 VM 页面。FIFO 简单且开销低，但通常表现不佳，因为它选择已换入页面的基准与其使用无关。

FIFO 的时钟变体算法的工作基本原理是与 FIFO 一样的循环淘汰方式，但是当一个页
219 面作为潜在的换出页面被第一次选择时，如果设置了引用位，该页面将获得“第二次机会”(因为至少发生了一次对该页面的访问)。清除该引用位，从列表中的下一页面继续循环淘汰，直到找到一个换出页面。

随机算法则随机地从那些驻留在物理内存的页面中选择一个 VM 页面用于换出。该算法比 LRU 和 LFU 更容易实现，因为它不需要跟踪页面引用。它往往比 FIFO 有更好的表现，但比 LRU 稍差，虽然这取决于所发生的内存访问的实际模式。

页面替换算法的性能依赖于系统中进程混合的总体内存访问行为。没有某个单一的算法能在所有情况下获得最佳运行，依据算法能正确预测哪些页面即将被再次需要，进而将其保留在物理内存中。上面讨论的各种算法都有相对的优点和缺点，在下面某些特定情况下，会表现得尤为突出：

- LRU 和 LFU 很适合这样的应用程序：分配了大量的内存，遍历或者以一种具有可预见的引用模式的其他方式进行访问，例如，一个科学数据处理应用程序，或一个使用计算流体动力学技术的仿真（如用于天气预报)。在这种情况下，页面的工作集合在任何时刻都趋于是进程的整个内存空间的一个有限的子集，所以在短期内，不太可能需要最近不使用的页面。根据页面的工作集相对于总分配内存的大小，FIFO 的时钟变体算法可能会运行良好。
- 一个具有非常大的已分配内存的应用程序，使用内容非常稀少，并且重复度很低，将在页面使用方面具有非常不规则的模式。在这种情况下，很难预测接下来将会用到哪些页面，以及哪些页面很可能是好的换出候选。在这样的情况下，随机算法的执行表现可能会相对好些，好于其在那些显示出更大的时间或空间局部性的程序上，不过没有算法能够预测得很好，但随机算法至少具有非常低的开销。

使用操作系统版 Workbench，可以研究内存管理行为。VM 仿真演示了对 VM 的需求，并有助于在 RAM 和硬盘之间的页面交换方面的实验验证，必要时可满足应用程序

的内存需求。活动 R2 可检验 VM 机制和运行的基础原理，不关注任何特定的算法，尽管仿真可以支持对特定的页面替换算法的评估，但这一点将在后续进行深入研究（见 4.11 节）。

活动R2 使用操作系统版 Workbench 探索内存管理机制和 VM 的基本原理

前提条件。从教辅材料网站下载操作系统版 Workbench 以及支持文档。阅读文档“虚拟内存——活动和实验”。

学习目标。

1. 理解内存管理的需求。
2. 理解 VM 的操作。
3. 理解“缺页错误”“换入”与“换出”的含义。
4. 探索页面替换算法的基本原理。 220

本活动需要使用由操作系统版 Workbench 在“Memory Management”选项卡上所提供的“Virtual Memory”仿真。该仿真提供了一个具有 4 个物理内存页面，以及 8 个磁盘存储页面的环境。每个页面可以容纳 16 个字符。一个或两个简单的文本编辑类型的应用程序（内置于仿真中）可以被用来访问内存，以便探究内存管理行为。

部分 1：VM 的需求和基本概念的简单示例。

方法。

1. 启用第一个应用程序。

2. 开始时先仔细输入字母表中每个字母的大写形式（从 A 到 Z），然后再重复输入小写字母，并观察当你输入时这些字符是如何在内存中保存的。该文本的初始块包含 52 个字符。内存被组织到 16 字符的页面中，因此该文本跨度为 4 页。此时此刻，你所输入的所有文本都被存放在物理内存的当前 VM 页面中，这是一个重要的观察发现。

3. 现在，输入字符“11223344556677889900”，这额外增加了 20 个字符，共计 72 个字符，但是 4 个物理内存页面只能容纳 64 个字符，那么会发生什么事情呢？我们会得到一个页面分配错误。

4. 当你输入第一个“7”字符的时候，已经耗尽了物理内存。解决的办法是选择所使用的 4 个 VM 页面中的一个，将其换出（即存入一个磁盘页面中），进而释放一个物理内存页，使你可以完成数据输入。选择 221 VM 页面 0，并按下旁边的“Swap OUT(to Disk)”按钮。注意到 VM 页面 0 被移到磁盘上，且“7”字符现在被放入新页面（VM 页面 4），位于物理页面 0。现在，你可以继续输入字符序列。

下页的屏幕截图显示了在第 4 步完成后你应该看到的结果。

部分 1 的预期结果。你能看到应用程序如何使用内存的 5 个页面，而系统只有 4 个物理页面。这是 VM 的原理基础，它允许你使用比实际拥有的更多的内存。这是通过在磁盘上临时存储额外的内存页面来实现的，正如你在仿真中所看到的。

部分 2：一个缺页错误的例子。现在我们要试着访问存放在磁盘上的存储页面。这部分活动仍接着上面部分 1 结束处继续操作。

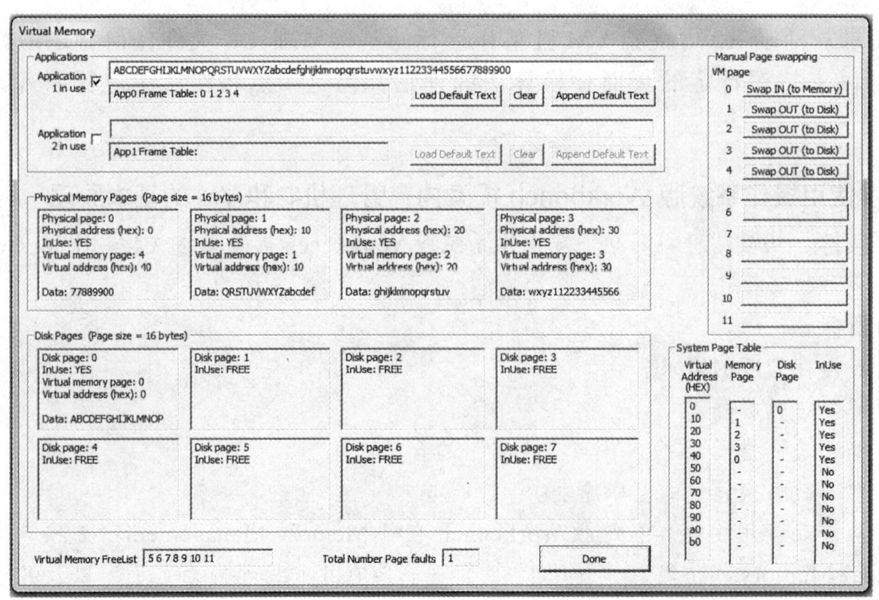

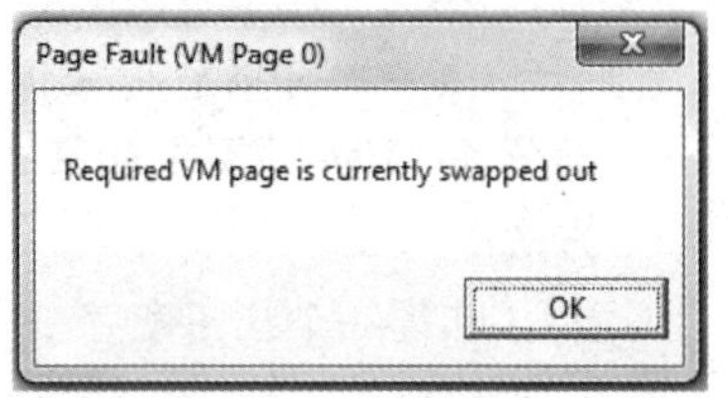

5. 试着把你输入的第一个字符“A”改为“@”，通过编辑先前在同一个文本框中输入的应用程序数据。你会得到一个“缺页错误”，因为这个字符在我们换出到硬盘上的页面中，就是说，目前进程无法访问该页面。

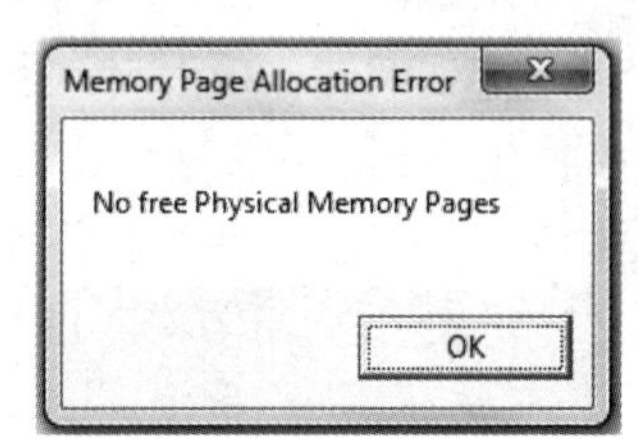

6. 我们需要换入 VM 页面 0，以便我们能够访问它——在右边顶部的窗格中，对 VM 页面 0 按下标有“Swap IN (to Memory)”的按钮。发生了什么？我们得到一个页面分配错误，因为没有可用于换入的空闲物理内存页。

7. 我们需要选择一个页面换出，以便为换入 VM 页面 0 生成空间。理想情况下，我们会选择一个在较长时间内不需要的页面，但这可能会难以预测。在这个例子里，我们将选择 VM 页面 1。在右边窗格顶部，对 VM 页面 1 按下标有“Swap OUT(to Disk)”的按钮。注意到，VM 页面 1 的确被换出，并出现在显示的磁盘页面部分中。

8. 现在，我们再次尝试换入 VM 页面 0。对 VM 页面 0，在右边窗格顶部，再次按下标有“Swap IN(to Memory)”的按钮。这一次，它工作了，并且页面显示回到物理内存——但是不在它的原来位置——内容仍是页面 0 的，但这一次，该页面被映射为物理页面 1。这是非常需要注意的一点：该系统需要保留一个页面顺序的映射。这样做是基于这样一个事实，页面仍然编号为 VM 页面 0。第一个应用程序的页框表确认它正在使用页 0(以及页 1、页 2、页 3 和页 4)。还要注意，一旦这个页面重新出现在物理内存中，应用程序就能够访问它，因此“A”最终变成了你输入的“@”。

222 下页的屏幕截图显示了在第 8 步完成后你应该看到的结果。

部分 2 的预期结果。你应该能够观察到，当需要生成比系统物理内存空间更多的可用存储空间时，VM 页面是如何在物理内存和磁盘之间移动的，以便使应用程序在必要时能访问任何页面。注意到步骤 6～步骤 8 是以探索 VM 系统的行为为目的而被独立分开的，但在实际系统中，这些都是由操作系统的 VM 组件自动执行的。

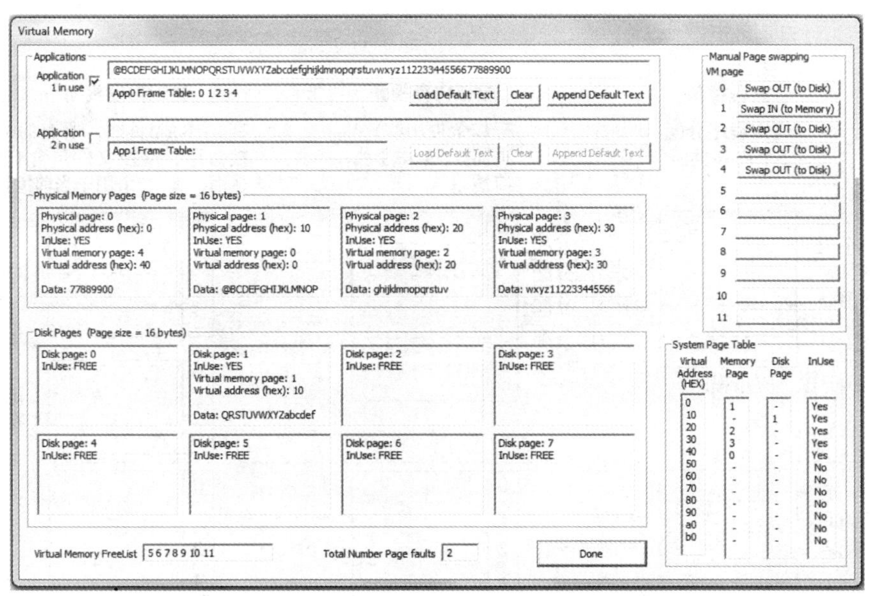

思考。在这个活动中，我们在两次选择换出页面时扮演了操作系统的角色，这是很重要的：首先，在物理内存中创建额外的空间；其次，重新载入一个我们需要访问的特定换出页面。在实际系统中，操作系统必须自动地决定哪个页面用于换出。这要使用页面替换算法来实现，这些算法通过跟踪页面访问，选择一个在短期内不需要访问的页面，基于最近最少使用或最不经常使用页面的算法。

深入探索。VM 是操作系统的较复杂功能之一，且可能很难通过一个纯粹理论的方法去领会。确保你理解了在这项活动中发生了什么、所实现的 VM 机制以及这种机制必须面对的具体挑战。必要时在仿真模型上进行更多的实验，以确保你真的明白了这些概念。■

图 4-9 展示了在活动 R2 期间，当进程提出各种内存页面请求时，VM 管理器的行为表现。图 4-9a 描述了前 4 个内存页面分配请求，结果是理所当然的。图 4-9b 显示第五个内存页面请求会导致分配错误（所有 RAM 都在使用）。图 4-9c 显示如何换出 VM 页面 0，以释放 RAM 页面 0，然后它被分配给正在请求的进程（如 VM 页面 4），这与活动 R2 的部分 1 末尾
相一致。图 4-9d 显示，当进程随后请求访问 VM 页面 0 时，将引起一个缺页错误（页面当前 223
不在 RAM 中）。图 4-9e 显示换入 VM 页面 0 所需的步骤，以便该进程可以访问它。E1：换出 VM 页面 1（从 RAM 页面 1）到磁盘页面 1（因为最开始，VM 页面 0 占用了磁盘页面 0，因此下一个可用的页面是磁盘页面 1）。这样将空出 RAM 页面 1。E2：然后 VM 页面 0 被换入 RAM 页面 1，所以进程可访问它。这反映了在活动 R2 的部分 2 结束时的系统状态。

4.5 资源管理

4.5.1 私有存储空间资源的静态分配与动态分配

可以通过两种方式将存储空间分配给一个进程。当一个进程被创建时，静态存储分配是直接根据代码中的变量声明来完成的。例如，如果在代码中声明了一个 20 个字符的数组，那么在进程的存储映像中将保留一个 20 字节的块，并且所有对那个数组的引用都将被指向到那个 20 字节块。静态存储分配本质上是安全的，因为根据定义，所需的存储空间容量不

会随着进程运行而发生改变。

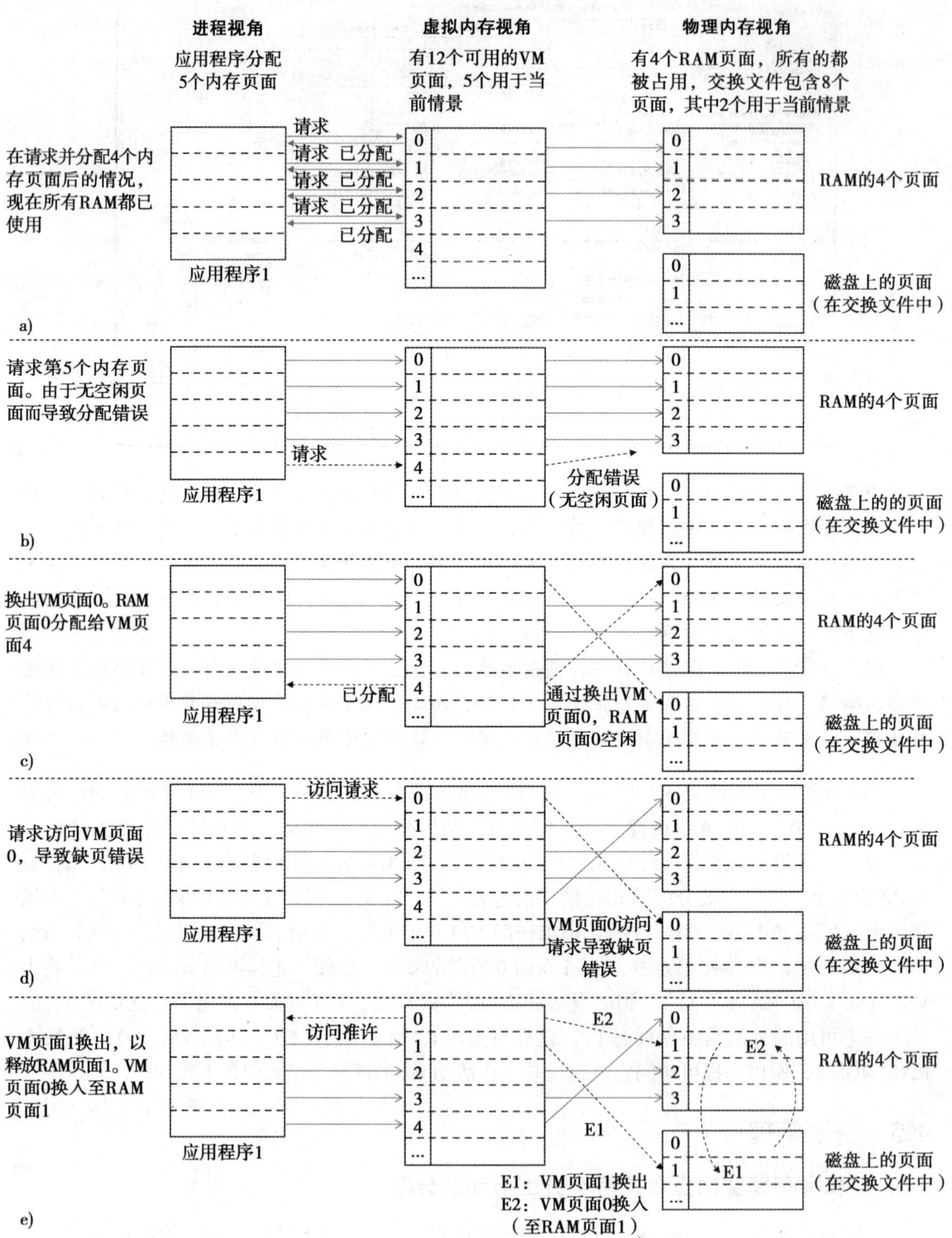

图 4-9 在活动 R2 中 VM 管理器行为图解

然而，有些情况下开发人员（即在设计时）不可能确切地知道程序运行时需要多少存储空间。由于程序运行时的环境，而可能导致每个执行实例的不同行为，这种情况常常出现。

例如，考虑一个游戏应用程序，服务器存储了一个活跃玩家的详细信息列表。关于每个玩家所存储的数据可能包括名字、最高分数、游戏输赢比率等，大概每个玩家占 200 字节，以结构体的形式保存。游戏设计者兴许希望让服务器来处理任意数量的玩家，没有一个固定的限制，所以如何执行存储空间分配呢？

有两种方法可以使用。一个是想象可能存在的玩家的最大数量，这需要特别幸运，然后静态分配一个数组，来保存该数量玩家们的详细结构。这种方法缺乏吸引力，首先，总是分配大量的存储空间，而仅有其一小部分在实际使用；其次，最终仍然对可支持的玩家数量有一个限制。

另一种方法在这种情况下通常更为适用，即使用动态存储分配。这种方法使得应用程序在运行程序时，能够请求额外的内存。大多数语言具有动态存储分配机制，经常通过调用一个分配方法来实现，比如 C 语言中的 malloc()，或者使用一种特殊的操作符（如“new”）来为一个特定对象请求分配足够的存储空间。使用这种方法能够实现在需要时申请数量完全准确的存储空间。当不再需要一个已被分配存储空间的特定对象时，可以将存储空间释放回可用池中。C 使用 free() 函数，而 C++ 有一个“delete”操作符来实现该目的。在一些语言中，如 C#、Java，释放动态分配的存储空间是在不需要相关对象时自动执行的，通常称为“垃圾回收”（图 4-10）。

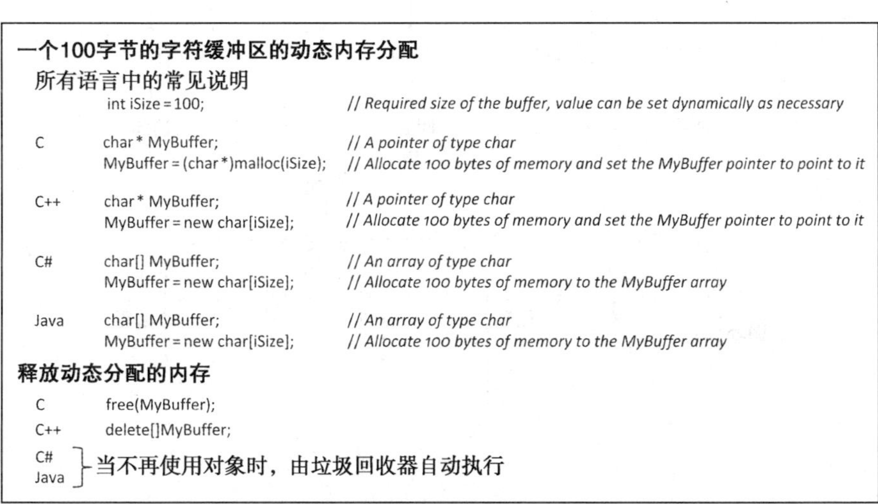

图 4-10　一个字符数组的动态内存分配（与图 4-1 中所示的静态分配代码作比较）

这种方法工作在这样的应用程序中非常有效，很容易从代码中识别出全部位置以及逻辑流，清楚哪个地方需要创建对象，哪个地方需要销毁对象。

然而，在具有复杂逻辑的程序中，或在行为依赖于上下文因素，致使执行代码会产生许多不同的可能路径的程序中，会很难确定在代码中的什么地方为对象分配以及释放存储空间。这可能导致以下几种类型的问题：

- 过早地销毁一个对象，并且随后试图访问该对象，则会导致内存访问冲突。
- 在没有正确结束的一个循环中，对象被动态地创建，致使存储空间分配急剧增大，最终达到操作系统所允许的极限，导致内存不足错误。 224～225
- 随着时间的推移，多个对象被创建，但是由于代码的执行路径有不同变化，一些对象并没有被删除，这会导致之后内存使用量的逐渐增加。这被称为“内存泄漏”，即系统逐渐地“失去”可用内存。

在代码中定位这些问题的类型可能是特别困难的，由于问题可能来自对单独运行正确代码部分的运行时调用序列，它是对错误的对象创建和对象删除代码的实际调用序列，并且利用设计时的测试方法，这可能是很难发现的。这些类型的问题可能最终导致已运行一段时间后的程序崩溃，且每次在崩溃点的实际表现可能是不同的，因此检测问题出现的原因就更难了。

由于这些原因，开发者应该高度重视与仔细对待动态内存分配的使用，这也许是内存资源视角下编程设计中最重要的方面。图 4-11 说明了一些常见的动态内存分配模式。

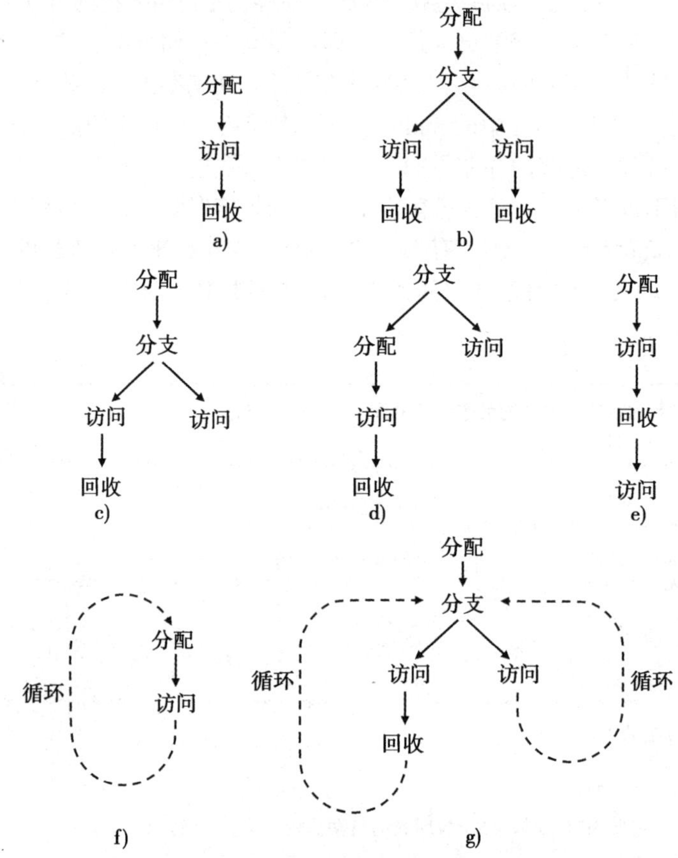

图 4-11 动态内存分配和回收。正确序列实例和一些常见错误的简化图解

常见的动态内存分配和回收序列如图 4-11 所示。出于清晰目的，对这些情景进行了简化，旨在展示所出现的一般常见模式，而不是特定的详细实例。显然，如果在简单例子中出现所给出的常见错误，那么在更庞大、复杂的代码中，具有许多上下文分支、循环语句以及函数调用层级，以至于有大量的可能逻辑路径，这些问题会在相当大的范围内出现。因此，这些问题可能是很难定位的，在开发的设计和测试阶段，凭借高度的警惕性和严谨性来避免它们的出现是比较好的。对于给出的具体模式：图 4-11a 是最简单的正确例子；图 4-11b 说明了一个复杂但正确的情景；图 4-11c 引发一次内存泄漏，但是程序逻辑本身工作正常；图 4-11d 可能引起一次非法访问，因为可能在试图访问未分配的内存，依赖于沿着哪个分支；图 4-11e 引起一次非法访问，因为试图访问已经被回收后的内存；图 4-11f 引发一种行为出现，高度取决于循环特性——它会导致一次内存泄漏，并且若循环运行次数非常多，会由于内存分配
226 失败耗尽内存可用极限，程序或许崩溃；图 4-11g 是具有复杂逻辑路径的各种情况的代表，

其中一些路径是正确地沿着动态内存分配的分配与访问规则执行的，而一些不是。在这种特定的情景中，通过代码，一个分支回收了内存，而它在另一个分支里可能随后要被访问到。在大型软件系统中，跟踪这类问题可能是非常复杂的，因为很难去复制一个特定的错误，它可能仅仅当分支语句的某个特定序列、函数调用、循环迭代等发生时出现。

4.5.2 共享资源

必须以这样一种方式来管理共享资源，即尽管有几个进程在读取和更新资源值，系统仍能保持一致。这就意味着，当一个进程（或线程）正访问资源时，必然对其他进程（或线程）的访问有某种限制。注意到如果所有的访问都是读操作，那么在一致性上不会有问题，因为资源值不会改变。然而，即使仅仅一些访问涉及了写操作（即改变值），那么必须注意控制访问，以保持一致性。 227

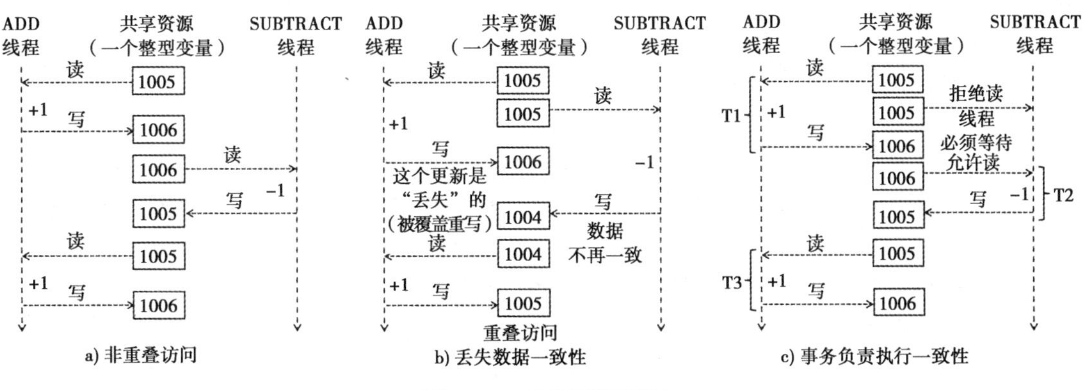

图 4-12 丢失更新问题

一种使系统可能变得不一致的方式是，一个进程使用变量的一个过期数据作为计算基础，接着写回了一个新（但是当前是错误的）值。丢失更新问题描述了一种可能产生的方式。

图 4-12 描述了丢失更新问题。该图中的三个部分都代表一种由两个线程更新单一共享变量的情景。为了简化示例，一个线程只是增加变量值，另一个线程只是减少变量值。因此，如果每个进程发生的事件次数相同，结果值应该与初始值相同。图 4-12a 描述了一种理想情况（不能保证出现），其中两个或者更多的进程以访问模式无重叠的无规则方式来访问一个共享资源，在这种情景下，系统保持了一致性。图 4-12b 展示了什么情况下可能发生访问重叠。在这种情况下，一个进程将另一个进程产生的更新值重新写入，这是可能的，因此称作术语“丢失更新”。在这个例子中，ADD 线程读取值并对其进行加 1，但是与此同时，SUBTRACT 线程读取原始值并对其进行减 1。无论哪一个线程最后写入更新值，都会覆盖掉另一个线程的更新值，且数据变得不一致。在这个具体的例子里，一个线程加 1 且一个线程减 1，因此这两个事件完成后的值应该恢复到初始状态。然而，你可以看到，实际上结果值比本应该得到的值少 1。第三个事件，关于 ADD 线程，实际上没有与其他访问重叠，但是在该事件启动以前，数据就已经不一致了。

将“丢失更新”概念放到一个分布式应用程序的上下文中，考虑一个银行系统，其中分支计算机系统以及自动柜员机（ATM）都是一个大型复杂分布式系统中的组成部分。ADD 线程表示某人向一个分支中的联合账户里存款，而在同一时刻，SUBTRACT 线程表示另一个账户的持有人从一个 ATM 机中取款。在一个未受访问管制的方案中，这两个事件可能像图 4-12b

那样发生重叠，这取决于事件发生的精确时间以及系统中的延迟，使得一个事件可能会覆盖另一个事件的影响。这就意味着，要么银行的钱消失了，要么账户持有人的钱消失了！

4.5.3 事务

丢失更新问题说明了需要使用特殊机制，以确保系统资源的一致性。事务是一种流行的
228 实现方式，通过保护特定进程对资源的一组关联访问，而不被其他进程访问所干扰。

事务是一种提供资源访问结构的机制。简单来说，它按如下方式工作：当一个进程请求访问一个资源时，必须执行一个检查，以确保该资源没有参与进一个正在运行的事务。如果被占用，新请求必须等待。否则，启动一个新事务（以免其他进程访问该资源）。然后，请求进程能以任何顺序进行一次或多次读写访问，直到完成使用该资源，并且终止事务与释放资源。

为了确保健壮地实现事务，并提供适当的保护级别，有4个准则必须得到满足：

- *原子性*。术语“原子”在这里用来暗示事务必须是不可分割的。事务必须作为整体执行，或者如果其任何单一部分没能得以完成或者运行失败了，那么必定不能完成它。如果一个事务正在执行，且之后出现了阻止它不能运行完成的状况，必须回滚所做的任何变化，以便使系统恢复到一致性状态，与事务发生之前的初始状态是一样的。
- *一致性*。在事务开始之前，系统处于一个相当稳定的状态。事务使系统从一个稳定状态转到另一个。例如，如果一定数量的钱从一个账户转到另外一个账户，那么一个账户的总量的减少和另外一个账户的总量的增加必须得以执行，或者若任何一个失败，则两个一定都不能执行。在这种方式下，钱不能被事务“创建”（比如若加法执行了，但减法没有）或“丢失”（比如若减法执行了，但加法没有）。在所有的情况下，在系统中钱的总量要保持不变。
- *隔离性*。在内部，一个事务可能含有几个计算阶段，且可能要写出临时结果（也称作“部分”结果）。例如，思考一个银行应用程序中的“计算净利息”函数。第一步可能是按总比例增加利息（比如说5%），所以新的余额增加了5%（这是部分结果，因为事务尚未完成）。第二步可能是要去掉利息税（比如说20%）。在这种特殊情况下，该账户的净收益应该是4%。只有最终值应该是可访问的。部分结果如果可见，会导致错误和系统不一致。隔离是事务处理之外部分结果不可见的必要条件，因此事务不能互相干扰。
- *持续性*。一旦一个事务已经完成，其结果必须变成永久的。这意味着，该结果必须被写到非易失性辅助存储器，比如硬盘上的一个文件。

这4个准则被统称为事务的ACID特性。在第6章（6.2.4节）中会对事务再次进行更深入的探讨。这里，重点放在保护资源本身的需求上，而不是事务的细节操作。

图4-12c举例说明了如何使用事务来避免丢失更新，进而确保一致性。图4-12b与图4-12c之间最重要的不同是，（在图4-12c中）当ADD线程的活动被封装在事务T1中时，SUBTRACT线程的事务T2被强制处于等待状态，直至T1已经完成为止。因此，直到共享资源处于稳定且一致时，T2才开始。

4.5.4 锁

229 从根本上说，锁的思想很简单，其用于标识资源处于使用状态，故而其他进程不可用。

锁可以在事务内使用，但是也可以凭借本身的权限被用作一种机制。一个事务机制将加锁活动放到一个结构化方案中，以确保资源先被锁定，随后发生一个或多个访问，然后释放资源。

锁可以应用于读操作、写操作或者读写操作。必须小心地使用锁，因为它们具有序列化访问资源的效果，也就是说，它们抑制并发性。如果持有资源锁的进程在使用资源结束后没有立即释放锁，就会出现性能问题。如果所有的访问都是只读的，那么实际上锁就是一个没有任何益处的负累。

一些应用程序要比其他应用程序以更精细的粒度来锁定资源。例如，某些数据库在进程访问期间锁定整个表，而另一些则只锁定正在访问的表的行，这提高了并发透明性，因为当原始访问活动正在进行时，其他进程可以访问该表的其余部分。

活动 R3 探索加锁的必要性和加锁的行为，以及事务加锁和释放锁的时机。

活动R3 使用操作系统版 Workbench 探索加锁的必要性，以及事务加锁和释放锁的时机

前提条件。从本书的教辅材料网站下载操作系统版 Workbench 以及支持文档。阅读文档“线程（线程与加锁）活动与实验”。

学习目标。

1. 理解事务的概念。
2. 理解“丢失更新”的含义。
3. 研究加锁的必要性及效果。
4. 探讨适当的锁定方法如何防止丢失更新。

此活动使用由操作系统版 Workbench 提供的“Threads and Locks”仿真环境。两个线程执行访问一个共享存储位置的事务。

部分 1：运行不带加锁机制的线程，以观察丢失更新效果。

方法。

1. 按下“Reset data field”按钮，并核对数据域的值是否被初始化为 1000。通过单击“Start ADD Thread”按钮运行 ADD 线程。这样做会执行每次加数值 1 的事务 1000 次。检查最终结果是否正确。

2. 现在，通过单击“Start SUBTRACT Thread”按钮运行 SUBTRACT 线程。这样做会执行每次减数值 1 的事务 1000 次。检查最终结果是否正确（它应回到第 1 步前的初始值）。

3. 再次按下“Reset data field”按钮，核对数据域的值是否被初始化为 1000。不设置任何加锁（保留选择项为“No Locking”），通过单击“Start both threads”按钮，同时运行两个线程。这样做会使每个线程执行 1000 次事务。两个线程异步（这个概念已经在第 2 章中讨论过）运行。每一个线程以它被允许的速度快速运行，以执行特定动作（即对当前数据值进行加 1 或者减 1 运算）。检查最终结果，它正确吗？ 230

下页的屏幕截图提供了一个当不加锁同时运行两个线程时，所发生行为的例子。

预期结果。对内存资源的重叠（无保护的）访问已导致了丢失更新，因此尽管每个线程执行了相同次数的操作（在该仿真环境中用于平衡），最终结果是不正确的（本应该是 1000）。

部分 2：使用加锁以避免丢失更新。

方法。实验不同的加锁和释放组合，以确定应该在事务中的哪一个阶段使用加锁，以及

哪一个阶段应该释放该锁，以确保事务间正确隔离，从而避免丢失更新。

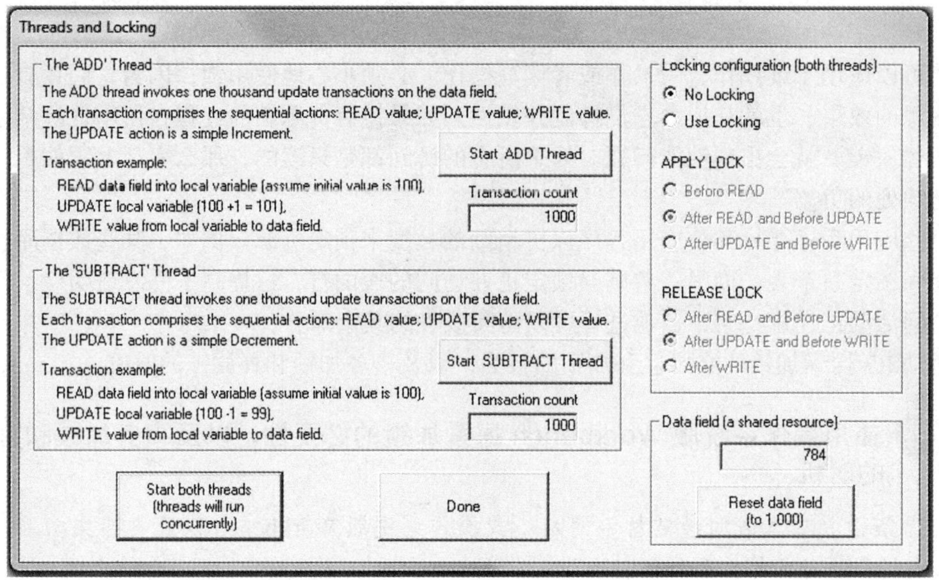

1. 在右边的窗格中选择“Use Locking”。

2. 在访问共享数据域期间（读、更新与写），两个线程中的每一个事务都具有三个阶段。APPLY LOCK 和 RELEASE LOCK 选项分别指在事务中应用或释放锁的时间点。你应该实验 APPLY 和 RELEASE 选项，以决定哪一个（些）组合可避免丢失更新。

第二个屏幕截图显示了一种加锁时机的组合，其导致了两个线程对存储资源访问的完
231 全隔离，从而避免了丢失更新。

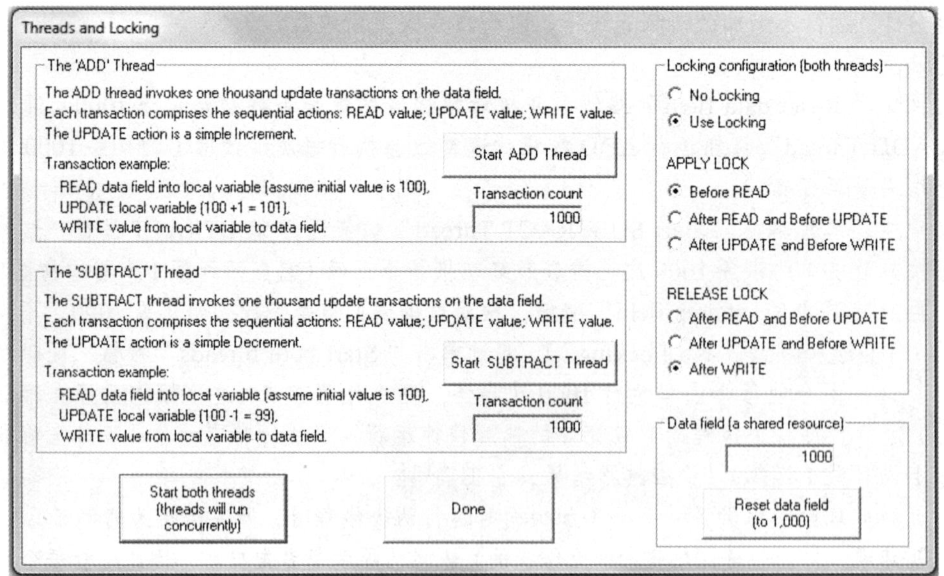

预期结果。通过实验不同加锁时机的组合，你应该确定事务的隔离要求，只有在所有对共享资源的访问被加锁保护的时候才能保证。若第二个线程在释放锁之前更改了变量值，以

便第一个线程可以写下其变化（基于以前的读取值），那么在应用锁之前，甚至仅允许一个线程读取数据变量也是有问题的。查看丢失更新讨论部分的全部正文。

思考。这个活动描述了当多个进程（或线程）访问一个共享资源时提供保护的必要。为了确保数据的一致性，事务的 ACID 特性必须被强制执行（细节部分查看正文）。■

4.5.5 死锁

根据资源的分配方式以及资源已被其他进程所持有的方式，一个被称为死锁的特定问题可能会出现，在一组包含两个或多个进程的集合中，每个进程都在等待使用被集合中的其他进程所持有的资源，因此任何一个进程都不能向前推进。考虑这样的情况，有两个进程 P1 和 P2，每个都需要使用资源 R1 和 R2，以执行一个特定的计算。假设 P1 已经持有 R1 并请求 R2，而 P2 已经持有 R2 并请求 R1。如果 P1 继续持有 R1 同时等待 R2，而 P2 继续持有 R2 同时等待 R1，那么一个死锁就发生了——那就是，没有任何一个进程能向前推进，因为每个都需要一个被其他进程所持有的资源，并且每个进程将继续持有资源，直到它得以执行（即使用资源以用于其等待的计算中）。这种情况将是永久性的，直到其中一个进程从系统中移除。图 4-13 举例说明了这种情景。

对于图 4-13 中所示的系统，死锁是可能发生的。这表明了可以在一个完全回路中沿着 232
箭头行进的事实。然而，这并不意味着死锁会实际发生，它取决于各种资源请求的时机和顺序。特别地，发生死锁必须同时具有 4 个条件：

- *互斥*。已被进程占用的资源是不可共享的，即占有进程具有对资源的排他性访问。以这种方式，一个进程可以占用一个或多个资源。
- *占有且等待*。在一个进程占用至少一个资源的同时，等待另一个资源（即在等待的同时并不释放已占有资源）。
- *非抢占*。进程不能被迫释放其正在占用的资源，资源可以被无限期占用。
- *循环等待*。一个环路由两个或多个进程构成，每个占用的资源被环路中的下一个进程所需要。例如图 4-13 所示的环路，其中进程 P1 占有一个被进程 P2 所需要的资源 R1，反过来，进程 P2 占有一个 P1 所需要的资源 R2，至此，环路完成。

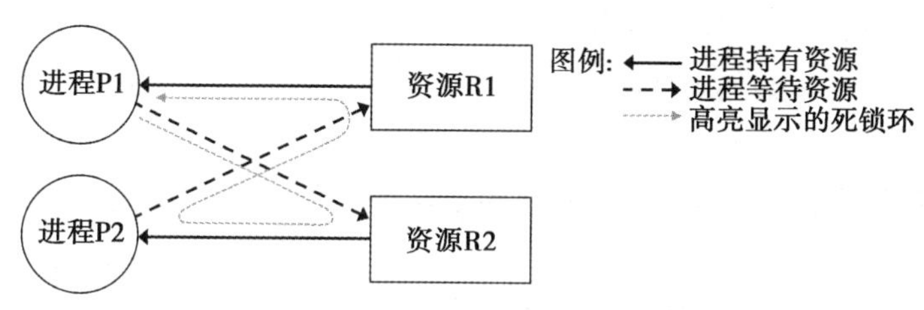

图 4-13　一个死锁环

若这 4 个条件成立，则死锁发生。解决这个状况的唯一方法是停止（杀死）其中一个进程，致使该进程所占用的资源被释放。死锁检测和解除是操作系统应该完美扮演的资源分配保护伞中的一个附加角色。然而，应用程序开发人员有责任了解死锁的性质，从而确定和避免（在一定程度上）可能出现死锁的情景。

在活动 R4 中将通过使用操作系统版 Workbench 中的 Deadlock 仿真研究死锁。

死锁的发生对事件的相对时间是敏感的，通常有一个有限的机会窗口，实际上死锁将在这期间发生，因为事务的资源获取阶段一定与相同的资源集合和时间重叠有关。确定死锁可能发生，实际上并不意味着死锁将要发生。环图的理论技术用来确定是否可能出现死锁，但这并不指示死锁的实际概率。死锁仿真允许研究影响死锁可能性的因素。

下面将描述死锁仿真特性。注意到仿真用户界面针对的是线程，所以下面的讨论与此保持一致。然而，死锁仿真同样适用于系统内的进程级别，如同用于进程中的线程级别一样。

- 每一个事务的资源数量是一个或者多个，随机选择，直到达到每一个线程所允许使用的限制数目（而且在仿真中可以使用的资源限制数目内）。
- 在一个特定事务中，使用的实际资源是从可用集合中随机选择的。
- 资源被认为是共享的，因此每一个线程独立决定使用哪一个资源，与其他线程正在
233 做什么以及正在使用什么资源无关。
- 线程分别获取资源，并在等待获取其他资源时锁定它们（占有且等待条件）。
- 一旦占有了所需的所有资源，事务开始执行。这是非抢占式的，占有的资源仅在事务结束后被释放。
- 一个资源被占有它的线程排他性使用。
- 如果一个线程正等待被其他线程所占用的资源，而占用这个资源的线程本身，在等待由同一个链中其他线程所占用的资源，这样形成了一个完整的环，循环等待发生。在仿真中这很容易看出来，因为仅涉及两个线程。在真实的系统中，一个环可能涉及两个以上的线程，这当然会是复杂且难以检测的。

活动R4 使用操作系统版 Workbench 研究资源分配期间的死锁

前提条件。从本书的教辅材料网站下载操作系统版 Workbench 及支持文档。阅读文档“死锁——活动与实验”。

学习目标。

1. 理解死锁的本质。
2. 研究死锁发生所需的环境。
3. 研究影响死锁发生可能性的因素。

这个活动使用由操作系统版 Workbench 提供的“死锁”仿真。最多支持两个线程（从概念上讲，仿真适用于线程或者进程），对多达 5 个资源进行竞争。

部分 1：研究死锁的本质以及可能发生的条件。

方法。

1. 单击最左上方的“Start Thread”的按钮，以单线程方式运行仿真。通过激活或禁用中间右侧的按钮列，以实验不同数量的资源。使用右上方的单选按钮，设置每个线程允许使用的最大资源数量为 2。死锁发生了吗？你的观察表明一个死锁可能发生在这个环境中吗？

2. 重复步骤 1，但是这次使用两个线程及仅有的一个资源。在这个例子中死锁发生了吗？

3. 再次重复步骤 1，现在使用两个线程及两个资源。在这个例子中死锁发生了吗？

下面的屏幕截图来自于部分 1 的步骤 3，显示了当死锁已经发生时的情景。

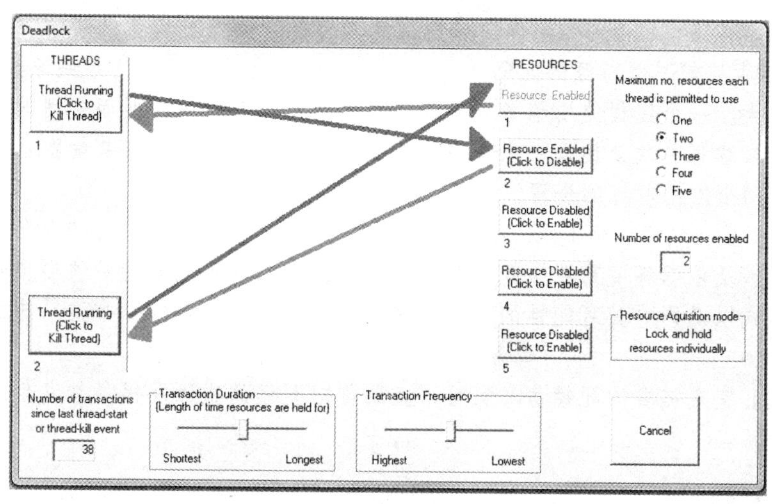

234

预期结果。通过在资源分配模式中是否具有一个环来检测死锁。如屏幕截图所示。你可以看到线程 1 已经获得资源 1（蓝色箭头），并且正在等待资源 2（红色箭头）。同时，线程 2 已经获得资源 2，并且正在等待资源 1。箭头构成一个有向环（即全部箭头沿着环指向同一方向）。破坏该环的唯一方式是杀死其中一个线程，这会导致释放所占用的资源，且因此将允许其余线程对其进行访问，继续运行事务。

部分 2：研究影响死锁可能性的因素。在活动的这一部分，你应该研究仿真的不同配置，以及观察其如何影响死锁的可能性。对于这部分实验要使用两个线程。最初一次仅改变一个参数，如在下面 4 个步骤中所设置的那样。一旦你认为自己理解了使死锁发生的更大或更小可能性的环境条件，然后就试着同时改变几个参数，以确认或巩固你的理解。

1. 针对供两个线程使用的不同数量的可利用（激活的）资源进行实验。
2. 针对每个线程允许同时使用的资源数量的不同限制进行实验。
3. 针对事务持续时间的不同值进行实验。
4. 针对事务频率的不同值进行实验。

下面的屏幕截图与部分 2 相关。它显示了一个具有 5 个激活资源但每个进程最多只能使用两个的情景。

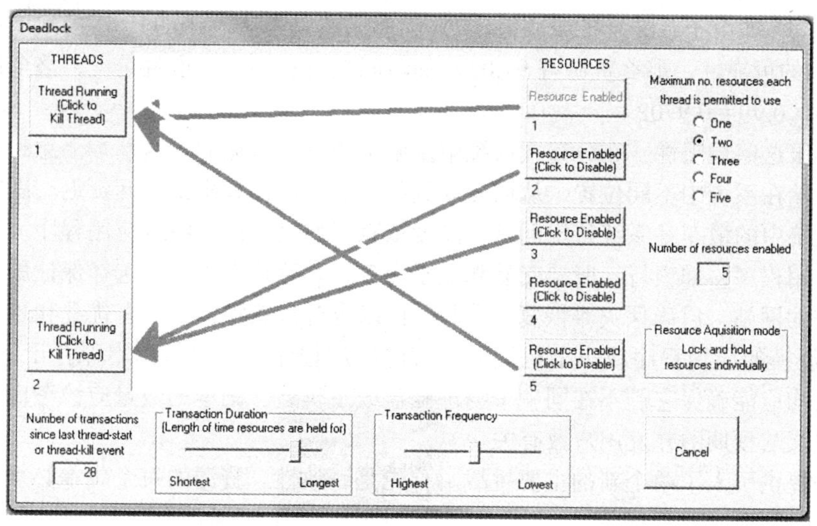

预期结果。在活动的部分 2，你应该看到死锁可能性受某些因素的影响。例如，在请求其他资源的同时占有一个资源的时间越长（使用“事务持续时间”的控制来调整），死锁的机会窗口就越大。一个线程使用越多的资源，死锁的机会就越高，然而使用的可利用资源越多，则会削弱线程每一次使用同一个资源集合的可能性（看上面的屏幕截图示例，其中两个线程同时使用两个互不冲突的资源）。

思考。死锁阻止线程继续工作，因此影响特定任务的性能以及系统本身的健壮性，由于死
235 锁的解决方案涉及依据环境需要杀死其中一个线程，该线程可能接着必须要重新启动。死锁发生的实现方式以及影响其可能性的因素，这些对于健壮、有效的分布式系统的设计是很重要的。

深入探索。完成更多的死锁仿真实验，直到你对死锁的成因及提高其发生可能性的因素有了清晰的理解。■

4.5.6 资源复制

本节介绍资源复制的概念，它是系统资源视图的重要部分。第 5 章将更详细地讨论复制，包括复制的语义，并提供了一个活动，其中探索了复制的实现实例。此外，复制的透明性将在第 6 章中讨论。

在一个分布式系统中，每一个资源仅有单一副本会在几个方面受限。一个关键问题是数据永久丢失的可能性。存在资源丢失的风险，例如，如果存储在一个硬盘上，一次硬盘碰撞或者由于火灾或洪水引起的主机物理损坏，甚至如计算机被窃，都是易受影响的。如果一个资源仅有的最新副本被临时存储在易失性内存中，比如 RAM，它容易因关闭计算机或一次短暂的电源中断而受到影响。

还存在的一个风险是，对一个特定资源的共享访问将成为性能瓶颈，并可能限制系统的可用性或可扩展性。例如，如果所谈论的资源是一个被高频访问的网页，若以单一服务器为宿主机，那么网页的可访问能力受限于服务器所在的计算机上的处理吞吐量，也受限于连接到计算机的网络吞吐量。这些限制转变为同时以一个可接受的响应时间访问资源用户的数量上限。

就可用性而言，出现了进一步的风险。如果一种特定的资源只有单一副本，那么它的可用性依赖于同时正常工作的访问链中的每一个组成部分。如果资源所在的主机具有 98% 的正常运行时间（即由于系统维护或故障，2% 的时间它是不可利用的），连接到该计算机的网络具有 99% 的可靠性，那么资源有 97.02% 的时间是可利用的。也就是说，整个访问链的可靠性为 $0.98\times0.99=0.9702$。

为了克服这些局限性，在分布式系统中复制资源是很常见的。这基本上意味着资源有多个副本，存储在系统中不同位置，从而提高健壮性、可用性和降低访问延迟。副本的实际数量及其在系统中的散布是系统特定问题，高度依赖于使用资源的特定应用程序。对于大型商业分布式应用程序，如银行、股票交易和电子商务，其管理者可能会选择保证副本散布于多个地域分散的网站，以确保灾难恢复（采取保护以应对自然灾害、民事扰乱和恐怖主义等事件）。较小规模的应用程序或小型组织所拥有的应用程序，可以将副本保存于同一站点上，但是系统架构应能确保它们不在同一个物理磁盘或主机上。副本的数量应该考虑到预期的访
236 问速率，这又与预期的并发用户数有关。

副本的提供引入了两个新的主要挑战。首先是一致性。资源的每个副本必须保持相同的

值。当一个副本被更新时，所有其他副本也必须一样。读取资源中一个副本的应用程序，如果它读取其他任何副本，都应该得到相同的值。数据一致性本身是大规模分布式系统中的一个主要挑战，特别是如果多个副本可以被多个应用程序写访问，并且同时改变它们的值。为了限制这一挑战的程度，安排在任何时间仅有一个副本可被写入，且所有其他副本仅支持只读访问，这是可能的。在这种情况下，将问题缩减为对数值更新的及时传播需要，即从读写副本到只读副本。

由复制所引入的第二个主要挑战是一个透明性要求的特例。应用程序应该设计成这样，它们访问的是一个（从它们的视角）非复制性的资源，例如，打开一个文件或更新一个数据库。也就是说，主机系统必须提供资源的单一实例的假象，不管其被复制与否。应用程序的行为及其对底层系统的接口一定不能改变，因为它所使用的是其中一个资源的副本。相反，副本必须在分布式系统中管理。这种形式的透明性被称为复制透明性。缺乏这种透明性将意味着应用程序必须知道副本的数目和位置，并对每一个进行直接更新。

应用程序开发人员应不需要意识到副本的存在，也不需要特殊的操作，因为资源是被复制的，且没有新的原语来使用。应用程序开发人员不应该知道资源是被复制的、存在多少副本实例、它们所在的位置以及一致性管理机制是什么。

相似地，应用程序的用户不应该注意到资源复制。用户应该有这样的幻觉，每个资源存在一个单一的副本，它被稳健地维护并始终保持最新。所有如何实现的细节应被完全隐藏。

例如，考虑你的银行账户的数值，你很有可能通过互联网的在线设施访问它。你看到的是账户余额，它应该始终是一致的，准确地反映出已经进行了的各种金融交易。事实上，在现实中，银行在多台计算机上存储你的银行账户余额值，可能广泛分布在不同地理位置上，甚至可能是国际性的，这些应该是与你没有关系的。银行将有适当的机制来传播更新，以便使副本保持一致，并且如果一个副本被损坏或无法访问，则使用其他副本的值来管理恢复。

及时向所有副本传播更新的需要，可以以包含这本书文本内容的文档作为一个简单例子来描述。在我写作时，我总是把文档文件复制在两个不同的硬盘上，以避免我的计算机出现硬件故障，以及我自己意外删除的问题。一直有两份著作副本。为了使之有效，我使用一个特定驱动上的副本作为工作组，并定期备份文件到另一块磁盘上，通常在我著作本书时每两个小时工作周期结束后做备份。因此，存在两个副本实际上是不同的时候，会有丢失一些著作内容的风险。在这种情况下，选择更新速率来反映所涉风险。我可以接受最多丢失两个小时的工作内容的风险。注意到，丢失的更新问题也适用于这里。在副本不同步期间，如果我偶然打开旧版本，并添加新的素材，然后保存为最新版本，我将覆盖一些我以前所做的改变。 237

4.6 网络资源

4.6.1 网络带宽

对于特定的网络技术，带宽是理论上的最大传输速率，故分别适用于网络中的每个链路，取决于所涉及的技术。例如，快速以太网的带宽为 100Mbps。比特时间是指传输单一比特所用的时间。对于任何给定的技术，它是一个常数，并由带宽值的倒数导出。因此快速以太网的比特时间为 10ns（或 10^{-8}s）。吞吐量是用来描述实际传输数据量的术语。

在一个给定的系统中，网络带宽值将总是有限的。技术的进步意味着，随着时间推移，比特率一直在增加（因此在一段给定的时间内，越新的技术支持传输的数据越多），并且基础设施也变得更加可靠。然而，网络技术的进步依旧难以满足使用者日益增加的传输更多数据的需求。

其他技术的发展也导致了网络传输量的大量增加。考虑一下，例如，近些年来在数码相机技术方面的进步。图像的保真度从典型的 1M 像素（一张图像包含 100 万个像素），提升至 20M 像素甚至更高。生成的图像文件实际大小取决于所采用的图像编码和数据压缩技术。“真彩”编码方案采用每个像素占 24 位，分别用 8 位来表示红色、绿色和蓝色分量，每个分量可提供 256 种强度值。因此，在压缩前，一些系统会将图像中每个像素编码成 3 字节长度的数据。对于一张 20M 像素的图像，这将生成 60MB 大小的预压缩文件。一个非常流行的数字图像压缩例子是联合图像专家组（Joint Photographic Experts Group，JPEG）方案，它能在图像质量没有明显下降的情况下，获得一个大约 10:1 的压缩比。使用 JPEG，20M 像素的图像现在可被缩减到 6MB，但它在通过网络传输时仍然是一个很大的数据量。

这些设备也越来越丰富，目前高分辨率的数码相机价格足够便宜，很多人都会购买，并且当然，很多人也会购买其他设备，例如移动电话和平板电脑，它们也包含相机功能。在最近的几年里，社交网络变得极其流行这一事实进一步加剧了这种情况。许多人不仅频繁地上传大量图片形式的数据，而且诸如语音和视频这样的其他数字媒体数据，能表示比静态图像更大的传输量⊖。此外，用户总数以及他们所涉及的与这样或那样的“在线”行为有关的日常生活活动所占的比例也在快速增长。

我们能从设备技术产生更大量数据的趋势，以及社会更加依赖于数据通信的趋势中得出结论——带宽将永远是珍贵的资源，必须被有效地利用。大部分的网络性能问题都与网络带宽限制有关。带宽通常在多个通信流间共享，所以基于一个特定链路的带宽，当计算一定数量的数据在某个特定网络上传输所花费的时间时，我们必须要记住，计算的是理想情况下的时间。例如，如果通过一个 100Mb 每秒的链路，计划将 100MB 大小的文件进行传输时，我们进行了如下计算：

238 100M（字节）×8（转换为比特）/100Mbps＝8s

所以，8 秒是以最大可能的速率传输这个文件所需要的时间，这里假设是专用访问链路。传输文件的实际时间取决于我们的应用程序流所使用的链路实际份额。在一个繁忙的网络中，通过同一个链路，文件传输可能需要花费相当长的时间。

当在一个可能由几个不同带宽的链路组成的路径上经过时，这种情况会更加复杂。在这种情况下，理论上端到端吞吐量的最高值会受到路径中最低链路带宽的限制。

分布式应用程序设计者在使用带宽方面从不会满足。正如上面所述的原因，假设随着时间的推移，技术的发展（例如，链路速率将会更高或者路由器将具有更快的转发速率）会使得特定应用程序的使用者感受到更好的整体性能，这是不现实的。

存在几种方法，使应用程序开发者能确保他们的应用程序在网络带宽方面是有效的，这

⊖ 数字电影和电视的视频帧率通常在每秒 24～30 帧（FPS）的范围内。随着相机和显示技术的提升，更加快速的标准正在出现，其中包括 60FPS 高清电视。动作类电子游戏所使用的帧率通常在 30～60FPS 之间，不过一些游戏超过了 100FPS。因此，考虑需要传输瞬时突发视频的应用程序的实际网络带宽需求是非常重要的。这类数据的压缩是尤为重要的。

些方法归于两类：第一，最小化所发送的内容，以致仅发生必要的通信；第二，通过仔细选择和调整通信协议，使通信开销最小化。

1. 最小传输

为了有效地使用网络带宽，并确保个人应用程序在其通信行为上是有效性，重要的是消息长度应尽可能短。在设计分布式应用程序时，应当注意避免冗余或不必要的信息传播。仅应传输正确操作所必需的最少数据字段，这就要求对于一个应用程序中的不同场景，会有许多不同的消息结构，尤其是在同一个应用程序中消息长度会有很大范围变化的场景。数据字段本身长度应尽可能小，以包含必要的信息。消息仅仅应在需要传输的时候以及必须周期性传输的地方才进行传输。消息的传输速率应该被精心优化，以达到信息更新及时性和通信效率之间的平衡。在一些应用程序中，可能在消息的发送端实现几个消息的聚合，以一个显著降低的速率来传输结果消息。这与传感器系统特别有关，其中来自传感器的数据经常被周期性地传输。传输速率需要与实际检测属性变化的速率保持一致。例如，在一间居民住宅或者办公室中，温度在一秒内不会有明显的变化，但一分钟内可能会发生变化。因此，每隔一分钟发送更新的消息是合适的，尤其是如果使用数据来控制一个空调系统。然而，如果测量温度的目的仅仅只是历史记录，那么每隔一分钟采集一次温度样本，并将十个样本值聚合成一条单一的消息，每隔十分钟发送一次，这样可能会更好。聚合可以是取一个单一平均值的形式，或者是采集十份样本构成一个数组的形式，并在一个单一消息中将它们发送出去（注意在后一种情况中，发送了同样大小的数据，但减少了通信的开销）。相反，如果是在一个生产设备的化工过程中的某个阶段所检测出的温度，可能需要以高速率来采样温度，也许是以 100ms 的时间间隔。在这种情景下，数据可能是与安全相关的，它可能指示需要关闭一个特定的阀门，以避免一个危险情况的发展。如果是这种情况，就需要以其原始形式立即传输每条消息。

2. 帧长度（第二层传输） 239

传输错误（由电磁干扰、电压故障以及导线间串扰所引起）会在单个比特级别上造成影响。单个比特被此类错误破坏的概率，被认为是与在一个特定链路上传输的所有比特相同的，虽然一些干扰源属于突发性的，可能仅影响一个短时帧内传输的几个比特。

相对于长帧，短帧受比特错误⊖的影响较小。这是因为对于一个链路上给定的比特错误率，影响特定帧的错误概率是直接与帧长度成正比的。

例如，如果比特错误率为 10^{-6}，平均每传输 100 万位就会发生一个比特错误。对于长度为 10^3 位的一帧，出现一个比特错误的概率是 $10^3/10^6=10^{-3}$，因此一个特定帧将被破坏的概率是 1‰。通过重新发送整个帧来解决差错帧问题，因此，每一个比特错误的代价实际上是 1000 比特的传输，这样，对于该配置，比特错误的整体代价是总资源的 1/1000。但是，如果帧的长度增大 10 倍，每秒钟送出的帧则越少，但是总的传输比特数是相同的。在这种情况下，每帧出现一个比特错误的概率是 $10^4/10^6=10^{-2}$。因此一个特定帧将被破坏的概率是 1%。在这种情况下，重新传输此帧代价为 10000 比特的传输。故对于这种配置，比特错误的整体成本是总资源的 1/100。

⊖ 比特错误指的是作为“1”发送的比特因受到了破坏（例如电子噪声）而在接受端表现为“0”（反之亦然）。被破坏的比特将致使整个帧无法使用，且网络将丢弃它。因此，要么必须重新发送整个帧，这将使用额外的带宽，同时增加了整个消息传输时间的延迟，要么作为一个实时的数据流，损失将会被忽略（以避免因修复而强加的时延），在这种情况下，这种忽略将降低接收数据的保真度。

将一个特定包分解成若干帧在链路上进行传输的方式进行了效率权衡，因为每一帧都有一个传输开销。使用较少量、较大的帧，就意味着较低的总开销（在没有错误的情况下），然而，较小的帧在发生比特错误的情况下，重传的代价较低。图 4-14 以一个基于以太网的例子解释了这个效率权衡问题。

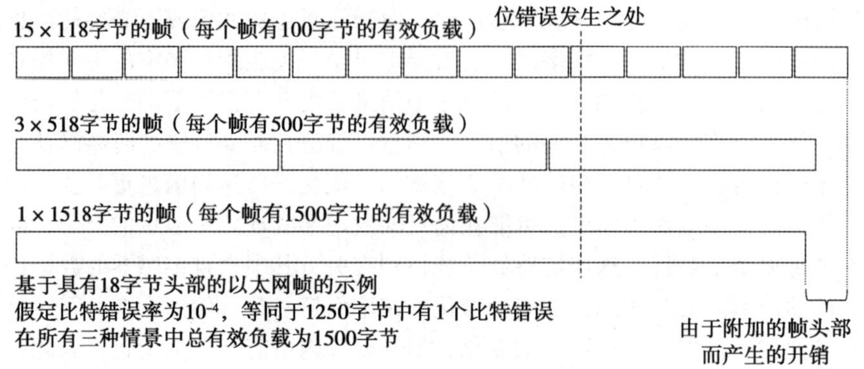

240 图 4-14　与比特错误率相关的帧长度

图 4-14 根据分割为帧的方式不同，展示了在以太网上传输一个 1500 字节（12000 比特）有效负载的三种情景。负载大小是单个以太网帧的最大长度，因此，情景之一是使用单个最大长度帧。所展示的另外一种情景则是把负载分为了 3 个部分与 15 个部分。帧的额外开销（以太网头部）为 18 字节。该图展示了当传输相同负载，越小的帧对应分布的帧数量越高时，出现附加开销的效果。比特错误发生在物理层上，且并不关心帧边界，也就是说，一个比特错误破坏当前正在传输的比特，与其所属的帧无关。在本例中，假设这个链路的比特错误率为 10^{-4}，这意味着平均每传输 10000 位会发生一次比特错误（使用该比特错误率的值目的是举例说明，通常比这个值低很多）。在这个案例中有效负载长度大于 10000 位，所以在其传输过程中，具有高的比特错误发生概率。在所有的三种情景中，假设比特错误都发生在距离首次传输起始位置相同的比特位置。传输中的帧当发生了比特错误时，就会被损坏且必须被重新传送。假设重新传送成功，不再有比特错误，那么对于帧长度分别为 1518 字节、518 字节与 118 字节的情景，单比特错误的实际成本分别为 100%、33% 与 6.7% 的额外开销。

较长帧对比特错误的敏感性是链路技术要设置帧长度上限的原因之一，往往在几百到几千比特范围内。短帧在实现细粒度的多路复用方面还具有优势，从而增强了在共享链路上具有专用电路的假象。

3. 分组长度（第三层传输）

从消息传输的视角来看，分组可被视作一种中间格式，将应用层的消息内容映射到帧中。这是因为在封装期间，协议栈把一条消息分解成一个或多个分组，每个分组再被分解成一个或者多个帧。

在网络中的每一条链路都有一个固定的最大帧长，从而那些帧也具有一个最大负载长度。对于一个给定的特定链路，最大传输单元（Maximum Transmission Unit，MTU）决定了在一个帧内能承载的最大分组长度。针对相关链路技术，在路由器中可配置达到最大帧负载长度。例如，对于以太网，最大的 MTU 长度是 1500 字节。

在 IPv4 中，必要时将会对分组进行分片，以符合每条链路上的 MTU，并且当跨越网络时，可能会被路由器进一步分片。在 IPv6 中，需要发送节点来决定整个端到端路径的 MTU，并根据所确定的 MTU 实现分片，这样中间的路由器不必对分组进行再次分片。

分片通常是不可取的。每个分组都有自己的网络层头部，它包含路由器用于确定分组转发的目的节点的 IP 地址，以及其他信息。一个分组的每个分片必须包含原始分组头部的一个修正后的副本，它指明该分片所属原始分组 ID，以及分片在原始分组中的偏移量（为了重组的目的）。因此，分组的分片与随后的重组会引入相关设备的额外计算开销。重组过程必须等待所有分片到达之后才能进行，因此增大了将分组交付于应用程序的时延。一组可避免分片的较小分组，可能会比由单个较大的分组所得到的同等数量的分片更加高效。 241

4. 消息长度（最上层传输）

分布式应用程序的精心设计需要考虑网络带宽方面的资源效率，进而提升可扩展性和性能透明性。必须这样做才能保证应用程序的业务逻辑需求，并保证任何时序约束不会受到影响。

网络消息设计的黄金法则是“仅发送必要的消息”。一般而言，通信设计的总体目标是最小化消息长度。这样做可确保以更短的时间来传送消息，同时使用更少的资源，有助于减少堵塞。大的消息被分解到多个分组中，而分组根据其自身的长度又分散在多个帧中。每个帧产生了附加的额外开销，因为它必须具有头部，包含 MAC 地址和用于识别下一个更高层的协议。同样，每一个分组由其头部也将引入附加的开销，包含 IP 地址以及传输层协议的识别。

重要的是要意识到，减少消息长度的效果并不是与传送比特数的减少成线性关系的。帧有一个确定的最小长度和一些固定的开销。增加单个字节长度的消息可能会导致传输一个附加的帧，同样单个字节的减少实际上会节省一个整帧。以太网技术家族是最流行的有线接入网络技术，用它来说明这一点。概括地说，以太网具有 64 字节的最小帧长，包含一个 18 字节长的头部，以及 46 字节的有效负载。它也具有 1518 字节的最大帧长，而这种情况下的有效负载为 1500 字节。

如果一个要发送的消息导致帧的长度小于最小的 64 字节，则要填充附加字节。如果我们发送一个 TCP 协议消息（通常有一个 20 字节的头部），使用一个 IPv4 分组进行封装（通常有一个 20 字节的头部），然后还有 6 字节数据空间，仍保持最小帧长度。存在多种情景能够实现这一目标，例如消息包含来自单个传感器的数据，比如，一个 16 位的温度值，或者是对先前消息的确认，其中并不包含实际数据。但是，在分布式系统中这只占所有消息中的一小部分，在大多数情况下，都会超过最小帧长。然而，由于可变有效负载长度最大可达 1500 字节，存在大量的应用场景，其中消息适合于单个以太网帧。

理想的情况是，应用层的消息被分解为若干个分组，每个分组对于通向目的地的整个端到端路由都符合最小帧 MTU，从而避免了分组分片。

开发人员在设计时无法知道程序实际运行时所在位置的链路技术。因此，分布式应用程序的设计者应该总是尽力最小化消息长度，来实现在结果没有确定或精确的控制下，达到网络传输的高效性这一通用目标。

在一些应用中，可以选择是发送一系列较短的消息，还是整合并发送单个较长的消息。这里存在折中：较短的单个消息响应性更好，因为只要它们可用就立即发送，不会产生额外的延时。组合较小的消息内容形成单个较大的消息，可转化成更少的实际帧，因此，实际传输的字节数更少。

最小化消息长度需要认真分析消息中所包含的数据项目，以及它们是如何编码的。用一个特定情景对其进行说明：假设一个电子商务应用程序，包含一个表示为整型值的“客户年 242 龄”的查询。当它被编排到消息缓冲区中时，占据4字节的长度（通常，这方面与所涉及的实际语言及平台有关）。然而，这里有必要做一些简单的分析。客户年龄不会超过255，因此字段可以被编码成一个单字节或字符（char）数据类型，从而节省了3字节。如果“Sex”被编码成一个字符串，则需要6个字符长度才能保存“Male”或者“Female”值；如果使用一个Boolean类型值或者一个仅包括“M”或者“F”的字符字段，则会缩减到一个单字节。这里，我建议进行更进一步的分析，如果我们认为客户年龄不会超过127，就可以把它编码成一个7位的值，再用这个字节剩下的1位来表明性别。这就是一个如何通过精心设计消息内容来减少消息长度的简单例子，没有引入明显的计算开销或者复杂的压缩算法。当然，这些算法也是可以使用的，然而，如果数据格式已经（近似）优化到信息效率最大化时，压缩算法的好处就会大大缩减（因为压缩算法实际上是通过去除冗余起作用的，但冗余已经被上面提到的简单技术缩减掉了）。图4-15展示了一些最小化网络传输消息长度的简单技术，包括针对上述例子，提供了一个简单高效的执行编码的算法。

数据类型	数据的表示	存储要求	与冗长形式相比所节省的效率（位，%）
Age	整型	4字节，32位	无
	字节或字符	1字节，8位	24位，75%
	优化到最小	7位（范围0~127）	25位，78%（若仅第8位携带数据）
Sex (male/female)	字符串，值{“male”，“female”}	用于保存6个字符的6字节数组	无
	字符，值{“m”，“f”}	1字节	40位，83%
	优化到最小	1位（范围0~1），其中0=male，1= female	47位，98%（若仅其余7位携带数据）
Age与Sex组合	优化到最小	1字节。7位用于年龄，1位用于性别	72位，90%

Age和Sex表示为一个字节。示例：一位51岁的女性

1	0	1	1	0	0	1	1

Sex Age

实现编码的有效算法：

```
Start
  Move Age data to a single byte variable
  And with value 0x7F                        //确保最重要的位初始化为‘0’
  If Sex equals "female",
    Add the value 128 (0x80)                 //设置最重要的位
End
```

图4-15　最小化数据传输长度的简单技术示例

4.6.2　数据压缩技术

为了最小化由分布式应用程序所产生的网络流量，应当在适当之处考虑使用数据压缩。这仅仅在传输的数据存在充分冗余的情况下有效，当计算机系统有足够高的处理能力时，进行适当快速的数据压缩，从而使与因执行相关数据压缩与解压缩算法所产生的额外处理代价 243 相比，所节省下来的带宽是值得的。

本章节上面所讲解到的技术是在上下文感知的基础上来压缩数据，因此具有高度的应用程序定制性，并且作为应用程序本身内部设计行为的一部分来执行。数据压缩技术为设计者

提供了表现自己的机会，却并不需要过于复杂的设计，因此是一门非常实用的技术。

还有一些算法类的数据压缩技术，被应用于数据流本身。这些算法针对效率低下的编码方案，通过去冗余来减少传输数据长度。就处理时间而言，虽然这些算法会引入运行开销，但这类技术的优点是设计者方面不需要额外的工作。然而，对于大多数的现代计算机系统来说，处理速度明显快于网络传输速度，因此，作为对花费的处理时间与所节省的网络时延间折中的结果，压缩获得了性能的净效益。同样重要的是，最小化传输数据长度，以减少网络拥塞。

1. 有损压缩与无损压缩

数据压缩技术有两种基本类型：有损数据压缩与无损数据压缩。有损数据压缩移除了一部分实际数据，但仍为压缩格式保留足够多可使用的数据，这种压缩不可逆。一个典型的例子就是图像的分辨率压缩，低分辨率的图像仍可被辨认为与原始图像相同。数据损失是在图像质量与文件大小之间的一种有效折中。

一个可取的降低图片质量的重要例子是网页上显示的图片。网页图片的下载时间与图像文件大小直接相关。如果传输的目的仅仅是显示在屏幕上，那么传输图像的分辨率就没有必要超过显示屏本身的分辨率。一般来说，在一个 100 万像素分辨率的显示屏上显示时（相当于 1000×1000 像素的网格），一幅 1200 万像素的图像与一幅 100 万像素的图像看不出任何差别。然而，1200 万像素版本的文件需要花费更多的时间去下载，并产生更多的网络流量。

诸如财务数据或文档中的文本，这样的实际数据不接受有损的数据压缩。例如，为了缩减文件大小，将文档中的每一页只删除一些字符是没有意义的。取而代之，必须使用无损技术。本章节上面那个专用性案例是无损压缩的一个简单形式，信息内容被压缩成一种更有效的编码形式，却没有损失准确度或精确度。

2. 无损数据压缩

赫夫曼编码是一种简单易懂的无损数据压缩的例子。该技术使用一种变长编码来表示包含在数据中的符号。有必要对数据进行频度分析，根据其出现频度对符号进行排序。较短的码字被分配给数据流中出现频度较高的符号，较长的码字被分配给极少出现的符号。它可被应用于单一文档，也更可能是多个文档，是以特定语言编写的。

我们用英语作为例子。出现频度最高的字母是 E、T、A 和 O，紧接着是 I、N、S、R 和 H，然后是 D、L、U、C、M、W、F、P、G、Y 和 B。低频字母为 V、K 和 J，最罕见的是 X、
Q 和 Z。在频度分析的基础上，我们可以预料到，单词中会有较多“含 E 的”“含 T 的”“含 244
A 的”“含 O 的”（故应当分配给这些字母较短的码字），较少的“含 Q 的”和“含 Z 的”（故应当分配给这些字母较长的码字）。

码字本身必须经过精心挑选。它们是变长的，一旦编译完成了一串码字，必须有一种方法，能够将该串码字无歧义地解码为原始符号。这需要接收进程知道数据流中码字之间的边界。发送附加信息来区分码字间边界，将会破坏减少传输数据量的压缩目的，因此码字必须能够自我划定边界。

为了满足这种要求，在赫夫曼编码中使用的码字集必须有一个特别的前缀特性，即在编码中每个字都不是其他任何字的前缀。没有做到这个要求的话，在读取一个特定码字时，就不可能知道这个字在哪里结束，甚至可能已经在不知不觉中继续读取了下一个字。例如，如果字 101 是代码的一部分，那么 1011 或者实际上任何其他以 101 开始的字都是不允许出现的。在给出的这个例子中，由于 101 是 1011 的前缀，破坏了前缀规则。

符合前缀属性的有效编码集可以利用二叉树来生成，其中，只有叶子结点被用作编码，

非叶子结点用来产生树的更深层次。只要每个层次的一些叶子结点没有被编码使用，这棵二叉树就可以扩展产生更多的编码。这里，限制树的大小以便于图解说明，设想我们仅需要表示字母表中的 26 个字母以及空格与句号，也就是说，我们共需要 28 个编码。解决这个问题的一种方法是使用如图 4-16 所示的二叉树（这棵特定树未必是最优的，仅仅用来展示有效编码集的生成）。

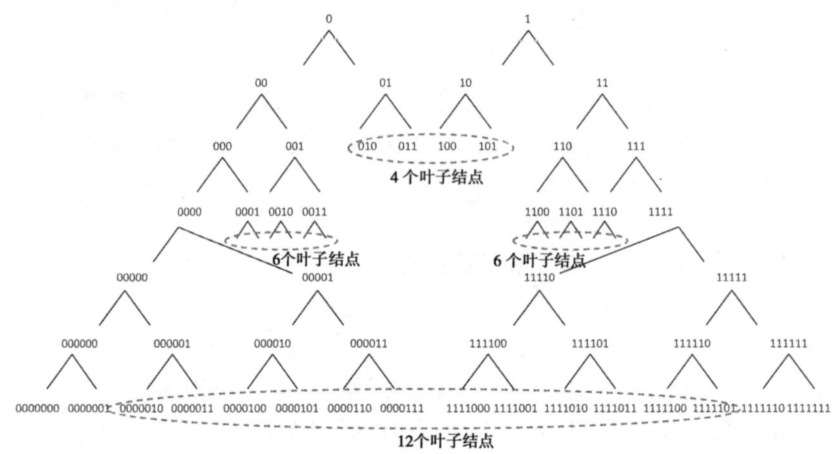

图 4-16　生成一个 28 编码集的二叉树，展示了前缀特性

在图 4-16 中展示的二叉树已经设定生成 28 个码字，其中每个编码都不是集合中任何其他编码的前缀。这是通过仅使用叶子结点作为编码值来实现的，并允许特定分支沿着树继续，
245 直到产生足够的编码。这棵树是可以扩展的，因为最底层的 4 个结点保留下来未被使用。

下一步是将字母表中的字母、空格以及句号，按照出现频度的排序放入一个表格中，并给字母分配编码，从而将最短的编码分配给出现频度最高的符号，如图 4-17 所示。

符号	编码	符号	编码	符号	编码	符号	编码
空格	010	S	00101	C	11100	B	0000111
E	011	R	00110	M	11101	V	1111000
T	100	H	00111	W	0000010	K	1111001
A	101	句号	11000	F	0000011	J	1111010
O	00010	D	11001	P	0000100	X	1111011
I	00011	L	11010	G	0000101	Q	1111100
N	00100	U	11011	Y	0000110	Z	1111101

图 4-17　按照出现频度排序，分配给符号的编码

注意到，图 4-17 中的编码分配方案是将 3 位编码赋予了频度最高的符号，7 位编码赋予频度最低的符号。如果使用一个固定长度的编码，为了生成 28 个编码，需要 5 位（实际上产生了 32 个编码）。根据图 4-17 中的编码分配方案，你能够对下面的消息进行无歧义的解码。

10000111011010000010000110011000001100011111101101000001000011000010000010001100110

1000000110010111011011111001011001010100001110001001110100101000011011000

3. 有损数据压缩

JPEG（由 JPEG 创建的标准，并以此来命名）是一个众所周知的有损压缩实例，专门面向数字图像。JPEG 支持压缩比的调整，相当于在缩减图像文件大小与保持图像质量之间的一种折中。JPEG 能够达到一个约为 10 的压缩系数，图像质量不会出现明显降低。一旦压缩完成，将会永久地丢失一些原始数据。对于所有有损压缩，无法根据压缩后的图像来重建原始的完全高质量的图像。

4.6.3 消息格式

发送端以一种接收端能无歧义地对其解码的方式对消息进行编码，这一点是非常重要的。对于消息中每个数据字段，接收端必须知道或者能够计算出其长度，而且必须知道数据类型。

协议数据单元（Protocol Data Unit，PDU）已经在第 3 章有所介绍。概括来说，PDU 是一种消息格式的定义，通过一系列的字段来描述一条消息的内容，每个字段都有名称、相对于消息起始位置的偏移量，以及长度值等。这有助于消息发送端和接收端在每个数据字段的含义及数值的同步，因此非常重要。依据栈中协议层级不同，协议层 PDU 具有各自专有名称。例如，数据链路层 PDU 被称作帧，而网络层 PDU 被称作分组。 246

1. 固定长度字段与可变长度字段

网络消息中的字段可以有固定长度或可变长度。一般优先选择固定长度，因为在设计时已经确定了字段间边界，尤其在接收端，可简化处理消息的编程逻辑。固定长度字段还能减少在填充字段时可能发生的错误范围，从而简化了测试。每个字段长度固定的另一个好处就是，由于消息本身具有固定长度，故而简化了缓冲区的内存分配。相反，可变长字段引入了要决定在哪儿结束一个字段、在哪儿开始下一个字段的挑战（在消息接收端内）。如果一个或多个字段是可变长度，那么消息自身具有可变长度，使得缓冲区的内存分配变得复杂，特别是在接收端，必须有足够大的缓冲区来存储到达的任何消息。

在消息内容的实际长度有较大变化之处，可变长度字段是有用的。然而，由于数据具有可变长度，接收端需要有明确的方法来确定字段的长度。这一点在解释字段中的数据以确定下一个字段的开始位置时都是必需的。这可以通过增加一个附加的字段长度值字段，或者使用一个字段末端终止符来实现。这其中，单独的长度字段更容易实现，但在消息中需要更多的字节。字段末端终止符必须是不会在数据部分出现的字符或者字符序列。数值 0（ASCII 中 NULL 字符）经常被使用（不要同字符“0”混淆，其 ASCII 编码值为 48）。如果数据是以 ASCII 方式编码的，那么在正常文本中不应该出现 NULL 字符。在一些特殊的情况中，ASCII 编码的字符串以数字零结束，这种字符串被称作 ASCIIZ 字符串。

终止符方法需要额外的处理过程，以核对字段数据，直到发现结束符或字符序列。对于字段数据长度变化不大的可变长度字段，附加的设计复杂性再加上处理开销，可能会远远大于其带来的好处。

图 4-18 显示了同样三个数据字段的三种可能的表示方法。每一种方法都有各自的优点和缺点。例如，固定长度字段具有单一固定结构的优势，不需要额外的信息或描述数据的相关处理。但是，字段必须足够长，以包含所有可能的数据值，但在数据长度变化大的情况下，这种方法非常低效。单独的长度指示器可用来解决可变长度字段的问题，但是如果长度数值是一个整型，则对于每个字段增加了 2 字节（对于 INT_16）或者 4 字节（对于 INT_32） 247
的开销，且在发送端或接收端都需要做额外的处理。ASCIIZ 表示一种众所周知的使用终止

符的形式。它是进程中表示变长数据的一种有效方式，但是在消息中使用极其不方便，因为除了单个字段是可变的以外，消息长度本身也是可变的，用以确定长度的唯一方式是，读取每个字段直到到达终止符，并统计其字节数，如此反复，直到所有字段都被统计。

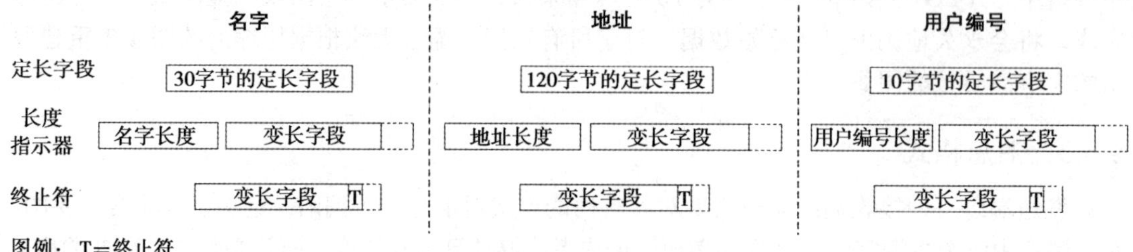

图 4-18　不同数据表示的比较：定长字段，具有单独长度指示字段的变长数据，以及具有终止符的变长数据

总之，没有一个单独的方法对于所有情况都是理想的，但在网络消息背景下，定长字段以及长度固定的消息更容易进行序列化和反序列化（见下一节）。如此一来，在消息字段长度总趋向于简短的任何应用程序中，我特别喜欢使用固定长度的字段，于是牺牲了一些效率，而实现了更加简单的代码开发，并显著简化了测试工作（由于发送的所有消息的长度是预先知道的，因此可以分配好缓冲区，以保证每条消息都会装入其中）。

对于整个消息，可以使用单个字符数组或字节数组来实现定长字段，并根据需要对其进行索引，特定的索引位置有特定的含义。实现定长字段的更加灵活的方式是，定义一个结构体以承载消息，结构体本身具有一系列定长的数据项。这个预定义的消息格式必须都能被发送端和接收端所识别。

从实用角度来看，当使用 C 或者 C++ 语言开发时，把消息结构定义放置在被服务器端和客户端项目所共享的头文件中是非常理想的，后面部分的图 4-37 提供了一个这样的例子。

2. 应用层 PDU

建立在网络协议上的一个应用程序，也就是说，使用栈中协议在网络上进行应用程序定制消息的通信，会需要一个或者更多已经定义好的消息格式。这些消息格式被称作应用层 PDU（这表明它们是针对特定应用程序的 PDU，并不是像协议级 PDU 那样，在通用标准文档中被定义）。考虑案例研究应用程序——网络游戏井字棋，有大量不同的消息，每一次的发送或是由一个客户端发送给服务器，或是由服务器发送给其中一个客户端。无论是应用程序的哪一部分接收消息，都必须能够解释这条消息，并从中抽取不同的数据字段，重回到与传输前在发送端保存的完全相同的形式。

4.6.4　序列化

在分布式系统通信的背景下，序列化是将一个结构体或对象转换为线性字节格式的过程。这种格式适合在缓冲区中存储和之后在网络中传输。接收端接收之后，会把序列化的数据暂时存储在缓冲区中，然后再将其反序列化到原始的格式。序列化也被称作压扁、编组和清洗。

与游戏案例所研究的主题一致，思考一条消息的格式，一个游戏服务器发送给一个游戏
248 客户端，以通知当前玩家的游戏分数，如图 4-19 所示。

图 4-19 展示了一组与当前游戏状态相关的数据变量，包括每位玩家的用户名与分数值，由服务器以单条消息的形式发出。我们可以使用结构体表示该数据，这样做能够简化编程逻辑以及编码。C++ 等价的结构体如图 4-20 所示。

变量名	数据类型	数据字段长度
PlayerName	Characters	20个字符（20字节）
iPlayerScore	Integer	单一整数（4字节）
cOpponentName	Characters	20个字符（20字节）
iOpponentScore	Integer	单一整数（4字节）

a）预期消息内容，保存为一个结构体或离散数据变量

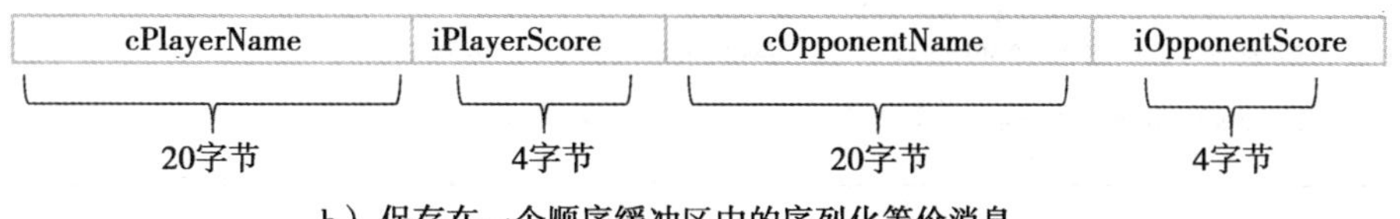

b）保存在一个顺序缓冲区中的序列化等价消息

图 4-19　序列化概念：将数据变量映射到一个顺序内存缓冲区上

图 4-20 中所给出的 C++ 结构体仅包含固定长度字段，因此，这个结构体本身具有固定长度，也将会存放在连续的内存中。这些特性大大简化了序列化过程。在 C++ 语言中，能够直接使用结构体内存作为缓冲区本身。指向结构体起始点的指针可被转换为一个字符数组，因此，缓冲区仅仅是对结构体所占据的相同内存的叠用，实际上无需再移动任何数据或变更任何数据类型。指针和数据结构体大小（也是缓冲区的长度）被传送给发送原语，且消息内容将以字节流的形式传输，发送机制不必知道单个字节的格式或含义（见图 4-21）。

```
struct Score_message {
	char	cPlayerName[20];
	int	iPlayerScore;
	char	cOpponentName[20];
	int	iOpponentScore;
};
```

图 4-20　保存游戏状态信息的 C++ 结构体

```
// Create a new instance of the data structure
struct Score_message Message;

// Populate the structure fields with data values
strcpy(Message.cPlayerName, LocalPlayerName);
Message.iPlayerScore = LocalPlayerScore;
strcpy(Message.cOpponentName, OpponentPlayerName);
Message.iOpponentScore = OpponentScore;

// Send the message (the structure IS the message data that is sent)
int iBytesSent = send( iSocket, (char*) &Message, sizeof(Message), 0 );
if(SOCKET_ERROR == iBytesSent)
{
		MessageBox("Send failed","Game Client");
}
```

图 4-21　在 C++ 中使用指针与类型转换（粗体字显示）的一个结构体的序列化

在一些编程语言中，序列化并不是那么简单直接，它需要使用特殊的关键字，或者调用机制执行序列化的方法。例如，在 C# 语言中，内存分配通常被自动管理，而不在编程者的直接控制下。在这方面，C# 语言要求结构体字段在内存空间中被顺序地分配（故图 4-22 中的例子使用“StructLayout(LayoutKind.Sequential)”）。Marshal 类提供了非托管内存块分配和复制方法，以及托管与非托管内存类型间的转换方法。Python 语言有一个极其简单的序列

化模块“marshal”，并且“pickle”是另一种较为明智的选择。Java 语言要求任何一个类必须被序列化为“implements”java.io.Serializable，使用 ObjectOutputStream 类来实现对象的真正序列化。

```
[StructLayout(LayoutKind.Sequential)]          // Enforce sequential layout of the structure's fields, in the order
                                               // stated in the code (necessary for subsequent serialisation)
public struct Score_message
{
    // In preparation for when the structure is serialised it is necessary to enforce
    // the size and type of non-fixed length variables using MarshalAs()
    [MarshalAs(UnmanagedType.ByValTStr, SizeConst = 20)]
    public string sPlayerName;                 // Set the field size to 20 bytes

    public int iPlayerScore;                   // This field is already fixed length, no change needed

    [MarshalAs(UnmanagedType.ByValTStr, SizeConst = 20)]
    public string sOpponentName;               // Set the field size to 20 bytes

    public int iOpponentScore;                 // Fixed length (see above)
};
```

图 4-22 保存游戏状态信息的 C# 序列化结构体（与图 4-20 中的 C++ 版本相比）

C# 语言自动管理内存，在创建字符串在内的某些数据对象时，使用动态内存分配。这
249 意味着，在默认情况下程序员不能完全控制这类对象的大小。同时，由于自动内存管理以及字符串可以动态扩展的事实，一个结构体的不同字段无法存储在连续的内存块中。因此，需要特殊的机制来实现序列化。第一步，使用一种特殊机制（MarshalAs）来固定结构体中字符串的大小，见图 4-22。第二步，需要一个序列化方法（如图 4-23 所示），集合不同的数据字段到一个连续的缓冲区格式（字节数组）中，这是发送一个网络消息所必需的。

```
private byte[] Serialize(Object myObject)
{
    // Converts any object into a byte array which is sequential and contiguous

    int iObjectSize = Marshal.SizeOf(myObject);                  // Determine the size of the object

    IntPtr ptr = Marshal.AllocHGlobal(iObjectSize);              //Allocate the required amount of unmanaged memory to hold the object

    Marshal.StructureToPtr(myObject, ptr, false);                //Copy the object's bytes into the allocated unmanaged memory

    byte[] MessageBuffer = new byte[iObjectSize];                //Create the message buffer byte array (this will be the returned parameter)

    Marshal.Copy(ptr, MessageBuffer, 0, iObjectSize);            //Copy the content of the allocated unmanaged memory into the byte array

    Marshal.FreeHGlobal(ptr);                                    //Free the unmanaged memory

    return MessageBuffer;                                        //Return the byte array (will be subsequently passed to the send primitive)
}
```

图 4-23 一种将对象序列化为字节数组的 C# 方法

通过网络发送消息之前，在发送进程中实现序列化。接收时，在进行反序列化以重建原始数据结构之前，消息首先被置于一个消息缓冲区中，它是一个水平字节数组，以便能够访问消息中的各个字段。在 C++ 语言中，使用一种指针类型转换的类似技术（常用于序列化）来实现这个过程，实际上并不需要移动内存内容。对于 C# 语言，由于使用了托管内存（正如上面序列化中讨论到的），反序列化就更复杂些。图 4-24 中给出了一个 C# 反序列化方法的实例。

图 4-21 和图 4-23 提供了两种差异很大的实现序列化方式，以表现所用技术的多样性。给出的 C++ 技术非常简单基本，因为原始的数据结构仅仅包含固定长度的字段，它本身就是放置在一个固定长度的内存块中。在这种情况下，仅仅把结构体视作缓冲区，就可以执行序列化，由它的起始地址和长度来识别。与此相对比，在 C# 语言中，由于内存分配的自动管理，所以需要有特殊的方法来实现序列化和反序列化。 250

```
public Score_message DeSerialize(byte[] ReceivedBuffer)
{
        //Converts a byte array (e.g. a received message) to a Score_message structure

        IntPtr ptr = Marshal.AllocHGlobal(ReceivedBuffer.Length);          //Allocate unmanaged memory

        //Copy the received message to the unmanaged memory
        Marshal.Copy(ReceivedBuffer, 0, ptr, ReceivedBuffer.Length);

        //DeSerialize the unmanaged memory contents to recreate the Score_message structure
        Score_message MyScoreMessage = (Score_message) Marshal.PtrToStructure(ptr, typeof(Score_message));

        Marshal.FreeHGlobal(ptr);                                          //Free the unmanaged memory

        return MyScoreMessage;
}
```

图 4-24　一种从字节数组反序列化（重建）为对象的 C# 方法

4.6.5　网络链路序列

首先，我们非常简要地定义用于描述网络中各种组件的术语。系统中两点之间的物理链接被称作链路。一系列这样的链路集被称作网络。在网络中从一个点到另一个点的一个特定的路径，可能经由几个链路，被称作路由。放置在网络中的交叉点并负责去寻找路由的设备，被称作路由器。 251

这里讨论的兴趣点是低层，尤其是数据链路层和网络层。顾名思义，它们分别处理在链路和网络上的数据传输。数据链路层是在单链路的基础上工作，以一种称为帧的格式将数据传输到链路上另一个端点。数据链路层的行为与使用的帧格式都是面向特定技术的，因此，如在快速以太网和 IEEE802.11 无线网络技术中，它们都是不同的。另一方面网络层关注的是，在由一系列链路组成的网络中发现一个路由。该层独立于实际的链路技术而运作，它所关注的是可以利用的链路选项，允许数据从网络的一个部分传输到（以一种称为分组的格式）另一部分。

在 ISO OSI 七层网络模型中反映了网络的结构，这已在第 3 章中讨论过。图 4-25 把本节后面讨论到的网络设备与该模型的较低层关联在一起，并展示了协议数据单元 PDU，用于各个层的寻址方案。

源节点和目的节点之间的路径可能包括集线器、交换机、路由器等多种硬件设备，但集线器和交换机并不会做出路由选择，所以从路由角度来说，这些设备是透明的。思考这个问题的另一种方式是，路由选择是由 IP 分组头部（IP 为一种网络层协议）所携带的地址值来决定的，因此路由与网络层相关。本质上，集线器增强了信号，但并不理解任何地址类型，因此，集线器仅仅工作在物理层上。交换机使用介质访问控制（Media Access Control，MAC）地址，来在数据链路层上选择路径，故被描述为第二层设备。

网络层上的 PDU 被称作分组，而在数据链路层上则被称作帧。它们具有相同的基本结构，由头部及有效负载组成，头部包含用于实现 PDU 在网络中传输，以及接收端理解 PDU 意义和内容所需的信息。帧的有效负载是一个分组（如图 4-26 所示）。这就是封装的概念，更多的细节已经在第 3 章中详细讨论。

层	设备	PDU	地址类型
应用层		数据	URL
表示层		数据	
会话层		数据	
传输层		报文段	端口
网络层	路由器	分组	IP（逻辑）
数据链路层	交换机，桥，网络适配器	帧	介质访问控制（物理）
物理层	集线器，中继器，网络适配器，线路驱动器，无线接入点	比特流	

图 4-25 网络设备、PDU 以及与 OSI 网络模型层相关的地址类型

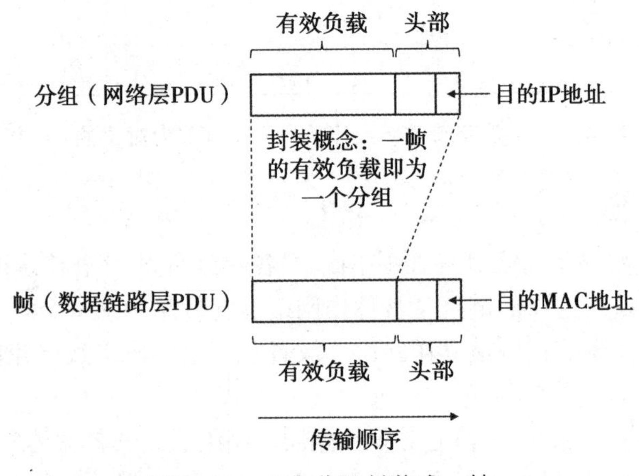

图 4-26 一个分组封装成一帧

为了通过一个由几个链路组成的网络路径来传输一个分组，每一个链路会使用一系列帧。帧被用于装载分组以穿过单个链路。在路由器中每接收到一个帧，就从该帧中抽取出分组，然后丢弃该帧（因为它已经到达特定的路由器，已经完成了使命）。路由器创建一个新的帧，地址定位到所选路由的下一个路由器，且原始的分组被重新封装到新的帧中，然后再传送到外向链路上。

交换机并不理解 IP 地址，因此，位于两个路由器间的路径内的一个交换机，将依据链
252 路层的 MAC 级地址，把帧从一个路由器转发至另一个路由器，并不影响更高层级的路由活动，如图 4-27 所示。

图 4-27 举例说明了两个路由器之间的整个链路系统，是如何表现得像通过一个单个链路连接到网络层一样。这是由于分组通过不变的链路系统进行传送。路由器无法知道路径中有还是没有，有一个还是有多个交换机。因此，交换机对于分组和网络层是透明的。

4.6.6 路由器与路由

路由器是专门管理网络流量的计算机，故对消息传输的有效性具有非常大的影响。因

此，对于分布式应用程序的开发者来说，理解其运行的基本概念是重要的。

网络是高度动态变化的环境。动态行为的产生主要源自通信流量类型和数量的变化，这是由所使用应用程序的不同类型，以及其在不同时间的不同使用数量所驱动的。此外，链路、路由器以及其他设备会出现不可预知的故障及修复过程，使路由的可用性以及部分网络的总容量不时地发生变化。加入新的设备和链路，更新计算机和服务，诸如此类。尽管网络具有高度的动态性，路由器必须要快速地为给定的分组选择一条“最佳”路由（见下方）。

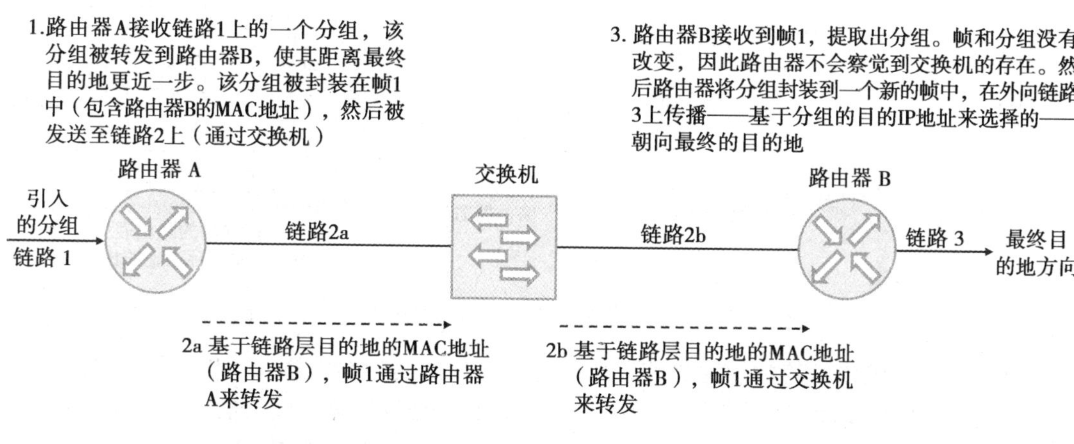

图 4-27　联合使用帧内 MAC 地址与分组内 IP 地址，在一系列链路中传送一个分组

路由器在路由表中记录它所知的可用的路由以及当前的网络状况，路由表被频繁更新，以反映网络的动态特性。当一个分组到达路由器时，路由器会检查在分组头部中的目的 IP 地址。依据目的地址和路由表当前状态，路由器将选择一个输出链路，在其上传递分组，目标是移动一步（一“跳”）以更接近其目的地。

如图 4-28 所示，图 4-28a 显示一个由 7 个路由器组成的核心网络（即这里没有显示在网络外围与路由器相连的交换机、计算机等各种设备）。图 4-28b 显示出路由器 B 的路由表。路由表关联了三部分信息来构成一条链接，路由器用其按某路线发送分组：特定分组的目的网络地址（可以从分组的头部读出，并用作表的索引）；代表着最好的已知路由的外向链路（本例中依据距离目的地址的跳数）；当前最好的已知路由的实际距离（这是非常有必要的，故对于特定目的节点，如果发现了一条新路由，路由器可以据此判定新路由是否好于当前所定路由）。

通过两个例子来说明路由器对路由表的使用：来自路由器 A 的一个分组到达，其目的 253~254 网络地址为 12.13.0.0，路由器查找目的地址 12.13.0.0，并发现当前最优的已知路由是经由链路 2，这意味着分组将被传送至路由器 C；来自路由器 D 的一个分组到达，其目的网络地址为 12.1.0.0，路由器查找该目的地址，发现当前最优的已知路由是经由链路 1，因此数据包将被传送至路由器 A。

在距离向量路由中（图 4-28 所示的例子以此为基础），每一个路由器仅仅对整个网络拓扑结构有部分了解，并不必知道所有路由器和链路的全部配置。在这个例子中，路由器 B 并不需要知道其直接邻居以外的实际连通性，但通过与其邻居交换路由协议信息，将能够获知到达目的节点的最优路由（依据使用外向链路）。

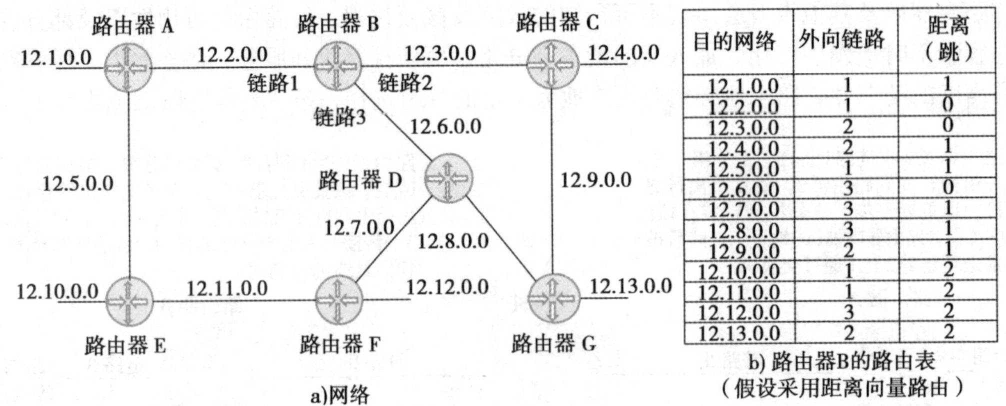

目的网络	外向链路	距离（跳）
12.1.0.0	1	1
12.2.0.0	1	0
12.3.0.0	2	0
12.4.0.0	2	1
12.5.0.0	1	1
12.6.0.0	3	0
12.7.0.0	3	1
12.8.0.0	3	1
12.9.0.0	2	1
12.10.0.0	1	2
12.11.0.0	1	2
12.12.0.0	3	2
12.13.0.0	2	2

b) 路由器B的路由表（假设采用距离向量路由）

图 4-28　具有 7 个路由器的核心网络与路由器 B 的路由表

路由器选择输出链路的实际方式，取决于所使用的实际路由协议，以及该协议所使用的实际度量，它定义了“最优”路由（比如最少跳数，最少负载，以及最可靠）的含义。在某些情况下，在正确方向上仅有一条可以在其上移动分组的输出链路，所以不管路由协议是什么，都会选择该链路。当有多条可能的路由以供选择时，以及网络通信状况是高度动态的情况下，事情会变得更加复杂，这将导致链路利用率和路由器本身的队列长度出现波动。在这样的环境下，对于任何特定的分组，很难预测路由器将选择哪条链路，以及两个连续的分组，由同一个源节点发出并且前往同一个目的节点，实际上可能会被给定路由器沿不同链路传送，见图 4-29。

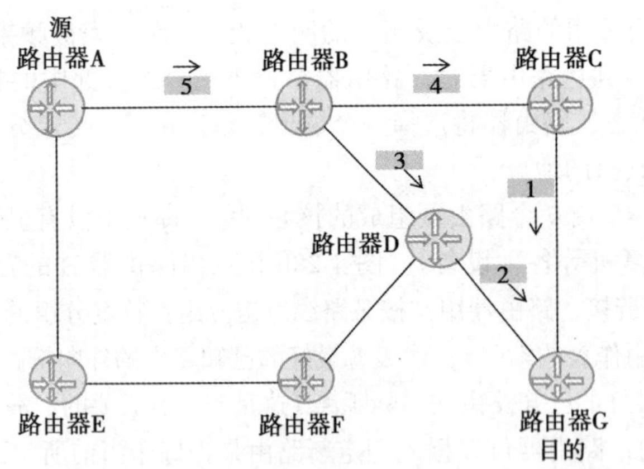

图 4-29　基于网络条件的动态路由决策

图 4-29 展示了具有相同源地址和目的地址的分组沿不同路由传送的动态路由情况。由于分组在各自路由上遭遇不同的拥塞，这会导致不同的分组时延。由于分组经由不同的路由，因此到达的顺序也可能会发生改变。按照图中的例子所示，第二个被发送的分组（标号为 2）可能先于第一个被发送的分组（标号为 1）到达目的地。

正如前面所讨论的，第一层和第二层设备对于路由是透明的，也就是说，它们不会影响路由的选择，对于分组路由来说，可以将其忽略。由一个分组从源节点向目的节点移动的角度来看，其路径可以利用途经的路由器来描述，因为只有在这些点上，其路径才可能改变。每次一个分组从一个路由器被传递至另一个路由器，被视为经过一“跳”。本质上，每个路由器代表一个队列。这是因为外向链路仅能以固定速率发送分组，由链路技术所决定（因此，例如若链路 255
技术是快速以太网，路由器将以 100Mb/s 的速率在链路上传输数据，因此，一个 1000 比特的分组将需要花费 1000 比特时间进行传输，在这种情况下，一个比特时间为 10^{-8}s，因此传输时间为 $10^{-8}\times10^{3}=10^{-5}$s＝10μs）。如果去往特定外向链路的分组到达路由器的速率快于路由器将其传输出去的速率，那么将形成一个队列。重点的是要意识到，处理队列所需时间是由外向链路的比特率，以及每个分组的长度（比特数）共同决定。当分组到达时，如果缓冲区是空的，将立即开始发送分组。但是，如果缓冲区里已经有其他的分组，刚到达的新分组则必须等待。

实际上端到端的路由是分组必须经过的串行多队列，且总队列时延是这些队列的每个时延的总和，见图 4-30。

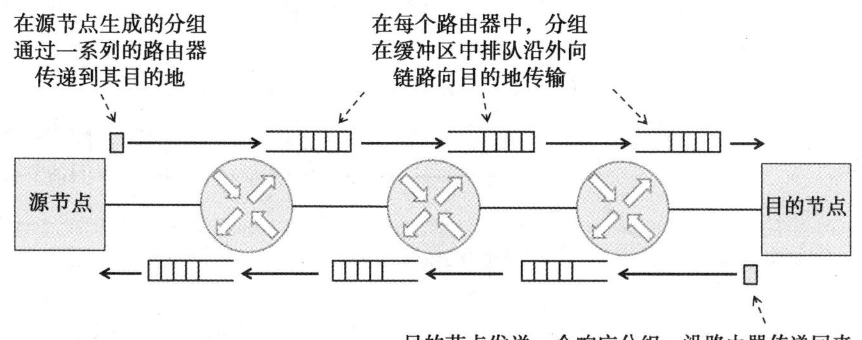

图 4-30　网络路由的资源视角，一系列的队列

如图 4-30 所示，分组按照顺序经由各个队列移动，直到到达目的地。队列的长度是各个链路上通信流量共同作用的结果，当通信量增多时，平均队列长度也会增加，这通常被描述为网络拥塞。

图 4-31 描述了由于多种不同通信流的结果而造成网络拥塞的方式，通信流在网络上不同节点处合并（共享链路），因此，拥塞是动态的并且是非对称的。在示例中，通信流 1 和通信流 3 共享了部分相同的路由，源节点和目的节点间的应用程序通信流（图中用深色短虚线表示）被突出显示，从而影响到应用程序流使用的路由器输出链路队列的长度。

对于协议和应用程序的设计者来说，理解拥塞的本质、造成拥塞的方式、拥塞影响延迟的方式，以及理解我们的应用程序在发送消息时所遇到的分组丢失水平，都是非常重要的。最直观的发现是，分组路径中队列的建立意味着分组需要花费更长的时间通过系统。路由器本身是个专用化的计算机，并且必须依次处理每个分组，将其传输到合适的输出线路上。路由器以一个有限的速度工作，外向线路也有一个限定的比特率。对于一个特定的分组，外向线路的传输时间直接与分组的长度成正比。然而，在队列中花费的时间取决于队列中已经存 256
在的分组数量，其处理必须提前于我们这个特定分组。

路由器的内存数量也是有限的，它可以存储分组。这作为缓冲区空间进行组织，且可为每个输出链路分配一个单独的缓冲区。有限缓冲区这一方面导致另一个重要发现，如果分组快速到达路由器，快于其离开的速度，则缓冲区最终会被填满。这与每天高峰期时车辆到达道路交叉路口的情况相似。如果车辆加入队列队尾的速度比前方队列车辆离开的速度要快，那么这个队列会越来越长。这对于在城市里高峰期开过车的每个人而言，是众所周知的事实。一旦高峰期结束，由于在单位时间只有很少量的车辆加入队列，因此队列会迅速缩减，但每个单位时间内离开队列（即通过交叉路口）的车辆数并没有变化。

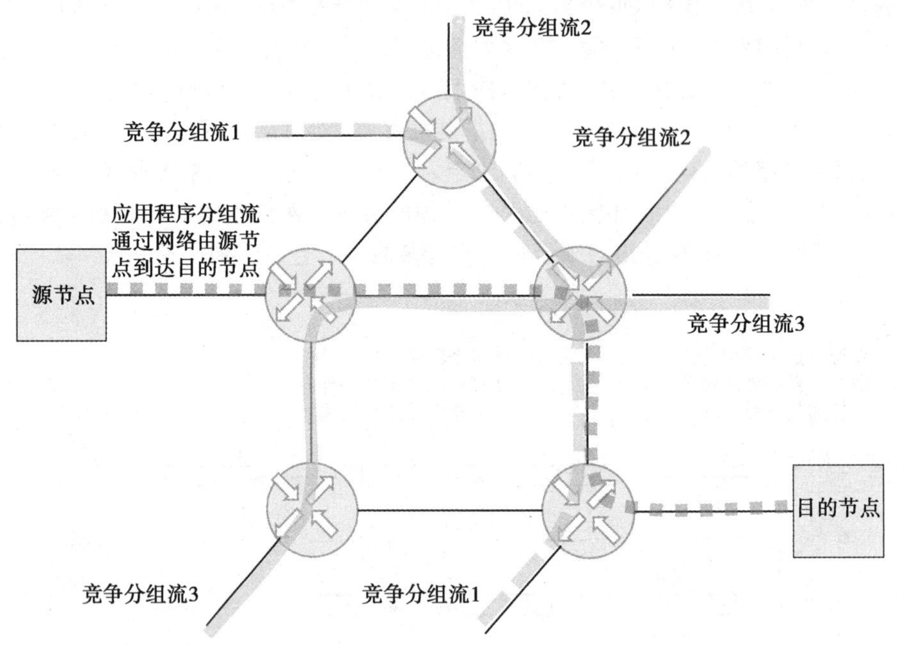

图 4-31　许多通信流的综合效应产生复杂的传输模式

每一个到达路由器的分组，在处理时，必须被保存在内存。如果缓冲区已满（队列已满），路由器不得不忽略这个分组，也就是说，由于没有地方放置分组，不能将其存储，因此分组不复存在。这被称作“丢弃”分组，是网络中分组丢失的主要原因。这个术语“丢包”可能会造成一些误解，人们有时谈论分组被（或变得）“丢失”的时候，可能表明路由器是粗心的，以某种形式遗忘分组或将其发送到错误的目的地，这意味着丢失分组的原因与分组地址及其处理过程有关。实际上，大多数的丢失是与网络拥塞和路由器中有限的缓存区有关，意识到这个点是非常重要的，这也激发我们寻找合适的方式来最小化这种丢失，或者设计一
257 些协议或应用程序，来减小对丢包的敏感性和使传输变得更高效，以至于生成更少的通信量。

需要注意的是，路由器中内存缓冲区有限的特性是我们必须解决的根本问题。换句话说，无论缓冲区有多大，在拥塞非常严重的情况下，终将会被填满。我听说过许多把缓冲区做成足够大的相关争论，以期解决分组丢失（丢包）问题。然而，更大的缓冲区容许队列在分组被丢弃前变得更长，这造成队列中分组的时延变大，也会导致在拥塞期过后，队列清空需要更多的时间。最后这一点很重要，因为许多网络流量具有“突发”的特性⊖，允许建立更长的等待队列，这可能会导致网络流量突然爆发，进而在事件发生后长时间影响网络的性能。由于涉及的一定数量的动态因素，路由器队列长度的优化本身就是一个复杂课题，但是，使用较长队列未必能转化出更好的性能，意识到这一点很重要，最重要的一点是它完全取决于所使用的性能度量指标，是分组丢失与分组时延间的折中。

⊖ 大部分网络流量是突然生成的，而非平稳连续流动。这是由于应用程序中活动的本性以及终端用户的行为。思考一下，例如加载一个网页，花费一段时间去阅读它，然后再加载另一页面。

4.6.7 通信额外开销

传输层提供了一个很好的例子，在设计协议时可以引入折中方式。传输层中提供了两个众所周知的协议，称作 TCP 和 UDP，正如第 3 章所讨论过的。

从资源角度来说，通信协议的选择应受到关注，因为协议对通信开销有显著影响。TCP 被描述为一种可靠协议。这点受到保证是因为 TCP 协议具有很多机制，以确保实现检测报文段丢失以及重传受影响的报文段。此外，在接收节点，通过使用内置序列号，重复的报文段被过滤掉。TCP 也实现了流量控制和拥塞控制机制，大大提升了健壮性。这些特性每一个都在增加额外开销，就 TCP 头部的附加字段而言，确认消息的传输，发送端和接收端额外的处理过程。相反，UDP 是一种基本传输协议，它不具有任何提高可靠性的机制，因此被合理地描述为不可靠的。

除了额外开销，由于在传输数据之前需要建立一个连接，因此 TCP 还引入了额外的时延。UDP 则可以立即发送数据报，而无需提前建立连接或任何其他的握手。

存在许多类型的分布式应用程序，对于它们可靠传输是强制性的，也就是说，不允许有任何消息的丢失。对于这些应用程序，必须使用 TCP。然而，在一些应用中，若干消息丢失是可接受的，尤其是如果这样做会产生很低的通信额外开销和时延。当通信节点位于同一个局域网时，TCP 可靠性的优点将被弱化，因为发生分组丢失的可能性非常低，特别是节点之间没有路由器，故不可能从队列中丢弃分组。UDP 的优势是能够实现广播，虽然会在局域广播域的边界被路由阻拦。因此对于本地通信情景，比如服务发现，UDP 是比较流行的。 258

4.6.8 恢复机制及其与网络拥塞的相互作用

可靠协议，例如 TCP，具有内置的恢复机制，然而不可靠协议，例如 UDP，则没有。这是为一个特定的应用程序选择最合适协议的主要标准。

恢复机制和拥塞之间存在复杂的相互作用。首先，拥塞造成了队列的建立，最终当缓冲区变满时，分组被丢弃，正如前面所讨论的。恢复机制将基于消息没有达到目的地以及之后发送者并没有收到确认这一事实检测分组的丢失。于是恢复机制重新发送分组，从而增加了网络中的通信量。在某些情况下，这可能会造成拥塞条件的延续。

图 4-32 从通信机制角度说明了 TCP 报文段（装载在 IP 分组中）以及确认结果返回的端到端传输。实线箭头表示由路由器 IP 转发行为所决定的网络层路径。虚线箭头从逻辑角度展示了传输层在源计算机和目的计算机进程套接字端点间通信。

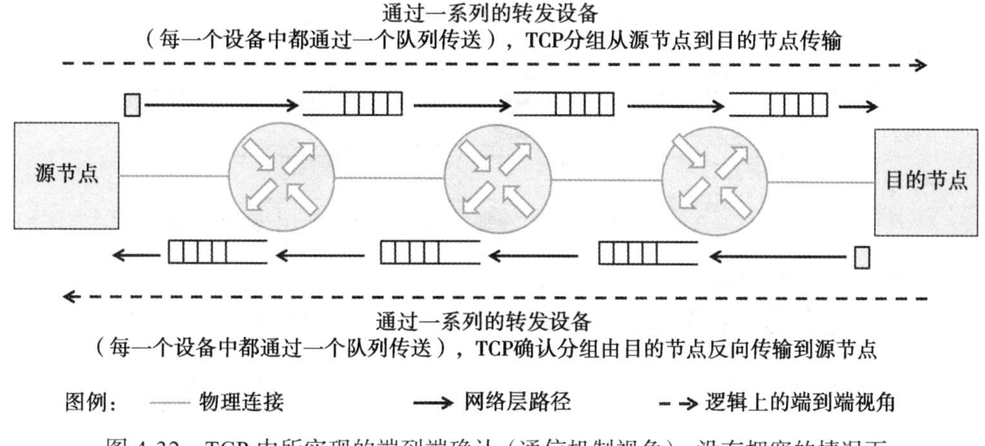

图 4-32 TCP 中所实现的端到端确认（通信机制视角），没有拥塞的情况下

图 4-33 从时序行为视角展示了端到端 TCP 传输及确认结果的返回过程。计时器用来作为检测丢失分组的一种方法，配置为有足够的时间允许分组到达目的节点，并且使确认结果得以回传（这被称为往返时间（Round Trip Time, RTT）），还增加了一个安全时间间隔。当接收到预期的确认结果后，计时器会取消。当计时器到期时，传输仍然没有被确认，那么分组将被认定为丢失，并重新发送。在正常情况下（分组没有丢失时），计时器会取消并不会发生重传。然而，通常网络是高度动态的，因此即使在短时间段内，端到端时延都可能发生非常显著的变化。这使得设置任何固定的超时周期都有问题，所以 TCP 基于最近的 RTT 值来
259 自动地调整其超时，试图补偿时延的变化。

确认计时器　源节点　目的节点
开始　发送分组　接收分组
等待确认或者如果发生第一次超时，则重传分组
发送确认
停止　接收确认
没有到达　计时器的截止时间
时间

图 4-33　TCP 中实现的端到端的确认（时序行为视角），没有拥塞的情况下

图 4-34 展示了拥塞对分组传输的影响。在每个路由器中队列都独立运行，因此拥塞可能发生在一个或者两个方向上。这就导致了两种不同的失败模式：一个外送的分组可能被丢失，在这种情况下，目的节点将不会生成确认消息（图 4-34 和图 4-35 中的情景 A），也可能是外送的分组已被交付，然而回传的确认信息由于缓冲区已满（图 4-34 和图 4-35 中的情景 B）而发生丢失。在任一种情况下，当计时器到期后，源节点都将重传分组，且在情景 A 中，新分组是唯一到达目的节点的分组。然而，在情景 B 中，丢失的仅仅是确认信息，新分组作为一个副本达到了目的节点。TCP 协议通过在每个分组中放置序列号来解决这个更进一步的问题。第 3 章已经对 TCP 协议行为方面进行了深入讨论，这里，重点是资源问题。

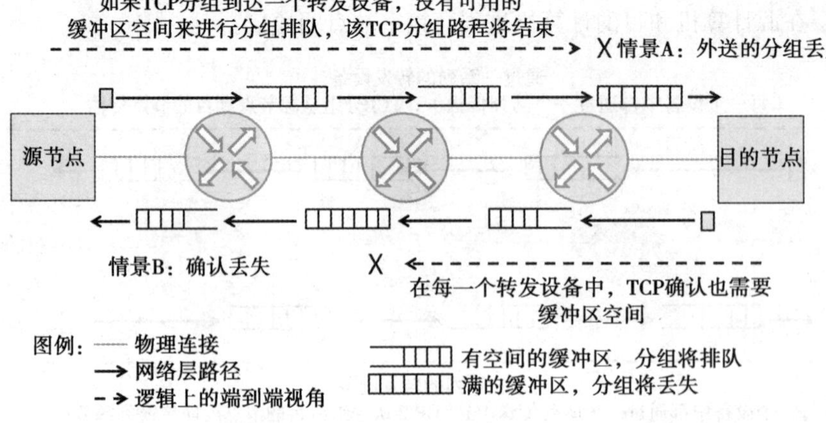

图 4-34　TCP 中实现的端到端确认（通信机制视角），有拥塞的情况下

在图 4-35 所示的时序图中，假设拥塞是短暂的，重传分组能够成功交付并获得确认。

然而，在严重拥塞的网络中，因缓冲区已满，整个系列的重传可能会丢失。在这种情况下，重传机制反而增加了问题，添加分组至网络拥塞上游队列，且消耗了转发设备的处理资源，同时还浪费了网络带宽。从源节点开始沿往返路径的拥塞进一步加剧，浪费了更多的资源。在这种情形下，为了防止造成永不停止的通信量，如 TCP 协议有可配置的最大重传次数，且当达到这个值时，TCP 会向上层发出信号，报告分组传输失败。

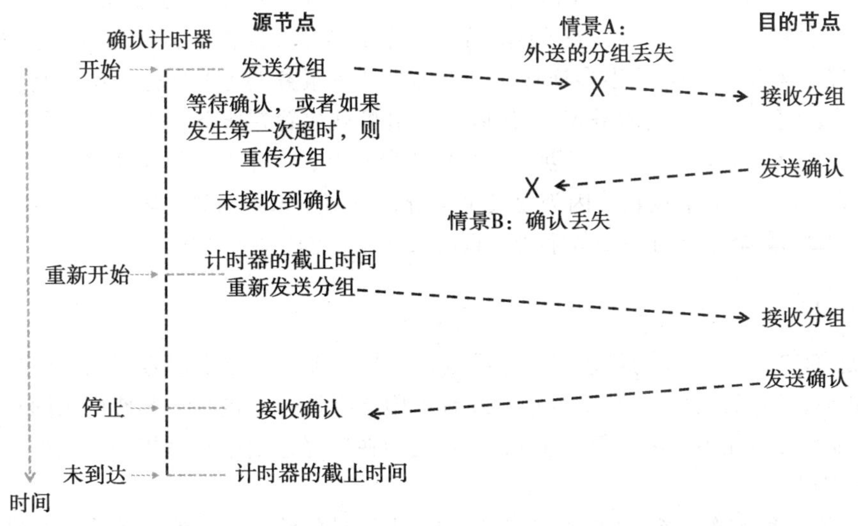

图 4-35 TCP 中实现的端到端确认（时序行为视角），有拥塞的情况下

丢失分组的恢复具有资源含义，且与协议设计的各个方面几乎一样，需要权衡取舍。应用程序设计人员在选择合适方法时，需要牢记应用程序的功能性和非功能性需求，并要注意到重传所引起的网络额外开销。最常见的是通信健壮性和带宽使用效率，以及传输路径上队列缓冲区三者间的折中。在应用层，丢失消息的恢复也同样增加了端到端的时延。这代表了响应性和数据完整性间的一种折中。对于数据应用程序，例如文件传输或在线交易等，数据完整性是最重要的，所以使用一个可靠的传输协议恢复机制是至关重要的。相反，在一些实时应用程序中，例如直播音频流或视频流，恢复机制通常没有什么用处。重传的数据会由于太晚到达以致于失去作用，且潜在地增加了抖动和时延。

一些应用程序发送价值低的周期消息，其中一部分信息的丢失即便不恢复，也是可以接受的。例如，许多设备发送心跳消息，用于通知系统的其他部件该特定的发送组件仍是健康的。如果在一段时间内其他组件没有收到这类消息，其他组件之一会开启应用级恢复，例如，启动所失服务的另一个实例。这类机制通常这样设计：每隔几秒钟就会发送一次心跳，也许只有在连续 5 条这样的消息被漏掉的情况下才会采取行动。因此，每个单独的消息不是必要的，不需要恢复。另一个例子是周期性时钟同步消息，例如，可能每分钟传输一次。即使采用当前可用的最低精度的本地时钟技术，几分钟内的时钟漂移都是非常小的，因此，丢失多个这类消息中的一个，不会对所提供的服务质量有明显影响。 260~261

在一些信息丢失是可接受的，或者无法接受恢复相关延迟的情况下，更适合于选择一个更简单的传输协议，如 UDP，而不采用更复杂的带有显著管理额外开销的协议，如 TCP。

4.7 虚拟资源

本节介绍了促进通信所必需的大量资源，因此也是分布式系统和应用程序工作所依赖的。这些资源可以认为是虚拟的，即并不是实际存在的，例如，一个端口号就是一个数值，且一个特定端口只能与一个特定计算机中的单一进程绑定。

4.7.1 套接字

套接字是通信的终点。一个进程至少需要一个套接字进行通信，然而，它可以尽可能使用更多的套接字，以高效地管理通信。通常，如果有一个专门用于与它的通信伙伴进行通信的套接字，程序逻辑会更清晰。关于这方面的一个非常重要的例子，就是当一个服务器进程使用 TCP 接收来自客户端的很多连接时。只需要（在服务器上）进行一次“监听”，之后，客户端可以尝试“连接”到服务器。“接收”原语可被放置在服务器端的一个循环中，这样每次接收一个客户端连接请求，就创立一个新的套接字，用于服务器与该特定客户端进行通信。这可以大大简化通信逻辑，因为套接字本身就是用来识别与哪个客户端正在进行通信的一种方法。每个套接字都有一个数字值，且由操作系统创建和管理。

4.7.2 端口

端口是 TCP/IP 协议栈的传输层寻址的延伸。特别地，一个端口号识别一台特定计算机（通过其 IP 地址标识）的一个特定进程，或者可用于寻址一组进程，其使用相同端口，但具有不同 IP 地址（即在不同的计算机上）。后者使用在广播通信中是理想的，例如，可以通过采用 UDP 实现。

端口号用于确定在一个 TCP 或 UDP 报文段中携带的消息应该交付给哪一个进程。回想一下，网络层头部携带的 IP 地址确定了消息应该交付给的计算机。IP 与端口号的组合地址被写成这种形式，IP 地址 : 端口号，例如，192.56.64.3:80。

在每台计算机中，已通过其进程 ID（Process IDentification，PID）对进程进行唯一标识。然而，进程每次运行时，这个值可能都不同，因为它们是由操作系统动态分配的，一般是按循环顺序。这意味着，它们是不可预测的，无法被其他进程用来作为定位目标进程的一种方
262 法。与此相反，端口号是独立于 PID 的可预先知道的值。操作系统必须在动态表里维护两类标识符之间的映射，这样可知道一个特定消息（通过端口号定位）应传送到哪个进程。

端口号是一个 16 位的值。端口号可以由开发人员来挑选，注意避让为众所周知的服务所预留范围值，除非应用恰是这样的服务。因此，例如，如果正在开发一个 Telnet 服务，应该使用端口 23。需要注意的是，这仅仅是应用于通信的服务（服务器）端。这是便于让客户端能够发现服务。

一个进程通过“绑定”系统调用，来请求使用一个特定端口号。如果操作系统允许进程使用请求的端口，将在表中增加一个条目，它随后将被用于输入消息到合适进程的匹配。请求端口的使用可能被拒绝，存在两个主要原因。首先，如果一个进程请求的端口号在预留（众所周知）的范围内，则可能不会被授权使用该端口；其次，该端口已经被位于同一台计算机上的其他进程所使用。

4.7.3 网络地址

本节主要从资源视角来讨论网络地址。IP 地址被称为逻辑地址，因为选择 IP 地址是为了依据网络连通性和结构，把若干计算机聚集到逻辑分组中。IP 地址具有层级格式，包含网络部分和主机部分。这是至关重要的，以便路由算法可以做出分组转发决策，而无需知道各

台计算机的实际物理位置，以及整个网络的拓扑结构。每个 IPV4 地址都是 4 字节长度，这意味着每个 IPv4 分组包含 8 字节的 IP 地址（目的地址和源地址）。与 IPv6 地址相比，其额外开销相对小些。每一个 IPv6 地址有 16 字节，因此每个 IPv6 分组中地址占用 32 字节。一台计算机可能有多个 IP 地址。尤其是路由器，在与它们直接相连的每个网络中，都具有一个逻辑存在，因此路由器对于每一个网络都需要有一个 IP 地址。

媒体访问控制（MAC）地址被描述为物理地址，因为其提供了一个特定网络适配器以及主机的全球唯一标识。这个地址仍然不关心计算机所在位置。一台计算机可以有多个网络适配器，例如，它可能有一个以太网适配器和一个无线网络适配器，在这种情况下，它就会拥有两个 MAC 地址。MAC 地址非常适合设备间的本地链路通信。但它们不适合作为路由的基础，因为路由器将需要大量内存来保存路由表。本质上，路由器将必须明确地知道如何到达每一台特定主机。除了内存大小问题，还会有为遍历内存所需的相关时间，以及为维持路由表更新所产生的严重开销，目前实际上这么做是不可能的，因为移动计算如此流行，设备会经常改变位置。通常，MAC 地址是 6 字节（48 位），尽管这依赖于实际的链路层技术。因此在每一个传输帧中，MAC 地址占 12 字节（目标 MAC 地址和源 MAC 地址）。

4.7.4 资源名称

位于一个分布式系统中的文件和对象等资源需要有独立于它们所在位置的名字。这意味着，资源可以仅仅通过已知的系统范围内唯一的名字来访问，而不需要知道它的物理位置。 263

统一资源标识符（Uniform Resource Identifier，URI）提供了一个资源的全球唯一标识，且统一资源定位符（Uniform Resource locator，URL）描述了如何发现（定位）资源。两者的差别经常被忽略，两个术语也经常互换使用，但严格地说，URL 是 URI 的子集。

URL 通常包含一个主机名，它被映射到域名系统（Domain Name System，DNS）的命名空间中，这意味着，无论系统中哪需要，都可以通过底层访问机制对其进行查找，并转换成 IP 地址。第 6 章中将讨论 DNS。

URL 有几种形式，用于不同类别的资源，例如电子邮箱（这样在不知道你的主机 IP 地址的情况下，电子邮件可被发送至你的邮箱中），文件、主机及网页与此相似。URL 的一般形式：

协议：// 主机名 / 路径 / 资源名

这里的协议指明用于访问资源的服务类型，例如 ftp 或 http。主机名字段包括一个 IP 地址和一个可选的端口号，或者是一个 DNS 名称空间条目。在任何一种情况下，它能唯一地标识拥有资源的主机。路径是资源在主机上的位置。资源名则是资源实际名字，例如文件名。

图 4-36 中提供了一些 URL 的例子。

http://www.bbc.co.uk/weather/
使用http协议，在计算机www.bbc.co.uk的web服务器上获取天气页面

mailto:Richard@BillericayDicky.net
向名为Richard的收件箱发送一个电子邮件，相关地址为BillericayDicky.net

telnet://193.76.56.14:23
与IP地址为193.76.56.14，使用端口号为23的计算机建立一个Telnet连接

图 4-36 一个 URL 格式选择示例

4.8 分布式应用程序设计对网络效率的影响

分布式应用程序设计者需要很好地掌握，有关设计选择影响资源使用和资源使用效率的方式。他们需要知道底层网络设计，以及那些网络的动态通信量的特性，对应用程序的性能与行为的影响方式，也需要意识到应用程序的任何一个特定敏感问题，例如网络拥塞及资源短缺。

设计者应当记住，系统中关键资源的有限特点，通常会有来自其他应用程序对关键资源的竞争。分布式应用程序的设计应当考虑到应用程序共享这些资源，以及应用程序的行为会增加网络拥塞级别的事实（从而间接影响系统中其他应用程序的性能）。

在设计时一个主要的挑战是，不可能知道运行时系统在体系结构、资源可用性，以及在
264 那些资源上的装载等方面的配置。最安全的方法就是建立分布式应用程序，它在资源使用方面是简洁、高效的。这提高了它们自身的性能和可扩展性，由于当资源的可用性受到限制或波动时，这在流量水平连续变化的网络中是常见的，而导致延迟和分组丢失程度发生变化，系统仍能较好地运行。资源苛刻的应用程序在繁忙的系统中会变得更糟，而且也较为严重地影响（通过竞争资源）到其他应用程序。

本章明确了与资源相关的许多挑战，以及为确保应用程序在资源利用方面的高效性的各种技术。在设计具有健壮性和高效性的分布式系统时，通信设计方面应该作为优先关心的问题。需要考虑的方面包括：通信协议的选择（由于可靠性、额外开销以及延迟三者间的折中），本地广播的谨慎使用，传输前的数据压缩，消息格式和大小的精心设计，以及发送消息的频率和模式，在适当的地方考虑数据聚集的可能性。

4.9 资源视角的透明性

在这里简单介绍一下对于资源视角特别重要的透明性形式，第 6 章会对此进行更深入地研究。

*访问透明性。*一个进程的远程资源必须是可访问的，使用与本地资源同样的机制。如果不提供这种形式的透明性，应用程序的开发者必须建立特定机制，这会限制程序的灵活性、可移植性与健壮性。

*位置透明性。*开发者应该不需要知道资源的物理位置。如 URL 这样的命名方案，与如 DNS 这样的命名服务相结合，使逻辑地址得以使用，没有必要知道物理地址。

*复制透明性。*在分布式系统中经常对资源进行复制，以提高访问性、可用性以及健壮性。在已这样做的系统中，资源一定是可以访问的，而不需要知道资源实际副本的数量或位置。例如，更新一个单独的资源实例，应该会引发系统中的机制去自动更新所有其他副本。实现复制透明性的技术将在第 6 章介绍。

*并发透明性。*在资源被并发执行的线程或进程所共享的地方，资源值保持一致性是至关重要的。由对资源无规律交叉访问所引发的问题，可能会破坏数据，导致系统无效，所以必
265 须使用类似加锁或者事务的机制，以避免这种情况的发生。

*扩展透明性与性能透明性。*对于分布式系统，网络是一个基本关键资源。网络是共享资源，且带宽是有限的。分布式应用程序在通信方面的精心设计，不但在高扩展性方面有重要贡献，而且当系统规模增加时，还会在维持高性能方面作出重要贡献。

4.10 资源视角的案例研究

案例研究的游戏不是特别资源紧张的。它并不需要强大的处理能力，也不会通过网络传输非常多的数据。然而，它必须被设计成高效的，因此必须是可扩展的，以对系统资源的可

用性产生较小的影响，以及尽可能减少其他进程的资源需求对它的影响。

我们决定直接在 TCP 协议之上实现游戏，而不使用 UDP 协议。这个决策的主要原因是基于发送的每个消息对于游戏的操作都至关重要的这个事实，因此如果不使用 TCP 协议，那么在任何情况下都必须实现应用层的消息到达检查，这将产生大量的额外设计和检查成本。其他的原因包括，游戏没有任何实时性能的需求，所以并不能从 UDP 可能实现的端到端延迟改进中受益。游戏中产生的通信速率比较低（见下面讨论），所以使用 TCP 而产生的额外开销可以忽略不计。最后，游戏没有广播需求，就进一步确定了避免采用 UDP 情况。

大量的消息类型已被确定，用于表示在游戏中各个阶段所传递消息的含义。消息类型包括客户端在服务器上注册玩家选择的一个别名 (REGISTER_ALIAS)，服务器向客户端发送和更新已连接的玩家列表（PLAYER_LIST），一个客户端从通告列表中选择比赛的对手（CHOOSE_OPPONENT），服务器向客户端发送游戏状态（START_OF_GAME），服务器将发送从客户端到服务器，再从服务器到对手客户端 (LOCAL_CELL_SELECTION, OPPONENT_CELL_SELECTION) 的游戏移动信号，服务器通知客户端游戏结果 (END_OF_GAME)，并发送一个消息，使得客户端恰当地断开连接（CLIENT_DISCONNECT）。

在消息类型、消息代码类型（这在发送游戏结束的状态信号时使用）的定义中，使用了枚举。对于定义常量来说，这是一个非常好的选择，因为它将相关定义聚集在一起，提高了代码可读性和可维护性。

消息 PDU 被定义为一个结构体，包含了消息类型的枚举器（本质上是一个整型值），它在发送消息之前已经被设定好。这样大大简化了消息接收逻辑，由于使用一个 switch 语句就能处理消息类型值，因此可相应地处理此消息。当编译客户端和服务器端应用程序代码时，需要枚举变量和消息 PDU 结构。当游戏使用 C++ 编写时，通常将这些需要的定义放在头文件中是比较理想的，它可包含在客户端与服务器的代码项目中。头文件内容如图 4-37 所示。

```
#define PORT 8000
#define MAX_ALIAS_LEN 15

enum MessageType { REGISTER_ALIAS, PLAYER_LIST, CHOOSE_OPPONENT,
                   LOCAL_CELL_SELECTION, OPPONENT_CELL_SELECTION,
                   START_OF_GAME, END_OF_GAME, CLIENT_DISCONNECT };

enum CodeType { END_OF_GAME_DRAW, END_OF_GAME_WIN, END_OF_GAME_LOOSE };

struct Message_PDU {
        MessageType iMessageType;                  // MessageType的枚举类型值
        char cAlias[MAX_ALIAS_LEN +1];             // 发送客户端，由其玩家别名所确认
        char cPlayerList[(MAX_ALIAS_LEN +1) *10];  // 由逗号分隔的玩家别名列表
        int iCell;                                 // 表示最近移动
        CodeType iCode;                            // 表示游戏结束的结果
        int iToken;                                // 表明客户端所使用的令牌（'o' 或 'x'）
        bool bFirstMove;                           // 表明接收客户端是否应该首先移动
};
```

图 4-37　C++ 头文件，其定义了游戏中的消息类型和 PDU 格式

图 4-37 显示了游戏中用于所有消息的单个 PDU 格式。它包含了大量固定长度字段，消息本身始终具有固定长度。这种方法简化了设计、实现与测试。它确保了通信双方（服务器 266
和客户端）具有预定义的消息结构和静态分配的消息缓冲区，而且不需要计算消息大小或消息内字段边界的额外处理。测试得到简化，因为固定长度方法可以预防某些故障模式，例

如，对于接收端缓冲区来说，消息尺度太大，或者另一个常见错误是终止符被覆盖或忽略。

单一 PDU 在每次发送时包含了所有数据字段，但是各种消息类型中的每一种，只在必需时使用其中一个子集。就减小单个消息长度的更加复杂的多 PDU 设计，以及这种更简单、更健壮的设计实现之间的折中而言，单一 PDU 是合乎情理的。这个游戏逻辑相当简单，且游戏玩法不是高强度通信的，消息发送频率主要取决于用户做出移动选择的思考时间。通常，每 5s 左右可以完成一步移动，使得来自玩家客户端的一条消息被发送到服务器，且相应的更新信息被转发到对手玩家的客户端，这也作为通知对手现在轮到他们移动的一种方法（允许用户界面接收一次移动）。这代表了消息聚合的一种形式，如将两个逻辑消息合并成单个被传输的消息。因此，应用层的通信负载是每个用户动作对应两个消息（一个发送给服务器，一个由服务器发送用以更新另一个客户端）。

单一 PDU 格式具有 196 字节大小。如果快速重复发送 PDU，如在一个高动作游戏中，则存在有力的论据将其分解成大量特定类型消息的 PDU，这些 PDU 比较小，尤其是从消息中不需要之处，移除了 cPlayerList（160 字节）中的单一最大字段。

使用 TCP/IP 封装增加了 TCP 报文段头部的额外开销，通常是 20 字节，并且 IP 分组的头部通常也是 20 字节，如果通过以太网网络连接，必须再增加 18 字节的以太网帧头部的额外开销。因此，将各个层的封装考虑在内，每个传输消息的实际大小是 196＋20＋20＋18＝254 字节，这相当于 2032 比特，故在每次活动过程中发送两个消息的总长度为 4064 比特。

然而，每 5s 或更慢才发送消息，这个游戏所需要的总带宽最大值为 813bps，这是非
267 常低的。把它放到具有典型的可用带宽背景中，这表示大约占高速以太网的总带宽值的 8/1000000。在这种情况下，使用单一 PDU 格式的简化，注定要远胜于进一步优化消息大小所能获得的好处。

与所有分布式应用程序一样，这需要确保数据一致性。游戏已被设计为由服务器维护所有游戏状态信息。客户端通过服务器的通信界面上已定义好的交互方式，只能间接访问游戏状态，所以客户端不能直接更新游戏状态。因此，只要服务器端代码是被精心设计的，应该不会有一致性的问题，尤其在单线程的情况下。如果服务器是多线程的，其中每个线程处理单一客户端（在很多服务器系统中，这是一种通用设计），那么需要考虑维持线程间的一致性。此外，如果服务器的状态被多个服务器实例所复制和共享，那么可能会产生一致性问题。

非阻塞套接字可应用在客户端和服务器端。在进行一场游戏时，服务器至少需要与两个客户端相连接，在服务器端，每个连接都使用不同的套接字。使用非阻塞套接字会消除任何由特定消息序列所产生的问题，例如，如果服务器进程被阻塞在一个套接字上，而一个消息到达了另一个套接字上。在客户端，非阻塞套接字的使用能确保在等待消息到达时，用户界面保持响应。在这个例子中，应用程序逻辑足够简单，单线程方法结合非阻塞套接字，就能实现必要的响应，无需增加设计与测试多线程解决方案的复杂性。

端口号。决定以这样的方式设计游戏，在一个最小的单个游戏的场景中（服务器进程和两个客户端进程），所有的三个运行组件能够同时存在于同一计算机上，以简化某些方面的测试，同时也可以达到一些演示的目的。显然，按预期以分布式的形式来玩这个游戏，每个用户（以及每个客户端进程）应该位于不同的计算机上。即使在这种情况下，服务器和其中一个客户端可以共存，仍然是可取的。为了支持两个或者全部三个组件能够共存于同一个计算机上，需要确保它们不要试图都绑定在同一端口号上。通过使用 TCP 作为传输协议，服务器仅需要绑定到一个被客户端所知的特定端口，以便客户端可以发出 TCP 连接请求。客户端进程不需要显式绑定到任何端口，因为它们只从已经建立的 TCP 连接中接收消息。

4.11 章末练习

4.11.1 问题

1. PDU 和序列化。

   （a）创建一个合适的 PDU 格式，包含以下数据

      Customer name =Jacob Jones

      Customer age =35

      Customer address =47 Main Road, Small Town, New County, UK

   （b）给出你的 PDU 的序列化后的格式说明；阐述你做出的任何假设。

   （c）依据你的 PDU 设计及序列化的方法，描述接收端如何执行反序列化操作。是否能够从接收的数据提取到足够的信息，来重构原始数据格式？如果无法做到，则重新阅读（a）部分，并修改你的方案。 268

2. PDU 与消息类型。假设一个 PDU 包含以下字段：

   char Customer ID [8];

   char Customer name [100];

   char Customer address [200];

   char Customer Phone number [15];

   该单一 PDU 格式被用于两种不同的消息类型中：

   - 检索全部消费者的详细信息。
   - 检索消费者的电话号码。

   （a）明确由该单一 PDU 设计所产生的两个问题：一个关于效率，另一个关于消息标识。

   （b）设计新的 PDU 格式，解决（a）部分所明确的问题。

   （c）目前有多种 PDU，消息的接收端是否可能提前知道需要保留多大存储空间作为缓冲区？

3. 动态内存分配。考虑图 4-38 所示的三种动态内存分配情景。

   （a）假设没有自动垃圾回收机制（例如，在 C 和 C++ 中），评价所给出的三种情景的结果。

   （b）如果存在垃圾回收机制（例如，对于 Java 和 C#），那么它对该情况影响如何？

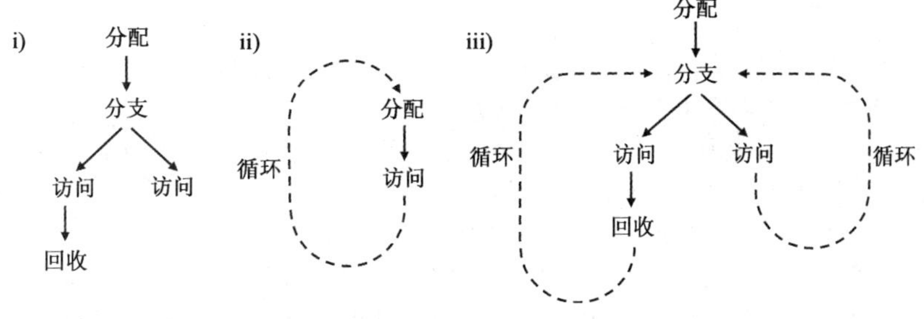

图 4-38 动态内存分配情景

4.11.2 基于 Workbench 的练习

练习 1 理解“丢失更新”问题（部分 1：基础问题）。

下面的练习在操作系统版 Workbench 上使用“Threads-Threads and Locks”应用程序，来研究丢失更新问题。

1. 观察数据字段的初始值。

   Q1. 如果执行 1000 个递增更新，最终的值应是多少？

2. 单击“Start ADD Thread”按钮，来单独运行 ADD 线程。

   Q2. 结果是否如预期？ 269

3. 现在注意数据字段的值。

   Q3. 如果执行 1000 个递减更新，最终的值应是多少？

4. 单击“Start SUBTRACT Thread”按钮，来单独运行 SUBTRACT 线程。

Q4. 结果是否如预期？

Q5. 如果线程顺序运行（如上面），考虑在访问共享变量可能会造成其破坏时，会存在一些问题吗？

5. 单击“Reset data field”按钮，来重新设定数据变量的值为 1000。

Q6. 给定初始值为 1000，如果运行 1000 次递增更新和 1000 次递减，最终值应是多少？

6. 单击“Start both threads”按钮，来并发运行两个线程。

7. 当两个线程都结束时，检查它们的事务个数，以确保两个线程都执行 1000 次事务；以此来确定数据变量的正确值。

Q7. 实际数据变量值是否正确？如果不正确，差异由何导致？

练习 2　理解“丢失更新”问题（部分 2：探索问题本质）。

“丢失更新”部分 1 中的活动已经揭露了丢失更新问题。我们观察到一个共享变量的期望值和最终实际值之间产生了差异。一些更新丢失了。这是因为允许一个线程访问变量，而此时另一个线程已经基于变量值启动事务了。

Q1. 在数据库应用程序中，这个问题如何与事务有关？

Q2. 违反了事务的 ACID 特性中的几个？

Q3. 这个问题是如何影响如下应用程序的？

- 在线飞机订票系统。
- 仓库库存管理系统。

Q4. 思考至少一种其他的在真实世界中受到丢失更新问题影响的应用。探究问题本质。重复下面步骤三次：

A. 确保数据变量的值为 1000（如果需要，单击“Reset data field”按钮即可）。

B. 单击“Start both threads”按钮，来并发运行两个线程。

C. 当两个线程都结束时，检查它们的事务个数，以确保两个线程都执行 1000 次事务，以此来确定数据变量的正确值。

D. 记录下差异的程度。

Q5. 比较三次的差异。实际的差异是可以预知的，还是似乎是一个随机元素？

Q6. 如果是随机元素，那么它从何而来（认真思考这里的运行机制——两个线程并发运行但没有同步——会发生什么错误）？

Q7. 如果差异是可以预测的，问题会更严重吗？还是如果差异是不可以预测的，问题会更严重？

练习 3　理解“丢失更新”问题（部分 3：锁的需求）。

丢失更新部分 1 和部分 2 中的活动探讨了丢失更新的问题，并向我们展示出问题程度是不可预知的。
270 因此，我们必须找到一种机制来阻止该问题的发生。

Q1. 锁机制可能是答案吗？如果是，它是如何工作的？

Q2. 仅对一个线程进行加锁是否够用，还是需要对两个线程都加锁？

Q3. 使用一个读锁和一个写锁是否有必要？还是在应用加锁以确保不发生丢失更新（思考一下事务的属性）时，避免读和写操作是重要的？

该事务是一个三阶段的序列：

- 将当前值读入线程局部存储器中。
- 局部地递增（或递减）该值。
- 将新的值写入共享变量中。

Q4. 加锁操作应该在上述序列中的哪一点应用于该事务？

Q5. 锁应该在哪一点被释放？

探究加锁策略的各种组合：

1. 单击“Use Locking”按钮。
2. 重复下面的步骤，直到尝试完加锁和解锁的所有组合。

A. 确保数据变量的值为 1000（如果需要，单击“Reset data field”按钮即可）。

B. 从 APPLY LOCK 中选择一个选项。

C. 从 RELEASE LOCK 中选择一个选项。

D. 单击“Start both threads”按钮，并发运行两个线程。

E. 当两个线程都结束时，检查它们的事务个数，以确保两个线程都执行 1000 次事务，以此来确定数据变量的正确值。

F. 记录下差异的程度。

Q6. 你是否已经找到了一种加锁和解锁的组合方式，总能保证没有偏差？使用这些设置重复多次仿真，以确保锁机制总是有效？

Q7. 你能否对一个朋友清楚地解释出下面语句的意思？尝试一下。

加锁机制的使用强制线程互斥访问变量。

Q8. 你能否对一个朋友清楚地解释出下面语句的意思？尝试一下。

互斥阻止了丢失更新问题。

练习 4 探索死锁问题。

下面的练习在操作系统版 Workbench 中使用“Deadlock-Introductory”应用程序。

1. 确保使用全部的默认设置（如果应用已经打开，最安全的方法是按下 cancel 按钮，再从顶层菜单中重新打开这个应用）。
2. 开启线程 #1。
3. 现在，开启线程 #2。

Q1. 观察行为约 30 秒。绘制的箭头发生了什么变化？对于正在发生的事务而言，这意味着什么？

4. 现在，逐渐允许资源 2～5 可用（以致最终所有资源都能被使用）。 271

遵循以下步骤，每次使得一个额外资源可用：

4. 1 使用不同的事务持续时间设置进行实验。

4. 2 使用不同的事务频率设置进行实验。

4. 3 使用不同的“允许每个线程使用的资源最大数目”设置进行实验。

Q2. 通过你的观察，哪些资源特性的使用增加了死锁的概率？

Q3. 死锁如何影响应用程序？例如

a. 一个具有一个用户的分布式数据库应用程序。

b. 一个具有两个可随机访问记录的用户的分布式数据库应用程序。

c. 一个具有两个可在一张单独表中访问各自客户记录细节的用户的分布式数据库应用程序。

d. 一个股票价格信息应用程序，其中股票的价格可同时被许多客户读取。

练习 5 探索 VM 与页面替换算法基础。

下面的练习使用操作系统版 Workbench 所提供的“Virtual Memory”仿真。

1. 使用 VM 仿真中的两个应用程序，填充物理内存，必要时换出页面，以使物理内存有更多的空间。这样做下去，直到每个应用程序使用了 4 页内存（故一共使用了 8 页）。
2. 继续访问已经分配的页面，编辑文本，不分配额外页面。当你编辑文本时，你会遇到缺页错误问题。当为了腾出空间来选择用于换出的页面时，尝试使用一种标准页面替换算法。以最近最少使用算法开始。
3. 重复步骤 2，尝试重复大致相同的编辑模式，但是这一次，尝试基于最不经常使用的页面替换算法，来选择换出的页面。
4. 再次重复步骤 2，尝试重复大致相同的编辑模式，但是这一次，尝试基于先进先出的页面替换算法，来选择换出的页面。

Q1. 你是如何评价页面替换算法的性能（即你将使用什么性能度量）？

Q2. 在你的实验中，你观察到不同算法的性能上的差异了吗？

注意：当然，这个简单的实验在揭示页面替换算法的实际性能方面，存在一定程度的限制，但是，作为一个用于理解它们是如何运行的练习，是非常有用的。

4.11.3 编程练习

编程练习 R1 编写一个命令行程序，用户每次按下一个键，分配 100kb 内存块。使用任务管理器监视进程的真实内存使用状况，来测试程序是否按预期运行。使用你所选择的任何一种语言。在程
272 序 DynamicMemoryAllocation 中，提供了一个实例解决方案。

编程练习 R2 基于图 4-20 和图 4-21 中的结构体示例代码实例，修改 IPC_socket_Sender 和 IPC_socket_Receiver 程序，来使用下面的结构体作为消息 PDU（它们现在使用字符串来容纳即将发送的消息）：

```
struct MyDetailsMessage {
        char cName [20];
        int iAge;
        char cAddress[50];
};
```

注意到在图 4-20 和图 4-21 中的代码是以 C++ 语言展示的，但是能够很容易地更改任务，以便解决方案可以由其他语言构造，如 C# 和 Java。

任务要求你要在发送消息之前，序列化该结构体。你也需要对接收到的消息进行反序列化。

在程序 IPC_Receiver_MessageSerialisation 和 IPC_Sender_MessageSerialisation 中，提供了一个实例解决方案。

4.11.4 章末问题答案

问题 1

（a）一个可能例子是（使用 C++）：

```
struct CustomerDetails_PDU
{
          char CustomerName[50];
          int CustomerAge;
          char CustomerAddress[100];
}
```

（b）在这种情况下，该结构体字段映射到 154 个字符的顺序缓冲区中。

一些可能的假设包括：

- 当估算字符数组大小时，样本数据是对通常情况的一个合理反映。
- 确定字段长度的方式（使用固定长度，或者使用单独字段长度的字段，或者使用已知的终结符）。（a）部分的示例答案使用的是固定字段。

（c）反序列化应该是一个序列化的直接逆转。在序列化形式中必须有足够的信息，以清楚地重构原始数据。

问题 2

（a）高效性。第二种消息类型仅使用 PDU 的 323 字节中的 8＋15＝23 字节，这是非常低效的，应该通过创建只包含 customer ID 和 phone number 的第二个 PDU 来解决这个问题。

信息丢失，PDU 需要一个消息类型字段 {full_ details, phone_only}，来标识在整个 PDU 接收中哪个数据是有效的。

273 （b）第一，PDU 完整地发送了消费者的详细信息：

```
  int MessageType;    // For example this could be message type 1
(full_ details)
  char Customer ID [8];
  char Customer name [100];
  char Customer address [200];
  char Customer Phone number [15];
```

第二，PDU 仅发送电话号码（仍然需要标识消费者）

```
  int MessageType;   // For example this could be message type 2
(phone_only)
  char Customer ID [8];
  char Customer Phone number [15];
```

注意到，在所有 PDU 中 MessageType 字段必须在相同的位置。虽然它们有不同的字段，但 MessageType 必须是第一个字段。

（c）在通常情况下，消息接收者不可能提前知道需要保留多大内存作为缓冲区，因为一般来说，并不知道哪个 PDU 会随时发送。

接收方必须总是分配一个足够大的缓冲区，来保存可能到达的最大 PDU。

一旦消息到达，将检查 MessageType 字段，以确定实际上哪个 PDU 出现。

问题 3

（a）情景（i）会造成内存泄露，但其他功能均正确；情景（ii）会最终造成崩溃，因为内存将被用尽；情景（iii）若在左边的循环运行后，两个中任意一个循环紧随其后，系统将崩溃。

（b）对于情景（i），内存泄露在较短期内始终是一个问题。最后，垃圾回收机制会检测并释放掉不可访问的空间，但在一些机制中，这仅在块足够大到有价值的情况下才会发生。情景（ii）没有改变。对于情景（iii），由于采用了自动垃圾回收机制，若程序员省去了手动释放，仅当此时而发生改变，在这种情况下变得正确。

4.11.5 Workbench 练习的答案 / 结果

练习 1

Q1. 该值应开始于 1000，并结束于 2000。

Q2. 当一个单独的线程独立运行时，结果总是正确的。

Q3. 现在值应是 2000，并结束于 1000。

Q4. 当一个单独的线程独立运行时，结果总是正确的。

Q5. 没有错误发生，因为对数据值没有重叠访问。

Q6. 最终值应是 1000。

Q7. 对数据变量的无规律的重叠访问，导致丢失更新且系统变得不一致。

练习 2

Q1. 在数据库应用程序中的事务应该与其他事务独立。部分结果必须对事务之外的进程隐藏，以防止系统变得不一致。 274

Q2. 违背了事务的原子性、一致性与独立性。

Q3. 在超额预订座位，或者系统中剩余座位为 0 而有的座位仍处于空闲状态时，在线航班订票系统可能会受到影响。在仓库中实际零件的个数可能比系统显示的多或者少时，仓库库存管理系统可能会受到影响。

Q4. 容易受到丢失更新影响的实例系统包括在线银行、股票交易、在线购物以及电子商务。

Q5. 这种差异是随机的。

Q6. 出现这种差异是由于线程的执行时间，对低级别调度者决策的顺序高度敏感，这不同于基于精确的系统条件下的运行。

Q7. 这种差异无法预知，因此潜在地会更加严重。

练习 3

Q1. 加锁机制防止对资源的重叠访问。

Q2. 锁必须应用在这两个线程上。

Q3. 当使用锁时，会阻拦外部进程的读和写。

Q4. 在事务的读阶段前，需要加锁。

Q5. 在事务的写阶段后，需要释放锁。

Q6. 实验应该证实上面 Q4 和 Q5 的答案。

Q7. 这句话意思为，锁确保了一次只有一个进程可以访问该资源。

Q8. 这句话意思为，每次只允许一个线程访问该资源，丢失更新问题不会发生。

练习 4

Q1. 线程请求一个事务所需的资源（红色箭头）。一旦资源空闲，允许线程访问该资源，并在事务运行时占有资源（蓝色箭头）。

Q2. 当在每个事务中使用较多个资源时，当事务锁定资源时间较长，以及事务出现频率较高时，死锁更可能发生。

a. 死锁应该是不可能的。

b. 如果每个事务至少使用两个资源，死锁是可能的（例如，事务每次访问两个及两个以上数据库中的记录）。

c. 如果在表级别上执行加锁，而不使用其他资源，那么死锁情况将不会发生，但是一个进程不得不等待其他进程使用完该资源。如果使用行级加锁，每个进程访问一个独立记录的集合，那么死锁应该是不可能的。

d. 如果访问模式是全部只读的，那么锁是不必要的，这种情况下死锁是不会发生的。

练习 5

Q1. 一个合适的性能度量是，当使用每种页面替换算法时，所发生的缺页错误个数。

Q2. 这依赖于实际内存访问的情景。如果你模拟一个具有良好空间局部性的应用程序，多次访问内
275 存页中一小部分，那么 LFU 或 LRU 页面替换算法性能应优于随机或 FIFO 算法。

4.11.6 本章活动列表

活动编号	章 节	描 述
R1	4.4	检查内存的可用性及使用。当内存需求突然显著增加，且超出物理可用内存时，观察系统的行为
R2	4.4.1	使用操作系统版 Workbench 探索内存管理机制和 VM 的基本原理
R3	4.5.4	使用操作系统版 Workbench 探索加锁的必要性，以及事务加锁和释放锁的时机
R4	4.5.5	使用操作系统版 Workbench 研究资源分配期间的死锁

4.11.7 配套资源列表

本章正文、文中活动和章末练习直接参考了如下资源：

- 操作系统版 Workbench。
- 源代码。
- 可执行代码。

程 序	可 用 性	相关章节
Memory_Hog	源代码	活动 R1（4.4 节）
IPC_socket_Receiver	源代码，可执行	编程练习（4.11.3 节）
IPC_socket_Sender	源代码，可执行	编程练习（4.11.3 节）
DynamicMemoryAllocation（章末编程任务 1 动态内存分配答案）	源代码，可执行	编程练习（4.11.3 节）
276 IPC_Receiver_MessageSerialisation and IPC_Sender_MessageSerialisation（章末编程任务 2 消息序列化答案）	源代码，可执行	编程练习（4.11.3 节）

第5章

体系结构视角

5.1 基本原理和概述

从定义上讲，一个分布式系统由至少两个组件构成。不过，有些系统由多个组件构成，因此表现出非常复杂的行为。体系结构描述了系统的组织方式、各成分组件之间的连接以及组件之间的关系，包括成对或成组的组件之间通信和控制通道的组织。对于一个给定系统，体系结构的选择将影响它的规模可扩展性、健壮性和性能，还会影响系统资源的使用效率，实际上，它也潜在地影响系统有效性的所有方面。

将系统设计成多个组件的原因有很多，一些与功能相关，一些与资源获取相关，一些与系统规模相关，以及其他原因等。本章讨论了系统建成多个组件集合的原因，以及由此导致的各种各样的系统体系结构。有一些常见的结构和模式，也有许多面向应用的特定结构。此外，一些结构是静态的，也就是说，在设计时就决定了组件间的连接关系；同时，也有些系统采用了动态的结构和连接，根据操作上下文和应用程序宿主运行的更大系统本身的状态所决定。本章也探讨了支持动态组件发现和连接的机制，以及自动配置服务和为服务器实例分配角色等技术。

本章探究了系统异构性的影响，以及克服异构性挑战的方法，比如中间件等服务和硬件虚拟化等技术。借助重构实例代码和创建软件库，探究了组件级别的结构。在一个扩展活动中，探索了使用副本作为一种体系结构设计技术来满足非功能性需求的方法，包括健壮性、可用性和响应能力等。

5.2 体系结构视角

系统的体系结构就是其自身的结构构造。分布式应用程序由几个组件构成。这些组件与其他组件之间有通信关系和控制关系。这些组件可能被组织成层次结构。根据组件各自的角色，它们被安排在不同的层。

或许，对分布式应用程序的整体质量和有效性影响最大的就是它的体系结构。应用程序被划分成组件的方式，以及随后这些组件被组织成一个合适的、支持通信和控制的结构的方式，对性能的实现有很强的影响。体系结构对性能特征的影响涉及规模可扩展性（例如，考虑性能被影响的方式——通过在系统中增加组件的数量，或通过提高以单位时间内的事务数量为测量依据的吞吐量）、灵活性（例如，考虑组件间的耦合性，以及动态（重新）配置可能性的程度）、效率（例如，考虑组件间的通信强度——以发送消息的数量和产生的通信额外开销总和来度量）。 277～279

物理体系结构和逻辑体系结构之间有一个重要的区别。物理体系结构描述计算机配置，以及它们之间的相互连接。分布式应用程序和系统的开发人员主要关心逻辑体系结构，其中组件之间的逻辑连接很重要，但并不关心这些组件的物理位置（即它们如何映射到实际计算机）。即使所有进程驻留在同一物理计算机上开展工作，应用程序的逻辑也被认为是分布式的。进程分布在多台计算机上是比较常见的，这不仅引入一些特殊考虑，最明显的是通信方面，而且还有定时与同步问题。

5.2.1 关注点分离

应用程序是由它的功能性来定义和区分的，也就是说，它实际上用来做什么。在实现该功能性时，在业务逻辑层会有大量不同的关注点。这些关注点可能包括特定功能特性，满足非功能性需求，如健壮性或规模可扩展性等，以及其他问题，如可访问性和安全性等。这些各式各样的需求和行为以应用程序高度相关的方式被映射到实际组件，不仅考虑了这些功能本身，而且考虑了功能中自身应用程序相关的特定优先级。

识别出提供特殊功能的特定软件组件应该是可能的。这是因为功能需求是系统必须实际做或执行的事情，因此，通常可以在设计文档中明确地表达，并最终翻译成代码。例如，在发送前加密消息，可以在一个称为 EncryptMessage() 的代码函数中执行。这个函数包含在应用程序的一个特定组件中。然而，通常不可能直接在代码中实现非功能性需求（其“非功能性”的本质暗含了这层意思）。考虑一对很常见的需求，例如规模可扩展性和效率。几乎所有的分布式应用程序在其非功能性需求中都有这两项。但是，即使是最有经验的软件开发人员，也写不出函数 Scalability() 和 Efficiency() 提供这些特性。这是因为规模可扩展性和效率本身不是代表质量的函数。与提供清晰区分的函数不同，整个应用程序（或者某些关键部件）必须设计为确保整体的结果结构和行为是规模可扩展的和有效的。然而，有些函数可能会直接或间接地有助于满足非功能需求。例如，CompressMessageBeforeSending() 方法可能有助
280 于规模可扩展性和效率。然而，实现规模可扩展性和效率还依赖于更高层的结构，例如这些组件本身耦合在一起的方式，以及特定的行为特性。

定义应用程序体系结构的一个关键步骤是关注点分离，也就是说，决定如何去划分应用程序逻辑，使得该应用程序可以散布在不同的组件。这必须做得非常仔细。当跨组件的业务逻辑的功能拆分非常清晰且有明确定义的界限时，其体系结构也往往更容易实现，且潜在地更易于规模扩展。对于那些有许多组件但功能却没有清晰地拆分的情形，则更容易遭遇到性能或效率问题（由于额外的通信需求），也可能由于组件间复杂的依赖关系和系统贯穿其生命周期的持续更新，导致系统缺乏健壮性，这是因为当组件彼此间高度耦合时，更新一个组件而丝毫不影响其他组件的稳定性是非常困难的。

通常，系统会采用如名称服务和代理服务等服务，专门用于解耦组件，以确保组件本身尽可能保持简单和独立。这提升了运行时配置方面的灵活性，以及全生命周期内维护和升级方面的敏捷性。

5.2.2 网络化与分布性

不是所有使用网络通信的应用程序都被归类为分布式应用程序。

网络应用程序是通过网络在组件间传递消息的应用程序，但应用程序的逻辑没有跨多组件散布。例如，一种情形是，其中一个组件仅仅是带有终端仿真程序的用户界面，如 Telnet 客户端。用户运行一个本地应用程序，为另一台计算机提供一个界面，以便命令能被远程执行，结果在用户的显示器上呈现。在这种情况下，用户应用程序仅仅是一个访问门户或界面，允许用户在远程计算机上执行命令。它实际上没有包含任何应用程序逻辑，不如说，它连接到远程计算机，并以预先定义好的方式发送和接收消息。使用的应用程序对用户来说依

然是远程的。

在一个网络应用程序中，两个或两个以上的组件通常对用户显式可见，例如，用户可能必须辨认每一个组件，并进行连接（正如上面的 Telnet 例子中，用户知道他们登录进入了一个远程站点）。另外一个例子是，当使用 Web 浏览器连接到一个特定 Web 页面时，用户知道访问的资源对他们来说是远程的（通常，用户明确地提供了 Web 页面的 URL 或点击了一个超链接）。

与网络应用程序相比，术语“分布式应用程序”和“分布式系统”隐含了应用程序的逻辑和结构是以某种方式分布在多重组件间。理想情况下，这种方式使得应用程序的用户不知道应用程序的分布性。

因此，两者的主要区别是透明性（关于业务逻辑是否分布之外的差异性）。优秀的分布式系统设计的目标是创建一个单一实体的假象，并设法隐藏组件间的划分与物理计算机之间的边界。透明性的程度是测量分布式应用程序或系统质量的一个主要度量标准。这一问题将在本章的后面更详尽地讨论。 281

5.2.3 分布式系统的复杂性

在分布式应用程序和系统的设计和开发中，对复杂性进行管理是一个主要考虑方面。就系统的结构、功能性或行为而言，系统可以是高度复杂的。

复杂性的来源多种多样，常见分类包括如下几种：

- 系统整体的规模。这包括计算机的个数、软件组件的个数、数据量以及用户的个数。
- 功能范围。这包括特定功能的复杂性，以及整个系统功能的多样性和广泛性。
- 交互范围。这包括不同特性 / 功能之间的交互，也包括软件组件之间的通信，用户与系统之间通信的性质和程度，使用系统过程中导致的用户之间可能的间接交互（例如，在使用共享账户的银行业务和游戏等应用程序中）。
- 系统运行的速度。这包括用户请求到达系统的速率，按给定时间内完成的事务数量计算的系统吞吐量，处理事务时发生的内部通信次数。
- 并发性。这包括用户同时提交服务请求，以及因众多软件组件所导致的影响，还有多数系统中的并行运行的众多处理单元。
- 重新配置。这包括各种组件的失效导致的被动重新配置，以及升级功能或提高效率而进行的主动重新配置（自动的或手动的）。
- 外部或环境条件。这类影响因素种类广泛，包括影响宿主计算机的电源故障和通信网络中的动态负荷水平。

根据上述列表，很明显，复杂性有很多原因。为了实现应用程序所要求的各种必要的行为及满足设计目标，一定级别的复杂性是不可避免的。完全消除复杂性是不可能的。

复杂性是不受欢迎的，因为它使得全面理解系统的方方面面和可能的行为变得困难。因此，在复杂的系统中更有可能出现因不良设计或配置导致的缺陷。很多系统如此复杂，以至于没有哪个人能理解整个系统。对于这样的系统，很难预测其在特定情形下的特定行为，或者辨析其失效或低效的原因。并且，在一个真实的时限内配置这些系统以优化行为，即便可能也是非常耗时的。

考虑到不可能从分布式应用程序中消除复杂性，那么最好的做法是在有机会时降低复杂性，并避免引入不必要的复杂性。这要求设计者非常仔细地考虑可用选项，并特别努力去理

解他们采用的不同策略和机制的结果。系统的体系结构潜在地对其整体的复杂性有很大的影
282 响，因为它描述了这些组件连接在一起的方式，以及这些组件间发生的通信和控制方式。

5.2.4 分层体系结构

一个扁平体系结构是指其中所有组件运行在同一层级，没有中心的协调或控制。相反，这些系统能够被描述为协同的或自组织的。这样的体系结构出现在一些自然系统中，其中大量非常简单的组织，如昆虫或者细胞，实质上像霉菌相互作用而实现超越其个体单元能力的结构或行为。这个概念就是所谓的涌现，并被有效地使用于一些软件系统中，如基于代理的系统。

然而，这些方法依赖于系统特征，包括拥有数量巨大的相似实体，以及仅在邻近实体之间才随机发生交互等。当实体自身在拥有的知识和履行的功能方面简单时，这些系统常常趋于工作得最好。当组件间的通信超出直接邻居，或发生交互的速率超过通信可用带宽时，规模可扩展性成为一个严重的挑战。

与涌现系统相比，大多数分布式计算系统包含的组件数目小很多（尽管依然有大到成千上万的数量）。然而，整个系统中不同的组件通常不是完全相同的。完全相同的组件可能被分成组，比如其中一个特定的服务包含一定数量的服务器组件副本，以追求健壮性和性能，但是这些分组将成为子系统并被有效地组装进一个更大的机器。分布式系统的组件之间的通信和控制需求通常不统一，很可能一些组件协调或控制其他组件的运行，也可能一些组件与其他特定组件交互密集或特别少，或者甚至根本没有交互。

分层软件体系结构由多层组件构成。这些组件被置入逻辑组，或基于它们提供的功能类型，或基于它们与其他组件的交互情形，以使得层间通信发生在邻接层。直接与用户交互的应用程序及其子组件占据了体系结构的顶层，下层是服务层，再下层是操作系统，而那些与系统硬件交互的设备驱动程序则位于体系结构的底层。层次也能用来在特定应用程序或服务中组织组件，见图 5-1。

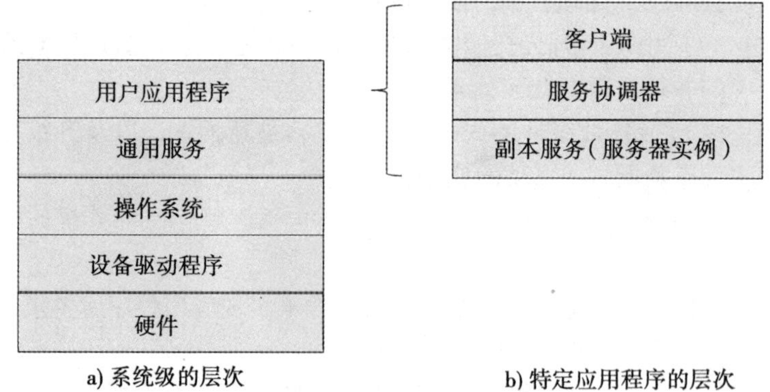

283 图 5-1 使用层次提供结构的概要

图 5-1 以一种概括的方式阐明系统是如何被组织成层次来提供结构并管理复杂性的。对用户来说，现代系统太复杂，以至于不能理解它们的全部。因此，为了使用系统，在全部的功能范围内做配置选择是困难和难以处理的。分隔成层次限制了每一层的范围，当从其他层抽象出细节时，准许发生相关的配置。图 5-1a 表明如何使用层次来由系统软件和硬件分离应用程序。将其置入上下文中，当使用一个特定的应用程序时，用户应该仅仅需要与应用

程序本身相交互。从用户可用性的角度来说，为了使用该应用程序，用户不得不配置支持服务或对操作设置做出调整，这不是用户所希望的。实践中的一个简单例子就是使用字处理程序去编写这段文字。字处理程序是我的计算机上可使用键盘的众多应用程序之一。该应用程序向操作系统表明需要从键盘输入，操作系统执行由键盘驱动程序到字处理进程的输入流映射，无需用户参与，甚至用户根本不会意识到其发生。如果用户在不同的应用程序之间切换（例如，一旦我处理完这段文字，在继续写作这本书之前，我可能查阅一下电子邮件），操作系统会自动地将键盘设备映射到其他的进程。也存在硬件更新问题，如果我用另一个不同的键盘（或许有着额外的功能键或者一个集成的滚动球）替代现有键盘，对于这个新键盘，很可能需要一个新的设备驱动程序。我不想重新配置我的字处理程序来适应新的键盘，操作系统应该将我的应用程序进程的输入流重新映射到新的设备驱动程序，对进程本身是透明的，因此对用户而言也是透明的。

图 5-1b 阐明了如何将应用程序本身内部结构化为几个层次（这种细分的能力同样也适用于图 5-1a 所示系统中的其他部分）。如一个重要的例子所示，一个应用程序可被分为几个组件，用户看到的仅仅是客户端部分（因此，客户端是最上层的组件；从概念上讲，用户是从上往下看的）。在 5.5 节中将详细探讨该主题。

在第 3 章中已讨论过在网络协议栈中使用分层的益处，也为分层结构的价值提供了进一步解释，用以确保具有丰富功能的复杂系统的可维护性和可管理性。

对于分布式系统，分层体系结构是非常普及的，其原因包括以下方面：

- 在分布式系统中，可能存在许多分布式应用程序。这些应用程序可能每一个都要共享一些服务。身份认证服务就是一个很好的例子，这样可以确保特定用户在整个系统上对服务的访问权限保持一致。这样，如果一些入口点没有得到更好的保护，那么系统的安全性不太可能减弱。从服务应用程序（其可能本身是分布式的，但不是直接向用户提供服务，而是面向其他的应用程序提供服务）逻辑上分离出分布式终端应用程序（向用户提供服务的应用程序）是有用的。图 5-2 表示的是多终端应用程序
序与多服务交互的情况，使用层次来维护结构。 284

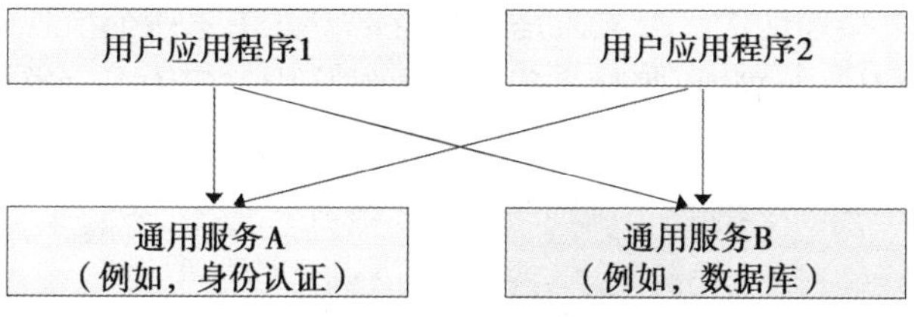

图 5-2　分层有利于组件类型的逻辑分离并为系统组件间的交互提供结构

- 除了分布式应用程序和服务外，还涉及包括操作系统的系统软件，以及各种专门的组件，例如设备驱动程序。就所包含的组件数量和提供的功能范围而言，系统软件本身是非常复杂的。
- 分层提供了一个结构，在该结构中相似的组件占据相同的层。位于上一层的组件控制、协调或使用本层服务；位于下一层的组件协调它们或者是为本层提供服务。
- 邻接层之间存在自然的耦合。不相邻层之间也存在着解耦，这有利于系统的灵活性和适应性。对于组件类别，鼓励按角色和功能来清晰划分，也鼓励使用标准的和具有良好存档记录的组件间接口（特别是在层边界上）。

5.2.5 层级体系结构

层级体系结构由多个级别的组件组成，这些组件之间通过一种能反映它们控制和通信关系的方式连接。在特定关系中较高的结点被称作父亲，而关系中较低的结点被称作孩子。向下没有结点的结点被称作叶子结点。层级组织具有同时实现可扩展性、控制、配置和结构的潜力。

层级结构阐明了组件的相对重要件，那些位于结构中较高层次的组件通常是更为中心或关键的角色。这反映了大多数企业的组织方式，高级中心管理者位于结构中的更高层，然后是部门领导者，而具有非常明确定义的职责（功能）占据着叶子结点。在层级组织管理的企业中，工人与他们经理（其位于结构中上一个级别）之间可进行正常交流。如果必须要将某个重要事情传给高层，通常是经过每级经理进行传达，而不是在非相邻层之间进行直接传递。这具有保持明确的控制和沟通机制作用，适合许多大型组织，否则就会陷于可扩展性问题（例如，想象一下，在一个大公司里，如果所有的工人每天都要联系高级管理者，必定会
285 变得复杂和混乱）。另外一个使用层级结构的例子是在大型人群的组织中，例如军队、警察和政府。在这些案例中，拥有一个中央决策者来做最高级别的决策是重要的，而更本地化的决策可以由结构中的低层来决定。结果有望在做重要决策方面的统一集中管理系统达到一种平衡，同时允许地方自主处理那些无需高级领导关注的问题。

然而，严格的层级结构可能违背了灵活性和动态性，例如，在多层之间传递消息的需求会造成额外开销和延迟。尤其在组件大量相互关联的地方，重组可能会过于复杂。

图 5-3 给出了层级结构的常见变形。宽度（或扁平）树的特点是级别很少，大量的组件位于同一级，都连接在一个单一的父结点上，这可能会影响可扩展性，因为父结点必须管理每一个孩子结点并与每一个孩子结点进行通信。深度树有很多层，每一层会有相对较少的结点。这样一个合理的细节功能分离可能是有效的，但总的来说，附加的层可能会出现问题，因为它们增加了复杂性。主要的具体问题是增加了通信成本、通信和控制延迟，由于总体来讲，消息上下传递不得不经过树上的更多级。一般来说，在最短平均通信路径长度以及树中任意点可管理的基础上需要限定分支的数量之间取一个折中，平衡树（也就是在树的广度和
286 深度上达到一个平衡）接近最优。二叉树是一个特例，其中每一个结点（最多）有两个分支。与系统组件体系结构相比，这些更容易出现在数据结构中，但为了完整性也在这里列出。

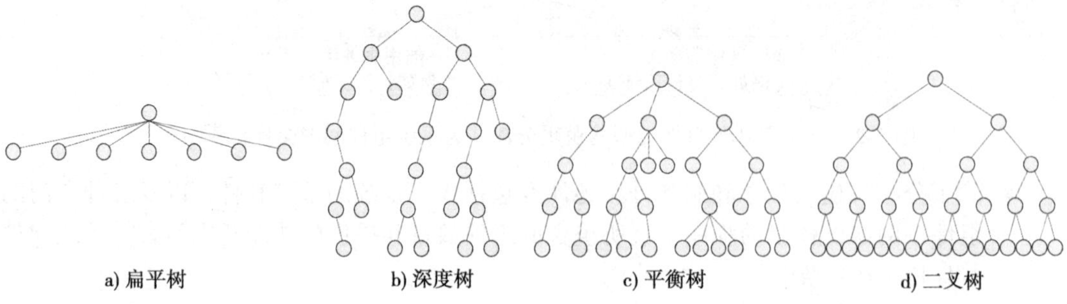

图 5-3 层级结构

5.3 异构性

同构系统是指就硬件、配置、资源和操作系统方面而言，所有计算机都是相同的系统。

这样的系统是存在的，例如公司或学校配备办公室或实验室，采用相同的计算机，或者利用相同传感器节点来部署一个定制的传感器系统。然而，一般情况下，处理系统是不相同的，并且它们之间各种差异可能会影响配置和管理工作，会导致不同复杂性的互操作能力方面问题。

对于分布式系统，异构性是一个非常重要的概念，不管是为了实现一个特定的性能或行为的有目的的体系结构特性，还是为了应对互操作性和代码移植性这一挑战。

5.3.1 异构性的定义和来源

异构性主要有三个原因，即技术的、刻意的与偶然的。技术进步引领新平台或者早期平台的更好资源升级。其他技术因素包括操作系统与程序设计语言的进展，以及新网络协议的特殊场合引入。异构性常常通过设计或配置被刻意引入。例如，当更强大的平台被用于主机服务时，然而用户没有强大的工作站去访问这些服务。第二个例子是，由于像 Microsoft Windows 这样的操作系统提供了流行用户界面，故被选作访问工作站，但是 UNIX 系统由于具有更好的可配置性，而被选作服务托管平台。第三个例子是服务被托管在一个传统的静态计算机上，而拥有完全不同的平台和资源水平的移动计算设备被用于获取该服务。异构性是被偶然引入的，例如，当阶段升级硬件系统时，或者当增强单个机器时，或者当相同基础操作系统的不同版本被安装在不同计算机上时。如果以某种方式改变一台计算机上的行为，而另一台计算机上的相应行为未改变，甚至发生在一台计算机但未发生在另外一台计算机上的操作系统的自动在线更新，会潜在地引入异构性。

异构性有三种主要的分类：性能、平台与操作系统。性能异构性来源于所提供资源的差异，导致计算单元的不同性能。导致性能异构性的常见资源特性包括内存大小、内存访问速度、磁盘大小、磁盘访问速度、处理器速度，以及计算机访问网络接口时的网络带宽。一般而言，两台计算机不大可能具有完全相同的资源配置，因此，通常会存在某种不同性能要素。通过正常的系统采集、升级，以及配置托管服务，如文件系统，有很多种方式可以产生性能异构性。甚至是间隔几个月分两批购买的计算机，在实际处理速度、内存大小或提供的磁盘大小方面存在差异。 287

平台异构性（也称为体系结构异构性）来源于底层平台、硬件设备、指令集、存储和传输字节次序，以及每台机器微处理器个数等方面的差异性。

操作系统异构性来源于不同的操作系统或操作系统的不同版本的差异性。这包括进程接口的差异，所提供的不同类型的线程，不同级别的安全程度，所提供的不同服务，以及相对于专有设计来说，接口标准化或开放（已发布）的程度。这些差异影响着系统之间软件的兼容性，对软件移植来说是一个挑战。

5.3.2 性能异构性

图 5-4 展示了三台计算机，具有相同的硬件平台和操作系统。计算机 A 和计算机 B 有相同级别的资源，因此性能同构。计算机 C 有不同级别的资源，其 CPU 的处理速度较慢，主存较大，且硬盘较小。这三台计算机都使用相同的操作系统接口和支持，以及相同的可执行文件（就一切情况而言，硬件指令集是相同的），去运行相同的应用程序。然而，在计算机 C 上应用程序的执行不同于计算机 A 或 B。要求大量文件存储空间的应用程序很可能超出了计算机 C 的容量，运算强度较大的应用程序要花费更长的时间去运行。然而，需要大

量主存的应用程序在计算机 C 上可能会执行得更好。这是一个仅考虑主要资源类型的精简案例。

图 5-4 所示的例子代表了由零碎升级和系统更换所引发的常见场景，导致你拥有两台配有相同 CPU 和操作系统的计算机，但是，例如，一个内存扩展或者被安装了一个更大或访问速度更快的硬盘。

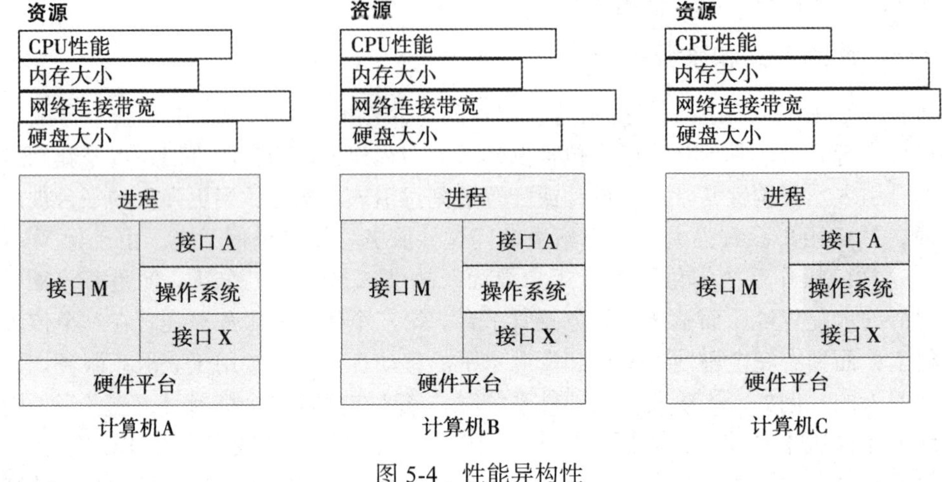

288 图 5-4 性能异构性

5.3.3 平台异构性

图 5-5 展示了一个平台异构系统。三台计算机 D、E 与 F 中的每一个都有不同的硬件平台，但是所有这三台计算机都运行着相同操作系统的兼容变体。

不同的平台意味着计算机具有不同类型的处理器体系结构，在运行时接口不同的情况下，尽管相同处理器家族中的不同版本也代表一种形式的平台异构性。因此，应用程序代码必须被重新编译运行（例如，处理器家族中的一个版本可能支持附加的硬件指令，而其他的版本却不支持）。在某种程度上，在这些案例中性能异构性（作为一种副作用）是不可避免的，因为 CPU 可能以不同的处理速度运行（每秒钟执行指令的数量）或者具有不同的内部优化等级（正如分支预测技术允许附加的机器代码指令在执行之前被预取到缓存中）。在每种情况下，平台和操作系统之间的接口也是不同的。标记不同的接口 X、接口 Y、接口 Z，这意味着每一个平台需要不同版本的操作系统。如果操作系统是相同的，正如图中所给的三个情况，与操作系统的进程接口保持相同，也就是说，它将使用相同的系统调用与设备、文件、可编程定时器、线程、网络等进行交互。Linux 为该情况提供了一个很好的例子，其中相同的操作系统运行在不同的平台上，但对于每一种情况都提供了相同的进程接口。然而，对于图 5-5 所示的三种情况，即使应用程序的源代码可能相同，代码还必须专门针对每一平台进行编译，因为进程到机器的接口在每种情况下是不同的（见接口 M、接口 N 与接口 P）。
289 在“机器代码”级别上，差异可能涉及不同的指令集、不同的寄存器组以及不同的内存映射。

5.3.4 操作系统异构性

图 5-6 展示了操作系统的异构性。对于图中所示情况，三台计算机 G、H 与 J 具有三种不同的操作系统，但有着相同的硬件平台。每一种不同的操作系统必须使用相同硬件平台类

型的设备，所以操作系统和硬件之间的接口是不同的，即接口 X、Y 与 Z。尽管差异在于不同的操作系统使用硬件资源的方式，而不是硬件本身所提供的接口不同（实际上图中所示的三个配置是不变的）。尽管这三个系统的应用程序进程具有相同的业务级行为，但它们在代码级别的实现方式上会有略微差异，因为不同的操作系统有着不同的接口（根本上，系统调用集合和它们使用的语法和语义）。例如，可能会有不同版本的可用文件处理命令，差异体现在传递给命令的参数上。这反映在图中进程到操作系统的不同接口 A、B 与 C 方面。将应用程序从这些计算机中的一台移动到另外一台可称作移植，这需要修改相应代码部分，其对所支持的操作系统调用差异较为敏感。正如在每种情况下，硬件平台是一样的，所提供的机器代码接口也是相同的。改变操作系统可能会影响计算机所提供资源的效率，因此，会影响到性能。最值得注意的方面可能发生在操作系统占用内存的数量上，以及供用户进程所使用的剩余内存数量。对于图中所示的每一台计算机，这反映在内存资源的数量差异上（即在操作系统共享资源之后，其基于有效资源的可利用性）。

图 5-5 平台异构性

图 5-6 操作系统异构性

5.3.5 异构性影响

所有形式的异构性会潜在地影响互操作性。在平台异构或操作系统异构的系统中，应
290 用程序依赖于平台间标准化的通信方面。这就要求标准的接口和协议，以确保当在两个不相似的计算机系统之间传递消息时，保留消息的内容以及通信本身的语义。在第 3 章通信视角中，已详细讨论过运行于传输层的套接字 API，其在进程层提供了一个很好的标准接口案例。几乎所有的操作系统、编程语言都支持套接字 API，并且几乎可以跨越所有平台。

TCP 和 UDP 协议（TCP/IP 协议套件中的）是非常好的标准协议的例子，对一个进程使用套接字接口作为通信的结束点，可以促进平台间几乎任意组合的互操作性。对于 Internet，这两个协议是非常重要的，不仅直接使用它们来提供定制的进程与进程之间的通信（例如，游戏案例研究），而且还可使用它们来构建更高层次的通信机制，如 RPC、RMI、中间件以及 Web 服务。

在分布式系统中，这些协议是经过时间考验的为数不多的不变示例。它们被嵌入这样一个广泛的基本服务和更高层次的通信机制中的程度，加强了其作为标准的价值。假设对这些协议的支持还会维持若干年：基于这些协议的适用于未来的通信，这相对来说是安全的。

性能异构性是很常见的，在某种程度上，有时找到具有相同性能的计算机是比较困难的。然而，如果只存在这一种类型的异构性，那么在任何一台主机上，通常情况下应用程序都能正确运行，但整体的速度和响应能力将随实际资源的供应而变化。理想情况下，功能分解为软件组件，这些组件在处理节点上的后续部署应与资源供应相匹配，以确保达到预期的性能（但是这受到最终运行系统在设计时的知识限制）。

平台异构性越来越常见，尤其是近期移动设备激增与普及，包括智能手机和平板电脑。用户需要在他们的个人计算机、手机以及平板电脑上操作相同的应用程序，根本上是因为他们想要“总是连接到”所喜欢的应用程序上，不管是在家中、在办公室，还是在旅行中。在不同的平台上不太可能使得应用程序总是保持一致，例如，触屏智能手机上的用户接口与 PC 上使用的键盘和鼠标的用户接口是不同的。不同的平台有不同级别的资源，这有时在软件响应方式上是明显的，例如，一个快速动作游戏，运行在一个小屏幕的智能手机上，与同样的游戏运行在一台为玩游戏而优化过的 PC 上（该台机器有着快速处理器、扩充内存以及图形加速处理器），在给人留下深刻印象和响应速度方面通常是无法比拟的。

对软件项目来说，支持平台异构性可能会增加可观的成本。第一，需要一种设计方法，从设备或面向具体平台的功能中（通常是与用户接口最相关的）分离出核心功能，这些功能独立于设备，须针对每一个平台单独开发（见 5.13 节）。支持的平台越多，平台间的多样性越大，付出的额外成本将会越大。第二，会有额外的测试成本。每一次升级软件时，必须在所有支持的平台上测试。就所需人力和可用于各种平台的测试设备的可用性而言，这本身可能是存在问题的。一些难以跟踪的缺陷可能仅发生在一个平台上，这就要求进行特定修复，以确保之后在其他平台上测试时产品不会失去稳定。在一些软件项目中，测试团队规模有可
291 能比软件开发团队还要大。

从一个平台到另一个平台的代码移植，与持续维护和同时支持代码的跨多平台相比，其成本更少，虽然代码移植可能仍是富有挑战、潜在昂贵的。在最简单的情况下，每一个目标平台的操作系统是相同的，并且平台本身是相似的，移植可能仅仅要求在新平台上重新编译运行源代码（不需修改）。然而，如果操作系统也是不同的，或者是平台具有显著的差异，移植可能要求重新设计部分代码。

操作系统异构性引入了影响进程方面的两种主要差异：第一种类型是进程到操作系统的接口差异，第二种类型是操作系统内部设计和行为的差异。对于前者，重新设计应用程序中用于实现系统调用（如执行、读、写、退出）的那部分代码，以及随后重新编译代码，这样做可能就足够了。在两个操作系统中，如果系统调用的实现相似，那么应用程序的行为可能没有明显变化。然而，对于后者，由于两个操作系统可能具有不同级别的健壮性，或者是一个可能有安全隐患而另外一个可能没有，这就存在潜在的问题。例如，一个操作系统可能容易受到某些病毒或其他威胁的攻击，而另外一个系统对这些是免疫的。由于操作系统行为的差异，包括调度和资源分配，这些都有可能影响到应用程序的性能。

5.3.6　软件移植

将应用程序从一个系统移植到另外一个系统，可能会是很复杂的，因为这两个主机系统可能在上述讨论的很多方面是非常不相同的。最终的结果可能是应用程序在功能上是相似的，但是由于资源可用性，在诸如用户界面或响应时间这些方面可能是显著不同的。浏览器提供了一个很好的例子，这里本质上来说可用的功能是相同的，但是在各种不同的运行平台上，会有不同的外观和感受。最初，浏览器技术被建立在通用计算机（笔记本电脑和台式电脑）上并延续了许多年，但现在被以同样易于理解的方式用到移动设备上，这些移动设备具有不同的处理器和操作系统，在内存、处理速度、较小显示屏幕，以及更低的带宽网络连接方面，同 PC 相比通常占用更少的资源。

虚拟机（Virtual Machine, VM）是介于应用程序进程和底层计算机之间的一个软件程序。针对计算机的调度器而言，VM 是指运行着的进程。实际上，VM 为模仿真正底层计算机上的应用程序提供了运行环境，我们可以说应用程序运行在 VM 之中或之上。由于应用程序进程与 VM 进行交互，VM 替代物理计算机，VM 可以掩盖物理计算机的真实特性，并使程序在不同的平台上进行编译运行成为可能。通过提供一个应用程序运行所需的环境模型，VM 方法避免了对移植本身的需要。VM 方法的关键是 Java 程序执行的方式。一个应用程序被编译成为一个被称作 Java 字节码的特殊格式。它是一个中间格式，与计算机平台无关。面向 Java 的特定 VM（Java Virtual Machine，JVM）解释字节码（即从字节码运行指令），同时不考虑真实物理环境，因此，一般来说，Java 程序在移植时比其他语言编写的程序出现的问题少。当然，对于每一个你希望在上面运行应用程序的平台，VM（或 JVM）方法确实要求一个可用的 VM（或 JVM）。VM（或 JVM）本身是特定的平台，它们可以使不管为何种平台 292
设计的应用程序，都能常规地在本地编译和运行。在本章后面将对 VM 和 JVM 进行详细的讨论。

中间件向应用程序提供各种各样的服务，对来自底层物理机器的一些操作方面实现解耦，尤其是对于本地（同一计算机上）或者是远程资源的访问。在这种方式下，中间件使得以相同逻辑方式执行进程成为可能，不再考虑进程的实际物理位置。例如，中间件可以自动地定位进程所需要的资源，或者自动地从一个进程向另外一个进程传递消息，而不必直接连接这两个进程，甚至不需要知道彼此的位置（参考本章 5.5.1 节）。允许中间件跨不同的硬件平台实现，以便于运行在一个平台类型上的进程能够透明地使用位于另一个不同类型平台计算机上的资源。然而，中间件不实际执行应用程序指令，而虚拟机真正地执行，因此，中间件并没有直接解决移植性问题。但是，由于中间件使得远程应用位于不同平台上的资源，以及位于不同平台上进程间通信成为可能，所以中间件提供了一种移植性的间接解决方案，对远距离访问是透明的，进程实际上并不移动到其他的平台上。本章后面提供了中间件的概述，在第 6 章中将提供更详细的讨论。

5.4 硬件和系统级体系结构

分布式应用程序由软件组件构成，这些软件组件被分散在系统中的不同计算机上。目的是使这些组件作为连贯的单一应用程序运行，而不是让孤立的各组件各行其是，这需要采用一些方法使组件之间进行通信。这是有可能的，必须以某种形式将底层处理器连接，在组件通信之上来支持软件的运行。

根本上，有两种不同方法将处理器连接在一起。紧耦合体系结构是指处理器作为单一物理系统的一部分，因此，可通过直接专用的连接来实现通信。在这样的系统中，处理器可以配有特定通信接口（或通道），为直接相互连接到其他处理器而设计，不需要一个计算机网络连接。处理器共享计算机资源，包括时钟、内存与 IO 设备。

独立式计算机体系结构是指其中每一个处理器都是一个完整计算机的核心，该计算机拥有自己专用的资源集。PC、智能手机、平板电脑和笔记本电脑都是这类计算机的实例。单机设备需要外部的网络进行通信。这需要有一个网络接口，用以将每一台计算机连接到网络，为了在整个网络上发送和接收消息，每台计算机上应该有特定的通信软件。这种将计算机连接在一起的形式，产生了一种不那么紧密而更加灵活的连接耦合，因此，它被称作松散耦合。

5.4.1 紧耦合（硬件）系统

紧耦合系统的主要特征是它们由许多被集成在同一个物理计算机上的处理器单元构成。
293 这意味着程序代码中的几个线程能同时运行，即以并行方式，因为在每一个时钟步长，每个处理器都能执行一条指令。在这样的体系结构中，处理器单元之间的通信信道非常短，可以使用与处理器单元相似的技术来实现，这意味着通信与内存读取速度相当。事实上，由于处理器通常至少会共享访问部分系统内存，程序线程实际上使用内存通信是可能的。例如，如果一个进程向存储在共享内存中的一个特殊变量写入一个新值，那么所有其他进程都可以读取该变量，无需向每一个进程特意发送一条消息。这种通信形式的主要优势在于和内存访问一样，拥有近乎完美的可靠性，在性能方面其不会成为一个瓶颈。向内存写数据是与向另一个处理器发送数据值一样的有效操作。这意味着可以开发用于解决高通信强度（处理器之间高速率的通信）算法的并行应用程序。相反，由于运行在一个比内存访问速度要低的外部网络，这样的应用程序在松散耦合体系结构中运行就不是很好，由于更远的物理距离，还会有较高的延迟，可靠性也比较差。在紧耦合体系结构中，通常只有一个共享时钟，因此，就应用程序级的事件和执行的结果动作而言，有可能实现进程之间准确的同步。每一个处理器都在以完全相同的速率执行指令；当仅有单一时钟时，不会产生相对的时钟漂移。

5.4.2 松散耦合（硬件）系统

本书着重讲述运行在松散耦合系统上的分布式应用程序。这些系统由许多独立的计算机组成，能独立于任何其他计算机正常工作。我正在用于撰写这本书的 PC 就是一个完美的例子。这台计算机有它自己的电源、处理器、时钟、内存、存储硬盘、操作系统以及 IO 设备。然而，这台计算机是独立的这一事实，未必意味着它能独立地做我要求它做的事情。应用于现代商业以及兴趣、娱乐与社会媒体在内的大多数应用程序，都需要通过其正在使用的计算机去访问保存在其他计算机上的数据，并需要一种同其他用户通信的方法。因此，几乎每一个计算机都有一个网络连接，来支持分布式应用程序和数据的通信要求。这种形式的耦合被称作松散耦合，因为对计算机本身来说，网络是外置的。网络之间的通信是比较慢的，并且比紧耦合系统的可靠性要差。然而，松散耦合系统之间的通信可以被灵活地重新配置，以致于在逻辑上，一台特定计算机能被连接到网络中可达的任何一台计算机上。

每台计算机都拥有它自己的资源集，通常这是有利的，因为本地调度器可以控制本地进程间共享资源（如内存与处理器计算周期）的方式。然而，每一台计算机都有它自己的时钟，用以控制指令执行的精确率，并且也用以跟踪挂钟时间（实际现实世界的时间概念），当运行分布式应用程序时，这会引入一些同步挑战。例如，如果与事件和动作相关的实际进程在不完全同步的时钟情况下，运行在多台不同的计算机上，当检测到一个特定事件集发生（例如股票交易事务、或向一个特定银行账户存取款），或确保一套关键动作的正确次序被维护 294
（例如在自动化工生产工厂中的控制阀门开关）时，要确定它的全局次序是困难的。在第 6 章中将论述时钟同步挑战和克服这些挑战所需的技术。

互连但独立的计算机的使用会产生更大的挑战，互连使它们失去独立。应用程序静态时发生的故障不会破坏数据，因此处理起来相对容易。但是，在数据传输期间，计算机可能发生故障。数据是否被破坏取决于许多因素，包括故障发生的准确时间，以及用以维护数据完整性所使用的通信机制的设计健壮程度。

图 5-7 说明了紧耦合及松散耦合的硬件体系结构的主要概念。实际上紧耦合体系结构会有一些变化——主要的差异涉及内存的访问和进程间通信的方式。在一些设计中，所有的内存被共享，然而在其他设计中，每个处理器都会有私有缓存（如图所示）。一些设计中，处理器之间会有专有的通信通道。

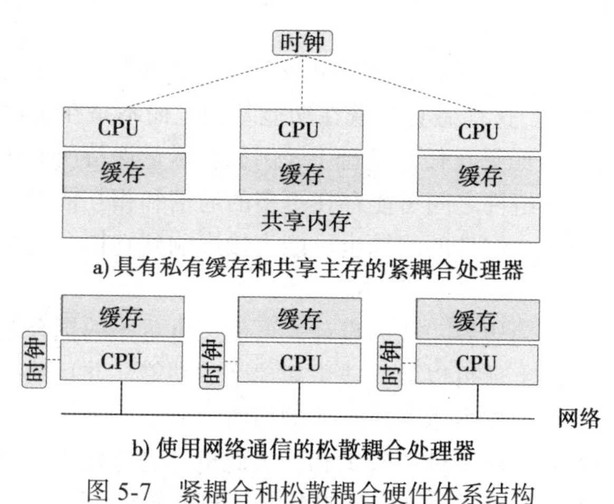

图 5-7 紧耦合和松散耦合硬件体系结构

5.4.3 并行处理

并行处理是一类特殊的分布式应用程序，鉴于完整性，这里对其进行简要描述。

通常，一个并行应用程序由大量进程组成，所有进程做相同的运算，但每个进程处理的数据不同，并且进程在不同的处理器上。因此，每单位时间内所执行的计算总量明显高于仅使用单一处理器时的。

发生在进程之间的通信数量很大程度上取决于应用程序本身的性质。在大多数并行应用
295 程序中，每个处理节点上的数据不是被孤立处理的，通常，需要同其他节点（这代表应用程序数据空间的边界区域）数据值的计算进行交互。

并行处理应用程序的一个经典案例是天气预报，我们大多数人每天都会从中受益，这个案例使用了专业化的技术，如计算流体动力学（Computational Fluid Dynamics，CFD）。将所研究的地理区域划分成一些小区域，再将小区域进一步细分成越来越小的单元。对于一个特定单元内的未来特定时刻的实际天气预测，不仅要基于该单元预测时间之前的那些时刻的历史天气状况，而且还要基于它邻近单元的那些时刻的天气状况，这影响着我们感兴趣的单元的天气。在每个时间步长上，与我们感兴趣单元的直接相邻的网格单元天气状况会受近邻单元的邻居状况所影响，依此类推。CFD 以迭代方式工作，这样基于 t_0 时刻的单元状态以及 t_0 时刻近邻单元的状态，来计算出特定时间点 t_1 时刻的每个单元状态。一旦计算出单元在 t_1 时刻的新状态，它将成为下一次迭代的起始点，用来计算 t_2 时刻单元的状态。实际算法的复杂性、模型中单元的数量、时间步长的数量（例如，对英国这么大规模的区域进行实际天气预测工作时，可能会采用单元大小为 1.5km^2 的地理数据）决定了计算的总量。在算法迭代期间，通信的数量取决于各单元之间的依赖程度。

具有高计算与通信比的并行应用程序（即在每一次通信事件间要做大量的计算），可能比较适合在松散耦合系统上操作。然而，对于通信间具有高速率通信、少量计算的应用程序，只适合运行在特定的紧耦合体系结构上。如果在松散耦合系统上执行，这类应用程序往往运行得更慢，甚至很可能比在单一处理器上的一个等价非并行版本还要慢。这是因为通信延迟以及总通信要求超过了可用的通信带宽，所以要花费更多的时间去等待通信介质变为空闲，发送消息的时间比实际执行有效处理的时间要多。

5.5 软件体系结构

在分布式应用程序中，业务逻辑被分解为两个或多个组件。一个良好的设计将确保最大限度地实现“关注点分离”。这样做意味着在功能基础上而不是在更抽象基础上所分离出的组件逻辑边界会更加理想。如果在任意基础上（例如，尽量保持所有组件的大小相同）将逻辑划分成组件，那么生成的组件之间可能存在更多的通信和相互依赖。这可能导致更加复杂和脆弱的结构，因为影响一个组件的问题也可能直接影响到它耦合的组件，可能通过一系列的组件被传播开来。

组件边界与自然功能行为边界一致的设计，可能产生更小的耦合结构，在该结构中，在不破坏整体体系结构的基础上就可以取代或更新单个的功能，并且缺陷是可以被控制的，所以一个存在故障的组件不会引起多米诺效应式的崩溃。对于系统的某一特殊区域，该区域对
296 系统运转至关重要，或者对外部事件比较敏感，因此更有可能发生故障。依据功能线来划分业务逻辑，使实现健壮性和复原机制（例如服务的复制）成为可能。

在许多案例中，业务逻辑按功能划分为组件的方式是影响分布式应用程序的性能、健壮性和效率的一个最重要的因素。这是因为它影响着发生在组件之间的捆绑方式，同样也影响着通信范围和通信复杂性。如果做得不好，通信强度可能会比最优水平高出几倍。

然而，由于应用程序结构化或执行的方式不同，一些功能性的实现需要跨越多个组件。例如，一个客户端 – 服务器（Client Server，CS）应用程序的业务逻辑通过采用两种类型的组件来分配管理功能和存储状态信息。仅在客户端所需要的状态允许由客户端组件管理（提

高可扩展性，因为减少了每个客户端的服务器工作量），而需要在服务器端管理和存储共享状态，因为它可以被涉及几个客户端的事务所访问。

软件组件之间的耦合

为了实现某一具体配置或结构，可以使用各种各样的方式将多个软件组件（作为进程运行）连接在一起。因此，依据组件间的共同逻辑和它们之间的通信，定义了应用层业务逻辑和行为。为了实现更高的业务层（逻辑）连接，采用“耦合”这一术语来描述各种进程被连接在一起的方式。这里耦合的本质是成功设计分布式系统的关键方面。

如上所述，就可扩展性和健壮性而言，组件间的过度连接和直接依赖在通常情况下是存在问题的。直接依赖也会约束动态重新配置，在高度复杂、特征丰富的应用程序中，以及在操作环境本身是高度动态的应用程序领域中，这会越来越重要。

存在着几种形式的耦合，如下所述。耦合松或紧取决于运行时的灵活性程度，这在设计时被创建。

*紧（或固定）耦合*的特征是特定组件间的设计时间决定连接。对其他组件明确的引用会引入组件间的直接依赖，这意味着如果所有必需的组件（如按它被设计时固定的体系结构）都是可用的，应用程序才可以运行。如果一个组件出现故障，依赖于该组件的其他组件也会出现故障，或至少不能提供由故障组件所贡献的功能。因此，紧耦合设计往往会增加对故障的敏感性，降低灵活性，减少可扩展性，增加了维护的困难，约束了运行时的可重构性。

*松散耦合（解耦）*组件与其他特定组件间不具有在设计时所确定的连接。这种耦合形式的特征是借助于中间服务，这种服务提供了组件间的通信（如中间件）和使用动态组件发现机制（如服务广告）。使用间接引用来实现组件间耦合。这个方法在运行时比较灵活，由于是以其他组件的即时可用性为基础，对于中间服务来说，修改对其他组件的引用是有可能的，因此，组件不直接依赖于其他组件或进程的具体实例。例如，客户端可能被映射到一个服务中多个实例中的一个，这取决于生成服务请求时刻的可用性，故对于单个服务组件故障 297
方面，应用程序具有很好的健壮性。组件间映射也可能是建立在所需求的功能性描述之上，而不是基于特定组件 ID，因此，在运行时，基于组件间的供需匹配，中间者（如中间件）能够连接这些组件。

鉴于松散耦合使用外部服务或机制来提供成对组件之间的映射，它具有使应用程序访问和位置透明的潜力。松散耦合应用程序维护起来更容易，因为它是通过改变运行时的映射，将组件的新版本置换到老版本所在的位置，来支持更新。松散耦合应用程序也是可扩展的，因为它不用重新设计其他组件或重新编译系统，便可增加具有新功能的新组件，见图 5-8。

图 5-8 说明了松散耦合的优势。动态映射促进了位置透明性，因为客户端没有必要知道服务组件的位置。这使得如果当前使用的服务实例出现故障（例如，在 t_1 和 t_3 时刻间，当服务器的服务实例 A 发生故障时，客户端请求会被重新映射到相同服务实例 B 上），就自动重新映射到不同服务实例上成为可能，也可以重新映射到服务的更新版本上（例如，在 t_3 和 t_5 时刻间，当服务被更新时，后续的客户端请求会被映射到一个新版本 2 的服务器实例上）。在一些案例中，也提供了访问透明性，其中连接服务会处理不同的应用程序服务接口（例如，一个服务升级期间引起的），以便客户端组件保持不变。在有大量客户端部署的地方，这是非常重要的。对于同一时间系统中可能使用着不同客户端版本的情况，如果要使所有客户端的更新与每一个服务器的更新保持一致，则在逻辑、耗时、精力与风险方面，其代价会非常大。

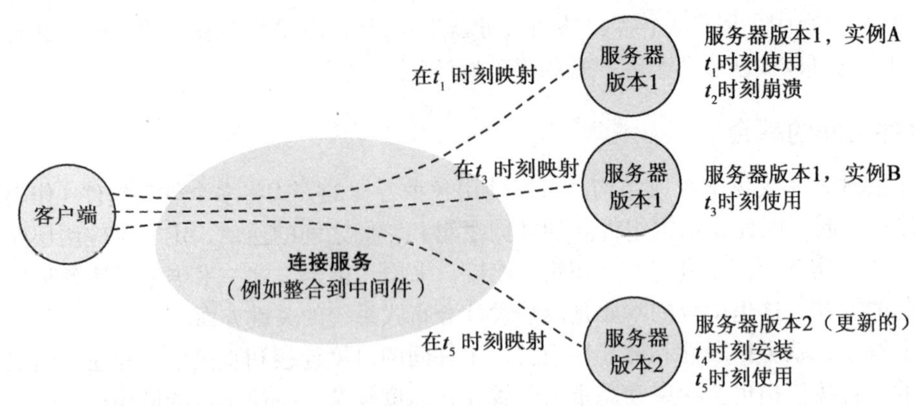

图 5-8 松散耦合系统中的动态映射

通信组件间的逻辑连接可能是直接的，或者也可能是通过中间组件的间接连接来促进的：

直接耦合是以进程到进程级的连接与应用程序的业务级通信相一致这一事实为特征的。传输层的逻辑连接直接映射到更高一级的连通性上。例如，在业务级组件间，可能是直接的

298 TCP 或 UDP 连接。

间接耦合描述了组件间通过中间者交互的情形。股票交易系统提供了一个案例，其中客户端具有私有连接，但是可以看到其他客户端交易的影响（用股票价格变化的形式），这可能引起进一步的交易。提供的另外一个例子是托管在中心服务器上的多人游戏，在应用程序级上，每一个游戏客户都会意识到其他人的存在（他们在逻辑上被连接在一起，事实上他们是同一个游戏中的对手），但是并不是作为组件被直接联系在一起。每一个客户端仅与服务器相连，并且客户端之间任何一个通信是通过服务器来传递的，并发送给另一个客户端。游戏用例应用程序为这种形式的耦合提供了一个有用的例子。另外一个例子是电子邮件，人们使用其电子邮件客户端彼此发送电子邮件消息（逻辑连接是就电子邮件会话而言的）。每一个电子邮件客户端都连接到用户方各自的电子邮件服务器上，其持有他们的邮件收件箱，也可以向外发送电子邮件，见图 5-9。

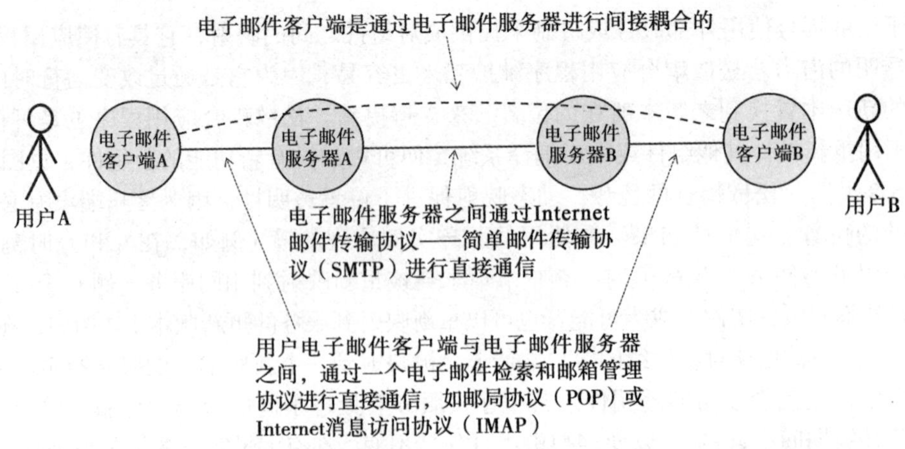

图 5-9 发送电子邮件涉及几个组件。电子邮件客户端之间是间接耦合

图 5-9 使用电子邮件来举例说明间接耦合。在应用程序级上，用户（实际上是他们所使

用的电子邮件客户端进程）在发送邮件消息时会有一个逻辑连接。电子邮件客户端之间不是直接相连的，即使两个用户具有相同的电子邮件服务器也不是。在该图中，在电子邮件客户端之间有两个中间者。每一个客户端直接耦合到其各方的电子邮件服务器上，且两个服务器彼此之间直接耦合。需要注意的是，直接耦合的组件是紧耦合还是松散耦合，这都没有影响，而是取决于组件的连接是如何构建的（例如，可能会有一个中间服务如中间件来提供动态连接）。

隔离耦合描述了这样一种情形，其中组件不被耦合在一起，虽然各组件均为同一系统的一部分，但彼此间不互相通信。例如，连接到同一服务器上的一对客户端没有必要直接通信，或者甚至不会意识到另一客户端的存在。例如，考虑一下在线银行系统的两个用户。其每一个客户端进程都可以访问银行系统，但这两个客户端之间没有逻辑关联，他们中的每一个都与银行有独立的逻辑连接。图 5-9 所示的电子邮件案例提供了另一个例子框架：考虑两 299
个彼此不认识的用户，并且从没给彼此发送过电子邮件。各自的电子邮件客户端进程是同一系统的一部分，但是在该案例中没有逻辑关联，因此，进程没有被耦合在一起。

基于一个 CS 应用程序示例，图 5-10 给出了各种可能的耦合变体。图 5-10a 展示了一个直接耦合，其中通过进程到进程的连接直接反映业务级连接。在小规模应用程序中，这是非常常见的配置。图 5-10b 展示了使用一个特定组件作为中间者来实现间接耦合，这促进了相连进程之间的通信。中央组件是应用程序的一部分，参与并有可能管理业务级连接；通过服务器组件传送业务逻辑连接，如图中所示。游戏用例提供了一个这样的例子，因为服务器需要观察游戏状态的改变，更新其自身对游戏状态的表示，促进一个客户端向另一个客户端移动。服务器也必须检查游戏结束的条件，也就是说，一个客户端赢了或者打成平局，也需要规范客户端的回合制活动。图 5-10c 由图 5-10a 和图 5-10b 组成，用来阐明组件间的紧耦合，也就是说，组件直接连接到其他特定组件上，这些组件有业务逻辑关系。应用程序级体系结构“被设计成”这样的组件，以便于它们通过一种预先确定的方式连接到其他组件。图 5-10d 表明，在业务级上使用公共服务的客户端是孤立的（即这些客户端不是相互耦合的），其中与服务相关的每一个客户相互作用，对特定客户端来说是私有的。每一个客户端之间无交互地从服务器获取服务，或者根本就不知道其他客户端的存在。图 5-10e 展示了一个外部连接机制或服务（例如中间件）是如何被用于提供进程间的连接的，实际上，这些进程本身之间不必构成或直接管理连接。连接机制不是应用程序的一部分，也不会参与业务级连接。它的角色是在不知道其意图或内容的基础上，在两个组件之间透明地传递消息。这是一种连接进程的更加灵活的方式，对于大规模或动态可重新配置的应用程序是非常重要的。在松散耦合方式中可以实现每一种直接和间接耦合模式，如图 5-10f 所证实的，其中通过中间件传递消息取代组件间的直接消息传递，但并没有改变业务逻辑层上的组件关系。

一般而言，由于耦合所引入的通信与同步的额外开销，可扩展性和组件间的耦合程度呈负相关。因此，过度的耦合可以被视为成本，设计时应尽可能地避免。所以，对于大规模系统，可扩展的设计往往要求大多数的组件相互之间是孤立的，并且每一个组件仅和其他组件的最小必需集合发生耦合。

图 5-11 给出了同一系统中组件之间可能的两种不同耦合方式。图 5-11a 给出了一个树形配置，只要在几个组件之间发送消息的自然通信信道不被堵塞，这种配置往往就是有效的。这要求良好的设计，以便对于一个消息从一个叶子结点向上到达树的根结点，沿不同的分支向下到达另外一个叶子结点这种情形是很少发生的，而绝大多数通信发生在树中邻近的

两个组件对间。图 5-11b 给出了一个更复杂的映射，其中组件间的依赖度更高。在应用程序逻辑上，连接复杂性可能是固有的，不能被进一步简化，虽然这样一个映射应该被仔细地审查。

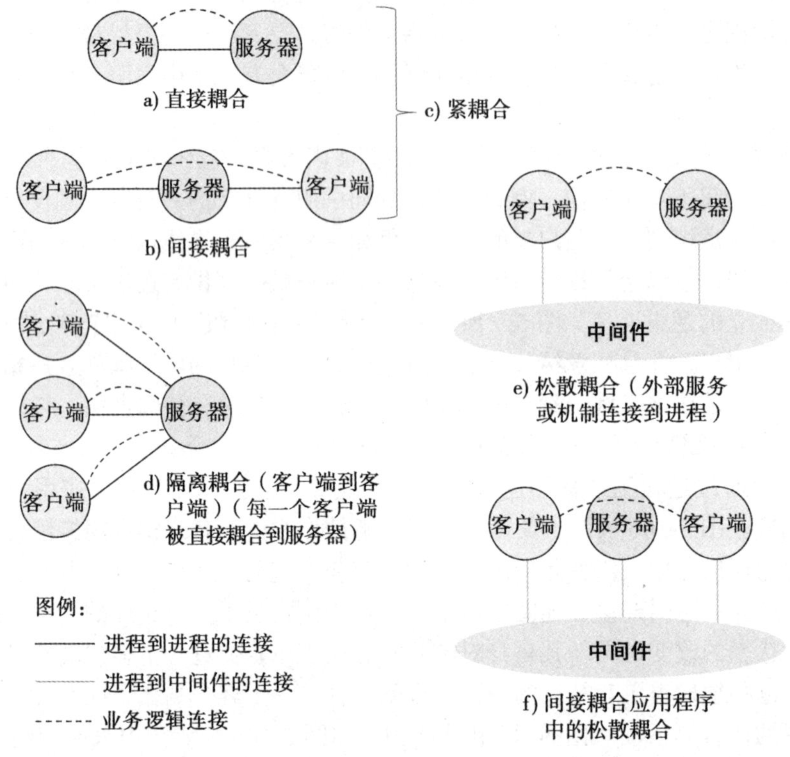

图 5-10　在客户端 - 服务器应用程序的上下文中，耦合变体的示例说明

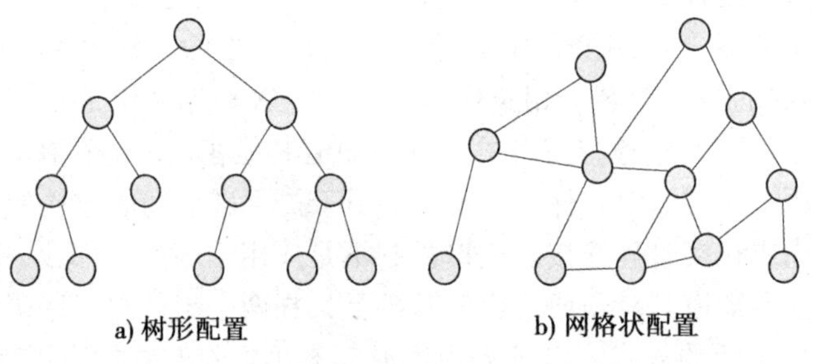

300～301

图 5-11　组件耦合的不同复杂性

5.6　软件体系结构分类法

一般情况下，应用程序所执行的各种各样的活动可按功能划分为三个主要组成部分：第一部分与用户界面相关，第二部分是应用程序的业务逻辑，第三部分是与数据存储和访问相关的功能。这三方面功能通常都会在一定程度上出现在所有应用程序中，如果对它们的描述足够充分，往往会涵盖所有常见活动。在具有各种各样组件的系统中，作为描述和比较分布式功能的一种方式，这种广泛的分类是非常有用的。需要注意的是，对这些组成部分来讲，有意地在一个高层次上进行描述，而不是在某一细节上对设计的特定特征做描述，因此是一种分布系统中更有用的描述和分类方法（即对整体的设计以及设计的行为效果而言）。

5.6.1 单层应用程序

单层应用程序是将三个主要功能部分结合在单一组件中，也就是说，不存在分布。这类应用程序往往是本地应用，具有受限制的功能。对于商业应用程序而言，单层设计变得相当罕见，因为它缺乏必要的连通性和数据共享特质，而这些是在许多应用程序中用以实现更多必要的高级行为所需要的。

图 5-12 说明了三个主要功能组成部分到单一应用程序组件的映射。这类应用程序有时也被称为单机应用程序。

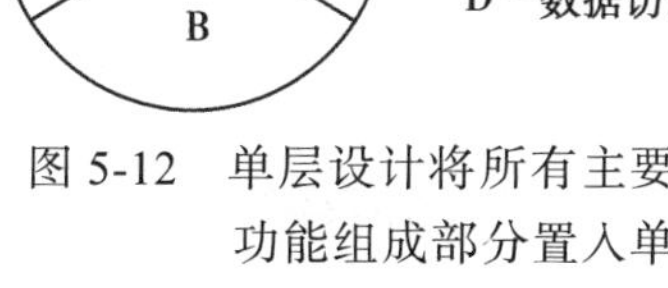
U
D
B
图例：
U—用户界面
B—业务逻辑
D—数据访问

图 5-12 单层设计将所有主要功能组成部分置入单一组件类型中

5.6.2 双层应用程序

双层应用程序将主要功能部分划分为两种类型的组件。双层应用程序最常见的例子是 CS 体系结构（随后将详细讨论）。

图 5-13 给出了 CS 应用程序功能分布的一些可能变体。需要注意的是，该图仅仅是为了示例说明，对于每一功能部分所占处理工作量的比例，这里并不打算提供一个精确的表述。

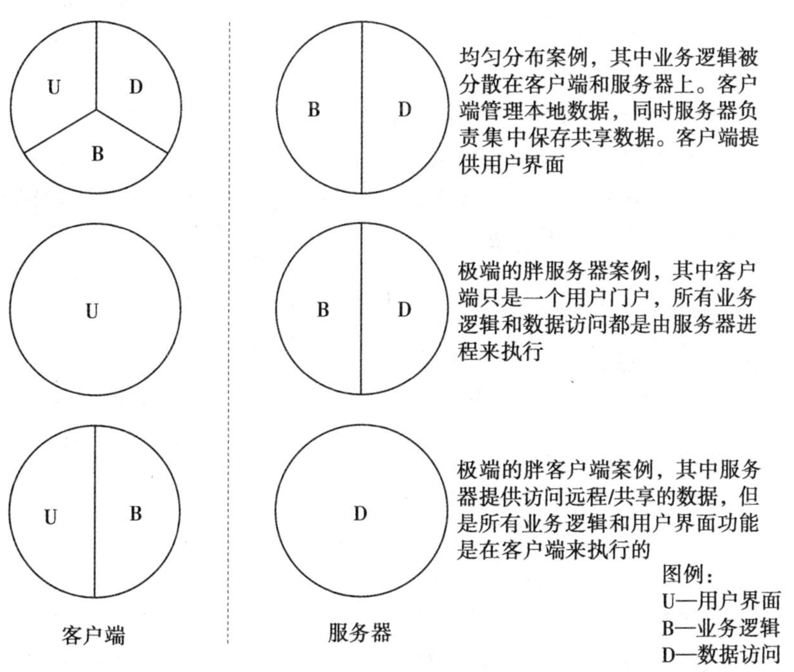
U
D
B
B
D
均匀分布案例，其中业务逻辑被分散在客户端和服务器上。客户端管理本地数据，同时服务器负责集中保存共享数据。客户端提供用户界面
U
B
D
极端的胖服务器案例，其中客户端只是一个用户门户，所有业务逻辑和数据访问都是由服务器进程来执行
U
B
D
极端的胖客户端案例，其中服务器提供访问远程/共享的数据，但是所有业务逻辑和用户界面功能是在客户端来执行的
图例：
U—用户界面
B—业务逻辑
D—数据访问
客户端
服务器

图 5-13 双层设计将主要功能组成部分分布到两个组件类型上

可以认为对等应用程序（之后也将详细讨论）是介于单层和双层方法间的混合体。这是因为每一个对等实例本质上是自成体系的，故其具有所有这三个功能组成部分的元素。然而，对于对等体的协作，实例之间必定会存在通信。例如，对于对等应用程序来说，促进数 302
据共享是很常见的，其中每一个对等体都拥有一个数据子集，并且其他对等体可以根据所需获得相应数据（见图 5-14）。

正如图 5-14 所示，每一个对等体都包含每个功能组成部分的元素，因此能够在某种程度上独立运作。例如，一个音乐共享对等体能向本地用户提供其本地持有的文件，不需要连

接到其他对等体。一旦对等体连接在一起，它们都可以将自己所持有的数据共享给其他对等体。

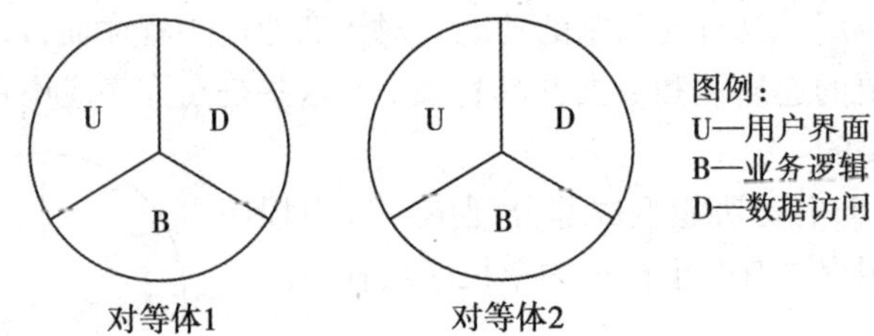

图 5-14 对等应用程序被表示为单层和双层体系结构的混合体

5.6.3 三层应用程序

三层应用程序是将主要功能部分划分成三种类型的组件。这种体系结构通用的目的是将每一个主要功能组成部分分离到它自己所在的层，见图 5-15。分成三层的潜在优势包括性能与规模可扩展性（因为工作负载可以被分布在不同的平台上，在中间层和 / 或必要的数据访问层可以引入复制），也可以提高可维护性和功能可扩展性（因为如果很好地设计各层之间的接口，则可以在一层上添加功能而不需要重新设计其他层）。

图 5-15 展示了一个理想化的三层应用程序，其中三个功能部分中的每一个都采用单独组件来实现，以提高规模可扩展性和性能。事实上，功能部分的分离很少可以做到如此清晰，功能部分的延伸可跨越各个组件。例如，在中间层可能会存在一些数据访问逻辑或 / 和数据存储，或者在前端或数据访问层可能实现一些方面的业务逻辑，因为这样可能会更高效或更加有用，这取决于实际的应用需求。

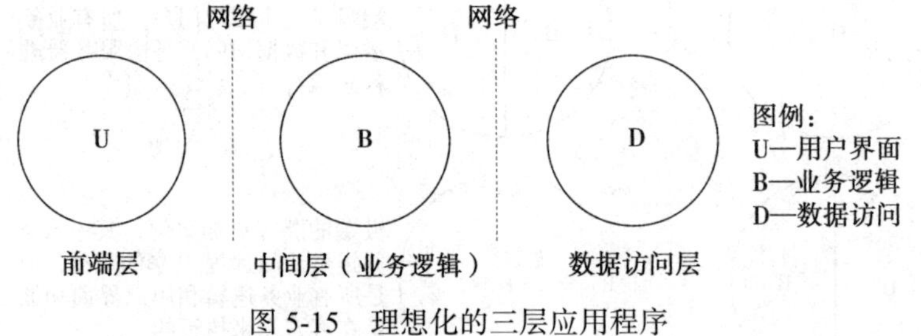

图 5-15 理想化的三层应用程序

5.6.4 多层应用程序

许多应用程序都有广泛的功能，需要使用各种附加服务，不仅是执行底层业务角色。例如，除了对银行账户管理资金的基本操作外，银行应用程序可能还需要与安全性和身份认证（用户和连接系统）、利率、货币汇率、内部账户与外部持有账户之间来去资金的转移、费用和记账的计算这些服务相联系的功能。这些不同功能的系统不能使用双层或三层的方法有效地建立。为了管理系统本身的复杂性，确保其功能可扩展性以及子组件的可维护性，这些系统潜在需要很多类型的组件，组件功能部分的分布高度取决于每一个特定业务系统的需求。

303~304 图 5-16 阐明了多层设计的概念。与三层设计应用的基本思想相同，但功能被分布在更多类型的组件上，来给出一个模块化、规模可扩展性和性能可扩展性更好的设计。这种方法的主要动机是管理（限制）每一个组件类型的复杂性，采用所使用与连接的组件来实现灵活性。例如，可能会有一些不需要安装在所有软件上的特定功能。如果功能被恰当地映射到组件上，那么某些部署可以忽略相关组件。在不影响其他组件的情况下，这种模块化方法也促进了实现个别组件的升级。

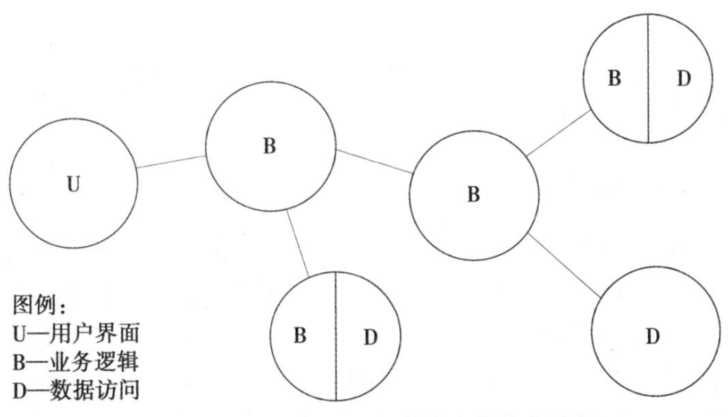

图 5-16 多层应用程序中的功能分布示例

5.7 客户端－服务器

或许 CS 是分布式计算中最著名的模型。这是一个双层模型，其中功能的三个主要组成部分被划分成了两种类型的组件。

一个运行着的 CS 应用程序实例至少由两类组件构成：至少一个客户端和至少一个服务器。这些组件划分了应用程序的业务逻辑，在不同的应用程序中，这些组件定义了角色并且按预先编排好的方式进行不同程度的交互。交互由应用层协议定义，所以对于一个非常简单的例子，客户端可能请求一个连接，发送一个请求消息（服务），从服务器接收到一个应答，然后关闭连接。第 3 章讨论了应用层协议。

5.7.1 客户端和服务器的生命周期

在大多数 CS 应用程序中，服务器持续运行，且在需要时客户端进行连接。这种编排反映了典型的底层业务需要：服务器应该总是可用的，因为它可能不知道用户什么时候需要服务，进而运行客户端。本质上，用户期望的是按需服务。然而，用户无法控制服务器，在需要时客户端并不能启动服务器。一旦用户会话阶段结束，客户端通常会关闭。 305

让客户端组件保持持续运行是不可取的，包括如下几个原因：

- 当处于活跃状态，甚至在没有请求时，也会占用资源，也不能确定会不会发出进一步请求。
- 保持客户端运行就要求其主机也要保持运行，即使当客户端拥有者并没有实际的需求时。
- 许多业务相关的应用程序会涉及客户端处理用户的隐私或公司的秘密信息，通常会要求某种形式的用户身份认证（这样的例子包括银行、电子商务及电子邮件应用程序），所以即使客户端组件本身保持运行，但用户会话不得不结束（典型地，与服务器的连接也会结束）。必须要进行新用户的验证，并且与服务器建立新的连接，因此当从头重新启动组件时，还会导致一大部分的总延迟发生。

5.7.2 连接的主动方和被动方

发起一个连接的组件被称作主动方，等待连接请求的组件被称作被动方。(思考一下主动与某人建立对话的情形，这与他人和你建立起一个对话恰好相反。起初，除了待在那儿，你没有必要做任何事情，因此，你的行为是被动的。)

通常服务器运作方法的两种主要特征可以支持客户端按需连接到服务：首先，服务器往往是持续可用的这一事实（如上所述），第二，因为其往往被绑定到熟知端口上，能由固定的 URL 寻址（即可以使用如 DNS 服务来对其定位见第 6 章中的详细讨论）。

5.7.3 CS 体系结构模型

CS 是一个逻辑体系结构，它并不指定组件的相对物理位置，所以组件可能在同一个计算机上，也可能在不同的计算机上。每个组件作为一个进程运行，因此，它们之间的通信是在传输层（以及之上），也可能是基于套接字，TCP 或 UDP 协议，以及更高层通信的使用。

306 图 5-17 给出了通用的 CS 体系结构，在该情况中两个客户端进程分别连接到单一服务器上。在同一时刻，一个服务器允许多个客户端连接是相当常见的，这取决于应用程序的特性，但是服务器与每一个客户端之间的连接都是私有的。

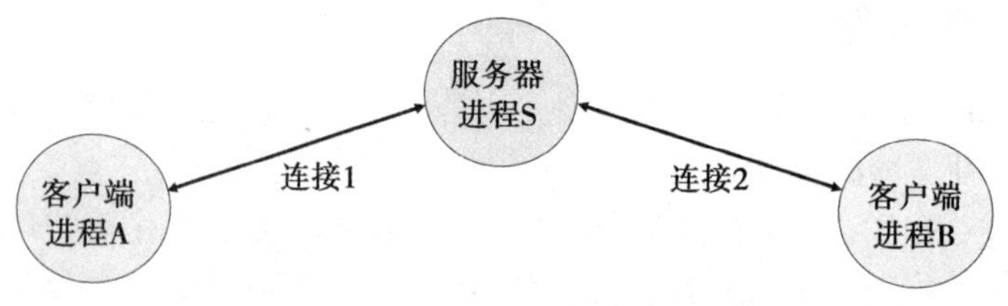

图 5-17 客户端 - 服务器的一般性描述

如此命名 CS 是因为在一般情况下，服务器向客户端提供了某种服务。通常由客户端发起通信，由于服务器不能预测客户端将在何时请求服务。典型地，作为 CS 应用程序的一部分，客户端彼此之间不直接交互，发生在它们之间的任何一次通信都要经由服务器。在许多应用程序中，独立的客户端不会意识到彼此的存在。实际上，在各种各样的应用程序中，这是一个关键的设计需求，例如网上在线银行、股票交易以及流媒体服务。

在这类应用程序中，业务模型是基于私有的客户端到服务器的关系，运行着一个请求应答协议，其中服务器响应客户端的请求。基于可能会有许多客户端同时连接到服务器的这一实际情况，从客户端本身来说，应该被完全隐藏，这是在更高的体系结构层面上并发透明性的要求。然而，如果服务器上的工作负载太高，对用户来说，请求服务的客户端队列在时间尺度上尤为显著（这是高度依赖于应用程序），则可能会感受到其他客户端对其性能的影响。当负载和规模增加时，包括服务器复制，将在本章深入讨论确保服务保持响应的技术，第 6 章也将从透明性角度对该部分内容进行讨论。

至于耦合方面，这类应用程序中的客户端可以说是相互孤立的。就其业务逻辑和功能而言，它们彼此间是相互独立的。每一个客户端与服务器耦合，松散耦合还是紧耦合取决于应用层协议的设计和组件之间彼此映射的方式。

相反，CS 多玩家游戏是一个很好的应用程序例子，其中通过游戏将客户端逻辑连接起来（它们的业务逻辑），因此客户端有必要意识到其他客户端的存在，并且产生交互，不过是通过服务器间接交互（即正如前面所述，客户端相互之间是间接耦合的）。在这个应用程序中，服务器有可能管理共享资源，如游戏状态，将控制游戏流程，尤其是在回合制游戏中。在该案例中，体系结构适合 CS 的胖服务器变体，见下一节。

对于交互式应用程序，客户端通常与人类用户相联系（它充当用户的代理）。例如，电子邮件客户端连接到远程电子邮件服务上。客户端提供了一个接口，通过该接口用户可以请求由服务器上检索到的电子邮件消息，或会向服务器发送消息，被作为电子邮件发送给其他用户。

图 5-18 给出了一个典型的电子邮件配置和用法场景。通过将电子邮件收件箱集中放置到众所周知的位置上（通过用户电子邮件地址 URL 的域名部分来确定），用户可以在任何有网络连接的地方读取其电子邮件。用户可以使用运行在不同设备上的几个电子邮件客户端程序中的一个来访问服务器。对于每种情况，用户界面和数据表示可能是不同的，但实际数据是相同的。电子邮件收件人不能确定该电子邮件是使用哪个设备或电子邮件客户端来创建的，因为所有电子邮件实际上是由电子邮件服务器发出的。

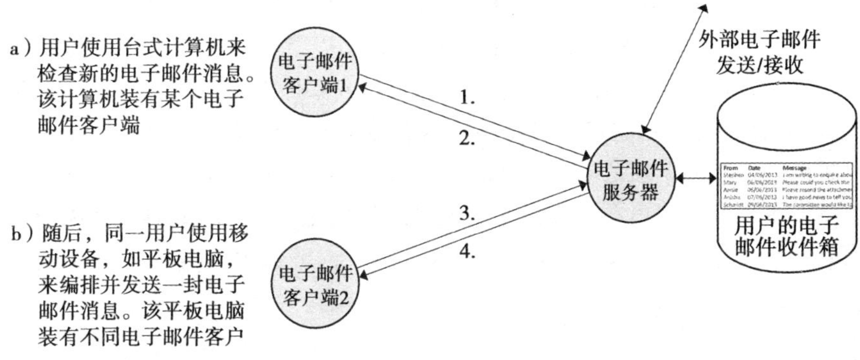

图例：
1. 用户查看电子邮件（客户端从服务器请求收件箱内容）
2. 服务器发送回复，包含来自收件箱的电子邮件消息
3. 用户创建电子邮件并发送（客户端向服务器传递电子邮件消息，这实际上是发送）
4. 服务器对发送来的电子邮件发送确认（一些客户端可能显示它，其他可能不会）

图 5-18 客户端 - 服务器配置的电子邮件应用程序示例

应用程序服务器经常被托管在专用计算机上，该计算机专门为这一目的而配置（例如，它可能有更大的内存和更快的 CPU，以确保在高速率、低延迟下处理请求）。在这类案例中，计算机本身有时也被称为服务器，但实际上，真正的服务器是运行在计算机上的进程。 307

5.7.4 CS 模型的变体

正如前面所讨论的，在分布式应用程序中有三个主要的功能组成部分，分别与用户界面、业务逻辑，以及数据访问与维护相关。在客户端和服务器组件上，基于这些功能部分的不同分布，出现了几种 CS 体系结构的变体。

正如名字所表明的那样，胖服务器（也称作瘦客户端）描述了一种大多数工作由服务器端来执行的配置，然而在胖客户端（也称作瘦服务器）中，大多数的工作在客户端执行。平衡的变体是指在组件间更均匀地共享这些工作（在图 5-13 中示例说明了这些变体）。甚至在这些大类中，实际功能部分的分布存在着多种方式，例如，客户端可能持有一些本地状态信息，其余的由服务器管理。在该案例中，应该设计成客户端仅持有针对各自客户端的状态子集，服务器持有共享状态。

就共享数据的可访问性（所有的数据访问逻辑与数据被保存在一个中心位置上）、安全性（业务逻辑集中在服务器端，因此可以免受未经授权的修改，基于授权来筛选所有的数据访问）、可升级性（业务逻辑更新仅被应用于少数服务器组件上，因此与大量部署的客户端必要升级相比，其升级可能会更加简单）方面而言，胖服务器配置存在优势。

当大量数据位于个人用户的本地，并且不要求与其他客户端共享时，胖客户端配置是合适的。在业务逻辑以某种方式为个人用户定制（这可能是确切的，例如，在一些游戏和商业应用程序中，如股票交易）的情况下，胖客户端设计也是理想的。胖客户端方法的一个重要优势是规模可扩展性。客户端做了大量工作，以致于含蓄地表达服务器是“瘦的”（为每个客户端做较少的工作），这样服务器能支持更多的客户端，因为增加客户端的增量成本相对
308 较低。

CS 应用程序在客户端与服务器的组件间，分布业务逻辑和数据存取功能，其可被描述为均衡配置。在这类应用程序中，存在两类数据：仅被单个客户端使用的数据，如个人数据、历史使用数据、参数选择和配置设置，被所有或多个客户端共享的数据需要集中存放。业务逻辑也可被划分为 2- 组件类型，使得对客户端来说是本地且不需访问共享数据的处理过程，能在客户端主机上执行（例如，允许行为定制或添加专门选项，其与特定客户端与相应用户的偏好和需求相关）。这也有利于减少服务器主机上的负担，提高服务的响应速度和改善规模可扩展性。然而，核心业务逻辑操纵共享数据和 / 或期望适应将来变化，可有效运行在服务器端，便于维护和更新。均衡配置代表了在胖客户端方法的灵活性优势，以及胖服务器集中式数据存储和管理（安全性和一致性）优势之间的折中。

5.7.5 有状态服务与无状态服务

在一些案例中，客户端可能持有所有应用程序的状态信息，服务器不持有任何状态信息，仅仅响应每个客户端的请求，不保留事务历史的任何细节。因此，这类服务被称为无状态服务，见图 5-19。

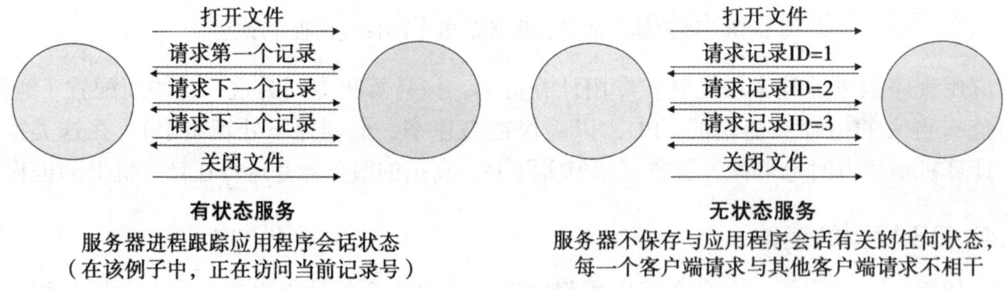

图 5-19 有状态与无状态服务对比

图 5-19 提供了一个有状态服务与无状态服务的对比，在有状态服务中，服务器进程跟踪应用程序的状态，而在无状态服务中，服务器将新客户端请求独立于其他客户端来处理，且服务器不保存与当前应用程序活动相关的状态信息。无状态方法对实现健壮性很有效，尤其是在大规模系统中。这主要是因为有状态服务器故障破坏了所有与相连客户端有关的活动，并且当重启服务器时，要求恢复状态以确保持续一致性，然而无状态服务器故障不会丢失任何状态信息。当无状态服务器故障时，它的客户端可能被连接到一个新的服务器实例上，不需要任何状态恢复（因为在本地，每一个客户端都保持其应用程序会话的状态）。对

于无状态服务器方式，提高健壮性的另一个方法是在服务器组件中引入更低的复杂性，使开发和测试更容易。多玩家游戏用例提供了一个有状态服务器设计的例子，服务器存储了游戏状态，如该由哪个玩家进行移动。 309

5.7.6 模块化和层级 CS 系统

仅有 2- 组件类型可能会在一些情况下受限制。或许有必要将服务的功能划分到几个子组件上，以确保有效的设计并限制任何单一组件的复杂性。这种分布往往也可以提高健壮性、可维护性和规模可扩展性。考虑到公司有它自己内部的身份认证系统这种情况，旨在几个不同应用程序中验证所有服务请求。有三个不同的 CS 应用程序，被用于为公司业务提供必要的服务，每一个用户都有一套单独的访问证书来使用所有这三个服务。

一个选择是将身份认证系统整合到每一个业务服务中，以致于当任何一个客户端请求到达时（在任何服务器），将发生相同的身份认证活动。这种方法不可取，因为它要求重新设计所有这三个应用程序，服务器组件的复杂性、实际代码长度，以及运行时资源请求都会增加。必须将身份认证逻辑复制到这三个服务中，这会使得设计、开发与测试工作成本变大。该方法也意味着将来身份认证系统的任何更新，都必须在所有三个副本上执行，否则，行为上将会存在差异，身份认证强度可能会不一致。

来自体系结构视角的一个更好的选择是，作为一个单独的服务来开发身份认证系统（我们假设 CS 模型适合该例子）。实际上由身份认证系统的服务器端来执行身份认证核对，这将涉及客户端提供的认证信息与服务持有的数据之间的对比，来确定谁有权利来执行各种操作或访问数据资源。身份认证服务的客户端可能是“瘦的”（参阅前面的讨论），故比较适用于整合到其他服务上而不增加太多复杂性。因此，身份认证客户端被置入公司使用的三个业务服务中，可使得身份认证是一致的，而不管使用了哪个业务服务，所以，可以独立于业务服务之外进行身份认证服务的维护和更新。

为了举例说明层级服务情境，这里给出一个特定应用程序例子：考虑一个由两个级别服务（数据库访问和身份认证服务）组成的应用程序。该系统由三种类型的组件构成：数据库服务器（由数据库本身以及用于访问和更新数据的业务逻辑构成）、数据库客户端（这提供了访问数据库的本地用户接口）、身份认证服务器（持有必要的信息来验证数据库中的用户）。需要注意的是，数据库服务器需要扮演身份认证服务客户端的角色，因为它做出请求，使其用户进行身份认证。这里提供了一个例子，其中单一组件动态地在客户端和服务器角色之间进行转换，或单一组件同时扮演两种角色⊖，这取决于行为设计的许多细节。该例子如图 5-20 所示。

图 5-20 说明了服务的模块化方法，其中数据库服务器向一个单独的身份认证服务发出服务请求。这些服务使用 CS 模型实现，身份认证客户端功能被嵌入数据库服务器组件中。用这种方法，数据库服务器有效成为身份认证服务的客户端。在透明性和安全性方面，这种 310
方法具有进一步优势。用户不需要直接访问身份认证服务，所有访问都是通过其他应用程序来间接执行的。这意味着用户不会意识到内部的配置及发生的通信。图 5-20a 中，客户端 A 通过身份认证来访问数据库，然而在图 5-20b 中，客户端 B 被拒绝访问。在这两个案例中，在客户端看来，数据库服务器执行身份认证检测本身。

⊖ 通过商店里一个售货员与顾客的关系，可以提供一个组件角色改变与人的行为之间的类比。销售员（服务器）为顾客（作为客户端）服务。然而，销售员有可能需要从另一个批发商为顾客订购一些特殊的商品。这样，为了完成第二个交易，售货员向外部供货商请求商品，其角色就变成了顾客。

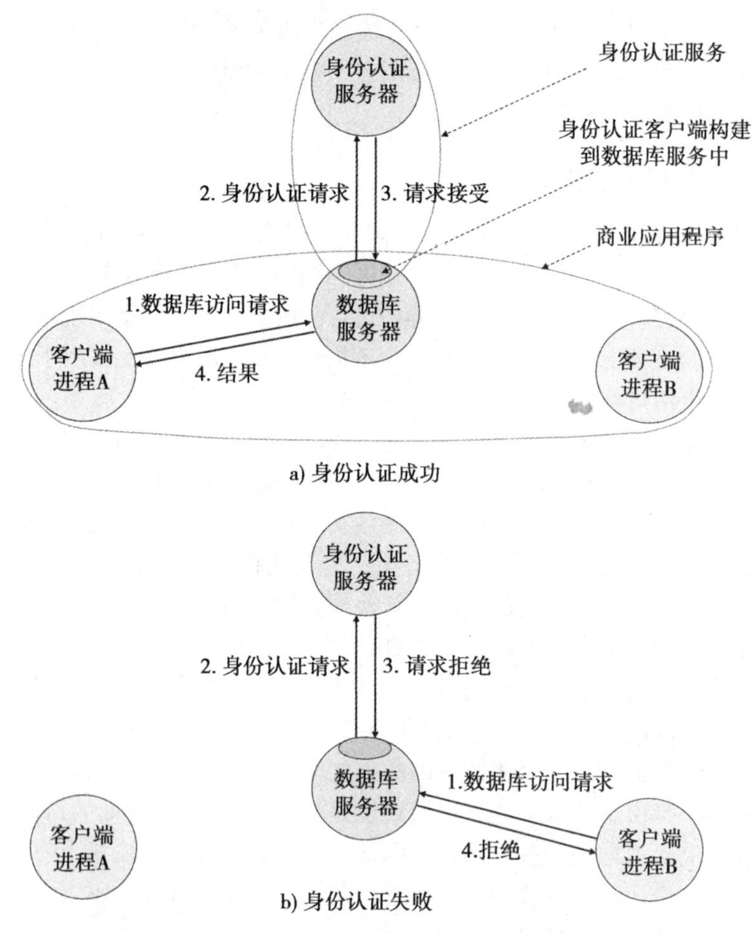

图 5-20 模块化服务，数据库服务使用身份认证服务

CS 体系结构可以扩展到客户端需要访问多于一个服务器的情形，尤其是在应用程序组件需要访问多个远距离或共享资源的地方。这样的例子是所需的数据散布在多个数据库上的情况，或者单一数据库本身分布于整个系统中的情况。借助于下一节中图 5-21，探究单一组件需要访问两个分离数据库的情境。

5.8 三层和多层体系结构

CS 是一种双层体系结构形式，其主要的结构优势在于简洁性。然而，它并不特别具有可扩展性，包括几方面的原因：应用程序逻辑集中在单一服务器组件类型上（因此，组件的复杂性与功能性成近似线性增加）；由服务用户和服务提供者之间的直接通信关系引起的灵
311~312 活性限制和健壮性限制；由于所有客户端连接到特定服务所引起的性能瓶颈，该特定服务可能由单一进程实例构成。

附加层的引入，也就是说，将应用程序逻辑分离到更小的模块，并将其分布在更多类型的组件上。这提供了更大的灵活性和可扩展性，还有其他益处，如健壮性和安全性。这些体系结构具有三层或更多的层，通常被指作三层体系结构，但也使用多层这一术语。需要指出的是，对于所实现的实际层数来说，这两种用法都不是严格遵循的。

使用一个非常合适的例子来说明三层体系结构的优势：网上在线银行。对于这样一个应

用程序，考虑一些主要的设计需求：

- 服务必须是安全的。未经授权的不能访问数据。
- 服务必须是健壮的。不能存在数据毁损，且在任何时候系统必须保持一致。个别组件故障不应该导致整个系统故障，且用户应该不能察觉到这类组件故障。
- 服务必须是高度可扩展的。当银行客户基数或所提供服务集合增加时，应该有一个简单的方法用以扩大容量。
- 服务必须是灵活的。银行需要能够改变或增加功能。系统运作本身需要遵循法律，如数据保护及隐私法律，这些可能会时不时地被修改。
- 服务必须是高度可用的。在白天或晚上的任何时候（目标是 24/7/365 的服务），客户应该能够获取服务。

尽管这些需求已经在网上在线银行上下文情境中做专门陈述，但事实证明它们实际上普遍代表了一大部分企业分布式应用程序的需求。对于银行应用程序，它们按可能的优先级顺序被列出，而对于其他应用程序，未必与这个顺序相同。本质上，需求就是安全性、健壮性、可扩展性、灵活性和可用性。保持该例子处于十分高的水平，现在让我们思考一种方法，其中三层体系结构能满足或有助于每一个需求。

安全性。通过中间业务逻辑层，从数据访问层将客户端解耦。在用户请求被传递到对安全性敏感的组件之前，这样可允许产生健壮的用户验证。它也掩盖了系统的内部体系结构。攻击者或许能够向中间层发送一个虚假请求，但可以设置该系统，使得第三层仅接收来自中间层的请求，并且当从银行网络外部视角观察时，不会察觉到第三层。

健壮性。三层体系结构使得在除了第一层的所有层中实现复制成为可能。这是因为每个用户一定恰好有一个客户端进程来访问该系统，可能同时存在一些活跃的客户端，但这不是复制，因为每个客户端是唯一的，并被其用户独立控制。必要时，业务逻辑层和数据访问层都可以被不同程度的复制，以确保健壮的服务。这就是数据访问层的复制机制设计，最重要的是有助于确保数据一致性，尽管个别组件会出现故障。

规模可扩展性。业务逻辑层和数据访问层的复制也有助于实现规模可扩展性。可以增加额外的组件实例来满足日益增长的服务需求。第二层和第三层可以不对称地按比例扩展，这取决于在哪儿发生瓶颈。例如，随着验证机制负载的增加，如果用户验证成为一个瓶颈，那么，与数据访问层相比，可以采用更高的复制因子来扩大业务逻辑层，这样或许可在当前资源水平上，能够令人满意地继续执行。 313

灵活性。回顾三层体系结构有时也被称为多层。这是因为不一定恰好就是三层，术语的使用并不总是精确的。如果由于负载的增加，不仅用户验证机制成为一个严重的瓶颈（如上面段落中所描述的），而且加强银行执行用户验证的立法管理方式也得到加强，要求更强大的检查落实到位（相对来说，这是更加资源密集型的），考虑一下将会发生什么。在该案例中，如果验证仍然是业务逻辑的一部分，则组件类型将变得非常复杂和重要。更好的方法可能是在系统中引入一个新层，并从其他业务逻辑中分离出用户验证逻辑。多层方法允许在一个层中发生类似这样的改变，而不影响其他组件，所以，例如，用户客户端组件和数据访问组件在理想情况下可以保持不变。这限制了改变的成本，或许更重要的是降低了由太多事情同时改变而引起的不稳定风险。

可用性。再次，能够在多层复制的灵活性为高度可用服务提供了基础。如果一些副本位于不同的物理站点，那么尽管本地站点发生故障，如洪水或切断电源，甚至服务仍能继续使

用。只要每类组件中至少有一个处于运行状态，那么有可能整体服务是功能完整的。然而，需要注意的是，这必须服从满足所有其他方面需求，诸如，健壮性需求的数据一致性方面可能强调一个最小集，如三个数据访问组件，在任何时候都处于运行状态。

三层体系结构较两层设计有更进一步的优势，最重要的是它们所提供的更大程度的透明性，以及与此相关的附加益处。

一个通用的面向数据库的应用程序，可访问两个不同数据库，被用来例证由两层设计发展到三层设计所产生的透明性益处。借助图 5-21，对此进行解释。

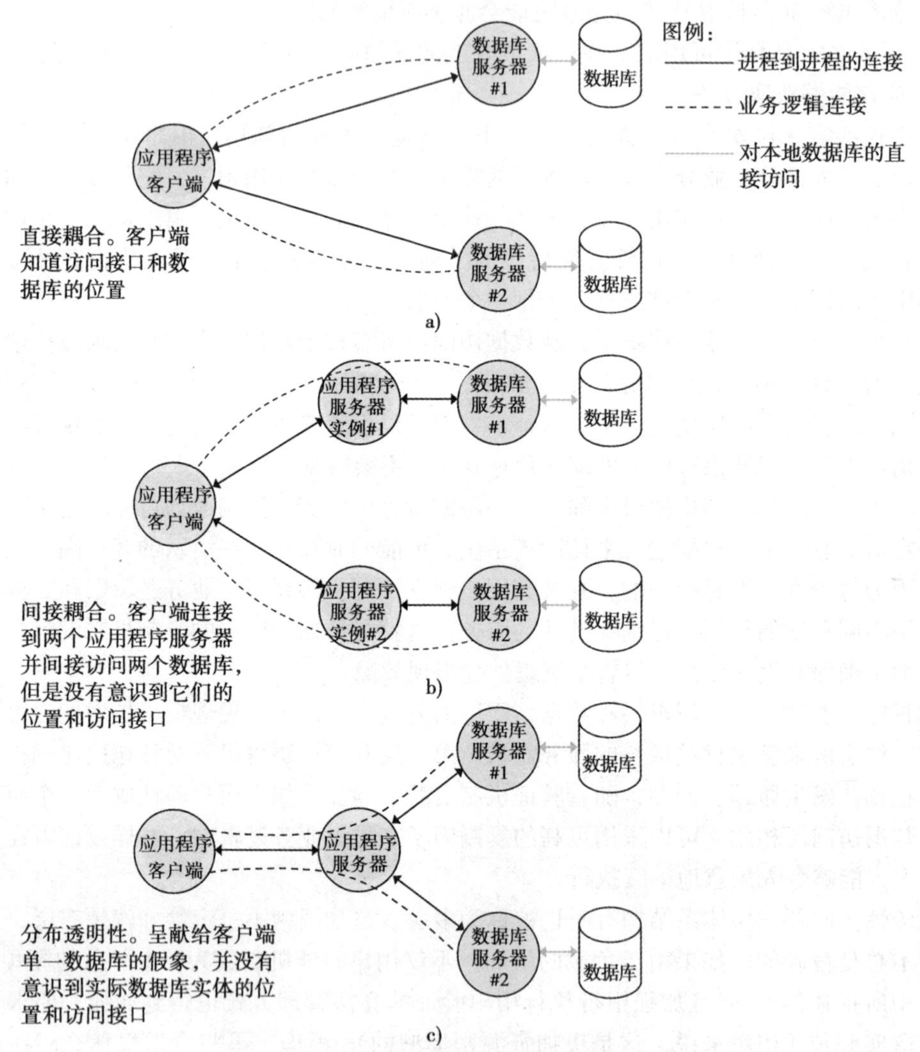

图 5-21 到服务的双层直接耦合与三层间接耦合的对比

图 5-21 说明了使用附加层的益处。该图展示了将应用程序组件连接到两个数据库的三种可能方式。图 5-21a 展示了两层配置，其中组件被直接连接到数据库服务上。在该情况下，用单一应用程序组件（图中所示为一个客户端，因为它向数据库服务发出服务请求）实现所有的业务逻辑。这种配置是直接耦合的例子，并且具有初始开发成本低、操作简单的优势。

然而，这种配置在几个重要的方面缺乏透明性。这种配置要求客户端应用程序开发者直接处理组件的分布。我们可以说这不是分布透明的。当开发访问数据的应用程序代码时，开发者必须考虑到每个数据库上存放哪些数据。复杂的情境，如当仅有一个数据库可用时，将会发生什么，或者如果一个数据库不能执行事务处理，但其他的是成功的（在数据一致性方面，可能会尤为复杂），这些必须被解决，并且在应用程序逻辑中，这些情境会被自动地检测和支持。

就位置与访问透明性而言，为了连接到数据库服务器，客户端组件必须知道或发现数据库服务器的位置，因为是直接连接，必须知道数据库接口的本地格式。如果改变数据库类型，那么可能必须更新客户端组件来解释接口到数据库的变化，如使用的消息格式、与数据库服务器逻辑连接的实现方式（例如，客户端本身的身份认证方式可能改变，或者两个数据库中的每一个验证方式是不同的）。 314

图 5-21b 展示了一个更加复杂的可供选择的体系结构，其中引入了第三层。部分业务逻辑被移动到应用层服务器组件中，来处理与数据库服务的连接和通信。

应用层服务器能执行附加的功能，如安全性和访问控制，向客户端提供访问透明性和位置透明性：对于前者，就数据库可能有它们自己的本地格式而言，这可由应用程序服务器来处理，因此隐藏了来自客户端的差异；对于后者，因为应用程序服务器能处理数据库服务定位，而客户端不需要知道数据库服务的位置或不需要有请求机制来定位数据库服务。

这种方法在多方面都是比较出众的。第一，它隐藏了来自客户端数据库可能的异构性，使客户端逻辑更加简单。第二，它从数据库组件中解耦出客户端组件，潜在地提高了安全性和健壮性，因为如果有必要，身份认证和过滤请求可以被添加到一个新层中，所以，客户端不直接操作数据。第三，多个客户端可以潜在地使用同一应用程序服务器组件。这集中了应用程序业务逻辑，使得应用程序通常更容易维护，简化了业务逻辑升级。

图 5-21c 展示了一个进一步发展的体系结构，其中应用层服务器处理数据库连接的所有方面，以致于给客户端呈现了仅有单一数据库实体的假象。其实现是由于客户端仅连接到单一应用程序服务器上，这解决了到多个数据库的连接，为客户端提供了单一系统的抽象。在这种配置下，除了由图 5-21b 的配置中所实现的其他形式透明性，该服务器还提供了分布透明性。

注意到图 5-21c 配置是一个三层应用程序的例子：应用程序客户端是第一层（用户界面），应用程序服务器是第二层（业务逻辑），数据库服务器是第三层（管理数据访问）。然而，这样安排组件实际上也可以认为是两层的 CS 体系结构，其中应用程序逻辑被开发为一个 CS 应用程序，且数据库本身被作为一个独立的 CS 应用程序来开发，然后将两者合并在一起。实际上，在设计阶段，这可能是一个有用的方式来思考各种组件所需的功能。在生成的三层体系结构中，中间组件（应用程序服务器）扮演一个 CS 系统中的客户端角色，而在另一 CS 系统中充当服务器的角色，见图 5-22b。

图 5-22 对三层体系结构的一些机制特性进行示例说明。图 5-22a 展示了使用套接字的一种可能的通信配置。在所示配置中，中间层连接到数据层（数据层是被动方，中间层是能发起连接的主动方）。不管什么时候需要服务，应用程序客户端连接到中间层（在该案例中，应用程序客户端是主动方，中间层是被动方）。图 5-22b 展示了一种将三层体系结构的构造视作两个 CS 阶段的可能方式。当考虑扩展已有的两层应用程序时或在三层应用程序的设计阶段，这种三层系统的可视化方式尤为有用，因为它促进了模块化的设计方法，特别地，它也有助于启发对各种组件清晰的设计需求。图 5-22 展示的机理细节适用于图 5-21b 和

图 5-21c 描述的体系结构。

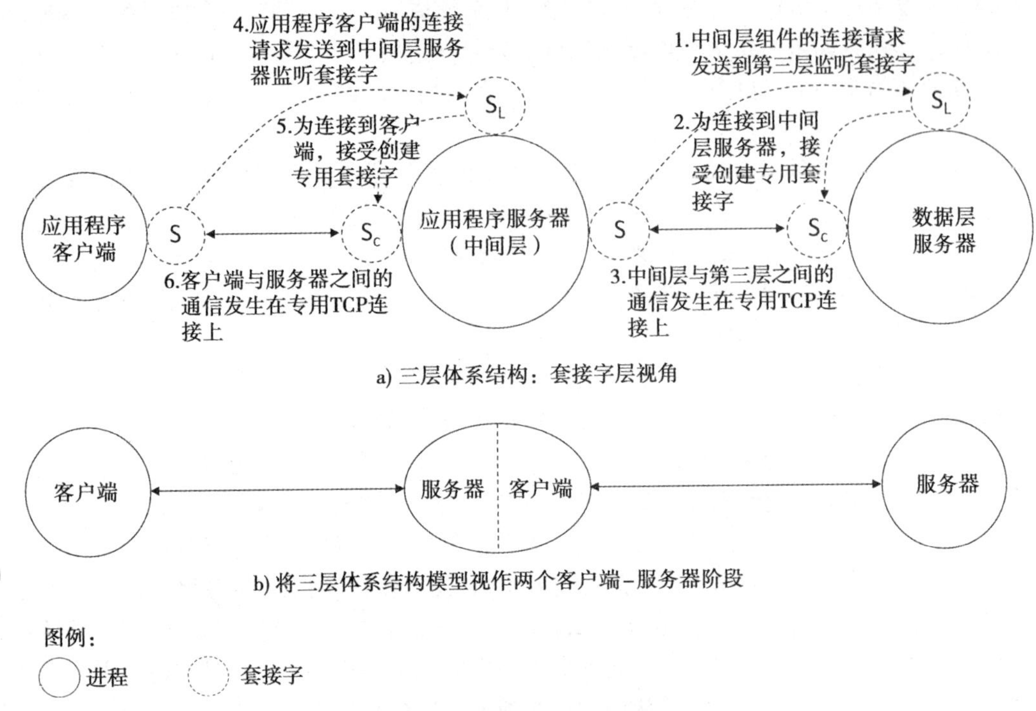

图 5-22 三层体系结构的某些原理方面

上面所描述的多数据库情境作为一系列的三层应用程序版本而开发，其中每一个直接映射到如图 5-21 所示的配置。活动 A1 探究了这三个版本的行为，来促进对诸如配置间的透明性差异、不同配置的相对优点和缺点，以及所表现的不同耦合方法等这些方面的理解。

315 三个应用程序中的组件是通过 TCP 连接进行通信的，采用如图 5-22a 所示的相同方式来进行组件配置。

在一个系统中数据分布的原因有很多。例如，基于数据的类型、数据的所有权或数据的安全敏感性，数据可能会被放置在不同的地方。数据可能被故意分放到不同服务器上，以减少每一个服务器的负载，因此提高性能。数据也可能被复制，以致于在系统中同一数据有多个可用副本。使用不同物理数据库的数据分布可能是一种偏向于确保可维护性和管理复杂性的设计。例如，零售商公司很可能有一个信息结构，该结构将客户详情分离到一个客户数据库中，将股票详情分离到一个股票数据库中，将员工和工资详情分离到另一个数据库中。

对于任何一个大型系统，数据往往更有可能是分布式的。对于一个大型组织来说，通常将所有关于消费者、供应商、产品等的数据收集到单一数据库中是不可取的，这将是复杂的和不便利的，可能要求大量的本地存储，并且因为所有数据查询将被发送到同一服务器上，所以有可能存在性能瓶颈。此外，许多电子商务应用程序是跨多个组织运转的，它们不太可能允许其数据远程存储在其他组织站点上。更有可能的是，每个组织将其数据分为两类：乐于允许远程组织通过一个分布式电子商务应用程序访问的数据，以及更希望保密的数据。

因此，分布式应用程序设计者面临着特定应用程序中访问多个数据库（和其他资源）的挑战，以致系统用户不会意识到数据（或其他资源）的真实位置，并且用户也不必关心底层系统物理配置的复杂性。这是一个关于透明性的重要地位的非常有用的例子。采取措施以确保所开发的应用程序支持活动 A1 攻克访问多个分布式资源，以及通过恰当设计实现所产生的透明性挑战。需要注意的是，在活动 A1 所开发的应用程序中，已经实现的实际数据库功能是最小的。对于示例理解，这例子已经足够了，因为该活动的学习目标集中围绕着通信和体系结构方面，而不是数据库本身。 316

活动 A1 探究双层和三层体系结构

此活动使用同一应用程序的三个不同结构化版本来探究软件体系结构的许多重要方面。每个应用程序都要访问两个不同的远程数据库服务器。为了简化软件配置，以及确保实验重点是在体系结构方面（而不是安装和配置数据库），用于活动中的数据库服务器程序实际上是以内存中数据表的形式存放它们的数据，并不是真正数据库。这不会影响体系结构、通信以及其行为连接方面。

前提条件。将该活动所需的支持材料复制到你的计算机上，见第 1 章的活动 I1。

学习目标。

1. 理解 CS 的不同配置。
2. 了解多数系统的资源分布特性。
3. 在缺少某些服务的情况下，理解健壮性设计，但系统剩余部分仍提供部分功能。
4. 理解双层和三层体系结构的差异。
5. 了解不同的耦合方式。
6. 在实际应用环境中探究访问透明性。
7. 在实际应用环境中探究位置透明性。
8. 在实际应用环境中探究分布透明性。

该活动分三个主要阶段来执行。

方法 A 部分：理解分布式数据的概念。第一部分使用双层实现，由以下软件组件构成：DB_Arch_DBServer_DB1_Direct（这是两个数据库服务器中第一个的实现，并且贯穿于整个活动中使用），DB_Arch_DBServer_DB2_Direct（这是第二个数据库服务器的实现，并且也贯穿于整个活动中使用），以及 DB_Arch_AppClient（该客户端版本与两个数据库服务器中的每一个直接连接）。该配置对应于图 5-21a。

客户端所需的数据分布在两个数据库服务器中，这样每个服务器能提供独立于另一服务器的特定部分。一个数据库服务器持有顾客姓名详情，另一个数据库服务器持有顾客账户资产明细。因此，单一客户端需要连接到两个服务器上，以检索某个特定顾客的所有相关数据，但如果只有一个服务器可用，则只能检索部分数据。

该活动部分演示了应用程序客户端与数据库服务器之间的直接连接。客户端必须知道数据库服务器的位置（地址和端口）。在演示应用程序中，端口号是硬编码，假定每一个服务器的 IP 地址与客户端的相同；如果服务器位于不同计算机上，用户必须输入正确的 IP 地址。

在下面三个子步骤中探究连通性和行为。

A1 部分。运行客户端和单一数据库服务器。通过运行客户端 (DB_Arch_AppClient) 和两个位于同一计算机上的第一个数据库服务器 (DB_Arch_DBServer_DB1_Direct) 来启动。尝试将客户端连接到每一个服务器。第一个数据库服务器应该是成功的，第二个是失败的。因为在该特殊的设计中，客户端单独管理每次连接，缺少一个服务器不会干扰与其他服务器的连接。

现在请求一些数据。一个顾客ID号是由所支持的{101, 102, 103}集合中提供，单击“Request data”按钮。你应该可以看到，正在运行的特定服务器上所保存的部分数据被检索到。按照设计，应用程序向全部相连的数据库服务器发送相同的请求（也就是说，键值是顾客ID）。所以其中一台服务器不可用的情况，不会妨碍另一台服务器返回其结果，也就是说，仅向客户端返回了顾客名称。

A2部分。运行客户端和另一数据库服务器。不管哪一个数据库是不可用的，可以证明行为是对称的。这次，运行客户端（DB_Arch_AppClient）和两个位于同一计算机上的第二
317 个数据库服务器（DB_Arch_DBServer_DB2_Direct）。按上述相同的步骤。一旦连接且提交一个顾客数据请求，数据库应该返回正确的顾客账户数据，即使数据库#1不提供可用的顾客姓名。

A3部分。运行客户端和两个数据库服务器。现在运行客户端，以及位于同一计算机上的两个数据库服务器。将客户端连接到每一个数据库服务器，然后提交数据请求。需要注意的是，该案例中的请求被发送给两个数据库服务器，基于请求消息中的顾客ID关键字，返回它们所持有的数据。

你可能刚好注意到客户端中更新两个数据字段之间的延迟，发生这样的情况是因为两条消息中获得的数据来自两个不同的数据库服务器。

A部分预期结果。你应该可以看到，分布式应用程序正确运行，基于上述所描述的过程，其行为与预期的一致。

你应该可以看到客户端是如何建立的，以及如何分别管理与两个数据库连接的。

使用数据库服务器组件中提供的诊断事件日志，可以查看所建立的连接以及客户端与服务器之间传递消息的细节。确保你理解所发生的行为。

对于活动的A3部分，下面的屏幕截图展示了当所有三个组件成功交互时而发生的行为。

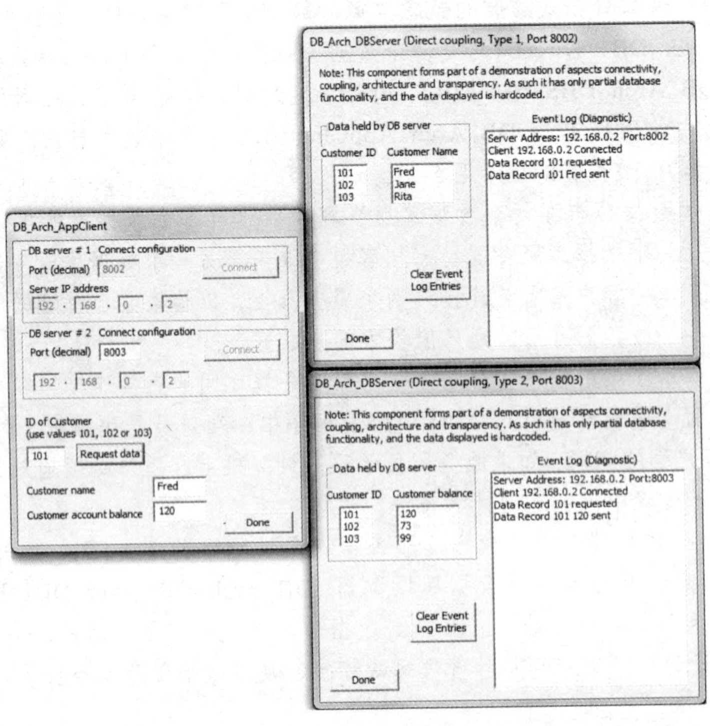

318

方法 B 部分：扩展到三层。这部分活动关注的是中间层的引入，从数据库服务器中解耦应用程序客户端（在 A 部分使用的配置中，数据库服务器直接连接到客户端）。

活动的第二部分引入了一对应用程序服务器，每一个应用程序服务器处理连接到一个数据库服务器。该配置由以下 5 个软件组件构成：DB_Arch_DBServer_DB1_Direct（两个数据库服务器中第一个的实现），DB_Arch_DBServer_DB2_Direct（两个数据库服务器中第二个的实现），DB_Arch_AppServer_for_DB1（连接到第一个数据库类型的中间层），DB_Arch_AppServer_for_DB2（连接到第二个数据库类型的中间层），DB_Arch_AppClient_for_AppServer1and2（取代直接连接到数据库服务器，连接到新的中间层应用程序服务器的改进客户端组件）。该配置对应于图 5-21b。

现在，与 A 部分配置主要的不同在于客户端仅知道它的应用程序服务器。它仍需要连接到两个其他组件，但是它现在没有直接耦合到数据访问层，也没有必要知道数据访问层是如何组织的（在用于 A 部分的配置中，它是直接耦合）。

在下面三个子步骤中探究连通性和行为。

B1 部分。运行客户端、连接到 DB1 的应用程序服务器以及 DB1 数据库服务器。为一个顾客 ID 请求数据，并观察结果。需要注意的是，客户端仍分别管理它的连接，因此，在缺少另一数据库的情况下，可以从 DB1 中检索数据。

B2 部分。现在，运行客户端、另外一个应用程序服务器（其连接到 DB2）以及 DB2 数据库服务器。证实在组件不可用时，客户端行为是对称的。在缺少 DB1 的情况下，可以从 DB2 中检索数据。

B3 部分。运行所有的 5 个组件，以致运行整个三层系统。将每一个应用程序服务器连接到它们各自的数据库服务器上，将客户端连接到应用程序服务器上，然后提交一个数据请求。需要注意的是，向每个应用程序服务器分别单独发送请求，然后将其转发给它的数据库服务器。另外还需要注意，来自数据库服务器的响应被转发给客户端，显示出结果数据。

与 A3 部分相同，你可能也会注意到客户端中更新的两个数据字段之间的延迟。在该案例中可能会更加明显，因为两个消息集必须通过更长的组件链来传递，增加了延迟。

B 部分预期结果。通过尝试实验这种配置，你应该能够看到由于三层应用程序所产生的一些差异，其中应用程序客户端是第一层（用户界面），应用程序服务器是第二层（业务逻辑），数据库服务器是第三层（数据访问）。

使用应用程序服务器组件和数据库服务器组件中提供的诊断事件日志，可以看到所建立的连接以及三层间传递消息的细节。确保你理解所发生的行为。

应用程序服务器打破了用于双层体系结构中的直接耦合。应用程序服务器提供位置透明性和访问透明性。位置透明性的实现是因为应用程序服务器连接到数据库服务器，以致客户端不需要知道其位置详情，甚至没有必要知道数据库服务器是外部组件。访问透明性的实现是因为应用程序服务器隐藏了两个数据库的异构性，通过采用一致的应用程序特定的通信协议，使得所有与客户端的通信相同。

还要重点指出的是演示的范围有限，在真实的应用程序中，中间层能够提供附加的服务，如客户端身份认证，以及传递给数据库服务之前所做的请求。

对于活动的 B3 部分，下面的屏幕截图展示了当所有 5 个组件成功交互时而发生的行为。 319

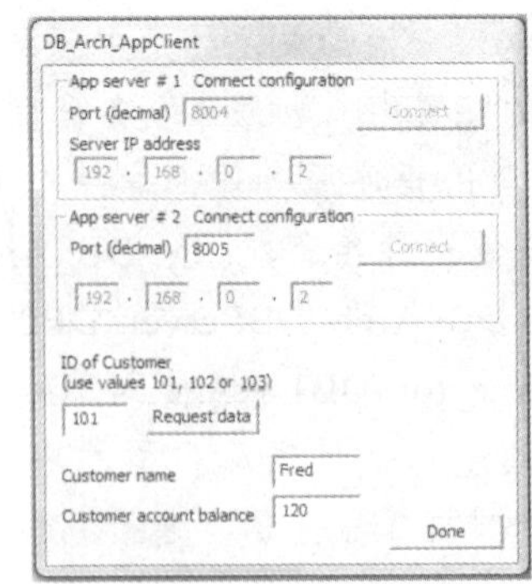

320

方法 C 部分：实现分布透明性。第三部分活动关注的是实现分布式系统的透明性目标。在该特定案例中，我们关注的是隐藏数据库服务和连接的细节，以致提供给客户端单一的、本地连接数据库的假象。这是通过细化中间层来实现，以致客户端仅需要连接到单一应用程序服务器上，处理与不同数据库的连接。

第三部分的配置采用了 B 部分中的三层实现的改进。由以下 4 个软件组件构成：DB_Arch_DBServer_DB1_Direct（两个数据库服务器中第一个的实现），DB_Arch_DBServer_DB2_Direct（两个数据库服务器中第二个的实现），DB_Arch_AppServer_for_DB1andDB2（连接到两个数据库的中间层，从客户端视角来看是透明的），DB_Arch_AppClient_for_SingleAppServer_DB1andDB2（一个改进的客户端组件，其连接到新的单一中间层应用程序服务器）。该配置对应于图 5-21c。

现在，与 B 部分配置主要的差异是客户端仅知道它的单一应用程序服务器。它不知道数据组织的方式，也不能辨别数据是由两个不同数据库所检索到的。客户端不是直接地耦合到数据库服务器上。

在下面三个子步骤中探究连通性和行为。

C1 部分。运行客户端、应用程序服务器和 DB1 数据库服务器。针对一个客户 ID 来请求数据，并观察结果。需要注意的是，客户端向应用程序服务器发送单一请求（客户端不知道数据库的配置）。这次，由应用程序服务器管理到两个数据库服务器的连接，为了健壮性，服务器单独地处理它们。因此，当只连接一个数据库时，应用程序服务器能向客户端返回部分数据。

C2 部分。重复 C1 部分，这次只有另外一个数据库服务器可用。

C3 部分。所有组件正确连接下运行系统。针对一个客户 ID 来请求数据，并观察结果。应用程序服务器使用由客户端所发送的单一请求来创建一对订制请求，分别对应到每个特定数据库。通过应用程序服务器来转发由两个数据库所返回的响应，作为两个独立的响应发送给客户端。

C 部分预期结果。通过这部分实验活动，你应该能够理解增加分布式透明性的方式，B 部分中不存在这些。客户端不会意识到两个不同数据库和它们接口的存在。在客户端看来是单一系统，从这方面来说，它连接到单一应用程序服务器组件上，该组件提供了它所需的全部资源。客户端设计不关心系统其余的配置。

对于该活动的其他部分，使用在应用程序服务器和数据库服务器组件中提供的诊断事件日志，来详细地检查行为。

对于活动中的 C3 部分，当所有 4 个组件成功交互时，下面的屏幕截图展示了结果行为。 321

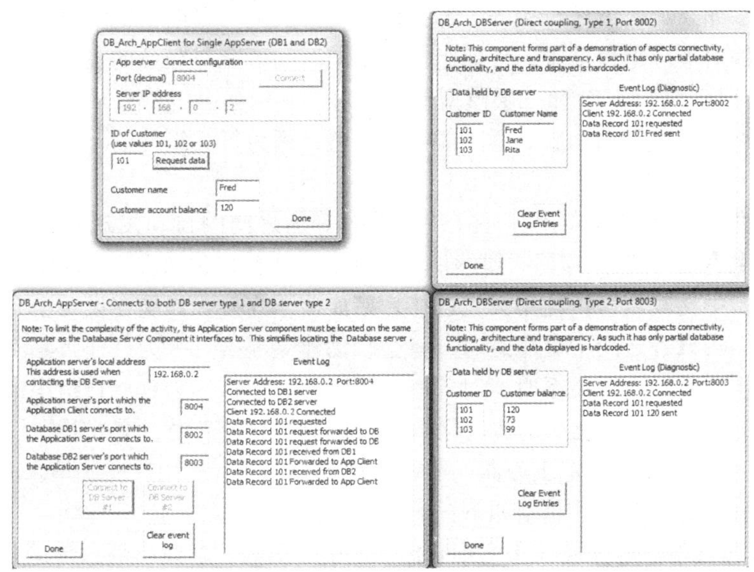

思考。该活动提供了一些对双层和三层应用程序的设计和运行中的深入了解。

A 部分中使用的双层配置缺乏透明性，因为客户端是与两个数据库服务器直接相连的。第二个配置引入了第三层，但这种方式限制了获得的透明性程度（提供了访问透明性和位置透明性）。第三个配置对中间层进行了重新组织，增加了分布透明性，以致客户端进程屏蔽了数据库组织的详情，甚至不会意识到多个数据库的存在。

用于增强你对该活动中所示概念理解的一个很好的练习，就是选择任意分布式应用程序（一些例子如银行业务、网上在线购物与电子商务），使用双层和三层体系结构，给出概要设计草图。在它们期望的透明性、可扩展性和灵活性方面，评价该设计。■ 322

5.9 对等体系结构

对等体这一术语意味着“具有同等的地位”，它通常用于描述人的相对地位，所以，例如，如果你是特定班级中的一名学生，那么你的同班同学就是你的对等体。在软件中，对等体是指具有相同功能的组件。对等体系结构的描述建议应用程序实现全部的功能，这需要有多个对等组件交互，虽然这依赖于实际应用程序和对等组件的设计。将其放入上下文中，如果应用程序的目的是促进文件共享，那么每一个对等组件可能持有一些本地文件，当建立连接时，这些文件能够共享给其他对等体。如果用户运行了一个不存在其他对等体的应用程序实例，那么只有本地持有文件可用，对该用户来说或许依然有用。与此相反，考虑一个对等旅游信息服务，其中用户可以向其他应用程序用户共享本地旅游信息，如列车晚点消息或交通拥堵消息。本地用户已经获知本地保存信息（因为是他们创建的它），所以只有当连接多个对等组件时，这种特定应用程序才有用。

5.9.1 对等应用程序的特性

对等应用程序的本质是两个或多个对等体连接在一起，向用户提供服务。设计一些对等应用程序，在仅有较少数量用户时，能够很好地工作（如媒体共享），然而对于一些应用程序，效用增长与所连接的对等体数量相一致。例如当玩家数量达到一定规模时，一些游戏会越来越有趣。

机械地说，如果对等体是对称的，那么任何一个实例可以向其他实例提供服务。这意味着在一个典型的对等应用程序中，任何组件在不同时间可能是服务的提供者或是服务的请求者，这取决于环境。这与 CS 和三层模型差异显著，其中各个组件有预先定义的角色，并且是不可逆的，例如，客户端和服务器不能交换角色，因为每类组件的不同逻辑中嵌入了特定的行为。

从交互视角来看，对等应用程序往往依赖对等体之间的自动发现和连接。由于具有相关需求的用户共存，交互有时是“偶然地”。例如，对于游戏和文件 / 媒体共享，对等体系结构在移动设备中比较流行，使用无线连接，诸如蓝牙连接。如果在设备上允许启用这样的应用程序，那么当设备之间十分靠近时，将会自动建立连接。因为这通常是不可预测的，当对等体之间发生联系并建立关系时，对等应用程序通常被描述为具有自组织的交互行为。这与 CS 模型形成对比，其中交互是结构化的，在某种意义上来说，交互是在设计时被编排的（特定客户端被设计连接到特定服务器，或者自动启动，或者当用户明确请求时启动）。

对等应用程序的一般特性总结如下：

- 对等体与其他对等体通信来实现它们的功能（例如，游戏、消息传递和文件共享）。
- 应用程序通常存在有限的范围（典型地具有单一主功能），以及在简单灵活的基础上，有连接到远程“其他者”的需求。
- 连接是自组织的（也就是说，它可能是自发的、无计划的和非结构化的）。
- 对等体可能以任何顺序、在任何时间与其他对等体交互。图 5-23 抓住了其本质。

323 • 对等体系结构比较适合移动设备上的移动应用程序。

图 5-23 表明了对等应用程序的动态特性，其中在任何时候，对等体可能独自加入或离开。因此，在同一时间，一组对等体可能并不是都出现或者彼此连接，当不同对等体可用时，连接可能伺机发生。

5.9.2 对等体系结构连接的复杂性

对等体系结构连接的复杂性可能远高于其他的体系结构，它更加结构化。在 CS 中，到一个给定服务器的连接数量是每一个客户端数量，所以如果有 n 个客户端，就有 n 个到服务器的连接。因此，我们说交互复杂性是“n 阶的”，表述为 $O(n)$。这是一个线性关系。记住这一点，考虑一个对等体系结构情境，这里存在 5 对等体，且其间以一种自组织的方式建立了多个连接[⊖]。图 5-24 给出了可能的结果。

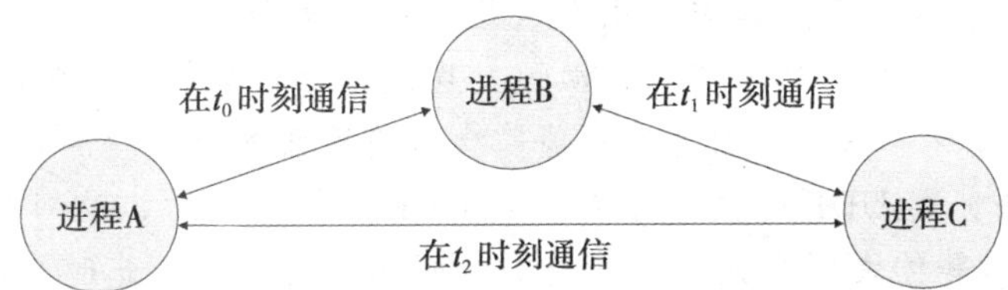

图 5-23　对等体在不同时刻与不同邻居通信，取决于应用程序需求和对等体的可用性

图 5-24 展示了一种具有 5 个对等体且对等体间共有 7 个连接的配置。如果所有对等体之间彼此连接，则所发生的最大连接数应该是 10，在该案例中，每一个对等体与其他对等体有 4 个连接。可以使用一种计算方法来确定特定数量对等体之间发生的最大连接数，见公式（5-1）：

$$C = \frac{P(P-1)}{2} \qquad (5\text{-}1)$$

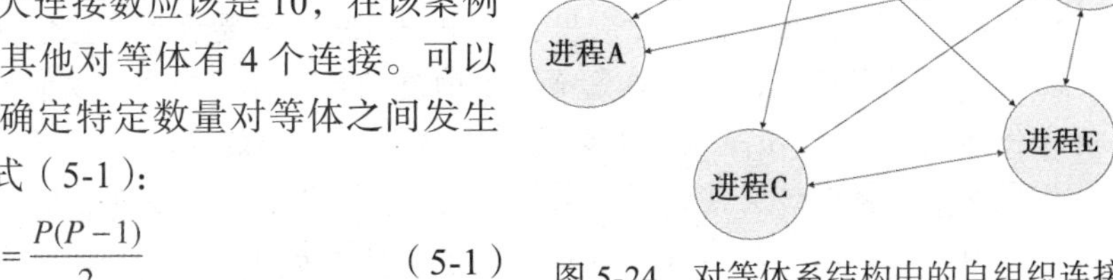

图 5-24　对等体系结构中的自组织连接

其中，P 是当前对等体的数量，C 是产生的最大连接数。我们代入一些值：有 4 个对等体时，可以得到 $C=(4\times3)/2=6$；有 5 个对等体时，可以得到 $C=(5\times4)/2=10$；有 6 个对等体时，可以得到 $C=(6\times5)/2=15$；若考虑 10 个对等体，则可以得到 $C=(10\times9)/2=45$。这明显是以一种陡于线性的方式增长。这种增长 324
模式通常被描述为指数增长，且在该特定示例中，具有阶 $O((n(n-1))/2)$，这可由公式（5-1）得出。对于这种通信强度急剧增长的模式，在某个时刻，连接数和相关的通信额外开销将会影响应用程序的性能，因此限制了可扩展性。换句话说，具有一个规模上限，且在该系统增长限制内系统仍能正确地、灵敏地运作。

然而，一些对等结构系统被设计成对等体仅同邻居子集相连接（也就是说，其他对等体在通信范围内）。例如，一些应用程序（包括一些传感器网络应用程序）依赖对等连接，形成一条链，在系统间传递消息。

5.9.3　探索对等行为

如上所述，关于对等体系结构，一种流行的应用程序是媒体共享（如照片和歌曲），这在移动平台（如手机和平板电脑）上尤为流行。

开发了一个媒体共享对等应用程序 MediaShare_Peer，以促进对等应用程序的实践探索，活动 A2 中使用了该应用程序。探索方面包括对等系统工作方式、灵活性和自组织连接的益处，以及可实现的自动配置方式。

⊖ “以一种自组织的方式建立连接”这种说法本质上意味着在特定对等体与其邻居之间建立各种连接，也许依赖于加入组中的特定对等体序列（因为一些应用程序可能限制个体连接到的对等体数量），以及每一对个体间的实际范围（故不同子集对每个个体都是可见的）。因此，连接的精确映射或许是不可预测的，甚至在相似（稍微不同）的情景下是不同的。

活动 A2 对等体系结构探究

此活动使用媒体共享应用程序来探索对等体系结构的各个重要方面。本应用程序在对等基础上，基于每个用户都有一些准备同其他用户共享的音乐文件这一概念。用户运行单一对等体实例。当其他对等体不可用时，用户仅能播放本地实例所持有的歌曲。当检测到另一对等体时，这两个对等体会自动地发现彼此（依据它们的地址），因此形成一个
325 关联（避免使用连接这一术语，因为它可能隐含着使用面向连接的传输协议，如 TCP，而实际上当应用程序使用 UDP 时，部分原因是 UDP 广播的能力，这对自动发现对等体是必要的）。之后，对等体之间交换它们所持有的媒体文件详情。此时，用户显示器得到更新，并展示给用户更广的可用资源集（用户现在可以播放任何一个对等体上所持有的音乐文件）。

该演示应用程序显示了各种诊断信息，包括事件日志，它表明后台发生了什么，如发现其他对等体，也表明每一个音乐文件由哪一特定对等体提供。特别给出这些信息是为了增强该活动的学习目标；在一个实际应用程序中，用户不需要看到这些信息。

在演示应用程序中，为了避免不必要的复杂性，仅传输资源文件名（也就是说，音乐文件的文件名列表），而不是实际音乐文件本身。在现实的实现中，当用户希望播放一首歌曲时，如果本地不持有该文件，那么需要传输实际的歌曲数据文件。这种简化不会影响该活动的价值，因为它专注于演示对等体的发现和透明性方面。

前提条件。将该活动所需的支持材料复制到你的计算机上，见第 1 章的活动 I1。

学习目标。

1. 理解对等体系结构。
2. 熟悉一个特定对等应用程序实例。
3. 了解动态和自动发现对等体的必要性。
4. 理解一项实现自动对等体发现的技术。
5. 了解分布式应用程序中透明性的必要性。
6. 探究该演示应用程序中提供的透明性。

该活动分三个主要阶段来执行。

方法 A 部分：孤立运行一个对等体。该活动部分涉及在单一计算机上运行单一实例程序 MediaShare_Peer。需要注意的是对等体 ID 号、显示的歌曲和艺术家列表，以及诊断事件日志条目。关闭该对等体实例，再重启它，重复几次，记录每次显示的数据。你将会看到该演示应用程序被设计为随机生成一个唯一 ID，并随机选择它的本地音乐文件，以致可以使用该单一程序来模拟具有不同配置的多个对等体，用户无需手动配置。

A 部分预期结果。本步骤提供给你一个熟悉最简单场景中的该应用程序的机会。它还演示说明了两个重要概念。第一，单一对等体孤立正确地运作（即当其他对等体不可用时，该对等体不会发生故障或出现异常行为，而是虽然对等应用程序仅出现在一个对等体上，但仍能正确地运作）。第二，用户可以看到一个可用资源列表（该案例中为歌曲文件）。根据实际应用程序的需求，这通常需要本地用户随时可用本地持有的资源，而不考虑其他对等体的更宽泛配置。

下面的屏幕截图展示了一个独立运作的对等体。所列出的可用媒体文件是本地所持有的
326 资源，因此，用户不需要任何额外组件就可以访问这些资源（即播放音乐）。

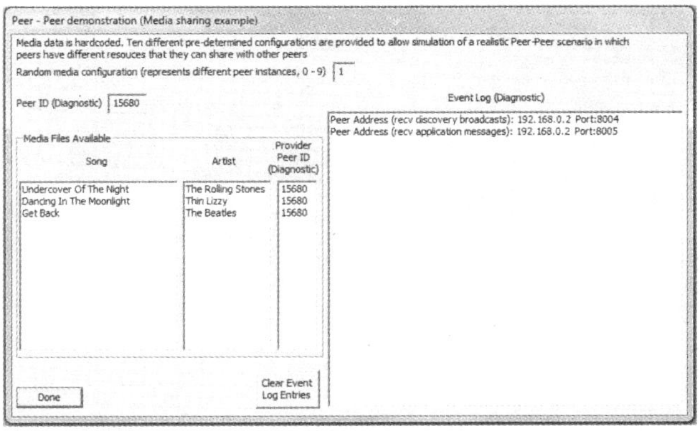

方法 B 部分：自动对等体发现。保持本地对等体实例运行（来自 A 部分），启动位于同一局域网络上另一计算机上的另一实例（这点很重要，因为使用的是广播通信，会被路由器阻塞）。你也可以凭借经验来确认每个计算机上仅运行一个对等实例（尝试在一个计算机上运行两个副本）。出现这种限制是因为每一个对等体必须绑定到它们所使用的两个应用程序端口上（一个用于接收针对自动对等体发现的对等体自广告消息，一个用于接收对等应用程序消息）。

通过每一对等体发送一个自广告消息（PEER_SELF_ADVERTISEMENT 消息类型）来实现发现，该消息包含发送对等体的唯一 ID，以及向对等体发送应用程序消息时所使用的 IP 地址和端口号详情。当接收到这些消息时，对等体在其本地所持有的已知对等体数组中存储其详情。这允许未来自广告消息的接受者能够区分是其已知的对等体还是新的对等体。

一个新对等体的发现会自动触发向对等体发送一条请求消息（REQUEST_MEDIA_LIST 消息类型），其引起对等体响应一系列数据消息（SEND_MEDIA_RECORD 消息类型），每个包含一个媒体数据项的详情。需要注意的是，在演示应用程序中，仅传输歌曲标题和艺术家姓名，但在真正媒体共享应用程序中，实际音乐文件可能会按需传输。

B 部分预期结果。你应该能够看到正在开展的自动对等体发现活动，随后在对等体间传输可用的媒体资源信息。诊断信息不会出现在真正的应用程序中，因为用户无需知道哪些对等体提供了哪些资源，甚至不需要意识到远程对等体的存在，用户无需看到与应用程序本身结构或通信有关的任何其他信息。每个用户仅看到他们可用的媒体资源，以不考虑它们的位置的同样方式来访问，也就是说，应用程序提供了访问透明性和位置透明性。

下面的屏幕截图展示了发现彼此后的两个对等实例，其位于两个独立计算机上。第一张图像与上述 A 部分所展示的是同一对等体（它处于持续运行），第二张图像是第二个对等体，在本活动 B 部分期间，该对等体在不同计算机上被启动。 327

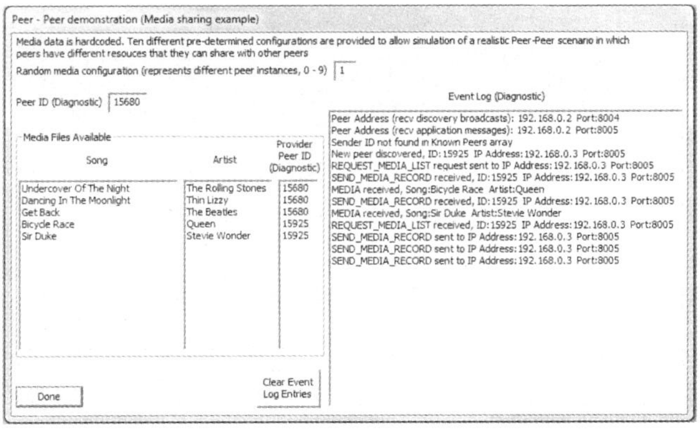

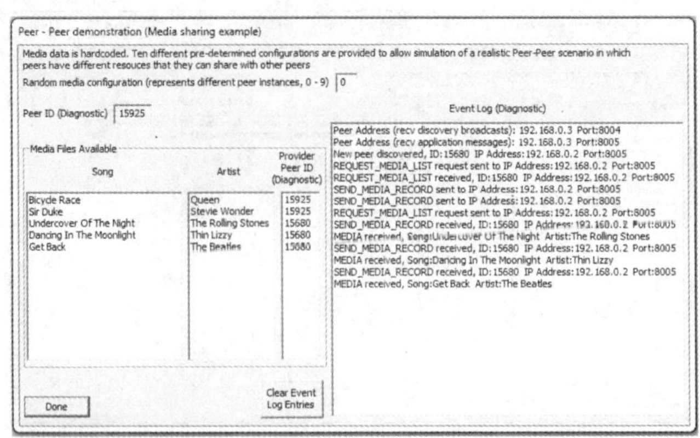

方法 C 部分：理解应用层协议。该步骤涉及进一步调查研究，以强化理解。特别地，重点是应用层协议，也就是说，组件间消息传输的顺序、消息的类型和消息的内容。

C1 部分。运行几次应用程序，每次都有两个对等体。密切关注活动日志中显示的条目。由此尝试制定应用层协议（即消息序列），用于对等体之间彼此发现及媒体数据的后续互交
328 换的。

提示：每个对等体有相同的程序逻辑。对等体发现和媒体交换在每个方向上独立操作。由于在该案例中，可能实现有目的的对称设计，使得应用程序的设计、开发和测试会更加简单。因此，只需要对一个对等体（对等体 A）制定必要的消息来发现另一个对等体（对等体 B)，请求对等体 B 发送其媒体数据，对等体 B 通过发送实际数据来响应该请求。当对等体 B 发现对等体 A 时，会以相同的顺序发生。

C2 部分。运行至少具有三个对等体的应用程序。在这些更复杂的场景中，检查你的应用层协议映射依然正确。

除了运行应用程序的经验评价外，你也可以检查所提供的应用程序源代码，来证实你的发现，也可以检查各种消息类型的实际内容。

在本章末附录中提供了一个展示应用层协议消息序列图，以便于检查你的结果。

思考。该活动支持了对等应用程序实证探究的两个重要方面：第一，演示了组件间的自动发现，其中每一个对等体持有一个合适的信息表，以便它可以从先前已知的对等体中区分出新发现的对等体；第二，调查了分布式应用程序中透明性需求和透明性规定。与该特定应用程序最密切相关的透明性方面是用户不需要知道其他对等体的存在，它们位于哪里，或者每一个对等体与所持有的音乐文件之间的映射。在完全透明的应用程序中，用户仅看到可用的资源列表。如果从演示应用程序的用户界面中移除诊断信息，那么该需求会得到满足。

机制和行为这些方面对设计各式各样应用程序是非常重要的。如果必要，重复实验并多次观察行为，直到你能清晰地理解发生了什么，以及行为是如何实现的。■

5.10 分布式对象

分布式对象方法的明显特征在于它将应用程序的功能划分为多个小组件（基于代码中的对象），因此，允许它们以非常灵活的方式分布在可用计算机上。

从组件创建数量方面来看，分布式对象方法可能会表现出与前面所讨论的多层体系结构有相似之处。然而，基于执行分离，在粒度和功能方面存在重大差异。面向对象代码将程序逻辑分离为功能相关的或特定数据相关的部分（对象）。在多数应用程序中，以比对象层更

粗的粒度来部署组件。例如，在代码层，客户端（在 CS 或多层应用程序中）可能由内部被分解为多个对象的程序代码组成，但在客户端组件层，这些对象作为连贯的单个进程一起运行，并且服务器组件也是类似的。相反，当创建软件组件时（将实际代码层对象分割成独立组件），分布式对象把功能的细粒度划分作为目标。因此，当对比分布式对象和多层方法时，我们通常希望看到分布式对象的实现由大量较小的（或更简单的）对象组成，或许每一个仅执行单一特定功能。 329

这两种方法所强调的组件位置也是不同的。多层体系结构主要关心软件的结构和各种组件业务逻辑的划分，这基本上是设计时所关注的。分布式对象方法能更好地支持运行时决定组件实例的位置，因为它作用于单个对象层，能将运行时所需的特定资源考虑在内。

然而，这种功能精细划分的主要挑战是组件间连接数量和所发生的通信数量。通过确保密集交互的每对组件都位于同一物理计算机上，可能有机会来提高性能。

图 5-25 提供了一个跨越 5 个计算机的 7 个对象分布图解，作为分布式银行应用程序的一部分。基于资源可用性，对象位置可能是动态的，组件间通信关系可能随时间而变化，因此，文字描述了一种快照配置（在其他时间可能不同）。需要注意的是，遍布于整个系统中存在多个相同类型的对象（如示例中的“客户账号”），以及不同类型的对象。该图也展示了几个其他对象如何按需使用特定对象（如示例中的“身份认证”）的服务。通过对另一个对象的方法调用来进行对象通信，例如，为了执行外汇交易，“外汇交易管理器”组件可能需要调用“汇率转换器”对象中的方法。

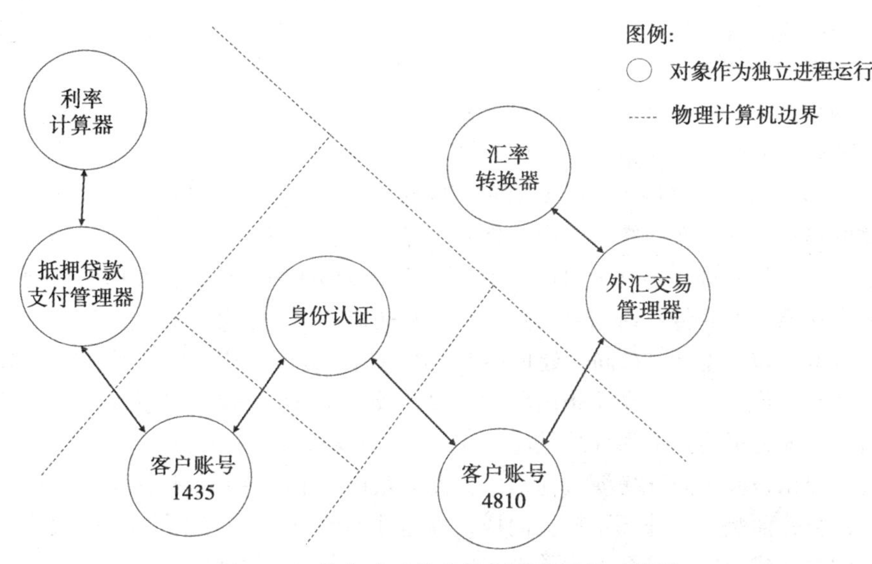

图 5-25　分布式对象应用程序的运行时快照

图 5-25 也展示了与多层体系结构相比，分布式对象体系结构的一些独特优势。如本例所示，应用程序功能被划分到多个软件组件上。这样做的好处是组件的分布灵活性，例如，可以基于靠近特定资源来放置组件。也可能基于负载平衡来分配对象的位置。例如，如果系统中有几个对象（同一类型），每个都需要大量处理资源，分布式对象方法允许这些对象在不同的物理站点（处理器）上执行。然而，对于多层体系结构，如果这些对象需要相同类型的处理，则它们将全部需要通过提供必要服务的特定服务器组件来排队处理。 330

一些基础设备必须支持分布式对象环境。特定的支持需求包括系统中唯一识别对象的方式，对象间彼此定位的方式，以及对象间通信的方式（使用远程方法彼此调用）。通常采用中间件提供这种支持，见下一节。

5.11 中间件对软件体系结构的支持

这部分涉及中间件支持软件体系结构的处理方式。第 6 章提供了对中间件操作的更详细讨论以及其向应用程序提供透明性的方式。

中间件本质上是一个软件层，概念上来讲，它位于计算机进程和网络之间。它向应用程序提供了单一清晰处理平台的抽象，隐藏了实际物理系统的细节，包括处理器数量以及特定资源的分布和位置。

中间件向应用程序提供了大量服务，来支持基于组件的软件体系结构，其中许多软件组件分布在系统内，并且需要协助，例如，互相定位并传递消息。对于动态软件系统，中间件是非常重要的，例如分布式对象，因为实际软件组件的位置可能是不固定的，或者至少不能在设计时确定。

中间件操作概述

下面关于中间件如何工作的论述主要集中在操作的一般原理上，因为对于特定类型系统而言，实际上存在许多特定的中间件技术（示例包括对移动计算应用程序支持与实时处理支持），具有各种差异和特定特征。

中间件为系统中所支持的每一个应用程序对象提供了一个唯一标识符。当这些对象被实例化为运行进程时，中间件会跟踪它们的物理位置（即它们运行所在的实际处理器），数据库本身跨系统中的不同计算机上分布（因为进程构成中间件本身）。中间件也可能跟踪应用程序所使用的确定类型资源的物理位置。

基于其存储的信息，包括存在哪些对象（运行进程）和资源，以及它们位于哪里，中间件提供了透明连接服务，在系统中对应用程序的操作是必不可少的。一个进程能向另一进程发送消息，仅基于目标进程的唯一 ID。中间件使用进程 ID 来定位进程并向它传送消息，然后它可以向发送端进程回传任何回复消息。实现时任何进程不必知道其他进程的实际物理位
331 置，不管进程双方位于本地（在同一处理器上）还是远程，都以相同方式操作。对象（进程）的这种透明和动态位置也允许在系统内移动对象，或者使得在一个位置关闭对象，随后在另一位置运行对象成为可能。中间件总是能够知道对象 ID 和其当前的位置。

重要的是要认识到中间件扮演着通信服务商的角色。中间件不是任何一个它所支持的应用程序的一部分，而是一个外部服务。同样，中间件不参与应用程序内的业务层连接，它也不理解消息的含义或内容，甚至不知道当前各种应用程序对象的特定角色。

通过使用中间件来促进连接，对象不需要具有任何内置信息，涉及与他们通信的其他组件地址或位置，并且应用程序不需要支持它们自身的组件发现机制（前面讨论的 MediaShare_Peer 示例就是一个这样的例子）。因此，通过使用中间件服务，应用程序能够利用运行时的动态自动连接。这是一种松散耦合形式，其中中间件属于中介服务。这具有灵活性（因为组件是被放在处理器上，是基于动态资源的可用性）和健壮性（因为应用程序不依赖于组件到物理位置的严格映射）的优点。一个更进一步的好处是通过不必直接管理连接，可以简化应用程序软件的设计。对于拥有许多交互对象的更大的应用程序，这种好处的价值会显著增长。

图 5-26 描述了作为虚拟层存在的中间件是如何隐藏进程真实位置细节，以及不考虑实际位置，使其平等可访问的。这意味着进程不需要知道同他通信的其他进程物理上位于系统哪里。从底层平台解耦进程，即使它物理上托管在底层平台上。从逻辑视角来看，所有进程都可从任一平台同等可见的，所有平台资源对所有进程同等可用。

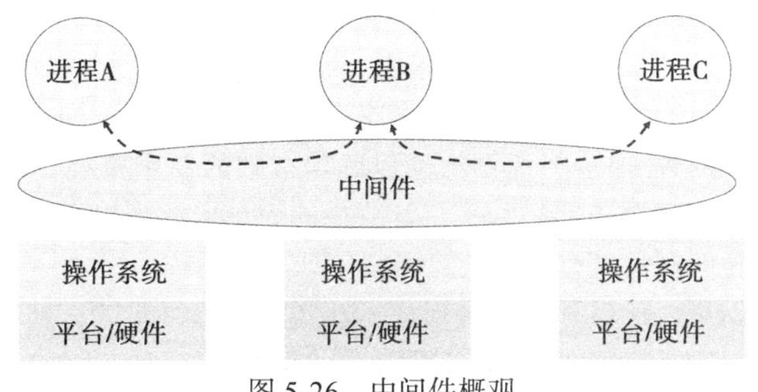

图 5-26　中间件概观 332

5.12　提供集体资源和计算资源的系统模型

提供计算资源的方式存在持续发展的趋势。这部分涉及提供各种计算模型，这对分布式应用程序开发者来说是重要的。

为了实现成功的分布式应用程序，涉及应用程序本身的软件体系结构设计（这是本书的主要关注点），也需要仔细考虑运行这些应用程序的计算机系统设计。软件开发者可能不会直接参与选择处理硬件和将其连接在一起的网络技术。然而，对于软件开发者来说，理解各种常见系统模型的本质，以及对应用程序来说，资源可用水平的影响，还有如健壮性和可能影响整个运行时行为的通信延迟等问题，这些很重要。

为了充分理解当前背景下所提供的各种计算资源模型，简要了解计算机系统历史的一些方面可能是有帮助的。

随着 20 世纪 80 年代早期 PC 的出现，计算能力成本突然为大多数企业所接受，而在以前成本高得令人却步。最初，多数应用程序是单机的，被用于平凡但重要任务的自动处理，如管理账户和库存水平，还有电子办公活动，如文字处理。在随后的几年中（20 世纪 80 年代末），组织内局域网已变得司空见惯，这彻底改变了所使用的应用程序类型。现今，访问的资源可能位于系统中其他计算机上，例如数据库以及像打印机这样的物理设备。最初的远程访问资源向分布式计算发展，其中应用程序的实际业务逻辑跨越了多个组件，在整个系统中能够更好地利用处理能力，对于必要的数据资源，本地执行处理效率更好，也能够以可伸缩方式在许多用户间共享访问集中存放的数据。

接下来是连接到 Internet 的广泛可用性。这允许组织内网站间和组织本身之间进行高速数据传输。应用程序如电子邮件、电子商务及在线访问数据和服务，彻底改变了工作场所中（以及其他地方）计算机的角色。

对于这一系列的事件，组织所拥有的实际计算机的数量在急剧增长，甚至达到这样的程度，今天几乎具有广泛工作角色的每个员工都拥有一台专用计算机，并且依赖于使用计算机来处理其大部分工作任务。

除了前端或接入计算机，还要考虑提供服务的计算机。在单机计算时代，所有资源在一台机器上。在通过本地网络远程访问资源的时代，在硬件配置和资源水平方面，持有资源的计算机本质上与接入计算机是相同的。实际上，一个办公用户可以远程访问一台打印机，打

印机连接到与用户自己计算机具有相同硬件规范的同事计算机上。然而，一旦分布式计算变
333 得流行，托管服务的平台需要更加强大：它们需要具有更多存储空间的硬盘、更大的内存、更快的处理器以及更快的网络连接。组织变得越来越依赖于这些系统，以致于它们不能忍受停机时间，因此，雇用了系统工程师专家团队。托管服务的资源和所支持的基础设施，包括全体员工，成为了大型组织的主要成本中心，要求专业化的管理。

此外，大多数组织涉及商业、金融、零售、制造和服务提供（如医院和当地政府），实际上几乎所有的组织都具有复杂的计算处理需求，要求运行一些不同的应用程序并且使用各种不同的数据资源。优先处理这些计算活动以确保有效的使用资源，这是非常复杂的，因此，仅通过购买越来越昂贵服务器托管平台计算机的简单资源来提供模型，已变得不足以胜任，这需要更加结构化的资源基础。

作为这些挑战的结果，已经逐渐发展形成了几类资源提供系统，其中共用和集中管理资源，以提供计算服务。各种各样的方法以不同的方式强调大量目标，包括增加应用程序（尤其是集群系统）可用的总计算能力；私有的特定应用程序的资源逻辑分组，以提高管理和计算效率（尤其是网格系统）；作为一项服务，计算提供可减少拥有者处理和存储的成本（尤其是数据中心）；对于大规模的、健壮的以及虚拟环境（尤其是云系统），要对计算和存储进行管理。

5.12.1 集群

集群计算是基于专门处理单元的使用，典型地由单一组织所拥有，并且常常留作运行特定应用程序。处理器间通常是松散连接（即通过一个网络连接，见 5.4 节），并且由特殊软件来管理，以便于集体使用它们并且对集群中的客户端来说，可以看作单一系统。

5.12.2 网格

网格计算是基于协同使用物理上分布式的计算机资源，来运行一个或多个应用程序。资源可能被几个组织所拥有，主要的目标是高效处理需要访问特定资源的特定应用程序，例如，一个特定应用程序要访问不同位置上所持有的数据资源。为了确保应用程序的执行性能和效率，这些资源需要一个通用的管理和专门的处理器结构（网格）将其联系在一起。

典型地，网格不同于集群计算，因为前者往往存在地理上分布的资源，这些资源也常常是异构的并且不局限于物理计算资源，但是可能包括特定应用程序的资源，如文件和数据库，然而集群资源在根本上来讲是物理处理器本身，更加本地化并且有可能提供了一个均衡
334 的高性能计算平台。

5.12.3 数据中心

数据中心的特性是非常大的处理和存储资源的集合，由服务提供公司所拥有。处理能力作为一个服务被提供给组织，需要大量的计算资源。典型的数据中心拥有成千上万个处理单元。所以一个组织实际上可以根据需要租用合适的个数，来运行并行或分布式应用程序。

数据中心的使用降低了处理和存储资源的所有权成本，因为当组织需要资源时，都可以根据需要来使用，而不必拥有和管理它们自己的系统。当组织短时间内需要大量额外资源时，一个特定的优势就会显现，数据中心能够立刻向其出租资源，没有时间延迟和设置机构内部资源所必须付出的成本。基于用户组织不必给本地主机服务留出大面积空调空间，也不需要关心随着时间推移系统的扩展或硬件平台的持续升级，以及执行操作软件更新这些事实，与租用资源而不是拥有资源相关联的长期成本可能会得到进一步补偿。此外，它们也不

会付出间接成本，如工作平台中断，与硬件和软件更新相关的技术员工再培训。

5.12.4 云

云计算可以被认为是一组计算服务，包括处理和存储，这些都是由服务提供者以一种虚拟化的方式提供。实际的处理资源通常是由一个基础数据中心来提供，但云概念提供了透明性，以致于基础设施和其配置对用户是不可见的。

除了用于处理的云设备使用外，目前着重强调的是大量数据存储，对于移动设备和移动计算应用程序的使用来说，这会越来越普遍。就存储需求而言，如视频、歌曲与图像这样的媒体文件集合可能规模很大，很容易超出用户本地设备（如平板电脑和智能手机）的可用存储空间。云设备允许用户将他们的文件上传到非常大的存储空间中（与其物理设备的存储能力相比，该空间相对巨大），并且也提供了用户能够在任何地方访问他们的文件以及与其他用户共享这些文件的优势。

云计算重点针对的是个人计算资源的扩展（但转变为一个集中的、托管形式），其中云存储被永久地分配给特定用户。相反，数据中心方法的重点更偏向于按需租用计算服务。在一些方面，可以认为云系统是托管在数据中心基础设施上的一组服务。

5.13 软件库

具有有限功能的简单程序可能被作为包含程序代码的单一源文件开发。这类程序变得越来越罕见，因为应用程序的功能范围和复杂度在上升。一些方面也引起额外的复杂性，包括多平台的支持，同其他组件的连接，以及用户定制。软件组件也有增加内置智能或灵敏处理 335
动态状况的发展趋势。这类应用程序非常复杂，将其写成单一应用程序程序并不可行。一些功能强大的软件，如电子办公应用程序，还有操作系统本身，可能达到成千上万行的代码。在这种情况下，很可能由大型的开发者团队来开发。存在许多应用程序，任何一个单一开发者不可能全面理解应用程序本身的每一行代码和目的。

库是以某种方式相关联的程序功能的集合。这可能是特定类型的软件功能（如数学库，包含预先测试好的各种各样的数学函数方法，包括三角函数、平方根的计算、矩阵计算等），或连接到特定硬件设备的相关接口，如安全相机（对于该案例，库会有一些方法来支持相机的全景、倾斜和缩放操作）。对于另一个案例，数据加密库会包含一些执行数据加密和数据解密的函数。

对于管理软件开发的复杂性和管理开发成本而言，库是关键的需求，尤其是时间需求方面。从头开始开发所有功能在大多数项目中是不现实的选择。对于一个非常重要且常见库的例子，考虑第2章中首次出现的非常简单的C++程序“Adder”，该程序的代码如图5-27所示。

```
#include "stdafx.h"
#include <iostream>

using namespace std;

int _tmain(int argc, _TCHAR* argv[])
{
  // Input two numbers from the input stream
  int iFirstNumber;
  int iSecondNumber;
  cin >> iFirstNumber;
  cin >> iSecondNumber;

  // Add the numbers
  int iTotal = iFirstNumber + iSecondNumber;

  // Output the result onto the output stream
  cout << iTotal;
  return 0;
}
```

图5-27 一个使用库的简单程序

图5-27阐明了一点：即使最简单的程序

也要依赖于库。我写了一段代码来输入两个数字，把它们相加并输出结果，这是非常简单的。然而，如果我必须写一个如我所描述的完全相同的程序，从头开始不使用任何库代码，那么这将是一个比较复杂的任务。仔细看程序代码清单，你将会发现使用库的证据。这有两个具体
336 线索。第一，声明“#include<iostream>”暗示包含了一个 C++ 头文件，其中包含一些方法的声明。在该案例中，它们特别与输入和输出流的使用相关（在第 2 章中已经讨论了这种操作方式）。第二个线索是声明“using namespace std”，它告诉编译器可以使用调用 std 的命名空间（有效库）中所提供的功能集合，不必在每次调用前面加“std::”。如果移除该声明，编译器就会对 cin 和 cout 方法的使用报错。这里所发生的是 iostream 流头文件包含了 cin 和 cout 方法的定义。std 库中提供了这些方法的实际实现。取代在程序层合并命名空间，我可以在代码语句中用 std::cin 和 std::cout 形式显式地声明命名空间，正如图 5-28 所示的该程序的另一个版本。

图 5-28 提供了一个代码清单，在逻辑和功能上恰好与图 5-27 所示的代码清单等价，但它做了修改以强调 std 命名空间的使用。使用该库很重要，因为看似无关痛痒的 cin 和 cout 方法隐藏了大量的复杂性，在开发应用程序时，我不必花时间去学习和复制（和测试，在各式各样的输入和输出数据组合中）。库的使用节省了我的时间，使我的代码更健壮。

```
#include "stdafx.h"
#include <iostream>

int _tmain(int argc, _TCHAR* argv[])
{
  // Input two numbers from the input stream
  int iFirstNumber;
  int iSecondNumber;
  std::cin >> iFirstNumber;
  std::cin >> iSecondNumber;

  // Add the numbers
  int iTotal = iFirstNumber + iSecondNumber;

  // Output the result onto the output stream
  std::cout << iTotal;
  return 0;
}
```

图 5-28　强调库方法的使用

库是几乎所有语言都支持的一个通用概念。Java 提供了一套综合性的标准类库，Java 类库（JCL），它以包的形式组织（每个都有一个特定的功能主题，例如，套接字编程或输入 / 输出函数）。在一个特定程序中使用“Import”声明来表示使用了哪些特定的库包。.NET 框架类库是微软 .NET 框架开发工具包（SDK）的一部分。大量的流行语言都支持该库，包括 Visual Basic、C# 与 C++/CLI（具有通用语言架构的 C++）。为了将特定库合并到特定程序中，Visual Basic 使用了“Imports [library name]”子句，C# 使用了“using
337 [library name]”子句，C++ 使用了“using namespace [library name]”。

库可以随着一个应用程序而进化。特别地，当一个应用程序的某些部分需要在另一应用程序中使用时，共同部分可以被分离到一个库中。这不仅大大加速了第二个应用程序的开发，而且能够确保使用新创建库的所有应用程序的共同功能的一致性。

使用库的主要动机可归结如下：

- 需要将代码划分为模块，以用于开发和测试目的。
- 需要重用代码，以减少应用程序的开发时间和增强健壮性。
- 需要重用代码，以实现标准化行为。例如，从标准数学库中使用一个方法，从正确性角度来看，要比使用本地的方法更安全。对于第二个例子，一套应用程序使用相同的用户界面类库，能够保持对应用程序外观和感觉上的一致性。
- 需要能够支持应用程序的变体。例如，在使用不同 IO 设备的应用程序的几个版本中，为了实现相同的业务逻辑功能，仅交换与 IO 相关的库，最小化对应用程序级代码的破坏。

重构的必要性。就结构的清晰度和代码的简洁性而言，程序的第一个工作版本不是最优的，这点很典型。生命周期中良好的需求分析和设计阶段会有助于定义一个良好的基础结构，但是通常有提升的空间。常见的重构原因是为了将相关的方法（那些在相同数据集上执行相关功能或操作的方法）归并到新类中，也是为了将较大的方法细分为更小的方法，使代码更加模块化和更加可读，因此更容易维护。

代码复制不可取，因为它增加了大量程序，不但使程序的验证和测试更加困难，而且降低了代码的可读性。除此之外，如果在同一程序中重复几次某个特定功能块，且需要对该功能做改变时，就必须在所有重复部分中执行相同的改变，这样做代价大且易于出错。常常通过执行重构来移除代码的重复部分。例如，假设在一个应用程序中存在执行一特定计算的很小的三行代码部分。程序逻辑的三个不同部分都需要该计算，所以最初的开发人员将已经测试的三行代码复制到代码中另外两个地方。如果计算性质发生改变（考虑一个会计应用程序，要与政府立法和税收规则一致，保持最新），那么就必须改变代码。很难发现的错误会随之悄悄潜入，除非该功能的所有三个副本更新一致。重构通过将关键的三行代码放置到一个新方法中来解决该问题，并且该新方法具有一个可间接描述其作用的有意义的名字。然后，在程序中三个副本代码所在的三个地方，进行对该新方法的调用。采用这种方式，重复可被移除。

5.13.1 软件库案例

将点对点媒体共享应用程序用作软件库创建的案例。该案例使用一个读者所熟悉的真实应用程序来创建一个软件库任务，并且经历与软件开发人员所遵循的相同且典型的一系列步骤。 338

一个经验丰富的软件开发人员以一种不同于初学者的方式来观看应用程序代码。点对点媒体共享应用程序的初始样例代码提供了一个很好的例子。初学者可能会查看代码并且满足于各种有意义命名的方法和变量，使代码更易于理解这一事实（这些特征被称作“自文档化的特性”并且应该是每天练习的一部分）。在需要更多解释的地方，在源代码中增加注释。这些注释包含足够的细节来解释任意复杂功能，或者给读者关于为什么特定代码部分采用某种方法设计，或者为什么一系列的步骤按一特定的顺序来执行等方面的暗示。然而，同样重要的是不要有太多的注释，否则，不会突出重点的注释，并且代码的可读性不会上升反而会下降。当他们运行代码时，若能像他们所期望的那样运行（对于已经研究的代码），则初学开发者会满意。

然而，经验丰富的软件开发人员会查看代码，考虑它需要“重构”，这基本上意味着有机会通过进一步划分附加的方法甚至可能创建附加的类，来提升代码结构。把它放入上下文，图 5-29 给出了应用程序的部分代码。

图 5-29 给出了 MediaShare_Peer 应用程序的最初源代码示例。在 MediaShare_Peer 应用程序的原始版本中，选取了三部分代码（每部分之间用三个点分隔）来说明与管理对等体发现数据相关的功能被合并到主应用程序类中的方式。

1. 初始代码的简明描述

图 5-29 所示的第一部分代码展示了数据结构格式，其用于保存每一个被发现的对等体细节。结合进程启动所产生的随机选定 ID，对等体之间通过 IP 地址和端口号（SOCKADDR_IN 结构体）来识别彼此。InUse 标志是必要的，因为要动态维护这些结构体列表，并且最新发现的对等体细节不能重写当前已使用的数组实例（当有许多对等体动态地加入和离开应用程序时，考虑对等体发现功能的行为），这点很重要。使用 MediaDataReceived 标志，以便仅请求每一个已知对等体的媒体资源细节，直到提供为止。

```
struct Known_Peer_details {
    int iPeer_ID;
    SOCKADDR_IN Peer_sockaddr_in;
    bool bInUse;
    bool bMediaDataReceived;
};
...
void CMediaShare_PeerDlg::Initialise_KnownPeers_Array()
{
    for(int iIndex = 0; iIndex < MAX_KNOWN_PEERS; iIndex++)
    {
        m_Known_Peers_List[iIndex].bInUse = false;
        m_Known_Peers_List[iIndex].bMediaDataReceived = false;
    }
    m_iNumberOfKnownPeers = 0;
}
int CMediaShare_PeerDlg::GetIndexOf_Available_KnownPeersList_Entry()
{
    int iNextAvailableEntryIndex = -1;  // Signals array full
    for(int iIndex = 0; iIndex < MAX_KNOWN_PEERS; iIndex++)
    {
        if(false == m_Known_Peers_List[iIndex].bInUse)
        {
            iNextAvailableEntryIndex = iIndex;
            break;
        }
    }
    return iNextAvailableEntryIndex;
}
int CMediaShare_PeerDlg::GetIndexOf_KnownPeer_InPeersList(int iPeerID)
{
    for(int iIndex = 0; iIndex < MAX_KNOWN_PEERS; iIndex++)
    {
        if(true == m_Known_Peers_List[iIndex].bInUse)
        {
            if(iPeerID == m_Known_Peers_List[iIndex].iPeer_ID)
            { //Matched by Peer ID
                return iIndex;
            }
        }
    }
    return -1;
}

bool CMediaShare_PeerDlg::CheckIfPeerExistsIn_KnownPeersList(int iPeerID, SOCKADDR_IN Sockaddr_in)
{
    for(int iIndex = 0; iIndex < MAX_KNOWN_PEERS; iIndex++)
    {
        if(true == m_Known_Peers_List[iIndex].bInUse)
        {
            if(iPeerID == m_Known_Peers_List[iIndex].iPeer_ID &&
               Sockaddr_in.sin_addr.S_un.S_addr ==
               m_Known_Peers_List[iIndex].Peer_sockaddr_in.sin_addr.S_un.S_addr)
            { // Matched by combination of ID and IP address
                return true;
            }
        }
    }
    return false;
}

bool CMediaShare_PeerDlg::Add_NewlyDiscoveredPeerTo_KnownPeersList(int iPeer_ID, SOCKADDR_IN Sockaddr_in)
{
    int iIndex = GetIndexOf_Available_KnownPeersList_Entry();
    if(-1 == iIndex)
    {
        return false;        // No space in array
    }
    m_Known_Peers_List[iIndex].bInUse = true;
    m_Known_Peers_List[iIndex].iPeer_ID = iPeer_ID;
    m_Known_Peers_List[iIndex].Peer_sockaddr_in = Sockaddr_in;
    return true;
}
...
void CMediaShare_PeerDlg::DoSend_REQUEST_MEDIA_LIST_To_NewlyDiscoveredPeer(int iNewlyDiscoveredPeerID)
{
    CString csStr;
    KillTimer(m_nTimer_Send_REQUEST_MEDIA_LIST); // Stop timer - this method is only invoked once per discovered peer

    int iIndex = GetIndexOf_KnownPeer_InPeersList(iNewlyDiscoveredPeerID);
    if(-1 == iIndex)
    {
        csStr.Format("Target peer ID not found in Known Peers array");
        WriteStatusLine(csStr);
        return;
    }

    Message_PDU Message;
    Message.iMessageType = REQUEST_MEDIA_LIST;
    Message.bDataValid = false;
    Message.iSender_Random_ID = m_iPeer_Random_ID;
    Send_ApplicationMessage(Message,m_Known_Peers_List[iIndex].Peer_sockaddr_in);

    csStr.Format("REQUEST_MEDIA_LIST request sent to IP Address:%d.%d.%d.%d  Port:%d",
        m_Known_Peers_List[iIndex].Peer_sockaddr_in.sin_addr.S_un.S_un_b.s_b1,
        m_Known_Peers_List[iIndex].Peer_sockaddr_in.sin_addr.S_un.S_un_b.s_b2,
        m_Known_Peers_List[iIndex].Peer_sockaddr_in.sin_addr.S_un.S_un_b.s_b3,
        m_Known_Peers_List[iIndex].Peer_sockaddr_in.sin_addr.S_un.S_un_b.s_b4,
        htons((u_short) m_Known_Peers_List[iIndex].Peer_sockaddr_in.sin_port));
    WriteStatusLine(csStr);
}
```

图 5-29 最初的点对点媒体共享应用程序源代码部分

第二部分代码展示了 5 种方法，都是与维护和访问已知对等体列表中的数据相关。这是一个非常重要的应用程序功能分区，所涉及的已知对等体的数据不仅被用于对等体行为发现，而且在逻辑上控制消息的发送和接收消息的处理。

图 5-29 所示的第三部分代码给出了关于已知对等体用于发送某一类型消息的数据方式的例子：REQUEST_MEDIA_LIST。首先，通过 GetIndexOf_KnownPeer_InPeersList（如前面的代码部分所示）方法中的一个，使用对等体 ID 作为索引词，在结构体数组中针对特定目标对等体检索数据条目的索引。然后从结构体数组中检索出目标对等体的地址，使用列表中对等体索引位置来直接访问。随后在相同的代码部分，当提供诊断输出，用于指示消息传送的地址和端口号时，可直接访问来自数组的数据。 339~340

作为本书配套资源的一部分，给出了 MediaShare_Peer 应用程序的全部程序代码。

2. MediaShare_Peer 应用程序的重构示例

执行 MediaShare_Peer 应用程序的部分重构，用来阐明实际应用中的一些重构概念。重构关注的是与处理管理对等体发现数据相关的功能，正如图 5-29 所示。重构也充当一个前导步骤，将代码分离为应用程序指定部分和软件库，可以被其他应用程序所重用，这些应用程序具有与动态对等体发现相关的相似需求。

针对特定重构练习所采取的步骤如下：

1）根据它们所执行的功能和它们所操纵的数据，确定一组相关的方法。

2）创建一个名为 CKnownPeers 的新类。

3）将确定的方法移到新类中。将类依赖数据项（KnownPeers 结构体数组）移至该新类中，作为一个成员变量。

4）将该新类 CKnownPeers 映射到余下的应用程序逻辑中，通过调用新类的构造函数和方法来取代之前直接访问数据项。

5）认真测试。该应用程序之前的版本和重构后的版本在应用程序层上应该有相同的行为。需要注意的是，重构并不意味着要改变行为或修正错误，所以即使代码的内部结构发生了变化，但业务功能应该不变。如果在行为上存在结果差异，那么该重构是不正确的。

图 5-30 包含了重构过程中所创建新类的两部分代码，由三个点划线行来分离这两部分。第一部分代码为来自 C 头文件 KnownPeers.h 的类定义。就其成员函数和数据项方面定义该类。Zcore 来操作该类。第二部分代码给出了类的实现部分。包含类头文件，随后定义了两个类方法，其中第一个为构造函数。

```
class CKnownPeers
{
public:
   CKnownPeers(void);
   int GetIndexOf_Available_KnownPeersList_Entry();
   int GetIndexOf_KnownPeer_InPeersList(int iPeerID);
   bool CheckIfPeerExistsIn_KnownPeersList(int iPeerID, SOCKADDR_IN sockaddr_in);
   bool Add_NewlyDiscoveredPeerTo_KnownPeersList(int iPeer_ID, SOCKADDR_IN Sockaddr_in);

   // Use of these 'getter' and 'setter' methods replace any direct access to the data
   // that occurred in the original version
   // The data is 'private' to this class, enforcing object oriented design principles
   struct Known_Peer_details get_Known_Peers_List_entry_byIndex(int iIndex);
   void set_Known_Peers_List_entry_bMediaDataReceived_flag_byIndex(int iIndex);

private:
   void Initialise_KnownPeers_Array();
```

图 5-30　通过重构获得的新 CKnownPeers 类

```
   Known_Peer_details m_Known_Peers_List[MAX_KNOWN_PEERS];
};

...

#include "KnownPeers.h"

CKnownPeers::CKnownPeers(void)
{
   Initialise_KnownPeers_Array();
}

void CKnownPeers::Initialise_KnownPeers_Array()
{
   for(int iIndex = 0; iIndex < MAX_KNOWN_PEERS; iIndex++)
   {
      m_Known_Peers_List[iIndex].bInUse = false;
      m_Known_Peers_List[iIndex].bMediaDataReceived = false;
   }
}
```

图 5-30 （续）

图 5-31 给出了两类之间映射的一些方面。主应用程序类依然包含应用程序指定逻辑。该类包含了 m_pKnownPeers 成员变量，它实际上是新类 CKnownPeers 的对象实例（见图中第一部分代码）。通过调用外部类构造函数中的类构造函数来初始化 m_pKnownPeers（见图中第二部分代码）。从这点向前，可以调用 m_pKnownPeers 对象的方法。

```
// Declaration of a member variable of type class CKnownPeers in the header of the
// MediaShare_PeerDlg class
class CKnownPeers* m_pKnownPeers;



// Initialisation of the pKnownPeers object in the constructor of the
// MediaShare_PeerDlg class
m_pKnownPeers = new CKnownPeers();



// Example use of the pKnownPeers member variable to call methods on the newly
// created CKnownPeers class from within the MediaShare_PeerDlg class
void CMediaShare_PeerDlg::DoSend_REQUEST_MEDIA_LIST_To_NewlyDiscoveredPeer(int iNewlyDiscoveredPeerID)
{
   CString csStr;
   KillTimer(m_nTimer_Send_REQUEST_MEDIA_LIST);
   // Stop the timer - this method is only invoked once per discovered peer

   int iIndex = m_pKnownPeers->GetIndexOf_KnownPeer_InPeersList(iNewlyDiscoveredPeerID);
   if(-1 == iIndex)
   {
      csStr.Format("Target peer ID not found in Known Peers array"); //Should not be able to happen
      WriteStatusLine(csStr);
      return;
   }
   struct Known_Peer_details KPD = m_pKnownPeers->get_Known_Peers_List_entry_byIndex(iIndex);

   Message_PDU Message;
   Message.iMessageType = REQUEST_MEDIA_LIST;
   Message.bDataValid = false;
   Message.iSender_Random_ID = m_iPeer_Random_ID;
   Send_ApplicationMessage(Message,KPD.Peer_sockaddr_in);

   csStr.Format("REQUEST_MEDIA_LIST request sent to IP Address:%d.%d.%d.%d  Port:%d",
                    KPD.Peer_sockaddr_in.sin_addr.S_un.S_un_b.s_b1,
                    KPD.Peer_sockaddr_in.sin_addr.S_un.S_un_b.s_b2,
                    KPD.Peer_sockaddr_in.sin_addr.S_un.S_un_b.s_b3,
                    KPD.Peer_sockaddr_in.sin_addr.S_un.S_un_b.s_b4,
                    htons((u_short) KPD.Peer_sockaddr_in.sin_port));
   WriteStatusLine(csStr);
}
```

图 5-31　主应用程序类与 CKnownPeers 类间的映射

图 5-31 中的第三部分代码展示了新版本的 DoSend_REQUEST_MEDIA_LIST_To_Newly-

DiscoveredPeer 方法，其使用新类的方法来间接地访问 KnowPeers 数据，强调了 m_pKnownPeers 变量的出现（与图 5-29 中所给出的版本相比）。

3. MediaShare_Peer 应用程序的库示例

通用代码（被多个应用程序所使用）或者与某个特定约束功能相关的代码，可以从应用程序代码中提取到库中。沿着一个清晰的界限，来完成应用程序指定代码和库代码之间的分离，这点非常重要，例如不应该横跨类。341

上面描述的重构创建了一个具有特定功能的附加类，该类与对等体发现数据的管理相关。该功能与主应用程序类中余下的应用程序指定功能具有明显的不同，可能对一些应用程序是有用的，因此将其分离到一个软件库以促进重用，这是一个理想的候选项。

从这点出发，一个软件库的创建很简单。首先，创建一个新的软件项目，将新类从原始项目移入该新项目中。必须配置编译器来创建一个库，而不是一个可执行应用程序。这点很重要，因为将以该方式使用生成的库文件。例如，它没有自己的入口点，所以它不能作为一个独立的进程运行。取而代之，在编译它们自己的代码后，该库将链接到应用程序。

编译库，创建一个具有 .lib 扩展名的文件。对于这里所描述的特定例子，文件名为 DemonstrationLibrary_for_MediaShare_Peer.lib(作为本书配套资源的一部分，项目和源代码都可用)。

应用程序项目不再包含 CKnownPeers 类功能，该功能被移入库中。因此，该应用程序项目需要链接到库中。在链接器设置中，可以通过设置库作为项目的输入文件（依赖）来实现。

图 5-32 对上面描述的一系列阶段提供了一个简明的表示方法，由此产生一个能够被链接到一个或多个应用程序的软件库组件。

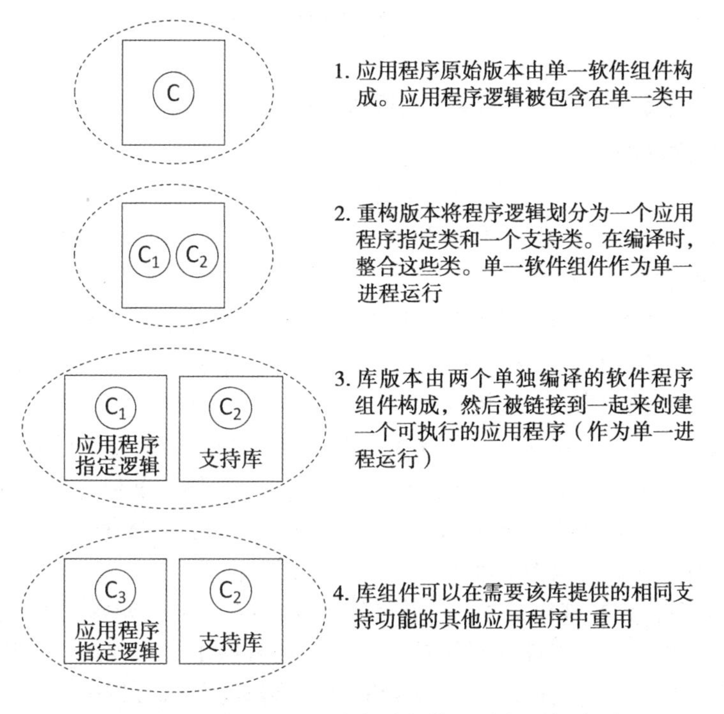

图 5-32 库创建与使用阶段图解表示

应用程序的所有三个版本具有相同的外部行为，强调该消息很重要。在软件类和组件之间重新分配应用程序逻辑，但在每个案例中行为相同。为证实这一点，对这些版本的互操作

342~343 性进行了测试，同时在不同的版本上运行对等体。你可以自己重复这些版本的测试，因为在配套资料中给出了所有版本的代码。

5.13.2 静态链接和动态链接

将库链接到应用程序源代码中有两种主要方式：静态地，其中在组件构建阶段执行链接（典型地，在编译后立即完成）并且创建一个独立的可执行文件；动态地，其中链接被推迟到运行时（当组件被作为一个进程运行时，执行链接）。

1. 静态链接

在建立软件组件时执行静态链接（即当创建可执行文件时）。编译器检查代码的语法并创建一个程序的中间代码表示。然后链接器将所有需要的库代码包含到二进制映像中（可执行文件）。这可能会显著增加生成的可执行文件大小，虽然许多优化过的链接器仅从库中添加实际使用的代码片段（实际上，只有方法的实现被引用到应用程序源代码中）。

2. 动态链接

在运行时执行动态链接，使用一个称作动态链接库（Dynamic Link Library，DLL）的库格式特殊变体。在 Microsoft 操作系统中该方法非常流行，并且该方法会限制应用程序可执
344 行文件的大小与其运行时的映像。当多个应用程序运行在同一系统中并需要相同库时，该方法具有优势，因为操作系统将 DLL 文件读入内存中并保存它的映像，两个或多个应用程序进程映像分开，以便每个进程在需要时都可以从库中调用这部分代码。使用相同 DLL 的应用程序越多，就会节省越多内存。然而，如果仅有单一应用程序使用 DLL，那么就不会节省空间，因为应用程序可执行文件和 DLL 文件合并后的大小，会占据如预先链接到静态库的单一应用程序近似相同的二级存储（如硬盘）空间。另外，既然两部分在运行时都要被保存到内存中，那么它们需要与等价静态链接进程近似相同的总内存。

3. 静态库和动态库之间的权衡

当使用静态链接时，可执行文件比使用动态链接时的要大。对于大的应用程序而言，大小差异会非常显著，这将影响所需的存储空间，在网络中传递文件所花费的时间，以及在执行第一步时需要花费大量的时间加载文件。

对于静态链接到库上的进程，内存映像尺寸较大，然而，使用动态链接的进程仍需要访问库代码。因此，也必须将 DLL 加载到内存中，若仅被单一进程使用时则收益均衡，但当许多应用程序共享同一 DLL 映像时，会潜在地节省大量的内存空间。

可以使用动态链接来实现部署时的可配置性，其中相同 DLL 具有不同的版本，但具有不同的功能。库中的方法名字是相同的，以便于应用程序代码能够与任何一个版本链接，并且能够正确运行。那么通过改变当前的 DLL 版本，允许对应用程序的操作方式进行控制，而不改变应用程序代码或可执行映像。然而，DLL 版本可能存在问题。大多数应用程序作为特定的构建版本被发布，已经被仔细测试过并且发现很稳定，例如，当做了升级之后，或许要发布新版本。相似地，DLL 可能要经历更新，并且也有版本号。存在两个相互依赖的组件类型（一个是应用程序，一个是 DLL），随着时间的推移每个被分别赋予版本，这可能导致复杂的运行时不匹配。如果改变其中一个组件的方法名字，或者所传递的参数设置不同，那么应用程序或者不能运行，或者当问题调用产生时会发生冲突。如果只关注库方法内的逻辑改变，那么应用程序看上去可能运行正确，但返回错误的结果。把该问题放入上下文

中，考虑最初发布版本 1.1 的一个应用程序，它与其 DLL 版本 1.1 运行完美。几个月后，会有另外 3 个应用程序版本（版本 1.2、1.3 和 2.0）和 5 个 DLL 版本（版本 1.2、1.3a、1.3b、2.0 和 2.1）。很可能存在多种可以很好运行的组合，一些组合到现在为止还没出现，所以结果是未知的（但被认为不安全），一些组合根本不能运行。如果你加入一个存在数以百计的客户站点场景中，并且每一个都有自己的技术团队来执行系统升级，那么你可能开始察觉到多组件软件项目中出现版本控制方面的一些挑战。这些问题有可能会增加测试负担，以确保所部署的系统映像中仅包含有效组件的组合。可能出现的一个不受欢迎的情况是需要保持多个可追溯的 DLL 版本可用，以确保不管安装什么版本的特定应用程序，都能正确运行。

目标计算机上可能会忽略 DLL。与上面的问题类似，当安装应用程序时，必须考虑应 345
用程序的外部 DLL 需求。当应用程序在开发计算机上完美运行（很明显存在 DLL），但当移植到另外一台计算机上时就不能运行，因为 DLL 不出现在该站点，这种情况的出现令人很沮丧。在小规模系统中这种场景通常会很容易修正，但是会增加系统维护的总体成本。

静态链接应用程序是独立的，合并库代码来创建单一可执行文件，不存在外部依赖。这是健壮的，因为它避免了 DLL 遗漏或 DLL 版本不匹配的问题。

5.13.3 语言相关的特性：C/C++ 头文件

C 和 C++ 语言有头文件类型，也有源代码文件类型。头文件类型的使用可以提高独立组件的内部代码架构，有助于确保分布式应用程序的多组件间的一致性，因此，它被包含在这一章中。

使用头文件来保存事物的定义，而不是实现细节。结构良好的 C++ 代码将被划分为许多类，每个类都有一个源文件（具有 .cpp 的文件扩展名）和一个头文件（具有 .h 的文件扩展名）。类头文件包含类的定义和类的方法，还将声明所有类级的成员变量。类头文件也可能包含类中所使用的常量、结构体、枚举和其他结构的定义。也可能有附加的头文件，也就是说，这些头文件与任何特定的类都不相关。这些可能是语言本身的一部分（例如，与库的使用相关，正如图 5-34 所述的 afxsock.h 头文件，这是必要的，因为应用程序使用套接字库），或者可能包含几个组件所使用的应用程序范围的定义。图 5-33 阐明了应用程序中头文件可用于多种用途的方式。

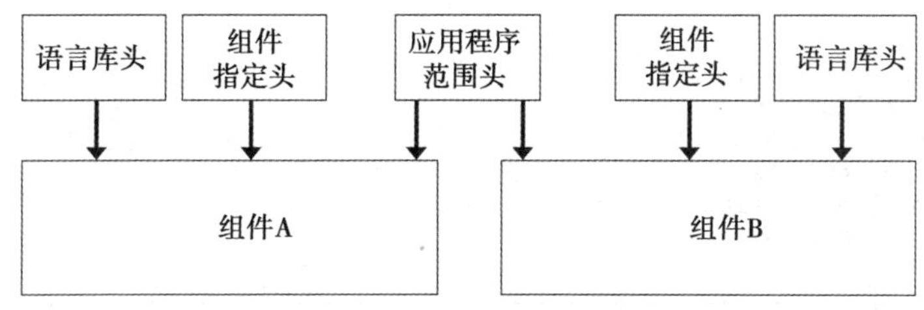

图 5-33 当构建分布式应用程序时头文件的使用

图 5-33 给出了一些头文件常见的使用，来为分布式应用程序的源代码提供结构。语言库头文件与所包含的库程序相关（例如，套接字 API 库），它们包含程序的声明，其中为了能够检查语法，在编译时编译器需要这些声明。例如，即使实际的库不被编译器链接，也需要确保特定库中所使用的各种方法能被正确使用，涉及使用适当的语法、必要参数的数量和类型等。组件指定头文件提供了实现类的定义（应用程序指定功能）。可以使用应用程序范

346 围头文件来提供全局定义，其被编译到每一个组件中，因此确保某些相关组件行为的一致性是非常重要的。一个很好的例子是对于每个组件消息类型和消息格式（PDU，见第 4 章）的定义必须是相同的，以便正确地解释消息。在图 5-33 所示的应用程序中，将会分别单独编译组件 A 和组件 B，但是在两者编译时，都将使用相同的应用程序范围头文件。

图 5-34 将头文件的使用放入一个特定的用例场景中，采用前面活动 A1 中所讨论和使用的三层数据库应用程序。对于每个组件，仅显示主要的类名，以避免不必要的复杂性，但是同时，该图准确地反映了组件层的软件体系结构。该应用程序由三个不同的软件组件构成（应用程序客户端、应用程序服务器和数据库服务器），其中每一个都会被编译成独立可执行文件，并且作为独立的进程运行。由于这三个组件是同一应用程序的一部分，所以它们需要有明确的消息格式、消息类型标识符，以及预定义的应用程序端口号的定义。可以通过将这些定义放置到 DB_Arch_General.h 文件，并将其包含进所有三个编译中来实现。该头文件的内容如图 5-35 所示。

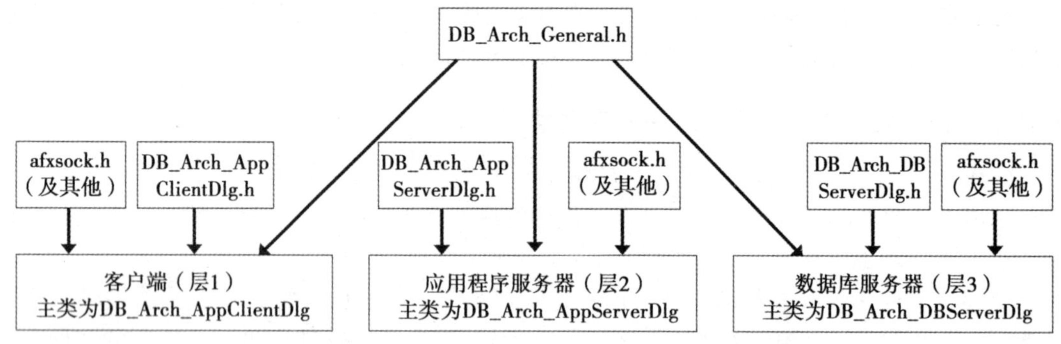

图 5-34　头文件使用示例，一个三层数据库应用程序

```
#pragma once

#define DB_TYPE1_PORT 8002 // Decimal
#define DB_TYPE2_PORT 8003 // Decimal

#define MAX_CUST_NAME_LEN 20

enum MessageType {REQUEST_RECORD, SEND_RECORD, CLIENT_DISCONNECT};

struct Message_PDU {
  MessageType iMessageType;
  int iCust_ID;
  bool bCustNameValid;
  char cCustName[MAX_CUST_NAME_LEN +1];
  bool bCustBalanceValid;
  int cCustBalance;
};
```

347 图 5-35　图 5-34 中头文件 DB_Arch_General.h 的内容

图 5-35 给出了应用程序范围头文件 DB_Arch_General.h 的内容。该文件提供了重要的定义，对于所有的应用程序组件必须保持一致的定义。如果向应用程序添加一个新的消息类型以扩展功能，那么将它添加到该头文件所提供的枚举中，应确保对于所有组件来说其定义相同。类似地，如果该新消息类型也要求将附加字段添加到消息 PDU 中，那么将其添加到已定义的结构体中，将会对应用程序范围有影响。

5.14 硬件虚拟化

为了以一种清晰、可理解的方式解释硬件虚拟化，首先有必要简短地回顾一下非虚拟化（有些人可能说是“传统的”）计算的概念。

非虚拟化计算模型就是每一台计算机都安装有一个操作系统，并且操作系统具有能运行进程的调度程序组件，以便于进程可以使用计算机资源（在第 2 章中已对该点做深入讨论）。操作系统隐藏了硬件平台配置的一些方面。其中非常重要的一个方面是所完成的资源管理，用以确保有效资源利用（例如，每一进程可能只被允许访问整个系统内存空间的特定部分，因此允许多个进程互不干扰地同时运行）。操作系统也可从物理设备上分离出应用程序进程，第 2 章讨论的一个特定例子就是这方面的，其中由操作系统管理输入输出流，以便进程实际上不直接操纵 IO 设备。操作系统管理设备有两个重要的益处，一是多个进程可以无冲突地使用各种 IO 设备；二是在程序层上抽象掉各 IO 设备的具体接口细节。因此，例如，程序员可以在不知道屏幕类型或大小、键盘类型等时，编写输入输出语句，这种情况是存在的，并且一经写好程序将能正确运行，即使在将来 IO 设备发生改变。

硬件虚拟化是用来描述所添加的软件层的术语，它位于真实硬件平台之上，表现的好像它实际上就是平台本身。该软件层被称为虚拟机（Virtual Machine，VM）。VM 能够以一种与上面所描述的操作系统传统的（非虚拟化的）计算模型相同的方式来执行进程。

在某些方面，可将硬件虚拟化视作是操作系统向进程提供的隔离和透明性方面的扩展。然而，硬件虚拟化的动机是支持灵活的任务改变和计算机重新配置的需要，其中可能涉及取代计算机上整个软件映像，包括操作系统（或者在同一台计算机上运行两个不同的操作系统）并在短时间内完成这些改变。

为了理解相对于非虚拟化方法，由 VM 方法所表现的额外灵活性的重要性，有必要去考虑现代分布式系统中所出现的高度异构性。异构性表现在很多形式上，正如该章前面所讨论的。大量不同的硬件平台、操作系统和资源配置的存在，增加了计算机系统管理的诸多复杂性。用户需要运行各种各样的应用程序，这需要不同的资源配置，或者甚至是不同的操作系统，然而为了运行一个特定的应用程序而重新安装操作系统，或者是为了允许用户在工作日能运行各种不同的应用程序，而为每一用户提供几种不同配置的计算机，这是不可行的。该 348
问题对于大规模计算资源的所有者来说会更加明显，因为采购设备的成本，以及更大的、潜在的持续管理成本，这与支持用户这类需求所需的人力相关。特别地，数据中心需要一种自动处理异构性问题的方式，因为他们将其计算资源出租给大量不同客户，因此，可能需要增加不同资源配置的数量。显然，在专门配置物理平台的性价比和及时方式上，数据中心不能满足这一要求，因为他们必须拥有更大数量的计算机和非常强大的技术支持团队。

5.14.1 虚拟机

VM 已经成为一种用以克服频繁重新配置平台挑战的必要工具，以满足用户的多样化需求，这在某种程度上来自现代系统中各种形式的异构性，也是由于非常广泛的各类计算应用程序，其功能范围持续增长，以及不可避免的、伴随的复杂性。

VM 是一个运行在物理计算机上的进程，它为应用程序进程提供一个接口，来模仿真正的计算机。因此，VM 从物理机器上隔离出应用程序进程。例如，运行一个特定操作系统的计算机可能装有一虚拟机，该虚拟机可以模拟一台运行着不同操作系统（如 Linux）的计算机，在该案例中 Linux 应用程序将运行在 VM 上，与运行在一台装有真正 Linux 操作系统的真实计算机上，具有相同行为。VM 是 Windows 调度程序处理的进程，见图 5-36。

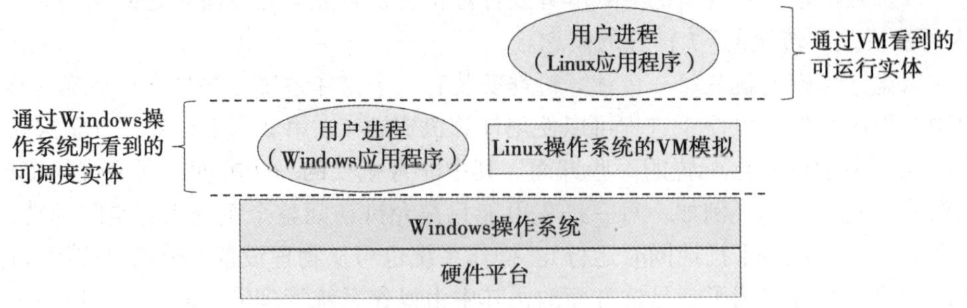

图 5-36　使用 VM 来模拟单一计算机上的附加操作系统

图 5-36 展示了一个 VM 如何运行在传统的操作系统（如 Microsoft Windows）之上，使得非本地应用程序能够运行。换句话说，VM 提供了一个不同操作系统（该案例中是 Linux）的仿真，因此允许运行为该操作系统设计的应用程序。

对于需要配置不同 VM 的计算机环境，可以使用 VM 管理者或管理程序。当需要时，管理程序会创建和运行 VM。通过思考数据中心场景，来理解自动 VM 管理的需求：每一特定客户希望运行他们特定的应用程序，其中需要一个特定的运行时系统（即操作系统和各种
349 所需的服务）。代替必须向每一个客户提供装有合适操作系统的计算机，以及每一个所需的服务，还有客户指定应用程序的各种组件，其中涉及许多独立阶段，因此比较耗时并且受限于各个步骤的故障，管理程序可以在单一阶段中产生合适的 VM 镜像。

类型 1 管理程序直接运行在计算机硬件之上（即它们取代了操作系统），然而类型 2 管理程序由操作系统托管（即它们运行在操作系统之上，与 VM 运行在操作系统之上的方式相同，见图 5-36）。

5.14.2 Java 虚拟机

Java 实现了一个特定 VM，即 JVM，它向 Java 程序提供了一致的接口，而不管实际的操作系统和体系结构。Java 程序实际运行在 JVM 中，不直接运行在底层平台上，这意味着 Java 程序本质上是可移植的。借助图 5-37 和图 5-38 来阐明这一概念。

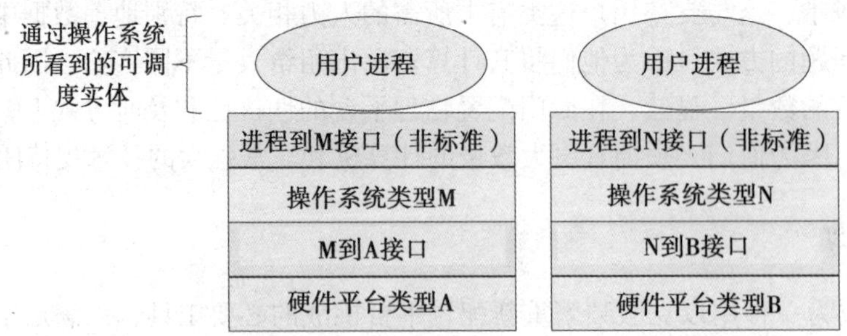

图 5-37　传统的进程到操作系统接口是依赖于操作系统的

图 5-37 展示了传统进程运行时环境（进程到操作系统之间的接口），每个操作系统提供的环境是不同的（正如前面 5.3 节中的详细说明）。这意味着必须针对它们的目标操作系统专门建立应用程序，因此，可执行文件不可以在操作系统之间转换。

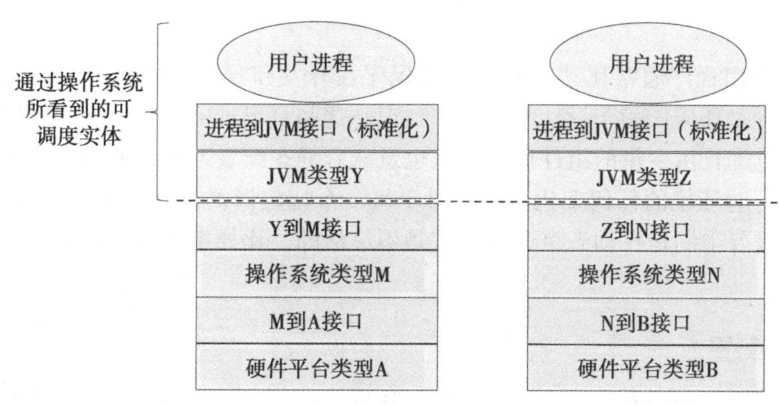

图 5-38　到进程的 JVM 标准接口 350

图 5-38 展示了 JVM 向应用程序进程提供一个标准接口，而不管底层系统是由操作系统和硬件平台的哪一组合方式构成。这可以使用一种被称为 Java 字节码的特殊通用代码格式来实现，它是一种程序逻辑的简单且标准化的表示，具有在某些方面类似于汇编语言的底层格式。最终结果是图 5-38 左半部分的用户进程，将在图 5-38 右半部分所示的系统上能够正确运行，而不需要做任何修改或重新编译。

JVM 本身必须专门建立在它所运行的平台之上，因此 JVM 类型以及到 JVM 的操作系统接口（JVM 下面的那层）存在差异，见图 5-38。操作系统将 JVM 视作一个可调度实体，换句话说，JVM 本身是直接运行在操作系统之上的进程，而不是 Java 应用程序。

5.15　静态和动态配置

静态以及动态软件配置的问题在前面几节中有所提及，包括 5.5.1 节以及在活动中讨论和探究了自组织应用程序配置的 5.9 节。在本章后面，5.16 节也将检验一个服务的动态配置，用以屏蔽一个单独服务器实例的故障。

本节汇集了与分布式应用程序静态和动态配置选择相关的各种问题。需要考虑的主要方面是组件彼此间定位的方式，组件间的连接形式，或者至少是彼此间通信的方式，在一个组中分配给单独组件角色的方式（例如，当一个服务存在几个实例且需要单个协调器时）。

5.15.1　静态配置

当构建多组件应用程序时，默认情况下实现静态配置。如果一个设计固定了组件的角色，组件间彼此关联、彼此连接的方式，以及作为更广泛应用程序的一部分来执行处理的方式，那么你将会得到一个静态配置。在该情况下，不需要任何附加的服务将组件动态映射到一起，该配置被认为适合所有情况。如果你多次运行应用程序，将总是得到相同的组件到组件的映射。

软件组件的身份可以以几种不同的方式表示。组件需要唯一 ID，例如，这可以基于其 IP 地址或一个 URL，URL 更加复杂，因为在唯一识别服务组件的情况下，它允许重新定位服务。组件 ID 也是整个系统内的唯一标识符，是由诸如中间件的服务来分配，尤其当消息需要在组件间传送时，专门为了将组件映射到一起。

静态配置的本质是基于设计时所决定的映射，将组件连接到另一组件。如果将对一个组件身份的直接引用纳入另一组件中，并被用作形成连接或至少是发送消息的基础，这是最明

351 显的。

静态配置应用程序通常比动态配置应用程序在开发和测试上更简单。然而，它们的运行时行为与运行时环境依赖于设计时的全部知识。这些是很难确认的，除非应用程序具有非常有限的功能范围且由少量的组件构成。这也意味着静态配置系统可能需要更频繁的版本更新，来处理运行时环境的任何变化，因为对于每一个特定设置都有固定的特殊配置。或许，静态配置的最重要限制是在动态事件方面它是不灵活的，比如组件故障或资源所在的专门处理平台的故障。

5.15.2 动态配置

分布式应用程序的动态配置增加了运行时的灵活性，并潜在地提高了效率和健壮性。对于效率方面，这是因为组件可以在物理位置之间移动，为了更好地映射到可用资源上，或者组件请求能够被动态地转移到服务器进程的不同实例上（例如，平衡一组处理器上的负载）。提高健壮性是因为组件到组件之间的映射，可以根据诸如特定组件故障这样的事件做调整，所以，例如，如果一个客户端映射到一个特定服务实例上，且该实例发生故障，那么该客户端能够被映射到相同服务的另一个实例上。这可以通过使用机制来自动完成。

动态配置的本质在于组件是基于角色来而不是组件唯一 ID，发现另外一个组件的。也就是说，组件知道它们需要什么类型的服务，在提前不知道那些组件 ID 的情况下，请求连接到提供那些服务的组件上。典型地，需要附加服务来对其促进，尤其是宣传这些组件所提供的服务，或者相反地，基于角色描述来发现服务，并且促进两进程之间的连接。促进动态发现和连接的外部服务的例子包括名称服务和中间件。

例如，为了平衡负载或者为了克服或掩盖个别服务子组件的故障，一些服务在内部执行动态配置。常常使用诸如选举算法这样的机制，来对随着时间变化而变化的一组动态进程，自动地选择一个协调器，因为有不同的节点加入或离开服务集群。选举算法包括如下几个步骤：首先要检测到一个特定组件已经失效，其次在剩余的组件间执行选举或协商，来选择一个新的协调器，最终将新协调器的身份告知所有组件，以抑制其他不必要的选举。在第 6 章中将详细讨论选举算法。在本章其他部分讨论了动态配置的其他机制，包括心跳消息的使用，通过一个组件告知其他组件它的持续存在、健康状况，以及促进组件的自动发现或它们提供服务的服务广告消息。

动态配置机制也促进了系统中上下文感知行为（见下一节）。

5.15.3 上下文感知

上下文感知意味着一个应用程序的行为或配置需要考虑操作的上下文，也就是说，它动
352 态地调整其行为或配置来适应环境或操作条件。这是系统行为复杂的一方面，实际上超出了本书的范围，但出于完整性在此做简要的介绍。

上下文是能够使系统提供特定的而不是一般响应的信息。给出一个非常简单的例子，你问我明天的天气预报，我回答“有雨”。如果我们预先沟通了我们所指的位置，这仅对你来说是有用的（在该案例中将问题和答案置于上下文研究中）。与分布式服务相关的一个例子关系到服务器实例的故障。剩余服务器的数量是非常重要的上下文信息，因为如果仍有一百台服务器处于运转中，一个服务器故障相对来说无关紧要，但是如果仅剩一台服务器或一台都没有，那么这会很严重，需要实例化一个新的服务器。

动态配置机制和上下文信息提供了强大的组合，使复杂的和自动的重新配置事件响应成为可能，例如负载的突然增加或组件故障。

5.16 分布式应用程序的非功能性需求

分布式应用程序具有许多常见的非功能性需求，其中大多数在本书各处已经提到过几次。这里，它们是有关系的并有区别的。

健壮性。这几乎是所有分布式应用程序的基本需求，尽管它可以用不同的方式来解释。从组件层上无故障方面来说，健壮性是不切实际的，因为不管你的软件设计得多么好，可能总会有一些中断分布式应用程序操作的外部因素。一些例子，包括过多的网络流量造成的延迟或暂停，网络故障使服务器与客户端相隔离，以及托管服务器主机的电源故障。因此，实现健壮性的关键方法是建立冗余，也就是说，具有多个关键组件的实例，以避免单点故障（即如果单个组件故障，不会造成系统本身故障）。

可用性。该需求关注的是应用程序或服务可用的时间比例。一些商业或金融相关的服务，在不可用时每个小时都可能会损失其所有者大量的资金，例如，考虑股票交易系统。一些系统，如危险环境的远程监控，像发电站与工厂生产系统的安全性是至关重要的，因此，可用性需要尽可能接近 100%。你可能偶然想到一个术语“5 个 9”的可用性，其目标是系统 99.999% 的时间是可用的。可用性和健壮性有时会混淆，但是在技术上讲，它们是不同的。一个例子是定期维修时系统不可用，但系统没有故障。另外一个例子是能支持一定数目用户（如 100）的系统。第 101 个用户连接到系统，被拒绝服务，所以特别地，服务对他来说是不可用的，但这不是故障。

一致性。这是所有非功能需求中最重要的方面。如果系统中的数据不能保持一致，那么系统就不会被信任，所以在最上层就已经失效。将其放入一个非常简单示例的上下文中，考虑一个银行应用程序，其中客户可以在自己的几个账户间在线（通过 Internet）转账。假设一个客户的活期账户中有 200 英镑且储蓄账户中有 300 英镑。她从活期账户向储蓄账户中转了 100 英镑。这要求银行系统中有多处单独的更新，可能涉及两个不同的数据库和几个软件 353
组件。假设第一步（从活期账户中转出 100 英镑）成功，但是第二步（将其存入储蓄账户中）失败，系统已经变得暂时不一致，因为客户的资金已经从 500 英镑变为 400 英镑，而总资金本应该是 500 英镑。如果系统设计良好，那么它应该自动地检测到不一致的出现，并将系统状态“回滚”到之前一致的状态（该案例中初始平衡值）。

性能（或响应性）。这是系统在确定时间段内处理事务的一种需求。对于用户驱动的查询，在信息使用的上下文中，应该及时回复。例如，如果应用程序是股票交易，那么 1 秒左右的响应或许可以接受，然而如果是一个电子商务系统，其中一个公司从另一公司大规模批量订购产品，几秒的时间延迟就足够了，因为该交易时间不是很严格的。另外关于实时系统调度的讨论详见第 2 章。

在系统中，性能一致对用户信心来说也是重要的。响应时间的变化会影响易用性的一些方面，由于长时间的延迟可能会使用户感到沮丧，或者导致输入错误（例如，在用户不确定系统是否检测到一次击键之处，这样用户会再输入一次，这可能会导致重复的订单、重复付款等）。

规模可扩展性。这是在不改变系统设计下，应该有可能增加系统规模方面的需求。该增长可能是就同时所支持的用户数量或吞吐量方面（单位时间所处理的查询或事务的数量）而

言。扩大系统规模以满足新需求，可能涉及添加附加的组件实例（见5.16.1节），将性能关键型组件放到更强大的硬件平台上，或者单独重新设计特定瓶颈组件，但不应该要求重新设计整个系统体系结构或操作。

重要的是不要混淆规模可扩展性和响应能力。随着负载的增加，缺乏规模可扩展性可能是造成响应能力降低的根本原因，但它们是不同的关注点。

功能可扩展性。在不需要重新设计系统本身和不影响其他的非功能需求下，应该有可能来扩展系统功能，唯一允许的特例就是在新特征的增加和规模可扩展性相应减少之间取一个可以接受的折中，因为新特征可能导致通信强度的增加。

透明性。这是向用户隐藏系统内部复杂性的需求，以致于呈现给用户的是一个使用简单、一致和连贯的系统。这也常常被作为分布式系统的基本质量指标而引用。

一般透明性目标是单一系统的抽象，以致于向需要访问资源的用户或运行着的进程，提供一个设计良好的系统接口并隐藏了分布式本身。所有的资源看起来都是本地可用的，并且可以使用相同的动作对其访问，而不管它们是真正的本地或远程。如其他数个章节所提到的，存在许多不同的透明性特点，以及有各式各样的方式来促进它。

每一个组件的设计及它们交互的方式，都会潜在地影响透明性的提供。在需求分析阶段，它应该是一个关注的主题，因为对于一种固有的非透明性设计，通常不可能是适配的透
354 明性机制。

易用性。这是一组广泛关注点中的一个通用标签，覆盖几个其他非功能性需求，尤其是响应能力和透明性。易用性也与一些特定技术方面有关，如用户界面的质量、所提供信息的一致性，尤其是若存在由不同组件所提供的几个不同用户界面。

通常，所提供的透明性越大，系统越易用。这是因为为了使用系统，用户被屏蔽，而不必知道该系统的技术细节。反过来，易用性提高了整体的正确性，因为系统清晰，容易使用，其中用户不必遵循复杂的步骤，并且在不清楚的情况下用户没有被要求做出决定，用户或技术管理人员很少犯错误。

5.16.1 复制

复制是分布式系统中很常用的技术，不仅对上面所述的几个非功能性需求有潜在的贡献，最明显的是健壮性、可用性和响应性，而且如果实现不当，则有可能会破坏一致性。

该节重点放在分布式系统的复制与非功能需求的关系上。在第6章将进一步讨论复制的透明性与机制方面。

最简单形式的复制是在有多个服务器实例的地方，服务提供复制，但是每一个服务器实例只支持自己的客户集合，所以服务器之间没有数据共享。使用该方法来提高可用性和响应性，但是不会提高健壮性，由于每一个客户端会话状态仍然只有一个副本，并且每一个客户端所使用的数据也只有一个副本。对数据更新传播没有要求，但是相反，需要客户端直接指向服务器，以便平衡它们之间的负载，由于如果所有客户端连接到一个服务器，那么服务提供复制对性能没有影响。

考虑游戏用例。可以在不同位置启动多个服务器副本，来实现一种简单的复制形式，不需要对当前设计做任何修改。这是功能的复制，不是数据或状态的复制。每一个客户端仍然连接到一个特定服务器实例（通过IP地址来识别），且因此只能看到连接到同一服务器实例的其他玩家，在可用玩家列表中投放广告。能够支持的用户总数更多，也就是说，提高了

可用性，因为用户能够连接到地理位置最近的服务器上，可能会降低网络延迟，提升响应性能。然而，通过服务器，客户端之间被关联到一个独立的群组中。没有任何机制能够在服务器之间移动游戏，或在其他服务器上备份游戏状态；每一个客户端仍依赖于特定服务器来保存游戏状态，所以对于活动性游戏没有提升健壮性。

数据复制出现的地方，性能优势的程度、管理数据并确保数据一致性挑战的程度，与所支持的数据访问模式有关，尤其是在交易期间数据能否被修改或是否为只读。如果复制是活动应用程序状态或可更新的资源，那么额外的复杂性可能非常高，由于需要向所有副本传播更新。如果只有共享数据的一个副本可以通过用户应用程序写入，这相对来说更简单，但是即便如此，当再次出现更新时，确保离线副本被正确更新仍是一个非常严峻的挑战。有三种常见的场景发生： 355

- 在所有的副本中，数据为只读。这可能适用于信息提供应用程序，如在线训练时间表系统，其中多服务器可用于支持许多客户端同时检索列车行程的详细信息。然而，数据本身只能被一个独立系统（该管理门户对公共用户不可用）修改。用户查询不会造成任何数据的更新。在只读资源的多个服务器实例复制案例中，由复制本身所引起的额外复杂性相对来说很低，该方案能很好地扩展。
- 实现复制，使得仅有单一数据副本是可写的，其他副本是可读的。这里的挑战是确保实际上只有一个数据副本在任何特定时间内是永远可写的，并且也要确保对可写副本的所有更新都能及时、可靠地复制给其他副本。在读访问明显多于写访问的应用程序中，这方面可以工作得很好。
- 实现复制，使得所有数据副本都是可写的。这可能导致各种各样的问题，包括丢失更新的特定问题，其中并行地修改特定数据值的两个副本。当在整个系统中传播每一个改变时，最近一次施加的改变将覆盖第一次施加的改变，也就是说，丢失了第一次更新。丢失更新问题是重要的 ，因为它甚至发生在所有组件功能都正常的时候，也就是说，这不是由故障引起的，而是使用系统和事件特定计时的人为结果。

使用该方法管理起来是非常复杂的，通常是不可取的，因为除了丢失更新问题外，还有多种可能使得系统变得不一致的方式。

增加复制的主要目的是确保在任何环境和使用场景下，系统保持一致。这必须始终如此，来确保系统的正确性，即使实现复制的原始动机和目的是为了提高可用性、响应性或健壮性⊖。

图 5-39 阐明了一种简单的复制形式，其中单一服务实例（与数据）在任何给定时间下对用户来说都是可用的。这是因为所有服务请求针对的是主服务实例，所以备份实例实际上对用户不可见。当一个用户请求造成服务器所持有的数据改变时，主实例会更新它的本地数据副本，也向备份实例传播任何更新。备份实例监听主实例的存在。例如，这可能使得主实例周期性地向备份实例发送状态消息更加方便，在该情况下，如果这些消息停止，则备份实例

⊖ 复制机制提供了一个非常好的有关一般规则的例子，当向应用程序或系统添加一个新特征时，无论什么理由，它将潜在地引入额外挑战或新的失效模式。就设计与开发工作，特别是测试（它必须覆盖一个各种可能情景的广泛状态空间）而言，克服新挑战或防止这些新的失效模式代价可能会比较高。最后，我们会发现自己正在做作者所谓的“复杂性追尾”，其中我们通过逐步增加复杂层，来处理由先前层的复杂性所引起的问题。因此，在添加任何诸如复制这样的附加机制之前，执行一个详细的需求分析并考虑添加机制之后的结果是至关重要的，通过深入理解有效成本与优势来制定一个平衡决策。

能意识到主实例已经失效。图 5-39 展示了当两个服务实例都是健康的情形，在两个数据副本上执行更新。图 5-39 中的第 1 步（a 和 b 部分）机制可能是基于多路广播或直接广播或通过使用组通信机制，这些将在第 6 章中讨论。

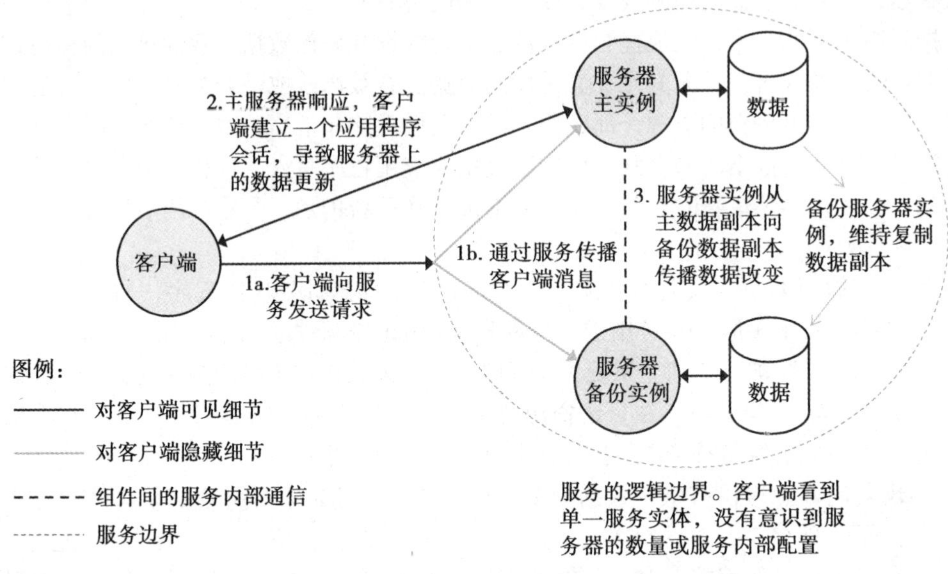

图 5-39 活动应用程序状态和数据的主 - 备份数据复制

图 5-40 展示了当主服务器实例已经失效时，所发生的复制服务配置适应性调整。最初，会有一段时间服务不可用，因为备份实例还没有检测到先前主实例的故障，所以没有取代主实例的角色。一旦备份服务器实例检测到主实例已经失效，它就会接替成为主实例（这也可以被描述为被提升为主状态）。从这点开始，服务请求将由该服务器实例处理。

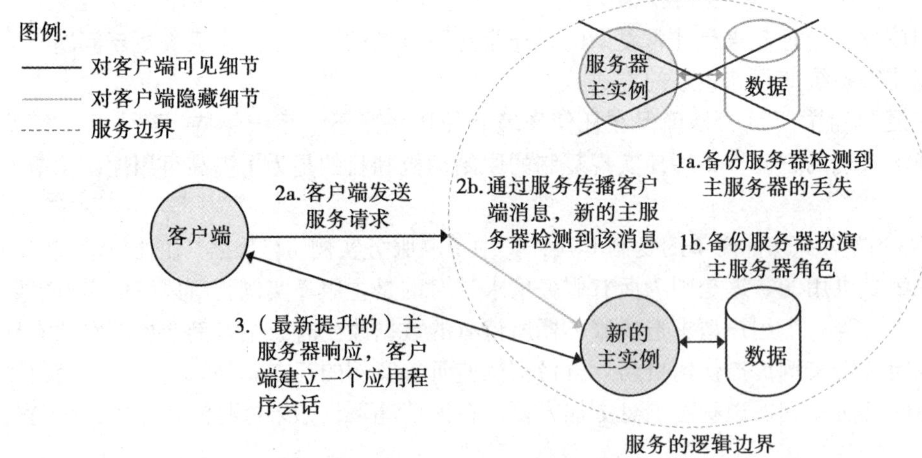

356
~
357

图 5-40 主 - 备份数据复制中备份提升的情景

检测主实例故障的机制本身必须值得信赖。检测通常基于某种形式的心跳机制，以使得健康的主服务器发送一个周期性的消息来告知备份服务器它仍然是健康的。当有规律地发生更新时，可以对此忽略（因为更新消息也起到告知备份服务器主服务器依然是健康的作用，不用增加任何额外通信），仅当更新间隔超出某一阈值时才发生转换。因此，没有来自主服务器的消息时，备份副本的等待时间不应该多于一特定时间。然而，网络本身可能会有消息的丢失或延迟，因此，在丢失单一心跳消息时，就触发转换到备份副本上是不安全的，或许，在一些系统中连续丢失三个消息比较合适。心跳配置方案（这包括消息之间的间隔，必须用连续丢失消息的数量来作为主服务器已经失效的确认）必须针对特定应用程序，因为它代表备份系统响应性能、维护备份系统的消息开销以及假报警风险三方之间的权衡，如果两个副本变为同时可写，这会进一步引入数据不一致的风险。

5.16.2 复制的语义

在实现诸如复制的机制时，仔细思考实现需求功能的各种供选择方式的优点是很重要的。对于复制，就它们操作系统数据的方式而言，在复制机制行为的实际方式方面关注的是语义。需要考虑的问题如下：

- 当主副本不可用时，应该发生什么？应该能够访问备份副本，还是仅仅维护来确保系统的一致性，直到主服务器被修复？
- 如果备份副本可用（主服务器已经故障），它应该是只读或者可读可写，这是一个问题。主要关心的是两个副本可能不同步。如果更新发生在备份副本上，可能发生不同步，之后，它也发生故障。当之前的主副本在线恢复时，它不知道发生在其间的事务。
- 主服务器和备份服务器的角色是否为预先指定的，或者它们由系统的行为动态生成（例如，大多数的访问实例可能被自动分派给主实例）？如果预先指定好角色，那么之前故障的主实例（因此最初的备份实例现在充当主实例）恢复之后，将发生什么？原始主实例是否收回它的主实例角色，或它来充当备份实例身份？
- 一些复制的实现采用奇数个服务器实例（最少三个），使得在副本出现不同步的事实下，可以采取投票，也就是说，采取绝大多数值作为正确值。然而，这不能绝对确保大多数是正确的（这不太可能，但是 2/3 丢失特定更新是有可能的）。这也不能保证会有大多数的子集（考虑 5 个服务器实例的一个组，其中一个出现故障，剩余 4 个被分成两个具有特定的数据值，另外两个具有不同的值）。

图 5-40 给出了一种当主副本故障时可能的回退情况。在演示的方法中，一经检测到主实例故障，备份实例将自己提升为主实例状态（即它接管主实例角色）。只要先前的主实例 358
向（之后）备份副本传播所有数据更新，就可以保持数据一致性，如果操作正确，则应该是这样的。

5.16.3 复制的实现

提供一个演示应用程序，在单一数据库应用程序的上下文中说明复制的实现和操作。继续活动 A1 中所使用的同一数据库主题，但在该案例中，有单一数据库被复制，而不是像前面活动中所使用的两个不同的数据库。在该特定例子中，使用复制以确保服务的健壮性，防范服务器进程故障。单一主状态服务实例处理客户端服务请求。主实例也会向其他服务实例广播周期性心跳消息，来发布它存在的信号。也可能存在附加的实例，具有备份状态，它的角色是通过接收心跳消息来监视主实例的状态。如果没有检测到三个连续的心跳消息，那么备份实例将自己提升为主实例状态。服务的主实例向备份实例传递客户端做出的任何数据更新，这样使得保存于备份实例上的数据与主实例上数据同步，因此保持着服务的一致。如果备份副本必须接替主实例，那么将更新数据，并且在主实例崩溃前，体现所做的任何改变。

为了展示各式各样可用的设计选择，图 5-39 和图 5-40 中给出了使用客户端定位服务的另一可供选择的方式来实现。那些例子中所展示的技术是基于客户端发送服务发现广播消息，以及主实例的服务响应。相反，演示复制服务的实现使用服务广告，其中服务主实例在几秒的固定短间隔内发送广播消息。最新启动的客户端必须等待接收一个服务广告消息，它包含需要连接到服务的 IP 地址和端口详情。如果备份服务器实例将自己提升为主实例状态，它接管发送服务广告广播，以便客户端总是检测当前服务主实例。在该实现中，恢复的故障主实例将接管备份实例的身份（假设另一个实例现在是主实例状态，正如之前的备份实例）。

图 5-41 给出了服务内部行为，其决定每一个复制数据库应用程序的实例状态。该图展示了单一进程的行为，每一个进程维护着它自己的状态传输逻辑副本，并且用一对变量来代表它内部的状态。在该案例中，管理状态转换行为的状态变量如下：

m_ServerState {Backup, Master}　　枚举类型

m_iHeartbeatMissedCount ⩾ 0　　整型

在期望时间帧内，每次检测一个心跳，m_iHeartbeatMissedCount 变量重置为 0。当发生超时时（在期望时间帧内没有检测到心跳），该变量加 1。如果变量达到值 3 时，备份实例将自己提升为主实例状态。有两种方式使得主状态实例会不复存在。第一，如果它崩溃或被故意移出系统，第二，如果它检测到来自另一主实例的任何心跳消息（在该案例中它将自己降级为
359 备份状态）。这是一个故障安全机制，来防止多个主实例共存。

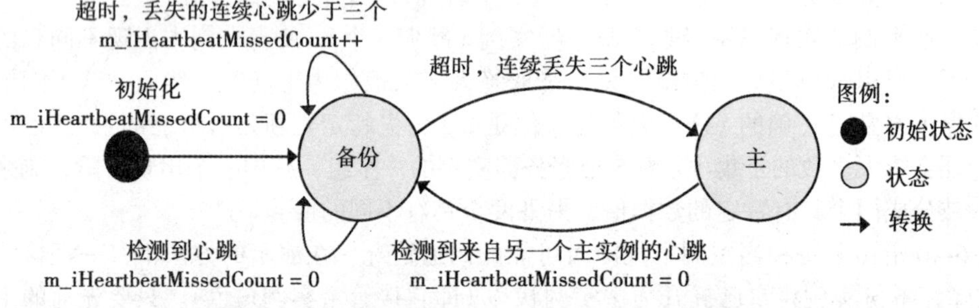

图 5-41　复制数据库演示应用程序的状态转换图

在复制演示应用程序中，有两种类型的通信；服务本身的通信（服务器实例之间）和应用程序客户端与服务主实例之间的通信。图 5-42 给出了各种组件之间套接字级的连接。

图 5-42 给出了复制演示应用程序中套接字级的通信。图的左边展示了应用程序客户端与服务主实例间的通信。它由发送服务广告的服务器构成，服务广告使用 UDP 广播，被客户端使用以获得服务器的地址详情，因此使用 TCP 连接。TCP 连接被用于客户端和服务器之间所有应用程序的请求和答复。图的右边给出了服务的主实例和备份实例之间的通信。两个进程有相同的套接字，但对于任一备份状态实例，被用于连接到客户端的广播套接字和 TCP 套接字是不活跃的。只有主实例广播心跳消息，备份实例接收该消息。当客户端引起保存在主实例上的数据更新时，主实例会向备份实例发送更新广播消息。

在活动 A3 中探究了复制演示应用程序的行为。全部源代码作为本书配套资源的一部分是可用的。

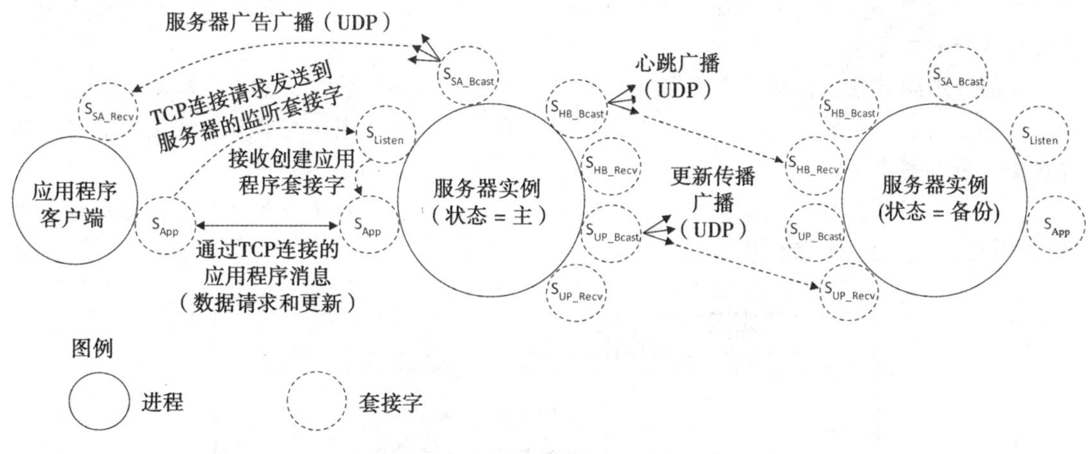

图 5-42 复制服务组件之间的套接字级连接性 360

活动 A3 主 – 备份数据复制机制探究

此活动使用一个复制数据库应用程序来研究数据复制机制的行为，还有动态服务配置和组件角色分配方面，通过使用心跳消息、服务器实例间的数据更新传播，以及服务广告广播，使客户端定位主服务实例成为可能。

该活动使用了 Replication_Client 和 Replication_Server 程序。为了简化软件配置并确保实验的焦点是体系结构的复制方面，数据库服务器实际上以内存中数据表的形式来保存它们的数据。初始值是硬编码，但可通过客户端请求被更新。然后，发生在主服务器实例上的任何更新，被传播到备份服务器实例上。

在该实验期间，观察每一个组件所展示的诊断事件信息，它提供了详细的内部行为。

前提条件。需要两台网络计算机，因为每一个服务实例需要绑定到相同端口集上。因此，它们不可能共驻在同一计算机上。因为使用的是广播通信，计算机需要位于相同的局域网络内。

学习目标。

1. 理解数据复制的概念。
2. 熟悉特定的复制机制。
3. 探究一个简单复制数据库应用程序行为。
4. 探究自动服务配置和组件角色分配。
5. 探究服务广告广播的动态服务发现。
6. 探究更新传播。
7. 理解实际应用环境中的故障透明性。

该活动分 5 个阶段来执行。

方法 A 部分：组件自我配置和自我广告（一个服务器）。该部分活动关心的是自配置，发生在启动一个复制数据库服务的单一服务器实例时。

在不同计算机上启动客户端程序的单一副本 Replication_Client 和服务器程序 Replication_Server。服务器进程将自己初始化为备份状态。它监听心跳消息，因为它检测不到任何心跳（它累计丢失了三个连续心跳），它将自己提升为主状态。一旦成为主状态，它开始广播周期性服务广告。这能使任何一个客户端定位到服务器。

最初，客户端进程不知道服务器地址，所以它不能发送连接请求。需要注意的是，它是如何接收服务广告消息（包括服务器地址详情）、更新它服务器地址的记录，然后使用该信息自动连接到服务。

A 部分预期结果。你应该看到服务器将自己初始化为备份状态，然后等待心跳消息，接收不到时，将自己提升为主状态。这时候，你看到它开始发送服务广告和心跳消息。客户端进程接收服务器广告。

下面的屏幕截图展示了服务器实例初始化为备份状态，然后提升为主状态，这时候它开
361 始发送心跳消息和服务器广告消息。

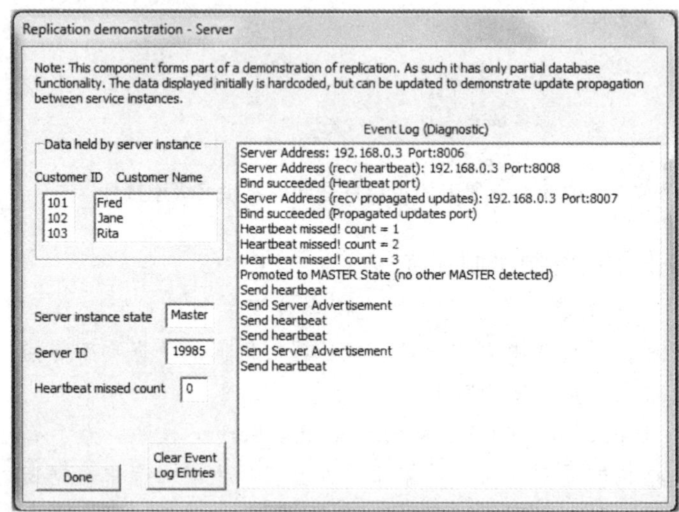

下面的屏幕截图展示了客户端组件等待服务广告消息，然后接收它，并更新它所持有的服务器地址详情。

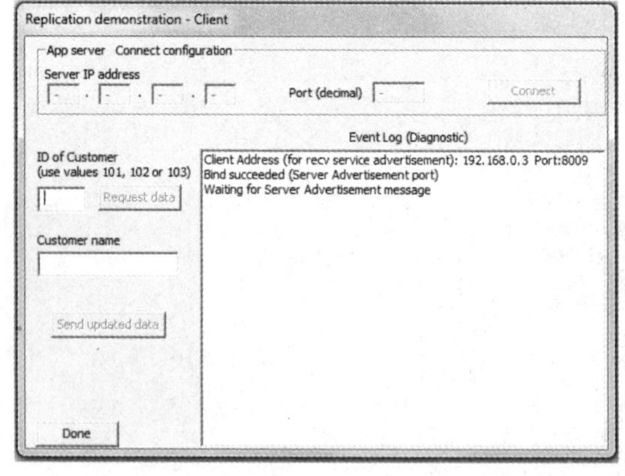

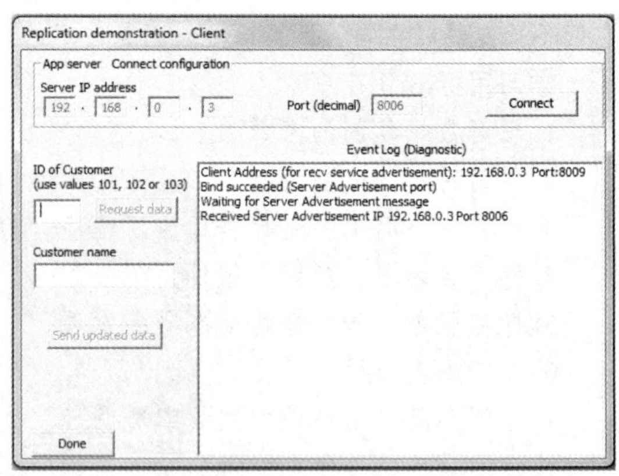

362

方法 B 部分：使用数据库服务。现在使用应用程序。开展将客户端连接到服务器和从服务器请求数据项方面的实验。保存在服务器的数据值也会被更新，尝试几个请求和几个更新。

B 部分预期结果。客户端应该连接到服务器（它建立一个 TCP 连接）。你应该能够在客户端执行数据请求和更新，观察这对服务器端产生的影响。

下面的屏幕截图展示了客户端连接后的服务器状态，并且客户端将客户编号为 101 的名字“Fred”改为“Frederick”。

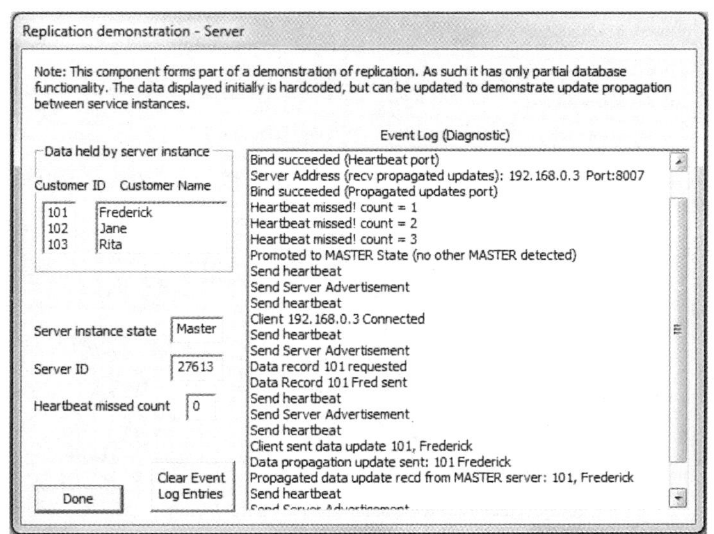

363

下面的屏幕截图展示了数据值被更新并被发送给服务器之后，客户端接口的相应状态。

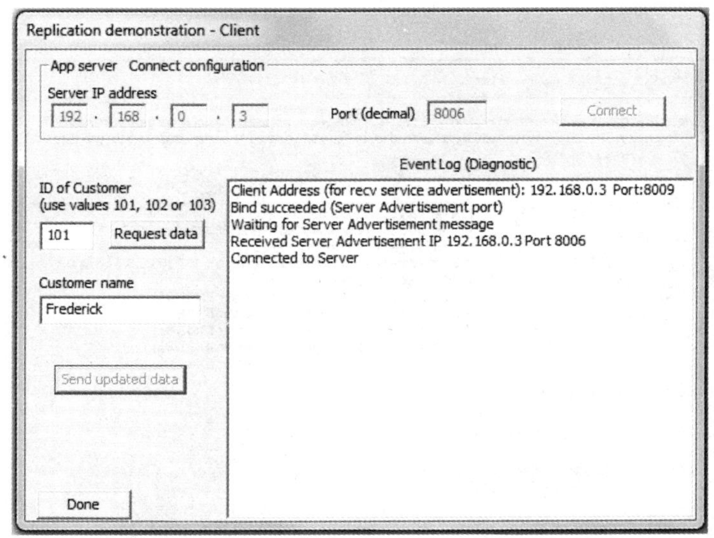

方法 C 部分：组件自我配置（两个服务器）。这个阶段探究了当有两个服务器实例存在时所发生的自我配置。

在不同计算机上启动两个服务实例。一个进程应该将自己提升为主进程状态（与 A 部分所探究的事件序列相同）；然后第二个实例检测到来自主进程的心跳消息，使其保留在备份状态。

C 部分预期结果。你应该看到，通过使用心跳机制，服务本身自动配置，以致于有一个主实例和一个备份实例。

这个屏幕截图展示了提升为主服务器的服务实例。典型地，它是第一个启动的，因为每个实例等待相同的时间段来检测心跳消息，第一个开始等待的就是，第一个达到等待结束时间并提升为主实例的那个。 364

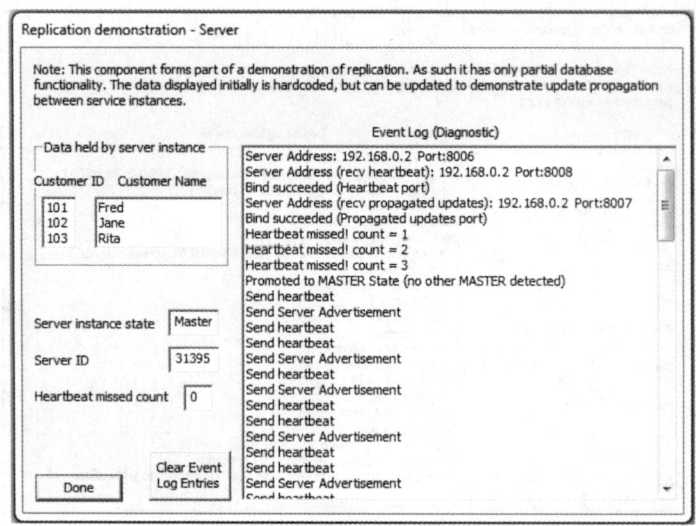

下面的屏幕截图展示了保持在备份状态的服务器实例，因为它正从主实例接收心跳消息。

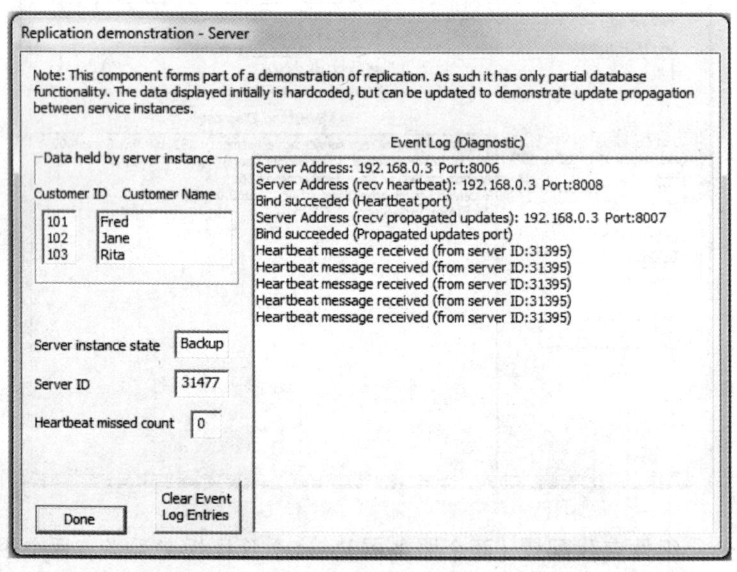

365

方法D部分：运行中更新传播。在不同计算机上启动两个服务实例（或从C部分继续）。在同一台计算机上启动一个客户端，该计算机可作为一个服务器实例，或使用第三台计算机。客户端将接收来自主实例的服务广告消息，因此，它总是连接到主实例，实验上证实了这一点。

需要注意的是，ID为102的客户最初的名字是“Jane”。使用客户端将其改为“John”（请求数据，然后在客户端用户接口手工编辑数据，之后使用“Send updated data”按钮向主服务器实例发送回最新的值）。

D部分预期结果。你应该看到客户端成功完成了更新，使用上述的请求-改变-发送序列。下面的屏幕截图给出了客户端界面。

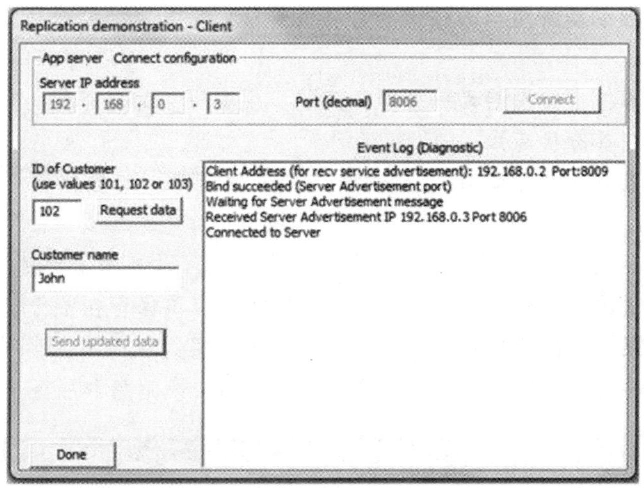

主服务器实例从客户端接收更新请求消息，在它自己的数据副本上执行更新，也将更新传播给备份服务器实例（如下面截图所示）来保持数据一致性。 366

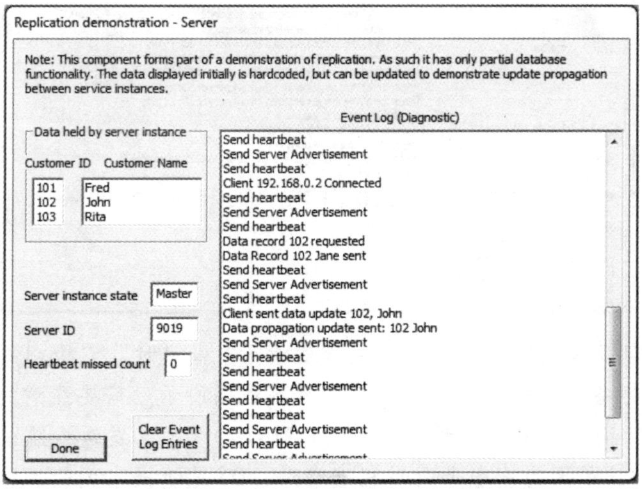

Replication demonstration - Server

Note: This component forms part of a demonstration of replication. As such it has only partial database functionality. The data displayed initially is hardcoded, but can be updated to demonstrate update propagation between service instances.

Data held by server instance

Customer ID Customer Name

101 Fred
102 John
103 Rita

Server instance state Master

Server ID 9019

Heartbeat missed count 0

Done

Clear Event Log Entries

Event Log (Diagnostic)

Send heartbeat
Send Server Advertisement
Send heartbeat
Client 192.168.0.2 Connected
Send heartbeat
Send Server Advertisement
Send heartbeat
Data record 102 requested
Data Record 102 Jane sent
Send heartbeat
Send Server Advertisement
Send heartbeat
Client sent data update 102, John
Data propagation update sent: 102 John
Send Server Advertisement
Send heartbeat
Send heartbeat
Send Server Advertisement
Send heartbeat
Send heartbeat
Send Server Advertisement
Send heartbeat

备份服务器实例接受来自主实例的传播更新，并相应地更新其数据副本，见下面的屏幕截图。 367

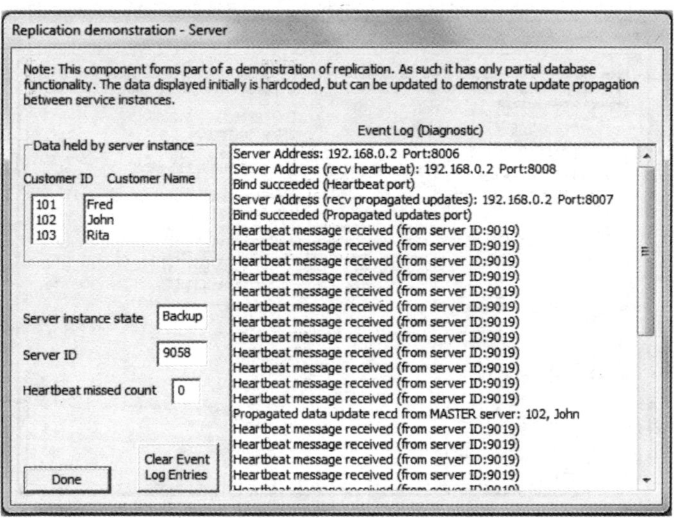

方法E部分：自动重配置与故障透明性。该阶段探究主实例故障且备份服务器检测心跳消息丢失时的行为。

在两台不同计算机上分别启动一个服务实例。观察服务的自组织（即一个服务器成为主实例，另一个保留在备份状态）。

现在，关闭主实例（模拟崩溃）。观察备份实例的行为。它应该检测到主实例已经不存在（没有心跳消息），因此将自己提升为主实例状态。

一旦新的主实例自身已经建立，重启另一个服务器（原来的主实例）。起初，它应该检测到当前主实例发送的心跳消息，因此，重启的服务器应该保留在备份状态。

E部分预期结果。下面的屏幕截图展示了备份服务实例检测到主实例缺席：当丢失三个连续的心跳时，它将自己提升为主实例状态，开始广播心跳消息和服务广告。

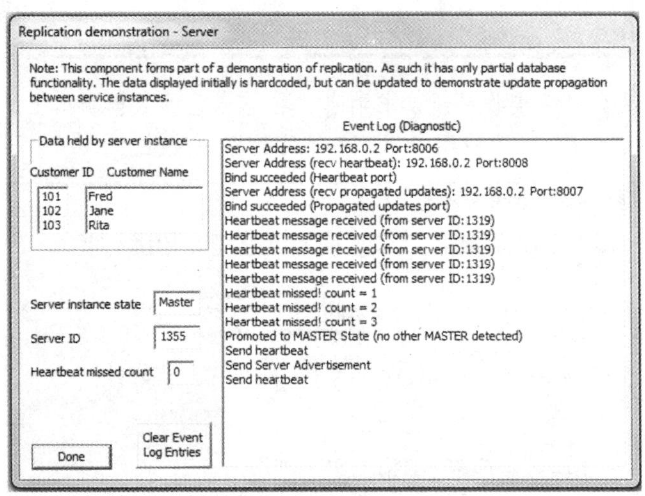

当另一个服务实例（先前的主实例且后来崩溃了）重启时，它检测到来自当前主实例的心跳消息，因此承担备份实例身份，正如下面屏幕截图所示。需要注意的是，重启实例的新服务器ID（1884），而不是它原来运行时的ID（1319）（当它发送心跳消息时，上面的屏幕截图证明了这点）。这是因为当服务器进程启动时，ID是随机生成的。也需要注意的是，另
368 一个实例（现在为主实例）的ID保持不变（1355）。

Replication demonstration - Server

Note: This component forms part of a demonstration of replication. As such it has only partial database functionality. The data displayed initially is hardcoded, but can be updated to demonstrate update propagation between service instances.

Event Log (Diagnostic)

Data held by server instance

Customer ID　Customer Name

101 Fred
102 Jane
103 Rita

Server Address: 192.168.0.3 Port:8006
Server Address (recv heartbeat): 192.168.0.3 Port:8008
Bind succeeded (Heartbeat port)
Server Address (recv propagated updates): 192.168.0.3 Port:8007
Bind succeeded (Propagated updates port)
Heartbeat message received (from server ID:1355)
Heartbeat message received (from server ID:1355)
Heartbeat message received (from server ID:1355)
Heartbeat message received (from server ID:1355)
Heartbeat message received (from server ID:1355)

Server instance state　Backup
Server ID　1884
Heartbeat missed count　0

Done
Clear Event Log Entries

思考。该活动在现实应用程序环境下有助于对数据复制的探究。通过实践实验，你可以看到几个重要机制是如何操作的（服务广告，心跳消息，以及数据更新传播）。这被用于实现自动组件发现和服务自配置，还有实践数据复制的更高层次上的实现，以获得一个健壮、故障透明的数据库服务。

建议你对复制演示应用程序做进一步实验，对其各种行为获得一个更深入的理解。你也应该检查一下源代码，并尝试将看到的行为与底层的程序逻辑相结合。■

5.17 分布式应用程序与网络之间的关系

分布式系统在底层网络所提供的功能之上增加了管理、结构，以及最显著的透明性，来实现它们的连接和通信。因此，分布式应用程序在概念上应该被视作网络协议栈之上的一层，而不是应用层的一部分。

将其放入上下文，考虑文件传输协议（File Transfer Protocol，FTP）。这个经常使用的应用层协议以一种应用程序形态实现，也就是说，一个文件传输工具，也可以将其嵌入应用程序中，可将文件传输功能集成在它们的一般操作中（如系统配置和管理工具，以及自动软件安装程序），见图 5-43。 369

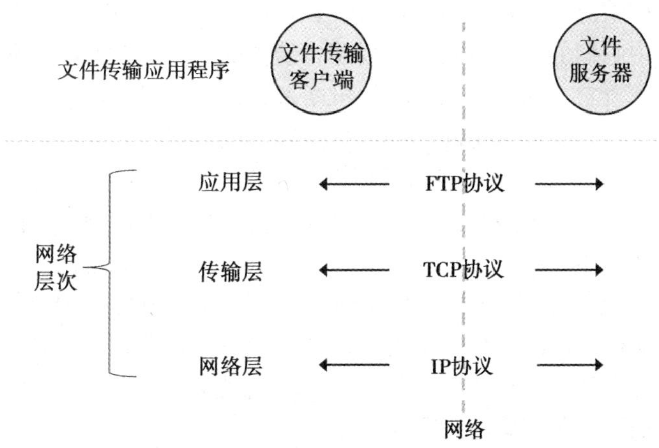

图 5-43 分布式应用程序位于应用层之上

图 5-43 展示了 FTP 与一个文件传输应用程序之间的区别，其中 FTP 是网络协议栈的一部分。一个文件传输应用程序将 FTP 功能封装到一个应用程序形态中，它是构建在 FTP 协议之上的软件，可能将传输文件功能与其他功能整合，如安全性和适合预期使用场景的定制用户界面。在文件传输工具这个案例中，客户端组件本质上是一个用户界面，允许用户向服务器提交命令。服务器组件中包含业务逻辑。当连接时，用户必须通过地址来识别文件服务器，所以该应用程序提供了有限的透明性，正因如此，它被描述为网络应用程序，而不是分布式应用程序。

分布式应用程序使用网络协议所提供的连接性作为基础，来实现更复杂的通信场景，尤其是通过合并服务和机制，如名称服务和复制，以获得更高的可用性，尤其是透明性，以致于用户不需要了解应用程序的分布特性。例如，将你本地文件系统的变化自动映射到云上备份服务的文件服务，将具有比文件传输工具更强大的功能，重要的是更加透明，见图 5-44。

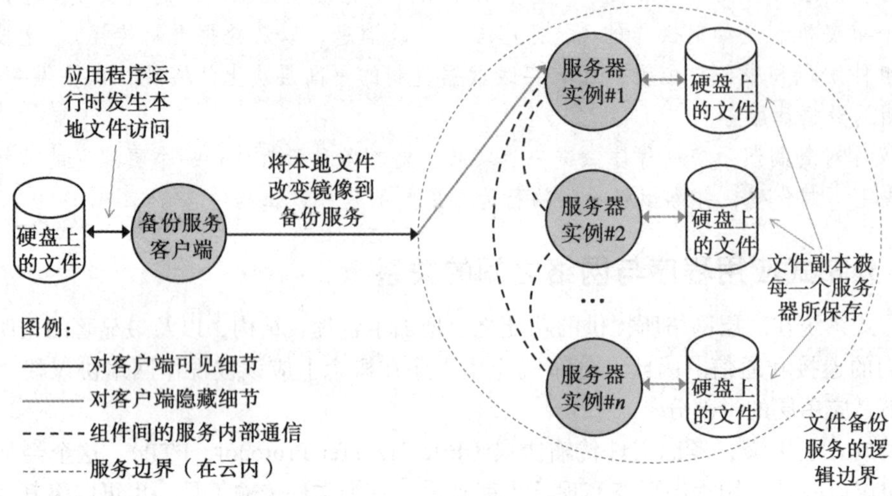

图 5-44 文件服务作为分布式应用程序的例子

图 5-44 阐明了一个分布式文件服务应用程序。所提供的透明性程度能够使客户端在不了解服务本身配置的情况下，进行服务请求。客户端不需要知道服务器实体的实际数量、它们的位置或者服务内它们的通信方式、实现逻辑结构的方式以及保持数据一致性的方式。只要满足客户端的服务请求，那么从客户端的角度来看，一切都好。

网络打印提供了另一个供讨论的例子。打印客户端组件可被嵌入或被用户需要打印文档的各种应用程序所调用（如字处理器和网页浏览器）。打印服务器是运行在远程计算机上的进程，它被连接到打印机，或者如果它是一个拥有自己网络标识的独立网络打印机，则服务器可能被嵌入该打印机本身中。客户端扮演向打印机发送文档的角色。这本质上是一个文件
370 传输，但是添加了控制信息，其中包括打印文档部分、使用的打印质量和要求的副本数量。主要的业务逻辑（如检查访问权限、队列管理和记录打印作业日志）与实际的印刷在打印服务器组件内进行管理。正如文件传输工具，网络印刷设备具有有限的透明性，因此可能被描述为网络应用程序而不是分布式应用程序。

5.18 体系结构视角的透明性

这里将对体系结构视角下特别重要的透明性形式做简单介绍，第 6 章会做更加深入的讲解。

访问透明性。访问资源的机制不应该被应用程序的软件体系结构，或者组件间耦合的类型所影响或修改。使用服务来促进连接，如名称服务和中间件，不应该对访问透明性产生负面的影响。

位置透明性。软件体系结构应该被设计来支持位置透明性，尤其是在使用动态配置和 / 或松散耦合的地方。当组件被迁移或者由于内部服务重组而动态改变组件角色时，应该保证位置透明性。

复制透明性。组件复制是一项增强健壮性、可用性和响应能力的关键体系结构技术。必须实现复制透明性，以便于对服务通信的外部组件隐藏复制服务中的内部配置和行为（包括服务器基数详情、服务器故障和更新传播），使得它们以服务的单一实例视角呈现出来。

故障透明性。在体系结构设计中，应该支持组件层的故障透明性，使用如松散耦合、动态配置和复制等技术。 371

扩展透明性。软件体系结构应该避免组件之间不必要的复杂性或强耦合。应该用松散耦合来取代紧耦合，在可能的地方使用中间连接服务。组件间相互依赖的程度和严格的结构会影响可维护性和可扩展性的灵活性方面。

性能透明性。在体系结构设计时，应该仔细考虑组件间的通信强度，因为它可能严重影响性能。通常，每一个组件与其他组件的通信数量应该保持在最小。

5.19 体系结构视角的案例研究

该游戏具有 CS 架构。游戏服务器的功能范围有限，因为其主要的目的是演示和探索，它仅向简单游戏提供了业务逻辑，还有对具有多达 10 个连接用户的列表管理，以及对多达 5 个同时动作游戏的列表管理。就目前形式来看，CS 设计比较适合该游戏，在该案例中主要的优势是简单。只有两种组件类型，客户端提供用户界面，服务器提供业务逻辑。在小规模的应用程序中，性能方面没有问题。

如果打算扩展该应用程序来支持这些功能特性，如用户注册和身份认证，或多个不同的游戏，或如果需要扩大规模来支持大量用户，那么三层设计可能更适合，因为它提供了灵活性和更好的透明性。

5.19.1 有状态服务器设计

游戏基于有状态服务器设计。服务器存储游戏状态，包括哪些玩家通过特定游戏被关联，哪一个玩家下一轮要做出移动。服务器向每一个客户端发送消息，包括对手所移动的细节，以便于两个客户端展示最新的游戏棋盘位置表示。当设计游戏应用程序时，在游戏的特定上下文中，需要权衡有状态和无状态方法的相对利弊。对于该特定应用程序，有状态服务器方法是更自然的选择，因为服务器提供了一对玩游戏的客户端之间的连接，并且就控制游戏动作方面，需要访问游戏状态来对客户端间做调解。如果服务器没有在本地存储状态，那么客户端之间通过服务器所传递的消息，将需要包含状态在内的额外信息。在该案例中，有状态设计的负面影响是，若服务器崩溃，则游戏将被摧毁。

另一种无状态服务器则要求在两个客户端之间传播状态，以便于它们每一个都保存有其自身以及对手的移动位置详细信息。该方法增加了客户端和服务器组件的复杂性。就防止客户端在一轮中移动多步，以及不改变或撤销之前的移动而言，客户端会变得更复杂，因为它必须管理本地状态，并且服务器会变得更加复杂，因为它更难管理游戏。这是因为在一次交换移动的基础上，服务器只能一步步来看游戏的快照，而不能跟随它 / 强制它，这样来控制 372
（正如该案例中的有状态设计）。此外，无状态服务器方法使得每一个客户端状态副本分离，因此，可能产生不一致，导致两个状态集合变得不同步，这好像两个客户端在同一时间认为该他们移动了（在该案例中，不管怎么说，游戏实际上是被摧毁了）。要求额外的设计和测试，以确保在所有可能发生的场景中游戏状态保持一致，远远超过该案例中单一有状态设计的负面影响，考虑到无状态服务器方法对任一个客户端故障仍然是敏感的。⊖

⊖ 对于该特定应用程序（其中游戏是在一对客户端间对弈），也可以考虑对等体设计，除了没有服务器外，这与无状态服务器设计具有相近的优点，因此将需要一个构建游戏的机制，以促进客户端间发现与相互联系。对等体设计会面临与无状态服务器方法同样的挑战，包括游戏状态复制与需要确保一致性方面。

5.19.2 游戏组件的关注点分离

该游戏是由具有清楚定义角色的两组件类型构成。服务器保持在应用程序状态，被组织成两级层次结构。低层持有与所连接客户端（代表玩家）相关的信息，其被保存在一个连接结构数组中（每个客户端一个结构）。更高层使用游戏结构数组（每个游戏一个结构），将玩家与要玩的游戏关联在一起。游戏结构也保存了游戏网格状态，当服务器从每一个客户端接收游戏移动消息，并将它们传给该客户端对手时，状态被更新。当一个玩家从"现有玩家"列表中选择另一个时，就创建了一个逻辑游戏，当一个新客户端加入、离开或者在游戏中冻结时，列表被更新并传播给每一个连接着的客户端。该演示应用程序支持多达5个同时游戏，将5个游戏结构保存为一个数组。第3章已经给出了连接和游戏结构。

CS变体。该游戏是一个CS体系结构中的胖服务器变体的例子，其中客户端提供了用户界面逻辑，而服务器提供了游戏逻辑以及数据和状态管理。在该案例中，每个游戏（故每个客户端）对于服务器的处理需求很低。消息到达频率很低，对于每个游戏，游戏移动消息通常以至少两秒左右间隔到达。

客户端和服务器的生命周期。正如大多数的CS应用程序，设计该游戏以便于客户端是根据用户需求（即当用户想玩游戏时，他们将运行客户端进程）连接到服务器的活动组件。为了支持按需连接，服务器需要持续运行，然而客户端寿命很短（游戏会话的持续时间）。单个客户端的生命周期不依赖于其他客户端的生命周期，但是当然，在游戏开始的时候，一个客户端仅能连接到游戏中另一个已经存在的客户端上。为了确保有意义的游戏管理且避免浪费系统资源，服务器的角色之一就是检测与一个客户端进程连接的丢失并关
373 闭游戏。

5.19.3 游戏应用程序的物理和逻辑体系结构

物理体系结构关注的是组件的相对分布、每一个的特定位置，以及它们连接和通信的方式。相反，逻辑体系结构关注的是组件标识，以及在不知道实际物理系统配置下的组件间通信映射。这种差异产生了两种不同的游戏架构视图。

图5-45给出了当两个用户在玩一个游戏时，游戏应用程序的物理视角。两个用户（玩家）中的每一个都有一台运行着游戏客户端程序的计算机（这使得游戏客户端进程实例可运行在每一台计算机上）。游戏服务器程序运行在第三台计算机上（该程序的运行实例是服务器进程）。这些计算机通过物理网络连接，使用网络层的IP协议通信。在传输层这些进程传送游戏应用消息，因此可能使用TCP或UDP协议，将其封装并通过IP协议在网络中传送。该游戏选择TCP是由于它的可靠性。为了TCP通信，通过组合它们所使用的主机IP地址和端口号来识别进程，因为这是与套接字（通信端点）存在差异的方法。图5-46提供了该情况的逻辑视图。

图5-46展示了图5-45所示的物理系统的逻辑视图。这能被映射到网络模型的传输层，其中通过它们所映射到的端口，来识别正在通信的进程。通过点状虚线来表示进程间的分隔，这表明进程为系统中的独立实体。指定物理网络，这是有可能的，但不是必需的。换句话说，逻辑视角只关心哪些进程与其他的哪些进程通信，而不关心进程的实际位置。该游戏
374 中使用的通信已经被配置，这样进程可以位于相同或不同计算机上，因为只有服务器进程绑定到所使用的端口上。在传输层，网络可以被抽象成逻辑概念（因为它促进了进程到进程的

连接，而不必关心它是如何实现的细节，诸如使用了哪些技术或者路径上有多少个路由器）。在访问透明方式下，TCP 和 UDP 传输层协议将从一个进程向另一进程传送消息（这意味着执行发送和接收动作的机制是相同的，不管这两个进程是在相同计算机上，还是在不同计算机上）。关于系统逻辑和物理视角的讨论也可参见第 3 章。

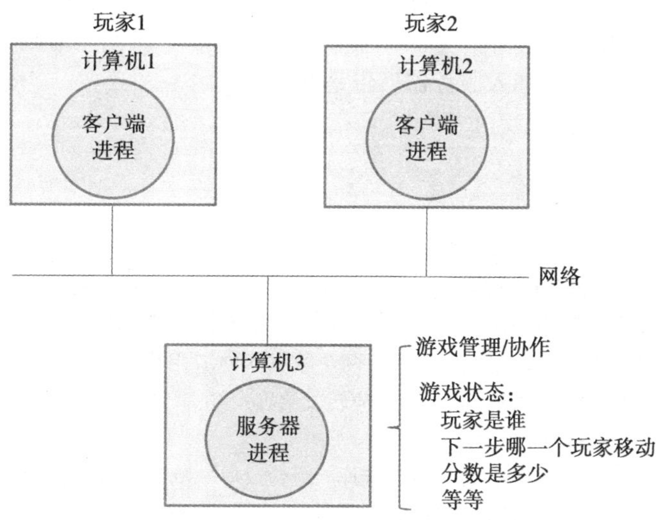

图 5-45　游戏的物理体系结构

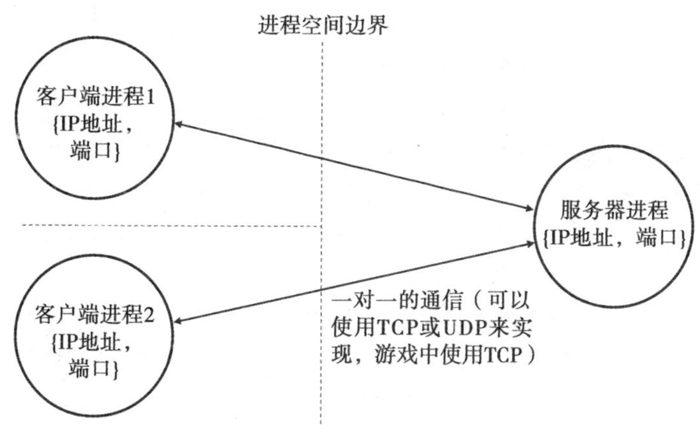

图 5-46　游戏连接的逻辑视图

使用服务器复制来增强应用程序的健壮性，如游戏。在大型系统中，它也能提高可扩展性和可用性。然而，复制也增加了复杂性，尤其是如果必须在服务器实例之间传播状态。示例游戏不需要扩大到大量玩家，所提供的服务并不认为是十分重要的，用以解释增加服务器副本所带来的额外设计、构建和测试成本。但是，如果游戏是在线赌场的一部分，付费的客户希望一个高度健壮和可用的服务，那么决定将不同。

5.19.4　游戏的透明性

理想情况下，为分布式应用程序的用户提供了一种抽象，隐藏了物理计算机之间存在的网络和边界，以致于呈现给用户的是一个系统的单机视角。显然，在多玩家游戏中，用户意识到至少有位于不同计算机上的另一用户，且他们通过网络连接。这是完全网络透明性不是必须的或者可实现的一个例子。然而，用户没有必要知道关于游戏应用程序连接、分布或内部体系结构的任何细节。

定位服务器：在游戏案例研究中，用户手动输入服务器的 IP 地址。从透明性视角来看
375 这存在一个问题，因为它揭露了该游戏的分布本质，也要求用户知道或者找出服务器的地址。可以使用自动定位服务器技术，如本章前面在复制演示中所使用的服务器广告。在第 3 章结束部分，指出向用例游戏加入服务器广告是编程挑战之一。

5.20 章末练习

5.20.1 问题

1. 特定设计透明性的含义。该问题参照活动 A1，尤其是三层单一应用程序服务器配置（配置 C）。
   客户端向单一应用程序服务器发送一个数据请求消息。应用程序服务器使用该消息的内容创建一对请求消息，为每个特定的数据库创建一个。从两个数据库向应用程序服务器传回这些消息的响应，并且由应用程序服务器将其作为两个独立的响应转发给客户端。
   (a) 解释该设计决定中的透明性含义。
   (b) 将两个发向客户端的响应（来自每一个数据库）组合成单一响应，将会有什么样的结果？
2. 软件体系结构。识别以下体系结构的主要优点和缺点：
   (a) 客户端 - 服务器　(b) 对等
   (c) 三层　(d) 多层
   (e) 分布式对象
3. 组件耦合。识别发生在以下每个场景中的耦合类型：
   (a) 通过中间件操作的 CS 应用程序
   (b) 使用硬编码地址来识别组件位置的原型三层系统
   (c) 组件使用目录服务来发现其他组件地址的多层应用程序
   (d) 对等应用程序，其中组件连接到另一在局域网中所发现的组件（发现进程是自动的，基于广播消息的使用）
   (e) 社交媒体应用程序，其中客户端连接到在线服务以交换信息
   (f) CS 应用程序，使用服务器广告广播来使得客户端能定位服务器并建立连接。
4. 识别异构性。识别以下每个场景中可能发生的异构类型：
   (a) 一个计算机实验室，计算机是在两年时间内分批购买的，所有计算机上都装有 Windows 操作系
   376 统和同一套应用程序软件。
   (b) 一个小型公司网络系统，由一对运行不同版本的 Windows 操作系统的不同台式计算机，以及两台运行 Windows 操作系统的笔记本电脑组成。
   (c) 一个支持 CS 业务应用的系统。一台运行着 Linux 操作系统的高效能计算机，被用于托管服务器进程。用户通过运行着 Windows 操作系统的低成本台式计算机访问服务。
   (d) 在移动设备集合上，包括智能手机和平板电脑，多玩家游戏的一群朋友通过无线连接所创建的自组织网络。
   (e) 一个家庭网络系统，由运行着 Linux 操作系统的台式计算机、运行着 Windows 操作系统的笔记本电脑，以及运行着 Mac OS X 操作系统的笔记本电脑组成。

5.20.2 编程练习

编程练习 A1 该编程挑战与活动 A1 中所使用的演示分布式数据库应用程序相关。将你的解决方案建立在数据库应用程序体系结构的配置 C 上（见该活动详情）。

实现自动配置，以致于应用程序服务器组件能检测并自动连接到数据库服务器。实现这一目标的推荐方法是将服务广告机制添加到数据库服务器上（见示例机制的复制演示应用程序源代码）。

编程练习 A2 该编程挑战与活动 A1 中所使用的演示分布式数据库应用程序相关。将你的解决方案建立在数据库应用程序体系结构的配置 C 上（见该活动详情）。

实现自动配置，以致于应用程序客户端组件能检测并自动连接到应用程序服务器。实现这一目标的推荐方法是将服务广告机制添加到应用程序服务器上（见示例机制的复制演示应用程序源代码）。

编程练习 A3 该编程挑战与活动 A2 中所使用的演示对等应用程序相关。对等媒体共享应用程序自动发现对等体，显示它们所拥有的附加资源。这允许用户播放音乐，不管是哪一个对等体拥有这些音乐。然而，演示应用程序不能检测对等体的断开，所以实际可获得的音乐曲目列表可能是过时的。该编程任务是拓展对等应用程序的功能，以纠正这种情况。

启动所提供的工程和源代码（活动 A2 所使用的应用程序），添加单个简单的心跳检测机制，以致于每个对等体能监视那些之前已经检测到的其他对等体的持续存在。提示：对等体已经生成周期性的自我广告消息，但是目前，一旦发现了该发送者，接收者将忽略来自这一特定发送者的消息。修改接收逻辑将允许使用这些消息来检查对等体是否依然存在。如果一段时间内没有检测到对等体，那么假设它已经不复存在，本地对等体必须停止广告资源，该资源是丢失对等体所拥有的。就确定对等体不复存在之前究竟要等多长时间而言，或许，三个顺序丢失的自我广告消息比较合适（正如在复制演示中检测主实例存在所做的那样，见活动 A3），但是你可以试验其他配置。 377

实现注释：在 5.13 节中用于活动 A2 之后，对等应用程序被作为一个库版本来重构和开发。因此，有三个可用的样例代码版本。你可以使用任何一个对等应用程序版本来作为你的起点（原始版本、重构版本或库版本，但需要注意的是，示例解决方案是基于重构版本的）。

程序 MediaShare_Peer_Disconnect 提供了示例解决方案。

编程练习 A4 该编程挑战与活动 A3 中所使用的演示复制数据库应用程序相关。

实现全数据库传输机制。复制数据库示例应用程序目前仅支持增量更新传播。其含义是发生在主实例上的每次更新，以个体为基础，都被传播到备份实例。这存在潜在缺点，如果备份服务器在某时刻不可用（崩溃或关机），然后重启，它可能会丢失几次更新。该任务要求你去开发一个机制，凭此备份服务器实例（启动后）从主服务器实例上请求全数据库转移。你需要添加一个新的消息类型 REQUEST_FULL_DATABASE_TRANSFER，能够使备份实例做出请求。你也能够使用已经存在的更新传播机制（但是在一个循环中）来一行一行地转移数据库。

程序 Replication_Server_DB_Transfer 提供了示例解决方案。

5.20.3 章末问题答案

问题 1

(a) 设计时透明性的含义包括如下方面：

- 传回两个应答，产生的结果是客户端发来单一查询，要求在没有混淆的情况下客户端逻辑能够接收和处理消息。
- 该方法揭示了服务内部体系结构的线索，尤其是在该案例中，存在多个数据库服务器（打破了单一系统视角）。

- 以特定的方式实现，该方法是健壮的，在一定程度上提供了故障透明性，在某种意义上，当另一数据库不可用时，它允许客户端从这一个数据库接收数据。
- 该方法并不是普遍适用，因为在许多数据库应用程序中，并不希望从查询中接收不完整的响应。

(b) 将发给客户端的两个响应（来自每一个数据库）组合成单一应答的结果包括如下方面：

- 应用程序服务器中额外的复杂性。来自数据库服务器的两个应答异步到达应用程序服务器，所以在将单一应答消息传回客户端之前，需要某种等待方式，直到两个响应可用。
- 378 定时方面可能是困难的，尤其是应用程序服务器应该等待这一对响应多长时间。如果无限期地等待，当一个数据库服务器崩溃事件发生时，服务将不可靠。如果在定时失效之前等待太长，那么服务将是健壮的，但高于必要的延迟。如果在定时失效之前等待时间不够，那么可能会丢失来自数据库的有效响应。

问题 2

(a) 对于分布式系统，CS 是一种非常流行的体系结构，且易于理解。在小规模或有限复杂性的应用程序中，两层方法运行良好。两种不同类型的组件具有不同的功能或行为。影响性能和可扩展性的一个主要方面是组件类型的功能划分方式。

(b) 对等应用程序具有单一组件类型。许多组件可以连接在一起，通常在自组织的基础上来实现应用层目标，这通常与数据或资源共享有关。一个主要的优势是动态运行时配置的灵活性。对等应用程序中的连接可能会成为性能瓶颈，因此影响可扩展性。

(c) 三层体系结构促使功能分成三部分（用户界面、业务逻辑和数据访问逻辑），以致于中间层专门用于业务逻辑。与两层 CS 体系结构相比，它更加灵活，更加具有潜在的扩展性和健壮性，但这也更加复杂（就结构和行为而言，因此需要更大的设计和测试工作）。

(d) 多层是三层的扩展，它促进了多个中间层，以致于业务逻辑可以再划分。这不仅扩展了三层设计（例如，与两层相比）的灵活性和可扩展性的优势，而且进一步增加了复杂性。

(e) 分布式对象方法是一种细粒度技术，通过该技术将应用程序逻辑分布在对象层上。这意味着可能有大量相关地简单对象分布在系统中，每一个对象能提供十分有限但定义清晰的功能。主要的优势是它所提供的灵活性。然而，潜在地具有高复杂性，如果设计很差，则可能会有大量组件与组件间的依赖和高交互强度，将影响健壮性。分布式对象应用程序依赖支撑的基础设施，如中间件来促进对象定位和对象间的通信。

问题 3

(a) CS 应用程序是直接耦合（通常情况下，客户端可以明确地识别服务器），当中间件是一种通信中介时，为松散耦合。

(b) 硬编码地址的使用意味着是设计时确定的连接。邻接层组件彼此之间直接连接，因此在该情形下，耦合是紧密的和直接的。不相邻层之间（用户界面与数据访问层）彼此间接连接，通过中间层，它充当着中介，所以这种情形下，耦合是紧密的和间接的。

(c) 相邻组件之间是直接耦合，不相邻组件之间是间接耦合（如上述（b）部分的答案）。目录服务引入
379 了松散耦合，因为在运行时可以找到组件的位置。

(d) 自组织连接是一种松散耦合形式（通信合作者不是在设计时确定）。组件彼此间直接连接，所以耦合也是直接的。

(e) 客户端间接连接（通过在线服务）到任何其他客户端（在设计时不知道），所以客户端之间是间接耦合和松散耦合。特定客户端与服务本身之间的连接是直接的和紧密的（这在设计时决定）。

(f) 服务广告机制的使用意味着松散耦合。导致客户端和服务器之间是直接连接，因此这是直接耦合的一个例子。

参考 5.5.1 节以获得进一步解释。

问题 4

(a) 在该案例中可能不存在异构性。然而，在较长的时间阶段内购置不同批次的计算机很可能会导致资源差异，例如，后一批可能具有更大的内存、更大的硬盘存储或不同变体的 CPU。因此，很可能存在某种性能异构性。除此之外，有可能使用的是不同版本的 Windows 操作系统，潜在地会导致操作系统异构性。

(b) 硬件平台很可能是兼容的（笔记本电脑应该提供与 PC 相同的硬件接口），因此平台可能会向进程和操作系统提供相同的接口。平台提供不同层次的资源也是有可能的，所以系统将展现出性能异构性。如果使用不同版本的 Windows 操作系统，可能引起操作系统异构性。

(c) 有目的地引入性能异构性，是为了确保服务器进程具有足够的资源，来获得合适的性能。也存在操作系统异构性。

(d) 该系统展示了所有三种形式的异构性（性能、平台和操作系统）。各种不同设备需要游戏的不同可执行版本，通过使用标准通信机制实现了设备间的互操作性。

(e) 该系统可能展示了所有三种形式的异构性，虽然这三个平台可能是兼容的。存在性能异构性和操作系统异构性，通常将使用不同计算机来执行不同的应用程序（或其中的组件）。

5.20.4 本章活动列表

活动编号	章　节	描　述
A1	5.8	探究数据库应用程序的双层或三层版本的体系结构、耦合、连接和透明性
A2	5.9.3	使用具有自组织自动配置的对等音乐共享应用程序，探究对等体系结构和行为
A3	5.16.3	使用主 - 备份数据库应用程序探究复制，其具有服务广告、基于心跳的组件角色动态配置，以及服务实例间的更新传播

380

5.20.5 配套资源列表

本章正文、文中活动和章末练习直接参考了如下资源：

程　序	可用性	相关章节
DB_Arch_AppClient 双层体系结构（模型 A）	可执行文件源代码	活动 A1（5.8 节）
DB_Arch_DBServer_DB1_Direct 双层 / 三层体系结构（模型 A、B 与 C）	可执行文件源代码	活动 A1（5.8 节）
DB_Arch_DBServer_DB2_Direct 双层 / 三层体系结构（模型 A、B 与 C）	可执行文件源代码	活动 A1（5.8 节）
DB_Arch_AppClient_for_AppServer1and2 三层体系结构（模型 B）	可执行文件源代码	活动 A1（5.8 节）
DB_Arch_ AppServer _ for _ DB1 三层体系结构（模型 B）	可执行文件源代码	活动 A1（5.8 节）
DB_Arch_ AppServer _ for _ DB2 三层体系结构（模型 B）	可执行文件源代码	活动 A1（5.8 节）
DB_Arch_AppClient_for_SingleAppServer_ DB 1and DB 2 三层体系结构（模型 C）	可执行文件源代码	活动 A1（5.8 节）
DB_Arch_ AppServer _ for _ DB1 and DB 2 三层体系结构（模型 C）	可执行文件源代码	活动 A1（5.8 节）
MediaShare_Peer（对等）探究对等体系结构与行为（对等——最初版本）	可执行文件源代码	活动 A2（5.9.3 节与 5.13.1 节）
MediaShare_Peer_Refactored（对等——重构示例）	可执行文件源代码	5.13.1 节
MediaShare_Peer_UsesLibrary（对等——库示例，应用程序）	可执行文件源代码	5.13.1 节

（续）

程　　序	可用性	相关章节
DemonstrationLibrary_for_MediaShare_Peer（对等——库示例，库代码）	可执行文件源代码	5.13.1 节
MediaShare_Peer_Disconnect 对等应用程序扩展版本支持非连接对等体自动检测（章末编程任务 A3 答案）(示例答案是基于应用程序的重构版本)	可执行文件源代码	5.20.2 节
381 Replication_Client 复制的一个实现（也作为章末编程任务 A1 与 A2 示例答案）	可执行文件源代码	活动 A3（5.16.3 节与 5.20.2 节）
Replication_Server 复制的一个实现（也作为章末编程任务 A1 与 A2 示例答案）	可执行文件源代码	活动 A3（5.16.3 节与 5.20.2 节）
Replication_Server_DB_Transfer 扩展复制数据库服务器以支持服务器实例间全数据库传送（章末编程任务 A4 答案）	可执行文件源代码	5.20.2 节

附录　对等体应用层协议消息序列

活动 A2 的 C 部分面临明确样例对等体应用程序的应用层协议消息序列的挑战。图 5-47 给出了消息序列，以便于你可以检查你的答案。

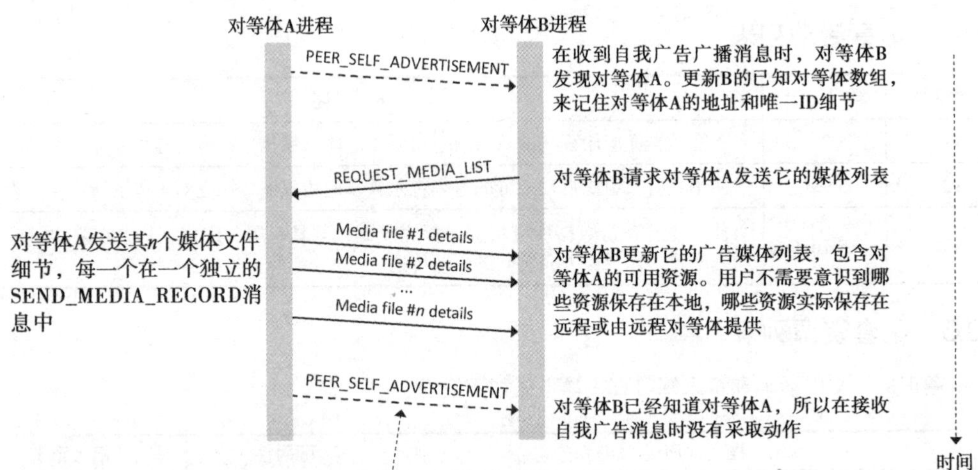

382 图 5-47　对等体应用层协议消息序列图

分布式系统

6.1 基本原理和概述

本章采取了系统级的方法来介绍关注的三个主要方面：透明性、公共服务和中间件。

分布式系统可能包含许多不同的交互组件，其结果是，在结构和行为的相关方面，产生了多种形式的动态性和复杂性。系统潜在的过度的复杂性，给分布式应用程序的开发者和用户带来了麻烦，也成为系统正确性和质量的主要风险。从开发者的角度看，复杂性和动态行为使系统变得难以预料和理解，从而使应用程序的设计、开发、测试等，变得更加困难，还从一定概率上增加了未能测试的情形，潜在地隐藏了潜伏性故障。从用户的角度看，系统的不可靠和难以使用，或者要求用户明白系统配置的技术细节，都会降低系统的可用低，也难以取得用户的信任。

提供透明性是系统质量的一个主要影响因素。因此，是本章的重点主题之一。产生复杂性的原因，以及为应用程序的开发者和用户屏蔽这种复杂性，呈现透明性的需求，已经在前面章节中的特定上下文讨论过。本章中采用的方法是，关注透明性本身，以及小心应对复杂性的各种形式，还采用了促进透明性的技术和机制方面的例子。

与系统级主题一致，本章的第二个主要关注方面是分布式系统中的公共服务。提供一定数量的公共服务，带来了许多好处。公共服务由应用程序和其他服务使用。这些公共服务本来需要嵌入应用程序中，通过移除这些公共需求的功能，带来的好处包括：主要行为特性的标准化、降低应用程序的复杂性等。将功能嵌入应用程序的方式是低效的，有时候还不可行。本章将深入探讨一些公共服务。

第三个主要关注点是中间件技术。它把系统组件绑定在一起，方便了系统组件之间的互操作性。本章详细地探讨了中间件，以及一些平台无关、实现无关的技术，用于数据和消息的格式化，及其在异构系统之间的传输。

6.2 透明性

绝非偶然，透明性在本书的全部 4 个核心章节中都有非常重要的作用。正如在这些核心章节中演示的，分布式系统以多种不同的方式展示了其复杂性。

为理解透明性的本质及其重要性，考虑与分布式系统的交互中，人扮演了两种不同的角色。作为分布式系统 / 应用的设计者或开发者，理解系统的多种内部机制，无疑是必要的。存在的技术挑战，涉及许多组件的互联与协作，其中的问题主要有：定位组件、管理组件间通信，以及确保满足特定的时间或顺序要求。也许需要复制一些服务或数据资源，还要确保系统保持了一致性。有可能需要允许系统能自我动态配置，在组件间自动地建立新的连接，以满足更大的服务需求，或克服一个特定组件的失效。系统用户则有完全不同的视角。他们 383～385
希望使用系统执行他们的任务，而不去理解系统细节，比如，如何配置或如何工作等。

一个恰当类比是人与汽车的关系。固然，有些驾驶员对汽车的各种机械部件了如指掌。

这些部件包括发动机、变速箱、转向器、刹车系统，以及悬挂系统等如何工作。然而，大多数驾驶员并不清楚，也不想花力气去学习这些部件的工作原理。在他们看来，汽车用作一种交通工具，而不是用作一台机器。在使用过程中，交通事件可能突然发生。比如，如果有人突然走进汽车行驶的道路中，驾驶员必须立即踩下刹车踏板，没有时间犹豫。这时，根本没有时间去想刹车系统的工作原理等，这些理解实际上对紧急情况下的刹车动作没有帮助。用户潜意识里相信，制动系统的设计能满足目标，不会出现问题。当驾驶员踩下刹车踏板的瞬间，唯一期望是车辆停止。

汽车设计师则对制动系统有完全不同的视角。设计师可能投入很多精力，来确保刹车系统尽可能安全，甚至可能存在内置的冗余部件。例如，使用双制动管路和双液压缸，以确保即使其中一个部件发生了故障，车辆将依然能停止。在设计师看来，制动系统是一件艺术作品，但冗余的一套系统必须一直隐藏不露。用户对汽车质量的评价，也就是对汽车设计是否成功的判定，在于汽车的全生命周期中，一直保证了按需停止。

对汽车的类比帮助解释了为什么透明性被认为是分布式系统的一个非常重要的质量指标和可用性指标。用户站在一个高层系统的功能视角，也就是说，他们期待系统为他们提供功能，而不希望困扰于不得不理解如何实现这些功能。比如，如果用户希望编辑一个文件，他们直接的期望是能检索到该文件，在屏幕上显示文件内容，而不希望知道文件的存储在哪里。当用户修改文件并保存后，对应的文件系统也许还需要更新该文件在不同的存储位置的多个副本：用户对这个层面上的细节不感兴趣，他们只希望系统以某种形式，确认该文件已经保存好了。

经常用来描述透明性需求的一句话是：只能有一个“呈现给用户的独立系统抽象”。这是一个相当不错的，令人难忘的说法，总结了透明性的各种不同的具体需求。独立系统抽象意味着给用户（和代表他们运行的应用程序进程）呈现一个精心设计的系统界面，隐藏底层进程和资源的分布。资源名称应该人性化，还应该表示为不依赖于其物理位置的形式。也许，资源的位置在某些系统中会动态地改变，当然，用户应该不需要感知到发生了这些配置的更新。当用户请求资源和服务时，系统将先定位到这些资源，再把用户的请求传递给服务，而用户不必知道资源和服务的位置，以及它是否是复制的服务等。在系统使用过程中出现的问题应该对用户（最大限度地）隐藏。对于一个服务，如果其中的一个实例崩溃了，则应该自动地把用户的请求路由到另一个实例。服务质量的底线是，用户得到的应该是他们所请求的服务的正确响应，而不需要知道发生了故障，这种情形下，到底是哪个实例真正处理了用户的请求，也并不重要。

为什么在全书中如此着重地讨论透明性？其原因是，如果构建的系统追求高质量和高可用性，则在分布式系统设计阶段，必须把透明性作为头等重要的关注点。透明性方面的需求，必须在各个组件和服务的设计过程中，随时考虑到。透明性是一个横切关注点，并应该视为一个整体理念，绝对不能当作附加的需求。如果设计的早期没有充分支持透明性，通常
386 需要重大返工，后期的修补能起到一些效果，但可能又会因此导致不一致性。

既然透明性是一个如此重要而深远的话题，又包含了这么多的知识点，它通常分成了若干种形式的透明性，以方便针对这些关键子话题投入更多的关注和深入的探究。

6.2.1 访问透明性

在分布式系统中，用户经常混合使用资源和服务。其中，一些资源或服务保存在用户自

己的本地计算机，而另一些则保存在分布式系统中的其他计算机，或者由系统内的其他计算机提供。访问透明性要求用相同的操作去访问对象（包括资源和服务），而不管它们在本地，还是远程。换句话说，用户访问特定对象的界面应该仅与特定对象一致，而不关心该对象实际上保存在系统中的什么位置。

实现访问透明性的一种流行方式是，在应用程序和操作系统之间安装一个软件层。软件层应付访问方案。对于本地资源，发送请求到提供资源的本地服务，对于远程资源，发送远程请求到资源所在的几台计算机的对应层。这被称为资源虚拟化，因为软件层让所有资源都表现为用户的本地资源。

图 6-1 展示了资源虚拟化的概念。一个进程向一个服务发起了一个请求，而不是直接对资源的请求。该服务负责定位实际资源并传递访问请求，随后为该进程返回结果。使用这种方法，进程使用相同的调用接口访问所有支持的对象，不管它们是本地的还是远程的，也不管资源的低层存储方面存在的底层实现的差异性。

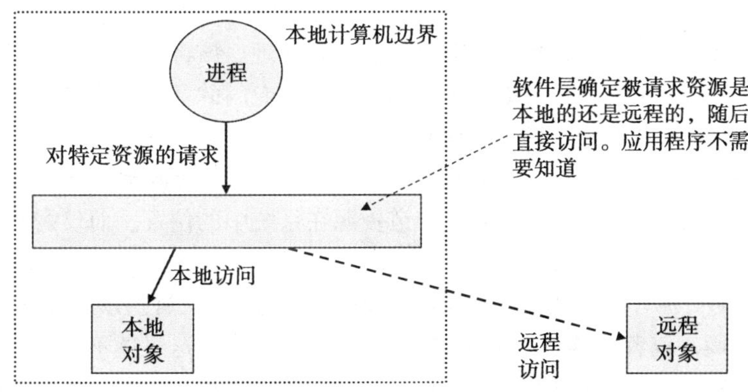

图 6-1　借助软件层或服务，资源虚拟化的一般表示

一个资源虚拟化的例子是 UNIX 的虚拟文件系统（Virtual File System，VFS）。VFS 文件系统透明地分辨针对 UNIX 文件系统管理的本地文件的访问和针对网络文件系统（Network File System，NFS）管理的远程文件的访问。

图 6-2 展示了 VFS 层如何提供访问的透明性。接收到文件请求时，VFS 层找到文件所在位置，并把针对本地存放的文件的请求转交给本地文件存储系统。对于存储在其他计算机上的文件请求，则转交给 NFS 客户端程序，发起一个文件请求，到相应的远程计算机上的 NFS 服务器。然后，文件被取出，并通过 VFS 层传回给用户。这样，用户就回避了需要经 387
历的所有复杂性。因此，他们就能访问到他们请求的文件。

6.2.2 位置透明性

在分布式系统中，一种最常遇到的挑战是，需要按需定位资源和服务。分布式系统希望具备的能力实际上加剧了这一挑战的复杂性：例如，复制资源的能力，资源按组分类的能力（以便它们能跨多个位置划分），动态重配置系统和服务的能力（比如，适应工作负载的变化，容纳更大数量的用户，或屏蔽系统内部的局部故障等）。

位置透明性指的是，只关心访问的对象，而不需要知道对象位置的一种能力。位置透明性的一个主要实现途径是使用资源命名方案，其中资源的名称与位置无关。用户或应用程序能够仅根据资源的名称去请求资源。系统应该能够把资源的名称转换成一个唯一标识符。然后，该标识符被映射到资源的当前位置。

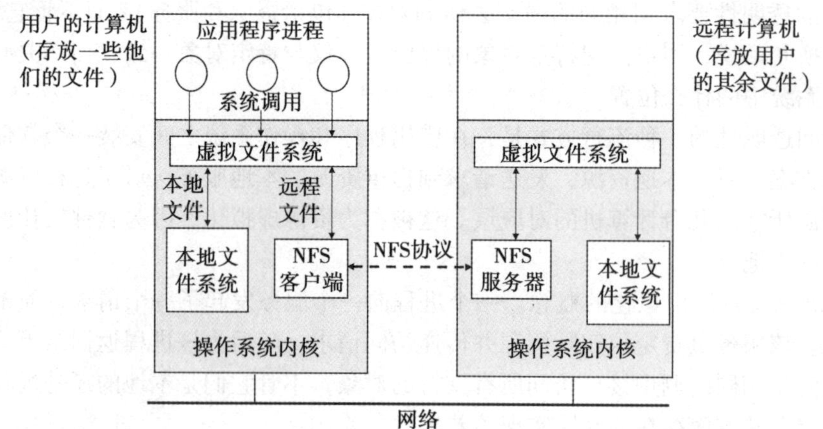

图 6-2　虚拟文件系统提供了访问透明性

位置透明性的提供，往往通过使用特定的服务来实现。该特定服务的作用是执行资源名字到地址之间的映射，这被称为名称解析。本章后面有专门的章节讨论名称服务和域名系统（Domain Name System，DNS），其中详细地讨论了该特殊机制。

使用一种特殊层或服务（如在“访问透明性”中讨论的）资源虚拟化，也提供了位置透明性。这是因为，发起请求的进程不需要知道资源在系统中的位置，而仅需要传递唯一标识符给该服务，然后由服务定位到资源。

需要提供特定目标计算机地址的通信机制和协议，不是位置透明的。需要与特定目标
388 建立一个TCP连接，或者发送一个UDP数据包给特定目标，这显然不是位置透明的（除非预先使用附加服务自动检索到地址）。同时，TCP和UDP的底层机制（当用在点对点模式中时），也不是位置透明的。

更高层次通信机制，比如远程过程调用（Remote Procedure Call，RPC）和远程方法调用（Remote Method Invocation，RMI），要求客户端（主调进程）知道服务器对象的位置（这通常作为本地调用的一个参数提供）。因此，RPC和RMI不是位置透明的。然而，正如前面讨论的套接字层通信，通过使用如名字服务等附加服务预取目标地址，这些机制也能够用于要求位置透明性的应用程序。

中间件系统提供某些形式的透明性，包括位置透明性。中间件的整体目标是方便分布式系统中各组件之间的通信，同时隐藏系统的实现特点和分布特性。这要求有一种内置机制，能够按需定位组件（通常基于系统域内的唯一标识符），并以访问透明和位置透明的方式在组件之间传递请求。一个对象请求代理（Object Request Broker，ORB）是中间件的核心组件，它自动地把对象请求和对应的方法映射到系统中任意位置的正确对象。中间件已经在第5章中介绍过，本章的稍后部分也会进一步详细地讨论。

组通信机制（本章稍后讨论）提供了一种向一组进程发送消息的方式，而不需要知道每个独立个体的标识或位置，从而提供了位置透明性。

多播通信也允许向一组进程发送消息，但有几种不同的实现情形。对于用一个代表该组的单个虚拟地址集中标识一组进程的情形，是位置透明的。然而，对于需要发送者以特定地址列表的形式标识各接受者的情形，它就不再是位置透明的。

广播通信本质上是位置透明的，因为它使用了一个特殊的地址，使得一条消息能够发送给所有可能的接受者。这一组进程能够通信，而不必知道组内成员（比如，进程数量和每个成员的位置）。

6.2.3 复制透明性

分布式系统可能包含许多资源，同时，还可能拥有众多的需要访问这些资源的用户。每个资源都只有单个副本，可能是有问题的。如果大量用户需要同时访问同一个资源，这可能会导致性能瓶颈。这种情形也会导致系统出现某些资源不可用的风险，将影响正在进行中的工作（比如，文件损坏或服务崩溃）。鉴于这些原因，资源复制成为众多技术中的一项常用技术。

复制透明性要求能够创建对象的多个副本，同时，使得访问该对象的应用程序感知不到任何复制效果的影响。这意味着，应用程序不需要判断副本的数量，或也不需要知道特定副本实例的标识。所有复制数据资源的副本，如文件，都需要维护和保持其内容相同。因此，实施到其中一个副本上的任何操作，与作用到其余任何副本上相比，都必须产生完全一样的结果。提供透明的复制能力，提高了可用性，因为对资源的访问分布于不同的副本。提供对资源的只读访问，相对容易。但是，对于需要考虑数据对象更新的情形，数据一致性的控制方面的需求就更加复杂。 389

接下来，本章讨论的重点是，关于实现复制机制方面的内容。需要通过复制资源来实现的系统非功能需求主要包括：健壮性、可用性、响应能力等。这些已经在第 5 章中详细讨论过。第 5 章中还配备了一个活动环节，探讨了复制的功效。

实现数据资源复制的最重要的挑战是维护一致性。在任何可能的使用场景下，必须无条件地保持数据资源的一致性。不管发生任何访问，或以任何顺序更新资源，系统必须采取一切可能的控制手段，确保该数据的所有副本都保持正确，代表相同的值，使得无论访问哪一个副本，都会得到相同的结果。例如，两个针对同一个特定资源（分属两个不同的用户）的访问，看上去好像同时发生，但实际上可能被串行化。这样，其中一个访问发生并成功后，另一个访问才开始。因为串行化在很短的时间段内实现，使得用户注意不到自己请求的额外延迟，从而产生了他们自己是唯一用户的错觉（将会在“并发透明性”中阅读到更详尽的解释）。

当复制的数据资源的其中一个副本有更新时，在针对这些副本的任何进一步访问之前，都必须把该变化传播到其他副本（如前所述，要维持一致性），既确保不会使用过时的数据，也不丢失任何的更新信息。

有几种不同的更新策略，能用于向多个副本传播更新信息。最简单的更新策略是，仅允许针对一个副本的写访问，其他副本限制为只读访问。对于多个副本都能同时更新的情况，控制变得更加复杂。如果允许以读写方式访问多个副本，有更大的灵活性优势。同时，因为管理这些复杂的更新传播，会产生额外的控制与通信开销，这两者之间需要合理折中。

通常，通过服务提供对共享资源的访问。应用程序进程一般不应该直接访问共享资源，因为在这种情况下，不可能实施访问控制，并由此保持一致性。因此，数据资源的复制，通常意味着，是对管理这些资源的服务实体的复制。所以，例如，如果要复制数据库的数据内容，那么就会需要数据库服务的多个副本，以便访问数据变得容易。图 6-3 示例了一些服务器复制和更新传播的模型。

图 6-3 展示了服务器复制的 3 种不同模型。这些模型的最重要的特性是，服务的外部进程写完新数据，或更新完已有数据，之后再执行更新的方式。基本的功能性需求是，所有副本都是正确的（互相都是准确的副本），如果服务数据的不同副本没有存储完全相同的值，则该服务是不一致的。本图的 A 部分展示了基本 – 备份模型（也称为主 – 备份模型）。在这里，只有主实例对外部进程可见，所有访问（读和写）都针对主实例执行。因此，正常条件下（也就是说，主实例运行时）不会出现不一致。主实例上执行的更新以固定的周期传播到备份实例上，或者在每次主数据改变时，尽可能立即传播。因此，备份实例是一个“热备份”，它有服务数据的完整备份，一旦主实例失效，它就能够立即配置成对外部进程可用。这种方法的优势在于其简单性，而其缺点是，在任何给定时间，只能提供一个服务实例（所以是不可扩展的）。几乎不可能有两个副本变得不一致。发生上述不一致的情形是，如果主实例更新了它的数据库，随后在设法传递该更新到备份实例之前崩溃了。主 – 备份复制模式已经在第 5
390 章的活动 A3 中详细探讨过。

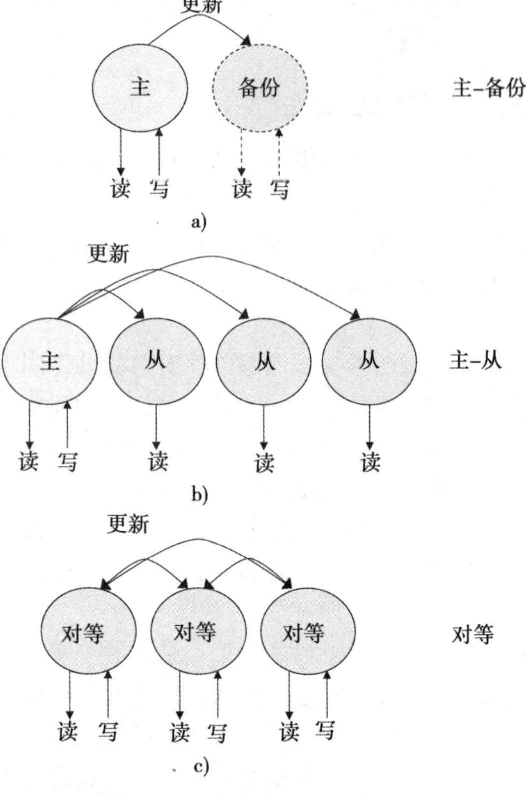

图 6-3　服务器复制的一些备选模型

图 6-3 的 B 部分展示了主 – 从模型。服务的所有实例都可以被外部进程访问，但写请求仅由主实例支持，并且必须尽可能快地传播给所有从实例，以便读取操作在全体服务中是一致的。这种复制模型，对于读访问比写访问更加频繁的大部分应用程序，是一种理想的模型。例如，在文件系统和数据库系统中，读操作明显比写操作更常见，因为更新操作往往要求一个“读 – 修改 – 写”的序列。所以，写操作包含一个读操作（例外的情形，是创建新文件或新记录），但读操作并不包含写操作。该模型对“从实例”的数量没有明确的限制，因此在读请求方面，有很好的可扩展性。鉴于传播更新的需要，数量巨大的写请求会成为瓶颈，并且，随着从节点（它们的内容必须保持一致）的数量变得更大，这种情况将变得更加严峻。例如，两阶段提交（见下文）机制，就能够用于确保，要么全部更新彻底完成（在所有节点），要么回滚到前一个状态（即使仅有一个实例未能更新），从而使数据的全体副本保持一致。对于出现的回滚情形，产生的更新将会丢失。在这种情况下，提交原始请求的外部进程必须重新向服务提交该请求。假设主实例发生故障，则全体从实例成为主实例的潜在的“热备份”。需要一个选举算法（见后文），以确保主实例的故障能够检测到，并迅速地采取行动，准确地选取一个从实例，提升到主实例状态。如果存在多个主实例，将破坏数据的一致性，因为可能有多个写操作，同一时间发生在相同的数据记录或文件上，针对的却是不同的实例，这将导致丢失更新，并在不同节点上存放了不一致的值。

图 6-3 中的 C 部分展示了对等模型。这种模型要求，对文件更新语义和数据复制的方式进行非常细致的考虑。如果要求了全局的一致性，同时还要求每个副本都有数据的完整拷贝，则存在实现方面的挑战性。然而，对于数据被分成小片，其中每个节点仅存放整体数据的一小部分的情形，该服务却能够非常有用，也因此降低了副本的重复程度（也就是说，当必须执行更新时，这些更新仅需要传播到包含特定数据对象拷贝的节点子集上）。这种复制模型，非常适合于大多数据为特定终端用户的私有数据的应用程序，因此，数据天然有较低的重复度。这种方法已在移动计算中非常流行。此类应用有，比如文件共享和运行在用户的便携式计算设备（如手机和平板电脑）的社交网络等。

1. 失效

分布式应用程序中，缓存数据的本地拷贝是一种特殊形式的复制，用来减少对相同数据进行远程访问的请求数量。当主拷贝更新时，缓存方案有可能没有更新全部缓存的拷贝版本，这是因为它存在通信开销，再加上保存缓存拷贝的进程未必实际上需要再次访问该数据（所以，更新的传播将可能是无用功）。在这样的系统中，当这些持有的数据已经过时，仍有必要通知缓存的持有者，实现方法是发送一条通知失效的消息。在这种情况下，如果应用程序需要再次访问相同的数据，它只需要从主拷贝中重新请求数据。

2. 两阶段提交（2PC）协议

并发地更新资源的多份拷贝，要求全部拷贝都更新成功，否则，系统将变得不一致。例如，假设命名为 X 的变量有 3 份拷贝，X 的初始值为 5。一项更新希望修改该变量的值为 7，这要求 3 份拷贝的值都改为 7。如果只改变了 2 份拷贝的值，就违反了一致性要求。然而，也许其中一份拷贝未能更新的原因，或许是网络连接暂时出现了故障。在其中一份拷贝未能更新的情况下，所有拷贝将都不能更新，重新回到先前的一致状态。对于这种情景，发起更新操作的请求进程会收到更新失败告知，随后需要重新提交该更新请求。

两阶段提交协议是一项熟知的技术，用于确保更新副本时满足一致性要求。两阶段中的第一阶段决定是否有可能更新资源的全体拷贝，第二阶段才实际提交修订，基于“全都或全无”原则。

操作：提交管理器（Commit Manager，CM）负责协调事务，可能包含若干个参与进程，在多个场点更新其备份的数据（见图 6-4）。

- 阶段 1。向每个正在参与的进程发送更新请求，各个进程回复一条确认信息，表示它们做好了执行更新操作（否则表示不能执行）的准备。这个阶段的更新结果并未真正实施，有时，还会需要回滚到原始状态。确认信息用作了 yes 或 no 的投票。 391~392
- 阶段 2 。CM 根据收到的投票情况，决定是提交还是中止该事务。如果全体进程在阶段 1 的投票为 yes，那么将形成一个提交决议；否则，中止该事务。然后，CM 通知参与本次更新的节点是否提交该事务（也就是说，要么完成永久更改，要么回滚事务）。

图 6-4 展示了构成两阶段提交协议的行为。最初的两个消息 1 和 2 代表协议的第一个阶段，其中更新请求发送到每个参与进程，由它们自己发回投票（承诺它们是否有能力执行该更新）。然后，基于投票结果（步骤 3），该 CM 决定是否提交。最后，两个消息 4 和 5 代表第二阶段，其中，进程被告知是提交还是终止。每个进程发回一条确认信息，以确认它们的承诺。

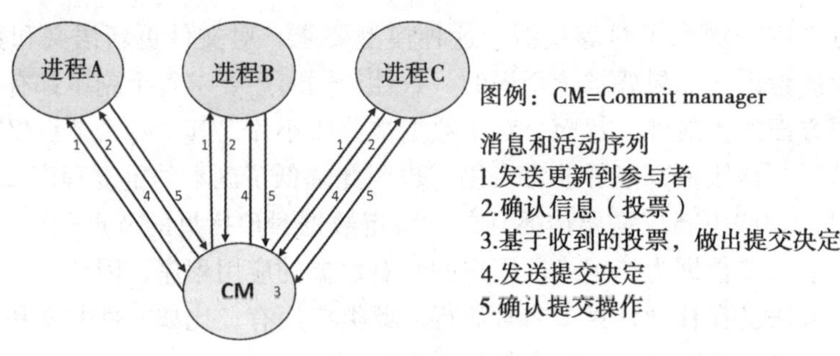
进程A
进程B
进程C
CM
图例：CM=Commit manager
消息和活动序列
1.发送更新到参与者
2.确认信息（投票）
3.基于收到的投票，做出提交决定
4.发送提交决定
5.确认提交操作

图 6-4　两阶段提交协议

6.2.4　并发透明性

分布式系统能够包含许多共享访问资源，同时，还可能有许多使用资源的用户（和代表用户运行的应用程序）。用户的行为自然是异步的，这意味着，他们在需要时执行动作，不知道或不查看其他人正在做什么。由此导致的资源访问的异步特性，意味着两个或多个进程可能会发生同时试图访问同一个特定的资源的情况。

并发透明性要求，并发进程能够共享对象而互不干扰。这意味着，系统应该为每个用户提供它们独占访问资源的假象。

并发访问数据对象会引起数据一致性问题，但与上文讨论的数据复制的角度稍有不同。对于数据复制情形，是用相同的变量值更新同一个资源的多份拷贝。而对于并发访问情形，是有多个实体要更新同一个资源。它们是相同的根本问题的不同侧面，而且同等重要。

对于两个或多个并发进程试图访问相同资源的情形，需要制定一些行为规则。如果两个
393 进程仅读取资源数据，则两个读操作的顺序无关紧要。然而，如果其中一个进程，或两者都要向该资源写入一个新值，那么在确保数据能维持一致性方面，它们的访问顺序变得至关重要。典型地，数据值的更新遵循一个“读－更新－写”的操作序列。如果每一个整体序列都与其他序列完全无关（举例来说，通过把整体序列包装进事务机制，或通过在序列执行期间锁定资源，以便进程能够暂时独占访问），则保持了一致性。然而，如果两个进程的访问序列允许交叉存取，则可能出现丢失更新的问题，系统也变得不一致（丢失更新问题，已在第4章中介绍过，随后将进一步讨论）。

图 6-5 用航空公司预订系统作为案例，示例了丢失更新的问题。该应用程序必须支持多个并发用户，他们都不知道其他用户的存在。系统需要为用户提供一套系统的一致性视图。更重要的是，存储在系统中的底层数据必须在任何时候都保持一致性。在高动态应用程序中，它的实现可能会存在困难。对于航空公司预订系统，我们考虑的一致性需求是（对于特定航班的特定飞机），可预定的座位总数加上已经被预订的座位总数，必须始终等于该飞机上的座位总数。绝对不能出现两个用户预订到相同的座位，或座位“丢失”的现象。例如，座位被预订，然后又被释放，但该座位却莫名其妙地没有放回到可用座位池。

在图 6-5 所示的场景中，开始有 170 个座位可订，处于一致状态。步骤 1 中，客户端 1 读取可订座位数，并在本地缓存它。很快，步骤 2 中的客户端 2 进行了相同的操作。试想一般情形，预订过程中，用户总是先浏览在线预订系统，花些时间考虑是否预订，然后再提交订单。客户端 1 随后预订了 2 个座位，并写回新的可订座位数，为 170−2=168（图中步骤 3）。稍后，客户端 2 预订了 3 个座位，并写回新的可用座位数为 170−3=167（步骤 4）。而这时，

正确的可订座位数应该是 170−(2+3)=165。图中场景的访问序列，导致了系统中创造了两个在飞机上实际不存在的座位，因此，系统出现了不一致。

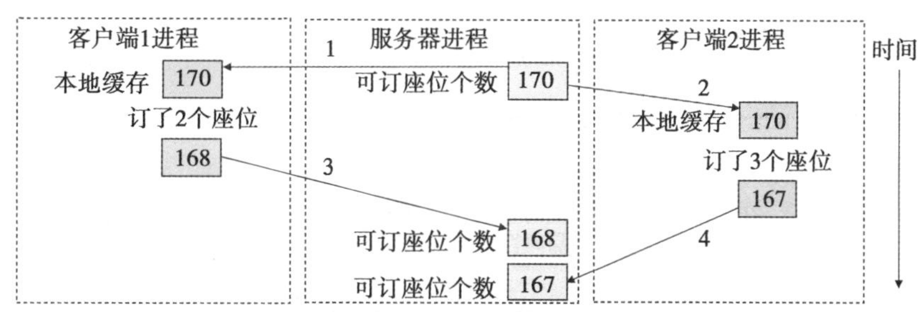

图 6-5　丢失更新问题（以一个航班的座位预订场景为例）

重要的是，你能够看到该情景出现问题的地方是：问题的出现，是因为两个客户端的访问序列允许重叠。如果强制客户端 2 在客户端 1 更新以后，才能读取可订座位数，则系统就能够保持一致性了。

除了并发透明性的一致性问题，还存在性能问题。理想情况下，如果时间尺度的粒度足够细，用户请求就能够错开，他们并不会注意到在后台的执行的强制序列化带来的性能损 394
失。如果长时间锁定资源，则会失去并发透明性，因为随着系统负载或用户数量的增加，用户会注意到事务的延时显著加长了。

需要考虑的重要设计因素包括：决定哪些资源必须锁定，以及什么时间锁定，并确保不再需要锁定时，及时释放资源。同样重要的是锁定的范围。当实际需要访问的资源仅是一组资源中的一个条目时，锁定整组资源就是不可取的。这些因素放置到实际场景中，需要考虑维护数据库一致性的选择：从并发的观点看，在事务临时访问其中一个数据库期间，锁定全体所有数据库是非常不可取的。“表级锁定”让不同进程能够同时访问不同的表，因为它们的更新操作互不干扰，但仍会阻止对整个锁定表的并发访问，哪怕正在访问其中的一个单行。“行级锁定”是一种细粒度的方法，通过允许“表级”并发访问来提高透明性。

事务

事务是一个不可分割的相关操作序列，它们必须被当作一个整体来处理，或者必须放弃，而不对系统状态产生任何改变。事务禁止只处理一部分，因为这样可能会破坏数据资源，或者导致不一致状态。

事务在第 4 章介绍过。回忆事务有 4 个基本特性（ACID 特性）：

- *原子性*。事务不能分割。整个事务（所有子操作）要么全部执行，要么一个也不执行。
- *一致性*。系统中存储的数据必须在事务结束时保持一致状态（这由原子性的全有或全无的需求所决定）。如果系统支持数据复制，则实现一致性需求会更加复杂。
- *隔离性*。事务之间不能存在相互干扰。在事务执行期间，需要锁定部分资源，以确保满足了这种需求。需要保护一些代码段，以便它们只能一次允许一个进程进入（该保护机制称为 MUTEX，因为它们强制互斥）。
- *持久性*。事务的结果必须做成永久的（存储在一些非易失的存储介质中）。

如图 6-6 所示，事务的 4 个特性用一个分段事务的上下文关联在一起。其中，各分段结果已经产生，但必须对事务外部的进程屏蔽。

事务特性放到银行应用程序视角的例子：

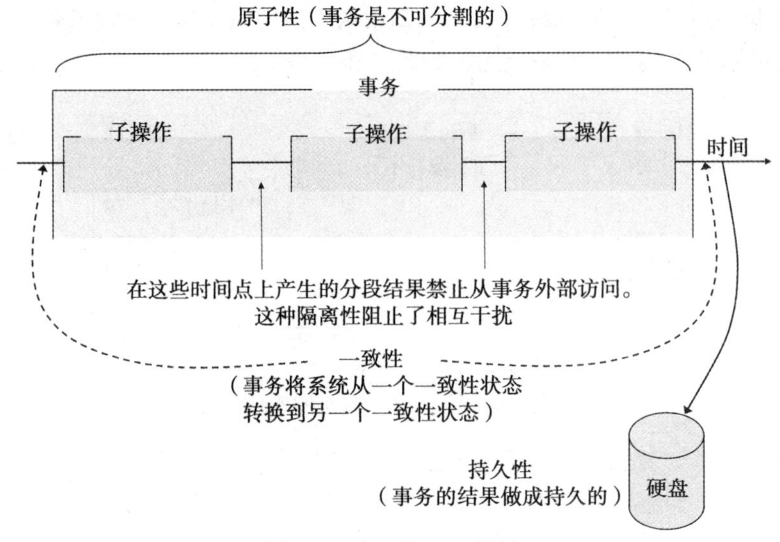

图 6-6 事务的 4 个特性

银行应用程序维护了多种不同类型的数据，分别属于若干个数据库。这些数据可能包括客户账户数据、金融产品数据（例如，用于打开不同类型账户的规则和存取款）、适用的利，以及适用的税率。不同场景下，可能产生不同的事务。事务类型可能包括：开设新账户、存款、取款、计算净利息、生成年利息和税单，以及注销账户。其中，每个事务可能内部又细分成若干步，也有可能需要访问一个或多个数据库。

考虑一个具体的事务类型：计算净利息。该事务可能需要执行以下步骤：读取账户余额，
395 通过乘以当前毛利息率，得到应付毛利息金额；应付毛利息金额乘以税率，得到利息的应缴税费；从应付毛利息金额中减去应缴税费，得到应付净利息。

事务执行前，系统处于一致状态，存储了下列 3 个值（在 3 个独立的数据库中）：账户余额＝£1000；利率＝2%；税率＝20%。图 6-7 示例了该事务的内部操作。

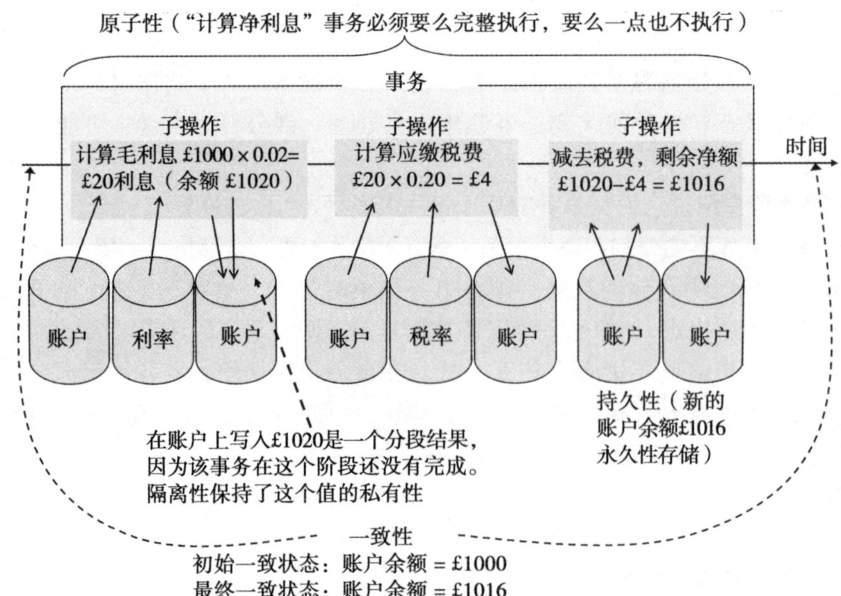

图 6-7 银行应用程序的“计算净利息”事务的内部操作

图 6-7 把事务的 ACID 特性放到了银行应用程序的事务机制的角度。该事务以 3 步执行，产生临时的内部状态（分段结果）。内部状态必须外部不可见。当事务完成后，系统处于新的一致状态。账户余额更新为 £1016。

事务的隔离性对并发透明性尤为重要，因为它阻止了外部进程访问事务子过程生成的临时分段结果。在图 6-7 示例的例子中，临时值 £1020 写入账户中，但还没有扣除应缴税费，这时事务仅为部分完成。因此，用户实际上从未有过该可取款金额。如果该值暴露给其他进程，那么系统将变得不一致。在临时值显示在账户上的短时间窗口内，如果用户碰巧要查看其账户余额，他们将认为他们拥有了超过他们实际拥有的更多的钱。如果允许用户在这个时间点取款 £1020，则更加糟糕，因为他们并未在账户中实际有这么多钱。当事务最终完成时，系统将停留在一致状态，账户余额为 £1016，现在，这个值就能够暴露给其他进程了。

作为系列事务，重新回顾航空公司座位预订系统（见本章前节），提供了又一个例子。强制序列化（并由此隔离），弥补了早期设计中的不一致性缺陷。 396

图 6-8 展示了航空公司座位预订系统事务的实现。这种方法序列化两个座位预订操作。如果允许这两个操作交叉执行，将导致不一致状态。该系统在每个事务之后，都处于一致性状态，其中，可预订座位的数量加上已预订座位的数量始终等于飞机上的座位总数。

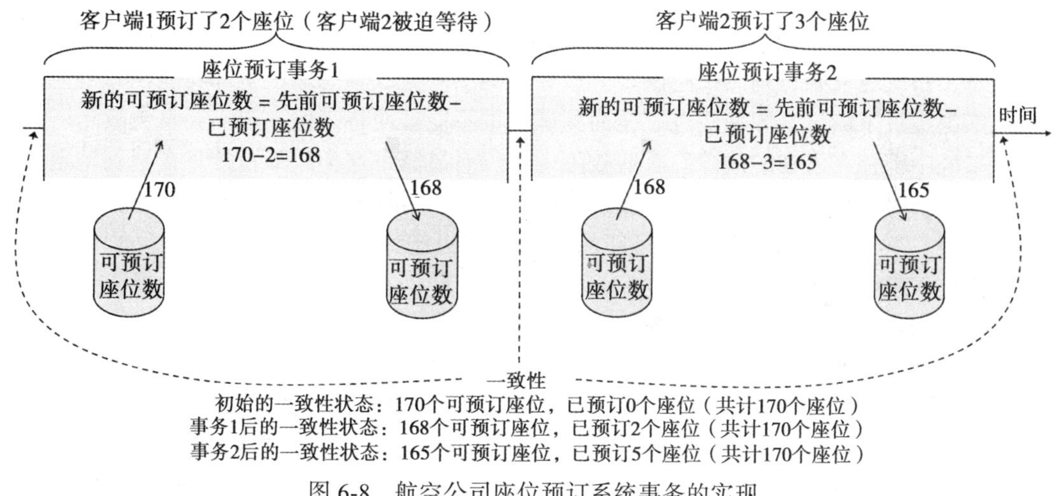

图 6-8　航空公司座位预订系统事务的实现

6.2.5　迁移透明性

分布式系统往往会在许多方面表现出动态性，包括用户群体的变化，以及他们开展的活动。反过来，这又导致不同服务在不同时间上的负载波动。系统也是动态的，主要原因是计算机的增加和搬迁、网络流量层的持续变化，以及计算机和网络连接发生的随机故障。

鉴于系统的这些动态性特质，系统必须能够内部重新配置资源。例如，一个特定的数据资源或服务，从一台计算机迁移另外一台计算机。

迁移透明性要求：数据对象能够移动，而使用这些对象的应用程序的操作不会受到影响，进程能够被移动，而它们的操作或结果也不会受到影响。

如果迁移的数据对象（如文件）的使用情形处于活跃状态，那么使用该数据对象的进程的访问请求，必须透明地重定向到对象新迁移的位置。如果对象仅在访问进程之间移动，采用位置透明性的实现技术就能够应付。名称服务（后面讨论）提供了资源的当前位置。只要知道资源移动后的当前位置，它的移动历史就不需要关心。然而，如果资源移动频繁，则保持名称服务自身为最新状态，成为一个挑战。

进程转移能够以抢占方式或非抢占方式实现。抢占转移方式中，将移动一个正在执行中的进程。这就比较复杂，因为在转移过程中，必须保留进程的执行状态和执行环境。非抢占式转移在任务开始执行之前完成，所以这种转移方式的实现相对简单。

6.2.6 故障透明性

在分布式系统中，故障的出现不可避免。借助通信链路，系统中可能会存在大量的硬件和软件组件相互作用。可能的配置集合，以及可能发生的行为集合，也会过于庞大，一般难以做到测试过程覆盖所有场景。因此，总有可能出现一些未曾预见的情景组合，导致产生故障。除了它们可能有一些本身内置的可靠性缺陷外，硬件设备和网络链路也可能会在外部原因作用下出现故障，例如，可能会突然断电，或电缆突然被拔掉。

然而，故障不可能完全避免，只能采取措施最小化故障发生的概率，同时限制故障发生后造成的后果。

良好的系统级设计应该考虑到，现实中任何组件都可能出故障，并应该避免出现关键性的单点失效的可能。软件设计过程应该避免组件内部及其依赖的其他组件之间不必要的连接，减少由此带来的复杂性（见第 5 章组件耦合的相关部分）。额外的复杂性提高了故障发生的概率，系统越复杂，则测试越困难。这导致的结果是，不能保证全部功能性和行为性的测试范围都经过了测试。即使经过了全面测试，也不能证明将来就一定不会发生故障。大多
397~398 数软件系统中都存在潜在的故障。有些故障一直没有显露，这类故障常常只在遇到特定事件的序列或组合时才会发生，所以它们能潜伏很长时间，而从未检测到过。

一旦我们尝试了设计阶段全部可能的方式，去构建我们的系统，使它尽可能可靠，那么，我们接下来就需要借助运行时技术，再去应付那些仍有可能发生的残留故障。

故障透明性要求隐藏故障，以便应用程序能够继续运行，而不影响其行为或正确性。故障透明性是一个重要的挑战！如上所述，分布式系统中可能出现多种不同类型的故障。

通信协议提供了一个很好的例子，说明了不同层次的运行时故障的透明性，如何通过巧妙的设计内置于应用程序。例如，比较 TCP 和 UDP。TCP 有一些内置属性，包括序列号、确认信息，以及超时重传机制等，透明地应对在消息传输层发生的各种问题，如消息丢失、消息损坏、确认信息丢失等。UDP 是一个较为轻量的协议，所以 UDP 没有采用任何特别措施，因此，通常被称为“发送和祈祷”协议。

支持故障透明性

提供高度故障透明性的一种流行技术，是在多台负责计算的主机上复制进程或数据资源，从而避免出现单点故障（见“复制透明性”）。

选举算法可以用来掩藏关键组件或中心组件的故障。这种方法在服务方面很流行。这些服务需要一个协调者，它可以是其中的一个复制的服务，被指派为主服务或协调者的角色。当协调者出现故障时，另外一个服务进程将被选举出来，接替这个角色。选举算法会在本章后续内容中详细探讨。

在所有复制服务或情境中，当出现故障时，就会选举一个新的协调者出来，这对原始故障的掩盖程度取决于服务的内部设计，尤其是状态管理的方法。新的协调者可能没有完全地复制上一个协调者的状态信息（例如，事务期间可能发生了瞬间的崩溃），所以，系统恢复

后，可能没有进入完全相同的状态。在设计工作中，应慎重考虑这种情形，使系统在交接过程中，最大程度地保持整体一致性。尤其是，采用无状态服务器设计能有效减少或消除服务器状态丢失方面的风险，因为所有状态都保存在这些连接的客户端机器上（见第 5 章中，针对有状态服务和无状态服务的讨论）。

即便使用了无状态服务，仍可能会出现问题。例如，如果服务器多次执行同一个请求的操作，则很有可能会破坏系统的正确性或一致性。例如，考虑在银行业务应用程序中，“增加年度利息”操作被意外地执行了多次。这种情形可能发生在已经发出了请求，但没有得到确认的情形。基于原请求已经丢失的推测，客户端可能会重新发送该消息，但事实上，该消息已经到达了服务器，实际上是确认消息丢失了，结果是，服务器将收到该请求的两份拷贝。解决问题的一种方法是使用序列号，以便能够识别重复请求。另外一种方法是把所有动作设计成幂等的。

幂等动作可以重复，不会产生副作用。使用幂等请求有助于故障透明性，因为它隐藏了重复请求的出现，从而得到正确的预期结果。当动作请求多于一次，无论对应的动作是否实际上已经执行了多次，都不会产生副作用。从另一个角度看，使用幂等动作，允许发生某种特定类型的故障，从而阻止了它们受到影响。因此，不再需要专门处理故障，或从故障中
恢复。 399

一般的能够幂等的请求形式有“设置值为 x”“获取 ID 为 x 的条目的值”“删除 ID 为 x 的条目”。

一般不能幂等的请求形式有“值 x 加上值 y”“获取下一个条目”“删除列表中位置 z 上的条目”。

非幂等动作的一个具体例子是“为账户 123 增加 10 英镑”。这是因为，在一次执行后（我们假设初始账户余额为 200 英镑），新的账户余额将变成 210 英镑；如果执行两次，则余额将会变成 220 英镑，继续执行，依次类推。

然而，这个动作能通过重构变成一个包含两个幂等动作的序列，其中的每个动作都允许重复而不破坏系统数据。第一个新动作是“获取账户余额”，将账户余额从服务器端复制到客户端。结果是客户端被告知账户余额为 200 英镑。如果该请求重复多次，则客户端被多次告知账户余额值，但始终是 200 英镑。一旦客户端有了账户余额，将在本地为账户余额增加 10 英镑。第二个幂等动作是“将账户余额设置为 210 英镑”。如果这个动作连续执行一次或多次，服务器端的账户余额也将总是 210 英镑。将计算操作转移到客户端，这种方法除了会使系统更加健壮，还进一步提高了无状态服务器方法的规模可扩展性。同样，这项技术对非共享数据也非常有用，比如上面例子中的情形，其中的每个客户端都看上去只关注了唯一的银行账户。对于数据共享的情形，比如前面的航空公司座位预订系统的例子，事务（量级更重且扩展性差）更合适，因为它有对包含多个动作的一致性需求，和对序列化访问系统数据的需求。

幂等动作在安全攸关的系统中也非常有用，同样，在通信链路不可靠，或者通信延迟很高的系统中也非常有用。这是因为，一旦使用了幂等请求时，确认消息的角色就不再那么至关重要，平时不太常见的超时过短问题（导致重发）也不再会造成应用程序级别的错误行为。

设置检查点是一种故障容忍方法。该方法可以用来避免关键进程的故障，或运行关键进程的物理计算机的故障。

设置检查点是一种机制，定期地复制进程状态，并将状态信息发送到远程存储（存储的

状态信息包括：进程的内存映像，如变量的值；进程的管理细节，如下一步将执行哪条指令；IO 细节，如打开了哪个文件和与其他进程建立了哪些通信连接等。

如果设置了检查点的进程崩溃，或它的宿驻主机出现故障，那么，就能够根据存储的状态信息，重新启动该进程的一个新副本。新进程从老进程最后设置的检查点开始运行。对于运行时间长的进程，在保护其完成的工作方面，这种技术尤其有效。比如，发生在科学计算和仿真中（例如，可能运行数小时的天气预报等）。如果不设置检查点，发生故障的进程就不得不再次从头开始，可能导致丢失大量工作，并大大延迟用户等待结果。

6.2.7 规模扩展透明性

一般地，对于分布式系统，随着系统规模的不断扩大，最终达到某个临界点时，其性能将开始下降，例如，可能表现出来的特性有，响应时间变慢或服务请求超时。超出临界点
400 后，很小的规模扩大都可能对性能产生严重影响。

规模扩展透明性要求，在扩展应用程序、服务或系统规模时，尽可能不改变系统结构或算法。规模扩展透明性在很大程度上依赖有效的设计，与资源使用相关，尤其与通信强度相关。

集中式组件通常存在规模扩展性方面的问题。随着客户端数量或服务请求数量的增长，都可能成为性能瓶颈。集中式数据结构，随着系统规模的增大而加长，最终导致了数据大小方面的问题，同时，在搜索更大的数据结构方面，花费的时间也增长了，从而对服务的响应时间产生影响。一旦请求数量超过一定的阈值，请求的积压量将会快速提升。

分布式服务避免了集中式服务的瓶颈缺陷，但出现的问题是，需要权衡更高的通信总量。这是因为，除了多个客户端和服务器之间的外部通信外，还存在必要的内部通信用于协调这些服务，例如，在服务器实例之间的更新传播。

分层设计提高了规模可扩展性，一个很好的例子是 DNS。DNS 将在本章后面详细讨论。组件的解耦也提高了规模可扩展性。发布 - 订阅事件中的通知服务（也将随后讨论）是这项技术的一个例子，据此，耦合程度和通信强度也显著降低。

通信强度：对规模可扩展性的影响

交互复杂性用于度量一组组件的内部通信关系数量。因为系统规模可能变化，按照各组件与系统中其他组件通信的比例而不是绝对数量来描述交互复杂性（见表 6-1）。

表 6-1 *N* 组件系统的交互复杂性举例

N 个组件中，每一个组件与其他组件通信的典型比例	交互复杂性	典型的解释
1	$O(N)$	每个组件与另外的一个组件通信。这是高度可扩展的，因为随着系统大小的增长，通信强度呈线性增长
2	$O(2N)$	每个组件与另外两个组件通信。随着系统大小的增长，通信强度呈线性增长
$N/2$	$O(N^2/2)$	每个组件与系统大约一半的组件通信。这表示通信强度以指数速率增长，并因此影响可扩展性
$N-1$	$O(N^2-N)$ 也写作 $O(N(N-1))$	每个组件与大部分或全部组件通信。这是一个陡峭的指数关系，会严重影响可扩展性

通信强度是实际发生的通信量。交互复杂性由通信组件间发送消息的频率和消息的大小

共同表示。这是限制许多系统的规模可扩展性的重要因素。这是因为，在任何系统中，通信带宽都是有限的，并且随着通信数量的不断提高，通信信道将成为瓶颈。与计算相比，通信也相当费时。随着花费在通信上的时间（包括由于网络堵塞和访问延迟导致的通信等待）与花费在计算上的时间之间的比例提高，系统的吞吐量和效率将下降。性能上的降低最终成为可用性的一个限制因素。如果无法在保持设计不变的前提下，通过添加更多资源来恢复性能，那么该设计就称为是不可扩展的，或者说已经达到了规模扩展性的极限。 401

下面列举了一些交互复杂性的例子：

- bully 选举算法的选举过程中，最坏情况有 $O(N^2-N)$ 的交互复杂性（bully 选举算法将在本章后面的“选举算法”中讨论）。
- 一个对等的媒体共享应用程序（在第 5 章中的活动 A2 中探讨过），可能的典型交互复杂性介于 $O(2N)$ 和 $O(N^2/2)$ 之间，依赖于每个对等体的实际连接比例。
- 一直贯穿全书，用作共同参考点的案例研究游戏，有非常低的交互复杂性。无论系统多大，每个客户端只连接到一个服务器组件，所以整个系统范围的交互复杂性为 $O(N)$，其中 N 是系统中客户端的个数。

对于两个类似系统，图 6-9 展示了其中的组件间，两种不同的交互映射。A 部分示例了一个低强度交互映射，其中，每个组件平均与一个其他组件连接，所以交互复杂性是 $O(N)$。相反，B 部分示例了一个组件耦合度高的系统，其中，每个组件都与大约一半组件通信，所以交互复杂性是 $O(N^2/2)$。

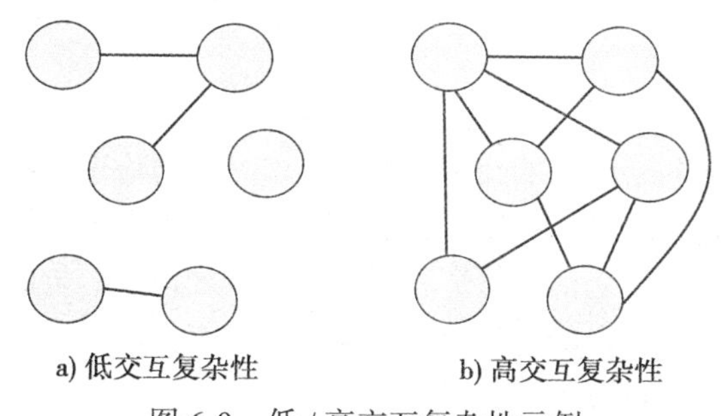

图 6-9 低 / 高交互复杂性示例

图 6-10 提供了一个图解，说明了交互复杂性对系统规模（组件的数量）和导致的通信强度（交互关系的数量）之间的关系产生影响的方式。与更高的交互复杂性关联的曲线的倾斜度更陡峭，表明了它们对可扩展性产生的影响程度也相对更严重。 402

6.2.8 性能透明性

分布式系统的性能受到其配置和使用等多方面的影响。性能透明性要求，随着系统中的负载增加，系统性能优雅地降低。性能的一致性是用户体验的一个重要方面，很可能比绝对性能更为重要。有始终如一的良好性能的系统比性能不稳定（性能在某些时候表现突出，又会不可预期地迅速下降）的系统更容易受到欢迎，性能不稳定会导致用户失望。性能透明性基本上成了可用性的一个衡量标准。

性能（系统的一个属性）和性能透明性（对性能的要求）受到系统中各组件设计的影响，也受到系统的综合行为的影响。鉴于复杂的运行时关系和事件发生的顺序，很难通过知晓每个单独组件的行为，而预测系统的综合行为。

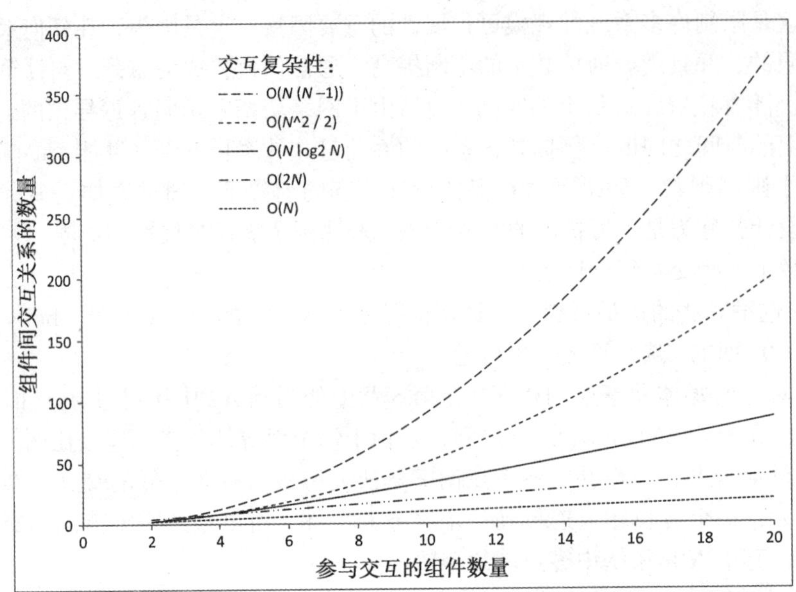

图 6-10 不同的交互复杂性对系统规模和产生的通信强度之间的关系产生的不同影响

想要系统有更高性能，也因此不能通过实现个别特殊机制来保证，相反，它是一个涌现特性，源自面向系统各个方面的和谐一致的良好设计技术。性能透明性是负载分担机制的明
403 确目标，试图在全体处理资源间均匀地分配工作负载，以保持响应性。

6.2.9 分布透明性

分布透明性要求隐藏网络的全部细节和多个组件之间的物理分离，好像应用程序的全部组件都运行在本地（也就是说，运行在同一台计算机上），因而不需要考虑网络连接和地址。

中间件是一个很好的例子。横跨整个系统创建一个虚拟层，全部进程都从底层平台中解耦出来。进程间的所有通信都以访问透明和位置透明的方式，经由中间件传递，提供了隐藏网络和组件分布性的整体效果。

6.2.10 实现透明性

实现透明性意味着隐藏组件实现方式的细节。例如，实现透明性可能包括，在应用程序中，允许存在使用不同语言开发的组件，在这种情况下，就必须保证，这些组件在交互操作时，比如方法调用中，保留了其通信语义。

比如 CORBA 中间件提供了实现透明性。它采用一种特殊的接口定义语言（Interface Definition Language，IDL），以一种编程语言无关的方式描述方法调用，从而保留了一对组件间的方法调用语义（包括参数数目和每个参数值的数据类型，以及每个参数的方向，也就是该参数是传给方法，还是从方法中返回），而与这两个组件的开发语言无关。

6.3 公共服务

分布式应用程序有许多公共需求，主要是因为它们的分布式特性以及系统和运行平台的动态特性。分布式应用程序的公共需求包括：

- 服务和资源的自动定位方法；

- 时钟的自动同步方法；
- 从一组候选者中自动选举协调者进程的方法；
- 分布式事务的管理机制，以确保维持一致性；
- 组内组件运行的通信支持；
- 组件的间接耦合和松耦合支持机制，以提高规模可扩展性和健壮性。

因此，明智的做法，一般是在系统中提供一组支撑服务，以标准化的方式为应用程序提供服务。应用程序开发者能够在其应用程序中集成调用这些服务，而不必在每个应用程序中实现这些附加功能。这种做法节省了大量的重复劳动。这些重复劳动代价高，并显著延长了交工期限，还有可能最终降低质量，因为每个开发者将实现不同版本的服务，从而导致不一致性。

除了如上文所述的特定的功用外，公共服务也有助于提供本章前面讨论的所有透明性形式，还有助于在第 5 章中讨论的分布式应用程序的非功能性需求。 404

公共服务通常被视为分布式系统基础设施中不可分割的一部分，对用户隐藏。这些支撑服务通常在系统内跨多台计算机分布或备份。因此，作为分布式应用程序本身，有同样的质量要求（健壮性、规模可扩展性、响应性等）。有一些公共服务已经成为良好的分布式应用程序的设计典范，DNS 就是一个很好的例子。

可能存在各式各样的服务和机制都能划归到公共服务的范畴。但是，本章重点介绍几个最重要和经常使用的服务。本章后续部分将讨论的公共服务和机制主要有：

- 名称服务和目录服务；
- DNS（名称服务的一个非常重要的实例，将深入讨论）；
- 时间服务；
- 时钟同步机制；
- 选举算法；
- 组通信机制；
- 事件通知服务；
- 中间件。

6.4 名称服务

分布式系统中最大的挑战之一是找到资源。资源分布在不同计算机，这种特殊性意味着需要一种方法，能自动地寻找必要的资源，并要求速度快和可靠性高。

考虑这样一种情形：一个软件组件需要查找另一个软件组件的位置，以便发送一条消息给它。从最高的层面上看，有两种方法：要么使用已经知道的信息，要么按照需要去寻找。这同人们平常寻找资料的方法颇有几分相似：比如查找手机号码和网址。你可能记得住经常使用的电话号码和网址。对于一个软件组件，要是记住这些信息，就相当于内置或硬编码。现实中的一个实际问题是，如果你的一位朋友更换了号码，那么你记下的这个电话号码就没有用了。这时，你需要采取一种方式，获取到新的号码，然后再记住它。现实中的大部分情况是，有许多电话号码和网址，你平时不记得，你需要某种方式找到它们。这种方式通常是一种服务，基于对号码的描述就能搜索到它们。你的手机内置了一个数据库，用于存储你经常使用的电话号码，使用电话号码主人的名字作为主键。然后，当你需要打电话时，输入他们的名字（你不需要记住号码），搜索数据库，然后查得手机号码。本质上，这是名称服务的一种简单形式（更具体地说，这是一个目录服务的例子；详见后面的讨论）。

假设系统中资源的数量同 Internet 中一样多，有成千亿台计算机连接到 Internet 上。有数以百万计的网站，并且每个网站有数百个网页。这些数字惊人的大，你能记住多少？或许你根本就记不住多少，但是，你有办法找到它们，只要使用你可能每天都使用很多次的服
405 务，却不需要关心这些服务如何运行。

举个例子，我给你布置一个典型的日常信息检索任务（立即去尝试，不要想太多）：找到你所在的地方政府的办公室网站（比如你的街道办事处），你将从中得到关于当地服务的信息，比如每周一次的垃圾收集。

你已经能够在你的计算机上显示网站了吗？如果是，那么我猜想，你也许使用了两个不同的服务。首先，你可能使用了一个搜索引擎（例如，Bing、Google、Yahoo 等）。你在搜索引擎上提交了一个文本形式的请求，如“Havering council services”，然后你得到了很多条统一资源定位信息（URL，在第 4 章中介绍过）。经过第一阶段之后，我们得到了结果，展示在图 6-11 中。

Search results
Council services- Havering
https://www.**havering**.gov.uk/Pages/**Services**.aspx

Havering Council
https://www.**havering**.gov.uk/

A-Z of Council services- Havering
https://www.**havering**.gov.uk/Pages/AtoZ.aspx?AtoZindex=A

Contact the Council- Havering
https://www.**havering**.gov.uk/Pages/Category/Contact-us.aspx

图 6-11　针对我搜索的字符串，搜索引擎返回的前四条结果

下一步，要求你从搜索引擎返回的结果中，选择看上去最像你实际上查找的网站，并点击提供的超链接（有部分文字带有下划线，点击时，相关网页会自动在浏览器中打开）。现代搜索引擎在根据上下文对搜索结果排序方面做得已经很好。在某些特殊情况下，列表中的第一个结果就能符合要求，所以我们现在点击列表中的第一个链接。

这时候，第二个服务（名称服务）发挥作用了，因为你正在自动地使用它，甚至可能都没有意识到它的存在。为了显示一个 Web 网页，这几件事情必须按顺序进行。首先，搜索引擎给出的 URL 必须转换成 IP 地址（对应的 Web 服务器位于的主机地址）；然后，才能够建立起到 Web 服务器的一个 TCP 连接，一旦 TCP 连接建立起来了，就能够发送一个针对 Web 网页请求到 Web 服务器，接下来 Web 网页内容返回到我们的计算机；最后，Web 网页显示在我们的屏幕上。名称服务是系统的一部分，其主要作用是将 URL 转换成 Web 服务器的宿驻主机的 IP 地址。在 Internet 中，实际上使用的名称服务是 DNS，这将在本章中的后续部分详细讨论。

6.4.1　名称服务的运行

名称服务是一项网络服务。该服务将地址的一种形式转换成另一种形式。一个非常常见的需求是，将人能理解的地址类型，如 URL，转换成为真正用于系统内组件间通信的地址类型（例如 IP 地址）。

名称服务的基本需求来自多方面的因素：

- 网络可能规模巨大，包含了许多计算机，并且计算机的 IP 地址是逻辑的，而非物理的。
406 这意味着，一台计算机的 IP 地址与它到网络的逻辑连接有关。如果计算机被挪动到不同的子网，那么它的 IP 地址将会随之改变，这对路由操作的正确性非常必要

（见第 4 章的讨论）。

- 分布式应用程序可以跨越许多台物理计算机。应用程序的配置允许修改，以便不同组件在不同的时间，可以放置在不同的计算机上。
- 网络和分布式系统是动态的，资源可能需要随时随地添加、删除、迁移等。即使你在一定的时候知道所有的资源在哪里，这些地址表也可能很快就会过时。
- 对于特定系统和外部化的应用程序软件组件，定位资源的手段需要标准化。对于每个组件，只能单独嵌入特定机制的方法是不可取的。因为，这将带来很大的工作量（设计和测试），并且明显地增加了组件的复杂性。

名称服务的基本功能是，在数据库中查找到一个资源的名称（已提供在请求消息中），并抽取出相应的地址细节。随后，这个地址细节发回到请求者进程。请求者进程使用这个地址信息访问该资源。名称服务功能的子集可以用一个目录服务（后续将更详细地讨论）来表示。

名称服务和目录服务的主要差异在于，名称服务提供了附加功能和透明性。名称服务实现了一个命名空间，用一种结构化的方式描述资源名称。为了实现可扩展性，有必要采用分层命名空间，其中的资源名称显式地映射到它在命名空间中的位置，从而帮助定位到该资源（见第 3 章关于分层寻址的讨论）。

关于名称服务，层次化的名称最重要的例子是 URL。该方案中，资源名称的结构关联到它的逻辑位置。作为一个简单例子，可以考虑你的电子邮件地址。邮件的 URL 的可能格式为：A.Student@myUniversity.Academic.MyCountry。它满足了三个重要需求。首先，它以一种人性化的方式描述了该资源（你的 E-mail 邮箱），以便人们能够容易地描述它，并有望记住它。其次，它包含了一个明确的资源（E-mail 邮箱命名为 A.Student），映射到资源所在的 e-mail 服务器。该服务器的逻辑地址为 myUniversity.Academic.MyCountry。最后，它是全球唯一的，因为在世界上的任何其他地方，都不能存在和你的地址一样的 e-mail 地址。

名称服务可能需要是分布的，以提高其可扩展性。同时，通过跨多个服务器分散该命名空间和在该命名空间中的名称解析的任务，实现性能透明性。为实现故障透明性，可能还需要复制名称服务器，使得该服务不出现单个关键实例（也就是说，使得每个名字都能够在不止一个服务实例上解析）。

6.4.2 目录服务

如上文中的解释，目录服务提供了名称服务功能中的一个子集，它在一个目录中查找资源，并返回结果。它不实现自己的命名空间，并且它的目录结构通常是扁平的，不是层次的。

图 6-12 示例了如何使用一个目录服务。应用程序客户端把需要的应用程序服务器名称传递给目录服务器。目录服务器以存储在数据库中的细节信息作为响应。目录服务适合在特定应用程序内部使用，或者用于小型系统中的本地资源地址解析，在这种情况下，数据库的大小和复杂性、存储和查找能力都受到限制。 407

图 6-13 展示了名称服务如何把核心的目录服务功能包装成一个更复杂的服务。尤其是，名称服务实现了一个分层的命名空间，并根据命名空间中资源的逻辑位置，在多个不同的目录实例上，逻辑上分散存放这些资源的细节信息。

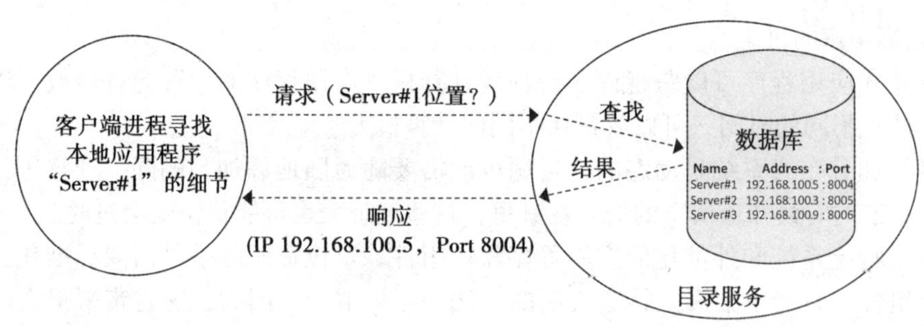

图 6-12　目录服务运行概览

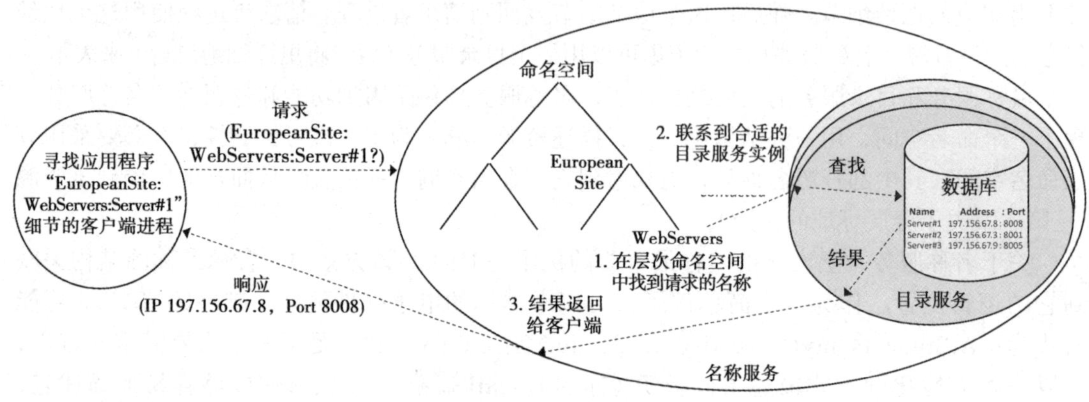

图 6-13　目录服务用作名称服务的子组件

活动 D1 使用了集成在分布式系统版 Workbench 中的目录服务，探讨名称服务和目录服务的需求与行为。目录服务的设计目标是在小规模的本地系统中工作。因此它不支持复制和分布，这些特性是你在可扩展的和健壮的名称服务中所期望的。值得注意的是，因为目录服务在本地运行，使用的应用程序服务器数量有限，所以它采用了扁平寻址方案来存储这些名称。也就是说，它只使用了一层用文字表示的名称，例如“server1”或者“AuthenticationServer”。

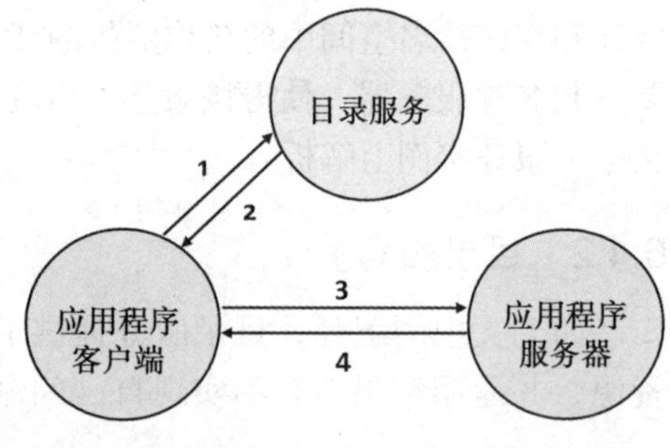

图 6-14　与目录服务的基本交互

图 6-14 展示了应用程序组件和目录服务之间的基本交互。这些交互将在活动 D1 中继续探讨。应用程序的客户端最初不知道其服务对象的位置，所以它把需要服务的对象名字交给目录服务（图中步骤 1）。目录服务查找应用程序服务器的名字，如找到了，就返回该地址（图中步骤 2）。一旦客户端得到了服务器的地址，它就可以使用常用的方式建立
408 一个连接（图中步骤 3 和步骤 4）。

活动 D1 目录服务实验

此活动使用在分布式系统版 Workbench 中集成的目录服务，探讨名称服务和目录服务的需求与行为。作为一个进程，目录服务运行在本地网络中的一台计算机上。初始化时，应用程序服务器可以用目录服务注册。当客户端进程需要访问一个特定的应用程序服务器时，

它就向目录服务请求地址细节，使用被请求的应用程序服务器的本文名称标识。目录服务向客户端进程返回它需要的 IP 地址和端口号，用于进一步连接到应用程序服务。

需要注意的是，名称服务和目录服务本质上执行相同的功能，也就是说，解析资源的名称到对应的地址细节，用于访问资源。活动中使用的具体服务可以归为一个目录服务。它维护了一个在目录服务器中注册的资源数据库。对于接收到的请求，它在数据库中搜索提供的资源名称，并向请求对象返回相关的地址细节。这个简单的目录服务演示了名称服务的基本行为，没有实现命名空间，也没有实现它自身的分布性，因此，它不仅限制了规模可扩展性，也使复杂性控制在有限范围内。这样的服务非常适合于小规模局域网络化系统中的自动资源发现，而不适合大规模系统。目录服务的复杂性低，使它非常适合用于探索资源定位的基本机制。

前提条件。把活动需要的支持材料复制到你的计算机（见第 1 章活动 I1）。

学习目标。

1. 了解名称 / 目录服务的需求。
2. 理解目录服务例子的操作。
3. 理解名称 / 目录服务的透明性的益处。
4. 探究使用目录服务的问题场景。
5. 探讨使用目录服务的自动注册。

使用分布式系统版 Workbench 顶层菜单中的“Directory Service”下拉菜单，从中找到程序集。该程序集包含 1 个目录服务、4 个应用程序服务器和 1 个应用程序客户端。可以让所有组件都运行在单台计算机上，从而明白目录服务运行方式的基本思想，但是，如果有条件，最好让活动运行在不少于 3 台不同计算机组成的网络中，以便应用程序服务器各自有不同的 IP 地址。这样，能够把客户端进程从它连接的各种服务器进程中区分出来，使实验场景更为逼真。 409

方法 A 部分：理解对名称服务或目录服务的需要。在活动的这一部分，你将在一台计算机上运行应用程序客户端，在另一台上运行应用程序服务器 server1。在此阶段，不在任何计算机上启动目录服务器。

A1 部分。在 1 台计算机上启动 Server1。Directory Service → Application Server1，然后单击“Start server”。

A2 部分。在第 2 台计算机上启动客户端（理想条件下，或者，你也可以使用一台计算机，同时用作客户端和服务器）。Directory Service → Client。

需要注意的是，客户端把服务器设置为一个缺省地址。该地址和它自己的地址相同，并设置为一个缺省端口号 8000。虽然地址是正确的（也就是说，你在与客户端相同的一台计算机上启动了服务器），端口号却是错误的。使用这些设置，尝试发送请求字符串给服务器（放置一些文字在“Message to send”框中，并单击 Send 按钮），它应该没做任何事情。

A3 部分。手动配置客户端（输入正确的服务器地址和服务器端口详细信息），以便它能够与 server1 通信（通过发送请求字符串，确认客户端和服务器确实正在通信；服务器应该返回你输入的发送字符串的反序版本）。

A4 部分。在第 3 台计算机上，使用 server2 重复 A2 和 A3 部分（理想条件下，否则，就像前面一样，使用相同的计算机）。

A5 部分。在第 4 台计算机上使用 server3 重复 A2 和 A3 部分（理想条件下，否则，就像前面一样，使用相同计算机)。

A 部分预期结果。到现在为止，你应该能够体验到这种手动进行客户端－服务器绑定的方法，在商业的分布式系统中的适应能力了（特别是它的低可用性特性)。在客户端能够定位需要的应用程序服务器方面，需要尝试寻找替代途径。

下面的屏幕截图显示了客户端（在 IP 地址为 192.168.0.2 的计算机上）的手动配置，以便连接到 server3。server3 在 IP 地址为 192.168.0.3 的计算机上，使用端口 8006。需要注意的是，这一阶段的实验中，暂不使用“Server required”字段。

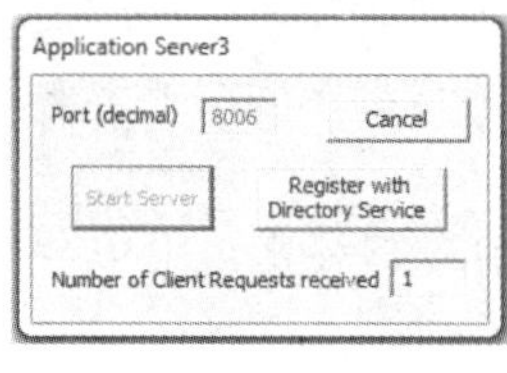

方法 B 部分：使用目录服务。

B1 部分。只在一台计算机上启动目录服务。注意，目录服务不支持复制。如果目录服务存在多个副本，它们将都响应同一个客户端的请求，这样会扰乱实验结果。

B2 部分。在第 2 台计算机上运行应用程序客户端（如果可用)，并在第 3 台计算机上运行应用程序 server1。

B3 部分。通过按 server1 上的按钮，在目录服务器上注册 server1 服务器。观察目录服务的信息框。

B4 部分。使用目录服务（客户端有一个“Contract Directory Service”按钮）获得 server1 的地址和端口详细信息。观察客户端的“Server details”文本框和目录服务器的信
410 息框。

B5 部分。也启动 server2 和 server3（在任何可用的计算机上)。在目录服务中注册这些服务器。使用客户端，按顺序连接这 3 项服务。每次尝试使用一个新服务，在客户端中的“server required”文本框中更换服务名称，然后，使用 Contact Directory Service 按钮获得细节信息。

B 部分预期结果。你现在应该能够体验到采用自动名称解析服务的好处了（正如目录服务提供的)：简便了自动的组件到组件的绑定操作，只需知道组件的文本名称就可以了。

下页的一组屏幕截图展示了，活动中 B 部分的全部步骤都完成后，系统的配置情况。客户端和 server2（如左图所示）运行在 IP 地址为 192.168.0.2 的一台计算机上，而目录服务器和应用程序 server1 和 server3（如右图所示）运行在 IP 地址为 192.168.0.3 的一台计算机上。

这 3 个应用程序服务器都已启动，并在目录服务上注册，正如在目录服务器的对话框中的“Directory Database”列表中能看到的样子。按照目录服务中的顺序，客户端依次请求了每个服务器的地址和端口信息，正如在目录服务器对话框中的“Request History”列表中看到的。

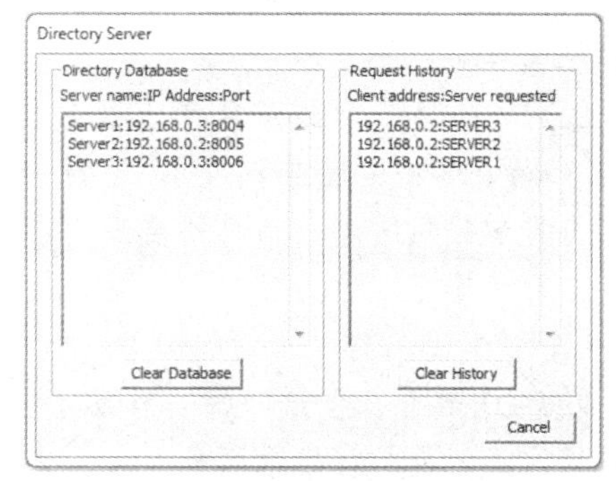

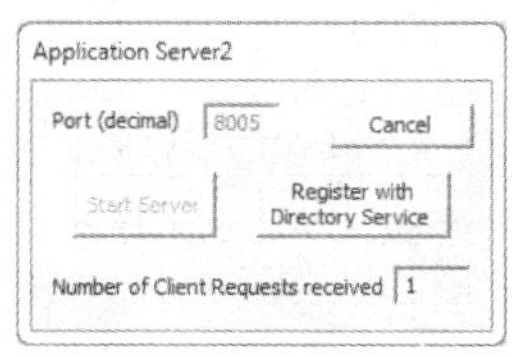

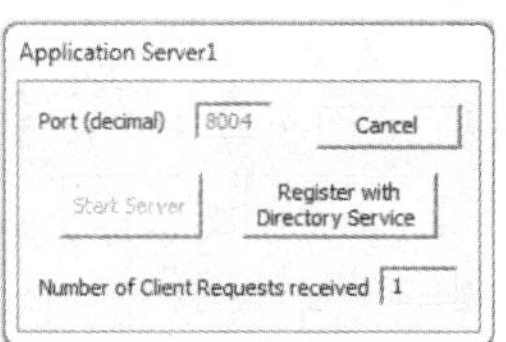

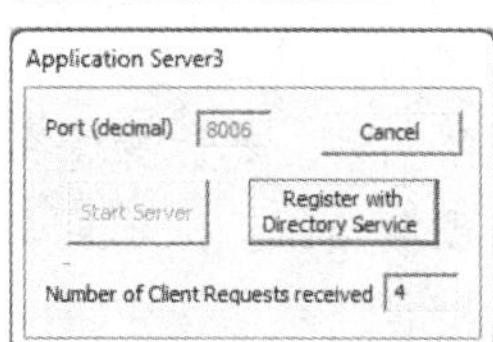

方法 C 部分：探讨问题场景对目录服务行为的影响。对于活动的这一部分，我们鼓励大家大胆想象，展开自己的实验，去探索包括以下场景在内的情况，会发生什么现象：

- 当客户端请求一个应用程序服务器的细节信息时，应用服务器却没有注册；
- 一个应用程序服务器完成注册后，却突然崩溃（没有再恢复）；
- 一个应用程序服务器在一个位置上注册后，却随后更换了它的网络位置；
- 目录服务在两台不同的计算机上同时运行；
- 目录服务根本没有运行；
- 在应用程序服务器完成注册后，目录服务崩溃，然后重新启动。

C 部分预期结果。在这些问题场景中，目录服务的例子暴露了其简单设计方案背后的局限性。对于你发现的任何问题，反复实验，确保你弄清楚了问题的机理（也就是说，问题行 411
为的真实成因是什么，以及它如何 / 为什么会影响整个系统的行为）。找出你认为能解决该问题的可能修订方案。

下面的屏幕截图展示了来自目录服务的“Not Found”响应。在该情形中，客户端请求了一个没有注册的应用程序服务器的细节信息。

方法 D 部分：探讨服务注册。上面的 C 部分中指出的问题场景在真实系统中确实会发生：应用程序服务器在系统内迁移地址，目录服务可能会崩溃后再恢复（部分信息可能会过

时）。这意味着，手动注册服务或一次性自动注册服务，不善于胜任持续满足非功能需求，比如可用性、健壮性和响应能力等。

D1 部分。为了理解这个问题，重复上面 C 部分。移动其中一个应用服务（应用程序 server1、server2、server3 中的任何一个），记得一定要在该服务已经注册后。值得注意的是，现在目录服务能够提供的细节信息不再正确。作为另外一种选择，也可以在应用服务注册后，关闭和重启目录服务。因为目录服务是无状态的，重启后不再记得先前已经注册的服务器。

D2 部分。重复 D1 部分，但这一次，移动了应用程序 server4（而不是 server1、server2 或 server3）。值得注意的是，在目录服务中，没有专门的按钮用于注册应用程序服务器，因为注册过程是自动的。以你喜欢的任意次数移动 server4，再重启目录服务。你每次改变一点配置，等待几秒，然后看看客户端是否能够从目录服务中获得 server4 的细节信息。

D 部分预期结果。从你的实验中，你应该已经注意到，当使用应用程序 server4 时，与使用其他应用程序相比，存在一些明显的行为区别。

问题 1：关于服务器注册，你注意到了哪些不同？

问题 2：目录服务是如何更新的？

问题 3：相对于 C 部分，问题场景的确认程度如何？

问题 4：对于大规模分布式系统，实验中表现的适应程度如何？

思考。通过展开的活动，你应该对目录服务的行为有了基本的理解，并理解了它在透
412 明性和可用性方面的强大作用。一旦应用程序服务器在目录服务中注册了，用户只需要知道他们想要连接的服务的文本名称。甚至，如果隐含知道信息，服务的注册过程都能够自动完成，以便客户端在启动阶段，就使用名字自动地请求它所需的服务。很明显，除了带来的可用性之外，还实现了位置透明性和迁移透明性。

深入探索。客户端如何定位目录服务？你可能已经从你做过的实验中得到了结论。如果还没有，尝试一些拓展实验，去弄明白它。尝试将目录服务器与应用程序服务器放置到相同或不同的计算机上；同样，探索把客户端进程与目录服务器放置到相同或不同的计算机上。提示：你以前必须提供目录服务器的地址吗？ ■

6.4.3 名称服务设计和实现的挑战

名称服务中有许多分布式应用程序通用的非功能设计要求。这些已在第 5 章讨论和确认。它尤其强调以下要求：健壮性（因为应用程序自己的运行依赖于名称服务，任何故障将在系统的其他部分产生连锁反应）、规模可扩展性（名称服务必须能够扩展规模，以满足主机系统的需求，并不应该随着系统的增长成为一个限制因素）、响应能力（名称解析是应用程序执行的许多步骤之一，由名称服务增加的延迟应该尽可能少）。

除了非功能需求外，在一些与名称服务的设计、实现、使用相关的方面，还存在特定的挑战。这些挑战影响了服务内部自身持有的数据的正确性、服务的健壮性和规模可扩展性。其中一些挑战已经在活动 D1 中暴露出来。

服务器注册：应用程序服务器应该什么时间在名称服务中注册？一个服务启动时，是否应该自动执行一次性的注册过程？还是，它应该周期性地执行注册过程（以防止名称服务器崩溃或重启，丢失早期注册的细节信息）？如果注册是周期性的，那么它发生的频率应怎样？（这里有一个权衡：执行过于频繁的周期性注册过程，导致更多通信开销；自动注册事

件的间隔时间过长，导致服务更新延迟）。

服务器注销：是否应该把应用程序服务器的注销作为其关闭过程的一部分？如果是，当它们突然崩溃，却没有能够正确关闭时，会发生什么？（这将导致名称服务中存在过时信息，因为它将仍然认为该应用程序存在，并继续发布其信息）。缺失了周期性的重新注册活动，能否自动地认为该应用程序不再运行了？

应用服务器的迁移：如果移动了一个应用服务器，应该如何更新名字服务？（在许多系统中，在移动之前，先执行一个既定的注销流程，然后，在移动后重新注册该应用程序，就能够应付了。）

名称服务与复制的应用程序服务器之间的交互：如果同一个应用程序服务存在多个实例，则名称服务应该如何决定哪个实例执行客户端的请求？一些可能的情形包括：轮换制，总返回数据库中第一个找到的实例，或者实现某种形式的负载分担方案。

查询结果的客户端缓存：应用程序客户端是否应当缓存查询结果，还是应该每次都重新执行查询名称服务？需要一个折中：始终从名称服务器中获取最新信息（更高的通信开销和 413
名称服务执行更多的工作）和使用可能过时的缓存信息（在这种情况下，客户端可能会浪费时间来尝试用错误位置信息连接一个应用程序服务器）。这需要根据系统的动态性程度，采用正确的折中方法。越静态的系统，越适合使用较长的缓存周期。

如果目录服务崩溃会发生什么：在应用程序建立内部通信和方便远程资源访问方面，名称服务是一个重要的环节。当名称服务发生故障时，一个系统能够继续运行的程度取决于许多因素，其中包括：应用程序组件间建立新连接的频率（已经建立的连接不会受到名称服务故障的影响）；无论客户端是否缓存查找结果（在这种情况下，它们在与应用程序组件建立连接时，并非总是需要连接名称服务）；还有，组件每次连接到相同或不同组其他组件的可能性（从而影响缓存内容的有用性）。

名称服务的复制：复制技术能用来改善名称服务的健壮性和规模可扩展性。然而，如果名称服务的两个副本共存，却没有采用某种适当形式的控制或授权，那么客户端请求可能被两个实例回复，导致不可预知的行为，尤其是当两个名称服务器实例上保存的数据存在不一致时。

定位名称服务：客户端如何查找到名称服务？如果需要借助一个名称服务查找资源，这时，名称服务本身就是一个资源，那么就产生了一个问题环。面向组织或面向应用领域的名称服务可以固定存在于一个已知的位置，或通过广播查询消息去发现（这种方法已经在活动D1 使用的目录服务中实现）。这种方法适用于小型系统，不能工作在大规模和高动态的环境中，例如 Internet。Internet 中的名称服务是 DNS，将在下节介绍。DNS 分层组织，通过在组织层上配置一个本地 DNS 组件，解决了“查找名称服务”的问题。通过广播通信，能够发现这个 DNS 组件。该组件是更大规模的 DNS 系统的一部分，在必要时能通过 DNS 层次结构向上传递消息。

6.5 域名系统

最常用的名称服务是 DNS，因为它是 Internet 专用的名称服务。一个人每天需要开展纷繁复杂的日常活动，例如打开一个网页，或发送一封电子邮件等。每当执行其中一项，基于 URL 的资源名称就必须翻译成一个 Internet 的地址，这就需要使用来自 DNS 的服务。因此，每秒钟都会发生数以千计的 DNS 服务请求。

DNS 是 Internet 的关键组成部分。关键到什么程度？如果 DNS 关闭，那么需要访问的资源的 IP 地址就只能是已知的，这对我们所处的高度依赖信息的社会将是一场灾难（你怎能想象，整整一个小时都无法访问你的社交媒体？）。工作和商务方面将发生更严重的问题，大学生和研究人员随时离不开信息搜索，人们需要更新行程，更新天气信息，或想要访问他们的银行账户等。正如你所想象的，Internet 萎缩到了只能访问那些 IP 地址已经缓存在你计算机上的资源。

然而，尽管 DNS 是大规模的全球部署，处理工作负荷非常高，但它仍然是极其健壮的。
414 如果 DNS 彻底失效，我们所有人都将很快就能感知到。DNS 已经持续运行的时间，比我们能够想到的任何其他服务都要长，也从未出现过系统级的故障。这一事实足以证明它的设计非常优秀。本节将详细讨论这一问题。

DNS 同样是有史以来最健壮、最具可扩展性、响应最迅速的计算机应用程序之一。DNS 中维护的数据库包含了海量的动态数据，把资源和它们的地址关联在一起。我研究了很多分布式应用程序，依然感叹于 DNS 的设计，能够在其满足目标方面如此完美。尤其重要的是，你知道在 DNS 设计之初，Internet 的很多方面都还很小，例如，在连接的计算机数量方面、用户数量方面、电缆和连接的物理范围方面、总流量方面，以及数据的传输速度方面等。DNS 设计于 1983 年，尽管从那时起，Internet 指数级增长，但在履行起初的职能方面，DNS 依然能够运行得这么好，以至于大多数用户都没有感知到它的存在。

DNS 的成功得益于一些关键特性，包括：命名空间的层次化组织、DNS 服务器的分布性（映射到命名空间的逻辑分布性）、在每个逻辑域上的服务器复制，以及支持不同的服务器类型等，促成了域名服务层面上的健壮性，也规避了过度的复杂性。其中的每一个特性，都将在后续的章节中进一步讨论。

6.5.1 域名空间

系统的命名结构被称为它的命名空间。意思是说，存在一套可用的名字，其中每一个名字都以某种方法映射到某种结构，或存在于某种结构中。

一个扁平（非结构化）的命名空间只适用于非常小的系统。例如，假日公园里的临时度假屋，可能会以网格布局，但线性编号，也就是说，房间的编号从 1 到 90。报到的家庭在第一次找到他们的度假屋后，就记住该房间的物理位置：这样，的确不需要一个更加复杂的命名结构或搜索方案。当然，如果临时度假场地的老板希望使用更便利的方案，那么使用一个矩阵，可能更适合这种情形：用字母指示南 - 北方向的位置，而用数字指示从东到西方向的位置。这样，一个标记为 B3 的临时度假屋，从名字上就可以判断，它靠近公园的东南角。

当系统中的资源很多，这些资源就需要组织成层次化的映射，以便它们能够在逻辑上分组，从而在需要时更容易找到。Internet 包含了数十亿的资源，所以，必须采用一个分层的资源命名方案。

举一个例子来说明分层的映射。一个容易理解的命名空间的例子是，英国使用的电话号码方案。这是一个非常大的可用电话号码范围，遵循了严格的树形结构，提供了实际电话号码数字本身之外的附加信息。几乎所有的号码都有 11 位数字，其中，第 1 位总是 0，随后的 10 位数字有意义。然而，这些数字并非只是组织成为一个简单的扁平列表，而是使用了一个结构，把数字分成不同的片段，且赋予这些片段不同的含义。电话号码中包含了一个表示服务类型或区域编号的号码段，后面跟着一个用户唯一标识的号码段。这样的结构方案带来了几点限制，包括：并非所有的 10 的 10 次幂个可能的数字序列都可用于电话号码，因为任意一个号码的第 1 段，都只能使用其中一个已经分配好的号码。另一个限制是，该方案中的任何一个号码，从其最重要（左手边）的分段开始，都能够映射到包含全体可用号码的树形结构。因此，例如，根据号码，我就能知道，任何一个以 020 开始的号码，都是一个在伦敦注册的号码。如果接下来的一位数字是 7，那么我就能判断它在内伦敦注册；而如果这一位数字是 8，它就是在外伦敦注册的。 415

Internet 的命名空间也称为域命名空间。DNS 实现了一个基于域的分层的命名方案。其中，命名空间组织成一棵倒置的树形结构，根在顶部。从树的顶部开始，逐步降低层次，能够到达每一个允许的域名，只能经历一条确定的路径。

树有一个独立的根，其中的每个域，经过较少步数，就能连接起来。树的广度更大，却不太深，其中每层允许很多分支，从而避免了更深的层次。从可用性的角度来看，这是非常重要的。因为人们需要能够记住域名，较短路径会更有帮助。有时候，域名必须通过电话输入或读出，所以短域名加上少层次，可用性更高。

因为树形结构的根结点一定会出现在每条路径中，所以应该在路径的描述中省略它（但它总是隐式存在的）。树形结构中根结点向下的一层被称为顶级，包含所谓的顶级域名，它们在路径名中处于最高的可识别层。著名的顶级域名有 com、org、gov、net 等，以及以国家名称命名的域名，例如 uk、de、fr 等。图 6-15 展示了域命空间的层次结构的一部分，其中包括 4 个顶层域名。

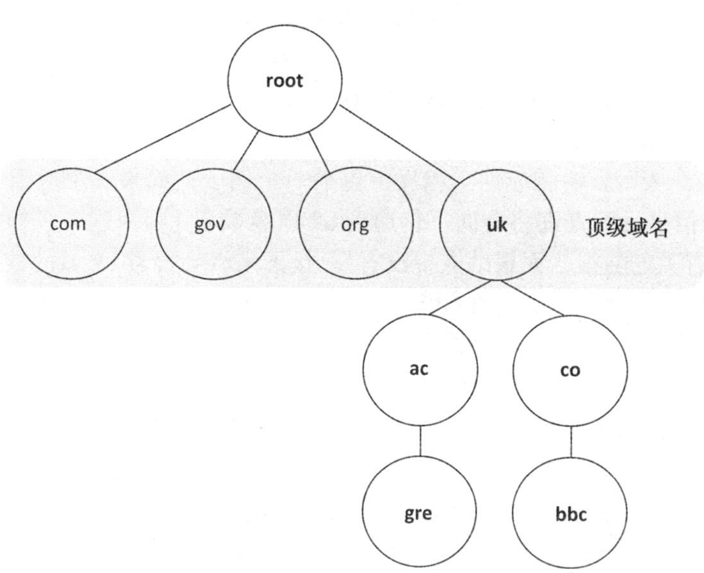

图 6-15　域名空间的倒置树形结构

图 6-15 仅展示了域名空间的很小一部分，包括了根和 4 个顶级域，以及两个较低的分支。这两个分支中，最左边分支展示了 gre.ac.uk 域，它是 ac.uk 域的一个子域，而 ac.uk 域又是 uk 域的一个子域。类似地，右边分支展示了 bbc.co.uk 域，它是 co.uk 域的一个子域，而 co.uk 域又是 uk 域的一个子域。

DNS 有多种实现版本。Berkeley Internet 名称域（Berkeley Internet Name Domain，BIND）
416 是最流行的一个，也是最重要的一个。下面的讨论都基于 BIND 实现。

BIND 的实现限制命名空间树的最大深度为 127 层，同时，树中的每个结点都使用一个简单标签（名称），最大长度为 63 个字符，且不能包含点（“.”）。这是一个非常巨大的命名空间，难以想象它何时能用尽。然而，正如前面所提到的，短名称和短路径更可取，因为对人来说，越短越容易记忆和可用。

结点的域名就是从结点到根的路径上的标签序列。从下到上，用点分隔路径中的名称。树根的标签往往不需要写出来。例如，在图 6-15 中，标有“gre”的结点域名为“gre.ac.uk”，而标有“bbc”的结点的域名为“bbc.co.uk”。

如果根域名也写出来，则名称最后写上一个尾点，也就是说，根结点用一个空的结束标签标识。例如，gre.ac.uk. 可以用来表示在图 6-15 中 gre 结点的域名。写有这样一个尾点记号的名称，被称为绝对域名，因为这个名字相对于根结点，从而无二义性地指定了结点在树中的位置。绝对域名也被称为全称域名（Fully Qualified Domain Name，FQDN）。

6.5.2 DNS 实现

DNS 包含一个基于域的分层命名方案（上面讨论的）和一个用来保存命名信息的数据库。由于许多方面的原因，这个数据库是分布的。这些原因主要有：广阔的命名空间和海量的数据。这些数据必须保存，用来把资源的名称关联到它们在命名空间中的位置，以及它们的 IP 地址。

这种分布性的运行方式是，采用了命名空间自身结构的镜像。例如，（参考图 6-15）这是数据库根层的一部分（片段），其中包含了顶级域的细节信息（也就是说，沿着树向下的一级）。保存在数据库根片段的信息，包括每个顶级域名中的数据库组件的地址细节，所以如果有必要，查询消息就能够转发到这些结点。认识到这一点很重要，由于命名空间的广阔性，在根部（或在任意其他结点）保存所有的数据库都是不可行的，那样会在搜索操作上花费过长的时间，从而影响响应性。相反，再举一个例子，如果一个对根结点的查询要求 gre.ac.uk 域名的信息，则查询将会向下传递到 uk 顶级域名（因为这一级的数据库片段，将包含与 ac.uk 域有关的数据，而根结点中没有）。接下来将会搜索 uk 域的数据库片段，找到 ac.uk 域数据库片段的地址，查询继续向下传递到下一级（因为 ac.uk 域数据库片段将保存 gre.ac.uk 域的细节信息，而 uk 域数据库片段中没有）。在 ac.uk 域数据库片段中，查找 gre.ac.uk 域的数据库片段的地址，查询再次向下传递。因为 gre.ac.uk 域在命名空间树中是一个叶子结点，所以 gre.ac.uk 域的数据库片段应该包含该域内所有资源的细节信息，比如，特定的计算机、电子邮件地址和 Web 网页。

上面的例子说明了这种非常重要的方式，其中，使用命名空间结构实现名称解析：实际域名本身描述了如何找到所需要的数据，也就是说，通过以域名中组件的相反顺序，沿着树形结构逐层下降遍历。所以，对于 gre.ac.uk，可以从根开始，依次访问 uk 域、ac.uk 域，最后是 gre.ac.uk 域。

417 然而，如果每次查询都不得不去根数据库查询，那么 DNS 将会效率低下。再参考图 6-15，考虑一下，如果 gre.ac.uk 域中的用户请求打开一个保存在 bbc.co.uk 域中的网页（例如，bbc.co.uk/weather），会发生什么。首先，该查询（针对 bbc.co.uk）被传递到用户本地的 DNS 组件（在本例中，它位于 gre.ac.uk）。gre.ac.uk 的数据库片段中没有包含目标域的细节信息，所以该查询继续向上传递到 ac.uk 域层。ac.uk 的数据库片段中也不包含目标域的细节信息，所以该查询再次向上传递，到了 uk 域。uk 域包含了 co.uk 域的细节信息，成为目标路径的最顶层结点，所以从此查询沿着树形结构向下传递，到 co.uk 域，再继续传递到 bbc.co.uk 域。非常重要的一点是，这个查询过程没有向上遍历到根层，它仅仅沿着树形结构向上传递，直到发现了路径中的一个公共结点。这种情况下，就知道查询目标一定低于树中这个结点。在理解跨分布式数据库执行搜索的方式方面，以及在理解树形结构对规模可扩展性的贡献方式方面，这是非常有意义的。

数据库的分布性有利于 DNS 服务的规模可扩展性（因为每个数据库片段的大小受到了限制，它仅需要包含树的下一层中连接到的域的信息）和名称空间自身的功能可扩展性（因为新域的加入，仅需要在其上面一层的域中注册；关联到命名空间新子树的数据新子树，将被保存在新树自身结点上的新数据库片段中）。

实现分布特性的树形结构方便了在特定域内的数据库片段的本地控制；同时，还允许在每个数据库片段中的数据能够跨整个 DNS 服务可用；并且，允许跨多个数据库片段有效地执行搜索。

控制的本地化，反过来有利于域级数据库片段的复制。也就是说，一个特定的数据库片段，可以通过复制，来实现健壮性，并提高性能。一个域与另一个域之间可以采用不同的复制系数，以匹配该域的名称解析工作负载。

DNS 采用了一个客户端 - 服务器的体系结构。名称服务器是一个程序，管理 DNS 数据库的一个片段。DNS 客户端（称为解析器）是一个需要 DNS 的名称解析服务的实体。名称服务器通过一个“请求 - 响应”协议，使解析器可以使用它们的数据库片段。

解析器通常是一个应用程序开发者使用的库例程，内置于终端用户应用程序中（例如，Web 浏览器），以便在应用程序内部，DNS 功能可以按需自动访问。gethostbyname 是一个流行的 C 和 C++ 语言实现的 DNS 解析器（见针对 Java 和 C# ⊖的脚注），作为 Berkeley 套接字 API 的一部分，提供了一个库例程。

图 6-16 示例了通过调用 gethostbyname 使用 DNS 解析器的场景。gethostbyname 是一个库例程，能够嵌入应用程序中，以便它们直接发出 DNS 请求，把计算机名称或其他资源解析成 IP 地址。活动 D2（下面）提供了探索解析器的运转行为的机会。

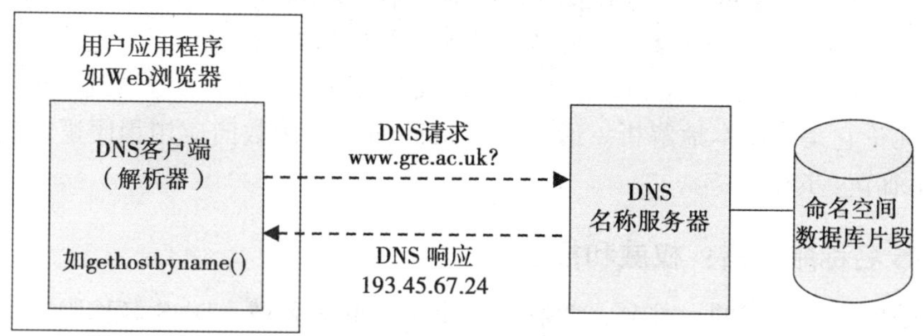

图 6-16 解析器（DNS 客户端侧）能够嵌入用户的应用程序中

⊖ 本活动中使用的 DNS_Resolver 示例应用程序是用 C++ 语言编写的，使用了 gethostbyname 方法。对于 C#，有一个等价的方法 Dns.GetHostByName 或 Dns.GetHostEntry。两种方法都是 .net 框架的一部分。对于 Java，参见 java.net.InetAddress 类中的多种方法，包括 getAllByName 和 getLoacalHost。

图 6-16 中示例的情形按照以下步骤工作：1）用户应用程序运行，直到一个时刻，需要解析一个域名；2）这时，调用 gethostbyname 例程，传递需要解析的域名作为参数；3）发
418 送 DNS 请求到 DNS 名称服务器；4）返回 DNS 请求，包含提供的域名对应的 IP 地址。

如果本地名称服务器不能解析请求的名称，则行为将更为复杂，如图 6-17 所描述的。

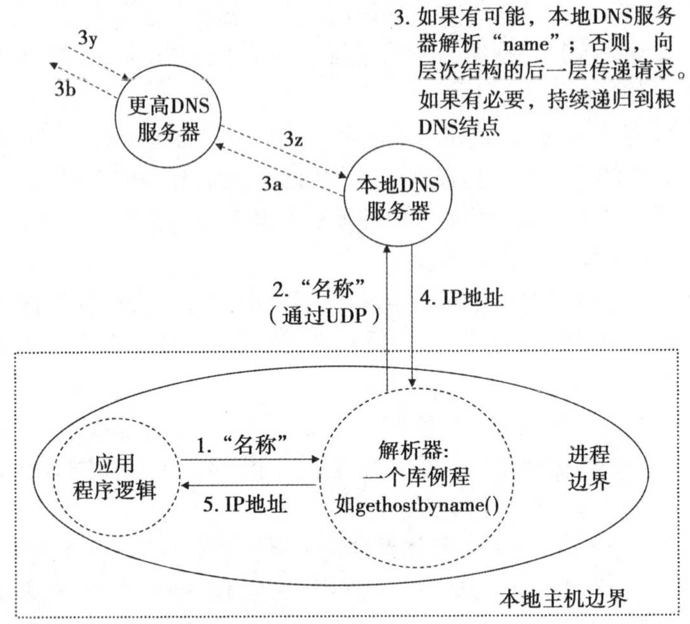

图 6-17　DNS 中的层次名称解析

图 6-17 中示例了本地 DNS 服务器不能解析 DNS 请求时，发生的行为。在步骤 1 中，应用程序逻辑向 gethostbyname 解析器发起一个本地方法调用。在步骤 2 中，一个 DNS 请求被发送到本地 DNS 服务器实例。如果这个服务器能够解析这个请求的名称，它将向解析
419 器直接发回一个 DNS 响应。然而，在这个案例中，它不能解析该请求，所以不得不向上传递请求，传递给树形结构中的后一个高层 DNS 服务器（图中展示的步骤 3a）。如果有必要，这个向上传递的过程重复多次（见步骤 3b），直到 DNS 服务器能够解析该名称。解析得到的地址逐层向下传回，直至到达发起请求的 DNS 服务器（步骤 3y 和 3z）。该本地 DNS 服务器随后发送一个 DNS 响应给解析器（步骤 4）。DNS 系统的内部行对解析器透明，所以它并不需要知道该请求曾经向上传递给另外的 DNS 服务器；从本地 DNS 服务器到解析器的响应都是一样的，无论它是否在本地解析。最终，gethostbyname 函数向应用程序逻辑返回请求对应的 IP 地址细节（步骤 5）。

6.5.3　DNS 名称服务器：权威和授权

区。区是域命名空间的一部分，关联到一个特定的命名域。DNS 名称服务器通常拥有关于特定区的完整信息；在这种情况下，该名称服务器被称作对这个区有权威性。有权威性意味着，它持有该区中资源的原始数据（也就是说，该信息由该域管理员配置，或通过支持记录自动更新的动态 DNS 方法配置；相反的情形是，数据需要通过查询另一个名称服务器来提供）。

授权。区是域的子集。区和域的区别是，区中仅包含有权威性的域名子集，不包含任何

授权给其他地方的域名（也就是说，另一个域名服务器对域的这部分有权威性）。

授权包括：把对一个域的部分责任分派给另一个组织，或者把对子域的权威分派给不同的名称服务器。图 6-18 和图 6-19 示例了区和域的区别，其中存在授权。

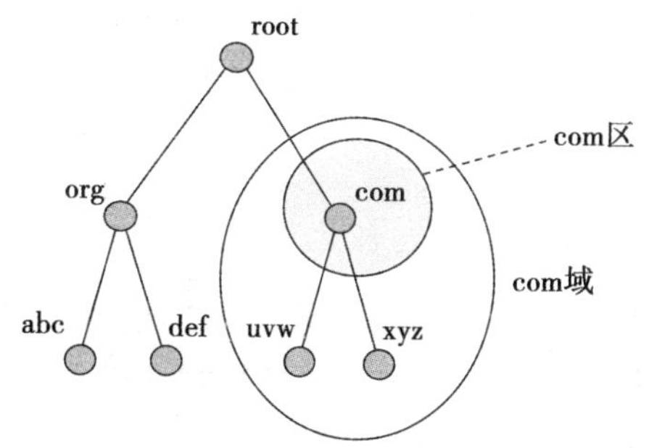

图 6-18　授权例子 1：com 域的 uvw.com 子域和 xyz.com 子域的责任，授权给了拥有它们的组织

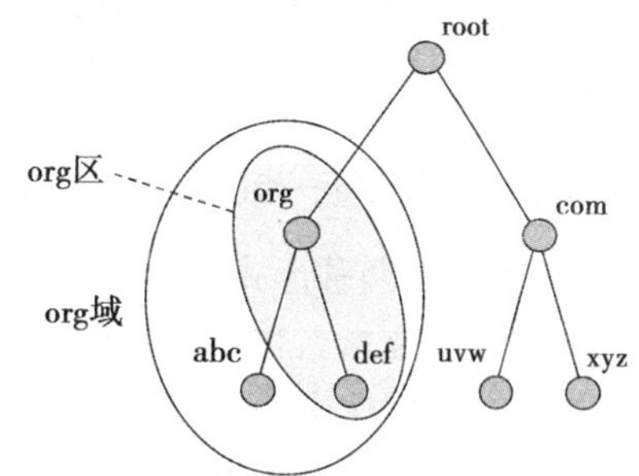

图 6-19　授权例子 2：org 域的 abc.org 子域的责任，授权给了拥有 abc 的组织。然而，org 域名保留了对 def.org 域的责任

图 6-18 和图 6-19 展示一种方式。按照这种方式，区边界反映了各个名称服务器的权限。在图 6-18 中，com 名称服务器已经把子域责任授权给了拥有这些域名的组织。这是最为常见的方法，它防止了更高层区的规模变得过大，将增加其名称服务器的工作负载，并潜在地影响性能和规模可扩展性。在图 6-19 中，org 区延伸到包含 def.org 子域，这意味着，org 名称服务器是 def.org 域的权威机构。 420

6.5.4　复制

DNS 名称服务器（以及它们所持有的域名数据）采用复制机制的原因有 3 个：

- 健壮性。就如前文提到的，几乎所有 Internet 活动都以某种方式依赖于 DNS，把资源名称解析到 IP 地址。DNS 命名空间跨多个域分布，各域都有自己的名称服务器，以避免名称服务器的单点故障影响整个系统。尽管如此，任何一台名称服务器的故障仍然将致使名称空间中授权的部分无法使用。因此，在域级实施复制能提供可靠性，以防止单个 DNS 服务器的故障。
- 性能。名称服务器必须处理所有的请求，在其负责的区内给予一个权威的答复。这可能成为一个性能瓶颈，尤其是在大规模或流行度非常高的区中。采用复制机制，将查找负担分配给两个或更多的名称服务器实例。
- 邻近。名称服务器越靠近请求者，往返网络行程越短，解析时间也越短。域是逻辑概念（更明显地，靠近树的根部，考虑 .com，没有基于任何地理信息），同时，也没有要求一个特定域的名称服务器与它的复制服务器在地理上彼此相近。.com 名称服务器可能位于美国和欧洲，以减少服务的平均往返时间。叶子域更倾向于链接到有物理名号的特定组织，从而链接到一个特定的地理位置。这样，对于一个国际组织，域的名称服务器采用多个副本，放在遍布世界各地的不同办公场点，可能非常有好处。

有两种类型的名称服务器：主服务器和次服务器（也称为从服务器）。一旦运行起来，次服务器就成为主服务器的副本。这提高了健壮性（通过冗余）和性能（通过与主服务器一起分担该区的名称解析工作负载）。

主名称服务器从宿驻的主机获得数据（对于那些它是权威的区），有可能就是一个存储在本地的文件（这是本区数据的主拷贝）。次名称服务器从另一个对本区权威的服务器获取
421 区数据（例如主服务器或另一个从服务器）。一旦次服务器初始化，它与一个权威的名称服务器联系，拉取上面的区数据，这被称为区传递。区传递概念极大地减少了管理负载，次名称服务器也许不需要任何直接管理，因为它（间接地）共享了该区数据的主拷贝。

6.5.5 名称解析的进一步细节

名称解析查询有两种形式：

- *迭代查询*。要求名称服务器给出它已知的最优答案。这种形式中，没有其他名称服务器的查询。这个最优答案也许并非真是要求的地址，相反，名称服务器也许推荐请求者去求助于它知道的较近的名称服务器（在逻辑树中）。作为一个例子，回过头去参考图6-15，如果向uk区名称服务器请求解析名称gre.ac.uk，那么，它将让请求者求助于ac.uk区名称服务器，因为它离目标域更近，而且uk服务器也并不知道如何解析整个名称。
- *递归查询*。在查询中，接收者名称服务器向其他名称服务器请求帮助解析原请求（这些请求必须是迭代查询）。最初收到递归查询的名称服务器必须向原始请求者返回最终结果，也就是解析得到的IP地址；如果递归查询过程中，能够由推荐的下家提供最终答案，那么，采用递归方式，就能够防止过度的复杂性和延迟。任何接收到推荐的服务器都必须遵循这一原则，这样，形成的进一步迭代查询将继续发送到其他名称服务器。递归查询将解析过程的大部分任务，放置在单台名称服务器上，如图6-20所示。

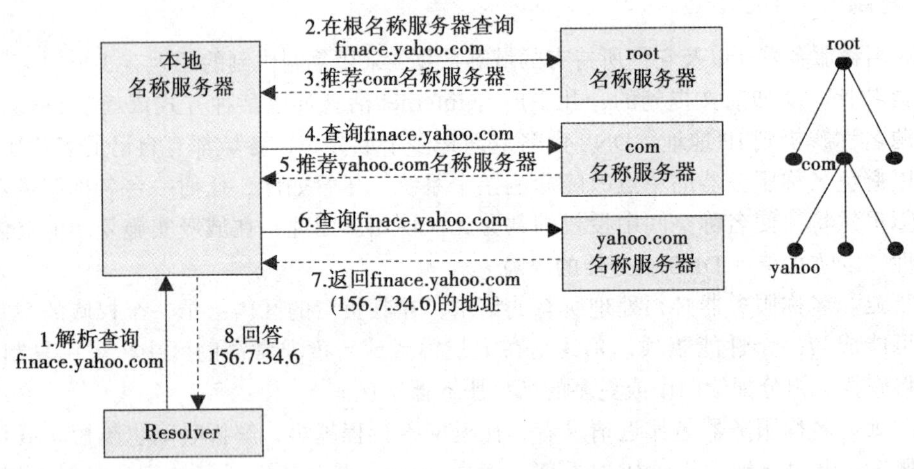

图6-20 解析域名请求，混合使用递归查询和迭代查询

图6-20描述了两种查询类型的用法。在例子中，解析域名finance.yahoo.com的地址，使用了8个步骤。

步骤1：内置于应用程序中的解析器发出一个递归查询，到它的本地名称服务器。这意
422 味着，本地名称服务器必须返回请求的地址，而不能返回一个被推荐服务器。

步骤2：本地名称服务器不认识请求中的域名的任何部分，所以，它向根名称服务器发出迭代查询。

步骤3：根名称服务器不认识finance.yahoo.com，但它认识com。在域名树中，com在

逻辑上比根更靠近目标。所以，它把对本地名称服务器的请求推荐到 com 名称服务器。

步骤 4：本地名称服务器向 com 名称服务器发出迭代请求。

步骤 5：com 名称服务器不认识 finance.yahoo.com，但它认识 yahoo.com。在域名树中，yahoo.com 在逻辑上比 com 更靠近目标。所以，它把对本地名称服务器的请求推荐到 yahoo.com 名称服务器。

步骤 6：本地名称服务器向 yahoo.com 名称服务器发出迭代请求。

步骤 7：yahoo.com 名称服务器认识 finance.yahoo.com，因为它在权威名称服务器的区内，所以，它向本地名称服务器返回相应的 IP 地址。

步骤 8：本地名称服务器向解析器返回 IP 地址（这是原本的递归查询结果）。

6.5.6 DNS 中的缓存

缓存过程既可以在 DNS 的客户端实现，也可以在服务器端（或两者）实现，以提高性能：

- DNS 缓存名称服务器存储 DNS 查询的结果，以便如果遇到重复请求，就能够立即从缓存存储中提供答案，节省了发生在服务器之间的通信量，并减少了请求的延迟。缓存服务器存储一定时限内的查询结果。时间段的长度由域名记录指定。这意味着，缓存的保存时间依赖于资源本身，因此，能够让动态性更强且可能被重定位的资源缓存的时间更短。
- DNS 客户端还可以维护缓存一个“名称到地址”的映射，在短时间段内，避免反复向名称服务发出对相同资源的查询。这能够显著减少本地 DNS 服务器上的负载，并提高响应性，因为从缓存中访问答案的时间明显短于通过连接名称服务得到名称解析所花费的时间。

6.5.7 探索地址解析

活动 D2 探究了本地名称解析器的使用方法。特别地，通过使用 DNS_Resolver 示例应用程序，探讨了 gethostbyname 库方法的使用。该活动关心的是，使用 gethostbyname 解析器找到应用程序宿驻主机 IP 地址的方式。

本书配套的一些示例应用程序（C++、Java 和 C#）提供了使用 DNS 解析器的更多例子，比如 gethostbyname。服务器组件利用本地解析器找到它们主机的 IP 地址，这个地址用来绑定一个本地端口，以便客户端能够开始随后的连接请求。在一些客户端组件中，使用解析器找到本地主机地址，并将其用作默认的地址，尝试连接服务器。因为作为实验，很多应用程序允许其客户端和服务器运行在同一台计算机上。 423

活动 D2 探索 gethostbyname DNS 解析器

gethostbyname 库方法使得软件工程师能够从应用程序内，提交 DNS 查找请求。在活动中，我们首先需要启动一个应用程序，观察 gethostbyname 运行中的使用步骤。我们随后深入检测了应用程序的源代码的相关部分，对照了程序表现和程序逻辑之间的关联。

活动的基础是 DNS_Resolver 应用程序。这个程序经过特别设计，用来探索 gethostbyname DNS 解析器嵌入用户应用程序的方式。

DNS_Resolver 应用程序展示了 gethostbyname 的两个主要用途：第一，应用程序能够找到它自己的 IP 地址（其宿驻计算机的 IP 地址）；第二，应用程序能够根据其文本名字，找到一台计算机或一个域的 IP 地址。

学习目标

1. 理解把名称解析器嵌入应用程序中的必要性。
2. 初步理解 gethostbyname 名称解析器的功能。
3. 理解使用 gethostbyname 找到本地计算机 IP 地址细节信息的方式。
4. 理解使用 gethostbyname 找到一台命名计算机的 IP 地址细节信息或域名对应的 IP 地址。

方法 A 部分：理解名称解析器嵌入应用程序的必要性。在几台不同的计算机上运行 DNS_Resolver 应用程序。请注意，在每种情况下，应用程序检测到并显示了主机的 IP 地址列表。

使用内置的“名称到 IP 地址”解析器来解析处于你本地网络中的其他计算机的名称，或者尝试外部域名。

A 部分预期结果。你应该看到，正确显示了 IP 地址。你家里的计算机通常只有一个 IP 地址。然而，许多计算机有多个 IP 地址，这取决于它们的配置和用途。比如，一台计算机可能配置成在两个不同的网络中工作：一个有线网络，一个无线网络，这种情况下，它将会有两个 IP 地址。

下面的屏幕截图中显示的程序运行在一台计算机上。计算机的名称为 RICH_MAIN，IP 地址为 192.168.100.2。你还可以看到，IP 地址解析器用来找到与 bbc.co.uk 域名关联的 IP 地址。

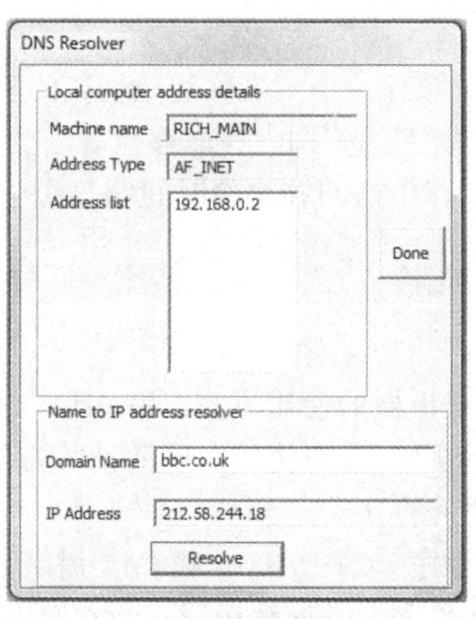

424

方法 B 部分：使用 gethostbyname 查找本地主机（计算机）的 IP 地址。见名为 DNS_ResolverDlg.cpp 的源码文件。研究代码，并定位到获取本地主机 IP 地址的代码段。

B 部分预期结果。相关代码包含在 GetLocalHostAddress_List() 方法中。代码如下：

```
char szStr[80];
DWORD lLen = sizeof(szStr);
GetComputerNameA(szStr,&lLen);
hostent* pHost;
pHost = gethostbyname(szStr);

m_pHostName->SetWindowText(pHost->h_name);// Display host name

CString csStr = "Other";                  // Display address type as string
switch(pHost->h_addrtype)
{
   case AF_UNSPEC:
   csStr = "AF_UNSPEC";
   break;
   case AF_UNIX:
   csStr = "AF_UNIX";
```

```
        break;
        case AF_INET:
        csStr = "AF_INET";
        break;
    }
    m_pAddressType->SetWindowText(csStr);

    int iAddressCount = 0;
    IN_ADDR addr;
    char **ppChar = pHost->h_addr_list;     // Initialise outer pointer (point to 1st byte of 1st address in list)
    char * pChar;                           // Inner pointer (addresses do not follow on in sequential memory after each other)
                                            // Each address is in a separate memory area, so cannot simply increment the inner
                                            // pointer to next address, after end of current address. Instead, increment outer
                                            // pointer, then re-initialise inner pointer to 1st byte of new address

    while(ppChar != NULL && *ppChar != NULL && iAddressCount < MAX_NUM_IP_ADDRESSES)
    {
        pChar = *ppChar;                    // (re) Initialise inner pointer to start of current address
        addr.S_un.S_un_b.s_b1 = (unsigned  char) *pChar++;
        addr.S_un.S_un_b.s_b2 = (unsigned  char) *pChar++;
        addr.S_un.S_un_b.s_b3 = (unsigned  char) *pChar++;
        addr.S_un.S_un_b.s_b4 = (unsigned  char) *pChar;
        ppChar++;                           // Advance outer pointer, point to next IP address (or NULL if no more addresses)

        // Display the local address value
        csStr.Format("%d.%d.%d.%d", addr.S_un.S_un_b.s_b1, addr.S_un.S_un_b.s_b2,
                                    addr.S_un.S_un_b.s_b3, addr.S_un.S_un_b.s_b4);
        WriteStatusLine(csStr);
    }
```

上述代码工作过程如下：

首先，找到计算机的文本名称。声明一个字符数组作为缓冲区，大小为 80 字节，用来保存计算机的主机名称。变量 lLen 初始化为缓冲区大小。调用 GetComputerNameA() 方法，它把计算机文本名称放到字符数组中（如果使用了一个非常长的计算机名称，lLen 参数防止缓冲区越界）。

然后，将计算机名称作为参数，传递给 gethostbyname 方法，找到计算机的 IP 地址。gethostbyname 的调用结果是一个特殊的 hostent 结构体，其中包含了计算机名称、地址类型码、IP 地址列表（如果存在多个）等。

再后，显示计算机的主机名称和地址类型。

最后，while 循环在地址列表（这是 hostent 结构的一部分）上迭代，显示本地计算机的每个 IP 地址。

方法 C 部分：使用 gethosbyname 查找计算机或域的 IP 地址。回顾 DNS_ResolverDig.cpp 源文件。找到根据计算机文本名称获得计算机 IP 地址的源码段。 425

C 部分预期结果。这项功能通过事件处理器方法 OnBnClickResolveButton() 实现。代码的关键部分如下：

```
CString csStr;
m_pLookupHostName->GetWindowText(csStr);  // Get the textual name provided by the user
hostent* pHost;
pHost = gethostbyname(csStr.GetString()); // Use gethostbyname to populate the hostent structure
```

这里主要的区别是，计算机的名称由用户提供，而不像在活动 B 中隐含提供。从用户界面控制中获得计算机名称，然后，作为参数传递给 gethostbyname()。本例中除了仅显示地址列表中的首个 IP 地址和需要处理错误之外，代码剩余部分的工作方式与 B 部分相似。因为用户可能输入不存在的计算机名称，或者不存在的资源的名称，这些都不能映射到 IP 地址。

思考。DNS 解析器 gethostbyname，使你能够在你的应用程序中利用 DNS 的强大能力。这对于分布式应用程序来说，是一个非常重要的概念。如果你浏览了本书辅助资源提供的示例程序，你将发现，它们大都使用了 gethostbyname。 ■

6.5.8 反向 DNS 查找

有些时候，把一个已知的 IP 地址映射到一个未知的域名也很有必要。例如，在电子商务和在线服务中，常常需要验证消息的来源，确实如它声称的名称。追溯源 IP 地址到域名的能力，在实现系统管理和维修目标方面也很有帮助。并且，这也是计算机取证工具集的重要组成部分。

提供反向 DNS 查找，有两个特殊的域：in-addr.arpa 域名针对 IPv4 地址，ip6.arpa 域名针对 IPv6 地址。Internet 地址所有可能的值都适当映射到这些域中的一个。

为进一步解释，我们考虑 IPv4。在 in-addr.arpa（层三）下面的层，有标记为 0～255 的 256 个域（也就是，0.in-addr.arpa 到 255.in-addr.arpa）。在层四，针对层三的每个域，都有 256 个域（0.0.in-addr.arpa 到 255.0.in-addr.arpa，直到 255.255.in-addr.arpa）。在层五，针对层四的每个域，都有 256 个域。在层六，针对层五的每个域，都有 256 个域。这允许在 0.0.0.0 到 255.255.255.255 范围内的 IPv4 地址的每个组合，都能表示为一个介于 0.0.0.0.in-addr.arpa 到 255.255.255.255.in-addr.arpa 范围内的条目。

因此，每个可能的 Internet 地址都直接映射到 in-addr.arpa 域空间中层六上的一个域。Internet 地址倒序编写，以便地址的最高位字节最靠近树的根。例如，IP 地址 212.58.224.20 在 in-addr.arpa 域空间中表示为 20.244.58.212.in-addr.arpa。当名称服务器接收到针对 in-addr.arpa 域空间中一个域的查询时，返回与提供的 IP 地址相关联的域名描述数据。

这里可以尝试一个简单的反向 DNS 查找实验：步骤 1，使用 DNS_Resolver 应用程
426 序（见活动 D2），去解析一个你熟悉的域名（比如，域名 bbc.co.uk，解析为 IPv4 地址 212.58.244.20）。步骤 2，选定一个免费可用的在线反向 DNS 查找工具，发起一个反向查找请求。域名的构造形式为 revered-IPv4-address.in-addr.arpa（对于 bbc.co.uk 例子，就是 20.244.58.212.in-addr.arpa）。得到的结果，应该就是你开始时的初始域名（对于 bbc.co.uk 例子，查询返回了 fmt-vip71.telhc.bbc.co.uk，它的确在 bbc.co.uk 域内）。

6.6 时间服务

对于许多分布式应用程序来讲，一个通用的需求是，每个进程都能获得一个准确的本地时钟，或者能够在其需要时，获得准确的时间值（例如，通过时间服务）。本书后续部分描述了时间服务，比如 NTP；这些服务提供时间值，由应用程序以任何需要的方式使用（这可能包括，在本地计算机上设置物理时钟）。后面的章节会讲到物理时钟同步和逻辑时钟同步问题，还将讨论时间值在分布式应用程序中的不同使用方式。

6.6.1 时间服务简介

Internet 时间服务（Internet Time Service，ITS）是由美国国家标准技术研究所（National Institute of Standards and Technology，NIST）提供的一套时间服务协议。NIST 服务运行在全世界（主要在美国）一定数量的计算机上。这些计算机大都由商业组织和大学拥有。复制服务分散在许多地理上分布的站点，以确保服务的健壮性。同时，因为时间服务的负载由多台服务器共享分担，它有更好的响应性。

NIST 当前支持 DAYTIME 协议、TIME 协议、网络时间协议（Network Time Protocol，NTP），以及 NTP 的一个简化版本：简单网络时间协议（Simple Network Time Protocol，SNTP）。其中，前两个协议的流行程度呈下降趋势，因为它们的准确度偏低。同时，与 NTP

相比，通信资源的使用效率也偏低。在本书编写时，NIST 正在鼓励这些协议的用户迁移到 NTP 协议上去。

从外部看，NIST 服务器提供了上面提到的时间服务。很多 NIST 时间服务器在 Internet 上可用，并且，用户既可以直接从地理上的本地服务器请求服务，也可以使用全球地址 time.nist.gov。名称被解析为多种不同的物理时间服务器地址，以分散时间服务器上的负载。使用这个地址，还有可靠性高的优点，因为它总是能解析到当前能用的服务器；反之，如果用一个服务器的具体地址联系它，则有可能会存在该服务器恰巧不能用的风险。

1. TIME 协议

TIME 协议当前被 NIST 时间服务器支持，但与 NTP 相比，有许多缺点。本书中简单介绍它，主要目的是为了与其他协议对照。

TIME 协议提供了一个 32 位的值。它使用自 1900 年 1 月 1 日以来的秒数表示时间。由于 32 位的长度限制，这种格式能够表示的日期大约在 136 年的范围内，也就是说，根据其设计方案，它将在 2037 年失效。协议支持的简单数据格式不允许传递附加信息，比如夏时制，或者关于服务器健康状态的信息等。

2. DAYTIME 协议

与 TIME 协议相比，本协议明显提供了更多的信息。该协议于 1983 年设计，级别低于 NTP。在本章简明介绍，也是为了对比之目的。 427

本协议中，时间以标准 ASCII 字符发送，配以简单编码格式。除了实际的时间和日期信息外，它还包含了一个码，用来标识夏时制；还有一个前置警告码，表示将在当月月底，添加一个闰秒；还有一个码，用来表示服务器的健康状态，这个码对时序要求严格的应用程序来说非常重要，它能够确保时间服务值的准确性。

DAYTIME 协议，在其公告的时间值上加了一个固定的偏移量（目前为 50ms），用来补偿一部分网络传输延迟带来的误差。

3. 网络时间协议（NTP）

网络时间协议 NTP，自 1985 年开始使用，是当前最流行的因特网时间协议。它基于 UDP，不需要建立 TCP 连接，从而网络开销低，服务响应延迟也低。

NTP 客户端周期性地从不少于一台服务器中请求时间更新值。如果使用了多台服务器，客户端忽略任何异常值，将收到的时间值取平均（其方式与 Berkeley 算法中主服务器相似，见后文）。

与 TIME 和 DAYTIME 协议相比，NTP 提供了更高的精度。它使用一个 64 位的时间戳值表示自 1900 年 1 月 1 日以来的秒数，具有 200 皮秒（picoseconds）的分辨率（尽管这种精度级别并非总能有效，因为动态网络延迟的波动值可能明显超过这个分辨率）。

在第 3 章中，已经讨论过 NTP 在分布式应用程序中的用法。它还用作请求 - 应答协议的例子，在实践活动中探讨了 NTP 客户端应用程序的使用。该应用程序在分布式系统版 Workbench 中内置。

对于连续运行的 NTP，其替代方案也相似，是一个更轻量级的 SNTP。在接到请求时，它支持仅发送单个时间请求（与 NTP 协议的周期性特点相对比）。

图 6-21 示例了 NIST 提供时间服务的基础结构特征，展示了服务的内部特性和外部特性之间的差别。从内部看，时间服务的配置把 NIST 内部时间值与 UTC/GMT 同步，还在

NIST 时间服务器之间彼此同步。从外部看，NIST 提供了多个时间服务，每个服务提供相同的时间值，但格式不同，精度级别也不同。在这些服务中，NTP 和 SNTP 是最重要的，这要归因于它们的通信效率和时间值的精度。

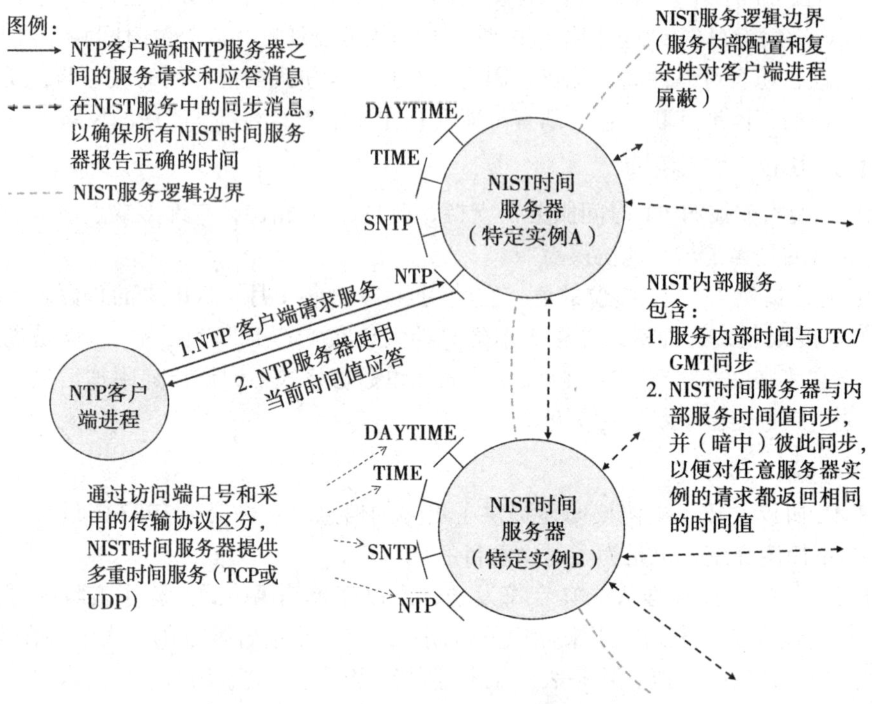

图 6-21 NIST 提供时间服务的基础结构特征

所有的 NIST 时间服务向客户端提供透明性。也就是说，客户端不需要感知到 NIST 系统的内部配置和行为，也不需要感知到时间服务的多重性，或者说，不需要感知到 NIST 时间服务器副本的存在。

6.6.2 物理时钟同步

每台计算机都有一个电子时钟，它记录挂钟时间（真实世界的时间，正如钟表中显示的）。这些电子时钟（称为物理时钟）近似准确，其每天的误差在几秒内，但经过更长周期后，就会产生漂移，因此，相同系统中不同计算机上的时钟显示了明显不同的时间。对于一些应用程序来说，其行为依赖时间，或者需要在事件发生时记录时间，物理时钟漂移是一个需要解决的问题。

428 影响漂移速率的因素包括电子产品的质量，其中包括时钟电路和时钟所处环境的周边温度（如果时钟盛放在箱式计算机中，旁边有发热的 CPU 和正在运行的冷却风扇，温度可能波动明显）。因此，即使配备了最高质量的时钟电路，仍不可能精准地预测时钟漂移量，因此，需要借助软件技术，对它补偿。

各种各样类型的分布式应用程序都要求，在分布式系统内的每个处理节点上，时钟都必须是同步的，以保证一致性和精确性。时钟用于多种不同的目的：

- 定义事件的排序（例如，当根据许多站点收集回来的感测数据，构造真实世界的系统模型时，比如天气预报）。

- 按挂钟相同的时间，协调事件的发生（例如，在受控的物理环境中，如自动生产设备，同时或以指定的时间偏移量启动多个进程）。
- 记录挂钟时间的流逝（例如，测量系统中多个事件之间的间隔，比如网络消息到达事件；再举个例子，交通显示系统（公交车、火车、飞机等）的期望到达时间需要计算出来，显示在当前时间的旁边，或显示其自当前时间推后的时间差）。
- 作为性能度量（通过比较特定活动的开始时间和结束时间，来实现性能度量。这些活动可能是一个系统活动，例如测量系统执行一个特殊任务需要花费多长时间；或者是一个真实世界的活动，例如基于速度传感器的多个抽样测量车辆的加速度；或者，作为游戏组成部分的反应定时器等）。 429
- 时间值用作签名或标识（例如，用于指明资源（如文件）的创造和修改时间；另一个例子是内部安全方案，使用消息时间戳防止消息重放）。
- 允许仅根据局部信息推理系统的全局状态（例如，在基于心跳的系统中，确定另一个进程是否正在运行，比如在选举算法中（见前文），心跳仅在有限的时间窗口内等待）。
- 提供全局唯一值（精准的时间戳是全局唯一标识符（Globally Unique IDentifier，GUID）的一个组成部分。GUID 还包含一个基于位置的部分（IP 地址或 MAC 地址）和一个大型的随机数部分。这些值的组合产生了一个不会重复出现的数字。这是因为，如果在同一台计算机上生成，新的 GUID 将存在不同的时间部分（或者，甚至在快速连续执行的情形下，即使时间戳没有变化，其随机数部分也将会发生变化）。如果在两台计算机上同时生成，则它们的位置部分将会不相同）。因此，GUID 在系统中至关重要，比如分布式数据库系统和基于对象的分布式应用程序等，其中，资源标识符必须保证在系统范围内唯一，同时，还需要在本地生成，没有中心化的 ID 签发服务）。

在某些分布式应用程序中，挂钟时间的准确程度至关重要，而在另外的一些应用程序中，时钟的实际同步精度比挂钟时间的准确程度更为重要。

在松耦合的分布式系统中（也就是说，这些系统由通过计算机网络通信的独立计算机组成），物理时钟同步的关键挑战是，任何通过网络发送的消息都遭遇了延迟，并且，该延迟中，有固定成分和可变成分。固定延迟成分的一个例子是传播延迟，它直接与信号通过光缆传送的距离有关；可变延迟的一个例子是消息花费在路由中的排队时间，它依赖于通信流量。消息延迟的可变部分意味着，两台计算机之间发送的任何一条消息都不可能准确预测其到达时间，即使准确知道了该消息的传输时间。

消息延迟不能准确预测的事实，意味着不可能在两台计算机之间传递一个时间值，保持了其挂钟时间的值，从而在接收消息的计算机上准确地设置时钟值。例如，假设正好在中午 12 点整，从计算机 A（其时钟准确地代表了挂钟时间）发送一个时间戳到计算机 B，跨越一个计算机网络。当时间戳到达 B 时，它的值依然是中午 12 点，但其含义已不再准确，因为实际时间应该是中午 12 点多一点点，但接收者并不能知道消息在传输过程中消耗了多长时间，所以它们得不到原本需要的调整量。如果照字面含义使用时间戳，将不知不觉中引入一定的误差。对于跨越物理距离短、中间路由器少的连接，传送了时间值，这种错误量大约平均小于 1 秒，导致的时钟间的时间差别很小。也许，有些系统能接受这种很小的时钟差别。

对于简单发送挂钟时间和使用字面结果值等基本的简单方法，有多种改进方法。尽管如此，因为网络延迟不是常量，无论采取什么技术，结果都只能称为一个松耦合同步。

1. 物理时钟同步技术

一个时间服务必须使得本地计算机的时钟与网络中的其他计算机的时钟保持同步。一种方法是，指派一些时间服务器作为“参考”服务器，为网络中的客户端提供准确稳定的时间
430 源。为了做到这一点，这些参考服务器必须参照与 UTC/GMT 时间一致的真实世界时钟，去同步它们自己的物理时钟（见上文中对 NIST 时间服务的讨论）。客户端和非参考时间服务器，按照参考服务器报告的时间，把它们的时钟调整到一致。

这个同步过程存在的问题是，时间可能会漂移。这会导致本地时钟的时间之间出现差异。网络延迟不可预计（这些点在上文解释过），加上发送和接收计算机对网络消息的处理延迟（由于存在其他进程），都进一步导致了读入时钟值和写下时钟值方面的不同的延迟。

2. Cristian 算法

这项技术使用一个时间服务器，与协调世界时（Universal Time Coordinated，UTC）同步。本地网络中的其他计算机，通过查询这个服务器，来设定自己的时钟时间。Cristian 技术的显著特点是，它考虑网络延迟的方式。它测量了往返延迟（*d*）。当时间值回到那台发送原始请求的计算机时，假设单程延迟为往返时间的一半（*d*/2）。这个单程延迟时间被预先加到消息中传送的时间值上，以提升传送的时间值在到达请求计算机时（*d*/2 时间后）的精度（见图 6-22）。

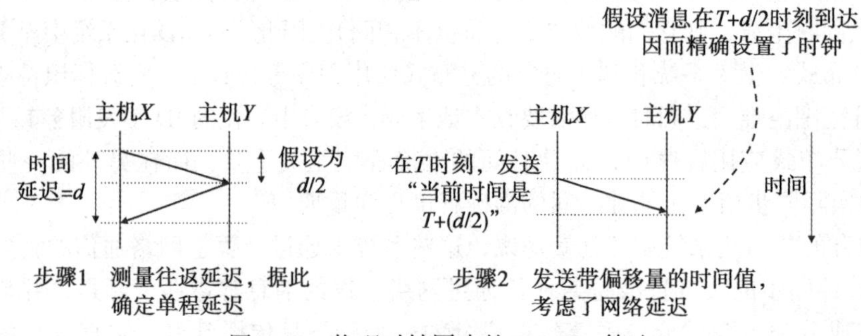

图 6-22 物理时钟同步的 Cristian 算法

图 6-22 展示了使用 Cristian 算法估算网络延迟的原理。概念很简单：测量一条消息被发送到另一台计算机和应答被发送回来的往返时间，考虑了网络上的双向延迟，以及两台计算机自己处理发送和接收消息时的处理延迟。该方法使用了相同的时钟，去测量往返旅程的开始时间和结束时间。图中展示的是主机 *X* 的时钟，由此避免了这些时钟事实上仍未同步导致的不准确。因此，这里假设：如果总延迟折半，那么这个折半的值就代表了一个方向上的延迟。这个折半值可以用作一个偏移值，在发送时加到时间戳上，这样，当它到达发送方时，正好经历了等量的延迟，又重新调整到了挂钟时间，由此，接收方能够准确地设置其时钟。这个方案总体上是合理的，并成为一个不需要调整网络延迟的改进方案。然而，使用该技术，仍然存在三种错误来源，可能影响 *d*/2 延迟假设的准确性：1）网络延迟随时间变化；2）甚至在同一段链路上，网络传输的不同方向上的网络延迟可能不同；3）每台计算机上的
431 处理延迟也随时间变化。

3. Berkeley 算法

Berkeley 算法的目标是，同步一组时间服务器中的全部时钟。第一步，选举一个主服务

器，用来协调接下来的同步活动（见前些章节“选举算法”）。主服务器轮询其他时间服务器，它们通过向主服务器发回其当前时间值作为响应。这一步中，主服务器还测量它自己和每一个响应者之间的往返时间，与 Cristian 算法采用相同的方式。

基于收到的全体时间值，以及主服务器自己的时钟值，主服务器计算平均时间（忽略那些明显的异常值，防止结果失真）。这里的假设是，在一定程度上抵消了这些错误，然而，如果所有的时钟都快了，或者都慢了，生成的平均值也将要么快了，要么慢了。

主服务器计算各时间服务器进程应有的时钟调整量。考虑到当前时间的差别（特定服务器的当前时钟和计算的平均时间值之间），再加上一个等于往返延迟（由特定时间服务器测量）一半的调整量。生成的时钟偏移值，随后发送到每个时间服务器进程，同时，主服务器也本地更新自己的时钟。这些偏移量到达接收者计算机时，它们就能够知道其时钟应该调整多少，使它自己变得与组平均值相同（因为网络延迟已经补偿）。Berkeley 算法示例见图 6-23。

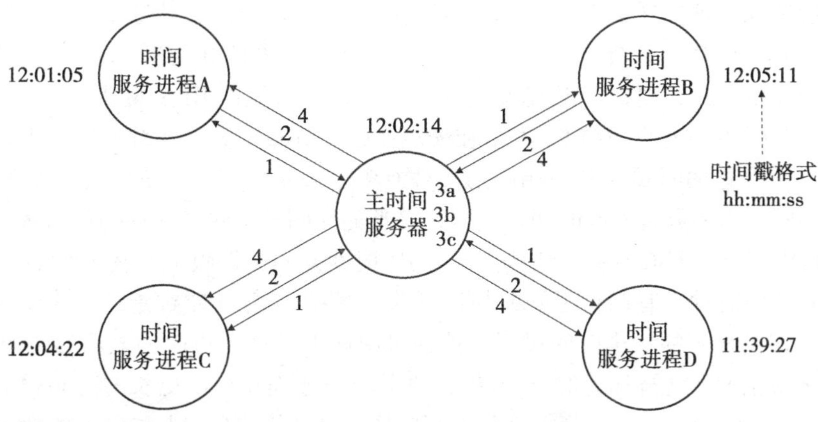

消息和活动序列：
1.选举出的主时间服务器轮询其他时间服务器，索要其当前时间值
2.时间服务器回复其当前时间值
3a.计算平均时间（忽略异常值，如11:39:27）。平均值是12:03:13
3b.为每台时间服务器分别计算往返通信延迟
3c.为包括自己在内的每个时钟计算偏移值
  对其他时间服务器：包括网络延迟组件
4.向每台时间服务器发送各自的更新偏移量

图 6-23 Berkeley 时钟同步算法

图 6-23 中，结合一个例子的上下文场景，展示了 Berkeley 算法的运行过程。该场景假设主服务器已经选举出来（这符合事实，因为主服务器的选举应该是稀有事件，只发生在先前的主服务器崩溃时）。Berkeley 算法周期性地执行。本图展示了时钟更新情形中的一次执行。 432

步骤 1 中，主服务器要求组内全体时间服务器用其当前时间值投票，它们在步骤 2 中响应。主服务器随后计算包括它自身在内的全部时钟的平均时间值，排除掉与平均值显著不同的值，以避免因不可靠的时钟值造成的失真（步骤 3a）。步骤 3b 中，主服务器估计与每个特定的时间服务器之间的网络延迟（使用与 Cristian 方法中相同的折半往返延迟技术）。随后，主服务器结合步骤 3a 和步骤 3b 的结果，为每个时间服务器提供一个唯一的时钟偏移值（步骤 3c），并在步骤 4 中发送这些值到时间服务器。

在使用收到的偏移值时，时间服务器上出现的更新情形有两种：

- 当时钟向前调整时（比如，图 6-23 中的时间服务器 A，其时钟值需要从 12:01:05 调整到 12:03:13），这种调整可以立即生效。这是因为，该时钟从来没有显示过将要跳过的时间值，因此，也从来没有事件使用这些值作为时间戳。所以，向前移动时间不会使已经发生了的事件的排序描述变得错乱。

- 当时钟需要向后调整时（比如，图 6-23 中的时间服务器 B，其时钟值需要从 12:05:11 移动到 12:03:13）。这种情况更为复杂。事实上，对于系统中的事件带有时间戳，并且事件的历史排序很重要时，向后移动时钟是不可取的。存在问题是，时钟已经过了将要回退的时间段，这时设置时钟后退将可能导致事件产生顺序的历史出现不一致。

例如，考虑这样一种场景，其中，事件 E1 已经在一台计算机上的时间 12:04:17 发生。该计算机将会直接从时间服务器 B 得到它的时间更新（如图 6-23 所示）。当时间走到 12:05:11 时（与特定时间服务器感知到的值相同），该服务器从主服务器收到一个时间更新，要求它向后设置其时钟，到早于 E1 携带的时间戳的一个时间值。没过多久，从服务器 B 得到时间更新的其他计算机更新了它们的本地时钟。随后，事件 E2 在其中的一台计算机中发生了，时间是 12:03:55。现在，系统出现了不一致，因为事件 E1 实际上发生在事件 E2 之前，但它们的时间戳却表明的是 E2 发生在先。在一个分布式文件系统的例子中，这种不一致性转化为一个真正的问题。其中相同的文件有多个版本。令事件 E1 和 E2 分别代表同一文件的两个不同版本的最后修改时间。这样，最近的时间戳意味着文件的最新版本。一个特定应用程序可能检测时间戳，错误地认为带有 E1 时间戳的文件版本是该文件的最新版本。

比起向后调整时钟，有两种更好的替代可选方案：1）停止时钟走动：等待与主服务器发来的时间偏移量相等的一个时间段后，挂钟时间赶上了计算机时钟显示的时间；以及 2）变慢物理时钟节拍率（这被称为时钟回转），使得校正过程在一个更长的时间段上实施，而不是立即进行。这两种解决方案都能避免前面提到的时钟值重现引起的不一致性。

6.6.3 逻辑时钟与同步

事件排序可以不用真实时钟实现。如果没有要求真实世界时间值，那么可以为事件排序
433 设计一个简单的机制。这种情形下，只需要知道事件发生的顺序。

逻辑时钟是一个单调递增的整数值。换句话说，它是一个数值，在每次事件发生时，会增加一次。逻辑时钟不捕捉挂钟的时间流逝，相反，它们用来表明事件发生的相对时间。“时间”值是一个简单的数列。

考虑一组 3 个发生在不同时刻的事件，如表 6-2 所示。

通过观察表 6-2 中显示的事件的挂钟时间，我们可以看到，事件发生的顺序为：A 先发生，然后 B，最后 C。我们可以把这个时间转换为一个逻辑时钟计数，如表 6-3 所示。

表 6-2 事件的挂钟时间

事件	挂钟时间
A	02:05:17
B	02:05:19
C	07:49:01

表 6-3 事件的逻辑时钟值

事件	逻辑时钟值
A	1
B	2
C	3

如表 6-3 所示，每次在新事件发生时，逻辑时钟单调增加一次。值得注意的是，逻辑时钟的表示只简单地关心顺序，它显示了事件 A 发生在事件 B 之前，并且事件 B 发生在事件

C 之前。在表 6-2 中，使用了挂钟时间的排序，有可能看到实际事件的相对时序（事件 B 在事件 A 发生后不久发生，然后，事件 C 发生之前有相当长的间隔）。当使用逻辑时钟表示时，这种间隔长度信息就被忽略了。

1. 用逻辑时钟排序事件

当两个事件 a 和 b 发生在相同进程中时，并且 a 发生在 b 之前，那么事件 a 被称为先于事件 b 发生。

消息发送过程可分割为两个事件：当一条消息从一个进程发送到另一个进程时，“消息发送”事件发生在“消息接收”事件之前。这是基本要求，体现了所有消息都有一定的传输延迟的事实，而且，当考虑分布式算法的正确性时，这是一个非常重要的概念。在分布式系统中，有可能两个进程分别发送一条消息给对方进程，并且两个发送事件都先于对应的接收事件。这只是一种可能发生的排序；另一种可能是，一个进程发送消息给另一个进程，而该进程在发送一个应答消息之前，收到了前一条消息。

当两个事件以某种应用程序意义上的方式关联在一起时（比如，在银行应用程序中，它们两者可能都是在相同的银行账户上的交易），因此，称它们存在因果关系。然而，对于同一个银行例子，针对不同银行账户的更新事件就不存在因果关系；对于银行应用程序本身，它们的相对排序不会导致不良后果。 434

对于一对因果相关的事件 a 和 b，如果事件 a 发生在事件 b 之前，那么我们使用“发生早于”关系表达，记为 $a \rightarrow b$。这也描述为因果排序。新的因果排序可以从已知的因果排序知识中建立。例如，一个简单而至关重要的规则是：

$$\text{如果 } a \rightarrow b \text{ 并且 } b \rightarrow c\text{，那么 } a \rightarrow c$$

这说明，如果事件 a 发生早于 b，并且 b 发生早于 c，那么 a 发生早于 c。

多个因果关系事件组可以与其他因果关系事件组重叠，但每组事件都不能与其他组中的事件存在因果关系。在这种情况下，整个系统的全局排序必须遵守已有的因果排序序列。例如，为了更清楚，考虑两个不相关的客户 a 和 b 在 ATM 上的提取现金的事件序列。每个客户同一天提取现金两次。生成的事件被标记为 $a1$、$a2$（对于客户 a）和 $b1$、$b2$（对于客户 b）。

如果 $a1 \rightarrow a2$ 并且 $b1 \rightarrow b2$，那么 $a1$ 和 $a2$ 是因果排序，且 $b1$ 和 $b2$ 也是因果排序，本例中，$a1$ 和 $b1$ 不是因果排序。在这个场景中，下面的实际事件排序都是可能的，因为它们遵守了因果排序关系：

$\{a1\ a2\ b1\ b2\}$, $\{a1\ b1\ b2\ a2\}$, $\{a1\ b1\ b2\ a2\}$, $\{b1\ a1\ a2\ b2\}$, $\{b1\ a1\ b2\ a2\}$, $\{b1\ b2\ a1\ a2\}$

然而，$\{a1\ b2\ a2\ b1\}$ 不可能存在，因为它违反了 $b1 \rightarrow b2$ 的关系。类似地，$\{b1\ a2\ a1\ b2\}$ 也不可能存在，因为它违反了 $a1 \rightarrow a2$ 的关系。

2. 逻辑时钟实现

在一个进程中，事件的排序能通过定义*逻辑时钟*机制来实现。每个进程维护一个局部变量 LC，称之为*逻辑时钟*。逻辑时钟把每个事件的发生关联到一个唯一的整数值。在初始事件发生之前，所有进程都必须把它们的逻辑时钟设置为 0。为了整个系统的一致性，随着多个事件的发生，逻辑时钟必须在数值上单调增长。

事件的发生导致逻辑时钟的更新。最新创建的事件（比如，发送一条消息）会分配一个由此产生的逻辑时钟更新值（这个值可以视为消息的时间戳）。例如，如果逻辑时钟的初值为 4，当要发送一条消息时，时钟将增加到 5，发送消息，带上时间戳 5。

当接收到一条消息时，接收进程更新其逻辑时钟，取当前逻辑时钟值和接收到的消息的时间戳中的最大值，设置为同时大于这个最大值的一个值，如图 6-24 所示。这样做的效果是，宽松地同步了接收消息进程的本地逻辑时钟，以及发送消息的远程进程的逻辑时钟。

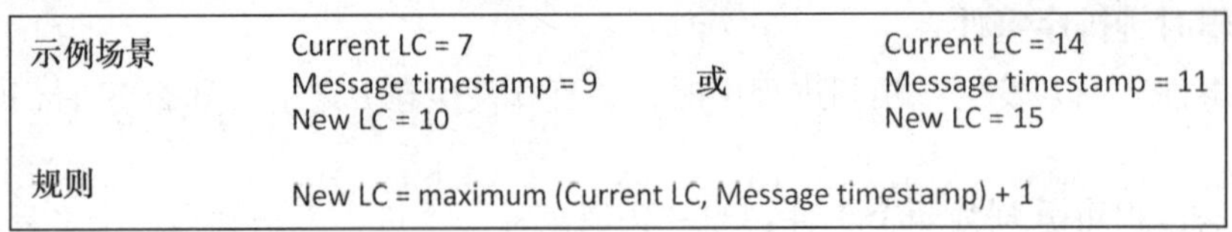

435 图 6-24　收到来自其他进程消息时，逻辑时钟的更新场景

当一条消息从另一个进程到达时，导致了逻辑时钟值被更新。图 6-24 展示了该更新过程采用的规则，还提供了两个示例场景。在左边的场景中，消息到达，携带的时间戳值为 9，高于逻辑时钟值 7。因此，新的逻辑时钟值是 9+1=10。在右边的场景中，消息到达，携带的时间戳值为 11，而逻辑时钟值已经更高，为 14。因此，新的逻辑时钟值是 14+1=15。

对于一个系统，包含了 3 个正在通信的进程，图 6-25 示例了该系统的逻辑时钟值的更新过程。值得注意的是，对于每个进程，逻辑时钟值持续增长，遵循了事件之间的“发生早于”关系和如图 6-24 所示的时钟更新规则。

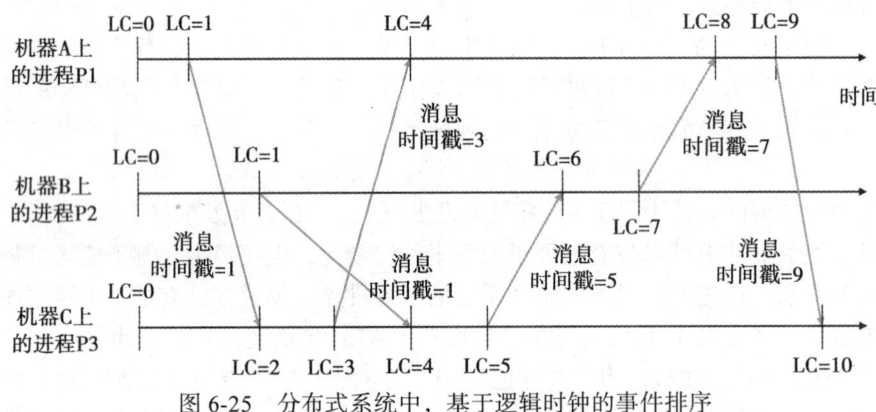

图 6-25　分布式系统中，基于逻辑时钟的事件排序

图 6-25 展示的场景中，包含了 3 个正在通信的进程，说明了它们如何更新各自的逻辑时钟值的过程。逻辑时钟值由进程本地维护，因此，它们没有紧密同步。相反，它们采用的是宽松同步，其中，这些进程根据它们从其他进程接收到的消息（消息的时间戳表示了发送者在消息发送时的逻辑时钟值），仅仅得到了与其他进程逻辑时钟值相关的线索。当挂钟时间的流逝无关紧要时，逻辑时钟值在事件的发生之间保持不变。

6.7　选举算法

在分布式系统中，很多情形下需要自动地从一组进程中选出一个进程，让它执行某个特定的角色。选举算法就提供了这样的手段。

使用选举算法的情形有：

- 多个服务副本中，必须有协调者；
- 可靠服务中，必须屏蔽故障，保证服务的持续性；
- 自组织服务中，多个进程可能需要知道它们之间的相对状态；
436 - 组通信机制（见后文）中，必须为通信进程组设置协调者。

对于许多分布式应用程序来说，选举算法因此成为它们的基本需求。例如，带副本的数据库系统，可能需要维护一个协调者，以确保数据库的更新能够传播到数据库的所有副本中。在这样的应用程序中，必须始终恰好有一个协调者，以屏蔽数据库服务器实例的数量变化（例如，在系统负载加重时，可能会自动启动附加服务）和节点故障。如果没有协调者，或者存在多个协调者，数据库就有可能产生不一致。因此，如果系统进入非法状态，例如，没有协调者或多个协调者，它必须设法尽可能快地恢复到合法状态。

6.7.1 操作简介

大多数选举算法采用“双态”（主导状态和从属状态）操作，其中全体实例默认设定为从属状态。从这个初始状态开始，一个实例被选举出来成为主导者（有些时候被称为协调者，或领导者）。一旦选举完成，主导者的作用是协调特定的分布或复制的服务和应用程序。从属者的角色是监视主导者的存在，并且一旦检测到主导者故障，它们就必须尽快在从属者池中选举出一个新的主导者。

图 6-26 展示的是，初始主导者发生故障后，出现了一次选举过程。这里有两个关键阶段：首先，剩余的从属者进程监测主导者是否已发生故障的方法（产生的任何延迟都会影响到确立一个新主导者花费的时间）；其次，也是关键阶段，进行选举的方法（也就是说，图 6-26c 展示的协商过程）。重要的是，协商过程不能过于频繁地通信，因为这些通信将影响可扩展性，同时也浪费宝贵的网络带宽资源。

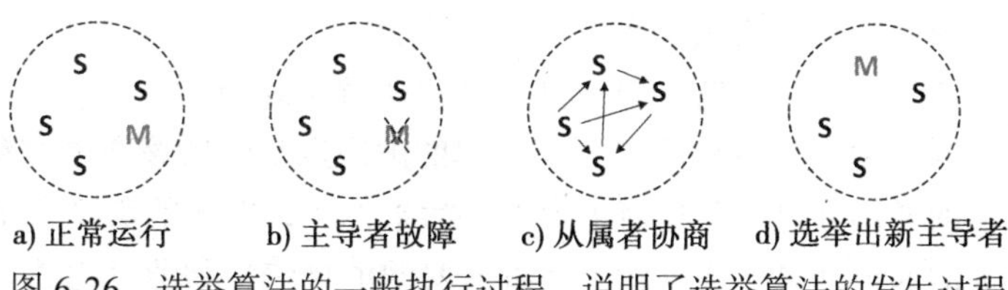

图 6-26 选举算法的一般执行过程，说明了选举算法的发生过程

选举算法中涉及的每个进程都在本地执行算法。不能设置中心控制器，这将会弄巧成拙，因为中心控制器也有可能出现故障，那么，有怎样的替代方案呢？选举算法的总体目标是，用分布式方法选出一个领导者。这里有几个层面的含义：参加选举的任何进程都有可能成为领导者，甚至在只有一个进程时，也应该有一个领导者（这种情形下，仅有的一个进程也必须选举它自己）。

图 6-27 展示了一般选举算法中，简化的状态转换图（它没有显示从属者的协商行为）。每个参与进程必须运行该算法，并持续记录它自己的特定状态。该图解展示了仅能出现的状态和这些状态之间允许发生的转换。状态转换图是描述算法非常有用的方式，因为它更容易将图表转换成程序逻辑。尽管这是一个在某种程度上简化了的一般算法描述，但是，它依然 437
阐明了你如何从转换的描述中，读懂几乎全部的程序逻辑。

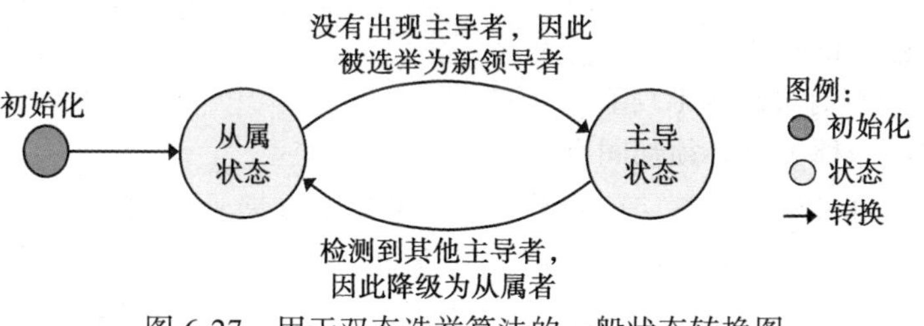

图 6-27 用于双态选举算法的一般状态转换图

图 6-28 提供的是一个能从特定的状态转换图中导出的伪代码的简化版本。

```
Initialise
    Set state = Slave
End

Periodic_SystemStateCheck
    If (State = Slave  AND  OtherMasterPresent = false)
        Set state = Master
    If (State = Master  AND  OtherMasterPresent = true)
        Set state = Slave
End
```

图 6-28 从图 6-27 中的状态转换图导出的伪代码简化版本

选举算法是运行在分布式应用程序中的分布式算法。它们有一些特殊的设计需求。这些需求来源于它们的分布式性质，以及它们的关键行为需求（确保只能维护一个主导者）。

对所有选举算法，非功能需求通常都相同，包含以下几个方面：

- 规模可扩展性。不管涉及多少进程，算法都应该能正确运行。
- 健壮性。这隐含在选举算法的本质特性中，也就是说，能够从主导者进程的故障中恢复。
- 有效性。不应该产生过多通信，尤其在协商阶段。
- 响应性。在监测主导进程是否缺席的过程中，应该延迟很低。一旦检测到缺席，就马上发起新的选举过程。

也可参见第 5 章，获得关于非功能需求的更详细讨论。

不同的选举算法，其设计特性也不同，因此，其内部机理不同。这意味着，功能需求也有可能各不相同。但功能需求通常包括以下几点：

- 主导者存活的时间概率应该很高。
438 • 如果当前主导者消失，必须能很快找到替代者。
- 多个主导者的情形必须能够被监测到，并快速解决问题。
- 因为错误地监测到主导者故障，从而引起的虚假选举，应该能够避免。
- 正常模式下的通信强度（在当前主导者存活条件下，发送的消息数量）必须低。
- 选举模式下的通信强度（选举新主导者需要的消息数量和消息轮数）必须低。
- 通信开销（选举算法要求的平均总通信带宽）必须低。

6.7.2 bully 选举算法

已经存在许多不同的选举算法设计方案。或许，bully 选举算法是最知名的选举算法。它工作过程如下：

- 每个节点被预先分配一个唯一的数值标识符 ID。
- 在选举期间，ID 最高的可用节点将被选举成为主导者。
- 当主导者发生故障时，节点按轮通信，去选举出新的主导者。
- 当这些节点成为主导者角色候选者时，它们进入选举状态。
- 如果节点收到了来自 ID 更高的节点传过来的一条选举消息，则意味着该节点被淘汰。

通过协商，它们必须：

- 决定哪个节点有最高的 ID 值。
- 达成共识（全体节点必须都同意）。

图 6-29 展示了 bully 选举算法的操作过程。图 6-29a 展示了只有一个主导者的正常场景。在图 6-29b 中，主导者发生故障，留下的系统中有零个或多个从属节点（在这个例子中，有 4 个节点）。在图 6-29c 中，从属节点 1 首先注意到了主导者的缺失（通过其心跳信

号的缺失），通过发送一条特殊消息（该消息也用于向其他从属节点通告其唯一 ID 值）以发起一个选举过程。在图 6-29d 中，从属节点 4 加入选举，发送其特定的选举消息，导致从属节点 1 和从属节点 2 被淘汰（因为 ID4 高于 ID1 和 ID2）。在图 6-29e 中，从属节点 5 加入选举，淘汰了从属节点 4。如果在给定的较短时间窗口内，从属节点 5 没有收到任何进一步选举消息，就假设它已经赢得了选举（因为它有最高的 ID），并且，提升它自己到主导节点状态（图 6-29f）。

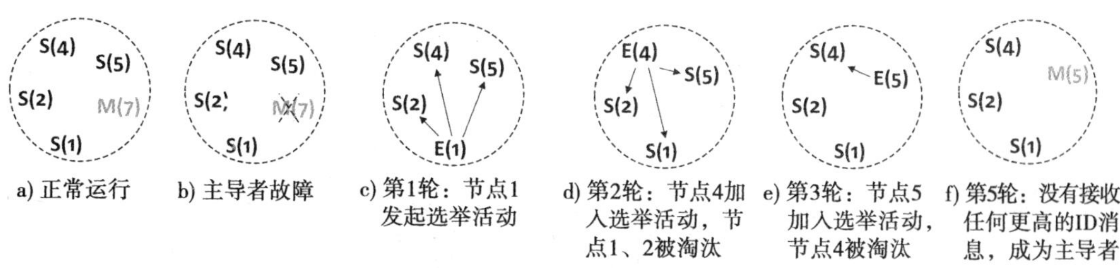

a) 正常运行　b) 主导者故障　c) 第1轮：节点1发起选举活动　d) 第2轮：节点4加入选举活动，节点1、2被淘汰　e) 第3轮：节点5加入选举活动，节点4被淘汰　f) 第5轮：没有接收任何更高的ID消息，成为主导者

图 6-29　bully 领导者选举算法的运行过程 439

值得注意的是，完成一次选举活动的轮数依赖于从属者加入选举活动的顺序。如果 ID 值最高的从属者，恰巧就是发现主导者发生故障的第一个节点，则选举会很快结束，因为它仅需要一轮选举，淘汰所有其他的从属者。最坏的情形是，从属者以 ID 值升序加入选举活动，每个从属者都需要一轮选举（也就是说，有 $N-1$ 轮选举，这里 N 是主导者发生故障前的初始系统的大小）。

6.7.3 ring 选举算法

ring 选举算法和 bully 选举算法相似。不同的是，节点布置成一个逻辑环，且节点仅与其逻辑邻居通信。

当主导者失效时，它的邻居（在环中）将会发现（由于缺少了周期性心跳消息）。算法的协商阶段，通过节点绕环传递消息来实现（多个回合），以确认哪个节点的编号最高，并确保达成一致。

图 6-30 展示了 ring 选举算法的操作过程。图 6-30a 展示了正常的单主导者情形，这些节点连接在一起构成逻辑环。通过周期性的节点到节点发送消息来维护该逻辑环。这些消息告知接收者，其上游邻居的身份和该邻居处于活跃状态。在图 6-30b，主导者发生故障，打断了逻辑环。在图 6-30c，节点 1 注意到了主导者的缺失（通过期望收到的消息缺失），并通过发送一个特定的消息给其逻辑邻居（节点 2）来发起选举活动。在图 6-30d，选举信息在环中传播，直到标识出剩余节点中编号最高的节点，并且全体节点都知道其主导者身份。在图 6-30e，从属节点 5 提升自身到主导者状态。

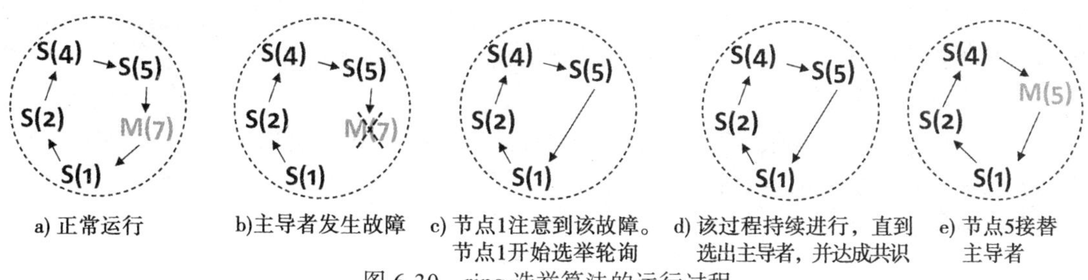

a) 正常运行　b)主导者发生故障　c) 节点1注意到该故障。节点1开始选举轮询　d) 该过程持续进行，直到选出主导者，并达成共识　e) 节点5接替主导者

图 6-30　ring 选举算法的运行过程

6.7.4 领导者预选

领导者预选是在系统正常运作期间，选举备用主导者的技术。如果主导者发生故障，备用主导者监测到故障，就接管主导者工作。

备用主导者的选择仍然是执行一种选举算法。不过，选举活动在正常运行期间完成（也就是说，在主导者发生故障前），所以，系统无领导者状态的持续时间会更短。

注意到，备用主导者也可能在选举活动前发生故障，因此，备用领导者节点的选举有可
440 能成为一次无用的选举活动，因为当前主导节点有可能一直存活了下来。

如图 6-31 所示，领导者预选的目的，是在主导者出现问题之前，提前选出备用领导者，以便在正常运行的前提下，主导者和备用主导者都存在（如图 6-31a），并且它们都发送心跳消息，以抑制从属者进一步选举其他节点。主导者节点发生故障时（如图 6-31b），备用主导者能够迅速接管领导职责（如图 6-31c）。产生的延迟仅仅是监测主导者发生故障需要的时间，其主要组成部分是，等待下一个来自主导者节点的心跳消息需要的时间（该心跳消息永远不能到达）。这里没有要求额外传递消息，或者与选举相关的协商。一旦备用节点提升自己到主导者状态，它就能够发起一个替换备用节点的选举活动（如图 6-31d）。因此，系统无领导者的时间非常短（心跳消息间的时间间隔是一个可调整的参数）。

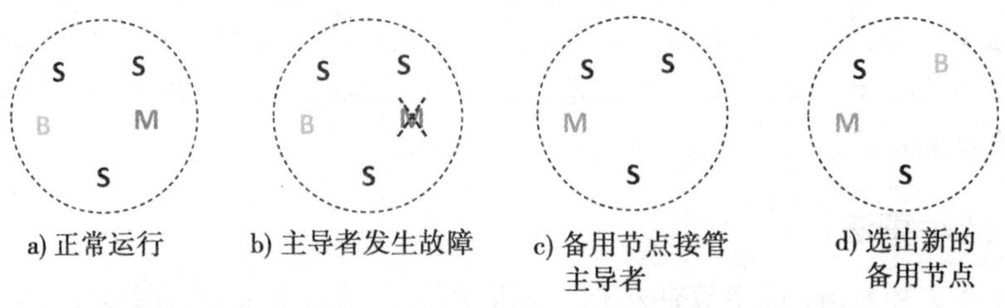

图 6-31 领导者预选技术

6.7.5 针对一个选举算法的探索

活动 D3 探索了选举算法的行为。它使用了一个特定的选举算法，“Emergent 选举算法”。该算法内置于分布式系统版 Workbench。

Emergent 选举算法是一种两阶段算法。该算法用在大型系统中选举领导者。它专门针对系统的高扩展性和高效性而设计。通过引入两个在传统算法中没有使用的附加的状态，它实现了这个目标：

空闲状态包括了大部分进程（平均来说，指除了 4 个进程之外的所有其他进程）。它们仅监听由主导者和从属者发送的消息。处于空闲状态的进程从不发送任何消息。

候选状态是一个过渡状态。该状态仅在选举期间使用。一个确定将成为主导者的候选者进程，由从属者状态变成候选状态，优先成为主导者。该进程必须保持处在候选者状态的时间足够长，确保没有其他进程也包含在选举活动中。任何时候，都只能仅有一个主导者进程，这是一条硬性规定。

表 6-4 中描述了 Emergent 选举算法的 4 个状态。如上所述，该算法在两个状态中运行，因为它促成了设计方案兼有高扩展性和高效性，在发送消息数目方面（这个数字接近常量，与系统的规模无关）。

表 6-4 Emergent 选举算法的 4 个阶段

状态	状态持续性	处于该状态时的行为的描述
主导者	稳定状态	协调主机服务定期发送信标消息，以抑制选举，从而确保稳定
候选者	过渡状态	选举参与者。完成基于 IP 地址的协商后，正好只有一个候选节点将提升到主导者状态
从属者	稳定状态	监控主导者的存在。如果当前主导者发生故障，则进入主导者的竞争者状态（经由候选者状态）
空闲	稳定状态	监控从属者数量。如果从属者池削减到了低于某个阈值，竞争者将变成从属者

第一阶段为空闲状态。这个阶段将大多数进程从一个活跃从属者的小池中分离出来。空闲进程（占大多数进程）从不传递消息，它们仅监视从属者池的大小。每个从属者进程发送周期性的“从属者心跳”消息，所以，通过监听这些消息，在特定时间周期内计数，一个空闲状态的进程就能够确定存活的从属者个数（也就是从属者池的大小）。如果空闲进程在本地感知到从属者池的大小降到了一个较低阈值，则该进程将提升到从属者状态。 441

从属状态的进程，也监听“从属者心跳”消息，以确定从属者池的大小。如果从属者进程在本地感知到从属者池的大小上升了，且超过了一个较高的阈值，它将会降级到空闲状态。空闲状态和从属者状态的监听周期都包含随机组成部分，以确保每个进程对系统状态的感知稍微有所不同，从而确保稳定性（因为进程不会突然全体转换到从属状态或空闲状态，而是实现了一个渐进的自我调节效果）。

候选状态用于算法的第二阶段，确保选举活动是一个确定性过程。也就是说，只能有一个进程提升为主导者状态，无论从属者池中有多少个从属者。候选状态还在避免错误选举方面扮演了重要角色，比如，当主导者的心跳消息在网络中丢失时。这是因为，一个进程必须保持在候选状态的时间足够长，有多个主导者心跳消息产生。所以，即使多条信息丢失，如果该主导者存活，那么依然有很高的可能性，候选者将最终察觉到主导者的心跳。

图 6-32 展示了这个特殊算法的两个阶段如何通过从属者池耦合在一起，因为空闲进程必须经过从属者状态才能变成主导者，反之亦然。从属者池的构成和大小，都是从全体从属者和空闲进程之间的本地交互活动中产生的涌现特性。根据在短时间段内收到的从属者消息数量确定各个进程的行为。由此，该算法被描述为“涌现”(emergent)。

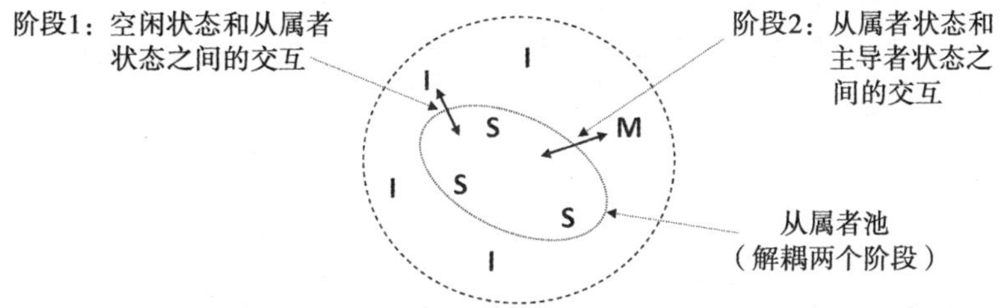

图 6-32 Emergent 选举算法的两阶段运行 442

算法的第一阶段实现的目标是，让大量进程参与选举，但大多数进程都长时间处于消极状态（也就是说，它们处于空闲状态，也不发送消息，只监听）。

“从属者 - 主导者”的交互发生在算法的第二个阶段，且必须是确定性的。也就是说，在选举过程中，仅有一个从属者能变成主导者。这要求这些从属者之间存在一些协商手段。

通过监听周期性的心跳消息，从属者使用定时器监测主导者的存在。当主导者的心跳消息到达时，定时器重启；但是，如果定时器周期结束，还没有接收到来自主导者的心跳消息，该从属者将提升为候选者状态，并广播一条候选者消息。候选者消息告知从属者，主导者已经发生故障，还提供了该候选者的地址。地址更高的从属者随后也提升到候选者状态，并传送候选者消息。较低地址的从属者保持在从属者状态。如果候选者节点接收到了更高地址的候选者的消息，则撤回它自己的候选者身份（它们回退到从属者状态）。最终，只有最高地址的候选者保留。它提升到主导者状态，然后选举活动结束。

图 6-33 中展示了 Emergent 选举算法对应的状态转换图。

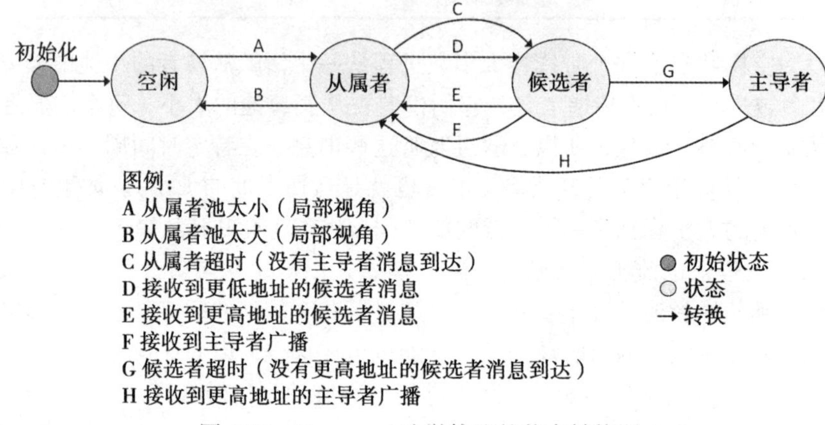

图 6-33 Emergent 选举算法的状态转换图

活动 D3 使用自动化日志工具探索选举算法行为

此活动使用内置于分布式系统版 Workbench 中的 Emergent 选举算法。该活动探索了选举算法的行为，包括选举活动的发生、各实例的状态序列，以及这些实例发送的消息等，考虑了多种不同的条件。

你将需要至少两台计算机。它们在同一个局域网络中，用来实验选举算法。每台计算机上将仅运行一份拷贝，因为所有实例都使用相同的端口。

443 还有一个可选的日志记录器工具，监测所有消息事件和选举算法进程的状态改变，并将这些写入日志文件中，用于后续的分析。推荐使用日志记录器，因为实验中包含了大量的选举算法实例，或者包含了复杂的状态改变序列（比如，借助于故意启动处于主导者状态的额外实例）。日志记录器也使用了与选举算法相同的端口，所以，它只能运行在没有运行选举算法实例的其他计算机上。

学习目标。

1. 获得选举算法的使用经验。

2. 理解选举算法的行为。

3. 理解在极端情况下，一个系统可能只包含一个进程，在这种情况下，必须遵守算法中的全部行为规则。

4. 理解选举机制，包括发生在单独实例上的状态改变和实例之间的消息传递。

5. 理解在分布式应用程序中，用于捕捉动态事件行为的独立日志记录进程的用法。

方法 A 部分：使用单个选举算法实例的实验。选举算法应该正确工作，即便只有一个实例，这是极端情况（认识到极端情况的概念是重要的，它也在其他应用程序中使用，比如时钟同步服务，其中单个实例应该“与自身同步”)。选举算法的一般要求是，应该总是有且仅有一个主导者，所以一个单独的实例应该转换到主导者状态，并停留在该状态。

在单台计算机上的分布式系统版Workbench中，运行名为“Emergent Election Algorithm”的应用程序。确认其初始状态选择了“Idle”，然后按下“Start”按钮。

A部分预期结果。下面的屏幕截图展示了选举算法的执行过程，从空闲状态开始，它依次经历了其他状态，进化到主导者状态。该进程持续运行，并保持在主导者状态。这是预期的正确行为。

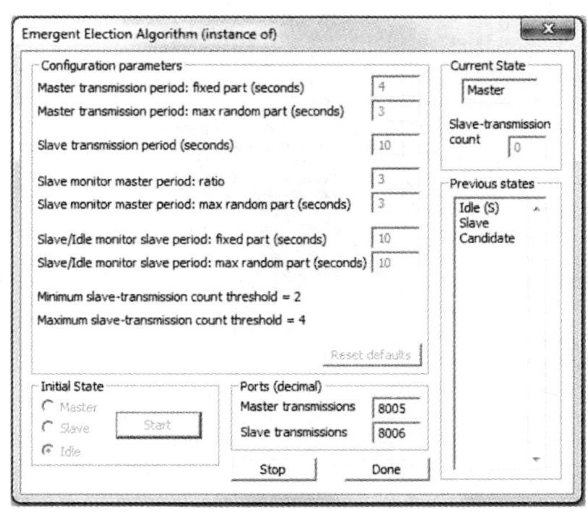

方法B部分：用于诊断的日志记录工具的使用。活动的这个部分引入了一个独立的工具，以记录选举算法的行为，便于稍后的精确分析。这是非常重要的，当在大型系统中评估 444
算法或收集统计时，例如，用单位时间的消息数量作为效率度量。它是一种通信复杂度的度量，会影响到规模可扩展性。为了充分理解算法内部行为，捕获事件顺序和关键信息非常重要，例如，哪些实例从一个特殊状态改变到了另一个特殊状态。

除了这个日志工具的具体使用方法，也希望你理解在更一般的情形下的分布式系统中，独立的日志进程捕获动态事件行为的用处。当复杂情形出现时，比如，组件间发送的消息很多，或者组件数量很大，或者事件的相对时间顺序严格时，就不可能以手工方式整理核对这些信息，用于后续的分析。系统自身的分布特性意味着，只有通过实际捕获的消息本身，你才能识别事件的实际序列，并据此确认系统的正确性，或者找到复杂的与时序相关的问题。

首先，在方便的位置创建一个空白日志文件，例如，在C:\tempdirectory中创建ElectionAlgorithm_Log.txt（简单的编辑器，比如Notepad，就能用来创建这个文件）。

一旦你已经创建好了这个空白日志文件，从分布式系统版Workbench中运行“Emergent Election Algorithm event logger”日志应用程序，日志应用程序必须运行在局域网内的一台计算机上，而且，这台计算机中没有运行选举算法程序。在提供的文本框中，输入日志文件的路径和文件名，然后按下“Start logging”按钮。

B部分预期结果。下页左侧的屏幕截图展示了事件日志记录器的运行情况。这时，选举算法的一个实例在本地网络中的另外一台计算机上运行。你可以从日志踪迹中看到，一个选举算法实例以空闲状态初始化，因为它没有检测到来自其他实例的任何消息，它提升自己到从属者状态，然后，再到候选者状态，再到主导者状态。处于从属者状态时，它发送从属者消息。一旦处于主导者状态，它发送主导者消息（用于阻止其他实例提升为候选者或主导者状态）。

生成的日志文件的内容显示在右下方。它展示的信息与日志记录器屏幕上一样，也有开始时间，以及针对主导者消息和从属者消息的监听周期（用于以日志记录和展示为目的的消息整理周期）。对于长时间运行中的实验和使用了大量节点的实验，追踪节点状态序列时，日志文件特别有用。

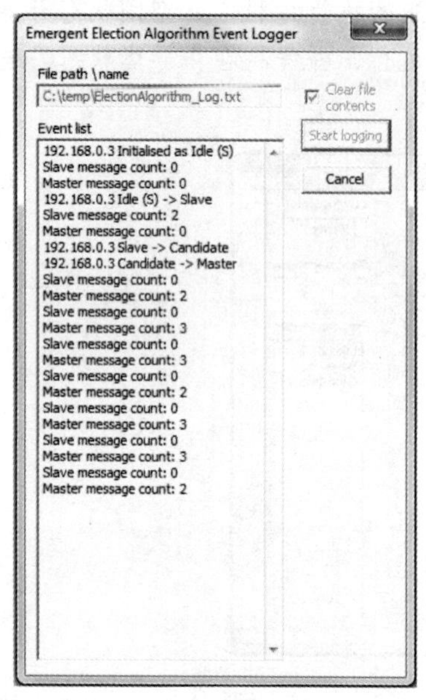


```
**Started 28/8/2014 14:37:52
**Configuration- Listen4Master period:15 Listen4Slave period:15
192.168.0.3 Initialised as Idle (S)
Slave message count: 0
Master message count: 0
192.168.0.3 Idle (S) -> Slave
Slave message count: 2
Master message count: 0
192.168.0.3 Slave -> Candidate
192.168.0.3 Candidate -> Master
Slave message count: 0
Master message count: 2
Slave message count: 0
Master message count: 3
Slave message count: 0
Master message count: 3
Slave message count: 0
Master message count: 2
Slave message count: 0
Master message count: 3
Slave message count: 0
Master message count: 3
Slave message count: 0
Master message count: 2
```

445

方法C部分：实验中使用多个选举算法实例。这部分期望的行为是，选举活动发生后，一个实例进入主导者状态。使用特定算法建立从属者池，因此，在更大型系统中，应该（通常）有2～4个从属者状态的实例。其他更多的实例应该保持在空闲状态。

在不同的计算机上（至少需要两台计算机，来充分演示这部分活动）运行Emergent选举算法的多个副本。确认每个案例的初始状态选择了“Idle”，并且按下“Start”按钮。

C部分预期结果。建立起一个主导者实例（用户界面类似于上面A部分的结果）。在我的实验中，我只运行了两个实例，所以第二个实例停留在从属者状态。这是正确的预期行为。下面的屏幕截图展示了从属者状态进程。

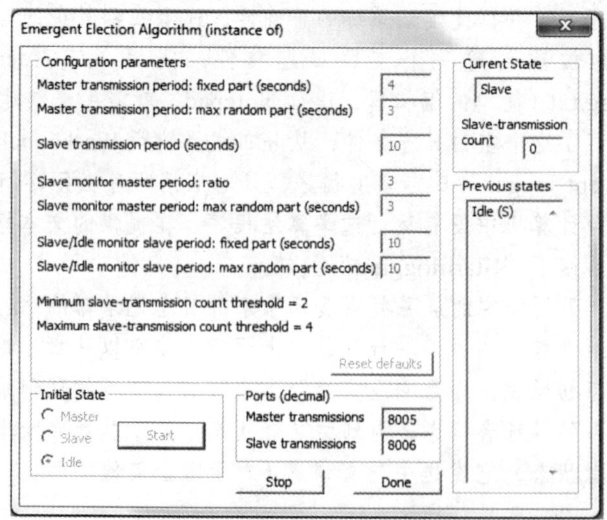

方法 D 部分：选举算法压力测试。上面部分 A 和 C 探讨了稳定条件下的选举算法。然而，在分布式系统中，可能有高度动态的、不稳定的行为，其中包括进程的启动和停止，还有不可预知的崩溃。本部分活动探讨了其中一些情形下的选举算法的柔性。

实验中，尝试了大量不同的起始条件和干预措施，诸如杀死主导者状态的进程，或杀死全部从属者状态的进程，并从空闲状态重新启动它们。

这是一个特殊的实验，系统强制进入一种非法状态，然后交由自动恢复：

分别在单独的计算机上运行 Emergent 选举算法的多个拷贝。让系统稳定于仅有一个主导者。

现在，启动选举算法的另一个实例。本例中，确认选择的初始状态为“Master”，随后，按下“Start”按钮（从而创建了这个有两个主导者的情形）。

D 部分预期结果。在任意启动条件下，以任意组合启动和停止实例，或者以任意状态启动它们，算法应该都能正确工作，系统应该趋向于一个稳定状态，其中只有 1 个主导者，2～4 个从属者，其余进程处于空闲状态。下面的屏幕截图展示了预先提升为主导者状态的 446
进程的行为。另一个实例直接以主导者状态启动，这是一种非法情形。它将导致一场竞争，其中第一个主导者收到一条来自另一个主导者的主导者消息，它将把自身降级到从属者状态。在这种情况下，原始的主导者降级（就像在屏幕截图中看到的，有以前的状态序列和当前状态），新实例处于主导者角色。

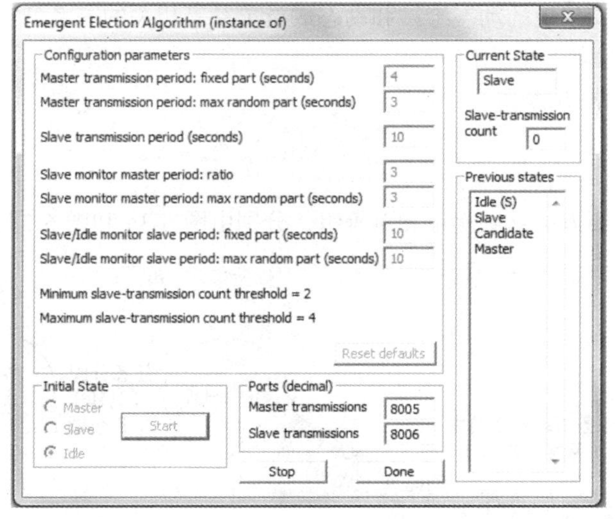

思考。针对一系列系统条件，这个活动探讨了选举算法的行为，还介绍了使用自动日志记录工具，来捕获系统的动态行为。这种方式方便了行为的事后的剖析研究，检查正确性，提升认识，或标识存在的问题。

深入探索。如果你能够使用一个实验室，其中有适量或大量的处于相同广播域内的计算机（也就是说，没有被路由分隔），尝试在尽可能多的计算机上运行选举算法。

开展一些简单的实验，探究如下行为特征：

- 进程实例的数量会影响进入稳定状态的时间吗？
- 平均有多少从属者状态的实例？这个值的稳定程度如何？
- 如果你同时启动了 10 个或更多的主导者实例，将发生什么？（我发现，通过仔细定位键盘，能同时启动 4 个实例；使用 Tab 键高亮 Start 按钮，然后，通过同时按下回车键，你可以一次同时启动它们。每人至少能做两个，所以你可能需要几个助手）。 ■ 447

6.8 组通信

许多分布式应用程序要求多个进程以组的方式共同工作，以解决特定问题或提供特定服务。从外部来看，也就是说，对于它们的客户端，这些应用程序和服务表现为一个单独的进程（在这种系统设计中，这是一个主要的透明性目标）。然而，从内部看，多个独立进程和进程间交互可能产生复杂行为。尤其是，需要一种针对组的控制或协调手段，以及一种把来自组外的消息递交给组内各成员的手段。这种手段应该对外部发送者透明。换句话说，客户端不需要识别每个单独组成员，也不需要将消息发送给每个成员。事实上，客户端不需要知道组内进程的数量，甚至也不需要知道存在多个进程。

组通信的机制和协议方便了进程组的维护。组内进程相互协作，执行某一服务。通常来讲，服务组内的成员呈动态关系，以便在必要时，为满足服务要求，增大或减小规模。例如，考虑一个复制的数据库。该数据库的多个服务器可能组织成了一个组，目的是管理副本和确保一致性。从外部来看，客户端可能会发送更新请求到数据库服务，不需要知道组的内部情况，更新传播一定会完成。只需要向客户端发回单个确认消息，表示已完成更新操作。

如果这个组的外部访问接口借助了一种组通信协议，则其客户端看到的是统一的接口，与组内的进程数目无关。客户端不需要知道组内部的复杂性，例如，当请求负载增加，或者某些服务器随时可能崩溃时，就会加入额外的服务器。

组通信协议能够支持组的动态维护和动态成员关系等相关的一系列功能，包括：

- 组的创建和销毁。
- 进程的加入和离开操作。
- 入组消息传递。
- 组内消息传递。

组结构有两种主要方法：层次组和对等组，分别由图 6-34 和图 6-35 所示。

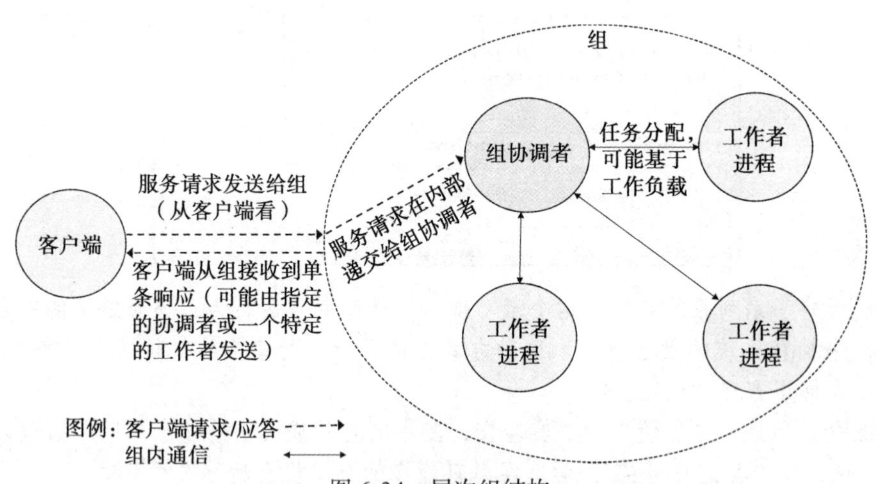

图 6-34　层次组结构

图 6-34 展示了层次的组结构，其中协调者进程管理该组。协调者的主要作用是，把服务请求分发到工作者进程。呈现给客户端的是组的单一实体视图，并且组通信协议的入组方法应该隐藏组内成员关系和结构细节，所以客户端不知道组的大小和协调者的存在。针对入组消息的回复，可能由处理该请求的工作者进程生成，也可能由协调者生成。

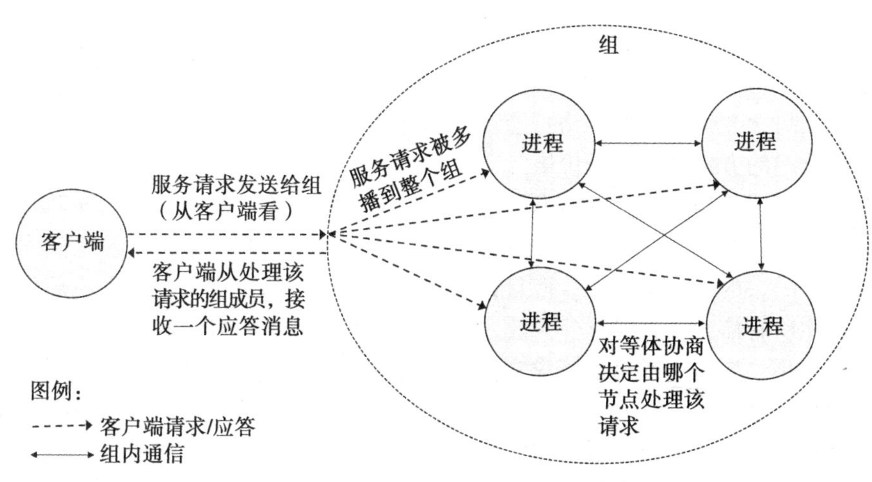

图 6-35 对等组结构

协调者的存在意味着有可能发生单点故障，因此有必要实现一个选举算法（前文讨论过），在协调者发生故障时，自动选出替代者。

图 6-35 展示了对等组结构，意思是说，组内没有协调者。因此，对等者协商（或投票）决定谁将处理一个入组的请求。在某些应用程序中，这可能由具体资源的位置决定（也就是说，并非所有的对等者都有能力提供请求的服务）。

对等组常用在动态的和自组织的应用程序中。对等体应用程序和对等组应用程序之间的区别是，前者的客户端是一个对等体（例如，见第 5 章中媒体共享例子和活动）。对等组应用程序的案例中，对等组本身是一个封闭的或有界的服务，而客户端是一个外部实体。对等组在透明性方面有显著意义，因为对等组的内部动态配置可能非常复杂，但对客户端来说，是透明的。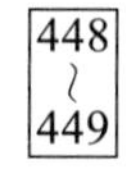

组通信的透明特性。对于组的两种类型，作为外部客户端，应该看到的是组的单一实体视图。从内部看，组可能有复杂的结构和 / 或行为，例如，成员关系可能动态变化，进程可能发生故障，以及有时需要选举新的协调者进程等。程序员应该知道组的存在，因为发送消息需要调用原语，比如 group-send 或 send-to-group。然而，该关于组的具体细节，比如组的大小、具体成员进程的标识，以及结构（是否有协调者）等，这些都对外部进程隐藏。

6.9 通知服务

在分布式系统中有很多这样的场景，其中，一个特定的应用程序（或进程）想知道系统其他部分发生的事件的详细信息。

通知服务集中地跟踪事件，当客户端应用程序感兴趣的事件发生时，就告知这些客户端应用程序。想要做到这一点，客户端应用程序需要在通知服务中注册，并提供它们感兴趣的事件子集的信息。当系统中有大量正在发生的事件时（或可能发生），而客户端仅对其中的一个很小的子集感兴趣，系统中这样的通知服务很有效。与之相反，如果一个进程对所有（或大多数）正在发生的事件都感兴趣，则对该进程来说，直接监测这些事件的方式可能更有效。这种情况下，应该取消对通知服务的需要，以及取消和它的交互。

例如，考虑证券自动交易过程。一个特定交易进程，可能希望买入 GlaxoSmithKline 公司的股票，但需要等到价格跌破每股 1200 便士时；同时，另一个交易进程可能希望卖出该公司的股票，但要等到价格超过每股 1600 便士时。实际上，市场价格是由中央经纪系统掌握的，而且全天持续变化。因为价格可能快速地急剧变化，所以不可预测，这时，交易进程就有必要采用合适的方式跟踪实际价格。

对于股票交易系统来说，一种选择是，当股票的价格发生变化时，不断地向外发送股票的价格消息。然而，有好几千只不同的股票在交易所上市，许多股票价格发生变化的时间间隔低于 1 秒，发出去的数据量很大。而且，实际上，每个交易进程只对其中一部分信息感兴趣。所以，关注所有信息的方式十分低效，也将占用非常高的网络带宽。

另一种选择是，交易进程反复请求它们感兴趣的特定股票的价格。这称为轮询，并且必须做得频率很高，从而与可能发生的快速价格波动保持一致。重要的是，还需要考虑，可能有许多交易进程并发运行，每个进程可能会对几十种或上百种不同的股票感兴趣。因此，轮询方法可能会压垮交易系统或通信网络。

对于这种情形，另一种可能采用的更为复杂的方法是，在一个特殊通知服务中，交易进程注册它们感兴趣的特定股票，以及它们正在等待的阈值价格。这个服务将跟踪股票价格，每当达到预先设定的关注目标阈值，特定的交易进程就会收到通知。这种方法消减了大量的重复处理。因为，每个交易进程个体不再持续执行价格比较，这明显降低了网络流
450 量水平。

发布 – 订阅服务

通知服务也能用在同一个应用程序内的进程之间，成为一种形式的中间件。在应用程序中，如果存在一些进程，分别对其他进程产生的事件的特定子集感兴趣，这通知服务就派上了用场。在这种情形下，通知服务是发布 – 订阅系统的一个例子。这样命名的原因是，某些进程产生（发布）事件，随后通知服务转发给其他进程，这些接收通知服务的进程预先在那些事件中注册了它们的兴趣（订阅）。

作为一个例子，考虑一个使用了集成虚拟白板设备的在线会议系统。参会者能够画草图，协助他们在会议期间的讨论。每个用户的计算机安装一个本地会议管理器，用来管理系统的输入输出资源，并映射到正确的用户界面。

会议管理器的作用是，在用户期望参加的某些会议事件中注册通知服务；并且，对于每一个会议，会议管理器订阅了用户需要的事件子集（例如，某些用户的界面可能只有声音，因此对虚拟白板事件不感兴趣）。

一旦会议管理器组件完成了注册，并已订阅特定事件类型，当它们感兴趣的事件发生时，通知服务将告知管理器。这个应用程序中的事件例子包括：另外有用户正在加入会议，或另外的用户正在添加内容到虚拟白板。图 6-36 展示了这种场景。

图 6-36 展示了一种方式，其中，通知服务解耦了两个应用程序组件，以便它们以间接方式通信。通知服务仅转发那些会议管理器组件事先订阅的事件，也就是说，已注册的感兴趣的事件。

该图展示了以下述顺序发生的交互：步骤 1 和步骤 2 ；每个会议管理器在会议事件通知
451 服务中注册。它们都提供实际会议详情以及它们感兴趣的会议事件类型。该案例中，事件的类型有“加入事件”（当其他用户加入会议时）和“绘画事件”（当已有会议成员在虚拟白板上绘画时）。随后，用户 B 加入会议，并在虚拟白板上绘画（分别为步骤 3 和步骤 4）。通知服

务看到两个管理器都已订阅这些事件类型，所以每个事件都转发给了全体管理器（步骤 5、步骤 6、步骤 7 和步骤 8）。

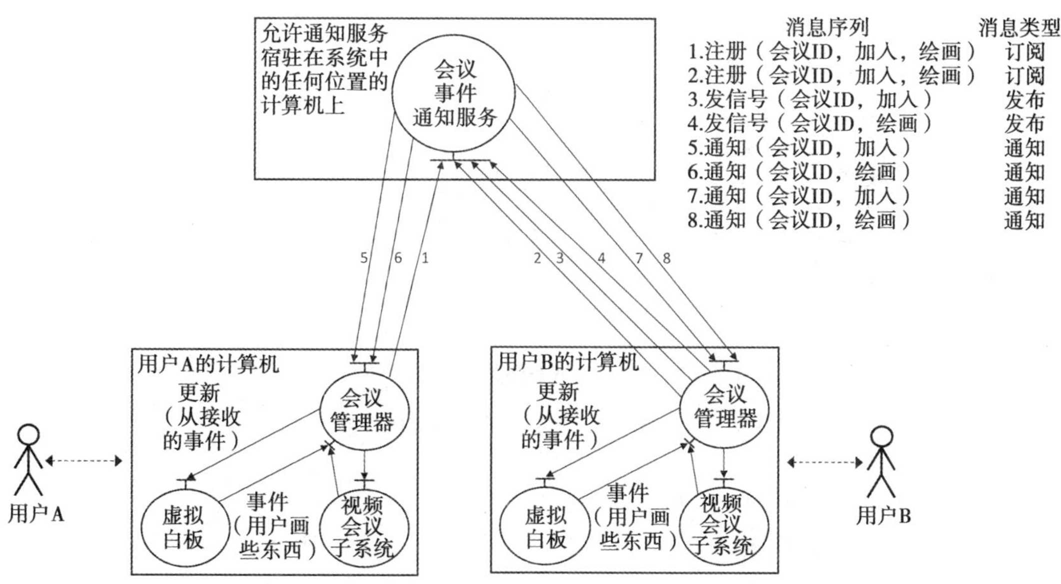

图 6-36　在线会议场景的上下文中示例的通知服务

发布 - 订阅机制十分重要，因为在设计阶段和运行阶段，它都解耦了组件，因此使得灵活的动态配置变得更加容易。通知服务提供了松散耦合（因为运行时的需要决定了不同组件间的关系，因此在设计时还未能确定），同时还提供了间接耦合（因为，组件只需要与作为中介的通知服务通信，组件间不需要直接通信）。在第 7 章中，有一个基于事件通知服务的活动（也可见第 5 章中关于组件耦合的细节讨论）。

6.10　中间件：机制和操作

在第 5 章中，从运行综述的角度已经介绍过中间件，还讨论了中间件对软件体系结构的支持方式。

本节讲述中间件的机理和运作特性，以及它为应用程序提供透明性的方式。

中间件是指应用程序和支持应用程序运行的底层平台之间，额外加入的“中间”虚拟层。从概念上讲，该层连续跨越整个系统，使得全部进程都坐落其上，全体平台资源都在其下面。借助经由该层的通信方式，位置、网络和计算机边界等方面的全部特性都被抽象掉了（见图 6-37）。

图 6-37 简单描述了中间件的概念。进程间通信仅通过中间件层，它们不关心系统的物理特性，比如，它们正在运行于哪个平台，或者与之通信的其他进程的地址等。 452

中间件体系结构的虚拟层，为其上面的进程提供了多种形式的显著的透明性。为了做到这一点，中间件自身内部十分复杂。为实现虚拟层的错觉，中间件包含的进程和服务位于各个参与活动的计算机上，并且以特定的通信协议把这些组件连接在一起，成为一个整体，从而，它们表现得像一个连续的“层”或“通道”，遍布全体计算机。中间件的通信通常基于 TCP 协议，运行于参与的计算机之间的连接，也可以使用更高层的通信构建形式，例如 RMI，以支持对应用程序进程的远程方法调用。中间件隐藏了进程的底层平台的差异性，但中间件组件自身必须专门针对各自的平台和操作系统分别实现。图 6-38 展示了中间件的物理系统概览。

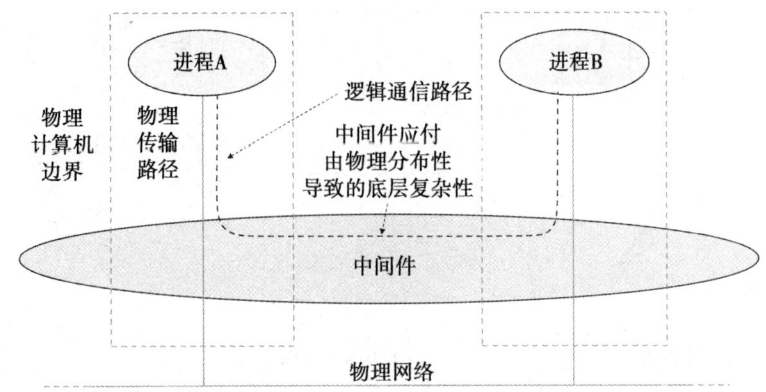

图 6-37 中间件表示为连接系统全部进程的虚拟层

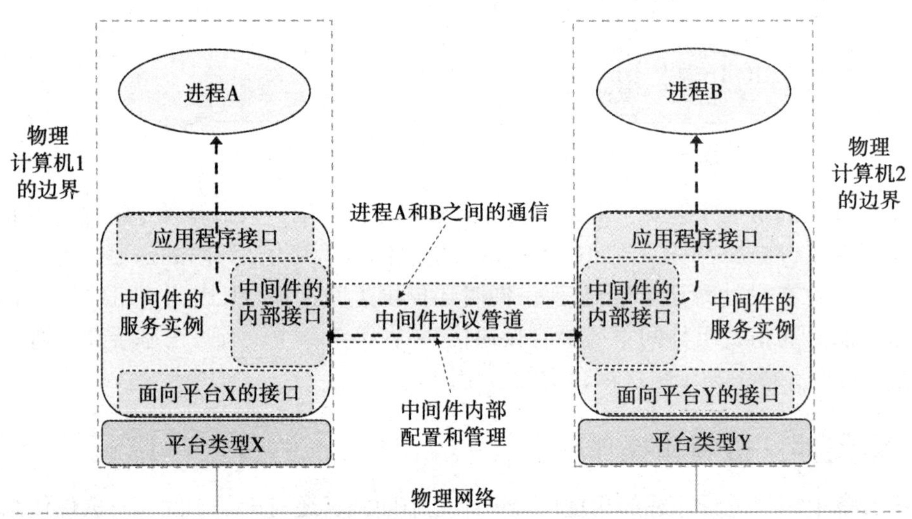

图 6-38 中间件的后台结构：中间件的物理系统视角

图 6-38 以一种通用的方式展示了中间件的主要内部组件。必须支持 3 种主要的接口类型：

- *应用程序接口*。通过该接口，促成了进程到进程的通信；进程得到的假象是，它们直接发送消息给其他进程，但实际上，它们发送消息给中间件，并从中间件接收消息。中间件转发消息到代表它们的其他进程，因此，提供了位置透明性和访问透明性。
- *中间件内部接口*。中间件的多个组件间通过该接口通信和管理；不同的中间件服务器实例，通过一个特殊协议（该协议由中间件定义）在内部一起工作，从外部看来，提供了一种中间件是单个连续层的假象，因此，它实现了分布透明性（网络被隐藏）。中间件的内部接口用来传递中间件实例间的控制和配置消息，以保持中间件的自身结构，以及转发来自系统不同部分间的应用程序组件的消息，使得它们也能出现在目标组件的站点，就像发送者是本地进程一样。
- *面向特定平台的接口*。使中间件能工作在同一系统中的多个不同类型的平台上，因而克服了异构性。中间件移植到新平台时，只有这个接口需要修改，所有中间件服务和透明性条件都不用修改。

453

6.11 中间件例子和支持技术

6.11.1 公共对象请求代理体系结构

中间件有许多类型。CORBA 是对象管理组织（Object Management Group，OMG）定义的标准，是最有名的和历史上使用最广泛的例子。CORBA 发布于 1991 年，因此有从业者认为是一门传统技术，也有观点认为，它正在被其他技术替代，比如 Web 服务（随后将见到）。然而，它依旧具有许多优势，并仍然在使用。

CORBA 作为一个有用的参考模型，它可以用来解释一些中间件操作的机制和透明性方面的问题。

1. CORBA 的动机

分布式系统代表高度动态的环境，其中显著的复杂性源自软件源的广泛性和多样性，一些软件具有先天的分布式性质。复杂性挑战包括：必须在一个很大的位置空间中查找资源；通信延迟；消息丢失；局部网络故障；服务划分（比如，客户端和服务器之间的功能分割）；复制、并发性和一致性控制；以及分布事件的次序一致性需求等。除了这些内在的复杂性形式之外，还存在一些偶发的或可以避免的复杂性形式，其中包括：核心概念和核心组件的不断地发展和升级改造，缺乏整体的通用设计和开发方法论。分布式系统也受到在第 5 章中详细讨论过的各种形式的异构性的限制。

CORBA 的创建针对的是分布式系统中的复杂性和异构性问题而产生的一个解决方案。在硬件平台、操作系统、编程语言、应用程序格式方面，可能永远都不能达成共识。CORBA 的目标是促进通用的互通性。在这一点上，CORBA 允许从网络的任何地方访问应用程序组件，无论它们正在运行什么样的操作系统，以及它们采用的什么开发编程语言。

在 CORBA 系统中，通信实体是对象（它们自己是更大的应用程序的一部分）。在对象层面划分成独立的实体，在系统的处理资源之间，允许灵活地以细粒度实现服务、功能、数据资源和工作负载等的分布性。

ORB 是 CORBA 的核心组件。ORB 提供了调用本地对象和远程对象上的方法的机制，如图 6-39 所示。

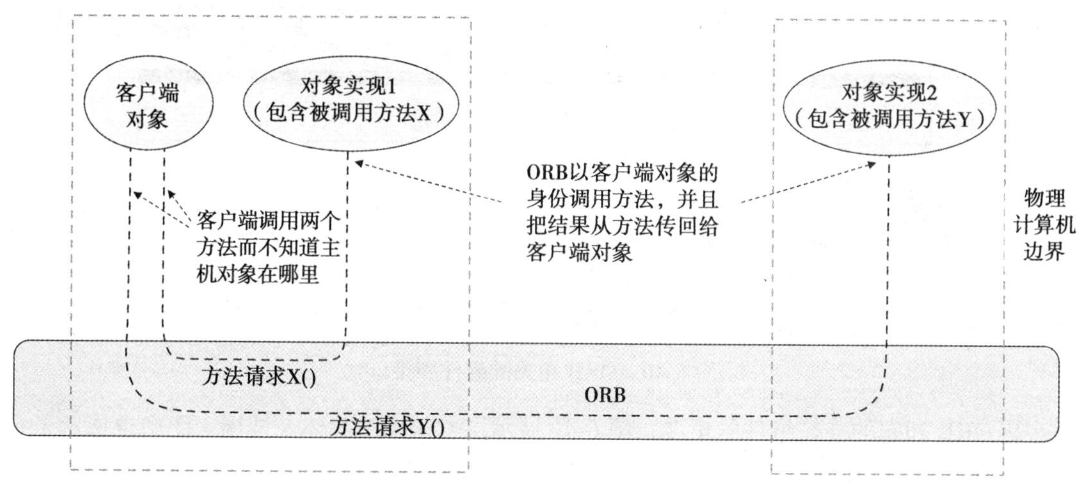

图 6-39 对象请求代理，提供了一个支持方法调用的透明连接服务

图 6-39 展示了一个方法调用的简化表示。其中，客户端对象发起了两个针对其他对象的方法调用。图中，只展示了 ORB 特性，而没有展示中间件的其他组件。客户端对象并不了解这些方法（实现对象）宿驻主机的位置。该图说明，这些实现的对象不管是本地，还是远程，都没有影响；ORB 透明地处理了方法调用。

正如图 6-39 中的例子所指出，ORB 提供了多种形式的透明性。当对象（客户端）发出方法请求时，ORB 自动地定位主机对象，并调用请求方法。中间件层隐藏了平台和操作系统的异构性，有可能调用的对象是远程的（所谓的对象，可能托管在一个具有不同硬件类型，和/或运行在不同于客户端对象平台操作系统的物理平台上）。当把参数传递给被调用的方法时，中间件采用一种特殊的 IDL 格式。这意味着，对象可能使用不同语言编写，不
454 同语言又使用不同的调用语义，这些都不会影响方法调用。

由 ORB（由 CORBA 的其他组件支持实现）提供的透明性概括如下：

- 访问透明性。主调对象不需要知道被调对象是本地还是远程。无论它们相对主调对象是本地还是远程，对象调用均采用相同的方式。
- 位置透明性。在调用该对象的方法时，被调对象的位置未知，也不需要客户端对象知道。在传回结果时，被调对象也不需要知道主调对象的位置。
- 实现透明性。多个对象一起互相操作，尽管它们可能用不同的编程语言编写，或者，驻留在不同硬件平台或不同的操作系统构成的异构环境。
- 分布透明性。隐藏了通信网络。中间件负责在参与的计算机之间建立低层（传输层）连接，使用位于 TCP 之上的自定义的特殊协议，管理所有对象层通信。在对象层，提供了单一平台的错觉，以便在所有对象眼里，其他对象都像在本地。

图 6-39 隐藏了许多细节，例如，CORBA 的实际体系结构和用来发起方法调用的实际机制。除了 ORB，还有一些其他的组件和接口，如图 6-40 所示。

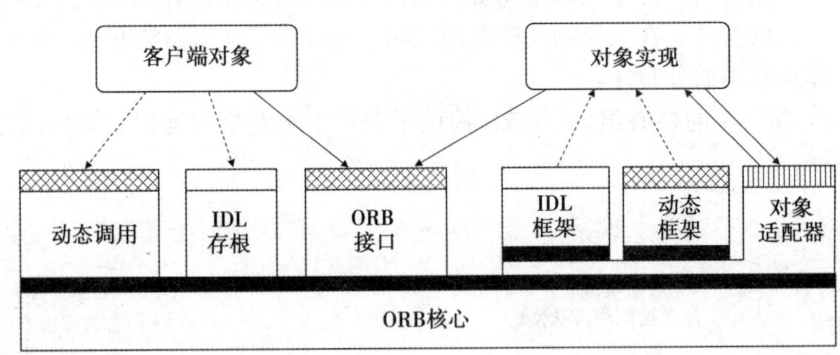

图 6-40　ORB 相关的组件和接口

从 ORB 和它的支撑组件的角度，图 6-40 展示了 CORBA 的体系结构。图中也展示了几种不同的接口，分为两类：内部组件之间的接口，以及针对应用程序对象的外部接口。支持两种可选的方法调用形式：静态和动态，分别包括一组不同的组件。可选路径在图中用虚线

箭头表示。下面小节提供了 CORBA 中不同组件的作用和行为，以及发生在这些组件间的交互细节。 455

2. 对象适配器和框架

对象适配器是一种特殊组件，用于 CORBA 机制与实现对象（也就是说，该对象的方法将被调用）之间的接口。除了实际调用被请求的方法外，对象适配器还执行一些预备操作，包括以下几点：

- 实现激活或失活。当请求到达 ORB 时，被请求的应用程序组件（该组件驻留了包含被调用方法的对象）也许还没有处于运行状态（实例化）。如果发生了这种情形，在没有基于中间件的应用程序中，其客户端组件试图连接未运行的服务器，则该调用将失败。使用 CORBA 后，在真正发起方法请求之前，在这种情况下，对象适配器有机会先实例化服务组件。在方法被调用后，有可能应用程序组件保持运行，也有可能适配器使之失活。这取决于服务器的激活策略（见后文）。
- 对象引用映射到实现。维护了一组映射，包括由各实例化的应用程序组件提供的对象的 ID。
- 实现注册。维护了一个到实例化应用程序组件的物理位置的映射。
- 对象引用的生成和解释。当接收到一个针对特定方法调用的请求时，ORB 定位需要的特定服务实例。做到这一点，需要把两个映射关联在一起。第一个是需要的对象 ID 到特定组件的实现的映射，第二个是实例化的组件到其位置的映射。
- 对象的激活和失活。一旦对象的服务宿驻组件被实例化，它就可能需要独立地实例化特定对象（本质上，是通过为该对象创建一个实例，并调用它的构造函数）。 456

一旦全部准备步骤完成，借助于对象的框架就能调用被请求的方法。框架是一个服务器端的对象专用接口，它真正执行方法调用。框架执行 3 项功能：保留对象请求和响应的语义，通过将参数从 IDL 表示形式转换成必要的对象表示形式（这依赖于服务器对象的实现语言），并将响应消息转换回到 IDL 表示形式；从服务器对象的角度看，它使得远程调用表现为本地调用；它负责与方法调用层面的相关网络连接，以屏蔽服务器应用程序逻辑方面的对网络连接的依赖性。

在图 6-41 中，以应用程序示例的形式，阐述了对象适配器和框架的联合操作，其中包括框架的用法，借用了机器人手臂应用的例子的相关场景。在所示场景中，客户端对象发出请求，希望通过调用 open-gripper 方法打开机器人手臂抓手。也不知道服务器实现组件的激活状态，因为服务器中宿驻了包含该方法的对象。在该场景中，服务器实现还没有实例化，所以对象适配器（实例化）必须先激活应用程序组件，组件中包含了机器人手臂控制（Robot-Arm-Control）对象（图中步骤 1）。在步骤 2 中，新启动的组件先在存储库中注册以便后续的服务请求能够定位到它（否则，每个新请求可能会导致一个专用组件实例的实例化）。在步骤 3 中，机器人手臂控制对象已激活（从本质上讲，这意味着，调用了构造器，正确创建了一个类的对象实例）。在步骤 4 中，open-gripper 方法使用预先创建好的该对象的客户框架专用接口（实际上，该框架代表远程客户端对象，执行了一个本地方法调用）。服务器对象的响应是，将调用结果传回给框架，就像框架是客户端。从应用程序开发者的角度来看，这是分布透明性非常重要的特性：服务器对象以为它正在被本地调用的事实，意味着服务器开发者不需要特殊考虑通信特性。 457

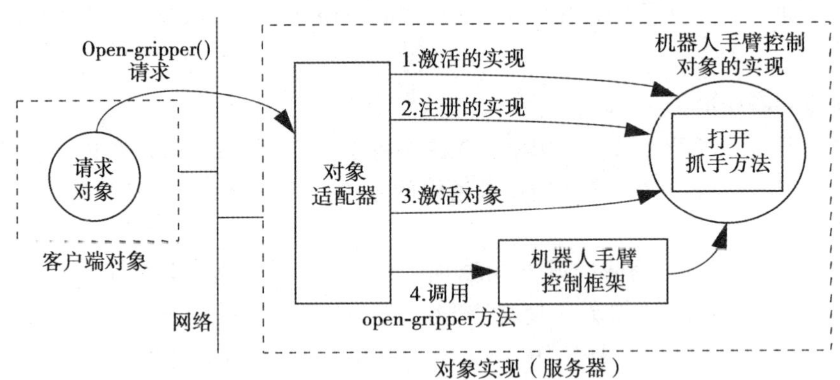

图 6-41　方法调用的对象适配器管理

3. CORBA 对象服务器和激活策略

有几种可以在 CORBA 中实现的对象服务器类型。它们根据激活策略来划分。这些策略描述了对象实现和对象激活的方式。不同的激活策略如下：

- 共享服务器策略。当其中一个对象接收到一个请求时，对象适配器首次激活既定的服务器进程。然后，该服务器保持激活状态。一个服务器中，也许实现了多个对象。
- 非共享服务策略。该服务器可能仅实现了一个对象，除此之外，其他方面与共享服务器策略一样。
- 按方法的服务器策略。针对每个方法请求，都会动态地启动一个新的服务器进程。一旦该方法执行完毕，服务器就终止。
- 持续的服务器策略。服务器在对象适配器之外初始化。对象适配器也用于将方法请求路由到服务器上。在这种场景中，如果一个针对对象方法的请求发生了，而该对象的服务器还没有运行，则该调用将会失败。

4. CORBA 的存储库

CORBA 使用两个数据库跟踪系统的状态：

- ORB 和对象适配器使用实现存储库来跟踪对象服务器和它们的运行时实例。换句话说，它是一个动态的数据库，记录服务器进程是否已经真正实例化（正在运行），以及那些正在运行的服务器应用的位置细节，以便能够转发请求给它们。
- 接口存储库是一个包含每个类的相关方法描述的数据库。细节以每个方法的接口的 IDL 描述形式保存（该接口是编程语言无关的）。这个数据库在动态方法调用时使用，通过将每个服务器的方法原型与该请求的 IDL 描述相匹配，目的是为动态请求找到合适的服务器对象。

5. 静态方法调用

当客户端对象想发送一个请求消息给特定的对象时（设计时已知），使用静态方法调用。图 6-42 中说明了静态调用的机制。

图 6-42 说明了静态调用是如何发生的。图中所示的一系列步骤，开始于客户端标识了特定实现对象，也就是它希望发送方法调用请求的目标对象。这些步骤如下：

1）客户端对象发送请求消息。

2）传递消息给客户端存根（关联到客户端对象应用程序），它代表服务器对象（应用程序为每个可访问它的远程对象安排一个这样的存根）。

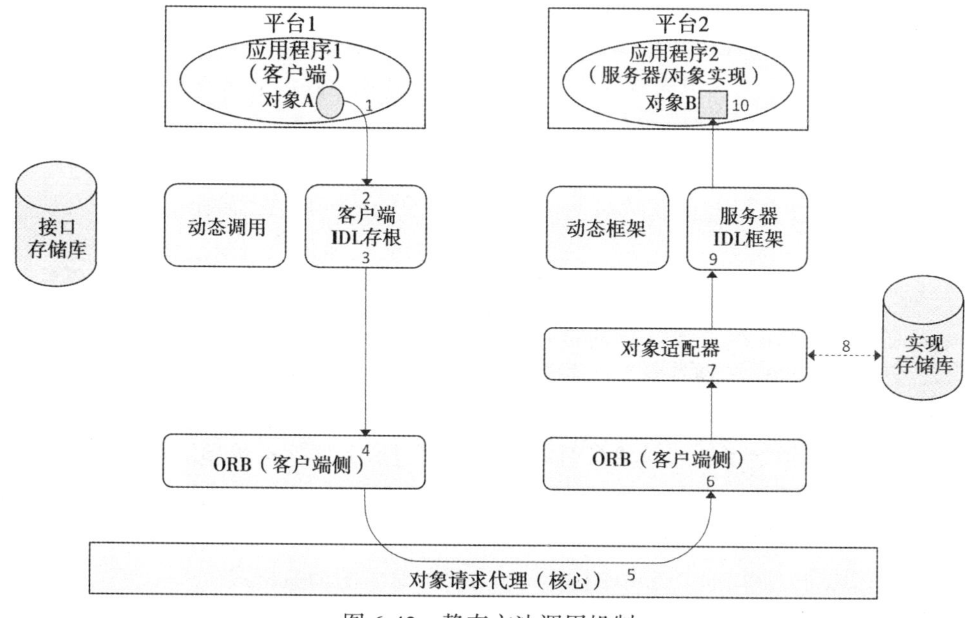

图 6-42 静态方法调用机制

3）消息被转换成 IDL 表示形式。

4）IDL 代码通过客户端侧 ORB（针对客户端平台）传递到网络。客户端侧 ORB 由该应用程序可能使用的本地服务组成（例如，为了跨网络进行类型安全的传输，它可能转换一个对象引用到字符串）。 458

5）通过 ORB 核心，消息在网络上传递。CORBA 强制执行严格的语法和遵循消息在网络上传递的传输模式，以确保 CORBA 实现之间的互操作性。采用的语法是通用 ORB 间协议（General Inter-ORB Protocol，GIOP），并且传输模式是 Internet 内部 ORB 协议（Internet Inter-ORB Protoco，IIIOP）。该协议在 TCP 协议上运行。

6）一旦消息到达服务器对象的平台，它由客户端 ORB（可能执行本地服务，例如对象引用格式转换）获得，并传递给对象适配器。

7）对象适配器提供了实例化服务器对象的运行时环境，并传递请求给它们。

8）对象适配器搜索实现存储库，找到一个需要的服务器对象的已经在运行中的实例，或者（否则，如果没有找到）实例化它，并在存储库中注册新实例化的服务器对象。

9）对象适配器传递消息给合适的服务器框架。该框架将 IDL 消息转换成特定服务器对象的消息格式。

10）服务器对象接收消息，并按要求执行。

6. 动态方法调用

当客户端对象请求服务（通过描述）时，并不知道特定对象的 ID，或能满足请求的对象的类，所以需要使用动态方法调用。动态方法调用支持对应用程序的运行时配置，其中，组件之间的关系并没有在设计时确定，这就是说，组件没有紧密耦合（见第 5 章中关于组件耦合的讨论）。 459

图 6-43 示例了动态方法调用是如何发生的。图中所示的一系列步骤的起点是，客户端

标识了它希望发送方法调用请求的特定的实现对象。步骤如下：

1）客户端对象发送消息给动态方法调用工具。

2）动态方法调用工具访问接口存储库（一个运行时数据库），其中盛放了与不同对象相关联的IDL方法描述。动态方法调用工具标识一个或多个能满足请求方法的对象。

3）请求被转换为IDL代码，并路由给这些对象。

4）IDL代码通过客户端侧ORB（对客户端平台而言）传递到网络。

5）通过ORB核心，消息在网络上传递，使用GIOP和IIOP协议，就像静态调用机制一样。

6）客户端ORB接收到消息（这次是在服务器对象的平台）。

7）消息通过对象适配器传递给合适的对象（该对象可能需要实例化）。

8）对象适配器搜索实现存储库，找到已经运行的被请求服务器对象，或者（否则），实例化服务器对象，并在存储库中注册它。

9）如果在服务器上找到的对象有IDL框架，通过服务器框架传递消息，从而将IDL代码翻译成目标（服务器）对象的消息格式。

10）在更复杂的情况下，如果服务器对象没有合适的框架，动态框架工具动态地为服务器对象创建框架，并翻译IDL代码成目标（服务器）对象的消息格式。

11）服务器对象接收消息，并据此动作。

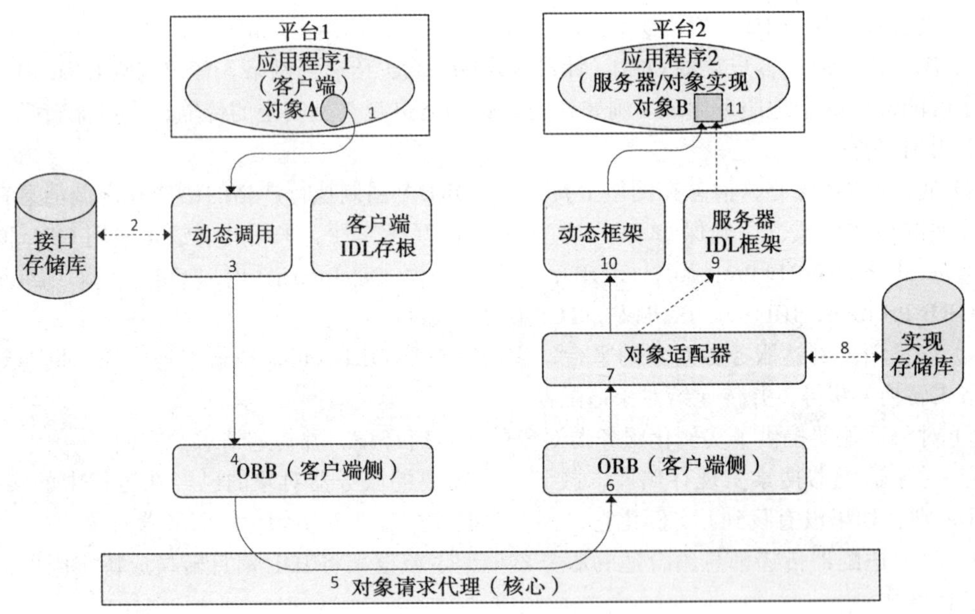

460

图6-43 动态方法调用机制

7. OMG接口定义语言（IDL）

中间件（例如CORBA）使用IDL，在应用程序交互性方面是一个非常给力的概念，特别是，解决了使用不同编程语言编写的对象之间的互操作性问题（因此达到实现透明性）。CORBA使用OMG IDL，是一个支持多种目标语言的IDL实例，它支持的语言包括C、C++和Java。

使用OMG IDL描述访问的对象接口，以便能够调用它们的方法。IDL描述完整地无二义性地定义了组件调用接口的所有特性，包括参数、参数类型，以及每个参数的传递方向（进入方法中，还是从方法中返回）。使用这些接口定义，客户端组件能够在远程对象上进行方法调用，而不必知道该远程对象的编写语言，也无需知道该功能的实现细节；IDL 描述并不包括方法的内部行为。

在代码自动生成期间（见下文），需要 IDL 接口定义，以便能够自动地生成存根和框架，并编译到应用程序代码。这消除了应用程序开发者对通信和互操作作方面的关心，而只需要关注组件的业务逻辑，就像所有调用都发生在本地对象之间。

同样，关于 IDL 的进一步讨论，见后面一节。

8. CORBA 应用程序开发

像 CORBA 这样的中间件，为应用程序开发者提供了设计时的透明性，并为应用程序和对象提供了运行时的透明性。CORBA 的使用简化了应用程序开发者在构建分布式应用程序中的角色，因为它方便了部件之间的互操作，还提供了负责网络和连接方面的机制。

应用程序的开发方法鼓励开发者编写它们的代码时，就像所有组件都在本地运行一样，因此，并不需要任何网络支持。开发者仍然需要负责关注点分离，并将应用程序逻辑在不同部件上恰当地分布。如果组件间存在设计时已知的静态关系，这些就是内置的（这意味着，在运行时使用静态调用机制）。例如，如果某个特定组件 X 已知需要与组件 Y 联系，以执行某些特定的功能，那么，这个关系将内置于应用程序逻辑中，就像非分布式应用程序中嵌入的对象之间的静态关系一样。

然而，应用程序开发者必须执行一个附加步骤，使用 OMG IDL 描述组件间的接口。

9. CORBA 自动代码生成

用户提供的 IDL 代码指明了对象的接口，从而定义了如何调用它们的方法。基于 IDL 定义，IDL 编译器生成客户端存根和服务器实现框架。

存根和框架提供了对象和 ORB 间的对象专用接口，如图 6-40 所示。值得注意的是，这避免了应用程序开发者编写任何通信代码的需要，并且，因为不同的 CORBA 组件和机制提供的透明性，应用程序开发者也不需要关心任何分布特性，例如，对象的相对位置或者相对 461
距离和网络地址。存根和框架自动地包含了对象和 CORBA 机制之间必要的链接，自动地处理了实际的网络通信。

ORB 和对象适配器使用服务器实现框架，以便发起对实现的方法的调用。IDL 定义为对象适配器提供了针对每个特定方法调用需要的格式。

图 6-44 示例了 CORBA 应用程序开发中的基本的步骤。它简化了开发者的角色，因为分布性、网络连接，以及连接的复杂性等，都由 IDL 驱动的 CORBA 的机制自动地处理了。

6.11.2 接口定义语言

IDL（接口定义语言）方法将接口部分程序代码与实现部分程序代码分离。这对分布式系统极其重要，因为这是两种不同类型的关注点，理想情况下，应该以不同的方式处理。应用程序开发者需要关注应用程序行为的业务逻辑方面（也就是实现部分）。接口与实现分离，通过中间件服务，方便了接口相关方面的自动化，例如连接和通信功能。

现在有多种不同的 IDL，用于特定的中间件，但它们所扮演的角色、使用的方式以及它们的语法往往是相似的。例如，CORBA 使用 OMG IDL，而微软定义 Microsoft IDL（MIDL），主要目的是和它的其他技术一起使用，例如 OLE、COM 和 DCOM。

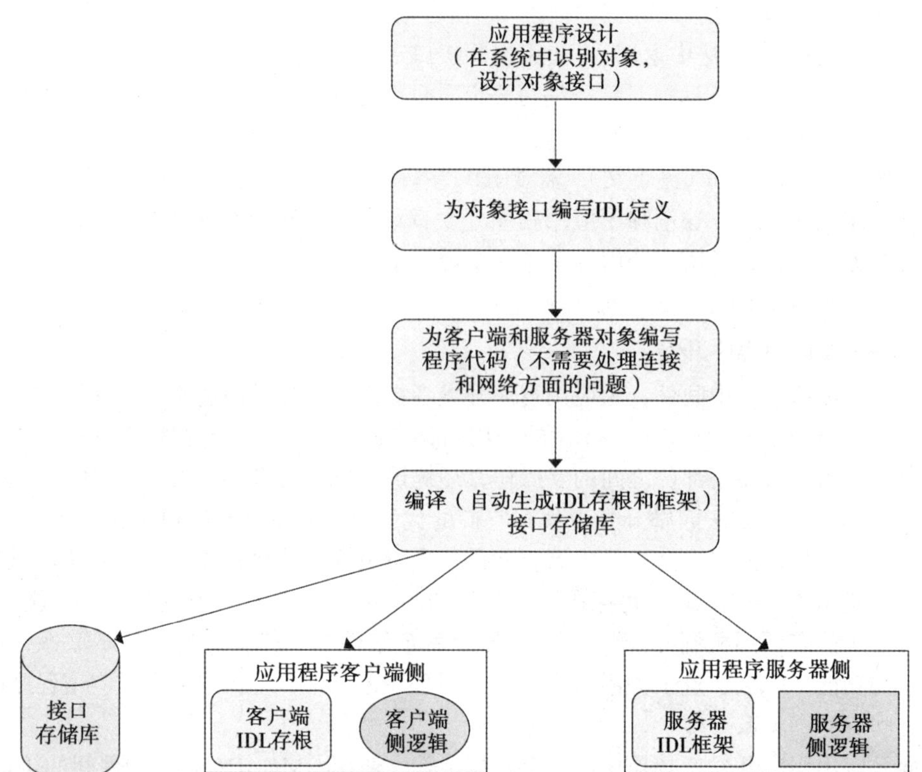

图 6-44 开发 CORBA 应用程序的步骤序列

IDL 设计为与编程语言无关，也就是说，它定义了组件的接口，仅与方法的名称和参数类型有关（传入或传出），无论方法是使用 C++、C#、Java，或者其他语言编写。IDL 明确地定义了每个参数的类型和方向。支持的类型值与通常的大多数语言一样，包括 int、float、double、bool 和 string。方向被明确定义（作为方法的输入（in），方法的输出（out），或者传入并被修改的参数，以及新值输出（in，out）），而不是隐式表示。在隐式表示中，参数的位置另外使用了特殊符号（例如 * 和 &），表明了参数的使用方式。（in，out）参数在传统 C 语言中的用法例子是，一个值以引用方式传入方法，因此，允许被调用方法修改该变量（这是同一个变量实例，对主调方法可见，所以值的改变将在调用返回时可见）。除了参数的基本描述外，IDL 还能够提供附加的约束条件（如最大和最小值）。图 6-45 用一个简单的例子介绍了 IDL 的使用。

图 6-45 提供了一个 OMG IDL 语法方面非常简单的例子。图 6-45a 展示了 C++ 头文件中名为 SimpleMathUtils 的简单类。其中展示了两个简单成员函数声明。图 6-45b 展示了等价的 OMG IDL 描述。值得注意的是，IDL 表示形式与 C++ 头文件格式非常类似。如果你认为头文件实际上就是接口规格说明，并不包含实现细节，这并不奇怪。在所示特定的例子（C++）中，IDL 使用接口这个术语取代类，并在每个列出的参数前面放置参数的方向，来避
462～463 免某些面向语言的隐式含义。IDL 确实在方法名左边使用关于参数的隐含说明，其中用它的位置来暗示这是一个输出参数（就像许多高级语言中的用法）。

应用程序逻辑的实现包含在组件自身中，没有暴露在它的接口上，因此 IDL 并不需要描述其实现。对于图 6-45 所示的例子，在 IDL 表示中，并不展示“加法”方法如何工作。

这个细节在主调组件中不需要，它仅需要在接口定义中展示的信息，目的是调用该方法，正因为这个原因，IDL 没有语言结构来描述对应的实现过程。

```
class SimpleMathUtils
{
...
int Add2(int iFirst, int iSecond);
float Add3f(float fFirst, float fSecond, float fThird);
...
}
```

a) C++类头部的一部分，展示了两种方法原型

```
interface SimpleMathUtils
{
...
int Add2(in int iFirst, in int iSecond);
float Add3f(in float fFirst, in float fSecond, in float fThird);
...
}
```

b) 用OMG IDL的等价表示

图 6-45　对编程语言的专用接口定义和 IDL 定义的对比

图 6-45 中，同一个接口的两种表示形式之间最大的差别是，面向 C++ 语言的接口定义只能被 C++ 编译器理解，因此，只有另一个使用 C++ 编写的组件才能够调用该方法。IDL 表示允许任何它支持的语言（很多），所以，这种情况下，使用 C++ 开发的 SimpleMathUtils 服务器对象，对于调用其中方法的客户端对象的开发语言没有设置任何限制。

6.11.3　可扩展标记语言

可扩展标记语言（Extensible Markup Language，XML）是一个标准的、平台独立的标记语言。该语言为数据编码定义了格式规则。它最大的优势是，为应用程序中使用的结构数据提供了一个无二义性的表示方式，尤其是，作为存储数格式和消息中的通信格式。

XML 跨不同平台的可移植性，使它适合在分布式系统中表示数据，克服异构性。XML 也是可扩展的，这使得在基本语言的基础上，能够创建面向应用程序和面向领域的应用程序的语言变体。典型的例子是，化学标记语言（Chemical Markup Language，CML）。它被用来以标准化的和无二义性的文档格式，描述复杂的分子结构。XML 的特点使得它在许多应用程序中广泛应用，还作为数据表示方法的备选方案，用于其他协议，例如 SOAP 和 Web 服务。图 6-46 提供了一个使用 XML 编码结构化数据的简单例子。 464

```
<?xml version="1.0" encoding="UTF-8"?>
<CUSTOMER_LIST>
  <CUSTOMER>
    <CUST_ID> 000129365</CUST_ID>
    <CUST_NAME>John Jones</CUST_NAME>
    <CUST_ADDR>Victoria British_Columbia Canada</CUST_ADDR>
    <CUST_DOB>10_February_1976</CUST_DOB>
  </CUSTOMER>
  <CUSTOMER>
    <CUST_ID> 000031348</CUST_ID>
    <CUST_NAME>Mary Smith</CUST_NAME>
    <CUST_ADDR>Leeds Yorkshire England</CUST_ADDR>
    <CUST_DOB>22_May_1954</CUST_DOB>
  </CUSTOMER>
  <CUSTOMER>
    <CUST_ID> 000245170</CUST_ID>
    <CUST_NAME>Pierre Vert</CUST_NAME>
    <CUST_ADDR>Paris France</CUST_ADDR>
    <CUST_DOB>17_October_1982</CUST_DOB>
  </CUSTOMER>
</CUSTOMER_LIST>
```

图 6-46　一个简单的应用程序例子中的 XML 编码

图 6-46 示例了 XML 如何提供一种简单的方式，以无二义性的方式编码复杂的数据结构。数据表示格式不仅在计算机程序中容易被解析，而且对人也是

可读的，这大大提高了可用性。例如，可选的能想到的简单格式是，比如，逗号分隔的文件，其中，每个数据域用分隔符（如逗号）分隔，列表中的位置代表了每个域的含义。这在图 6-47 中说明。

```
*CUSTOMER_LIST;
000129365,John Jones,Victoria British_Columbia Canada,10_February_1976;
000031348,Mary Smith,Leeds Yorkshire England,22_May_1954;
000245170,Pierre Vert,Paris France,17_October_1982;
```

图 6-47 逗号分隔的列表格式——用于对比 XML

图 6-47 给出了和图 6-46 中相同的数据编码，不过是用一个简单的逗号分隔列表格式。在这个例子中，数据域分隔符是一个逗号，行分隔符是一个分号。相对于 XML 格式，逗号分隔列表格式的优势是：逗号分隔符列表格式更高效。但是，XML 具有几种优点：1）它保持了数据的结构。2）它显式地命名了每个数据域，使得格式更可读。3）它支持在单个数据记录中存在相同类型的多个数据项的重叠，例如，假设要扩展客户数据，编码客户的手机号，对比 XML 格式和逗号分隔表示两种形式，XML 格式能够更容易地处理客户具有 0 个、1 个或更多个电话号码的情形，因为明确地标记了每个条目的命名。然而，逗号分隔格式使用位置来表示含义，所以重复或省略字段的编码都没有这么容易。

6.11.4 JavaScript 对象表示法

JSON（JavaScript Object Notation，JavaScript 对象表示法）是一种有效的基于 JavaScript 的一个子集的数据交换格式，人类可读，并且程序能够直接地创建和解析。JSON 非常适合用于分布式系统，因为它使用了与编程语言无关的文本性数据表示，并因此为使用多种编程语言的系统提供了透明性实现。JSON 是一种在 Web 应用程序中流行的数据交换格式。

JSON 脚本分两层组织。外层包含一个对象列表。其中，每个对象都被表示为一组记录，每组记录表示为用逗号分隔的“名称 - 值”对的无序列表。JSON 通常比 XML 更简洁，是在更简单（未加工的）格式（例如逗号分隔的列表）和高度结构化的 XML 之间的折中。图 6-48 中提供了一个 JSON 格式的应用程序例子，使用了与图 6-46 与图 6-47 相同的客户应用程序。

```
JSON example
{" CUSTOMER_LIST ":[
  {"CUST_ID":"000129365", "CUST_NAME ":"John Jones", "CUST_ADDR ":"Victoria British_Columbia  Canada ", "CUST_DOB":"10_February_1976 "},
  {"CUST_ID":"000031348", "CUST_NAME ":"Mary Smith", "CUST_ADDR ":"Leeds Yorkshire England ", "CUST_DOB":"22_May_1954 "},
  {"CUST_ID":"000245170", "CUST_NAME ":"Pierre Vert", "CUST_ADDR ":"Paris France", "CUST_DOB ":"17_October_1982 "}
]}
```

465 图 6-48 简单应用程序例子中的 JSON 编码

图 6-48 显示了一段 JSON 脚本，定义了单个 CUSTOMER_LIST 对象，其中包含了一个 3 条客户记录的数组。例子示例了 JSON 与逗号分隔列表格式共享某些高效特性，同时也保留了 XML 的显示标记特性，使得它既在有重复数据域或省略域值的复杂数据表示方面更灵活，也提高了人类的可读性。与 XML 的做法相比，JSON 对数组和列表的使用更自然地匹配了大多数编程语言中使用的数据模型，也因此，它能够更高效地解析。

6.11.5 Web 服务与 REST

Web 服务是一个通信接口，是广泛用于万维网（Web）的标准 Internet 协议，在分布式系统中支持互操作，因此自然是平台独立的。Web 服务描述语言（Web Service Description Language，WSDL）用于描述 Web 服务（WSDL 是基于 XML 的 IDL 的一种类型）的功能。

客户端使用简单对象访问协议（Simple Object Access Protocol，SOAP）与 Web 服务通信，这也是一个平台无关的标准（见后文）。SOAP 消息本身使用 XML 编码，并使用 http 传递，这是两个进一步标准。访问服务使用其 URL，描述了该特定的服务，也描述了主机的地址。

其中，Web 服务的一个主要类型是 REST-compliant。这些 Web 服务使用一组固定的操作：PUT（创建）、GET（读取）、POST（更新）和 DELETE，来操作 Web 资源的 XML 表示（见下面的“表示状态转移（REST）”）。还有一类特制的 Web 服务，它不受 REST 规则的约束，有可能暴露任意一组操作。图 6-49 展示了 Web 服务应用程序的一个简单例子。

```
<%@ WebService language="C" class="CustomerDetails" %>

using System;
using System.Web.Services;
using System.Xml.Serialization;

[WebService(Namespace="http://www.widgets.org/customerdetails/WebServices/")]
public class customerdetails : WebService
{
  [WebMethod]
  public String GetCustomerName (String CustomerID)
  {
    ...
    return CustomerName;
  }
  [WebMethod]
  public String GetCustomerAddress (String CustomerID)
  {
    ...
    return CustomerAddress;
  }
  [WebMethod]
  public String GetCustomerDOB (String CustomerID)
  {
    ...
    return CustomerDOB;
  }
}
```

图 6-49　一个简单的 Web 服务应用程序例子

图 6-49 示例了一个简单的 Web 服务，继续前面章节中相同的客户细节应用程序场景。例子展示了一个无状态 Web 服务，使用了三种 GET 方法，{GetCustomerName，GetCustomer Address，GetCustomerDOB}。方法请求用字符串值 CustomerID 参数化。换句话说，Web 服务不需要存储任何客户端或客户请求相关的状态，所有必需的信息都自我包含在请求信息中。这是促成 Web 服务的规模可扩展性的重要特性。

表示状态转换（REST）

REST 是一组指导性原则，旨在确保应用程序（例如 Web 服务），在简单性、性能和扩展性方面的高质量。遵循 REST（或采用 REST）的 Web 服务，必须具有客户端－服务器体系结构，并使用一种无状态通信协议，例如 http。

采用 REST 的应用程序的设计需要遵守以下 4 个设计原则：

- 通过 URI 标识资源：通过 REST 的 Web 服务访问的资源，应该由 URI 标识。URI 表示一个遵循 Web 相关的全球地址空间。

- 统一接口：一组固定的 4 个操作：PUT、GET、POST 和 DELETE，分别用来创建、读取、更新和删除资源。这种限制确保了干净、整洁，并成为普遍理解的接口。
- 自描述的消息：资源需要以各种不同的格式表示，取决于对它们的操作方式和如何访问它们的内容。这要求，消息中资源的表示与实际的资源本身解耦，并且，请求消息和响应消息分别标识资源本身，要么是哪个操作将被执行，要么是执行完成后
466 的资源结果值。
- 借助超链接的有状态交互：Web 服务本身，以及每个服务器端与资源的交互，都应该是无状态的。这需要请求消息必须是自包含的（也就是说，请求消息必须包含足够的信息，为请求提供上下文，以便服务能够明白其意图，而不需要任何额外的服务器端预存的状态，这些状态与客户端或者特定的请求相关）。

6.11.6 简单对象访问协议

SOAP（简单对象访问协议）使异构系统中的连接变得容易，它用于 Web 服务间交换结构化信息。它使用了多种标准的 Internet 协议，来实现独立于平台和操作系统的消息传输和消息内容表示。消息传输通常基于超文本传输协议（http）或简单邮件传输协议（Simple Mail Transfer Protocol，SMTP）。

http 和 XML 用来以世界公认的和无二义性解释的格式实现信息交换。SOAP 定义了 http 头部和 XML 文件应该如何编码，来创建请求消息和相应的响应消息，以便分布式应用程序的组件之间能够通信。图 6-50 示例了在一个简单的应用程序例子中的 SOAP 使用。

```
POST /customerdetailsHTTP/1.0
Host: www.widgets.org
Content-Type: application/soap+xml; charset=utf-8
Content-Length:nnn

< ?xml version="1.0"?>
< soap:Envelope
xmlns:soap="http://www.w3.org/2001/12/soap-envelope"
soap:encodingStyle="http://www.w3.org/2001/12/soap-encoding">

  <soap:Bodyxmlns:m=" http://www.widgets.org/customerdetails ">
    <m:GetCustomerName>
      <m:CustomerID>000129365</m: CustomerID>
    </m: GetCustomerName>
  </soap:Body>
< /soap:Envelope>
```

a) SOAP请求（从ID得到客户的名字）

```
HTTP/1.1 200 OK
Content-Type: application/soap+xml; charset=utf-8
Content-Length: nnn

< ?xml version="1.0"?>
< soap:Envelope
xmlns:soap="http://www.w3.org/2001/12/soap-envelope"
soap:encodingStyle="http://www.w3.org/2001/12/soap-encoding">

  <soap:Bodyxmlns:m=" http://www.widgets.org/customerdetails ">
    <m: GetCustomerNameResponse>
      <m: CustomerName>John Jones</m: CustomerName>
    </m: GetCustomerNameResponse>
  </soap:Body>
< /soap:Envelope>
```

b) SOAP响应（返回请求的客户名字）

图 6-50 简单应用程序中的 SOAP 编码

图 6-50 提供了一个简单的应用程序例子，来说明 SOAP 结合 HTML 和 XML，定义请求和响应消息的清晰格式的方式。图 6-50a 展示了 SOAP 请求，基于提供的客户 ID 值来获取客户的名字。这是一种 http POST 请求类型。在消息中，XML 编码格式用来表示请求消息的数据结构。图 6-50b 展示了相应的响应消息。

6.12 分布式系统的确定性和不确定性

本质上，确定的行为意味着可预测。如果我们知道确定的功能的初始条件，我们就可以预测输出结果，无论结果是一个行为，还是计算结果。

有些系统中，存在大量的相互作用的组件和不能精确预测未来状态的随机性来源，会出现不确定行为。自然界的系统往往是不确定的，例子包括：昆虫部落的行为、天气系统，以及物种群体的规模等。人类相关的不确定系统的例子包括经济和群体行为。这些系统对它们 467~468
的起始条件和发生在系统内部的实际交互顺序敏感，甚至有可能对这些交互行为的持续时长敏感。对于这样的系统，它通常可能能够预测期望结果的范围，有不同的置信等级，而不是一个可知的特定结果。不确定性系统的计算机模拟可能不得不运行多次，以获得有用的结果。其中，每次运行都采用略微不同的开始条件，并产生一个可能的结果。结果集合中的模式可能用来预测最大可能的未来可能性。

例如，天气预报算法十分复杂，为预报一个天气序列，使用了大规模数据集作为其起始点。它实际上是一个模拟，根据当前和近期天气条件计算未来的状态序列。可能会调优一些参数，能够影响算法对输入数据特性的敏感性。由于有很多影响天气预报准确性的因素，我们也不可能获取到与全体采样等精度的所有需要的数据（传感器和 / 或它们的布置，可能并不能完美），结果中总是会出现一个错误的元素。如果我们只让模拟过程运行一次，我们有可能会得到一个非常好的预测结果，但也有可能得到一个非常糟糕的结果（因为在天气系统中，对特定的天气历史和不同范围的动力学机制，有不同的敏感度）。因此，尽管我们可能得到了我们想得到的最好预测结果，我们也不能确信当前结果就是准确的。如果我们很轻微地改变调优参数，随后再次运行模拟，我们可能会得到一个近似的或截然不同的结果。使用略微不同的配置，多次运行模拟，我们将得到大量的模拟结果。期望的情形是，这些结果值比较集中。这样，如果采用某种形式的平均，它们就提供了对未来天气的真正表现的一个很好的近似。这是一个不确定性计算的例子，希望产生一个有价值的结果。

分布式计算机系统本身就是复杂系统，包含许多相互作用的部分。不确定性行为的产生，是由于系统中存在大量的不可预测特性。例如，网络流量水平持续波动，会导致产生不同的队列长度，这反过来会影响数据包的延迟，以及影响数据包的丢弃概率，因为可能队列已满。甚至一个单独的硬件组件也能导致不确定行为，比如，一块硬盘的操作。硬盘寻道时间依赖旋转延迟，这取决于硬盘开始寻道的起点，同时，还取决于当前磁道和磁头移动的目标轨道之间的相对距离。这些起始条件的变化会影响从硬盘中读取的每个块，因此，每次硬盘读取时间都很可能有变化，而不是严格相等。即使一个简单进程的运行时间也依赖于操作系统做出的低层调度决策序列，这反过来依赖于当前的其他进程的设置和这些进程的行为。因此，多次执行一个进程可能导致不同的运行时长，这源自多种差异性的组合影响，包括调度决策、磁盘访问延迟、通信延迟等。

对于分布式应用程序和分布式系统的设计者和开发者，其经验是：即使你的算法在其操作过程中是完全确定的，而且即使你的数据是完整和准确的，其底层计算系统和网络也是不完美的，也不能完美地预测。在任何时候，组件故障都可能发生，网络消息也可能被损坏，处理主机上的负载也可能突然改变，导致服务的延迟增加，等等。寻找消除所有不可预测行
469 为的努力是徒劳的，并且确定论的假设也是危险的。你不能消除一些特定类型的错误，也通常不能预测它们。相反，应该更多地把设计心思投入应用程序的健壮性和容错能力上。

6.13 章末练习

6.13.1 问题

1. 规模可扩展性和交互复杂性。
   (a) 在一个系统中，每个组件都与系统中大约一半的其他组件交互，它的交互复杂性的等级是什么？
   (b) 发生的独立交互数量的计算公式是什么？
   (c) 如果系统中有 10 个组件，会发生多少次独立交互？
   (d) 如果系统中有 50 个组件，会发生多少次独立交互？
   (e) 如果系统中有 100 个组件，会发生多少次独立交互？
2. 规模可扩展性和交互复杂性。
   (a) 在一个系统中，每个组件都与系统中大约 4 个其他组件交互，它的交互复杂性的等级是什么？
   (b) 发生的独立交互数量的计算公式是什么？
   (c) 如果系统中有 10 个组件，会发生多少次独立交互？
   (d) 如果系统中有 50 个组件，会发生多少次独立交互？
   (e) 如果系统中有 100 个组件，会发生多少次独立交互？
3. 规模可扩展性。
   评价 Q1 和 Q2 中描述的两个系统的相对规模可扩展性。
4. 实现透明性。
   (a) IDL 如何对实现透明性有贡献？
   (b) 为什么 IDL 仅包含接口定义，而不包含实现细节？
5. 并发透明性。
   (a) 在针对共享资源提供并发访问时，主要的挑战是什么？
   (b) 事务如何对并发透明性有贡献？
6. 位置透明性。
   (a) 为什么位置透明性是分布式应用程序中最通用的需求？
   (b) 名称服务如何对位置透明性的实现有贡献？
7. 复制透明性。
   (a) 数据复制和服务复制的主要动机是什么？
   (b) 在实现复制时，主要挑战是什么？
   (c) 两阶段提交协议如何对实现健壮的复制机制有贡献？

6.13.2 编程练习

编程练习 D1 这个编程练习的挑战涉及目录服务的使用，以提供位置透明性。尤其是，它包括使用在活动 D1（内置于分布式系统版 Workbench）中的目录服务。

编程任务：修改用例游戏的客户端和服务器组件，以便服务器能够在目录服务中注册；并且，客户端能够随后使用目录服务，获得游戏服务器的 IP 地址和端口细节：

470
- 对于服务器端：你需要考虑游戏服务器在什么时候向名称服务器注册。这最好在游戏服务器初始化期间自动地完成。

- 对于客户端：有两种途径供你选择：你可以在客户端用户界面上设计一个按钮“contact directory serivce”；或者，一种透明性更好的方法是，当游戏客户端启动时，自动地连接目录服务。

提醒：目录服务可以从分布式系统版 Workbench 中运行。

目录服务的接口定义如下：

协议：UDP。

端口号分配：From_DIRECTORY_SERVICE_PORT 8002

应用程序客户端必须监听该端口，因为会发送 DirectoryServiceReply 消息，作为对 RESOLVE 请求消息的响应。

To_DIRECTORY_SERVICE_PORT 8008

应用程序客户端使用该端口发送 RESOLVE 消息给目录服务（使用广播）。

应用程序服务器使用该端口发送 REGISTER 消息给目录服务（使用广播）。

消息结构：作为 RESOLVE 请求消息的响应，由目录服务返回的消息结构如图 6-51 所示。

```
struct DirectoryServiceReply {    // Requested service address
    unsigned char a1;             // IP address byte 1
    unsigned char a2;             // IP address byte 2
    unsigned char a3;             // IP address byte 3
    unsigned char a4;             // IP address byte 4
    unsigned int port;            // Port
};
```

图 6-51 目录服务回复消息格式

消息格式：客户端 RESOLVE 请求消息编码为一个字符串，含有“RESOLVE:server_name”，其中 server_name 最大可以包含 30 个字符。例如“RESOLVE:Game-Server”。

服务器 REGISTER 消息编码为一个字符串，含有“REGISTER:server_name:port”，其中 server_name 最大可以包含 30 个字符，且端口号表示为文本形式。例如“REGISTER:GameServer:8004”。

值得注意的是，对于两种消息格式，发送进程的 IP 地址由目录服务直接从接收到的消息头部提取。该游戏组件不必显式地发送它。

程序中提供了一个解决方案的例子：CaseStudyGame_Client_DS 和 CaseStudyGame_Server_DS。

编程练习 D2 这个编程练习中的挑战关系到使用选举算法来提供健壮性和故障透明性。尤其是，它与选举算法活动 D3 相关。 471

编程任务：实现 bully 选举算法。

bully 选举算法的操作过程已经在本章前面文字中讨论过，其中最重要的行为特性是，在任何时候，必须只能存在一个 master 状态的实例。下面是一些具体实现的指导细节：

1. 假设选举将发生在本地网络中的进程之间，因此，可以使用广播通信。
2. 假设每台计算机仅提供一个参与选举的进程，因此，进程的宿驻主机的 IP 地址能够用作选举进程的 ID（因为这是一种确保 ID 唯一性的简单方式）。

在程序 BullyElectionAlgorithm 中提供了例子方案。

6.13.3 章末问题答案

问题 1

(a) 全体 N 个组件都与 $N/2$ 个组件交互，所以，交互复杂度是 $O(N*N/2)$。

(b) 独立交互数量的计算公式是 $N*N/4$。交互数量是交互强度的一半，因为每一个交互行为，都涉及两个组件。

(c) 如果系统中有 10 个组件，将有 25 次独立交互。

(d) 如果系统中有 50 个组件，将有 625 次独立交互。

(e) 如果系统中有 100 个组件，将有 2500 次独立交互。

问题 2

(a) 全体 N 个组件都与 4 个组件交互，所以交互复杂度是 $O(4N)$。

(b) 独立交互数量的计算公式是 $2N$。交互数量是交互强度的一半，因为每一个交互行为都涉及两个组件。

(c) 如果系统中有 10 个组件，将有 20 个独立交互。

(d) 如果系统中有 50 个组件，将有 100 个独立交互。

(e) 如果系统中有 100 个组件，将有 200 个独立交互。

问题 3

问题 1 中描述的系统有一个陡峭的指数级的交互复杂度。潜在地，它对规模可扩展性造成严重的影响。问题 2 中描述的系统有一个线性的交互复杂度，因此更容易扩展规模。

问题 4

(a) 当组件使用不同的编程语言开发时，IDL 提高了互操作性。它能做到这一点，靠的是它为方法调用接口提供了一种通用的中间表示，独立于开发语言。

472 (b) IDL 仅需要以语言无关的方式表示方法调用请求，因此 IDL 只关心组件接口。IDL 并没有定义通信组件的行为或内部逻辑，所以 IDL 不需要表达任何实现细节。

问题 5

(a) 主要挑战是维护一致性。

(b) 事务避免了对共享资源的重叠访问。在每次访问或更新事件完成后，原子性、一致性、隔离性和持久性等特性共同确保系统处于一致状态。

问题 6

(a) 组件需要和其他组件通信，不管这些组件处在什么地方。要么，需要有一种自动的方式找到组件的位置，要么，替代的办法是经由中介服务发送消息到另一个组件，发送者不用知道这个组件的位置。

(b) 名称服务将组件名字（或资源名字）解析为它的地址。因此，消息发送者仅需要起始时知道目标组件的标识，而不需要知道它的位置。

问题 7

(a) 数据和服务的复制有助于健壮性、可用性、响应能力和规模可扩展性。

(b) 复制包括创建数据资源和状态信息的多个副本。这引入的潜在风险是，复制资源的不同实例之间有可能变得不一致。因此，维护一致性是实现复制的主要挑战。

(c) 两阶段提交协议确保对一个数据资源的全体复制实例执行更新，或者一个也不执行更新，以维护一致性。

6.13.4 本章活动列表

活动编号	章 节	描 述
D1	6.4.2	目录服务实验
D2	6.5.7	探索地址解析和 gethostbyname DNS 解析器
D3	6.7.5	探索选举算法的行为，并使用自动的日志记录工具

6.13.5 配套资源列表

本章正文、文内活动和章末练习直接参考了如下资源：

- 分布式系统版 Workbench。
- 源码。
- 可执行代码。

程　序	可　用　性	相关章节
目录服务——目录服务器	可执行（应用程序被内置于分布式系统版 Workbench）	活动 D1（6.4.2 节和 6.13.2 节）
目录服务——应用程序服务器 1	可执行（应用程序被内置于分布式系统版 Workbench）	活动 D1（6.4.2 节）
目录服务——应用程序服务器 2	可执行（应用程序被内置于分布式系统版 Workbench）	活动 D1（6.4.2 节）
目录服务——应用程序服务器 3	可执行（应用程序被内置于分布式系统版 Workbench）	活动 D1（6.4.2 节）
目录服务——应用程序服务器 4	可执行（应用程序被内置于分布式系统版 Workbench）	活动 D1（6.4.2 节）
目录服务——客户端	可执行（应用程序被内置于分布式系统版 Workbench）	活动 D1（6.4.2 节）
DNS_ 解析器	可执行文件源码	活动 D2（6.5.7 节和 6.5.8 节）
Emergent 选举算法	可执行（应用程序被内置于分布式系统版 Workbench）	活动 D3（6.7.5 节）
Emergent 选举算法——事件日志工具	可执行（应用程序被内置于分布式系统版 Workbench）	活动 D3（6.7.5 节）
CaseStudyGame_Client_DS 案例研究游戏扩展，以使用目录服务来帮助客户端发现服务器。编程练习 D1 的解决方案	可执行文件源码	6.13.2 节
CaseStudyGame_Server_DS 案例研究游戏扩展，以使用目录服务来帮助客户端发现服务器。编程练习 D1 的解决方案	可执行文件源码	6.13.2 节
BullyElectionAlgorithm 编程练习 D2 的解决方案	可执行文件源码	6.13.2 节

473～474

第 7 章

案例研究：融会贯通

7.1 基本原理和概述

本章的目的是提供两个完整、详细的案例研究，把本书前面章节讲到的理论和实践中的知识点放到应用场景中。这两个新案例，加上多玩家分布式游戏案例研究，共同作为主线，贯穿了本书前面各章，用于整合 4 个视角（进程、通信、资源和体系结构），通过展示一系列不同的生动的例子，给出了分布式应用程序完整的全局概览。

两个案例是：1）时间服务客户端，2）事件通知服务。选定这两个案例，旨在集成地提供对前述章节中讨论的概念的全面应用。每个案例研究都提供了独有的机会，来展示特定结构、行为特性、技术，以克服前面章节中指出的分布式应用程序设计开发方面面临的挑战。

对于每一个案例，它们的设计和开发过程都保留了带注释的详细文档，以帮助读者跟得上不同的步骤，并理解其中可行的选择，以及最后采取的决策。本书提供了完整的程序源码。

7.2 用例说明

第一个案例研究是一个基于网络时间协议（Network Time Protocol，NTP）服务的客户端侧的应用程序。NTP 服务由美国国家标准与技术研究院（National Institute of Standards and Technology，NIST）提供。NTP 在第 6 章讲述过。

本案例研究提供了一个有趣的例子情形：开发者必须设计一个应用程序，与带有预定义接口的已有服务集成。在这种情形下，开发者必须确保与预先发布的接口规范严格一致。对于 NTP 用例，其通信协议以固定的消息格式在请求 - 应答基础上运行。NTP 协议的请求 - 应答性质隐含地定义了交互机制。

这个案例研究还演示了使用 DNS 解析器来定位请求的 NTP 服务器实例的 IP 地址。这是一个重构的例子：创建一个软件库，使逻辑模块化，也方便代码重用；创建两个不同的用户前端组件，修改用户界面，但使用相同的库方法，从而有相同的底层功能。

第二个案例研究是一个事件通知服务（Event Notification Service，ENS），由一组应用程序组件构成。这些组件用作 ENS 的发布者客户端和消费者客户端。ENS 解耦了应用组件（发
475~476 布者组件和消费者组件），使得它们不用直接通信。ENS 不需要知道哪些事件将要发布，以及这些事件的含义。它只是存储事件的“类型 - 值”对。当发布了一个新的事件类型，或这发布了一个已有事件类型的新值时，ENS 更新其事件的“类型 - 值”表。事件值被推送到已订阅了该事件类型（注册了对此事件感兴趣）的所有客户端。作为一种服务，ENS 可以被多个不同的应用程序并发调用。它不必知道哪些应用程序正在使用它，或者这些应用程序的目的是什么。

使用 ENS 会在设计阶段受益。消费者组件不需要知道未来产生事件数据的发布者的标识，反之亦然。这些组件对其他特定组件将不存在固有的依赖关系，从这种意义上讲，组件的设计因此变得更简单、更快捷和更安全。ENS 提供了运行时的灵活性，并按照组件间的发

布者 - 消费者关系，方便了动态逻辑配置。

第二个案例研究还演示了目录服务（Directory Service，DS）的使用，以方便组件的动态绑定，并因此提供了一个分层服务模型的例子（ENS 服务器通过 DS 自行注册，然后 ENS 客户端联系 DS，以获得 ENS 服务器的地址），演示了多种不同语言开发的异构组件之间的互操作能力，并展示了从面向语言的数据结构表示的序列化转换为实现无关的相同数据结构表示（字节数组）。

7.3 案例研究 1：时间服务客户端（基于库）

本案例研究关注的是：设计和开发一个客户端应用程序。它从运行在互联网上的一个可信的时间服务，按需获得当前时间戳值。

7.3.1 学习目标

本案例研究包含分布式应用程序的设计、结构和行为的多个重要方面。主题如下：

- 客户端 - 服务器架构实例。
- 请求 - 应答协议实例。
- 分离业务逻辑和用户接口逻辑的重构实例。
- 代码库开发。
- 将库代码纳入应用项目。
- 使用 DNS 解析器将域名解析为 IP 地址的例子。
- 设计和开发过程文档编制的详细例子。
- 在传输层使用 UDP 通信协议的例子。
- 在应用层使用 NTP 通信协议的例子。

值得注意的是，本案例研究已在三个阶段实现，提供的文档与第三阶段相关。在第三阶段中，与时间服务进行交互的客户端业务逻辑已经从用户界面前端分离出来，放到了软件库中。开发过程的三个阶段在后面的 7.3.7 节描述。

7.3.2 需求分析

本节确定时间服务客户端应用程序的功能性需求和非功能性需求。 477

- 可信、可靠、面向未来。应用程序必须使用标准的、流行的、有良好支持的时间服务。NIST 提供的 Internet 时间服务（Internet Time Service，ITS），由若干个不同的时间服务组成。其中一些服务（如 TIME 和 DAYTIME），在某种程度上已经过时弃用。当前推荐选用的网络时间协议是 NTP。因此，本案例研究例子将使用 NTP。
- 灵活与松散耦合。应用程序一定不能依赖于任何指定的 NIST 时间服务器。一旦该特定服务器不可用，或发生了 IP 地址变更，应用程序必须能够改用其他的时间服务器实例。因此，案例研究将嵌入一个 DNS 解析器，以便基于域名 URL，NIST 服务器能被选中。
- 响应性。端到端必须是低延迟的。延迟指的是从请求时间戳的时刻到其显示给用户的时刻。这是因为，数据（作为当前时间值）对延迟高度敏感。客户端操作，甚至由库组件管理的通信方式，都必须专门设计。
- 健壮性。NTP 客户端应该够持续发挥作用，尽管存在多种服务器端问题和通信问题。

可能发生的问题例如有：NTP 服务器崩溃、使用的服务域名不正确而无法解析为 NIST 服务器的 IP 地址、使用 UDP 协议传输的 NTP 请求消息丢失或破坏、NTP 服务器的响应消息丢失或破坏。

- 模块化架构。有必要支持将时间服务客户端的行为整合到需要精确时间戳的各种应用程序中。这意味着，核心 NTP 客户端功能应该以库的形式部署，同时，还有必要能够建立用于测试和评估库功能的简单独立的 NTP 客户端应用程序。
- 高效率。NTP 客户端逻辑应该尽可能使用最低复杂度的代码实现，仅有必需的功能，并且，在处理时间和网络带宽方面，尽可能少地占用资源。因为 NTP 客户端将作为一个库模块来开发，所以这点非常重要。库模块接口必须尽可能简单，仅暴露最小的一组方法，用于模块配置和发起 NTP 时间戳请求。

7.3.3 体系结构和代码结构

应用程序的设计围绕负责处理核心行为的库组件展开。核心行为包括：配置本地通信资源（也就是说，创建套接字并配置其在非阻塞模式下运行），将 NIST 时间服务器域名解析为 IP 地址（这需要使用 DNS 解析器），与该 IP 地址上的 NTP 服务器实例建立通信。代码库中执行发送 NTP 请求和接收 NTP 响应的通信方法，必须总是在较短的时间窗口内返回结果，甚至，在 NTP 服务器不响应的情况下，库模块必须继续运行，一定不能崩溃或冻结。代码库的逻辑保持了尽可能简单，仅包含一个类，如图 7-1 所示。

```
CNTP_Client
--------------------------------------------------------------
m_TimeService_SockAddr : SOCKADDR_IN
m_NTP_Timestamp : NTP_Timestamp_Data
--------------------------------------------------------------
CNTP_Client(pbSocketOpenSuccess : bool*)
ResolveURLtoIPaddress(cStrURL : char*) : SOCKADDR_IN
Get_NTP_Timestamp(pNTP_Timestamp : NTP_Timestamp_Data*) : unsigned int
Send_TimeService_Request() : bool
Receive(pNTP_Timestamp : NTP_Timestamp_Data*) : bool
```

图 7-1 CNTP_Client 类（NTP 客户端库的核心代码）

图 7-1 展示了 CNTP_Client 类模板。当调用构造函数 CNTP_Client() 时，NTP 客户端库组件初始化。这将初始化套接字，用于与 NTP 服务器通信。其中包括两个内部状态变
478 量。一是特定 NTP 服务器的 IP 地址，在应用程序组件调用 ResolveURLtoIPaddress() 方法时，使用一个 NIST 服务器的 URL 作为传入参数，就设置了这个参数的状态变量。二是时间戳数据结构 NTP_Timestamp_Data（见图 7-2）。它根据接收到的 NTP 时间戳，在代码库中创建。时间戳的值，使用自 1900 年起始的秒数作为原始格式编码。通过调用 Get_NTP_Timestamp() 方法，作为正在发起时间戳请求的应用程序组件的结果，时间戳数据结构从库中返回。Send_TimeService:Request() 和 Receive() 方法用于在内部构建通信逻辑，处理 NTP 服务器相连接的库。这两个方法都没有暴露在代码库的应用程序组件接口中。

本案例研究包括两个应用程序组件。每个组件都能结合 NTP 客户端库组件，建立定制的时间服务客户端应用程序。这两个应用程序组件，在其提供的用户界面方面有所不同，但它们在内部使用库功能的方式相同。与 NTP 服务的外部连接由库组件管理，而不是应用程序组件。因此，使得两个应用程序在这方面是一致的。

```
struct NTP_Timestamp_Data {
  unsigned long lUnixTime;  // Seconds since 1970 (secsSince1900 - Seventy Years)
  unsigned long lHour;
  unsigned long lMinute;
  unsigned long lSecond;
  };
```

图 7-2 代码库中的 Get_NTP_Timestamp() 方法返回的 NTP_Timestamp_Data 数据结构

第一个应用组件提供了一个图形用户界面（GUI），见图 7-3。该应用程序组件的核心类模板如图 7-4 所示。

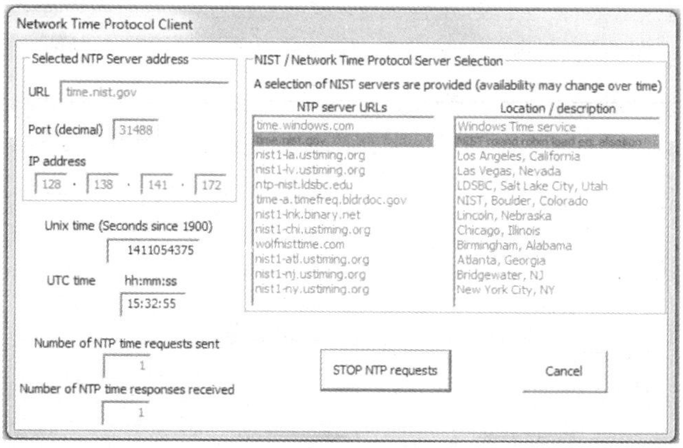

图 7-3 GUI 时间服务客户端用户界面

```
CCaseStudy_TimeServiceClient_GUIDlg
-----------------------------------
m_pNTP_Client : CNTP_Client*
m_NTP_Timestamp : NTP_Timestamp_Data
-----------------------------------
CCaseStudy_TimeServiceClient_GUIDlg(pParent : CWnd*)
OnLbnSelchangeNtpServerUrlList()
OnTimer(nIDEvent : UINT)
```

图 7-4 CCaseStudy_TimeServiceClient_GUIDlg 类

图 7-4 显示了 CCaseStudy_TimeServiceClient_GUIDlg 类模板。这是 GUI 应用程序组件的核心类，仅包含与整合库组件相关的关键细节，省略了用户特定界面细节，如控件（按钮、列表框等）。m_pNTP_Client 变量是一个指向库模块实例的指针，在运行构造方法 CCaseStudy_TimeServiceClient_GUIDlg() 时初始化。每当用户从提供的 URL 列表（见图 7-3）中选择一个 479
NIST 服务器域名时，OnLbnSelchangeNtpServerUrlLis() 事件处理器方法就被调用。该方法把域名传递到库，再将域名解析为对应的 IP 地址。通过 NTP 客户端库，OnTimer 事件处理器方法每隔 5 秒发送一次 NTP 时间请求。发送的时间间隔由一个可编程定时器控制。

第二个应用组件，提供了文本的用户界面，见图 7-5。这个过程式应用程序组件以类模板模样的格式展示在图 7-6 中。

图 7-6 中，按照它们基于 NTP 客户端库的界面，展示了控制台时间服务客户端的用户界面组件的关键特性。m_pNTP_Client 变量是指向库模块实例的指针，在 InitialiseLibrary() 方法中初始化。ResolveTimeServiceTOIPAddress() 方法传递用户选择的 NIST 时间服务器的 URL 给库。通过 _tmain() 方法，NTP 时间请求每间隔 5 秒发送一次（借助 NTP 客户端库）。

```
Command Prompt - TimeServiceClient 1
Time Service Client (Console Application - uses library)
--------------------------------------------------------

Time Service Domain: time.nist.gov
Time Service IP address (resolved by the library): 128.138.141.172

Ask Time Service for timestamp 5 times, at 5-second intervals

Unix Time (seconds sine 1970):1411056933
Current time    Hour:16  Minute:15   Second:33

Unix Time (seconds sine 1970):1411056938
Current time    Hour:16  Minute:15   Second:38

Unix Time (seconds sine 1970):1411056944
Current time    Hour:16  Minute:15   Second:44

Unix Time (seconds sine 1970):1411056949
Current time    Hour:16  Minute:15   Second:49

Unix Time (seconds sine 1970):1411056955
Current time    Hour:16  Minute:15   Second:55

Press any key followed by 'enter' to quit
```

图 7-5 控制台（基于文本）时间服务客户端用户界面

```
CaseStudy_TimeServClnt_Console_AppSide_uses_lib
-----------------------------------------------
m_pNTP_Client : CNTP_Client*
-----------------------------------------------
_tmain(argc : int, argv[] : _TCHAR*)
InitialiseLibrary()
ResolveTimeServiceDomainNameTOIPAddress(szDomain : char*) : SOCKADDR_IN
```

图 7-6 控制台版本时间服务客户端

图 7-7 展示了由 GUI 前端组件和 NTP 客户端库组成的 GUI 应用程序的时序图。与图 7-8 相对比，图 7-8 展示了基于文本界面应用程序的时序图，它由控制台前端组件和 NTP 客户端库组成。

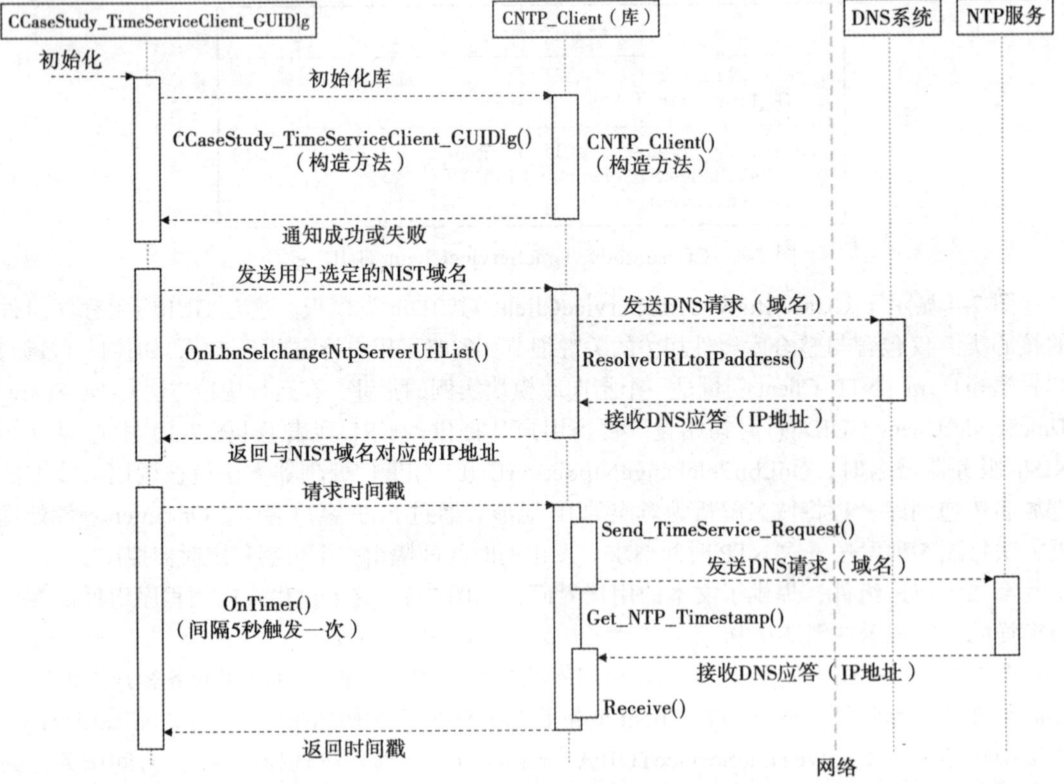

图 7-7 GUI 前端与 NTP 客户端库交互的时序图

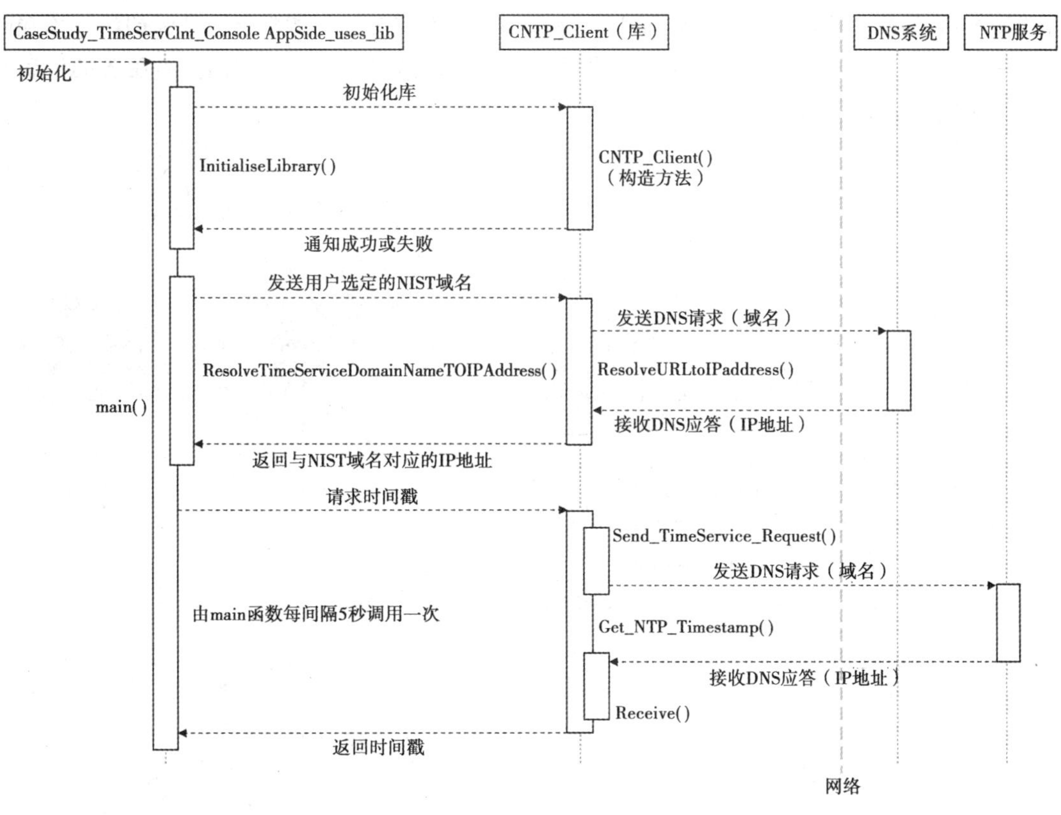

图 7-8 控制台前端与 NTP 客户端库交互时序图 480~481

图 7-7 和图 7-8 展示的是，两个客户端应用程序中，每个前端和 NTP 客户端库之间交互的情形。两个前端应用程序在其代码结构和内部行为方面是不同的。最显著的区别是，基于 GUI 的前端是事件驱动的（也就是说，它的行为由事件驱动，比如用户的鼠标点击或键盘输入，也可能是定时器驱动的事件），而控制台应用程序是程序性的（也就是说，它起始于一个主函数，自此其他函数按照顺序被调用，以实现程序的逻辑）。尽管在两类前端终端之间存在差异，但仍然可以从图表中清晰地看出，这两种情况下使用库的方式是相同的：

- 该库首先被初始化（调用构造方法）。初始化过程包括：建立通信套接字（将用于向 NTP 服务器发送请求）和接收来自 NTP 服务器的响应。该套接字配置成为非阻塞工作模式。
- 该库在 ResolveURLtoIPaddress() 方法中解析 NIST 服务器的域名。它从内部使用 gethostbyname（一个 DNS 解析器）自动连接到外部 DNS 服务（DNS 如何工作的细节见第 6 章）。
- 该库通过 Get_NTP_Timestamp() 方法向外部 NTP 服务发送 NTP 时间戳请求。

时序图也阐明了透明性的一个重要特性，用到的两个外部服务（DNS 和 NTP）都分别描述成单个对象，来响应请求。这是为开发者提供的外部视图，尽管每个服务的内部都十分复杂。图 7-9 提供的组件图进一步强调了透明性。 482

图 7-9 的左半部分展示了客户端应用程序如何由两个软件组件构成：一个前端用户界面和 NTP 客户端库，处理了与使用的两个外部服务（DNS 和 NTP）的全部外部连接和通信。该图的右侧还将外部服务描述为虚拟组件，本质上，整个 DNS 服务抽象为一个单独组

件（像 NTP 一样）的单个方法。实际上，这两个服务在服务器实例数目以及它们的互连和同步方式方面，有高的复杂性。然而，提供透明性的全部意义，就在于提高这些服务的可访问性，而无需知道它们的任何内部工作细节。

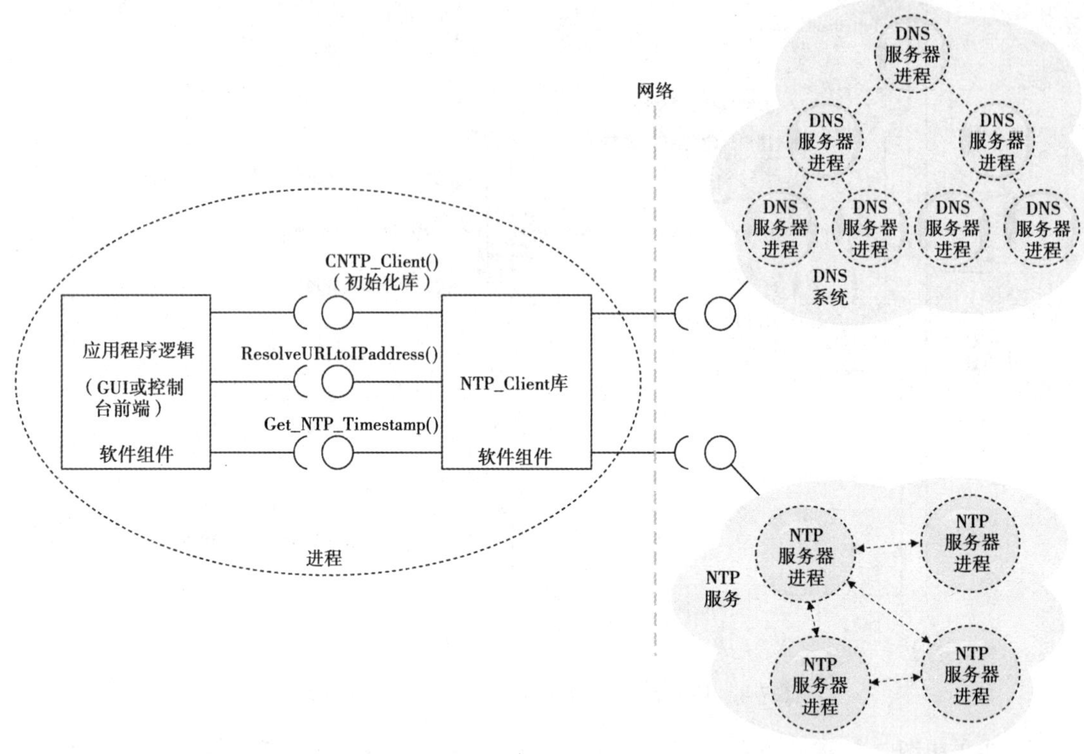

图 7-9　组件图说明内部和外部的连接过程

7.3.4　关注点的分离

沿组件边界仔细划分关注点，有助于设计的清晰化和实现的简单化（尤其是在减少软件组件间的耦合程度和交互性方面）。这也有利于功能的模块化重用，以及能够简化测试。

NTP 服务提供了一个清晰定义的功能。这里提供的用例场景中，客户端侧是一个用户界面前端，其功能仅用于显示由 NTP 服务提供的时间戳值。然而，客户端侧应用程序的功能可以分解得更精细。应用程序包括两个软件组件：其一，提供了用户界面；另一个，（NTP_Client 库）提供了必要的业务逻辑，以定位和连接到 NTP 服务，发送 NTP 请求，以及接收
483 和解释 NTP 服务响应。图 7-10 把分离关注点的双层视图放在了同一个示意图中。

图 7-10 展示了不同的功能链之间的映射，取决于这些功能所应用的层次。在最高层，NTP 客户端应用程序只提供了用户界面功能，但在内部，全部逻辑分解到两个组件中。在进一步细分的层面上，我们可以把纯粹的用户界面相关的逻辑，从管理与外部服务通信的业务逻辑和管理数据资源（本案例指时间戳）的业务逻辑中分离出来。

7.3.5　组件之间的耦合与绑定

NTP 客户端和 NTP 服务之间的耦合关系可以称为松散的（因为客户端能够根据运行时提供的 NIST 服务域名连接到任意的 NTP 服务实例）和直接的（因为一旦确定了服务实例，

客户端和服务器组件之间就会发生直接通信）。

客户端绑定到时间服务器。NIST 拥有一批以熟知域名部署的时间服务器。但是，这并不意味着服务器的 IP 地址是固定的。因此，选定的域名必须能解析为 IP 地址，而不是硬编码或长期缓存。绑定能够发生在两个阶段。首先，用户选择的 URL，通过 DNS 服务，被解析成相应的 NTP 时间服务器的 IP 地址；然后，利用该 IP 地址，向 NTP 服务器发送包含 NTP 请求消息的点对点的 UDP 报文段。

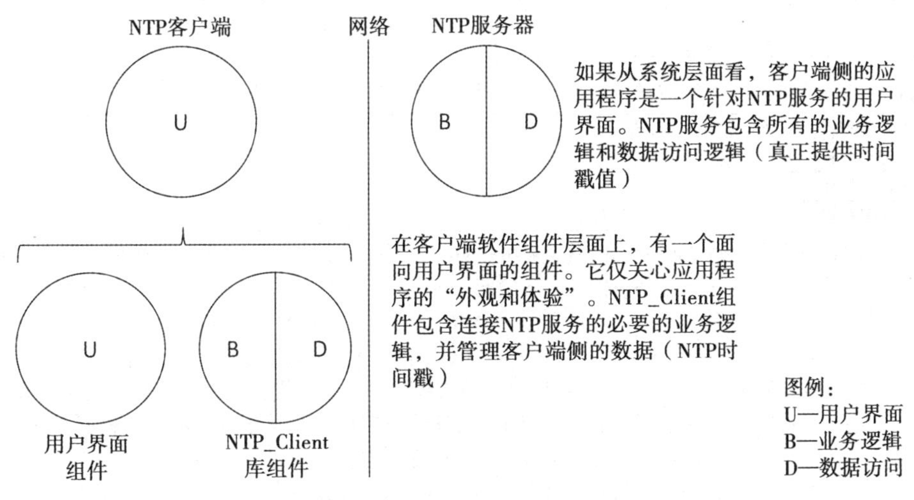

图 7-10　系统层和软件组件层的功能链映射

7.3.6　设计的通信特性

NTP 使用请求 - 应答协议。它使用一个固定的熟知端口号 123 来识别特定的计算机上的 NTP 服务器进程。宿主计算机以其 IP 地址标识（反过来从一个 NIST 公布的域名得到，请参阅前节内容）。 484

1. 消息类型和语义

有两种消息类型：NTP 请求和 NTP 响应。只有当 NTP 请求发送到 NTP 服务器时，它才是有效的。同样，只有当一条来自 NTP 服务的 NTP 响应作为对早些发送的 NTP 请求的响应时，它才是有效的。通信的语义如此简单。

2. NTP 协议定义单元（PDU）

NTP 请求消息和 NTP 响应消息都编码为固定大小的 64 字节数组。NTP PDU 格式，采用了一个结构体替代了线性数组。这个结构体把多个字节聚合成不同的固定长度的字段，从而描述出消息内容的应用含义。图 7-11 展示了 NTP PDU，定义了 NTP 请求和响应消息的格式。

NTP 请求消息的填充方法如下：整个 48 字节的数组置零，然后，LI、VN 和模式字段的值分别设置为 3、4、3，这表明，消息是一个 NTP 版本 4 的消息，从客户端发来（即请求消息），带有一个当前未同步的时钟值（也就是说，消息中的时间戳值是没有意义的），见图 7-12。

	0~7位			8~15位	16~23位	24~31位
0~3 字节	LI	VN	模式	参考时钟（8位）	最大间隔（8位）	精度（8位）
4~7 字节	根延迟（32位）					
8~11 字节	根分散（32位）					
12~15 字节	参考标识符（32位）					
16~19 字节	参考时间戳（64位）					
20~23字节						
24~27字节	初始时间戳（64位）					
28~31字节						
32~35字节	接收时间戳（64位）					
36~39字节						
40~43字节	发送时间戳（64位）格式:–总秒数（32位）：分秒数（32位）					
44~47字节						
48~51字节	认证符（可选，128位）					
52~55字节						
56~59字节						
60~63字节						

图 7-11 NTP 协议的 PDU 格式。LI=Leap Indicator（闰秒指示）：一个 2 位的编码，指明将在当天的最后 1 分钟插入或删除 1 个闰秒。该字段只有在 NTP 服务器响应消息中有意义。VN=Version Number（版本号）：一个 3 位的编码，指明 NTP 协议的版本号。模式：一个 3 位的编码，指明协议模式。当发送 NTP 请求时，NTP 客户端设置该字段为 3，表示消息起源于客户端侧。当响应客户端请求时，NTP 服务器设置模式值为 4，表示消息起源于服务器侧。如果以广播模式运行，则 NTP 服务器设置模式值为 5，表示广播模式。参考时钟：一个 8 位编码，指明参考时钟类型（1 表示主参考，比如通过无线电进行时钟同步；2～15 表示辅参考，利用 NTP 进行同步）。最大间隔：一个 8 位值，表示为 2 的指数幂，指明连续的消息之间的最大时间间隔。该字段的取值范围为 4～17，意思是说，该时间间隔的取值为 16 秒、32 秒、64 秒、128 秒，……，直到 131 072 秒（大约为 36 小时）。精度：一个 8 位的编码，代表时钟的精度，表示为 2 的指数幂，取值范围为 -20～-6，意味着精度值为 64 分之 1 秒，或者更优。根延迟：一个 32 位的值，指明到主参考时钟源，以秒为单位的往返延迟。根分散：一个 32 位的无符号值，指明最大误差，可以最大到几百毫秒。参考标识符：一个 32 位的值，标识特定的参考时钟源。对于第 1 层（主服务器），该值是一个 4 字符的编码；而对于辅服务器，该值是同步时钟源的 IPv4 地址。参考时间戳：最近一次设置或更正系统时钟的时间。初始时间戳：请求消息从客户端发送（往服务器）的时间。接收时间戳：请求消息到达服务器的时间（或应答消息到达客户端的
485 时间，取决于消息的方向）。发送时间戳：应答消息从服务器发送（往客户端）的时间。认证符：一个可选的值，用于 NTP 验证。

```
bool CNTP_Client ::Send_TimeService_Request()
{
   memset(SendPacketBuffer, 0,   NTP_PACKET_SIZE ); // Zero -out entire 48 -byte array
   // Initialize values needed to form NTP request
   SendPacketBuffer[0] = 0xE3;   // 0b11100011;
                                 // LI bits 7,6           = 3 (Clock not synchronised),
                                 // Version bits 5,4,3    = 4 (The current version of NTP)
                                 // Mode bits 2,1,0       = 3 (Sent by c lient)

   m_iSendLen =  sizeof(SendPacketBuffer);

   int iBytesSent = sendto(m_TimeService_Socket, (char FAR *)SendPacketBuffer, m_iSendLen, 0,
        (const struct sockaddr FAR *)&m_TimeService_SockAddr, sizeof(m_TimeService_SockAddr));
   if(INVALID_SOCKET == iByt esSent)
   {
      return false;
   }
   return true;
}
```

图 7-12 Send_TimeService：库中的 CNTP_Client 类的请求方法

图 7-12 展示了在时间服务客户端库组件中，设置 NTP 请求消息内容并发送消息的程序代码。仅有第 1 字节的配置用来通知接收者，该消息的类型是一个请求（来自客户端），遵循了 NTP 版本 4 的格式。

图 7-13 展示了库组件的接收方法。当 NTP 请求消息发送（基于 UDP）给 NTP 时间服务器后，调用这个方法，开始等待 NTP 响应（也基于 UDP）。一个短时间延迟和单次调用 recvfrom（也就是说，不用在循环中周期性重复）的结合使用，加上把套接字配置成非阻塞模式，就在 3 项有潜在冲突的需求（低延迟响应性、健壮性和简洁设计性等）之间达成了一 486
个有用折中。从某种意义上讲，非阻塞套接字模式保证了可靠性，因为无论 NTP 服务器是否响应，调用都将能够返回。如果遇到 NTP 服务器崩溃，或者请求 / 响应消息在网络中丢失或损坏，非阻塞模式对于防止 NTP 客户端库代码无限期阻塞是非常重要的。

```
bool CNTP_Client::Receive(NTP_Timestamp_Data* pNTP_Timestamp)
{
  Sleep(500);     // Wait for a short time (500 milliseconds) for the time service response.
  // In combination with non-blocking receive this prevents the application freezing if the time service does not
  // respond but waits long enough for the reply RTT so mostly avoids missing an actual reply and avoids the need
  // for a timer within the NTP_Client class
  // Tested with the following values:
  // 100ms(unreliable) 200ms(highly dependent on network RTT) 400ms(generally reliable) 500ms(adds margin of safety)

  // The process inspects its buffer to see if any messages have arrived
  int iBytesRecd = recvfrom(m_TimeService_Socket, (char FAR*)ReceivePacketBuffer, NTP_PACKET_SIZE, 0, NULL, NULL);
  if(SOCKET_ERROR == iBytesRecd)
  {
     return false;
  }
  // Receive succeeded (response received from Time server)
  // The timestamp starts at byte 40 of the received packet and is four bytes,
  unsigned long secsSince1900 = (ReceivePacketBuffer[40] << 24) + (ReceivePacketBuffer[41] << 16) +
                                (ReceivePacketBuffer[42] << 8) + ReceivePacketBuffer[43];
  const unsigned long seventyYears = 2208988800UL;          // Unix time starts on Jan 1 1970 (2208988800 seconds)
  pNTP_Timestamp->lUnixTime = secsSince1900 - seventyYears;   // Subtract seventy years:
  pNTP_Timestamp->lHour = (pNTP_Timestamp->lUnixTime  % 86400L) / 3600;
  pNTP_Timestamp->lMinute = (pNTP_Timestamp->lUnixTime  % 3600) / 60;
  pNTP_Timestamp->lSecond = pNTP_Timestamp->lUnixTime  % 60;
  return true;
}
```

图 7-13　库中的 CNTP_Client 类的接收方法

使用了 500ms 的延迟，考虑了从发送请求消息到接收响应的往返延迟（Round-trip Time，RTT）。网络延迟在不断变化中，因此，对于远程传输网络（比如，在连接 NTP 时间服务器的案例中），从来找不到完美的固定的超时值。通过实验发现，500ms 的延迟值是一个非常好的折中。一方面，这个等待时间足够长，从而保证了近乎所有情形下的 NTP 响应都能收到；另一方面，又没有增加太多的额外延迟。即便是 RTT 接近 0，该方法也仅仅插入了半秒的额外延迟。

时间戳填充在响应消息的第 40～47 字节（发送时间戳字段）。时间戳值占了 64 位的宽度，其中的高 32 位表示整秒数，低 32 位表示秒的小数部分。对于案例研究应用程序来说，仅考虑时间戳的整数部分已经足够（因此，第 40～43 字节的值的用法，可参见如图 7-13 中的代码）。在需要更为精准的时间戳的应用中，也可以考虑使用时间戳的小数部分。

3. DNS 解析 URL

gethostbyname DNS 解析器已内置于库代码中，从而，将能够自动连接 DNS 系统，解析 NIST 时间服务器的域名为 IP 地址，见图 7-14。

4. 选择通信设计方案的理论依据

选择了固定延迟的接收机制，以保持代码简单，同时，确保响应可预测，并防止调用在发生错误时被阻塞。该机制设计和操作都简单：使用了一个短时延，配合了一个非阻塞的套接字调用。

然而，如果在有些应用中，也采用 500 毫秒的固定延迟，却出了问题，那么还可以选择其他方法。

```
SOCKADDR_IN CNTP_Client::ResolveURLtoIPaddress(char* cStrURL)
{
    DWORD dwError;
    struct hostent *TimeServiceHost;
   TimeServiceHost = gethostbyname((const char*)cStrURL);

    if(NULL == TimeServiceHost)
    { // gethostbyname failed to resove time service domain name
      dwError = WSAGetLastError();
       m_TimeService_SockAddr.sin_addr.S_un.S_un_b.s_b1 = 0;
       m_TimeService_SockAddr.sin_addr.S_un.S_un_b.s_b2 = 0;
       m_TimeService_SockAddr.sin_addr.S_un.S_un_b.s_b3 = 0;
       m_TimeService_SockAddr.sin_addr.S_un.S_un_b.s_b4 = 0;
       m_bTimeServiceAddressSet = false;
    }
    else
    { // gethostbyname successfully resoved time service domain name
       m_TimeService_SockAddr.sin_addr.S_un.S_addr = *(u_long *) TimeServiceHost->h_addr_list[0];
                                              // Get first address from host's list of addresses
       m_TimeService_SockAddr.sin_family = AF_INET;        // Set the address type
       m_TimeService_SockAddr.sin_port = htons(NTP_Port); // Set the NTP port (Decimal 123)
       m_bTimeServiceAddressSet = true;
    }
   return m_TimeService_SockAddr;
}
```

487 图 7-14 库中 CNTP_Client 类的 ResolveURLtoIPaddress 方法

可以构建一个自我调整系统。其中，开始先尝试设置 50 毫秒的短延迟，如果 recvfrom 超时，则延迟翻倍，并重新发送请求消息。持续翻倍，直到未超时收到 NTP 响应（从而，一直自动调整客户端的 RTT 等待时间）。这种方法存在 3 个问题。1）增加了复杂度。2）NTP 客户端发送请求的频率不能以高于每 4 秒一次（调用者以更高的频率发送请求，会解释为是对 NTP 服务的拒绝服务攻击）。为了满足这一要求，自我调整的方法将不得不在两次尝试之间等待 4 秒。这样会导致在收到时间戳值之前，引入了明显的延迟（尽管时间戳自身的延迟有可能比 500 毫秒的固定延迟还要小）。3）网络延迟在不断变化，因此，即使自我校正完成了，RTT 仍然有可能会变化。

提高客户端侧响应能力的另一种方式是，以更短的时间间隔（例如 50 毫秒），发起非阻塞状态下的 recvfrom 调用，可以由可编程的定时器机制驱动。在 NTP 服务器没有响应的情况下，这种方式需要设置一个停止条件，也就是必须确定一个临界点，比如调用 10 次之后（也就是说，保持延迟的上限为 500 毫秒）就自动停止。与案例中采用的设计方案相比，这种方法提高了复杂度，还占用了更多的运行时资源。

7.3.7 实现

时间服务客户端应用程序已经分 3 个阶段实现，其中每个阶段都可以用作完整的示例代码例子。

第一阶段是开发一套完整的应用程序，包含完整的 NTP 客户端功能，集成用户界面逻辑。这种方法代表了一种基于原型的快速开发模式。就像在本案例中一样，它仅能用于功能很少的应用程序。第一阶段的完整项目是 CaseStudy_TimeServiceClient_GUI Phase1 Monolithic。

第二阶段是代码重构。将 NTP 客户端的业务逻辑放到与用户界面功能相关的独立类。

第二阶段重构的项目是 CaseStudy_TimeServiceClient_GUI Phase2 Refactored。

第三阶段是创建一个包含 NTP 客户端侧功能的库，再通过把库嵌入应用程序中，重用这些功能。第三阶段的库项目，是 CaseStudy_TimeServiceClient Phase3 Library。

为了演示库方法的好处，开发了两个独立的前端应用程序。第一个前端应用程序提供了与项目的第一阶段和第二阶段相同的 GUI 界面。第二个前端应用程序提供了一个基于文本的界面，因为使用了库，它们的时间服务相关的功能完全相同，但界面完全不同。第三阶段（a 部分）GUI 应用程序项目是 CaseStudy_TimeServiceClient_GUI Phase3App-side uses library。第三阶段（b 部分）基于文本的应用程序项目是 CaseStudy_TimeServClnt_Console AppSide uses lib。

图 7-15 展示了实现路线图。

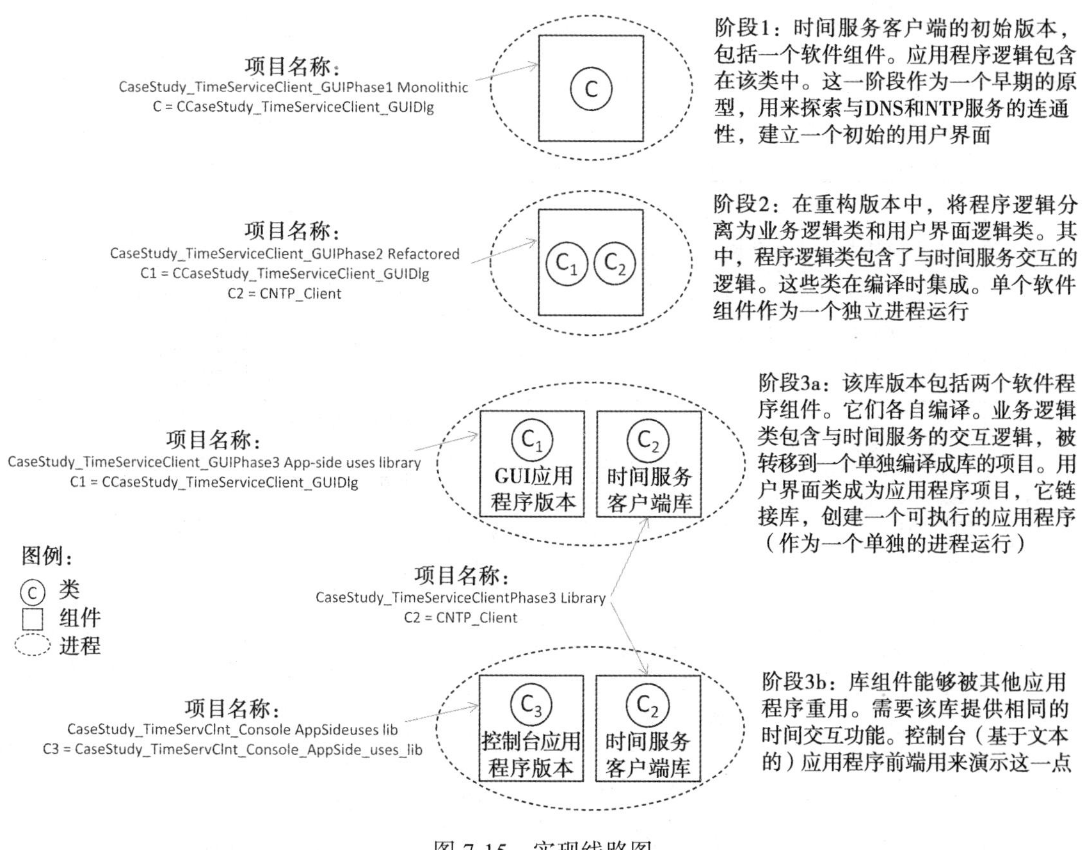

图 7-15　实现线路图

7.3.8　测试

测试是检查需求和设计正确性的一个后续过程，确保设计真正满足了需求，实现真正反映了设计。在 NTP 客户端应用程序的案例中，我们决定使用库的形式实现核心功能。在 488 这个特殊的应用案例中，最重要的行为特性是：正确地使用了 NTP 协议，从 NTP 服务返回了正确结果，这些结果也能从程序代码中得到正确解释。可能产生多种不同的错误，其中一个能感知到的特别应避免的问题是，尽管有可能 NTP 服务本身发生了错误，或者因为与服务的通信导致了错误，都不应该导致应用程序的崩溃或死机。采取的方法是构建一个应用程序，用作测试平台，使得 NTP 协议的交互正确，随后在第二阶段重构、抽取出程序库。用户界面不是第一阶段最需要关注的，不过，因为用户界面的表现非常符合目标，也就因此没有在第二阶段和第三阶段中修改它。

正式的测试计划用作一个最终的签收，认为应用程序满足了其功能、行为和正确性的需求。但正如上所述，由于其持续特性，这些也不能反映实际应该测试的全部范围。表 7-1 提供了测试计划和测试结果。

表 7-1 时间服务客户端应用程序的测试计划和结果

测试编号	测试的特性或行为	测试条件（测试条件和报告结果与应用程序 GUI 版本有关）	结果	偏差或其他评价
1	允许用户基于 NIST 的域名选择一个 NTP 服务实例	依次选择在列表框中的各个 NIST 时间服务域名	用户高亮的域名选项被选定，显示在选定服务器 URL 文本框中	无
2	可靠静默地把选定的 NIST 服务域名解析为相应的 IP 地址	依次选择在列表框中的各个 NIST 时间服务域名	每个域名解析为正确的 IP 地址	展开附加的动态调试实验，以观测程序代码中的步骤序列
3	可靠静默地与合适的 NTP 服务器实例建立连接；用户应该不会觉察到行为的细节	依次选择在列表框中的各个 NIST 时间服务域名	连接到了正确的 NTP 时间服务器	对于有些情形中，接收了返回的响应，这些被确认了。对于其他情形，可以通过动态调试观察到，生成了格式正确的网络信息并发送，以完成确认
4	从 NTP 时间服务获得 NTP 时间戳。无论连接哪一个 NTP 服务器实例，都获得了正确的时间戳	依次选择在列表框中的各个 NIST 时间服务域名	对于连接到的 NTP 服务器返回一个响应时，返回了正确的 NTP 时间戳；除非在一种情形中，NTP 服务器返回的时间值的误差将近 40 分钟	在所有情形下，客户端侧的行为看上去都是正确的 服务器没有响应的情形，在随后的测试中考察
5	静默处理 NIST 域名不正确的情形	修改代码，以方便测试。在提供的列表中置入虚构的 NIST 域名，然后在测试中选择	故障被静默地处理。DNS 解析器在把域名解析为 IP 地址的操作中失败，NTP 客户端侧的操作被取消	为观察程序代码中的步骤序列，展开额外的动态调试实验
6	静默处理 NTP 服务器未响应请求的情形（或者请求消息 / 响应消息丢失）	依次选择在列表框中的各个 NIST 时间服务域名	一些 NTP 服务器未响应发来的请求。接收方法按预期方式超时，NTP 客户端的操作取消	为观察程序代码中的步骤序列，展开额外的动态调试实验
7	UI 外观。用户界面必须清晰、整洁	从静态设计角度和使用实时数据角度，观察用户界面	证实 UI 有可接受的外观	在一定程度上，这是一个主观结果，因为在这种情形下，测试人员和设计师是同一个人
8	UI 功能性。用户界面控件必须功能正常，必须能正确地显示数据值	用真实数据在使用中观察用户界面	控件功能正确，数据值显示正确	通过对比本地计算机时钟和外部卫星控制的时钟，确认 NTP 时间戳数据的正确性

7.3.9 用例的透明性

对用户的透明性。NTP 客户端侧的库，处理与 NTP 服务的连接和通信。这样，对用户隐藏了通信特性，而与前端用户界面无关。根据设计情况，用户界面有可能隐藏或暴露不同层面的细节，例如，可能要求用户通过其域名和 / 或 IP 地址来选择一个名称服务的实例。这个库也可能嵌入应用程序中，从而能够从用户角度悄悄处理 NTP 连接，从而没有必要让用户感觉到使用了 NTP 服务。该库提供了位置透明性、分布透明性和访问透明性（时间值是一种资源，通过 NTP 服务获得，而与使用了哪个服务实例或其底层平台无关）。

开发者透明性。NTP 服务的内部时钟的同步对开发者是隐藏的。应用程序只需解析其中一个已发布的 NIST 服务域名，以获得服务器的 IP 地址，然后，向该地址的熟知端口 123 发送一条 NTP 请求消息。所有服务器实例应该提供相同的时间值，从而隐藏了服务的分布特性及其结构和组织，包括时钟层细节和服务器间的同步过程。

7.3.10 案例研究资源

本案例研究的实现经历的全部三个阶段中的完整源代码和工程文件，以及在第三阶段中使用的两个用户界面的变体（库版本），都提供为本书的附带资源的一部分（5 套完整的代码工程）。 489 ~ 491

7.4 案例研究 2：事件通知服务

本案例研究聚焦于 ENS（事件通知服务）的设计与开发。此外，还示范了使用 DS 支持 ENS 客户端和 ENS 服务器端的动态绑定。不同的组件使用不同的语言开发，以示例异构分布式应用程序中的交互特性。

使用 ENS 的应用程序包含两种类型的组件：通过 ENS 发布事件的发布者组件，以及使用从 ENS 接收事件值的消费者组件。

本案例研究使用内置于分布式系统版 Workbench 的 DS，以便于实现在应用程序组件（ENS 的客户端）和 ENS 之间的动态绑定。为此，ENS 服务端自动向 DS 注册其名称和地址详细信息，客户端组件发送解析请求消息，从 DS 获得 ENS 服务器的 IP 地址和端口号。

ENS 是支持应用程序的中间件的一种形式，以发布 - 订阅为基础。ENS 提供应用程序组件之间的逻辑连接，同时这些组件彼此之间保持完全解耦。图 7-16 提供了发生在 ENS 和应用程序组件之间的简化的交互视图。

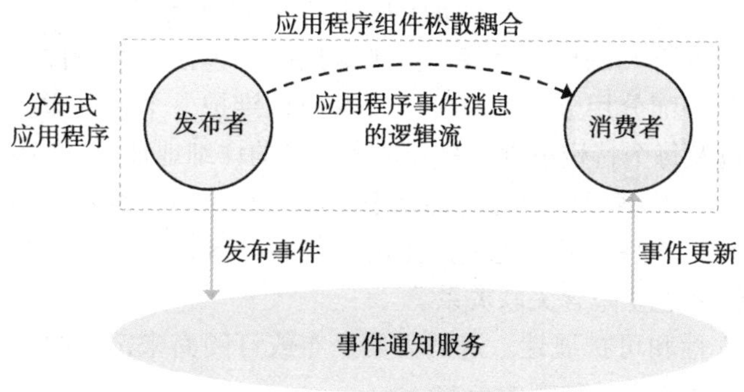

图 7-16 事件通知服务角色的高层说明

图 7-16 展示了 ENS 如何用作应用程序组件之间的中间件。组件发布的事件会自动传递给那些已经注册并对此事件类型感兴趣的组件。

7.4.1 学习目标

本案例研究涵盖了广泛的主题，包括以下内容：

- ENS实例。
- 发布－订阅应用程序实例。
- 松耦合组件和运行时配置的一个实例。
- 使用DS实现组件间的动态绑定。
- 492 在同一应用程序中联合使用TCP和UDP传输层协议的例子。
- 在广播模式下使用UDP实现服务定位的例子。
- TCP连接和一个服务器组件维护一组连接的客户端的例子。
- 使用不同语言开发的异构组件间的互操作能力。
- 面向特定语言的数据表示，序列化和反序列化为与实现无关的字节数组形式。

值得注意的是，应用程序组件（事件发布者和事件消费者）分别用3种不同的语言（C++、C#和Java）实现，因而，有6种不同的示例客户端组件类型。它们能够连接到ENS，并通过事件发布和消费进行交互。

以不同语言实现的组件有不同的用户界面，其“外观和感受”不同，但执行了相同的底层行为。特别是，它们都使用相同的单一的接口，与ENS进行交互。这意味着，通过ENS，无论组件用哪种语言编写，它们都能够互相操作，例如，一个C++发布者组件能够创建事件，之后被一个用Java编写的消费者组件消费（6种类型组件的任何组合都能工作）。为达到此目标，所有的消息都被序列化成特定的ENS PDU，它包括4个固定长度的字段，并作为一扁平字节数组（一个连续的字节块）发送。

消息到达ENS时，它们都有相同的标准格式，这样，就能够从消息中正确地提取出消息内容，并构建适当的应答，而不需要知道发送者的具体实现方式。

7.4.2 需求分析

本节指明了ENS的功能性和非功能性需求：

- 自动定位和连接。ENS服务器应该向DS自动注册，以便其他组件查询DS，按需获得ENS服务器的地址。当客户端组件启动时，它应该通过查询DS，自动发现ENS的详细地址。然后，客户端会自动与ENS建立TCP连接。
- 支持基于发布－订阅的应用程序。这类应用程序包括一些组件，其中一部分用于发布事件，另外一部分用于消费事件。ENS应该维护一个数据库，用于存储事件类型和它的值，以及每个特定事件的最新的发布者的详细地址。
- 仅基于命名事件类型促成组件间的动态逻辑关联。消费者客户端将会订阅感兴趣的事件。发布者组件将会发布他们产生的事件。ENS通过自动向每个客户端转发其订阅的事件的更新建立隐含关联关系。
- 应用程序独立性和可扩展性。遇到需要发布或订阅尚未定义的事件类型时，ENS服务器必须创建新的事件类型的分类。
- 低延迟。ENS服务器在收到订阅请求时，必须立即将事件的当前值（如果知道）传送给订阅者。也就是说，它发送的是即刻可用的缓存值，它不能联系发布者请求更新，这将加大延迟，并提高整体的通信强度。随后，基于状态改变，事件更新传播
493 到这一组注册的订阅者组件。

- 规模可扩展和高效率。ENS 必须有效地使用资源。特别地，通信强度必须低；事件更新应仅发送给已订阅该事件的客户端子集。
- 可用性。使用的模式假设 ENS 服务器长期连续运行。这要求它是健壮的。

7.4.3 体系结构和代码结构

ENS 和 DS 属于在第 6 章讨论过的公共服务范畴。如图 7-17 的交互图所示，综合使用这些服务，有助于应用程序组件之间的完全解耦。应用程序组件之间没有直接通信。

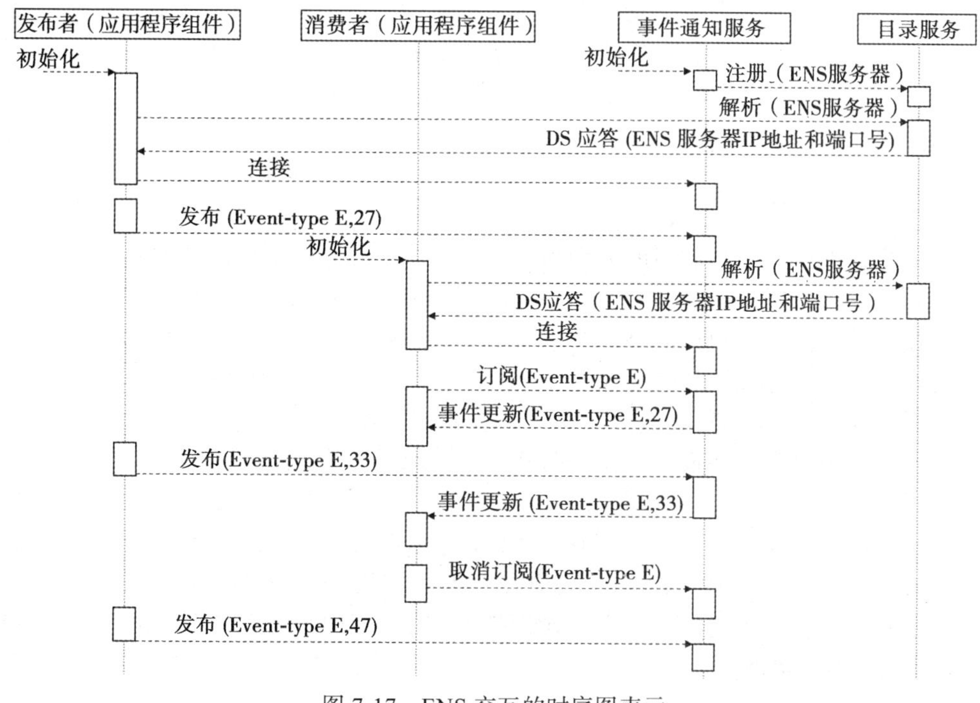

图 7-17 ENS 交互的时序图表示

图 7-17 展示了一个典型的交互过程，其中包括 ENS、DS 和一对儿应用程序组件：一个发布者组件和一个消费者组件。在该时序图中，ENS 首先向 DS 注册。然后，发布者组件启动，获得了来自 DS 的 ENS 的地址详情，并使用该信息连接 ENS。随后，发布者发布了一个值为“27”的新事件类型“E”。消费者组件随后启动了，也从 DS 获取 ENS 的地址，并同样与 ENS 建立连接。消费者订阅事件类型“E”，同时，ENS 发回缓存的对应该事件类型的值“27”。然后，发布者发布了事件类型“E”的新值“33”。ENS 响应，将该事件类型的新值推送给了消费者。接下来，消费者取消了对事件类型“E”的订阅。随后，发布者发布事件类型“E”的新值为“47”。ENS 不再将事件类型的新值推送给消费者。 494

7.4.4 关注点的分离

ENS 设计用来支持分布式应用，其中包括两类组件（发布者组件和消费者组件）。从 ENS 系统角度看，这两类组件可视为客户端。从应用程序本身内部看，发布者可能实际上在服务器侧，消费者实际上在客户端侧。对于特定事件类型，它们行为依赖于特定的应用程序，就这一点而言，功能上的关注点和行为上的关注点就自然地分开了。然而，当一个组件是几种类型事件的发布者和其他事件的消费者时，或者，当组件消费了一个事件，修改底层数据值，然后再发布相同事件的新版本时，设计会更加复杂。ENS 是无状态的，也就是说，它的设计假定是，发布活动和订阅活动是独立的、异步的和无序的。一个特定的事件类型可能会有多个订阅者，这种情况没有问题。然而，当一个特定的消费者订阅了多个事件类型时，更新的相对顺序可能在一些应用程序中会出现问题（并且，应该在应用程序的逻辑中解决）。如果一个特定的事件类型有多个发布者，可能会需要设定面向应用程序的限定条件，例如，使用附加的命名信息创建事件类型的变体，以示区分，从而避免产生对特定发布者组件的依赖性。例如，一个发布者可能发布一个事件类型 temperature_01，表示精度为 1° 的温度值；而另外一个发布者可能发布一个事件类型 temperature_03，表示精度为 3° 的温度值。消费者可能同时订阅两个事件类型，在事件类型 temperature_01 可用的情况下，优先使用它。

7.4.5 组件之间的耦合与绑定

ENS 客户端（无论是应用程序的发布者组件，还是消费者组件）之间的耦合关系是松散的（因为在运行时用 DS 动态查找 ENS 服务器的地址详情）和直接的（因为一旦获得 ENS 服务器的地址详情，客户端组件和 ENS 服务器之间将直接建立一条 TCP 连接）。

应用程序组件自己之间的耦合关系，也就是说，事件发布者和事件消费者之间的耦合关系是松散的（因为 ENS 提供了基于事件类型的逻辑连接，而不是基于地址的连接）和间接的（因为这些组件之间没有直接的连接或消息传递；所有的通信都通过 ENS 服务器代理）。

避免紧密耦合，确保整个系统，包括 ENS 服务和使用 ENS 服务的应用程序，都能够在运行时灵活配置，而且，任何组件都不需要关于其他组件位置的先验知识。这也有助于健壮性，因为能够替换发布者组件，而不影响消费者组件，同样，消费者组件也能够添加或移除，而不影响发布者组件。

应用程序层的耦合关系

逻辑上，应用程序组件只在它们共享的事件关系上产生耦合。每当一个发布者发布一个新的事件类型，或每当消费者预订了一个 ENS 数据库中还没有的新事件类型时，就动态创建一个新的事件类型。这种特性完全是运行时配置的。

因此，应用程序组件对其他组件没有直接依赖，发布者可以发布一个新的事件类型，而不论是否有任何消费者订阅该事件类型，类似地，消费者可以订阅某个事件类型，而不管该
495 事件类型的发布者是否存在。

解除直接依赖对规模可扩展性和功能可扩展性是重要的，因为应用程序的新特性，甚至是新的应用程序，都能够由 ENS 支持，而不必预先知道有哪些事件类型。应用程序层的完全解耦允许发布和订阅操作可以按任何顺序异步进行。例如，订阅尚未发布的事件类型也不是一个错误。图 7-18 示例了松散耦合的实现。

图 7-18 展示了 ENS 如何解耦应用程序组件，使得它们没有直接依赖，也不用直接通信。这允许系统扩大规模，而不用重新设计组件。例如，可以为特定的事件类型添加新的消费者，而不必修改产生该事件的发布者组件。解除直接依赖关系也提升了错误容忍方面的能力；消费者可以发生错误，而不需要发布者知道。发布者发生错误时，不会导致消费者的崩溃（尽管这些事件将不再由特定的失效的发布者发布，可能启动了另一个发布者，或者消费

者将等待，但这时它仍有能力响应其已经订阅的其他事件类型）。

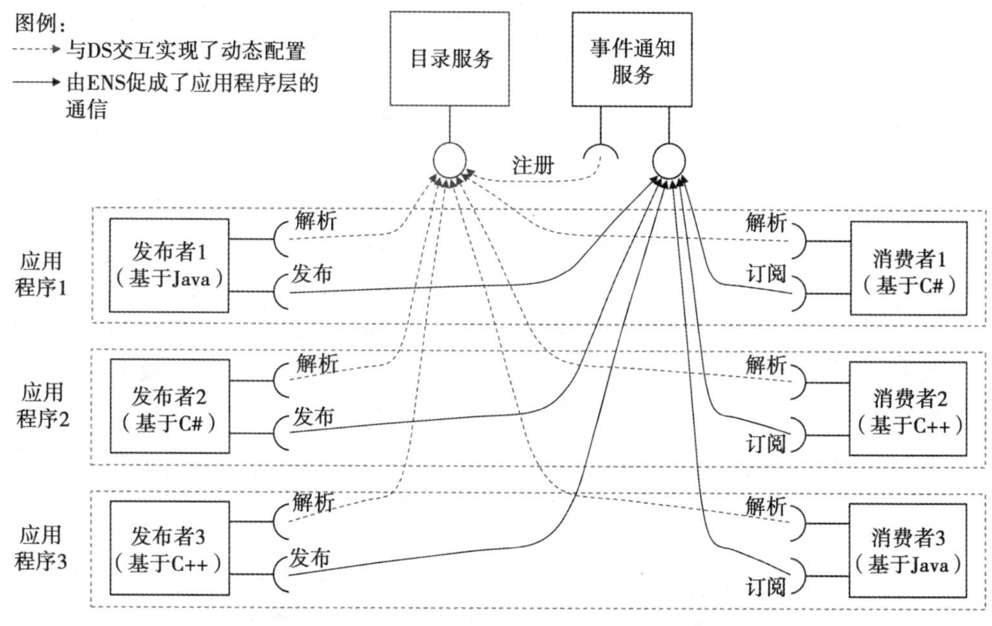

图 7-18 通过 ENS 促成了应用程序组件之间的松散耦合

图 7-18 还展示了两个层次上的关注点分离。图中，展示在 ENS 下面的所有组件，从 ENS 服务的角度来看，都是客户端。然而，从特定应用程序的角度看，左侧的组件实质上是服务器端，而右侧的组件实质上是客户端。

7.4.6 设计的通信特性

图 7-19 展示了在 ENS 和 DS 中使用的端口的分配情况。

```
#define From_DIRECTORY_SERVICE_PORT  (u_int) 8002   // UDP, Defined by Directory Service
#define To_DIRECTORY_SERVICE_PORT    (u_int) 8008   // UDP, Defined by Directory Service
#define ENS_APPLICATION_PORT         (u_int) 8003   // TCP, ENS_Server Binds to this port
```

图 7-19 ENS 和 DS 端口

所有组件必须使用图 7-19 所示的端口与 DS 接口进行交互。然而，客户端组件不需要预先知道 ENS 的端口号。使用 DS 的目的，是允许客户端在运行时找到 ENS 的地址和端口细节。 496

ENS 综合使用了 UDP 和 TCP 传输层通信。UDP 用于与 DS 通信。UDP 广播用于向 DS 发送注册消息（对于 ENS 服务器），也用于向 DS 发送解析请求消息（对于 ENS 客户端，目的是获得 ENS 服务器的地址）。DS 用一条发送给特定客户端组件的定向 UDP 消息，来响应解析请求。TCP 用于 ENS 服务器和其客户端之间的通信（事件的发布者和消费者）。每一个客户端（发布者和消费者）建立一条与 ENS 服务器的专用 TCP 连接，并借此连接传递 ENS 应用程序消息。有 4 种 ENS 消息类型，将稍后讨论。图 7-20 中，以套接字层面的通信视角的形式描绘出了 ENS 的连接关系。

图 7-20 提供了一个发生在不同组件之间的套接字层面上的通信视图。该图说明了几个要点：

- ENS 服务利用了另一服务（DS）以便于连接。这是一个有用的例子：使用公共服务作为基础模块，以实现更高级的功能，同时还限制了组件的复杂度。在这种情况下，ENS 客户端能自动定位 ENS 服务器，并在运行时连接。鉴于 UDP 支持广播，与 DS 的通信使用 UDP 实现。
- ENS 是一种形式的中间件。用户级应用程序包括：应用程序事件发布者组件，和应用程序事件消费者组件。ENS 实际上不是用户级应用程序的一部分，它的作用是在应用程序级的各组件间提供松散耦合的连接，以便它们之间从不直接通信。这有利于运行时配置，并带来灵活性和健壮性方面的好处。
- ENS 支持与客户端的多重并发 TCP 连接。它们既可能是消费者，也可能是发布者（实际上，一个组件可以同时扮演两种角色，因为它可以订阅一些事件类型，也可以发布一些事件类型）。因此，ENS 维护了一个全体客户端套接字的数组（并自此连接起来），在连接层，不区分客户端的角色。

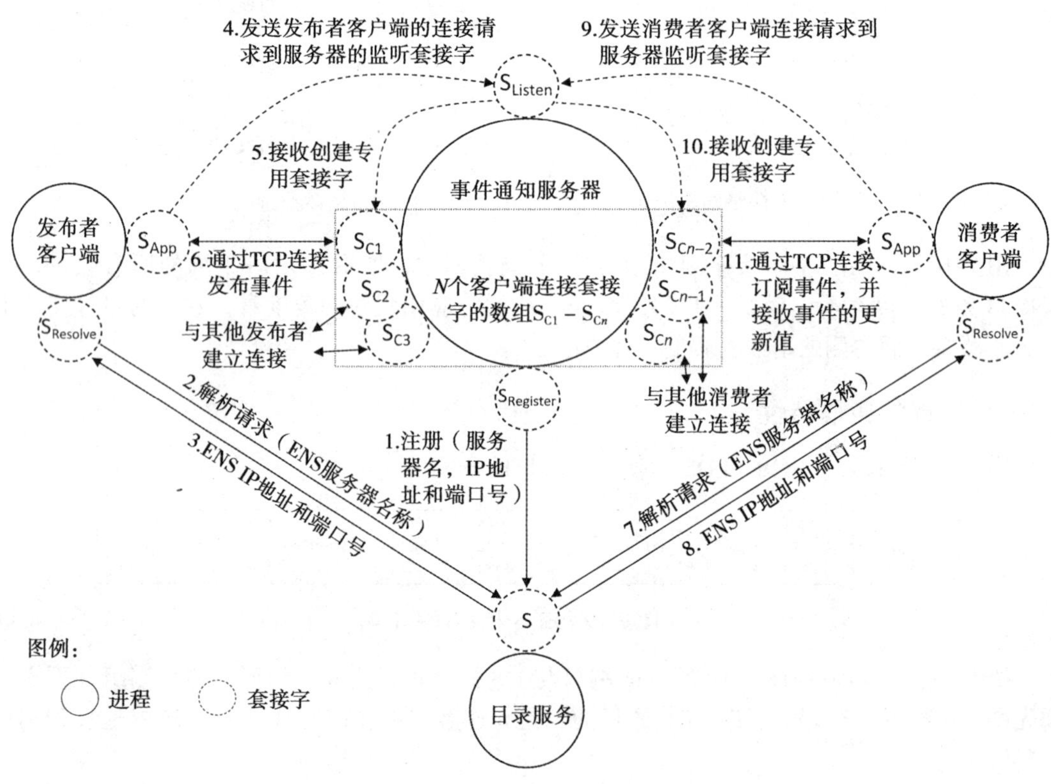

497　图 7-20　套接字层面的 ENS 通信视图

图 7-21 展示出了 ENS 使用的 TCP 连接结构体。维护了一个该结构体的数组。数组条目中的 bInUse 标记项设置为真，表示它目前连接到了客户端组件。

```
struct Connection {
   SOCKET m_iConnectSock;
   SOCKADDR_IN m_ConnectSockAddr;
   bool bInUse;
};
```

图 7-21　ENS TCPconnection 结构体

图 7-22 展示了 ENS 用于保存事件类型细节的结构体。ENS 维护了一个这些结构体的数组。

对于每个事件类型，可能有很多订阅者，而且无法预测不同事件类型的流行程度。如果实际上只有少量订阅者，使用一个大数组来保存订阅者和每个事件类型的细节，将效率较低，而且，不管数组设多大，都不能保证该数组在所有情况下都足够大。因此，在每个事件类型上，设置了一个订阅者的链表（如在图 7-22 中所见），它可以根据需要，动态地增大或缩小。图 7-23 展示了订阅者的链表条目的格式。值得注意的是，链表条目仅包含了单个关联到订阅者的数据域，也就是指向连接数组的索引。鉴于这种方式的简洁性，并避免了数据的重复，是一种高效的方法。

```
#define MAX_EVENT_TYPE_NAME_LENGTH 50
#define MAX_EVENT_VALUE_LENGTH 50

struct Event_Type {
   char cEventType[MAX_EVENT_TYPE_NAME_LENGTH];
   char cEventValue[MAX_EVENT_VALUE_LENGTH];
   SubscriberListItem* pSubscriberList_Head;// Linked list of subscribers
   SOCKADDR_IN PublisherAddress;            // IP address and Port of most recent publisher
   bool bInUse_ValueValid;                  // Has the event been published
   bool bInUse_SubscriptionExists;          // Are there consumer(s) waiting for this event
};
```

图 7-22 Eent_Type 结构体 498

```
struct SubscriberListItem {
      int iConnectionIndex; // Index into connection array to identify the subscriber
      SubscriberListItem* pSubscriberList_Next;
};
```

图 7-23 订阅者链表的表项结构体

1. ENS 消息类型

ENS 应用程序接口包含 4 种消息类型。在所有组件中，它们以枚举类型的形式定义，与组件的角色和组件的开发语言无关（见图 7-24）。这是获得全局互操作能力的一个关键因素。

```
enum EventNotificationService_Message_Type {
   SubscribeToEvent,      /* value 0, sent from Consumer component to ENS */
   UnSubscribeToEvent,    /* value 1, sent from Consumer component to ENS */
   PublishEvent,          /* value 2, sent from Publisher component to ENS */
   EventUpdate            /* value 3, sent from ENS to Consumer component */
};
```

图 7-24 ENS 消息类型代码的枚举结构

各种 ENS 消息类型共享一个 PDU 格式，如图 7-25 所示。这简化了设计和开发。在某些消息类型的表示中，有几个字段没有用到，稍显低效（例如，cEventValue 字段在订阅消息中无效）。不过，这没有考虑其在保证更复杂的设计方案中的重要性。从某种意义上讲，消息的序列化和反序列化都将依赖于消息类型。

```
struct EventNotificationService_Message_PDU {
   byte iMessageType;
   char cEventType[MAX_EVENT_TYPE_NAME_LENGTH];
   char cEventValue[MAX_EVENT_VALUE_LENGTH];  // Not valid in Subscribe messages
   SOCKADDR_IN SendersAddress;
};
```

图 7-25 ENS PDU

图 7-25 展示了 ENS PDU（用 C++ 语言定义的描述）。尽管该结构体无法在实现示例应

用程序中的3种不同的语言中以完全相同的方式定义，但是PDU的格式在所有组件的实现中不变。当该结构体按照如图7-26所示的方式序列化时，得到了其等价的扁平字节数组格式。这形成了117字节的线性缓冲区，是该消息在TCP段传输的真正格式，也是其他语言中，序列化其内部表示时必须遵照的格式。

字节数组中的索引位置	字段长度	字段名	数据类型
0字节	1	iMessageType	取值范围为0～255的无符号整数
1～50字节	50	cEventType	8位ASCII字符值，以ASCIIZ字符串格式（即以字符“\0”终止）
51～100字节	50	cEventValue	8位ASCII字符值，以ASCIIZ字符串格式（即以字符“\0”终止）
101～116字节	16	SendersAddress	取值范围为0～255的无符号整数。每个IP地址部分的编码为单独的8位值。端口号编码为一个16位数值，占2个相邻的字节

图7-26　ENS PDU的扁平字节数组表示

2. ENS通信语义

与ENS的通信运行在一个单向通信的基础上，与4种消息类型的其中之一相关。在应用程序协议层面上，没有必要设置确认机制，因为使用了可靠的TCP传输层协议，当消息丢
499 失或损坏时，TCP协议会自动重传。从概念上看，订阅可能看成是以请求–应答为基础的运行（因为它的应答是零个或多个事件更新消息），但是，由于这些都是异步的，而且可能从不发生，所以，从通信语义的视角看，将订阅消息和更新消息看作两个独立的活动会更加准确。

3. DS消息类型

DS有一个简单的接口，包括两种请求消息，它们均以一个8位的ASCII字符串值编码，按照ASCIIZ格式（即以“\0”字符结尾）和单个PDU应答格式，见图7-27和图7-28。

REGISTER:<*Service name*>:<*Port*>
例如，ENS发送“REGISTER:Event_NS:8003”

RESOLVE:<*Service name*>
例如，一个ENS客户端发送“RESOLVE:Event_NS”

图7-27　以ENS用法举例的DS请求消息格式

```
struct DirectoryServiceReply {
  unsigned char a1;
  unsigned char a2;
  unsigned char a3;
  unsigned char a4;
  unsigned int iPort;
  };
```

图7-28　DS应答消息PDU

图7-27展示了DS请求消息的两种类型。注意到，对于注册请求消息，DS自动确定发送者的IP地址（通过recvform socket API调用，从UDP数据报头中提取该信息）。因此，没有必要在注册请求消息中显式地为地址编码，这种省略的表示，在处理时间和通信带宽使用率方面，带来一定的提升。而端口必须显式声明，因为我们不能假设注册服务使用了与连接DS相同的端口（用来接收应用程序消息）。

500 图7-28展示了DS应答消息的PDU，其中包含IP地址和被请求服务的端口号。

4. DS 通信语义

在通信额外开销和操作的低延迟方面，DS 采用了轻量级的设计方案。就这一点而言，它有一个如上所述的简单的通信接口，以及简单的通信语义。DS 注册消息，以单向通信为基础运行，无需确认。DS 解析消息以请求 - 应答为基础运行：如果在 DS 中匹配了被请求的服务名称，则返回一个被正确填充的 DirectoryServiceReply PDU（见图 7-28）；如果在 DS 数据库中没有找到被请求的服务名称，则 DS 返回一个包含“地址 : 端口号”为“0.0.0.0:0”的 PDU。

7.4.7 事件通知服务的应用程序使用场景示例

我们创建了一个应用程序，包含温度和湿度监测组件（实际上是应用程序服务器）和显示组件（实际上是应用程序客户端），在实际应用程序情形中，用来示例 ENS 的使用和行为。环境监测组件需要发送包含温度和湿度值的消息给显示组件。利用 ENS，应用程序设计成解耦的和运行时配置的体系结构。该方案中，应用程序组件相互之间从不直接相互通信；基于事件类型，ENS 充当了一个消息代理。环境监测组件发布事件（代表当温度或湿度改变后的值）。显示组件可以认为是这些事件的消费者。它们通过向 ENS 发送订阅消息，注册其对特定的事件类型感兴趣。此后，当新值发布时，ENS 向每个消费者发送事件更新消息。

为了示例由不同编程语言编写的组件之间的互操作能力，环境监测应用程序使用了发布者组件的多种变体开发。同时，消费者组件的变体也使用三种不同的语言（C++、C# 和 Java）开发。

这里引入了一个使用场景，来示例 ENS 的运行及其提供的透明性。该场景中，一个发布者变体（单由 C# 开发）发布了事件，事件由全体三个消费者组件消费。参阅后续的 4 个图，其中该场景的活动分解为 4 个阶段。

图 7-29 展示了环境监测应用程序使用情形中的第一阶段活动[⊖]。这一阶段发送的活动序列分为 5 个步骤：1）如果 DS 尚未运行，则启动 DS（DS 是由分布式系统版 Workbench 提供的应用程序）；2）ENS 服务器向 DS 注册其名称、IP 地址、端口号；3）ENS 客户端组件（它是环境监测应用程序的事件发布者和事件消费者）向 DS 发送解析请求，包含 ENS 服务器的名字“Event_NS”；4）DS 以 ENS 服务器的 IP 地址和端口号应答每个请求；5）基于 ENS 服务器的地址和端口详情，每个 ENS 客户端创建 TCP 连接请求。

图 7-30 展示了环境监测应用程序使用情形中的第二阶段活动。其中，消费者客户端订阅它们各自感兴趣的事件类型。从图中的顶部右侧向下看，基于 C# 的消费者客户端订阅了“TemperatureChange”事件；基于 C++ 的消费者客户端订阅了“TemperatureChange”事件和“HumidityChange”事件；基于 Java 的消费者客户端订阅了“HumidityChange”事件。 501
值得注意的是，用户界面的按钮在“订阅”与“取消订阅”动作之间切换，当单击按钮时，它们的标签随之切换。

⊖ 示例的情形中，为简化描述和注释，全部组件都运行在单台计算机。

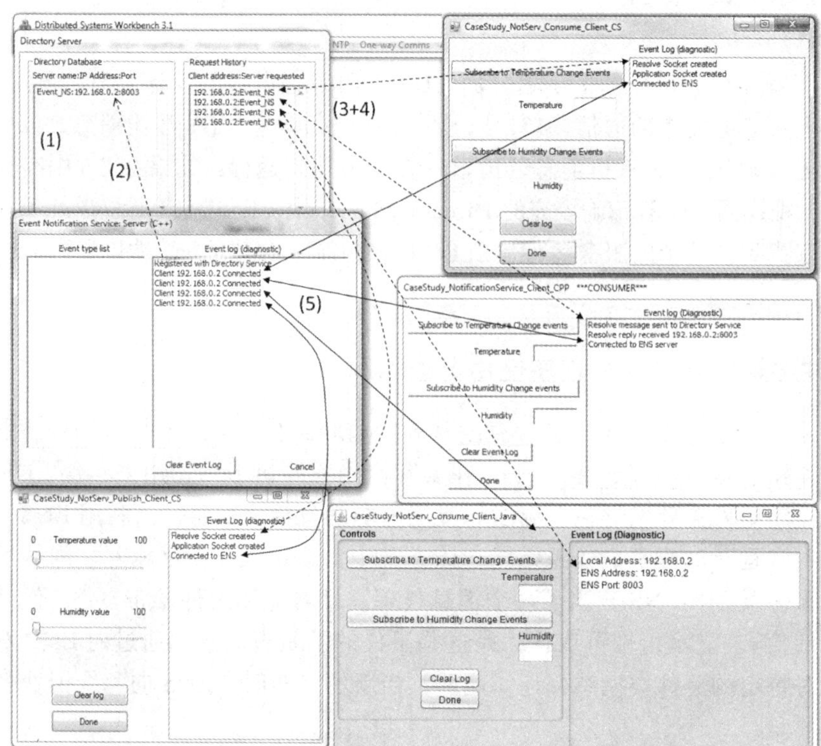

图例：←┈┈→与目录服务的通信　　←——→与ENS服务器的通信

图 7-29　阶段 1：目录服务促成了自动绑定和连接

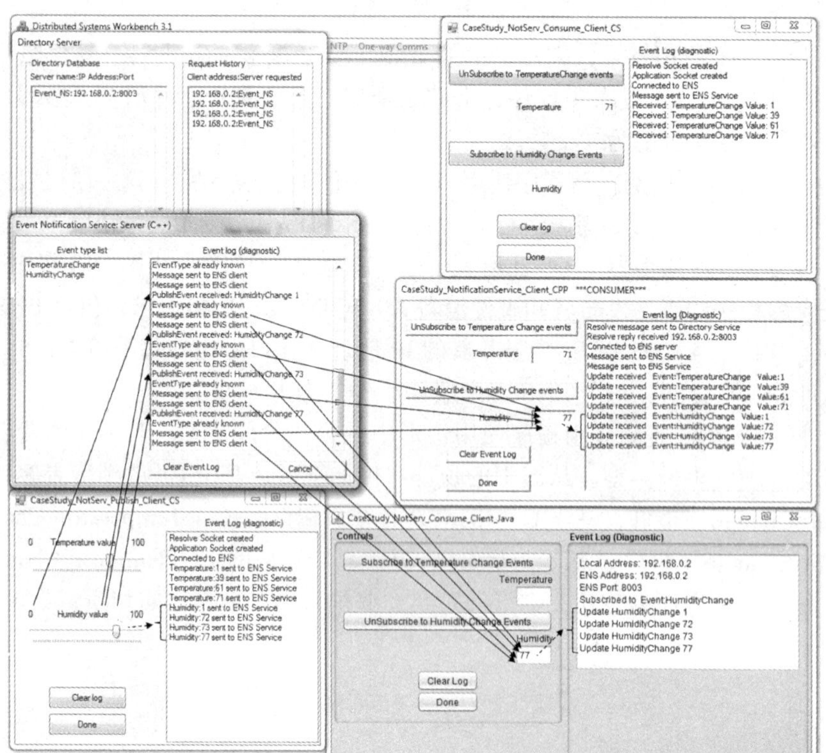

图例：——→发往ENS服务器的订阅请求　┈┈→事件日志更新，以反馈订阅消息正在发送

图 7-30　阶段 2：消费者客户端订阅他们感兴趣的事件类型

值得注意的是，本节示例的特定应用程序的场景序列中，3 个消费者都在这些事件发布前订阅了事件类型。发布行为和订阅行为是完全异步的，并且，ENS 不强制或期望任何特定的顺序。例如，也许，一个消费者比较晚才订阅了某种事件类型，已经发布了该事件类型的一些值，在这种情况下，一旦接到订阅消息，ENS 服务器就将其存储的相关事件类型的最新值发送回客户端。

图 7-31 展示了活动的第三阶段。基于 C# 的发布者发布了一系列 4 个 TemperatureChange 事件。每个事件都以事件更新消息的形式发送给相应的订阅者。需要注意的是，只有已经订阅了该特定的事件类型的消费者客户端才能接收到更新。本案例中，指的是基于 C ＃的消费者和基于 C ++ 的消费者。 502

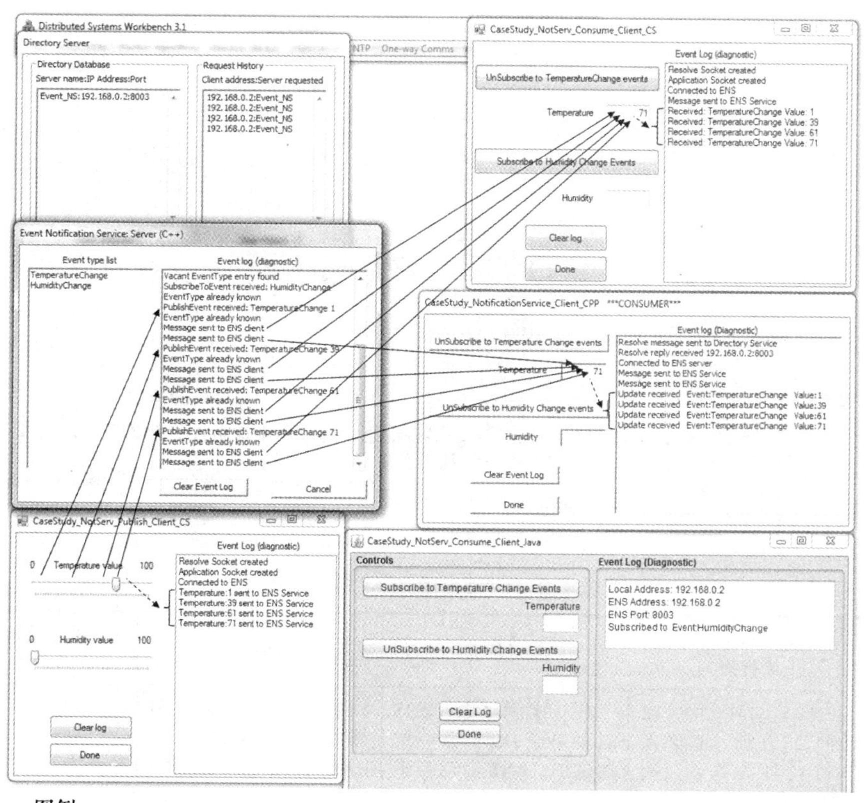

图例：

——→ 向ENS服务器发布TempeatureChange事件消息，并随后发送事件更新消息给订阅者

------→ 事件日志更新，以反馈发布事件和更新事件的活动

图 7-31　阶段 3：发布者客户端发布了一系列 TemperatureChange 事件

图 7-32 展示了活动的第四个阶段。基于 C ＃的发布者发布了一系列的 4 个 HumidityChange 的事件。每个事件都以事件更新消息的形式发送给相应的订阅者。需要注意的是，只有已订阅了 HumidityChange 事件类型的消费者客户端才能接收到更新。在本案例中，它们指的是基于 C++ 的消费者和基于 Java 的消费者。

7.4.8　测试

测试计划和测试结果在表 7-2 中展示。

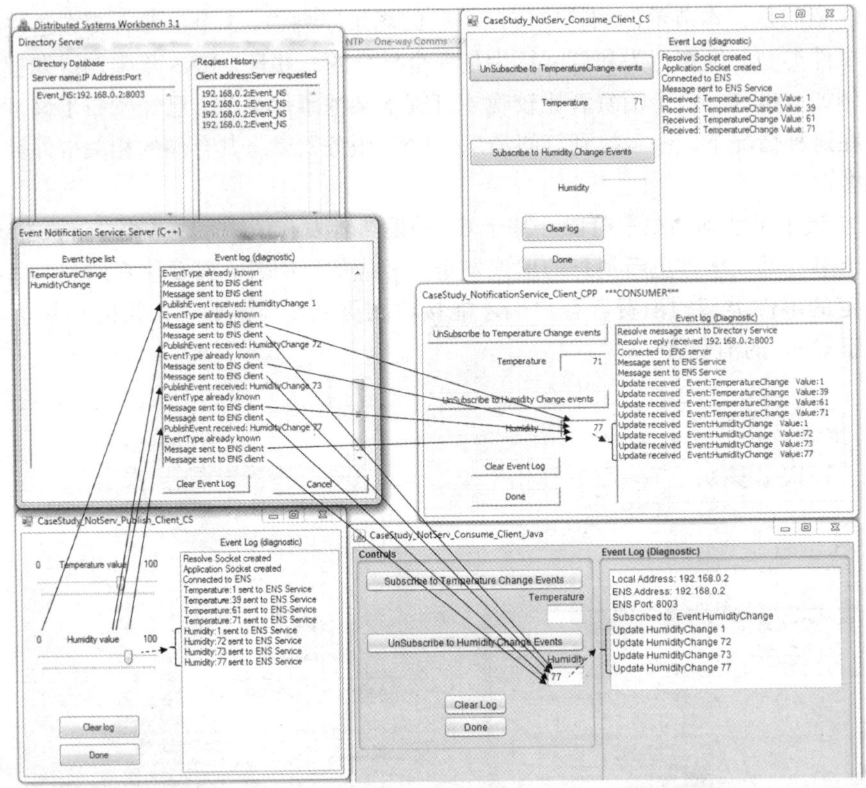

图例：

——▸ 向ENS服务器发布HumidityChange事件消息，并随后发送事件更新消息给订阅者

┈┈▸ 事件日志更新，以反馈发布事件和更新事件的活动

图 7-32　阶段 4：发布者客户端发布了一系列的 HumidityChange 事件

表 7-2　ENS 的测试计划和结果

测试编号	测试的特性或行为	测试条件	结果	偏差或其他评价
1	ENS 启动时，必须自动向 DS 注册，且必须以每 10 秒为基础，周期性注册	在一次测试中，ENS 启动早于 DS；另一次测试中，ENS 启动晚于 DS	在两种情况下，在两个进程运行的 10 秒内，ENS 向 DS 完成了注册	无
2	ENS 的客户端（它们是应用程序的发布者和消费者组件），必须能够从 DS 获得 ENS 的地址和端口详情	在 ENS 已向 DS 注册和尚未注册两种情形下，客户端组件向 DS 发送解析消息	如果 ENS 已在 DS 中注册，客户端组件获取了 ENS 的地址和端口详情	DS 保存服务器地址细节，直到被重写。因此，如果 ENS 注册后意外终止，DS 将会继续提供 ENS 地址详情。如果 ENS 继续缺席，这成为一个问题。然而，如果 ESN 重新启动（无论是否在同一台计算机上），发送一个新的注册消息，则问题会自动解决
3	ENS 客户端应该使用从 DS 获得的地址详情，与 ENS 建立 TCP 连接	测试发布者组件和消费者组件，以确定它们是否自动连接到 ENS	客户端组件的确与 ENS 建立了 TCP 连接	

（续）

测试编号	测试的特性或行为	测试条件	结果	偏差或其他评价
4	ENS 服务器必须能接受多个 TCP 连接，直到设计支持的上限	对该代码进行了修改，以方便测试。将连接上限（在常量 MAX_CONNECTIONS 中定义）手工降低为 5，然后用 1 来测试接受 / 拒绝行为	接受的连接上升到极限，其细节以连接数组条目的形式保存（m_ConnectionArray）	为了观察程序代码内部的步骤序列，添加了动态调试实验
5	应用程序组件必须完全解耦，并有独立的行为和生命周期	以事件联系相关的发行者组件和消费者组件，按不同的顺序启动和停止	组件的行为，包括突然终止，对其他组件未有不良影响	从未有消息直接由一个应用程序组件发送到另一个
6	ENS 消息必须完全异步	发布者组件和消费者组件以不同的序列和顺序执行发布、订阅和退订操作	在全部情况下，如果有订阅，则 ENS 推送事件更新消息给消费者，否则不推送	
7	ENS 必须接受已发布或订阅的新的事件类型（之前未知）	发布者产生了一个新的事件类型 E1 消费者订阅了一个新的事件类型 E2	在这两种情况下，新的事件类型添加到了 ENS 的事件类型数组中	修改了组件的源代码，以方便这些测试
8	应用程序组件必须能够发布多种事件类型，并且必须能够为现有的事件类型发布新值	发布者用于生成多个事件类型，也为每个事件类型生成多个更新	ENS 正确地接收到全部的“事件类型 - 值”对，并相应地更新事件类型数组	
9	组件必须能够订阅多种事件类型，并能接收每个事件类型的多个更新值	一个消费者用于订阅多个事件类型	该组件的确接收到了每个事件类型的更新序列，与发布序列相一致	
10	消费者组件必须能够退订事件类型，且 ENS 应该不再推送相关事件类型的更新消息给该消费者	一个消费者订阅了两个事件类型。两者都正在由其他组件活跃地发布。接收到各种事件类型的几个更新消息后，消费者退订了其中一个事件类型	消费者接收到其订阅的事件类型的部分事件更新。 退订语义操作正确，消费者继续接收其订阅的剩下的一个事件类型的更新	
11	必须支持多组件，组合成任何角色（a 部分：发布者组件）	多个发布者用于发布同一个事件类型	无论发布者的标识是什么，ENS 总是推出给定事件类型的最新值	
12	必须支持多组件，组合成任何角色（b 部分：发布者组件）	多个消费者用于订阅同一个事件类型	ENS 向所有已经订阅的该事件类型的消费者推送事件更新	
13	ENS 必须独立于应用程序	在一些组件中改变事件类型字符串，测定是否可以同时支持多个不同的“发布者 - 消费者”应用对	ENS 独立地处理每个事件类型，向正确的消费者推送正确的事件更新，无需重新配置或向多个应用程序提供知识	修改了一些组件的源代码，以方便测试
14	无论 ENS 应用的实现语言是什么，应用程序都必须支持	消费者组件和发布者组件由 C++、C # 和 Java 开发（总共有 6 种例子组件）	测试了各种发布者组件和消费者组件的组合。所有组合运行正常	这表明 ENS 方法提供了互操作性支持，并强调了 ENS 是一种形式的中间件的概念

7.4.9 事件通知服务的透明性

因为应用程序发送数据时，采用了平台无关且语言无关的序列化字节流格式，自然提供了访问透明性。所有事件类型名称和事件值，均以简单的 8 位 ASCIIZ 字符串格式表示，从而避免了编码异常。如果数据格式为整数和浮点数，在不同的系统中，使用了不同的编码方式和精度，往往会引起编码异常。字符串的方法还意味着，任何事件类型的名称和值都能够在应用程序全然不知的情况下，为 ENS 编码和管理。

在客户端需要连接时，使用 DS 解析 ENS 的名字到其地址，这事实上提供了位置透明性。

ENS 服务器以每 10 秒的周期自动向 DS 注册，从而实现了迁移透明性。这意味着，它可以在计算机之间移动，所以任何新启动的客户端组件将收到新的位置详情，只要它们启动后向 DS 发送了解析请求。

503～504 实现透明性。结合如上所述的简单数据表示（参见访问透明性），使用了标准的 TCP 通信协议。这意味着，ENS 支持客户端运行在任何平台，并支持用任何语言开发。然而，如果应用程序代码中执行消息的序列化和反序列化动作，就的确需要格外小心（参见包含在支持材料中，在 C++、C# 和 Java 等相关例子中使用的不同技术）。

由 ENS 促成的应用程序组件之间的松散耦合有助于实现故障透明性，因为各组件之间没有直接的依赖关系。一个组件崩溃，不会导致其他组件崩溃，从而实现了故障容忍。这里的透明程度，实际上就是应用程序依赖。例如，如果消费者组件的崩溃不会影响到发布者组件的行为，那么，在系统的这些地方，就不再需要消费者角色。类似地，如果发布者出现故障，它产生的事件将不再发布。这不会导致消费者崩溃，但这些消费者有可能会无限期地等待缺失了的事件。事件更新的异步特性，意味着消费者仍然有可能对已订阅的其他事件产生响应（这取决于应用程序事件的专门解释）。

此外，ENS 的运行设计为独立于应用程序，也就是说，它能够支持任何基于发布 – 订阅的应用程序。这有助于技术的灵活性和技术不会过时。

7.4.10 案例研究资源

ENS 服务器是用 C++ 开发的。环境监测应用程序的开发，使用了 3 个发布者组件变体（用 C++、C# 和 Java 开发）和 3 个消费者组件变体（也用 C++、C# 和 Java 开发）。

对于 ENS 服务器和环境监测系统（ENS 的客户端）的应用程序组件，其所有源代码和工程文件都作为随书提供的支持资源的一部分。分布式系统版 Workbench（它提供了运行 ENS 系统所必需的 DS），也作为支持资源材料的一部分提供。

7.5 分布式应用程序的优秀设计实践

本节总结了主要的设计理念。这些理念在本书中已经明确过，并在相关案例研究中讲述过。505～508 本节针对一个分布式应用程序的设计，结合讨论各种问题的重要性，指出了必须考虑的关键事项和做出的决策，从而提供了指导原则。

7.5.1 需求分析

争取需求分析正确。投入足够的耐心，确保你理解了需要什么，需要哪些特性，以及它应该如何工作。你也应该考虑可行性，制定初步计划，说明你如何构建和测试应用程序。如果你在这一阶段无意中犯了错误，这些错误将会在整个设计和构建过程中蔓延。很多系统实际上都失败在了这一阶段，但这种错误直到很后来，才逐渐变得明显。从这一点上看，这浪费了时间和其他资源，且越发难以纠正。

需求总共可分为两类：功能性需求和非功能性需求。两者同样重要，但功能性需求更容易明确，通常其测试也更加简单。非功能性需求可能会被忽略，或者，有时会被忽略，希望在后期添加。然而，通常情况下，往往不可能有效地在后期添加对非功能性需求的支持，因为从其本质上看，非功能性需求不能由特定软件功能提供（例如，可以考虑透明性和规模可扩展性）。相反，它们是优秀设计实践的全方位综合结果，包括功能行为、底层软件体系结构、机制特性等。因此，在项目的每个阶段，把非功能性需求作为头等考虑是非常重要的。

7.5.2 架构方面

在逻辑基础上分离关注点，需要受到重视。这在同一个软件组件中的类层面上适用，也在软件组件层面上适用。这些软件组件分别以独立的进程运行。例如，在“客户 – 服务器”应用程序中，需要重视客户端与服务器之间的功能划分。再例如，考虑分布式游戏案例，其中，服务器管理游戏逻辑，并保存游戏状态，而客户端提供用户界面。关注点分离带来了很多好处，包括：设计简洁，特别是在接口方面，跨过接口的交互要尽量少；更易于理解代码的结构和行为（并因此更易于测试、验证和编写文档）。特别地，清晰地分离关注点，能够减少进程间通信的强度，从而减少了网络带宽的占用，带来更小的延迟。在清晰的边界上，分离组件的逻辑或行为范围，也能减少产生直接依赖，因为，相比于把一项特定功能分散在若干个组件之间，稍有更紧密的组件集成度。

尽可能避免直接耦合。当一个组件无法运行是因为其他组件发生故障或缺失时，直接耦合就会面临故障传播的风险。直接耦合也会把设计时的连接视图投影到（通常情况下，这不能预见可发生的全部配置情形）运行时。松散耦合更加灵活和健壮，根据实际的可用性和其他上下文特性，它允许组件间建立运行时的连接关系，比如系统工作负载和资源重新配置等，克服了平台级的故障。

组件应使用恰当的规模。粗粒度设计方案中，组件较大，能减少组件的总数目，从而也减少了把应用程序连接在一起时必要的通信数量。然而，如果这种方法做得过了火，将减少分布式带来的优点。比如，这些优点有：能够分离功能、处理资源间分散负荷，便于共享，以及满足非功能性要求（例如，可用性、健壮性和规模可扩展性）等。更大的组件也更复杂，
并因此在测试方面面临更大的挑战性。细粒度的系统，有很多小的组件，会更加灵活，单个 509
组件更容易理解和测试。然而，如果系统的粒度过于细碎，则面临的风险是，产生了过度的连接和更高的额外通信开销。因为通信组件的数量在增加，系统的配置复杂度增大，同时，这换来了单个组件的复杂度降低。因此，找到一个平衡点非常重要。其中，对于特定应用来说，按照其功能和连接需求，组件采用了恰当的规模。

使用公共服务提供通用的功能，从而保持应用程序组件尽可能简单。应用程序的功能应主要聚焦于业务逻辑，尽可能不提供额外的服务，如资源定位。使用公共服务，保证整个系统和应用程序中产生标准化的行为。公共服务本身能够以模块化的方式使用，正如在本章的第二个案例研究中，其 ENS 利用了外部的 DS。本来，也可以选择在 ENS 中实现 DS 功能，或使用某种形式的服务宣传广播机制。然而，这将额外增大 ENS 的复杂度，可能会减弱核心功能的开发。在很多系统中，其他应用程序和服务可能也很需要 DS 功能。在这种情况

下，实际上提供 DS，不需要额外的开销（也就是说，它不为 ENS 专用）。

7.5.3 通信方面

通信是所有分布式应用程序的基础，也是产生许多不同问题的根源或影响因素。这些问题发生在性能、延迟、资源限制、错误等相关方面。通常情况下，在仔细分析应用程序需求的基础上，使通信频次最小化，保持消息尽可能短。必须以与语言无关、体系结构无关的格式序列化消息和发送消息，确保在异构系统中的一致性和正确性（见事件通知服务案例研究）。

阻塞 IO 模式的通信效率高，因为进程（或线程）在等待消息到达时，不占用 CPU 资源。然而，如果进程无限等待，则可能导致无响应的进程行为（见第 3 章）。通过多线程设计，能够克服这一问题。这样，当一部分线程等待 IO 时，另一部分线程能够继续响应。作为另外一种选择，通过使用非阻塞 IO 模式套接字，并选择合适的超时机制，单线程组件也能够通过设计来保持其响应能力，而不用多线程等额外复杂度（例如，参见时间服务客户端案例研究中使用的技术）。这种级别的细节设计只能在特定应用需求背景下精心考虑。不过，有必要指明这一特性，因为它能够明显地影响效率。必须避免在一条通信连接的两端都使用阻塞 IO 模式套接字的设计模式，因为这会出现通信死锁的风险（参见第 3 章）。

7.5.4 尽可能重用代码

代码重用有很多好处。最显而易见的是，你不必写很多代码。然而，还有其他好处，也许更重要，说明如下：

- 更好的代码可读性。只要有机会，抽取类和方法的做法，其效果将会减小方法规模，或代码块数量，从而使代码更容易理解。额外的好处是，某些错误或低效因素将更
510 有可能在编写代码时就被发现了。
- 更好的代码结构。重构改善了代码结构，同时，避免了重复代码（通过抽取成多个方法），使代码更易于维护，因为未来的修订都仅需要在一处完成；这也防止了在增量更新过程中，不知不觉产生的不一致性。典型情形是，多处代码需要更新，而且这些修订需要关联同步。
- 减少测试工作量。重用已经通过单元测试的代码块，节省了测试工作量。一方面避免了编写额外的测试程序，另一方面，也没有必要在每次运行整体测试程序时，测试这些已测试过的模块。

7.5.5 为通过测试的代码和信任的代码创建库

代码库是在不同软件组件和项目之间实现代码重用的一种手段。代码库是沉淀你的工作成果的一种手段，以便这些成果能够在将来重新发挥作用。例如，假设你花了大量精力开发了一个类，用于处理一些复杂的数值公式，专门针对公司的业务流程。事实证明，编码这些公式很容易出错，并且相比于常规意义上的代码，耗费了难以对等的测试工作量。把这个类放到代码库中，是一个很好的例子，会有很高收益：它提供了一种封装测试案例和解释复杂公式文档的手段，还潜在地避免未来重复付出这些艰辛的工作量，假如另一个应用程序中也需要使用同一个公式。

这样，在开发过程中，只要有机会，就模块化代码。这带来了更清晰的功能划分（关注

点分离)、更好的代码结构，以及更好的说明文档。

尽可能创建库。重构代码，以分离出业务功能中的不同方面，或者，从 UI 功能中分离出业务功能。这些工作都是分离库的先期准备步骤。参见第 5 章中的例子，以及时间服务客户端案例研究。

7.5.6 测试方面

正如在前面章节中示例和强调的，分布式系统表示的是复杂的环境，其中有很多组件以不可预知的时间顺序相互作用，还伴随着持续不断的硬件故障、消息丢失、软件组件崩溃等可能性。这为分布式应用程序的设计和开发提供了一个挑战性背景，应该对测试给予高度重视。

至关重要的是测试计划。它应该尽可能在项目分析和设计阶段就建立起来，成为项目分析和设计工作的一个组成部分。然而，在这个阶段，就能规整地描述测试活动的全集是非常困难的。因为这个集合包含的测试项，就是一个经验丰富的开发人员在其整个开发程序生命周期中展开的全体测试活动。

按照规定，测试活动通常认为是开发过程后期的重要步骤，其部分原因是，在不同的开发方法论中，将软件的生命周期描述为一系列阶段。典型的描述方式如下：分析→设计→开发→测试。

一些方法论（如螺旋模型）以一系列更短的周期重复这些步骤，但从本质上来说，每个活动块都把测试作为结尾的步骤。虽然对一个软件理论研究者来讲，这是一个有意义的序列（因为无法测试还没有开发出来的东西)，但是它没有反映真正需要做什么，才能保证高质量的产出和有效的开发过程。

对测试作用的态度以及将采取的实施方式，与构建系统的心态有关，它反映了对产出一个高质量系统的重视程度。需要把测试看作一个持续性的活动，并将测试集成到整个开发过程中。 511

抱着质量至上的心态，就会认为，作为开发周期的每一步，对制定出好决策还是坏决策，都是至关重要的环节。在项目刚开始时，很难概括出一个系统的完整需求并清晰地表达出来。在需求规格说明书中，不可能体现出每一个行为的细微差别，也许，这是为了要保留一些解释方面的灵活性，以确保在将来出现的任何修改都仍然不同程度地遵循了设计要求。

应该仔细检查，系统的每项需求之间，不能存在冲突，导致它们不能同时满足，而且，一旦出现了这种情况，就必须在进入设计阶段之前，全部解决掉。通过咨询系统未来的潜在用户，回答一些需要深思熟虑的问题，就能够评估需求的正确性和可行性。也可以考虑构建早期原型系统，只实现部分功能，用来检查设计理念是否与需求一致。同时，也成为用户的一种手段，看到需求规格说明书中陈述的结构，反过来重新审视需求阶段，确保它们正确反映和描述了期望的系统。

在开发过程中，应该定期测试。在测试问题上，我和学生们进行过很多讨论，他们最初的观点曾认为，在某种程度上，测试是额外的工作。实际情况是，如果持续坚持测试，实际上节省了时间和工作量，因为这些错误在经过设计阶段的传播之前，已经被发现了，并找到了产生的原因；在开发阶段越早期的时间，纠正一个糟糕的设计决策，通常代价就越要小很多。

我发现，对于一个增量式迭代测试方法，其基本前提是，在两次测试迭代过程之间，只添加或修改一个特性，这种方式最为有效。表面上看起来，这似乎是一种进展缓慢的方式，但它的确带来了高质量的产出。因为，这能够确保，每次在做进一步的其他修改前，都充分理解了这次唯一的修订产生的效果。同时，还针对整体目标和向目标迈进的过程提供了定期反思的机会。

7.6 章末练习

7.6.1 编程练习

1. 集成 NTP 客户端功能到一个应用程序中。这个编程挑战与时间服务客户端使用案例相关。
   任务：任意选择一个合适的应用程序，为它构建 NTP 客户端功能。建议使用 NTP 库（已经作为支持材料的一部分提供）。先从学习提供的两个 NTP 应用的客户端程序代码（它集成了库）开始，然后在自己的应用程序中模仿库的集成方法。注意，这两个应用程序客户端，作为本练习的样例答案，已经在时间服务案例研究中讨论过。
2. 开发一套"发布 - 订阅"应用程序。其中，使用一个外部的 ENS，作为一种解耦应用程序组件的方式。建议使用本章的第二个案例研究中提供的 ENS。
   事件类型和值依赖于选定的应用程序主题，例如，一个分布式游戏应用程序中，事件类型可能有 new-player-arrival 和 new-game-started。先从学习示例应用程序的程序代码开始。发布者组件和消费者组件代码已经提供在支持材料中。考虑用一种语言开发发布者程序，再用另一种语言开发消费者程序，开展异构性和互操作性方面的实验。注意，应用程序客户端已经在 ENS 案例研究中讨论
512 过，可以用作本练习的样例答案。

7.6.2 配套资源列表

本章正文和章末练习直接参考了如下资源：

- 分布式系统版 Workbench（特别是 DS 应用程序）。
- 资源代码。
- 可执行代码。

案例研究	程 序	可用性	说 明
1. TimeServiceClient	CaseStudy_TimeServiceClient_GUI Phase1 Monolithic	源代码可执行	在单个类中集成业务逻辑和 GUI 逻辑
	CaseStudy_TimeServiceClient_GUI Phase2 Refactored	源代码可执行	经过重构，业务逻辑和 GUI 逻辑放到不同的类
	CaseStudy_TimeServiceClient Phase3Library	源代码可执行	阶段 3，TimeServiceClient 库
	CaseStudy_TimeServiceClient_GUI Phase3 App-side uses library	源代码可执行	阶段 3，GUI 应用程序项目（静态链接 TimeServiceClient 库）
	CaseStudy_TimeServClnt_Console AppSide uses lib	源代码可执行	阶段 3，文本应用程序项目（静态链接 TimeServiceClient 库）
2. 事件通知服务器	CaseStudy_Notification-Service: Server_CPP	源代码可执行	ENS 服务器
	Directory service (DS)	在分布式系统版 Workbench 中，DS 以一个应用程序提供	用来支持 ENS 客户端组件定位 ENS

（续）

案例研究	程　序	可用性	说　明
2. 针对测试和事件通知服务器的示例应用程序组件	CaseStudy_NotServ_Publish_Client_CPP	源代码可执行	示例应用程序发布者组件（C++ 版）
	CaseStudy_NotServ_Consume_Client_CPP	源代码可执行	示例应用程序消费者组件（C++ 版）
	CaseStudy_NotServ_Publish_Client_CSharp	源代码可执行	示例应用程序发布者组件（C# 版）
	CaseStudy_NotServ_Consume_Client_CSharp	源代码可执行	示例应用程序消费者组件（C# 版）
	CaseStudy_NotServ_Publish_Client_JAVA	源代码可执行	示例应用程序发布者组件（Java 版）
	CaseStudy_NotServ_Consume_Client_JAVA	源代码可执行	示例应用程序消费者组件（Java 版）

513

索　　引

索引中的页码为英文原书页码，与书中页边标注的页码一致。

注意：页码后若跟着字母，b 指活动，f 指插图，t 指表格，np 指脚注。

A

B

C

D

E

F

G

H

I

J

L

M

N

O

P

R

S

T

推荐阅读

Learning Ceph
Ceph分布式存储
学习指南

Ceph分布式存储实战

The Source Code Analysis of Ceph
Ceph源码分析

大规模分布式存储系统
原理解析与架构实战

The Practice of Cloud System Administration
云系统管理
大规模分布式系统设计与运营
YOU

Distributed Real-time Processing System
分布式实时处理系统
原理、架构与实现

Architecture and Design of Large Scale
Distributed System
大规模分布式系统
架构与设计实战

计 算 机 科 学 丛 书
原书第5版
分布式系统
概念与设计
Distributed Systems
DISTRIBUTED SYSTEMS

PEARSON
分布式系统
概念与设计
DISTRIBUTED SYSTEMS